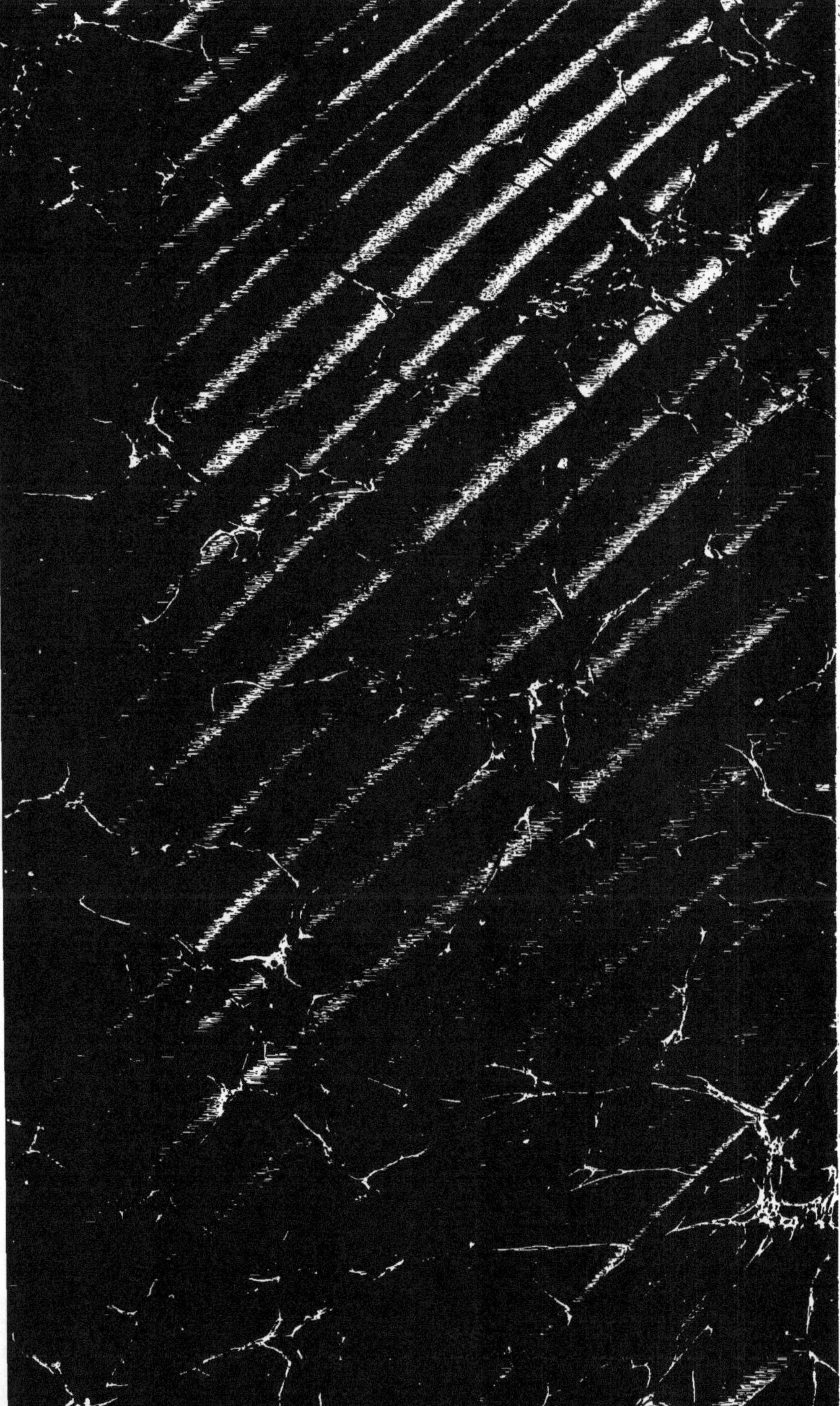

TRAITÉ

CONSTRUCTIONS RURALES

ABBEVILLE

IMPRIMERIE BRIEZ, C. PAILLART ET RETAUX.

ARCHITECTURE RURALE

TRAITÉ

DES

CONSTRUCTIONS RURALES

PAR

ERNEST BOSC

ARCHITECTE

PARIS

Ve A. MOREL ET Cie, ÉDITEURS

13, RUE BONAPARTE, 13

1875

AU LECTEUR.

———

Depuis plus de vingt ans, nous nous occupons des Constructions rurales. Nous connaissons presque tout ce qui a été écrit ou publié sur ce sujet en France et à l'étranger, et nous devons avouer que, parmi les nombreux ouvrages qui traitent de l'architecture rurale, aucun n'est complet. Il ne pouvait en être autrement ; tous ces traités en effet sont écrits exclusivement ou par des agriculteurs connaissant peu la construction (c'est le plus grand nombre), ou par des architectes ignorant complétement la science agricole. De là, de nombreuses lacunes architectoniques ou agricoles, chez les uns ou chez les autres. En outre, les nouvelles méthodes de constructions économiques et leurs perfectionnements ne peuvent être abordés aujourd'hui que par la science de l'ingénieur. Il faudrait donc trouver un *auteur* possédant les connaissances de l'*agriculteur*, de l'*architecte* et de l'*ingénieur*, qui voulût bien écrire un *traité des constructions rurales*. Le hasard ne l'a pas fait jusqu'à ce jour. Quoi d'étonnant! le hasard ne fait jamais rien tout seul, il lui faut toujours de nombreux collaborateurs.

Connaissant la lacune que nous venons de signaler et désirant la combler, nous avons, pendant de longues années, exclusivement dirigé nos études vers l'*agriculture*, l'*architecture* et le *génie civil*, c'est-à-dire vers trois des plus vastes sujets offerts à l'intelligence humaine. Fort de nos études consciencieuses et armé par elles de toutes pièces, nous n'avons pas craint d'aborder l'œuvre dont nous commençons aujourd'hui la publication.

Nous venons de dire que les auteurs qui ont écrit avant nous sur les constructions rurales avaient fait des traités incomplets, et nous en avons donné la principale raison, mais à côté de celle-ci il en existe une autre qui, bien que secondaire, a cependant son importance, la voici :

Les grands ouvrages coûtent cher à produire ; or beaucoup d'auteurs ou d'éditeurs, connaissant les instincts de sage économie de la classe rurale ont voulu produire des *livres à bas prix*, et, pour arriver à leur but, ils ont supprimé beaucoup de matières indispensables ou de détails utiles. En agissant de la sorte, ils ont rendu leurs publications incomplètes.

Instruit par les fautes de nos devanciers et ayant acquis de l'expérience à leurs dépens, nous avons voulu éviter les mêmes écueils. Nous avons donc réfléchi aux moyens à employer pour produire à bon marché un traité complet des constructions rurales. La tâche nous a paru d'abord bien difficile, pour ne pas dire impossible, et nous avouerons que la solution de ce problème nous a jeté dans une grande perplexité, dans un grand embarras.

Cependant une analyse attentive de la question posée nous a amené à la scinder, parce que nous avons trouvé que ce qui pouvait intéresser les uns devait être inutile ou tout au moins indifférent aux autres. Nous sommes donc arrivé à cette conclusion, c'est qu'il fallait écrire deux ouvrages complétement distincts. C'est ce que nous avons fait. Le *présent volume* donne tout ce qui intéresse la masse des cultivateurs : ce sera un traité général des constructions ; l'autre sera un traité des grandes industries agricoles ; il ne s'adressera qu'à ceux qui n'ont que faire des détails de construction puisqu'ils ont pour élever leurs usines ou leurs fabriques des architectes ou des ingénieurs qui savent construire. Ce dernier ouvrage étudiera à fond les grandes industries agricoles, les féculeries, filatures, distilleries, fabriques d'alcool, etc. Il s'adressera plus particulièrement aux architectes, ingénieurs, entrepreneurs, usiniers, fabricants, en un mot aux grands industriels agricoles et aux grands propriétaires ruraux.

Mais à côté de cette classe prospère, nous avons les modestes cultivateurs et fermiers, les petits propriétaires qui, eux aussi, méritent qu'on s'occupe d'eux. Ils n'ont que faire des théories, il leur faut des renseignements sûrs et pratiques. C'est aussi à leur intention que nous avons écrit le présent TRAITÉ, qui s'adresse donc exclusivement aux cultivateurs et fermiers qui désirent construire avec économie et sécurité, aux amateurs qui veulent se passer d'architectes pour leurs travaux, aux instituteurs et maîtres d'école qui, dans leurs bourgs ou villages, veulent inculquer à leurs élèves quelques éléments de construction qui leur seront un jour indispensables. Ce livre sera de plus le *vade-mecum* des constructeurs modestes, parce qu'il est dépouillé de toutes les formules abstraites qui fatiguent et qui font délaisser les ouvrages les mieux écrits qui en sont hérissés.

Comme on le voit, nous avons eu plusieurs buts en écrivant ce TRAITÉ. Les avons-nous atteints ? Nous laissons juge notre lecteur ; et quel que soit son sentiment à notre égard, nous espérons cependant qu'il nous saura toujours quelque gré du travail que nous soumettons à sa bienveillante attention.

Si notre TRAITÉ DES CONSTRUCTIONS RURALES apporte quelques améliorations dans l'aménagement des bâtiments agricoles ou dans la conservation mieux entendue des récoltes, nous serons entièrement satisfait de l'avoir produit. Il aura en effet rendu de grands services dans les campagnes, puisqu'il aura réalisé des économies qui peuvent se chiffrer chaque année par millions.

E. B.

INTRODUCTION.

L'art de loger les hommes, les animaux et les récoltes avec simplicité, solidité et économie est le premier problème à résoudre dans la science des campagnes.

(François DE NEUFCHATEAU).

La science et l'art des constructions dans les grandes villes ont fait en France de notables progrès, dans ces derniers temps surtout. L'immense impulsion que Paris a donnée aux constructions modernes a forcé les architectes à exécuter des améliorations successives dans l'art de bâtir.

Il est très-regrettable que les *constructions rurales* n'aient point progressé de même, et n'aient pu bénéficier par conséquent des mêmes avantages que celles des grandes villes.

Quelques contrées cependant ont réalisé des améliorations, mais c'est principalement dans les industries agricoles qui sont des annexes de la ferme. Il est évident que les architectes ou les ingénieurs appelés pour établir des usines ont fait connaître quelques innovations, mais c'est sur quelques rares points de notre territoire, principalement dans le nord et dans l'est. Dans l'ouest et dans le midi au contraire, ce qui frappe partout, c'est l'ignorance des constructeurs ; on dirait qu'ils construisent pour des siècles. Ces constructions, qui laissent à désirer sous le rapport économique, sont solides il est vrai, mais quelle énorme quantité de matériaux et par suite de capitaux engloutis en pure perte ! Or nous pensons que l'habileté du constructeur ne consiste pas à faire des murs de forteresse ; mais bien à obtenir la plus grande solidité possible avec la plus stricte économie. Il est un grand principe que nous voudrions voir ériger en axiome ; c'est que tout système de construction est tenu de satisfaire à la double condition de durée et d'économie, ce qui veut dire que, quel que soit le mode adopté pour une construction, les matériaux employés doivent être placés dans des conditions telles que leur assemblage soit de la plus grande simplicité et leur volume aussi faible que possible. L'observation de ces deux principes fondamentaux constitue l'économie à réaliser dans toute bonne construction. Or, jusqu'ici, on a eu le tort de croire dans les campagnes que la science du constructeur était tout élémentaire et que le premier venu pouvait élever des constructions rurales ; c'est un grand préjugé, contre lequel on ne saurait trop s'élever. Ceux de nos lecteurs du reste qui suivront notre travail jusqu'à la fin pourront se convaincre des difficultés qu'il faut surmonter pour construire *bien*, *solidement* et *à bon marché*. Ils verront qu'avant d'aborder la pratique, il faut acquérir des connaissances théoriques en assez grande quantité. Aussi, pour donner plus de clarté à notre livre, a-t-il été divisé en chapitres et paragraphes. Nous avons apporté la plus grande méthode dans notre travail afin d'en rendre la lecture agréable autant que possible, facile et rapide.

Le CHAPITRE PREMIER contient les matériaux de construction avec leur description, et les signes distinctifs auxquels on reconnaît les bons et les mauvais.

Le lecteur trouvera dans ce chapitre la division des matériaux en trois catégories, ce sont : les *pierres naturelles* et *artificielles*, les *bois* et les *métaux* ; il y verra de même les subdivisions qui renferment les *sables*, *chaux*, *pouzzolanes*, *mortiers*, *ciments*, *bétons*, *bitumes*, *asphaltes*, *mastics*, *plâtres*.

Nous y parlerons des différentes essences des bois de construction, de leurs qualités et de leurs défauts, de leurs maladies ; nous y ferons voir que l'époque de l'abatage a une grande influence sur la durée et la conservation de ces bois.

Dans ce même chapitre, nous fournirons aussi d'utiles renseignements sur les métaux et sur le verre.

Le CHAPITRE DEUXIÈME contient l'emploi et la mise en œuvre des matériaux : c'est la science du constructeur résumée en un chapitre. Aussi le lecteur y trouvera-t-il tous les détails de construction, sur les terrassements, les fondations, et sur les divers genres de maçonnerie.

Les voûtes, la théorie de leur construction, et leur tracé pratique y seront brièvement développés, mais d'une manière suffisante cependant pour permettre au lecteur la solution de tous les problèmes difficiles qui pourraient se présenter à lui.

Un long paragraphe est consacré à l'art de la charpenterie, car les pans de bois, les planchers et les combles, de même que les cintres, les étaiements, les échafauds et les escaliers, méritaient de longs développements.

Enfin ce chapitre se termine par les aperçus les plus pratiques, partant les plus utiles, sur la couverture et plus particulièrement sur les toitures économiques, sur la menuiserie, la serrurerie, la peinture et la vitrerie.

Le chauffage et la ventilation laissent beaucoup à désirer dans les constructions urbaines, on ne se préoccupe pas du tout de cette question dans les bâtiments agricoles ; aussi nous sommes-nous appliqué à démontrer son utilité et l'importance de son rôle.

L'humidité est un grand danger permanent pour la santé de l'homme et des animaux ainsi que pour la conservation des bâtiments et des récoltes, aussi avons-nous donné les moyens de la prévenir dans les nouvelles constructions et de la combattre dans les anciennes.

Le TROISIÈME CHAPITRE est consacré à l'habitation de l'homme ; sa demeure sera salubre ou insalubre suivant son exposition et son emplacement, aussi avons-nous guidé le lecteur dans le choix qu'il sera appelé à faire de son orientation. Il lui sera facile de choisir suivant son goût et sa position parmi les types nombreux et variés que nous lui soumettons. Il pourra se faire un *at home* à sa guise car tous les genres y sont représentés, depuis la maisonnette du journalier jusqu'à la maison du fermier et même du propriétaire exploitant.

Le CHAPITRE QUATRIÈME traite du logement des grands et des petits animaux ; les écuries et les boxes pour les chevaux sont en tête du chapitre, les étables pour les bœufs, les bergeries et les porcheries viennent ensuite. Il est terminé par les locaux affectés aux petits animaux, chiens, lapins etc. ; à l'espèce volatile de basse—cour ou de volière, enfin aux insectes utiles, abeilles, vers–à–soie.

Les grandes et petites constructions annexes des fermes sont réunies dans le CHAPITRE CINQUIÈME, c'est peut-être l'un des plus intéressants par la variété des matières qu'il renferme. Dans certaines contrées, on a bien recherché le meilleur mode de construire les grandes annexes, telles que *granges, greniers, silos,* hangars, celliers, vendangeoirs, mais on a, presque partout, beaucoup trop négligé les petites annexes si utiles pourtant, et quelquefois si nécessaires, comme les *glacières,* les *citernes,* les *lavoirs,* les *laiteries, serres* etc., c'est pourquoi nous n'avons pas craint d'étudier assez longuement toutes ces petites constructions qui sont appelées à rendre des services si utiles.

Le CHAPITRE SIXIÈME résume pour ainsi dire les cinq premiers, car c'est la FERME ; c'est-à-dire la synthèse de toutes les constructions.

Nous y donnons d'abord les types de fermes de petite, moyenne et grande culture, nous démontrons la haute perfection des modèles proposés à nos lecteurs, auxquels nous soumettons en outre, pour contrôler nos propositions, les fermes qui passent à juste raison pour les meilleurs modèles à suivre.

Dans un livre tel que le nôtre, les travaux de viabilité devaient trouver place, de même que le drainage, les irrigations, le desséchement des marais malsains et des tourbières improductives ; c'est pourquoi nous avons parlé de ces questions (dont quelques-unes intéressent si vivement l'humanité) dans le CHAPITRE SEPTIÈME ; le HUITIÈME traite des devis et des dépenses des travaux, et le NEUVIÈME s'occupe exclusivement de la jurisprudence des bâtiments.

Enfin une conclusion succincte résume les principaux points sur lesquels le constructeur doit porter plus particulièrement son attention ; on y trouvera certes des détails minimes, mais qui tous cependant ont leur valeur.

De très-nombreuses figures facilitent la complète intelligence de notre texte et lui donnent un puissant attrait.

Parmi ces figures, celles qui se rapportent plus particulièrement à la construction sont dessinées à une grande échelle, et les détails y sont indiqués avec une précision telle que l'Homme le plus inexpérimenté peut, d'après elles, construire sans crainte et sans hésitation.

Enfin des tables aussi précises et aussi méthodiques que possible évitent au lecteur des recherches quelquefois infructueuses, mais toujours longues et pénibles, et lui fournissent immédiatement et sans fatigue les renseignements qu'il désire trouver.

TRAITÉ

DES

CONSTRUCTIONS RURALES

CHAPITRE PREMIER.

DES MATÉRIAUX DE CONSTRUCTION.

Quiconque veut construire doit avant tout acquérir la connaissance des matériaux afin de pouvoir en faire un choix judicieux ; il doit aussi s'informer des lieux de production et de leurs prix de revient.

Une description détaillée de tous les matériaux ne peut entrer dans le cadre d'un ouvrage aussi restreint que le nôtre, nous devons nous borner à indiquer les matériaux usuels et indispensables.

Il existe peu de contrées assez favorisées pour posséder toutes sortes de matériaux, cependant dans certains pays ils abondent et sont de bonne qualité ; dans d'autres contrées au contraire ils sont rares et défectueux. Dans le premier cas, on a l'embarras du choix, mais on doit toujours préférer ceux qui, à prix égal, sont les plus avantageux ; dans le second cas, il s'agit de tirer le meilleur parti de ceux qu'on a sous la main, malgré leur défectuosité.

Les matériaux dont l'emploi est le plus fréquent dans les constructions se divisent en trois catégories :

1° Les pierres naturelles et artificielles ;

2° Les bois, ou les matières ligneuses;

3° Les métaux à l'état naturel ou les métaux composés.

I. PIERRES A BATIR NATURELLES.

Les pierres sont des substances minérales solides, non malléables, incombustibles; leur pesanteur spécifique est très-variable, elle est sauf pour quelques pierres volcaniques supérieure à l'eau.

Les pierres à bâtir peuvent se diviser en cinq classes :

1° Les *pierres calcaires;*

2° Les *pierres siliceuses ou quartzeuses;*

3° Les *pierres volcaniques;*

4° Les *pierres gypseuses;*

5° Les *pierres argileuses.*

1° Les PIERRES CALCAIRES sont solubles avec effervescence dans les acides. Elles ont la propriété de se convertir en *chaux* par la calcination. De toutes les pierres, ce sont celles dont on fait le plus grand usage dans l'art de bâtir. Sous le rapport de leur emploi, on les divise en *pierres dures* et *pierres tendres.*

Les *pierres dures* comprennent : les *liais* qui se subdivisent en trois sortes, le *liais dur*, le *liais férault* ou *faux liais*, le *liais tendre* ou *rose;* le *cliquart*, la *roche*, le *banc franc.*

Les *pierres tendres* comprennent la *lambourde*, le *vergelet*, le *parmin*, le *tuf.*

2° Les PIERRES SILICEUSES OU QUARTZEUSES sont inattaquables par les acides; et donnent des étincelles sous le briquet. C'est à cause de cette propriété que quelques minéralogistes les ont classées sous le nom de pierres scintillantes. Les pierres siliceuses rayent le verre, quelques-unes résistent au feu le plus violent ; d'autres se vitrifient à une haute température. Cette classe comprend : les *granits*, les *porphyres*, les *grès*, les *meulières*, les *silex*, les *cailloux roulés* ou *galets*, les *poudingues.*

3° Les PIERRES VOLCANIQUES présentent des caractères variables ; mais elles sont facilement reconnaissables à leurs contextures, les unes sont légères et spongieuses et d'un ton mat; d'autres brillantes et ont l'aspect vitrifié ; elles renferment les *trachytes*, les *basaltes*, les *trapps*, les *laves*, les *pierres ponces* et les *tufs volcaniques.*

4° Les PIERRES GYPSEUSES se laissent facilement rayer par l'ongle, ne donnent aucune effervescence avec les acides et aucune étincelle sous le choc du briquet; par l'action du feu elles se convertissent en *plâtre*. On distingue cinq espèces de gypse : le *gypse commun* ou pierre à plâtre, le *gypse feuil-*

leté, le *gypse strié* ou *filamenteux*, le *gypse écailleux* et l'*alabastrite* ou *faux albâtre*.

3° Les PIERRES ARGILEUSES de même que les précédentes se laissent facilement rayer par l'ongle ; traitées par les acides, elles ne donnent pas d'effervescence ni d'étincelle sous l'action du briquet. Le feu le plus intense ne peut les réduire en chaux ou plâtre. Cette classe comprend : les *asbestes* ou *amiantes*, les *micas*, les *talcs vrais*, les *pierres ollaires*, les *schistes* ou *diverses espèces d'ardoises* et les pierres nommées *roches de corne*.

Comme nous l'avons dit plus haut il serait trop long et du reste inutile pour nos lecteurs de donner la description des pierres des différentes classes que nous venons de citer ; nous nous contenterons de dire quelques mots sur les ardoises.

ARDOISES. — L'ardoise fait partie des pierres schisteuses qui sont par lits dans le sein de la terre. Sa qualité est d'autant meilleure qu'elle est tirée d'une plus grande profondeur. Les premiers lits au contraire ne fournissent qu'une ardoise rousse d'une formation imparfaite, qui se laisse attendrir par l'eau au point de s'effritter. Il existe des ardoises pyriteuses tellement tendres qu'on peut les réduire en petites parcelles en les pressant entre le pouce et l'index.

Une des meilleures qualités d'ardoise est celle qui provient des carrières d'Angers. Il existe des modèles qui varient suivant les pays. Nous allons donner leurs dimensions.

NOMS DES ARDOISES.	DIMENSIONS		ÉPAISSEUR.	POIDS DU MILLE.
	LONGUEUR.	LARGEUR.		
Modèles français.				
Premier carré (grand modèle) . .	0,325	0,222	3^{mm} à 4^{mm}	530
— (forte)	0,298	0,217	4 »	550
Deuxième carré	0,228	0,196	2 1/3 3	400
Troisième carré (flamande) . . .	0,254	0,160	3 »	318
Quatrième carré (cartelette). . .	0,217	0,162	2 1/2 3	258
Modèles dits anglais.				
Premier échantillon.	0,64	0,36	5 1/2 6	3868
Deuxième —	0,60	0,36	» »	3628
Troisième —	0,60	0,31	» »	3128
Quatrième —	0,54	0,31	» »	2810
Cinquième —	0,54	0,27	» »	2448

Après cette nomenclature des pierres, nous donnerons quelques renseignements indispensables sur les pierres à bâtir naturelles.

Les pierres, en sortant de la carrière, sont recouvertes d'une écorce terreuse qu'on nomme *bouzin*.

L'opération nécessaire qui consiste à supprimer cette espèce de bouillie sur les pierres s'appelle *ébouzinage*.

On ne doit employer les pierres ébouzinées que lorsqu'elles ont complétement rendu leur *eau de carrière*, c'est-à-dire lorsqu'elles sont complétement sèches.

On appelle *pierre d'échantillon* tout bloc équarri suivant des mesures données à l'appareilleur. Une pierre est dite de grand ou petit appareil suivant ses dimensions.

Dans la carrière, les pierres sont posées horizontalement ou à peu près et par couches ; la pierre extraite et employée dans la construction doit toujours être placée dans la position qu'elle occupait dans la carrière ; c'est ce qu'on appelle poser *sur lit de carrière* ; les pierres posées autrement sont dites *posées en délit ;* et dans ce cas elles sont sujettes à s'effeuiller et ne peuvent supporter des charges considérables sans s'écraser.

Toutes les pierres ont généralement un lit, cependant quelques-unes, les grès par exemple, n'en ont pour ainsi dire pas. On peut donc les poser indifféremment dans tous les sens. Toute pierre trop petite pour subir une taille régulière, quelle que soit sa qualité et sa provenance se nomme *moëllon ;* il est dit dur ou tendre suivant qu'il provient d'une pierre dure ou tendre. Tout moëllon doit être ébouziné et posé sur son lit.

Les blocs extraits de la carrière sont amenés sur le chantier, où ils sont *débités, sciés* et *taillés.* On les débite au moyen de *passes* convenablement dirigées ; puis on scie les pierres dures avec la *scie sans dents* et en employant l'eau et le grès pilé. Les pierres tendres sont sciées avec la *scie dentée,* c'est-à-dire une scie analogue à celles qu'emploient les menuisiers pour débiter le bois ; enfin la pierre est taillée soit au chantier soit sur le *tas* c'est-à-dire sur l'emplacement même de la construction.

Les différentes opérations en dehors de la taille se nomment *abatage, évidement, refouillement.*

L'*abatage* est la partie de pierre piochée pour former des angles saillants d'avant-corps, de harpes, d'épannelage, de moulures, etc.

L'*évidement* est la partie de pierre piochée entre deux faces adjacentes qui forment des angles rentrants ; le *refouillement* au contraire est toute partie de pierre évidée à la masse et au poinçon entre un nombre quelconque de faces.

La taille des lits est suffisante pour les *libages,* c'est-à-dire pour les blocs de pierres cachés et posés immédiatement sur les murs de fondation ; au contraire les pierres employées en élévation reçoivent la taille sur six faces quand elles font parpaings, mais toujours sur cinq faces lorsque l'une d'elles est noyée dans la maçonnerie. Les parpaings sont des pierres qui occupent toute l'épaisseur d'un mur et forment parement de chaque côté.

Pour la taille des pierres dures et tendres, on emploie divers instruments, qui sont pour la pierre dure : le *têtu,* la *pioche,* la *laye* ou *marteau bretté,* la *boucharde,* le *ciseau,* le *poinçon,* la *ripe* et la *gradine.* Pour les pierres tendres, on ne fait usage que du *ciseau,* de la *pioche à pierre tendre,* du *marteau* dit *rustique* et du *marteau tranchant.*

Le *têtu* est un marteau en fer aciéré qui a ses deux têtes carrées, quelquefois l'une d'elles est une pointe. Le têtu sert à dégrossir les pierres lorsqu'il faut y pratiquer un fort abatage. Il faut autant que possible proscrire cet instrument du chantier.

La *pioche à pierre dure* est un marteau de fer à pointes aciérée à quatre pans, et plus la pierre est dure, plus on emploie des pioches à fortes dents.

La *pioche à pierre tendre* a l'une de ses extrémités terminée en *herminette* dite *Polka* c'est-à-dire en un tranchant perpendiculaire au manche, tandis que l'autre est un tranchant large de $0^m,04$ environ. La *laye* ou *marteau bretté* a l'une de ses extrémités aplatie dans le sens parallèle au manche et dentelée ou brettée ; l'autre extrémité est un tranchant uni. La pierre travaillée avec ce marteau est dite *layée.*

La *boucharde* est un marteau dont les têtes carrées sont terminées en pointe de diamant ; c'est un instrument détestable pour la taille, car il *étonne* la pierre ; on doit le proscrire pour les *parements extérieurs.*

On fait aujourd'hui de petites bouchardes qui sont de véritables marteaux brettés.

Les *ciseaux,* qui sont connus de tout le monde, sont des morceaux de fer aciéré ou même d'acier. Ils sont de formes très-variables, cylindriques, prismatiques ; l'une de leurs extrémités est aplatie pour former tranchant.

Les *poinçons* ne sont que des ciseaux dont l'extrémité est une pointe au lieu d'un tranchant. Ils servent pour les pierres dures. On frappe sur les ciseaux gradines et poinçons à l'aide d'un maillet en bois dur pour les travaux délicats, et avec une massette en fer pour ceux qui réclament moins de soins.

La *ripe* est une tige en fer aciéré dont les extrémités sont recourbées en sens opposés : cet instrument sert à terminer les parements, un de ses côtés est dentelé, tandis que l'autre est un tranchant uni.

Les *gradines* ne sont qu'une variété de ciseaux dont le tranchant est dentelé : on les emploie pour les pierres dures.

Le *rustique* n'est qu'une laye à plus larges dents.

II. PIERRES ARTIFICIELLES.

Dans beaucoup de contrées, l'homme n'a pour construire que des pierres de mauvaise qualité ; quelquefois même certaines régions sont entièrement privées de pierres ; enfin il existe des pays où l'habitant n'est pas assez riche pour exploiter les bons matériaux qu'il a sous la main. Pour parer à ces diverses situations l'homme a dû fabriquer des pierres artificielles. Il est probable que la première qu'il a imaginée a été la *brique crue*. Plus tard, peu satisfait sans doute de celle-ci, il a eu l'idée de la faire cuire.

Brique crue. Quoique la brique crue ne puisse pas être classée parmi les meilleurs matériaux, dans un ouvrage qui s'occupe des *constructions économiques*, nous ne pouvons la passer sous silence ; nous devons au contraire parler assez longuement de ce produit pour permettre aux constructeurs de le fabriquer s'ils désirent en faire usage.

Historique. — L'existence des briques crues remonte à la plus haute antiquité puisque beaucoup d'auteurs prétendent que la tour de Babel avait été construite avec la brique crue. Les Grecs et les Romains l'ont fréquemment employée dans leurs édifices publics ou privés. Voici ce que Vitruve dit de la fabrication de ces briques ; nous traduisons littéralement :

« *Des briques crues, de quelle terre on doit les fabriquer, en quel temps il est opportun de les faire et quelle forme on doit leur donner.*

« Avant de parler des briques, je dirai quelle est la meilleure terre pour leur fabrication. Premièrement la pâte qui doit servir à les faire ne doit contenir ni sable, ni gravier, ni cailloux, parce que si ces matières entrent dans leur composition, elles les rendent plus lourdes, et lorsque les murs où on les emploie sont battus par les pluies les briques se divisent et se désagrégent; en outre, la paille qu'on y met ne peut faire une liaison à cause des rugosités que renferme la terre. »

Vitruve recommande ensuite de n'employer que de la terre crayeuse blanche ou rouge ou du sablon mâle, parce que les terres de cette nature se solidifient fortement à cause de leur onctuosité, il ajoute que le printemps et l'automne sont les temps les plus favorables pour la fabrication de ces briques.

Composition. — Étudions maintenant la composition et les diverses fabrications des briques crues. Les meilleures sont faites comme le dit Vitruve, avec l'argile rouge ou blanche mélangée avec du sablon. Pour leur donner plus de liaison, on introduit dans le mélange de la paille ou du foin haché menu ou de la tourbe fibreuse ou filamenteuse.

Fabrication. — Il existe divers procédés de fabrication. En France et dans la Russie méridionale, on creuse à 0^m,35 de profondeur sur un sol argileux propre à la fabrication de la brique un bassin circulaire de 6 à 7 mètres de diamètre; on bêche le fond de ce bassin puis on y verse une quantité d'eau suffisante pour transformer le tout en bouillie très-épaisse qui est piétinée par un bœuf ou un cheval. La glaise suffisamment malaxée est mélangée avec des matières végétales qui doivent faire liaison. Le mélange ainsi remanié est prêt alors à faire la brique. On moule cette pâte aux dimensions qu'on veut donner aux briques. Celles-ci faites, on les met à sécher. Quand elles sont *couennées*, au bout de deux ou trois jours, suivant la température, on les met en lanternes et puis en piles.

Le moment le plus favorable pour cette fabrication c'est le printemps ou l'automne. En hiver il serait difficile de faire sécher les briques, ensuite la gelée pourrait désagréger celles qui seraient fabriquées. En été, elles sécheraient trop rapidement et risqueraient de se fendiller.

On ne doit employer les briques crues pour les constructions alors seulement qu'elles sont complétement sèches. Vitruve va jusqu'à recommander de ne les employer que deux ans après leur fabrication.

Autre mode de fabrication. — Dans les pays chauds, les ouvriers piétinent eux-mêmes la terre argileuse et y mêlent la paille ou toute autre substance végétale hachée menue. Ils moulent la brique, et pour lui donner un bon aspect à sa sortie du moule ils passent la main sur les faces, après avoir préalablement trempé la brique dans un baquet rempli d'eau. Ce procédé de fabrication est employé notamment en Perse.

Emploi des briques crues. — On les emploie de la même façon que les briques cuites; on les liaisonne avec un mortier qui n'est autre que la pâte de brique crue avant l'addition des substances végétales.

Dans les constructions faites avec ces briques, les plafonds et les crépissages des murs intérieurs se font avec le mortier indiqué ci-dessus, mais avec addition en petite quantité de balles de céréales, de crottin de cheval ou de bouse de vache.

Briques cuites. — Comme les précédentes, les briques cuites sont connues de toute antiquité; les Romains cependant ne les ont employées que fort tard.

De nos jours, il s'en fait une consommation considérable; elles sont de formes et de dimensions diverses.

Les petites mesurent de 0^m,16 à 0^m,19 de longueur sur 0^m,08 à 0^m,09 de largeur et 0^m,04 ou 0^m,06 d'épaisseur.

Les moyennes ont 0^m,22 à 0^m,24 de longueur sur 0^m,11 à 0^m,12 de largeur et 0^m,06 d'épaisseur.

Les grandes ont depuis 0^m,30 et 0^m,36 de long sur 0^m,20 à 0^m,24 de large et 0^m,04 à 0^m,05 d'épaisseur.

Il existe de nombreuses variétés de briques. Leurs qualités varient suivant les terres qui ont servi à leur fabrication ; leur densité est aussi très-variable.

Voici les principales qualités qu'on doit exiger des bonnes briques : — *homogénéité, régularité de forme, uniformité* dans leurs dimensions et leurs couleurs, *facilité* dans la taille. — On peut obtenir toutes ces qualités par une bonne fabrication.

Les briques cuites se moulent comme les briques crues, soit à l'aide de moules simples, soit avec des machines à briqueter ; on fait sécher la brique crue, puis on la fait cuire en l'exposant à un feu très-intense, soit en meules, soit dans des fours.

On les divise en deux sortes, *briques ordinaires* et *briques réfractaires*.

Les briques ordinaires servent dans toutes sortes de constructions ; les briques réfractaires sont employées pour les cheminées, fours, hauts fourneaux ; elles doivent résister aux plus hautes températures sans se détériorer. Nous n'entrerons pas dans les détails de leur fabrication, ce serait dépasser les bornes de notre travail. Nos lecteurs qui désireraient de plus amples explications trouveront tout ce qui concerne l'art du briquetier dans un travail spécial que nous publierons ultérieurement.

On fait aussi des briques en plâtre pour cloisons légères et constructions économiques.

Carreaux. — Il existe plusieurs genres de carreaux. On en fait en plâtre pour cloisons légères ; d'autres sont en terre cuite et sont employés pour dallages. Leur fabrication est la même que celle de la brique, seulement les mélanges de terres employés pour les carreaux, les tuiles, les tuyaux et poteries doivent être plus soignés et les terres elles-mêmes de meilleure qualité. On glace les carreaux et on les émaille par divers procédés.

Tuiles. — La fabrication des tuiles demande beaucoup de soins, surtout pour les sécher et les mouler. Il faut les mettre sur des rayons ou tablettes à claire-voie pour éviter leur déformation pendant le séchage. Cette opération doit être pratiquée à l'ombre.

Pour rendre les tuiles de qualités supérieures, on doit pousser leur cuisson le plus possible, jusqu'à la vitrification même ; car une cuisson incomplète les rend poreuses. Dans cet état, elles absorbent l'humidité et peuvent s'effeuiller par la gelée ; or une tuile bien fabriquée ne doit être attaquée par aucun des agents atmosphériques. Bien moulée et suffisamment cuite, elle rend un son clair et sonore quand on frappe sur elle avec une clef ou un ustensile en fer. On peut émailler les tuiles comme les carreaux.

Lorsque nous parlerons de la couverture des constructions nous donnerons la description des diverses espèces et modèles de tuiles.

Tuyaux. — Les tuyaux en terre cuite se fabriquent comme les tuiles ; anciennement on les moulait sur des mandrins en bois, aujourd'hui on les fait exclusivement à la machine. Il se fait une consommation énorme de tuyaux en terre cuite pour les drainage, captation de sources, canalisation d'eau, de liquides quelconques et quelquefois même de gaz ; on les emploie aussi pour cheminées d'aération, ventilateur, tuyaux de chute et de descente. Quand les tuyaux sont employés pour des usages qui nécessitent un *emboitement de précision,* on termine au tour les extrémités qui doivent s'emboiter.

Poteries. — On désigne sous ce nom les *mitres* et *mitrons* pour souches de cheminées, les poteries de diverses formes qu'on emploie pour remplissages de planchers en fer. Ces poteries se fabriquent de même que les briques, carreaux, tuiles et tuyaux. Nous donnerons des détails complémentaires sur chacune de ces poteries, lorsqu'elles reviendront sous notre plume dans les différentes parties de cet ouvrage.

SABLES.

Les sables proviennent de la désagrégation des roches ; leur composition varie suivant la provenance de celles-ci, ils peuvent donc être calcaires, siliceux ou quartzeux.

Les sables que l'on trouve dans les plaines, où ne passent ni rivières, ni fleuves, sont des *sables fossiles ;* les *sables vierges* sont ceux qui se trouvent à côté des roches en décomposition qui les produisent ou qui les ont produits.

Les *sables de carrière,* soit vierges, soit fossiles, sont ceux qu'on doit préférer pour la composition des mortiers, parce que leur forme prismatique et anguleuse présente plus d'aspérités que les sables de rivière, qui sont ronds. Par suite, les mortiers faits avec les premiers présentent plus de cohésion. Les *sables de rivière* cependant sont en général assez bons pour toutes les applications qu'on peut en faire dans les constructions, quelles que soient leurs provenances. Les sables employés pour la fabrication des mortiers doivent être dépourvus de terre argileuse ou de toute autre matière étrangère. On reconnaît qu'un sable est pur lorsque, mis dans un verre d'eau, il ne la trouble pas ; si le sable est terreux ou limoneux et qu'on agite le mélange, il trouble l'eau plus ou moins ; tel est le moyen employé pour constater la plus ou moins grande pureté du sable.

Il y a enfin le sable des bords de la mer, le *sable marin,* qui fait d'excellents mortiers, quoi qu'en disent certains constructeurs ; cependant il doit être rejeté parce que les murs faits avec lui sont hygrométriques, et lorsque le temps est pluvieux ou chargé d'humidité ils ruissellent l'eau de tous côtés, ce qui est préjudiciable à la santé de l'homme qui habite une pareille construction. Ensuite cela détériore les tapisseries, menuiseries et tentures de l'habitation.

Aussi conseillons-nous à ceux qui n'ont pas d'autres sables à leur disposition d'exposer le sable marin aux pluies un an avant son emploi, ou bien encore de le laver à l'aide de paniers qu'on trempe dans l'eau et de n'en faire usage que lorsqu'il sera dépouillé de toutes les parties salines qu'il contient. En tout cas, le sable marin doit toujours être rejeté quand on peut s'en procurer d'autres.

Les constructeurs divisent le sable en trois grosseurs; ils le nomment *fin, moyen* (1) ou *gros*.

Les sables sont *fins* lorsque leurs grains ont moins d'un millimètre de diamètre; ils sont dits *moyens* lorsqu'ils ont un millimètre à deux; enfin les sables sont *gros* lorsque leurs grains mesurent deux ou trois millimètres; au-dessus de cette force ce n'est plus du sable, mais du gravier.

SABLES ARGILEUX OU ARÈNES.

Entre les sables proprement dits et la pouzzolane, dont nous parlons plus loin, il existe une substance intermédiaire, c'est un sable quartzeux à grains inégaux; il est entremêlé en des proportions variables d'argile brune ou d'un jaune orangé. On trouve ces sables argileux dits *arènes,* au sommet de petites collines ou monticules, notamment en Bretagne, dans les environs de Brest, en Dordogne près de Périgueux, à Saint-Astier.

Les sables argileux dits arènes ont, à quelque différence près, la même composition. Nous donnons celle de l'arène de Saint-Astier à titre de renseignement général :

Sable ou quartz.	4,16
Silice	38,64
Alumine	20,08
Carbonate de chaux	8,12
Peroxyde de fer.	12,00
Eau.	17,00
	100,00

Ces sables diffèrent complétement des sables argileux ou limoneux ordinaires, car ils ont des propriétés analogues à celles des pouzzolanes que nous allons décrire.

---

(1) Celui-ci est nommée aussi *mignonnette*. Voyez note 1, page 21.

POUZZOLANES.

Les *pouzzolanes* sont des produits volcaniques. On les a découverts dans les environs de Pouzzoles près Naples, de là leur nom. Il en existe en France dans le voisinage des volcans éteints, dans l'Auvergne et dans le Vivarais par exemple.

Les pouzzolanes mêlées à froid aux chaux grasses ont la propriété de les rendre très-hydrauliques ; elles servent dans la composition des mortiers où elles jouent un rôle considérable ; nous le verrons quand nous parlerons de la fabrication des mortiers.

La composition des pouzzolanes naturelles est à peu de chose près celle de l'argile calcinée ; aussi obtient-on des pouzzolanes artificielles en calcinant à une haute température de l'argile qu'on réduit en poudre, après la calcination.

Les débris concassés de tuiles, briques, poteries, la substance vitrifiée provenant des hauts fourneaux, nommée *laitier*, le *mâchefer, cendres de houille* et de *tourbe* pulvérisés sous des meules produisent des résultats analogues aux pouzzolanes ; mais lorsqu'on utilise ces substances il faut employer pour la confection des mortiers, des chaux ayant déjà par elles-mêmes des propriétés hydrauliques ; sans cela on n'obtiendrait que des mortiers hydrauliques de qualité inférieure.

Il existe divers procédés pour obtenir des pouzzolanes artificielles de qualité supérieure. Un des meilleurs consiste à mêler trois parties d'argile à une partie de chaux grasse ordinaire qu'on a eu soin d'éteindre préalablement et de réduire en pâte. Ces deux substances sont mélangées et broyées par voie humide avec un manége à deux roues. Pendant le broyage, on a soin de retirer de la pâte tous les corps étrangers. On moule celle-ci en pains ou briques grossières qu'on fait sécher sur les tablettes d'une étagère à claire-voie. Les briques sèches, on les empile dans un four et on leur donne une cuisson normale ; c'est-à-dire qu'on pousse l'opération jusqu'à obtenir 600 ou 650 degrés centigrades. Il ne faut pas dépasser par trop cette température, sans cela le carbonate de chaux serait décomposé : cette décomposition est l'indice d'une cuisson *supranormale,* ce n'est du reste que par une longue expérience qu'on est apte à diriger l'opération.

Les pouzzolanes fabriquées par ce procédé sont d'une qualité supérieure aux pouzzolanes naturelles, elles conservent en outre plus longtemps que la chaux hydraulique, leurs propriétés et par elles on peut donner aux mortiers le degré de force, d'adhérence et de cohésion qu'on désire : avantages qu'on ne peut toujours obtenir par l'emploi des chaux hydrauliques ordinaires.

CHAUX.

Comme nos lecteurs le savent, la chaux provient de la calcination des pierres calcaires.

L'eau ou même l'air humide transforment la *chaux vive* en *chaux éteinte*. C'est sous cette dernière forme et mélangée avec des sables qu'elle constitue les mortiers employés dans les constructions.

Les chaux, suivant la nature des pierres employées à leur fabrication, se divisent en *chaux communes* ou *aériennes* et en *chaux hydrauliques* suivant qu'elles prennent ou durcissent à l'air ou dans l'eau ; il existe bien des subdivisions dont nous dirons quelques mots, ce sont : les *incuits,* les *chaux frittées* et les *chaux limites;* quelques auteurs ont aussi voulu établir une subdivision pour les *chaux ciments* qui bien souvent ne proviennent, il est vrai, que de la calcination de calcaires argileux; cependant, comme la nature des ciments est très-variable et qu'ils présentent des caractères très-divers, nous avons préféré traiter de cette substance à part, comme un produit différent des chaux.

1. Les CHAUX COMMUNES OU AÉRIENNES sont de trois sortes ; elles sont nommées chaux *grasses, moyennes* et *maigres.*

Les chaux *grasses,* sur lesquelles on jette de l'eau s'échauffent beaucoup et foisonnent considérablement ; pures et éteintes elles fournissent assez souvent un volume triple de celui de la chaux vive. Après leur foisonnement, ces chaux donnent une pâte liante, fine et grasse au toucher.

Les chaux *moyennes* foisonnent beaucoup moins que les précédentes ; éteintes, elles acquièrent à peine un volume double que vives.

Quant aux chaux *maigres,* elles contiennent généralement des matières étrangères, du sable principalement, et cela dans des proportions de 12 à 15 et quelquefois jusqu'à 28 à 30 pour 100; celles-ci ne foisonnent presque pas à l'extinction.

2. Les CHAUX HYDRAULIQUES vives ne foisonnent pas ou du moins très-peu, lorsqu'on les éteint ; de plus elles ne donnent pas de chaleur pendant cette opération.

Elles sont généralement maigres, très-rarement moyennes et jamais grasses. Elles affectent différentes nuances : tantôt elles sont blanches ou d'un gris verdâtre, tantôt couleur de brique crue.

De ce qu'on les nomme hydrauliques, il ne faut pas croire que ces chaux employées à l'air, ou en terre ne donnent pas de bons résultats, au contraire, dans la pratique, leur emploi a parfaitement établi que la résistance des mortiers hydrauliques employés à l'air est égale aux pierres à bâtir de qualité moyenne.

Il arrive assez souvent que, dans les fours à chaux, certaines parties de calcaires ne peuvent être décomposées par la chaleur ; ces chaux incomplètes sont nommées *incuits, rigaux* et *grappiers*. On leur donne aussi improprement le nom de *biscuit* Cette dénomination est tout à fait inexacte, puisque, au lieu d'être deux fois cuites, ces portions de calcaires ne le sont qu'incomplétement ; il serait donc plus exact de les appeler *incuits, mi-cuits, mal cuits*. Quelques calcaires renferment des *noyaux* plus durs, espèce de *galets* qui sont des *incuits :* on les nomme *durillons* ou *marrons*.

Les *chaux frittées,* nommées aussi *surcuit·,* sont des produits calcaires argileux chauffés à une température trop élevée. Exposées à l'air ces *frittes* paraissent d'abord entièrement inertes ; cependant si elles sont pulvérisées au sortir du four et gachées à consistance de mortier et mises sous l'eau, elles donnent des résultats divers. Au bout d'un certain laps de temps, ce mortier finit par acquérir une dureté telle, que les meilleurs ciments hydrauliques ne l'atteignent que rarement.

Les *chaux limites* se placent entre les chaux éminemment hydrauliques et les ciments ; elles forment un produit à part, dont on ne peut tirer aucun parti au degré de cuisson ordinaire. Ces chaux sont parfaitement dénommées parce qu'en effet la quantité d'argile qui les caractérise est la limite supérieure de celle qui constitue les chaux hydrauliques proprement dites. Ces chaux limites ne présentent plus les propriétés de ces dernières, mais elles n'ont pas encore les caractères des ciments.

CIMENTS.

Les ciments sont des produits provenant de la cuisson complète des calcaires marneux ou argileux. Ils ne s'éteignent ni ne font effervescence avec l'eau, mais réduits en poudre et gachés ils durcissent facilement et promptement.

Le ciment n'a été découvert qu'à la fin du siècle dernier (1). Il existe une grande variété de ciments ; les plus renommés sont, pour les ciments anglais,

---

(1) Cette opinion pourra surprendre quelques-uns de nos lecteurs, cependant rien n'est plus vrai ; les Romains n'ont jamais connu la fabrication du ciment au moyen des calcaires argileux. Ce qu'on appelle *Ciment Romain* n'était qu'un mortier hydraulique que les Romains tenaient des Étrusques.

Ce n'est qu'en 1796, quarante ans après la découverte de Smeaton si admirablement développée par Vicat, Berthier et Füchs, que Parker et Wyats prirent les premiers un brevet d'invention pour l'exploitation d'un *calcaire argileux* produisant une matière analogue à la chaux hydraulique, mais à prise plus énergique.

ceux de Portland, pour les ciments français ceux de Vassy (Yonne), de Pouilly (Côte-d'Or), de Grenoble (Isère).

Le ciment s'emploie sous forme de mortier, et rarement pur, sauf pour enduits ou jointoiements. On l'utilise aussi dans les cas où un durcissement instantané est indispensable, pour arrêter les sources dans les fondations par exemple, et, pour les radiers des bassins ou écluses.

On le mélange ordinairement pour d'autres travaux avec du sable pur, c'est-à-dire ne contenant ni vase ni substances terreuses.

Il existe un *ciment dit des fontainiers,* qui est fait avec de la brique pilée, du mâchefer ou de la limaille de fer mêlés à de la houille et de la pierre meulière, le tout est broyé avec de la chaux vive. Ce ciment est excellent et durcit rapidement dans l'eau.

Le fameux *Maltha* des Romains était une espèce de ciment extrêmement dur qu'ils appliquaient sur des mortiers ordinaires pour les conserver. On le préparait en éteignant de la chaux dans du vin et en la mêlant avec de la résine en poudre.

MORTIERS.

Le mortier est une composition, un amalgame qui sert à unir fortement les matériaux tels que pierres, briques, et qui fait corps avec eux. On l'emploie à l'état de pâte molle et il durcit au bout de quelques jours.

Il existe une grande variété de mortiers, mais suivant leur destination on les divise en deux classes :

1° Les *mortiers ordinaires ou aériens* employés dans les constructions où l'on ne craint point l'humidité ;

2° Les *mortiers hydrauliques,* ou employés sous l'eau ou dans les constructions exposées à l'humidité. Les premiers se composent de chaux et de sable mélangés suivant la qualité de la chaux dans les proportions (en volume) suivantes :

Chaux grasse éteinte, 50 parties pour 100 de sable ;

Chaux moyenne, 35 parties pour 100 de sable ;

Chaux maigre, 60 parties pour 100 de sable ;

Chaux hydraulique, 70 parties pour 100 de sable.

Avant de mélanger l'eau, le sable et la chaux, il faut ramener celle-ci à l'aide du *rabot* ou *broyon* à l'état de pâte bien homogène jusqu'à ce qu'elle acquière la consistance de l'argile corroyée. Vingt-quatre heures après son extinction, la chaux est suffisamment prise. On peut l'employer dans cet état, on y ajoute le sable sans eau ; cette observation est indispensable pour obtenir un bon mortier.

Généralement les maçons ont le défaut d'ajouter de l'eau en même temps que le sable parce que le corroyage est moins pénible et qu'il économise les trois quarts du temps qui serait nécessaire pour conduire à bien l'opération. Les mortiers ainsi obtenus présentent une bien moins grande résistance ; car il ne faut pas l'oublier, *c'est le corroyage qui fait le mortier.*

Le bon mortier doit se faire avec le moins d'eau possible. Quand il est fabriqué avant son emploi immédiat, on le recouvre de sable pour le préserver du contact de l'air. On le rebat, sans addition d'eau, au moment de l'employer. En prenant ces précautions, le mortier ordinaire acquiert de la qualité, loin d'en perdre ; en effet, il durcit plus rapidement et prend avec moins de retrait.

Nous recommandons de même de faire les mortiers de tuilée et de chaux grasse cinq à six jours avant leur emploi ; on a soin de les rebattre dans l'intervalle à trois ou quatre reprises.

Les mortiers employés sous l'eau se composent mi-partie de chaux hydraulique et mi-partie de tuilée ou de pouzzolane très-énergique.

Les mortiers de chaux maigre et de chaux hydraulique ne doivent pas subir un battage aussi prolongé que le mortier ordinaire ; car au lieu de gagner en qualité, ils ne feraient que perdre.

La composition de l'eau influe beaucoup sur la qualité des mortiers ; la meilleure est l'eau de pluie ou de citerne, ensuite celle de rivière quand elle est claire et limpide. La moins bonne est l'eau de puits.

Il existe encore trois autres genres de mortiers : le *mortier bâtard,* le *mortier de terre* et le *blanc de bourre.*

Le premier est un mortier ordinaire de chaux et de sable avec une addition plus ou moins considérable de plâtre, suivant l'usage auquel on le destine. Ce mortier doit être rejeté pour les constructions exposées à l'humidité, à cause des propriétés hygrométriques du plâtre. Il peut rendre au contraire des services dans les étages élevés, où l'humidité n'est pas à craindre et pour des travaux qui nécessiteraient une prise rapide ; car il durcit en quelques heures, et il adhère fortement aux matériaux.

Le *mortier de terre* est composé uniquement d'une terre très-argileuse extraite quelquefois sur le lieu même de la construction. On la détrempe avec de l'eau, on la réduit en pâte, enfin on la corroie avec le rabot en fer. Ce mortier est fort en usage pour les constructions rurales ; il sert à exécuter et hourder des maçonneries en moëllons ou en briques. Afin de préserver le mortier de terre de la pluie et de l'humidité, lorsque le hourdi est sec on le recouvre d'un enduit en plâtre ou en mortier de chaux. A l'aide de ce revêtement, il résiste très-longtemps aux intempéries de l'air.

Sous le nom de *blanc de bourre,* on fait un mortier mixte composé de chaux grasse et de sable, ou d'argile et de chaux, auquel on ajoute de la bourre ou poil provenant des peaux tannées, ou de la tonte des draps. Le blanc de bourre sert à faire les enduits et les plafonds dans les pays, où le plâtre est très-rare, ou fait même complétement défaut.

Pour fabriquer le blanc de bourre on étend le mortier sur une aire plane en couche peu épaisse, on ajoute la bourre et on remue le tout jusqu'à ce que le mélange ait acquis une certaine consistance. Pour les couches cachées des enduits, on utilise de la bourre noire ou rousse, mais pour les couches apparentes, la dernière surtout, on emploie la bourre blanche.

Avant d'introduire la bourre dans le mortier on a soin de la battre, afin de bien séparer toutes les fibres.

Pour obtenir de bons enduits susceptibles d'un beau poli, il faut que la chaux soit éteinte très-longtemps à l'avance, un mois ou deux sont nécessaires. Le blanc de bourre se pose à la truelle sur lattis. La première couche n'a que $0^m,018$ à $0^m,020$ d'épaisseur, la seconde est plus mince encore. Ces enduits ne peuvent être faits en temps de gelée.

Dans quelques départements du nord de la France, en Suède et en Russie, les ouvriers qui ont l'habitude de se servir de ce produit font au blanc de bourre des corniches de plafonds et des moulures de lambris. On peut peindre sur ces enduits, mais on ne doit le faire que dans la belle saison, et un an après leur entière exécution.

BÉTONS.

Le béton peut être considéré comme une maçonnerie coulée, c'est une sorte de pierre artificielle formée d'un mélange de cailloux et d'un mortier de sable et de chaux.

Quelquefois on remplace les cailloux par des fragments de brique, de pierraille ou meulière ou même des recoupes de pierre dure d'un petit volume. Le mortier doit être en quantité suffisante pour noyer complétement les cailloux ou les fragments de pierre afin d'empêcher un contact immédiat entre eux.

On emploie ordinairement pour les cailloux ou graviers 50 à 55 pour 100 en volume de mortier, pour les pierres concassées jusqu'à 75 pour 100. Le mortier employé est généralement hydraulique.

On fabrique des bétons dont la résistance et l'imperméabilité sont variables, on les compose donc suivant l'usage auquel on les destine.

Voici du reste pour un mètre cube trois dosages différents que nous avons employés dans nos travaux et dont nous avons toujours été satisfait.

Béton gras ; $0^{mc},54$ de mortier et $0^{mc},76$ de cailloux, employé pour des réservoirs, des rivières artificielles des déversoirs, radiers et autres travaux analogues.

Béton ordinaire ; $0^{mc},50$ de mortier et $0^{mc},85$ de cailloux, bon pour les ouvrages de maçonnerie dans l'eau, pavage, etc.

Béton maigre ; $0^{mc},40$ de mortier et $0^{mc},95$ de cailloux ou pierrailles, employé pour fondations et massifs, pour puits de fondations.

Si le terrain était excessivement humide on pourrait augmenter la quantité de mortier.

Avec les dosages que nous venons de donner ci-dessus on peut composer des bétons intermédiaires, et faire dix compositions différentes ; c'est au constructeur à étudier le cas spécial dans lequel il se trouve pour y appliquer un dosage de préférence à un autre.

Le mélange du mortier et des cailloux se fait sur une aire plane en planches, d'abord avec des griffes, ensuite avec des pelles. Pour les travaux de grande importance on a un outillage spécial, on emploie des bétonnières. Cette machine à faire le béton est un cylindre en fer de $2^{m},50$ environ, de hauteur, il est garni intérieurement de tiges de fer rond qui se croisent en tous sens. Par l'ouverture supérieure on jette les proportions déterminées de cailloux et de mortier. Dans le parcours du cylindre, le béton se mêle et s'amalgame, et lorsqu'il arrive à l'extrémité inférieure terminée en cône tronqué, le béton est fait. Un registre sert à ouvrir et fermer le bas de la bétonnière.

Le béton est aujourd'hui d'un usage fréquent, mais on l'emploie surtout pour les travaux de fondations et les ouvrages hydrauliques.

On doit prendre de grandes précautions pour empêcher la chaux du béton de se délayer, c'est dans ce but que l'on coule le béton dans des caisses en bois dont le fond s'ouvre et se ferme au moyen d'un loquet qu'on manœuvre avec une chaîne. On le coule aussi dans des batardeaux ou dans des excavations disposés pour le recevoir.

Avec le béton on fait aujourd'hui toutes sortes de travaux : des blocs artificiels, qui mesurent quelquefois plus de 10 mètres cubes (ports d'Alger, de la Joliette à Marseille), des murs, des voûtes, jusqu'à des églises.

Celle du Vésinet dans les environs de Paris est ainsi construite.

Certains bétons bien fabriqués égalent en durée de petites roches ; seulement comme tous les matériaux monolithes, le béton est sujet à se fendre, si les fondations des constructions reposent sur un sol compressible.

On fait encore avec des *bétons agglomérés* des statues, des ponts et même des maisons, et avec des bétons plastiques des dallages pour vestibules qui ont une extrême dureté.

PLATRES.

Le plâtre est une matière que l'on obtient par la calcination du gypse (sulfate de chaux hydraté) dans des fours.

Le gypse est une pierre très tendre qu'on ne doit pas employer dans les constructions.

Les bancs de gypse dans une même carrière donnent des plâtres très-variés comme qualités ; aussi un bon fabricant de plâtre sait-il faire des fournées de manière à obtenir des plâtres de qualité uniforme.

Suivant les localités, les bancs de plâtre ont des noms différents ; dans les environs de Paris, où le plâtre est excellent, on désigne ces bancs de la manière suivante :

1° Le *Souchet*, qui est le premier banc. Il est immédiatement placé sous le ciel de la carrière.

2° Le *Bousineux*, qui est au-dessous.

3° La *Ceinture*, le *Gros-Gris* et le *Petit-Glanduleur*, placé au-dessous du suivant. Ces trois bancs fournissent des plâtres de qualité inférieure.

4° Le *Toisé*, le *Petit-Dur* et le *Gros-Dur*.

5° Le *Gros-Glanduleux*, la *Brioche* et le *Banc-Rouge*.

6° Le *Gros-Banc* et le *Sous-Pied*.

Ces trois derniers bancs donnent les meilleures pierres à plâtre, dont les variétés sont fort nombreuses.

Les pierres à plâtre sont cuites dans des fours, comme la chaux. Le meilleur procédé pour cette cuisson consiste à leur donner d'abord une chaleur modérée, qui chasse l'humidité des pierres ; on augmente ensuite graduellement le feu pour terminer la cuisson. Il faut environ vingt-quatre heures pour faire une fournée.

On reconnaît la bonne ou mauvaise qualité du plâtre aux caractères suivants :

Le bon plâtre cuit à point est doux au toucher ; il laisse dans les doigts une onctuosité que les ouvriers appellent *amour*. Les enduits faits avec ce plâtre sont d'un grain fin et serré et agréable à l'œil. Lorsque le plâtre est trop cuit, il n'absorbe pas d'eau, il est graveleux et ressemble au sable ; il se comporte de même lorsqu'il n'est pas assez cuit.

On reconnaît du reste les mauvais plâtres à leur couleur jaunâtre, à leur rudesse. Ils sont longs à prendre et les enduits faits avec eux se gercent très-facilement.

A Paris, on emploie dans les constructions trois sortes de plâtre :

1° Le *plâtre au panier* ou *plâtre ordinaire*, tel que le plâtrier le livre à l'entrepreneur. Il sert pour les aires de planchers, pour le hourdi et le crépi des murs. On le nomme ainsi parce qu'il est tamisé dans un panier d'osier.

2° Le *plâtre au sas* est un plâtre plus fin ; passé au tamis de crin, et de laiton il sert pour les enduits et les moulures.

3° Le *plâtre au tamis de soie* est employé pour les enduits et moulures qui doivent recevoir de la peinture.

On nomme *mouchettes* les résidus provenant du passage du plâtre au sas, on les utilise en les mêlant avec le plâtre ordinaire, pour les gros ouvrages de limousinerie, ou pour épigeonner ; enfin lorsque le plâtre passé au tamis de soie n'est pas assez fin, les ouvriers font sauter sur la pelle du plâtre et la partie qui s'y attache est appelés par les maçons *plâtre à la pelle*. Cette fleur de plâtre sert à boucher les petits trous des moulures.

On appelle *plâtre gris* celui qui n'a pas été *rablé*, c'est-à-dire dont on n'a pas ôté le charbon à la plâtrière et *plâtre blanc,* au contraire, celui qui a été rablé. .

Pour employer le plâtre dans les constructions, on lui rend l'eau qu'il a perdue par la cuisson, il est ensuite agité et malaxé dans une auge avec une truelle en cuivre. Cette opération est nommée *gâchage*. On *gâche serré* quand on met peu d'eau au plâtre et qu'on désire une prompte prise, pour les soudures des enduits par exemple. Au contraire, le plâtre est *gâché clair,* lorsqu'on emploie beaucoup d'eau ; ce dernier sert pour ragréer les moulures traînées ; enfin le plâtre est dit *noyé* quand il nage pour ainsi dire dans l'eau : celui-ci sert pour les coulis des joints.

Il arrive parfois que les ouvriers gâchent le plâtre trop clair et ne peuvent l'employer de suite ; dans ce cas ils le laissent *couder,* c'est-à-dire prendre de la consistance ; mais une fois le plâtre coudé il faut s'en servir rapidement, car il ne tarde pas à prendre.

Enfin on emploie le *plâtre à l'italienne*. Voici en quoi consiste ce procédé ; on jette du plâtre dans une auge à moitié remplie d'eau et inclinée on le laisse reposer puis on le retire avec une truelle et on le dépose sur une planche pendant 10 ou 15 minutes, après quoi on s'en sert pour les enduits.

On ne doit pas oublier que, contrairement au mortier qui se contracte en séchant, le plâtre augmente de volume, il faut tenir compte de cet accroissement dans les constructions, sans quoi on s'expose à de graves mécomptes ; ainsi quand on enduit des cloisons en briques il faut avoir soin de les contrebutter du côté opposé ; sans quoi, elles pourraient boucler assez fortement ; de même, quand on fait des aires en plâtre de $0^m,04$ à $0^m,05$ d'épaisseur, il faut procéder par petites surfaces et laisser entre elles $0^m,02$ d'intervalle de vide.

Nous dirons encore que l'emploi du plâtre présente des inconvénients pour les constructions à rez-de-chaussée, à cause de son hygrométricité. Les constructions en plâtre ne doivent donc reposer que sur des assises établies en mortiers hydrauliques.

STUCS.

Si au lieu de gâcher le plâtre avec de l'eau pure, on emploie de l'eau alunée, une dissolution de gélatine ou de colle de Flandre, on obtient un produit particulier nommé *stuc*. Le stuc peut être regardé comme un marbre factice ou artificiel. On le colore de diverses façons par des oxydes métalliques : il faut rejeter les couleurs végétales parce qu'elles ne tiennent pas. Avec le stuc, on imite toutes sortes de marbres ; il s'applique soit à la brosse lorsqu'il est liquide, soit en ravalement. Il se polit avec de la poudre de grès et une molette de pierre ; on bouche les cavités qu'il présente avec du stuc liquide, on le ponce, puis on le rebouche à nouveau. On répète ces opérations jusqu'à ce que la surface soit parfaitement unie. On donne le dernier poli avec une pierre à aiguiser ou pierre de touche, enfin le brillant en le frottant avec un chiffon de drap graissé à la cire.

On fait encore du stuc avec de la chaux et de la poudre de marbre. Le mélange broyé à l'aide de la molette est appliqué et poli comme le stuc ordinaire.

La prise du stuc est beaucoup plus lente que celle du plâtre ; on fait aujourd'hui de fort beaux marbres factices : leur prix de revient est très-variable.

BITUMES, ASPHALTES.

Les bitumes et les asphaltes sont d'une très-grande utilité dans les constructions rurales. On les emploie en revêtement, pour toitures, terrasses, trottoirs, dallage et pavage d'étable, d'écurie, passage de porte, couloir, revêtement de bassin, de réservoir, et le long des murs pour prévenir ou arrêter l'humidité.

Il existe plusieurs genres de bitumes ; celui qui est le plus généralement employé est noir ; il a une odeur *sui generis* lorsqu'on le met à fondre dans la chaudière ; il provient surtout de Seyssel (Ain), de Lobsan (Bas-Rhin), du Val-de-Travers (Suisse). Dans le Puy-de-Dôme, il existe aussi des gisements importants de bitume et de calcaire bitumineux.

Le bitume se vend dans le commerce en pains. Pour l'employer, il suffit de le mettre en fusion dans des chaudières *ad hoc*. Quand le mélange est en ébullition, on y ajoute du gravillon de la mignonnette (1) ou du sable fin, ensuite on le porte, à l'aide de seaux ou de grandes cuillers en fer, sur l'aire préparée pour le recevoir. On fait la coulée entre deux tringles de fer ; on l'égalise avec un rabot ou batte en bois, et on le saupoudre tout de suite et encore mou de sable.

L'aire que l'on recouvre de bitume a été préparée d'avance. On fait souvent sur les voûtes, terrasses, ponts, une chape de 0m,05 à 0m,06 en béton, qu'on dresse suivant les pentes avec du mortier fin ; on répand sur ce dernier du sable et on peut procéder immédiatement à l'application de l'asphalte. Pour les *solins* on emploie seulement du bitume pur sans sable.

Nous ne nous étendrons pas davantage sur ce sujet : nous aurons l'occasion de reparler souvent de cette substance dans le corps de notre ouvrage, lorsque nous traiterons des dallage, pavage, cour, couverture, terrasse, etc., ainsi qu'aux mots *enduits* et *humidité*.

MASTICS.

Les mastics sont des compositions que l'on emploie concurremment avec les mortiers pour réunir des pierres brisées, des éclats de tablette de cheminée, etc. Les mastics, en séchant, acquièrent une très-grande dureté ; ils sont souvent remplacés par les ciments.

Parmi les mastics les plus en usage, nous citerons le mastic de Dhil, dont la composition a été tenue secrète pendant longtemps, on ne la connaît même pas tout à fait aujourd'hui puisqu'il en existe plusieurs. Le principe de sa fabrication repose sur la brique pilée ou l'argile calcinée, sur la litharge et sur le protoxyde rouge de plomb.

1° Mastic de Dhil.

<pre>
Poudre de gazettes (2) de fabrique à porcelaine .   92 grammes. (1)
Oxyde de plomb.   8   —

Brique pilée . . . .   8 parties. (2)
Oxyde de plomb   1   —
</pre>

2° Le mastic hydraulique est fait avec un mélange de tuf en poudre, de sang de bœuf et de chaux pulvérisée.

<pre>
10 parties de sable.)
 1   —   de chaux. } Le tout broyé dans l'huile de lin avec une (3)
 5   —   de craie.)   légère addition d'oxyde de plomb.
</pre>

---

(1) On appelle ainsi un sable dont la grosseur est comme du poivre mignonnette, c'est-à-dire qui a 2 millimètres environ de grosseur.

(2) On appelle *gazette* dans les fabriques de porcelaine les enveloppes ou manchons dont on se sert pour abriter les belles pièces dans les fours à cuire.

3° Mastic ferrugineux.

Limaille de fer.	4 parties.	(4)
Mollaye (1).	4 —	
Suie de cheminée.	2 —	
Bouse de vache	1 —	

On mélange le tout, et l'on bat à sec sur de la brique, ou sur du marbre. Si cependant le mastic ne s'amollissait pas par cette manipulation, on y ajouterait de l'urine fermentée ; il doit être fait trois ou quatre jours à l'avance et rebattu deux fois avant son emploi.

Chaux hydraulique	4 parties.	(ɔ)
Poudre de tuileaux	2 —	
Limaille de fer	1/2 —	

Mettre en pâte au moyen d'huile de lin. Ce mastic sert pour le scellement du fer dans la pierre.

4° Le *mastic gras* est composé de minium, de poudre de tuileaux, de sable fin et d'huile de lin bien mélangés.

5° Le *mastic de vitrier* est composé de céruse ou de craie et d'huile de lin. Chacun en connaît l'usage.

6° Le *mastic de menuisier*, formé d'ocre, de céruse ou de blanc d'Espagne et d'huile de lin, sert à réparer dans les bois, les trous, gerçures, nœuds vicieux, etc. — Il existe encore d'autres mastics ; nous en parlerons dans le courant de ce volume, lorsque l'occasion s'en présentera ; nous nous bornerons à les signaler, ce sont les *mastics du marbrier*, du *fontainier*, le *mastic albumineux*, au *fromage*, de *Kuhlé*, de *Davy*.

BOIS.

GÉNÉRALITÉS. — Un des matériaux les plus importants dans l'art de bâtir, c'est le bois. Il est très-difficile de le bien connaître, car les bois de construction sont sujets à tant de maladies, ont tant de défauts qui les rendent vicieux, qu'il faut être du métier pour juger de leur valeur véritable. Aussi parlerons-nous plus longuement des bois que des autres matériaux.

Quand on coupe un tronc d'arbre perpendiculairement à son axe, on distingue deux parties d'un aspect différent : l'une, de peu d'épaisseur, assez tendre, qui est l'*écorce*, l'autre, composée de fibres plus serrées et plus dures, qui est le *bois*. Ces deux parties sont formées de couches concentriques. La couche adjacente à l'écorce est le *liber*, les couches rapprochées de celle-ci

---

(1) On nomme ainsi le résidu produit par l'usure des meules en grès, sur lesquelles on dégrossit les canons de fusil.

se nomment *aubier* ou *faux bois*, les dernières jusqu'au centre sont le *bois*, le *bois fait*.

Avant d'employer le bois dans les constructions, on supprime l'écorce, car elle engendre la pourriture en donnant asile aux vers rongeurs qui détruisent les végétaux. On doit même supprimer l'aubier, car il présente presque les mêmes inconvénients que l'écorce. On distingue parfaitement ce bois imparfait du bois fait, à sa couleur plus pâle.

Plus un arbre est âgé, plus le nombre de ses couches concentriques est considérable; de même que les essences qui ont les couches fines et serrées sont plus résistantes, que celles qui les ont lâches et tendres.

Quand on fend un arbre parallèlement à son axe, on obtient, suivant l'essence ou l'espèce, des surfaces lisses et brillantes qu'on nomme *mailles* ou *miroirs*.

DÉFAUTS DU BOIS. — Les arbres sont sujets à des maladies et à des accidents fort nombreux, qui doivent faire rejeter de toute bonne construction ceux qui en sont atteints, à cause des défauts qui en résultent. Les principales maladies des bois sont : l'*échauffement*, qui est le premier degré de la décomposition des bois. Il s'annonce par l'odeur désagréable qu'il dégage et par la présence de taches d'un blanc verdâtre ou rougeâtre suivant l'essence du bois. Cette altération provient de plusieurs causes, défaut de ventilation du local qui renferme les bois, emmagasinement des bois provenant de coupes trop récemment faites, etc. Les bois dans cet état sont dits *bois échauffés*; l'échauffement amène souvent la *pourriture*. Celle-ci est le dernier degré de l'altération du bois. Dans cet état, il tombe en poussière et n'est bon qu'à jeter au fumier, où il pourra avec le temps faire du bon terreau.

Il arrive parfois que des excroissances végétales (agarics ou champignons) se développent sur les bois et produisent aussi une espèce de *pourriture sèche* nommée *carie*. Quand on emploie dans les constructions des bois trop verts, c'est-à-dire des bois mis en œuvre avant leur entière dessiccation, ils sont sujets à la *vermoulure*. Comme son nom l'indique, cette maladie est produite par des petits vers qui prennent naissance dans les bois échauffés et les réduisent en poudre.

Outre ces défauts apparents qui résultent de causes postérieures à l'abatage de l'arbre, il en est d'autres qui prennent leur origine tandis qu'il est encore debout. Tels sont par exemple les suivants :

Les *gélivures*, qui sont des fentes dirigées du centre de l'arbre vers la circonférence. Elles sont produites par de fortes gelées; si les fentes sont très-nombreuses on dit que l'arbre est *cadrané* ou *étoilé*;

La *roulure*, qui est une solution de continuité entre les couches annuelles;

Les *gerçures,* qui sont des fentes transversales à la longueur des fibres.

Si un arbre a des couches d'aubier entre des couches de bon bois ou *bois parfait,* on dit qu'il est à *double aubier;* il doit être rejeté des constructions.

S'il est à la fois à double aubier et à gélivures, on le nomme *gélif entre-lardé;* et, il est dit *bois bouge,* lorsque le vent l'a courbé.

Enfin les maladies des arbres leur occasionnent : des *loupes* ou *exostoses* qui sont recherchées pour la marqueterie, parce que les bois très-compactes en certains points produisent des dessins très-variés et parfois originaux; mais cette excroissance épuise le reste de l'arbre, qui ne fait que du mauvais bois ; des *dépôts, abcès, écoulements de sève, gouttières* qui proviennent d'un excédant de sève, celle-ci perce l'écorce et s'écoule sur l'arbre et le pourrit sur son parcours.

Les arbres trop vieux sont dits *sur le retour,* ils se couvrent le plus souvent de *moisissures, mousses, agarics, champignons* qui les altèrent profondément. Ils sont sujets à la pourriture et n'ont aucune élasticité.

Les bois ont encore des défauts moindres que ceux que nous venons de signaler, mais qui les rendent plus ou moins impropres aux usages auxquels on pourrait les destiner. Ce sont les *nœuds,* qui présentent des foyers de pourriture, et rendent les bois d'un travail difficile ; ils proviennent de la déviation des fibres produites par la pousse d'une branche. Les bois qui présentent des nœuds vicieux doivent être rejetés ou relégués du moins pour des travaux de peu d'importance, et en tout cas, on devra remplacer par du bois sain, la partie contenant ces sortes de nœuds.

CONSERVATION DES BOIS.

On a cherché de nombreux moyens pour conserver les bois de construction et pour augmenter leur durée, leur force et leur résistance, qui sont les principales qualités qu'on désire rencontrer dans les bois.

On a étudié successivement l'abatage et l'écorcement, l'immersion et le flottage, l'injection. Avant de parler de ces diverses opérations nous devons dire la méthode ordinaire de conserver les bois sans moyens artificiels.

En attendant de les mettre en œuvre, les bois doivent être placés dans une situation telle, que leur dessiccation les bonifie.

On doit encore protéger les bois contre les coups de soleil, contre de trop grandes chaleurs ; ce sont autant de causes qui les font fondre ou tout au moins gercer. On évitera de les faire passer par des alternatives de sécheresse ou d'humidité. On les empile à cet effet sous des hangars, de façon à ce que l'air puisse circuler librement autour de chaque pièce. Dans ce but, on pose les premiers bois sur des chantiers dont les traverses sont assez rapprochées pour empêcher les bois de courber sous leur propre charge. On empile un deuxième rang sur le premier, puis un troisième et un quatrième s'il y a lieu en intercalant des *épingles* ou *tasseaux* entre chaque rangée.

Tel est le moyen employé ordinairement pour mettre les bois en chantier et assurer leur conservation.

Étudions maintenant l'influence de l'abatage et de l'écorçage ; et quelle est la meilleure époque pour pratiquer ces opérations.

Jusqu'à ce jour, les sylviculteurs se sont uniquement préoccupés de la reproduction ligneuse, sans se demander si l'époque d'abatage n'avait pas aussi une influence sur la durée des bois de construction.

Écorçage. — La question de l'écorçage a été fort controversée. Pour nous, nous trouvons mauvaise cette opération. Ce désaccord provient de l'élimination d'un des éléments les plus importants de la discussion : le laps de temps écoulé entre l'écorcement et l'abatage. Si l'on tenait compte de cette donnée, on arriverait aux résultats les plus divers suivant que l'on ferait intervenir les phénomènes de la circulation intérieure avant ou après l'abatage de l'arbre. Toujours est-il que ceux qui continuent à écorcer parce qu'ils trouvent bon ce procédé devraient couper leurs arbres avant le 15 avril.

Malheureusement aujourd'hui l'exploitation a lieu en tout temps, principalement lorsque la séve est en mouvement ascensionnel, et c'est là le grand tort, car ces bois coupés dans cette période ne sèchent jamais qu'imparfaitement, surtout s'ils ne sont pas flottés. Si l'on fait la coupe dans une saison défavorable, c'est pour écorcer, ou par négligence ou ignorance. Pour éviter l'infériorité des bois comme qualité, il faudrait réglementer les coupes, défendre l'abatage à d'autres époques que celles indiquées par les usages forestiers. La meilleure serait en novembre.

Quelques sylviculteurs prétendent qu'on évite les vers en écorçant les bois avant de les abattre parce qu'on active la maturité de l'aubier ; ils ne remarquent pas qu'ils donnent un remède pire que le mal ; en effet un arbre écorcé sur pied contracte plus facilement des maladies ; il se gerce, se dessèche trop promptement, et une fois emmagasiné, il peut s'échauffer ou recevoir dans ses gerçures ou crevasses, une quantité d'œufs de vers rongeurs qui le détruiront infailliblement. Il est mieux d'écorcer l'arbre une fois coupé ; on doit même, lorsqu'on le peut, le débiter suivant ses besoins : en opérant de cette façon il sèche plus rapidement et plus complétement.

Immersion. — L'immersion a pour but d'accélérer la dessiccation des bois ; à cet effet, on les plonge dans des eaux vives et courantes et à défaut dans des lacs ou mares ; cette opération a pour but de chasser la séve de l'arbre et de la dissoudre. On active cette dissolution en plongeant les bois dans une eau à 30 degrés centigrades ; on ne peut pas toujours pratiquer cette opération sans dépense ; mais il arrive parfois que le voisinage d'une usine ou d'une fabrique à vapeur permet de le faire sans frais. Enfin quand on n'a sous la main ni eau chaude, ni eau froide en quantité, ce qui arrive parfois dans certaines contrées, on pourra conserver les bois et activer leur dessiccation en les enterrant dans le sable, ou dans la vase humide.

On est arrivé aujourd'hui à dessécher le bois graduellement par des moyens artificiels, dans des étuves à la vapeur. Il faut user avec ménagement de ces procédés, car il est difficile de remplacer l'action du temps, qui opère il est vrai avec lenteur, mais avec sûreté et précision.

FLOTTAGE. — Le flottage a été aussi fort controversé, il peut rendre cependant des services incontestables pour la conservation et la prompte dessiccation des bois. Nous devons dire néanmoins qu'il existe des monuments fort anciens qui remontent aux cinquième et sixième siècles, et au delà, et dans lesquels les bois de charpente sont très-bien conservés quoique n'ayant jamais été flottés. Nous n'irons pas cependant jusqu'à dire comme certains praticiens, que les bois desséchés sans flottage sont préférables aux autres. Ils prétendent que la séve desséchée dans l'arbre le conserve, le rend plus résistant et plus dur en reliant plus fortement entre elles les fibres ligneuses. Tel n'est pas notre avis.

INJECTION. — Les chemins de fer, entre autres grands services qu'ils ont rendus, ont beaucoup contribué au développement des constructions économiques. En effet, dans son début, cette grande industrie a été attaquée même par les hommes les plus capables, et quelques-uns n'ont pas craint de dire que les chemins de fer causeraient la ruine du pays.

Devant de pareils pronostics, on comprendra le peu d'enthousiasme des premiers actionnaires à avancer des capitaux.

Aussi, lors de la création des lignes, les ingénieurs, pour satisfaire aux exigences du service et à la timidité des capitaux, ont-ils employé beaucoup de bois pour leurs constructions, et attachaient-ils un puissant intérêt à sa conservation. Ils employèrent dans ce but les matières empyreumatiques, telles que créosote, acide pyroligneux, goudron, coaltar ; ils essayèrent aussi des injections et de solutions salines. Ce qui paraît avoir le plus d'efficacité pour la conservation des bois, ce sont les solutions de Sulfate de Cuivre. On a également employé avec succès des solutions de Chlorhydrate de Zinc et de Chlorure de Sodium (sel marin).

Pour les bois qu'on veut peindre et encoller, nous recommandons plus particulièrement la solution de Chlorhydrate de Zinc, qui n'altère point la couleur des bois de sapin et ne les rend pas réfractaires à la colle et à la couleur à l'huile, comme le fait le Sulfate de Cuivre. Les bois injectés de cette dernière substance ne prennent que difficilement la peinture, et encore elle finit avec le temps par s'écailler et se détacher entièrement. Le Chlor-hydrate de Zinc a l'avantage, en outre, d'être le meilleur marché des sels métalliques.

ARBRES PROPRES AUX CONSTRUCTIONS.

Il existe une très-grande variété d'arbres propres aux constructions : on peut les diviser en quatre catégories : la première comprend les bois durs, la deuxième les bois résineux, la troisième les bois demi-durs, la quatrième les bois tendres, poreux ; le plus souvent ces derniers sont blancs.

1° Bois durs. — A leur tête se place le chêne, qui est un des meilleurs bois de construction, et qu'on doit employer de préférence à tout autre, lorsque son prix de revient le permet.

Les variétés du chêne sont fort nombreuses, et toutes sont d'un bon emploi.

Le chêne sert pour les poitrails, poutrelles, poteaux, et doit être employé exclusivement à tout autre pour les faîtages et tous les endroits exposés à l'humidité.

En menuiserie, il sert pour les bâtis et contre-bâtis de baies, pour parquets, lambris, revêtements, coffres, doublures, etc. Associé avec des bois plus tendres et plus légers, le grisard, le sapin, il forme des encadrements de portes et panneaux.

Après le chêne, on emploie le *châtaignier* ; comme lui, ce dernier durcit sous l'eau, mais à l'air libre il ne se comporte pas aussi bien : il est souvent piqué des vers ; il se creuse alors. Il supporte moins bien les alternatives de sécheresse et d'humidité ; néanmoins on l'emploie beaucoup en charpente.

L'ormeau, plus dur que le chêne, est d'un travail plus pénible ; il est sujet à se tortiller ; son prix élevé ne permet que rarement son emploi dans les constructions rurales, où il ne sert que pour la charronnerie.

Le *charme* qu'on emploie pour les petites pièces de charpente, est moins dur que le chêne et pourrit plus facilement que lui ; il éprouve des retraits considérables en séchant.

Le *frêne* peut fournir de bonnes pièces de charpente et de menuiserie, de plus, comme il est fort et élastique, il est très-utile pour la charronnerie, seulement il faut le bien choisir, car il est sujet à la vermoulure. On emploie aux mêmes usages que le frêne l'*ailante,* ou *faux vernis du Japon* avec lequel il a du reste beaucoup d'analogie.

Le *noyer,* qui est fort et serré, est surtout employé pour l'ébénisterie, cependant on l'emploie en menuiserie pour faire des portes et fenêtres et, dans quelques contrées où il est abondant, aux mêmes usages que le chêne, mais il pourrit facilement.

L'*eucalyptus globulus,* dont la culture commence à se propager fera un jour un excellent bois pour charpente, de plus la forte odeur camphrée qu'il dégage le met à l'abri des piqûres de vers et de la pourriture ; aujourd'hui son prix élevé ne permet guère son emploi que pour l'ébénisterie, espérons que les grandes plantations qu'on en fait en Algérie et dans d'autres contrées abaisseront son prix et vulgariseront l'usage de ce bois si dur et pourtant à croissance si rapide, et que nous croyons appelé à un grand avenir.

Le *robinier* ou *faux acacia*, moins dur que l'eucalyptus, doit être débité avant sa dessiccation, sans quoi il est sujet à se tortiller et à se courber ; on l'emploie dans les constructions pour faire des poteaux, de la latte.

2° BOIS RÉSINEUX. — Tous les sapins en général donnent un bois facile à travailler, mais qui est sujet à l'échauffement et à la vermoulure.

Les sapins du Nord ont une réputation méritée; ils donnent des pièces de très-grandes dimensions, et sont d'un grand secours pour la charpente, où on les mêle souvent au chêne. On l'emploie, pour les poutres, solives, arbalétriers, pannes, chevrons et voliges. Le sapin se conserve assez bien, pourvu toutefois qu'une de ses faces soit à découvert, mais lorsqu'il est entièrement noyé dans le plâtre ou dans la maçonnerie, il se détériore assez promptement.

Il doit sa bonne conservation à la résine qu'il renferme, et plus un sapin en est chargé mieux il vaut pour la charpente; mais ce qui est un bienfait dans ce cas devient un grave inconvénient pour la menuiserie, car la résine qui suinte du bois, gâte et détériore les peintures dont on l'a revêtu.

Les pins, sylvestres, laricio, maritimes, ont un bois analogue au sapin mais d'une qualité inférieure; ils servent à peu près aux mêmes usages, de même que le *mélèze*. Nous devons ajouter que ce dernier a une réputation un peu surfaite. On lui attribue toutes les qualités du chêne, une grande incombustibilité; il est d'un travail facile, et à tous ces avantages il ajoute celui d'être très-léger.

3° BOIS DEMI-DURS. — Les bois de cette catégorie servent en général plutôt à la menuiserie et à l'ébénisterie qu'à la charpente; le *hêtre* seul est plus communément employé pour ce dernier usage.

Le *platane*, l'*érable* et le *sycomore* sont des bois assez résistants, mais sujets à la vermoulure.

L'*aulne* est un bois très-utile pour les constructions dans les terres humides et dans l'eau, aussi sert-il pour les pilotis et les grils, les corps de pompe en bois et les stalles volantes ou bat-flancs comme nous le verrons en parlant des écuries. (CHAP. IV. LOGEMENT DES ANIMAUX.)

Le *pommier*, le *poirier*, le *cerisier* et le *mérisier* sont des bois analogues, susceptibles de prendre un beau poli et des teintures en noir ; ils sont exclusivement employés pour l'ébénisterie à cause de leur prix élevé, cependant on pourrait, dans bien des pays, les utiliser pour des panneaux de portes.

Enfin dans les bois demi-durs, nous trouvons le *prunier*, l'*alizier* et le *cormier* qui ne sont employés que pour l'ébénisterie ou des supports de machines agricoles.

Dans beaucoup de campagnes cependant, tous ces bois sont débités en planches et servent à faire des étagères, ou des tablettes dans les fruitiers ou dans les serres à provisions.

4° BOIS TENDRES OU BLANCS. — Tous ces bois sont de qualités médiocres et ne peuvent être d'un emploi utile ; nous ne ferons donc que les mentionner, ce sont le *saule*, le *tilleul*, le *bouleau*, le *marronnier d'Inde*, les *peupliers*. Cependant le peuplier tremble dit *grisard* est d'un bon emploi en menuiserie, où il sert pour toutes sortes d'usages.

DES BOIS DU COMMERCE.

Au point de vue commercial, les bois se divisent en nombreuses catégories, que nous allons décrire le plus brièvement possible.

Le *bois flotté* est, comme nous l'avons déjà vu, celui amené d'un point à un autre par un cours d'eau ou bien celui qui a séjourné d'une façon quelconque dans cet élément.

Le *bois en grume*, celui qui a été dépourvu de son branchage, mais qui n'a pas été équarri, il sert pour pilotis, pour construction pittoresque, comme nous le verrons dans le courant de notre travail.

Le *bois d'équarrissage* ou *carré*, employé dans la charpente ; ce sont des *billes* ou *tronçons* qui présentent des surfaces planes grâce à l'enlèvement des *dosses*.

Le *bois d'échantillon*, qui a les dimensions demandées par le commerce.

Le *bois de brin*, de *fente* ou de *tige*, qui provient d'un arbre de grosseur insuffisante pour faire une pièce de bois d'échantillon.

Le *bois de sciage*, débité et fendu à la scie.

Le *bois refait*, dressé et équarri à vive arête, soit au rabot, soit à la bisaiguë.

Le *bois lavé*, *refait* ou *corroyé*, celui dont on a enlevé les traces de la scie sur les faces.

Le *bois blanchi à la scie,* celui lavé sur ses faces avec cet instrument.

Le *bois sain,* qui n'a aucun défaut.

Le *bois flâcheux,* qui contient des parties d'aubier, ou auquel il faut enlever une grande quantité de bois pour supprimer l'aubier.

On appelle *bois gras* celui qui, ayant poussé avec beaucoup de rapidité, a les fibres lâches.

ÉQUARRISSAGE. — Pour équarrir les bois, on doit, de préférence à la cognée, employer la scie à refendre. Les dosses (croûtes) qu'on enlève peuvent être utilisées, soit pour des fourrures, soit pour protéger les marches des escaliers pendant la construction du bâtiment ; cette précaution fait que les ouvriers employés dans les travaux ne les usent point.

Pour utiliser comme sommiers, poutres ou linteaux, des bois inégaux que l'équarrissage affaiblirait par trop on se contente de les refendre en deux par un trait de scie. Ces bois sont retournés et mis dos à dos et sur champ. On les réunit par des frettes ou des boulons en fer (1). La pièce de charpente ainsi obtenue présente souvent beaucoup plus de résistance que si elle n'avait pas été divisée ; de plus, la pièce a l'aspect d'un équarrissage à vive arête.

Suivant la dimension de leur équarrissage, les bois sont divisés en quatre classes :

Le *bois ordinaire* est de première classe lorsque son équarrissage est de $0^m,51$ et au-dessus ; de deuxième lorsqu'il mesure de $0^m,40$ à $0^m,50$; de troisième lorsqu'il est de $0^m,31$ à $0^m,41$; enfin de quatrième lorsque son équarrissage ne dépasse pas $0^m,30$ et sa longueur 8 mètres.

Les bois d'équarrissage se vendent au décistère et au stère, les planches, madriers, etc., au mètre superficiel.

Voici les dimensions du commerce. Nous donnons leur largeur et leur épaisseur ; quant à leur longueur elle est toujours de deux mètres, sauf indication contraire.

	Feuillet.	$0^m,13 \times 0^m,23.$
	Panneau	$0 ,20 \times 0 ,23.$
	Entrevous.	$0 ,027 \times 0 ,23.$
Chêne	Planche	$0 ,034 \times 0 ,23.$
	—	$0 ,041 \times 0 ,22.$
de	—	$0 ,047 \times 0 ,20.$
	Doublette	$0 ,054 \times 0 ,32.$
Champagne.	Petit-battant	$0 ,075 \times 0 ,234.$
	Membrure.	$0 ,08 \times 0 ,16.$
	Battant de porte-cochère.	$0 ,11 \times 0 ,32.$
	Chevron	$0 ,08 \times 0 ,08.$

(1) Voir plus loin figure 48, à l'article plancher.

Sapin de bateau (en planches).
- Étroit équarri . 0ᵐ,027 × { 0ᵐ,15. / 0 ,16. }
- Marchand. . 0ᵐ,027 × 0 ,22 { 1ᵐ,95. / 3 ,90. / 4 ,25. / 5 ,85. }
- Pour échafaud. 0ᵐ,034 × 0,041.
- Plats bords. { 0ᵐ,054 × 0ᵐ,36 × 17 mètres à la paire. / 0 ,065 × 0 ,33 × 17,50 — / Roannais 0 ,08 × 0,32 × 16 mètres à la paire. }

Sapin de Lorraine.
- Feuillet . . . . . . 0ᵐ,013 × 0ᵐ,32 × 3ᵐ,57.
- Planche unité . . . . { 0 ,027 × 0 ,32 × 3 ,57. / 0 ,034 × 0 ,32 × 3 ,90. / 0 ,041 × 0 ,25 × 3 ,90. }
- Madrier . . . . . . 0 ,054 à 0ᵐ,065 × 0 ,22 × 3ᵐ,00.

Sapin du Nord.
- Feuillet . . . . . . 0ᵐ,013 × 0ᵐ,22 × 2ᵐ,00.
- Panneau . . . . . . 0 ,020 × 0 ,22 × 2 ,00.
- Planche . . . . . . 0 ,027 × 0 ,22 × 2 ,00.
- — . . . . . . 0 ,034 × 0 ,22 × 2 ,00.
- Madrier (sapin blanc) . . 0 ,08 × 0 ,22 × 2 ,00.
- — (sapin rouge). . 0 ,08 × 0 ,22 × 2 ,00.
- Chevron . . . . . . 0 ,08 × 0 ,08 × 2 ,00.
- Basting . . . . . . 0ᵐ,040 à 0ᵐ,065 × 0ᵐ,170 × 2ᵐ,00.

Débit du bois. — On peut débiter le bois de diverses manières; suivant l'habileté avec laquelle on opère, il peut résulter une économie considérable.

Le mode le plus usuellement adopté en Hollande consiste à pratiquer le débit des billes tel que l'indiquent les figures 1 et 2. — Pour obtenir des

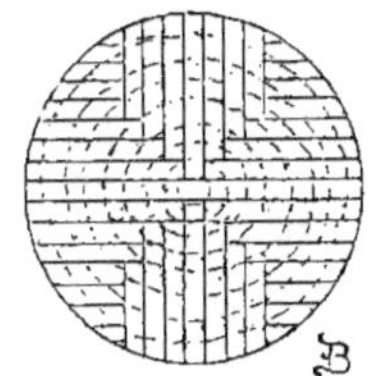

Fig. 1. — Débit du bois.
(1ʳᵉ méthode.)

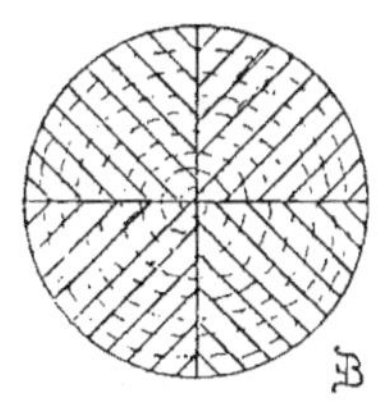

Fig. 2. — Débit du bois.
(2ᵉ méthode.)

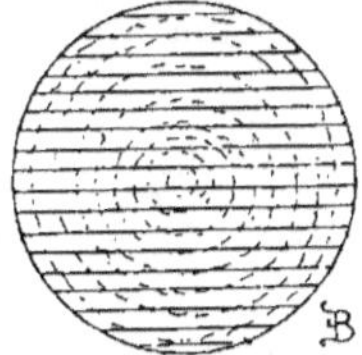

Fig. 3. — Débit du bois.
(Méthode défectueuse.)

planches de plus larges dimensions, on l'exécute quelquefois comme le montre la figure 3 : l'humidité fait gondoler, les planches ainsi débitées, parce que les mailles de la face la plus rapprochée du centre sont plus serrées que celles des surfaces opposées; or comme il n'y a pas équilibre dans les fibres de la planche, elle travaille irrégulièrement.

MÉTAUX.

On emploie beaucoup de métaux dans les constructions. Ceux dont l'usage est le plus répandu sont : le *fer*, la *fonte*, le *cuivre*, le *laiton*, le *bronze*, le *plomb*, l'*étain*, le *zinc*, on emploie aussi l'or, l'argent et le platine.

Le fer. — Le fer est de tous les métaux celui qui joue le plus grand rôle dans les constructions. Celui de bonne qualité est doux à la lime, d'un grain fin et serré et de couleur grise. On l'emploie sous toutes les formes : en barres rondes, carrées, méplates. Il sert pour tous les ouvrages dits *gros fers, petits fers, fers ouvrés*. Nous parlerons de ces divers emplois en temps et lieu.

L'expérience a fait connaître qu'il y a un avantage incontestable à employer les fers méplats au lieu de fers carrés de même superficie chaque fois qu'on le peut. Les premiers sont beaucoup plus forts, beaucoup plus résistants.

Nous le verrons plus tard, lorsque nous parlerons des tirants et des chaînes pour les murs. (CHAP. II. § Serrurerie.)

Les fers qui ne sont que forgés sont moins susceptibles de s'oxyder que ceux qui sont limés. Les fers noyés dans le mortier s'oxydent moins que ceux noyés dans le plâtre.

Les fers se divisent en fers *mous* ou *doux*, et en fers *durs*, et, sous le rapport de leurs qualités ou défauts, présentent les variétés suivantes :

1. Fers mous, se pliant à froid, à texture grenue ; le martelage change leurs *grains* en *nerfs*.

Le *fer mou* et *tenace*, pouvant se plier et se redresser à plusieurs reprises, à froid comme à chaud.

Le *fer mou* et *aigre*, qui est cassant à froid, mais se pliant bien à chaud ; il s'améliore ordinairement à la forge.

2. Fers durs, à cassure grenue et lamellaire, perdant difficilement cette contexture soit à la forge soit par le martelage.

Le *fer dur* et *fort* se plie bien à froid et à chaud.

Le *fer dur* et *aigre* casse à froid et à chaud, il est très-mauvais.

Le *fer rouverain* bouillonne au feu et par suite se brûle et se casse aisément, mais il se travaille assez bien à froid. Il s'égrène sous l'action du marteau. Il doit ce défaut à la présence du soufre qu'il renferme.

Le *fer de roche* est assez doux et se travaille assez bien à froid ; le fer demi-roche est moins dur, et se comporte de même.

3. Fers défectueux. — Le *fer cendreux* est mal épuré et paraît piqué de petits points lorsqu'il a été limé ; le *fer corrompu* est un fer qui, ployé à

chaud, se casse dans sa moitié ; le *fer écru* est mal corroyé ou brûlé et mêlé de crasse ; le *fer écroui* est celui qui, martelé à froid, est devenu sec et cassant ; enfin le *fer pailleux* est celui dont toutes les parties ne sont pas soudées suffisamment et qui présente des *pailles* ou fils qui se lèvent.

Essais du fer. — Dans les forges, on essaie le fer par percussion et par la flexion. Pour le premier essai les barres sont jetées avec force sur une enclume ou sur un bloc de fer, ou bien on les pose en porte-à-faux et on les frappe avec un marteau, puis on les redresse. Le fer qui résiste à cette épreuve est réputé bon. On essaie encore le fer en le courbant de façon à lui faire former un angle droit dans un sens et dans l'autre ; s'il résiste il est bon.

On reconnaît en général la qualité d'un bon fer à sa cassure fibreuse, inégale, peu compacte et à sa teinte claire ou grisâtre ; au contraire, celui dont la cassure est blanche, brillante et cristalline, doit être rejeté comme mauvais.

Fers du commerce. — Sous le rapport de leurs formes, les fers sont connus dans le commerce sous les dénominations suivantes :

Fers dits marchands plats   de 0^m,040 à 0^m,160 sur 10 et au-dessus.
—   —   méplats de 0 ,025 à 0 ,040 sur 15   —
—   —   carrés   de 0 ,025 à 0 ,118 sur 25 à 116.
— de petite forge plats   de 0 ,035 à 0 ,040 sur 8 à   9.
—   —   méplats de 0 ,025 à 0 ,030 sur 9 à 11.
—   —   carrés   de 0 ,019 à 0 ,020 sur 9 à 20.
— martinets   ronds   de 0 ,010 à 0 ,100 de diamètre.
— carillon   de 0 ,010 à 0 ,020 au carré.
— bandelette   de 0 ,015 à 0 ,040 sur 5 à   7.
— fenderie, verges   de 0 ,005 à 0 ,025 sur 6 à 14.
— aplatis pour carrosserie de 0 ,040 à 0 ,070 sur 6 et au-dessus.
— aplatis pour cuves   de 0 ,025 à 0 ,090 sur 3 à   8.

Les autres fers spéciaux sont ensuite : les *fer platiné, fer de bandage, fer à maréchal, fer demi-lame.* Ces fers sont en barres carrées, plates ou rondes ou de diverses autres sections, mais de dimensions inférieures à celles des fers marchands.

Les *fers spattés* sont en bandelettes, étirés au laminoir, dont l'épaisseur est toujours très-petite relativement à la largeur. Ces fers se vendent par bottes.

Les *fers cornettes, fers plats, fers coursons*, sont des vergettes polygonales.

Les *fers fendus* sont des vergettes carrées de diverses grosseurs, mais ayant rarement plus d'un centimètre, tels sont les *fers carillons, fers côtes de vache, fers fentons.* Ils se vendent aussi par bottes.

On trouve dans le commerce les *fers étirés* sous une très-grande variété de formes ; ils portent les noms de *fers à équerres* ou *cornières, fer en simple* ou *double T, fer à moulure, petit bois, à vitrages, à châssis, fer à croix, rails.*

On distingue encore le fer étiré en fil, *fil d'archal, fil de fer* et en fer laminé en feuille, *tôle.*

Le fil de fer est étiré à la filière en fils de divers diamètres désignés dans le commerce par des numéros. Le diamètre ou grosseur de ces fils est déterminé au moyen d'une jauge ou disque d'acier sur le pourtour duquel existent des entailles rectangulaires qui portent des numéros. La jauge française contient vingt-quatre numéros. Le numéro 1 dit *passe-perle* mesure un quart de millimètre et le numéro 24 sept millimètres. Un fil appartient au numéro dans l'entaille duquel il peut entrer.

Les numéros les plus faibles 3, 4, 5, 6, sont employés pour les toiles métalliques, les numéros 6 jusqu'à 12 pour treillages, 8 pour tirage de sonnettes, le numéro 10 pour tirage de serrures à ressorts, les numéros 12 à 20 pour des clôtures, pour supports des paliers, enfin les numéros 20 à 24 pour toutes sortes d'ouvrages, où l'on emploierait du carillon.

Tole. — La tôle est du fer laminé en feuilles minces plus ou moins larges et épaisses. Une bonne tôle se reconnaît à sa surface lisse et uniforme; on doit en outre pouvoir la plier et la replier plusieurs fois en tous sens avant qu'elle ne casse.

Fer-blanc. — Lorsque la tôle fine est recouverte d'une couche d'étain sur ses deux faces, elle porte le nom de *fer-blanc.* Celui-ci doit être comme la tôle exempt de rugosités ou d'aspérités. On employait autrefois le fer-blanc à beaucoup d'usages, aujourd'hui le zinc, quoique plus cher, le remplace avec avantage pour des travaux où le fer-blanc serait promptement oxydé. Depuis quelques années, on commence à galvaniser les tôles avec du zinc, ce nouveau fer-blanc peut rendre des services dans les constructions rurales.

Fonte. — La fonte est du fer fondu et coulé. On divise la fonte en un grand nombre de variétés qu'il serait trop long d'étudier; nous renvoyons nos lecteurs à des ouvrages spéciaux. Nous dirons cependant que les principales sont les *fontes douces,* qui se laissent travailler à la lime comme le fer, et les *fontes aigres* ou *cassantes,* qu'on ne peut utiliser que par le moulage.

Il existe aussi une autre variété de fonte dite *malléable* qui sert à de nombreux ouvrages de serrurerie, qu'on était obligé de forger autrefois et qu'on se contente de mouler aujourd'hui. Ces objets sont, il est vrai, de moins bonne qualité, mais aussi le commerce les donne à très-bas prix.

La fonte malléable présente une malléabilité presque égale à celle du fer doux. Elle s'étend à froid sous le marteau, se soude à elle-même, au fer, à l'acier, etc.

La fonte, telle qu'elle sort des hauts fourneaux, n'est pas assez pure ni assez fine pour être employée au moulage des pièces. On la purifie par une ou deux refontes au *cubilot* (espèce de petit fourneau à cuve). Cette opération fait que, dans le commerce, les fontes sont connues sous les noms de fonte de deuxième et troisième fusion. Nous recommandons de n'employer que ces dernières, car elles sont d'un meilleur usage.

Le CUIVRE est peu employé dans les constructions rurales, on ne l'utilise qu'à l'état de fil pour faire des grillages et dans les locaux où le fil de fer s'oxyderait ; nous ajouterons que le fil de fer galvanisé (au zinc) ou les fils de plomb ou d'étain remplacent encore dans ce dernier cas.

Le LAITON, alliage composé de cuivre et de zinc ou de cuivre et d'étain (potin) sert pour la robineterie et les objets de quincaillerie.

Le PLOMB s'emploie dans les constructions à l'état de saumons ou lingots, de feuilles ou tablettes et de tuyaux. Il sert à faire des cheneaux, des cuvettes, des manchons, des revêtements d'auge et de réservoir. Le *zinc* remplace aujourd'hui le plomb pour les toitures, cependant il est certaines parties de la couverture qui ne peuvent être faites qu'en plomb, les bandes de solins, terrassons et tous les revêtements de pierre faisant saillie doivent aussi être en plomb.

Le ZINC en feuilles sert pour les couvertures, c'est là son principal usage, pour les tuyaux de descente, cheneaux et gouttières. L'emploi du zinc prend tous les jours plus d'extension pour les constructions rurales. On reconnaît le bon zinc, parce qu'il a une surface unie sans ondulations, boursouflures ni pailles, il doit être assez souple et assez malléable pour permettre facilement le travail : l'angle d'une feuille peut être plié et replié plusieurs fois sans qu'il se produise une cassure.

Il existe plusieurs numéros dans le zinc. Les plus employés sont les numéros 12 et 14 pour les toitures, 15 et 20 pour les fonds et parois de petits réservoirs et les revêtements d'auge. Les autres métaux sont peu en usage dans les constructions : l'*étain* sert pour la soudure, l'*or* et l'*argent* pour la décoration des appartements. On ne doit pas en faire usage dans les constructions économiques. Le *platine* n'est employé que pour les pointes de paratonnerre, le *bronze* sert rarement, à moins que ce ne soit pour faire des agrafes là où le fer, s'oxydant, pourrait faire éclater la pierre.

VERRE.

Le VERRE est un mélange de chaux, d'oxyde de plomb, de quartz, terres siliceuses, grès, sable de carrière et de rivière combinés avec la potasse et la soude. Suivant la proportion des matières employées, le verre est plus ou moins blanc. Le verre en lame mince est employé pour vitrer les baies, portes et fenêtres destinées à éclairer l'intérieur d'un local. Quelle que soit sa qualité, un bon verre à vitres doit être d'une épaisseur uniforme et exempt des défauts suivants :

Des *stries* ou *côtes,* c'est-à-dire de lignes qui déforment les objets vus à travers et qui ressemblent à des fêlures ;

Des *cordes,* espèce de filets faisant saillie sur le verre ;

Des *bulles, bouillons* ou *loupes,* qui sont produits par des gaz emprisonnés entre deux couches de verre ;

Des *nœuds,* qui sont des portions de verre moins fusible que le reste et qui forment des aspérités ;

Des *pierres, filandres,* causées par la vitrification incomplète de corps contenus dans la pâte du verre ; enfin, il faut que le verre ait une surface plane.

Suivant leur plus ou moins grande imperfection, les verres sont divisés en premier, deuxième et troisième choix.

Le verre à vitres se vend par caisses contenant soixante feuilles.

Il existe diverses sortes de verre ; nous allons les décrire :

1. Le *verre simple.* — Son épaisseur est de deux millimètres environ ; il n'est guère employé que pour les portes, fenêtres et châssis des constructions très-économiques.

2. Le *verre double.* — Son épaisseur est de $0^m,003$ à $0^m,004$, on l'emploie pour des châssis, des couvertures de serre et de courettes, où la grêle pourrait briser le verre simple.

3. Le *verre demi-double.* — Il tient le milieu entre les deux précédents; il sert donc aux mêmes usages; cela dépend uniquement de la volonté du constructeur, d'employer l'un ou l'autre, suivant le cas.

4. Le *verre dépoli* est celui obtenu par le frottement d'une de ses faces par du grès huilé, et par un frottis de sable huilé. Il s'emploie pour garantir l'intérieur d'un local soit des regards indiscrets soit des rayons solaires. On peut dépolir le verre double ou demi-double ; le simple serait fort léger pour cet usage. On dépolit aussi les verres avec une couche de céruse à l'huile. Les verres obtenus par ce dernier procédé sont dits *verres dépolis au tampon.*

5. Le verre est dit *cannelé* ou *strié* lorsque l'une de ses faces porte des lignes ou côtes parallèles ou des losanges ou carreaux réguliers. Il sert aux mêmes usages que le verre dépoli.

6. Le *verre coloré* sert à atténuer la lumière dans les pièces où l'on désire une lumière diffuse ; on l'emploie comme élément de décoration, pour en faire des vitraux. Dans les constructions rurales, on n'emploie guère que

le verre bleu, jaune ou vert pour la serre à multiplication ; mais nous croyons qu'un jour le verre de couleur sera plus utilisé, lorsqu'on aura étudié l'influence des verres de couleur sur la végétation.

7. Le *verre de marine* ou pour *dalles* sert pour éclairer les sous-sol, caves, passages obscurs, glacières et fruiteries. Ce verre a de $0^m,03$ à $0,^m05$ d'épaisseur et quelquefois davantage. Non-seulement on peut marcher dessus, mais encore des voitures lourdement chargées peuvent rouler sur des dalles de verre sans les briser, pourvu toutefois qu'elles soient bien assujetties et posées à plomb.

On intercale les verres de marine dans les planchers, voûtes, parquets, carrelages, en les noyant à bain de mortier ou de mastic dans des cadres en fer. Lorsque la surface de la dalle est de grande dimension, pour empêcher sa rupture on ajoute en dessous des croisillons en fer, on la divise même par compartiments.

Enfin on fait aujourd'hui des verres gravés dessinés avec beaucoup d'art ; mais leur prix élevé les proscrit pour le moment des constructions rurales.

CHAPITRE II.

EMPLOI ET MISE EN ŒUVRE DES MATÉRIAUX.

Fondations. — La stabilité des constructions dépend beaucoup de la résistance que présente la base qui les supporte. Dès lors il est évident que si les fondations d'un édifice viennent à fléchir, ses diverses parties suivent ce mouvement, et se disloquent.

Aussi, avant de jeter les fondations d'une construction, il est très-important de connaître la nature de son terrain. Des fouilles faites dans le voisinage, le creusage d'un puits peuvent faire connaître la nature du sol, mais encore dans ces divers cas, il est très-urgent de s'assurer si les couches naturelles du terrain s'étendent au loin et sont identiques.

En cas de doute, nous conseillons le sondage.

Si le terrain est d'une nature aride on peut le sonder en creusant des trous d'une certaine profondeur. On doit les pratiquer aux points principaux de la construction à élever.

Quand les terrains sont marécageux ou aqueux, on les fouille jusqu'à l'eau à l'aide de sondes.

Le meilleur fond pour bâtir est le tuf, s'il est mélangé d'une terre forte, bien serrée et renfermant du gravier. Le roc et le gros sable sont aussi de *bons sols*.

Il arrive souvent qu'un bon sol est entrecoupé par un mauvais.

Pour reconnaître si le bon sol a une épaisseur suffisante pour supporter la construction qu'on projette : on le bat avec le bout d'une solive assez longue. S'il résiste, et que la masse rende un son clair et relativement sonore, le sol est bon ; au contraire, si la masse rend un bruit sourd et cotonneux, on peut considérer le sol comme mauvais.

Quoique le roc paraisse de prime abord un fond des plus solides, on doit s'assurer avant d'y jeter les fondations s'il ne contient pas de grottes ou excavations pouvant rompre sous le poids des constructions. Si l'on y découvrait un vide quelconque, il faudrait se hâter de le combler, soit par des piles en maçonnerie, soit par des arcs de soutènement; c'est au constructeur à employer les moyens les plus sûrs et les plus économiques pour parer à ces accidents du sol.

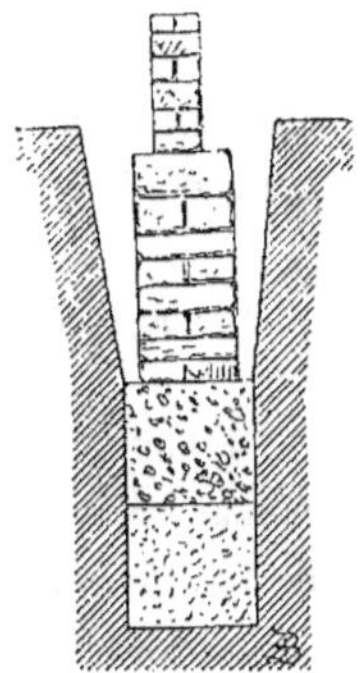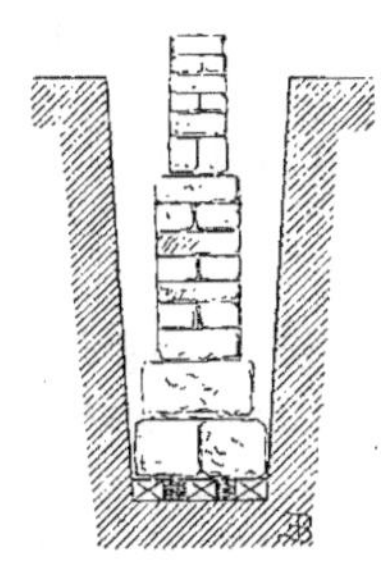

Fig. 4. — **Fondation avec sable et béton.**   Fig. 5. — **Fondation en sol léger sur racinaux**
Échelle de 0^m,01 pour mètre.

Quand on a un fond sablonneux, on doit poser une assise en libage après avoir préalablement nivelé et damé le sol et l'avoir recouvert d'une couche de sable et d'une de béton (*fig.* 4), ou bien d'une couche de racinaux (*fig.* 5) entre lesquels on met quelquefois de la terre glaise battue. Si les terres, sans être sablonneuses, sont légères et poreuses, on doit les piloner et les battre fortement ; sur ce sol ainsi battu on peut jeter les fondations, soit sur deux

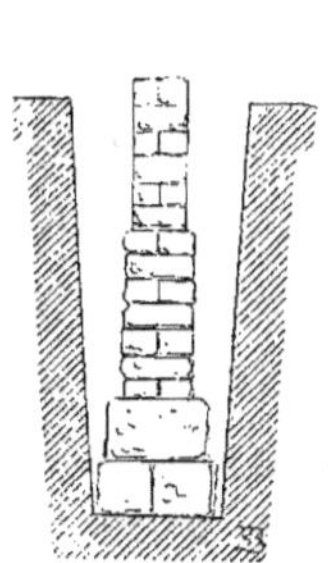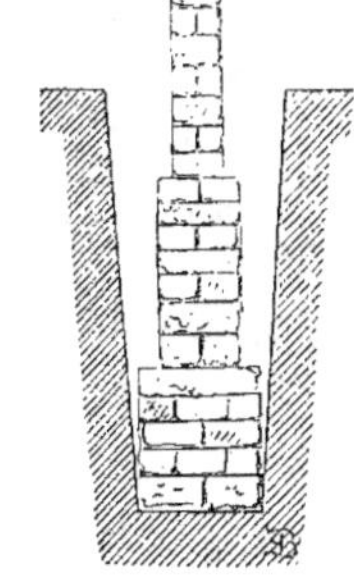

Fig. 6. — Fondation en bon sol.   Fig. 7. — Fondation en bon sol.
Échelle de 0^m,01 pour mètre.

hauteurs de libages (*fig.* 6), soit sur un massif en meulières (*fig.* 7). Les sables mobiles au travers desquels l'eau bouillonne nécessitent aussi des précautions particulières. On devra les enfermer dans des encaissements et les dessécher.

Les plus mauvais sols sont les terrains glaiseux, marécageux et tourbeux; ils doivent être *pilotés*. Les pilotis une fois posés, on cloue sur leur tête un gril ou grillage en charpente, qu'on recouvre d'une plate-forme en madriers jointifs de 0^m,08 à 0^m,10 d'épaisseur et chevillés sur les pièces de bois du grillage. C'est sur ce plancher qu'on élève le mur. Lorsque les couches de ces mauvais sols sont d'une épaisseur constante, on n'a rien à craindre, car le tassement quel qu'il soit se fait régulièrement. Pour éviter un tassement inégal, il faut construire tous les murs du bâtiment en même temps, et par assises uniformes, c'est-à-dire qu'on ne doit entamer une nouvelle assise qu'après avoir préalablement achevé celle de dessous, et cela dans tout son pourtour.

En général, quand les sols sont peu résistants, on possède aujourd'hui un moyen sûr et économique pour asseoir sur ces terrains les plus lourdes constructions; nous regrettons qu'il ne soit pas plus répandu. Ce procédé consiste à pratiquer des fouilles jusqu'à une profondeur convenable et en rapport avec l'édifice qu'on désire élever. Les fouilles faites, on nivelle le sol et on répand trois couches de 0^m,20 à 0^m,25 de bon sable de rivière, qu'on a soin d'arroser et de piloner. On coule ensuite sur ce sable du béton par trois couches de 0^m,25 qu'on pilone aussi chaque fois (*fig.* 4). Si la construction était très-élevée ou le sol des plus mauvais, de la tourbe par exemple, on donnerait 0^m,90 à 1 mètre à la couche de sable et autant à celle de béton.

Dans les terrains très-compressibles, dans lesquels on ne peut ouvrir des tranchées pour y bâtir au moyen d'un massif de sable, on doit faire des pilotis en sable, qui possèdent, outre l'avantage de ne pas pourrir en terre, celui de coûter moins cher que les pilotis en bois.

Voici comment on procède. On enfonce de distance en distance des pieux en bois qu'on retire; le vide obtenu est rempli avec du sable. On construit ensuite au-dessus les fondations comme à l'ordinaire, quelquefois aussi des pieux en béton remplacent le sable.

La pièce de bois qui sert pour obtenir ces petits puits, soit de sable, soit de béton, mesure 1^m,60 de longueur sur 0^m,20 à 0^m,25 de diamètre. La tête est garnie d'une frette en fer qui lui permet de résister aux chocs du mouton; elle est percée d'un trou dans lequel on passe une barre de fer, qui sert, pendant le battage, à agrandir le vide et à en lisser les parois. Cette manœuvre permet de retirer le pieu avec facilité et de consolider en même temps les terres qui, sans cela, pourraient s'ébouler au coulage du béton. Quand les pieux sont d'une extraction difficile, on emploie une chèvre pour les retirer.

Nous avons dit plus haut, que certains sols peuvent être affouillés ou délavés par des filtrations ou par des sources ; dans ce cas on doit employer du sable mortier. On l'obtient en arrosant le sable de la fouille avec du lait de chaux, au lieu d'employer de l'eau pure.

Pour tous les travaux de fondations que nous venons de mentionner, on doit employer du sable pur, non terreux et homogène comme grosseur.

Si les murs des fondations étaient placés entre des sols de différentes hauteurs, dans la partie en contrebas on doit les renforcer soit par un contre-mur de soutènement, soit par des éperons plus ou moins distants les uns des autres suivant là poussée de terre, et en rapport avec celle-ci.

Il arrive parfois qu'en exécutant des fouilles pour un nouveau bâtiment, on retrouve des murs anciens correspondants à ceux du plan adopté ; avant de les utiliser, il faut les visiter avec soin pour s'assurer de leur état. S'ils sont mauvais, médiocres ou douteux, on doit les supprimer sans hésitation, car dans ce cas une économie mal entendue peut occasionner de grands déboires.

Il arrive aussi qu'on trouve d'anciens murs traversant les nouvelles constructions ; on ne doit pas les utiliser non plus, mais les trancher pour faire passer les nouvelles fondations, afin de conserver à celles-ci toute leur homogénéité.

En agissant autrement, la maçonnerie élevée à la fois sur des fondations neuves et anciennes tasse irrégulièrement, et il se produit des déchirures.

Fig. 8. — Puits en béton supportant des arcs pour économiser les murs en fondation.
Échelle, de 0^m,01 pour mètre.

Quand les fondations sont très-profondes, pour économiser un cube de maçonnerie considérable, au lieu de faire un mur continu, on établit des piliers en béton qui descendent seuls jusqu'au bon sol. Ils sont reliés entre eux à leur partie supérieure par des arcs (*fig.* 8).

Les piliers doivent correspondre naturellement aux parties qui, en élévation, doivent supporter les plus lourdes charges. Ce mode de construction adopté, on ne creuse la fouille que pour les piliers et le terrain entre ceux-ci est taillé de manière à servir de cintres pour les arcs formant liaison.

Nous venons de voir dans ce qui précède qu'on utilise pour les fondations des appareils en charpente, des racinaux, des pilotis, des grils ou grillages ; nous croyons utile de donner quelques détails sur leur emploi dans les fondations.

Presque tous les bois se conservent à l'abri de l'air, soit en terre, soit dans l'eau ; les meilleurs cependant pour les fondations sont le chêne et l'aulne.

Les racinaux sont des pièces de bois plus larges qu'épaisses (madriers), qu'on pose sur la tête des pilotis pour recevoir la plate-forme.

Notre figure 9 montre un système d'assemblage de grils qui mérite d'être signalé. On taille la tête des pilotis en tenons, et sur celle-ci on pose les pièces longitudinales des grils taillées à mortaise en queue d'aronde ; dès que la mortaise touche les coins, ils s'enfoncent et écartent le tenon, qui grâce aux coins épouse exactement la forme de la mortaise. Il se produit un assemblage entre la tête des pilotis et les pièces qui les coiffent.

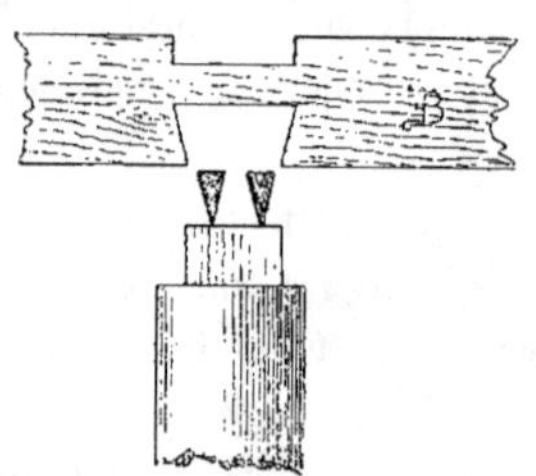

Fig. 9. — L'assemblage d'un gril sur une tête de pilotis.

Les pièces longitudinales du gril fixées, on pose la pièce transversale dans la partie évidée des premières et on les cheville, de sorte que l'ensemble forme un tout très-solide.

Les *pieux*, *pilots* ou *pilotis* sont des pièces de bois pointues et ferrées qu'on enfonce dans le sol à l'aide du mouton ou de la sonnette à déclic ou à tirandes.

Ce qui constitue la différence du pieu et du pilot ou pilotis, c'est que le pieu n'est pas recouvert comme le pilotis par la construction à laquelle il sert de soutien.

Il existe plusieurs genres de pilots, le *pilot de bordage*, celui qui termine l'enceinte d'un pilotage, et le *pilot de retenue*, celui enfoncé en dehors de l'enceinte d'un pilotage pour maintenir un terrain sans consistance.

Les pieux servent encore pour former les palées destinées à retenir les terres des digues et des batardeaux.

Pour faciliter leur entrée en terre, les pieux sont appointés, brûlés et armés par le bas d'une pièce en fer nommée *sabot*.

Ceux-ci sont de deux sortes : l'un (*fig.* 10) est fixé au pilotis par des clous, l'autre (*fig.* 11) y tient par une grande queue en fers de lance superposés.

La tête des pieux est garnie d'une frette en fer destinée à les empêcher d'éclater sous les coups de l'instrument qui sert à les enfoncer.

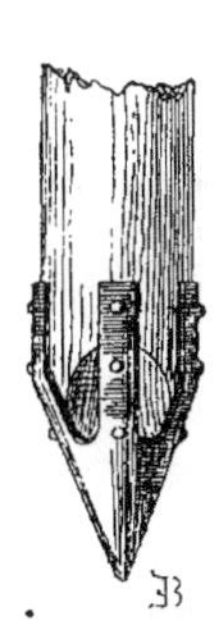

Fig. 10. — Sabot pour pilotis fixés avec des clous.

Fig. 11. — Sabot pour pilotis fixé par une queue en fers de lance.

Échelle de 0^m,04 pour mètre.

Quand les pieux n'ont que deux mètres de longueur, on peut se servir pour les enfoncer d'un simple billot qui se manœuvre à deux ou à quatre hommes. Nos figures 12 et 13 montrent l'élévation et le plan de ce billot.

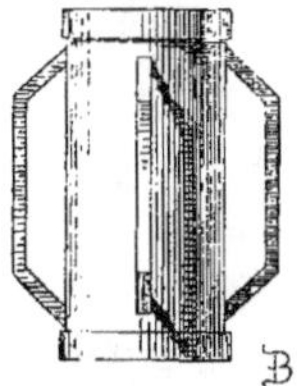

Fig. 12. — Élévation d'un billot à poignée pour enfoncer les pilotis de deux mètres environ.

Fig. 13. — Plan d'un billot à poignée.

Échelle de 0^m,02 pour mètre.

Quand les pilotis sont plus longs on emploie le mouton ou les sonnettes à déclic ou à tirandes.

Il arrive souvent qu'on ne peut obtenir des pilotis suffisamment longs; il faut alors pratiquer une enture, c'est-à-dire greffer une pièce de bois sur le pilot déjà battu. L'enture la plus simple consiste à cercler d'un anneau en fer la tête du pilotis, de manière à ce que le cercle s'emboîte moitié sur le pilotis battu et moitié sur celui qu'on veut enter. Afin de donner plus de solidité à l'enture, on enfonce dans l'axe vertical des pilots un double coin en fer (*fig.* 14). Ce collier, sorte de frette qui a 0^m,10 à 0^m,12 de hauteur, est entaillé de son épaisseur dans les bois à enter. Un autre mode d'enture préférable à celle-ci consiste à fabriquer un disque en fer forgé pour empêcher la compression des bois aux points d'enture. Notre figure 15 montre le plan du disque et sa position dans un pilot en coupe.

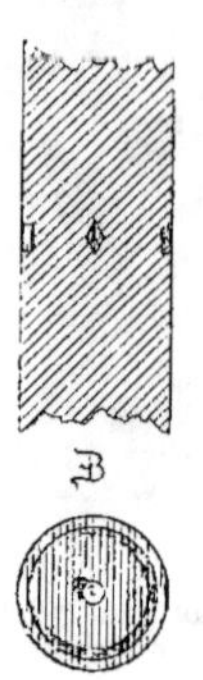 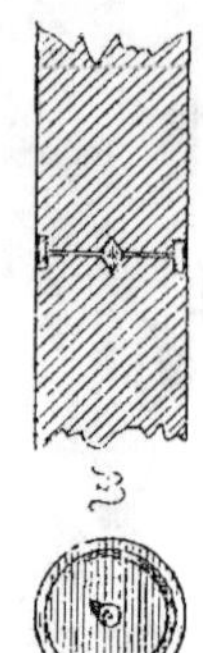

Fig. 14. — Enture des pilotis.   Fig. 15. — Disque en fer forgé, pour enture des pilotis.

Échelle de 0ᵐ,04 pour mètre.

Dans les terrains très-mobiles, on consolide les pilotis en les noyant dans des pierres et en les reliant par des madriers sur lesquels on pose des grils ou grillages en charpente, ces sortes de planchers dont nous venons de parler un peu plus haut.

Quelquefois aussi, suivant la nature du terrain, on pose simplement les grils sur le sol ou sur une couche de béton.

TERRASSEMENTS. — On appelle *terrassements* les travaux qui ont pour but de modifier le sol au moyen de *fouilles* ou *déblais,* ou bien de *remblais* ou *exhaussements.*

Les *déblais* se font à la bêche ordinaire pour les terres légères et à la pioche pour les terres fortes, et même lorsqu'on rencontre des rochers, il faut avoir recours au pic, à la masse et au poinçon et même à la mine.

Le transport des terres s'opère par le jet sur berge à la pelle, quand la distance ne dépasse pas 4 mètres. Au delà on emploie la brouette, en établissant des relais distants de 30 mètres les uns des autres. Cependant quand le transport des terres doit s'effectuer à plus de 100 mètres, il est plus avantageux d'employer des tombereaux à un cheval ou à deux chevaux ; enfin si le transport des terres est très-considérable et doit s'effectuer à plus de 500 mètres, on peut établir des rails sur des traverses en bois, et sur ce petit chemin de fer on fait rouler des wagons à bascules d'une contenance de 1000 kilogrammes.

Au moyen de changements de voie obtenus par un système d'aiguillage, on dirige les wagons en tous sens. Ces petits chemins de fer peuvent tourner dans une courbe de 10 mètres de rayon, ce qui permet de supprimer les plaques tournantes.

REMBLAIS. — Quand on veut remblayer au contraire, il faut avant tout enlever la bonne terre végétale, qu'on peut utiliser pour le verger ou le fleuriste. On donne ensuite un labour assez profond, pour permettre la liaison des terres. Ceci fait, on opère le remblai par couche de 0ᵐ,20, qu'on pilone, ou qu'on tasse avec un rouleau compresseur. Si cependant les terres servant à remblayer étaient légères et sablonneuses, au lieu de piloner on pourrait se contenter d'arroser, et l'eau tasserait suffisamment et régulièrement les terres.

Les terrassements relatifs aux fondations sont différents des grands déblais ou remblais ; ils consistent en une fouille plus ou moins profonde. Voici comment on procède. On pioche la terre à 0ᵐ,35 ou 0ᵐ,40, de profondeur, et le terrassier jette la terre soit sur berge, soit dans des brouettes disposées le long de la rigole. Au fur et à mesure que le terrassier s'enfonce dans la fouille il établit des banquettes, à l'aide de plats-bords supportés par des boulins ou de forts chevrons. Les fouilles doivent toujours être taillées en talus, afin de retenir non-seulement les terres, mais encore pour donner plus de facilité à la manœuvre. Quand les terres sont légères ou d'une composition inégale, et manquent par suite de compacité, il faut étayer ou étrésillonner pour prévenir les éboulements ; il arrive malheureusement que les terrains les plus solides, par suite de pluies ou de fortes charges, viennent à se décoller et peuvent dans ce cas ensevelir les ouvriers ; aussi un bon directeur de chantier doit-il agir avec prudence et circonspection, et étrésillonner ses fouilles dans les terrains douteux.

Quand les fondations d'un bâtiment sont terminées, et que la prise de la maçonnerie est assurée, on doit remplir les intervalles qui existent entre le talus des terres et les murs de fondations. Ce remplissage s'opère à l'aide des dernières terres laissées sur les bords de la fouille. On doit piloner avec soin ces remblayages, de manière à ce qu'ils donnent appui à la maçonnerie.

MAÇONNERIE.

La maçonnerie comporte l'assemblage des divers matériaux mis en œuvre pour faire les murs, les voûtes, ce qu'on peut appeler la carcasse d'un bâtiment.

Il existe plusieurs genres de maçonnerie ; celles en pierre de taille, en moëllon, en libage, en brique ; on en fait aussi par l'agglomération des matériaux qui font prise comme le béton, le pisé, etc.

MAÇONNERIE EN PIERRE DE TAILLE. — La plus belle et la plus solide, mais aussi la plus coûteuse des maçonneries est sans contredit celle en pierre de taille. Son prix élevé en limite considérablement l'emploi pour les constructions rurales ; cependant, dans les localités où la pierre de taille est abondante et sa mise en œuvre facile, il y a souvent avantage à l'employer, au moins pour les chambranles des portes et des fenêtres, ainsi que pour les soubassements ; du reste, la main-d'œuvre pour la pose est moins longue, la quantité de mortier employée est moindre, et cette maçonnerie augmente de beaucoup la solidité des constructions. En soubassement, les assises inférieures, généralement en pierre dure, doivent former *parpaing*, c'est-à-dire avoir toute l'épaisseur du mur.

Ces parpaings sont absolument indispensables pour les encoignures et les angles des bâtiments, les jambages des baies, les chaînes, et dans le cas où, pour obtenir des murs épais et à bas prix, on fait seulement les faces extérieures en pierre de taille et celles intérieures en moëllon.

Les *corbeaux* doivent toujours occuper toute l'épaisseur du mur.

Les constructions en pierre de taille se font généralement par assises régulières. Les faces de la pierre doivent être dressées avec soin. Les faces inférieure et supérieure doivent être horizontales, les faces restantes perpendiculaires. Toute pierre doit être posée sur son lit, c'est-à-dire dans la position qu'elle occupait dans la carrière ; toute pierre posée autrement est dite *posée en délit* et doit être changée, car elle est sujette à s'épauffrer, à se déliter, ou se fendiller.

Les faces intérieures et extérieures des pierres se nomment *parements ;* ils sont dits *parements intérieurs* ou *extérieurs* suivant leur position respective.

Les autres faces de côté sont nommées *joints.* Dans toute bonne construction les joints doivent être alternés.

On nomme *queue* la partie de la pierre cachée dans le mur, et *carreau* une pierre qui a plus de parement que de queue. Une pierre *boutisse* est au contraire celle qui a plus de queue que de parement.

L'épaisseur d'un mur est quelquefois formée par une seule pierre en parpaing, c'est un *mur parpaing ;* d'autrefois au contraire, il est formé alternativement d'un parpaing, puis de deux *boutisses* ou *carreaux*, c'est-à-dire de pierres de queue égales ou inégales, enfin de deux autres pierres dont la queue est de longueur différente de celles qui les précèdent, de manière à ce que les joints ne se correspondent pas ; quel que soit le mode adopté, les murs doivent toujours être pleins et il ne doit pas exister des interstices ou vides entre les pierres.

MAÇONNERIE EN MOELLONS. — Les moëllons se divisent en *moëllons bruts,
ébouzinés, smillés, piqués* et *d'appareil.*

Les *moëllons bruts* sont ceux qui ne sont pas travaillés.

Les *moëllons ébouzinées,* ceux qui, au fur et à mesure de leur emploi, sont
légèrement taillés sur leurs lits et joints.

Les *moëllons smillés* ceux qui sont grossièrement équarris.

Les *moëllons* sont dits *piqués* quand leur parements lits et joints sont
taillés avec soin, de manière à ce que leurs arêtes soient vives et bien dressées.

Enfin les *moëllons* sont dits *d'appareil* quand ils sont mis en œuvre à la
façon des pierres de taille.

Quels que soient les moëllons choisis pour la construction d'un mur, on
les dispose comme des pierres de taille, tantôt ils font parpaings, et tantôt
boutisses; on ne doit jamais les employer en carreau, car ils ne donneraient
qu'un mauvais mur. On remplit les intervalles entre chaque moëllon avec
du mortier dans lequel on fait entrer en plus grande quantité possible des
éclats de pierre qu'on nomme *garnis.* Comme pour les murs en pierre de
taille, on doit alterner les joints et poser un moëllon court à côté d'un long,
et ne pas craindre d'employer beaucoup de moëllons faisant parpaing.

MAÇONNERIE PAR RELEVÉES. — On nomme ainsi la maçonnerie qui, au lieu
de se régler à chaque assise, se règle par relevées ou arasements d'une hauteur déterminée de 0^{m},40 le plus souvent. Les arasements sont faits avec des
moëllons de toutes dimensions, mais qui ne forment un lit régulièrement
dressé qu'à chaque relevée.

MAÇONNERIE IRRÉGULIÈRE. — Cette maçonnerie est en moëllons bruts ; on
ne dresse que les parements et les lits. On n'est tenu d'observer aucun arasement; or comme, dans ce genre de maçonnerie, les joints sont dirigés dans
tous les sens, on la nomme aussi maçonnerie à *joints incertains (opus in-
certum.)*

Ce dernier système peut être très-solide lorsqu'il est construit avec soin,
et si l'on veut lui donner un aspect décoratif on le mêle avec des chaînes
en pierre de taille.

MAÇONNERIE DE LIBAGES. — Cette maçonnerie est composée de blocs de
pierre de différents échantillons simplement dégrossis au marteau sur ses
faces, et les lits sont taillés. Elle doit être faite à bain flottant de mortier,
que l'on fait refluer en frappant sur la pierre avec le marteau, jusqu'à ce que
celle-ci ait acquis une position fixe. Les joints doivent être alternés. Le libage s'emploie surtout pour les massifs des fondations des constructions
importantes.

MAÇONNERIE EN PIERRES SÈCHES. — Souvent, par économie, on emploie ce
mode de construction; mais afin que les murs ainsi faits présentent une

solidité satisfaisante, il faut leur donner une grande épaisseur, ce qui les rend aussi coûteux qu'un mur ordinaire construit en bonne maçonnerie.

MAÇONNERIE EN ARGILE ET MOELLONS. — En mêlant de l'argile bien battue avec de l'eau de chaux légère, on obtient un mortier économique qu'on emploie avec des moëllons de petit échantillon, la maçonnerie ainsi obtenue est d'un bon usage.

MAÇONNERIE EN BRIQUES. — La maçonnerie en briques est une des meilleures, des plus solides et des plus faciles à exécuter, puisque ses dimensions régulières donnent des assises d'une épaisseur égale; seulement cette maçonnerie est assez chère, quand on n'a pas la brique sur place.

La brique est rugueuse, elle adhère parfaitement au mortier de chaux, de plâtre, de ciment et de terre, pourvu qu'on ait eu le soin de la tremper dans l'eau avant son emploi. Il arrive parfois que, suivant la qualité de la terre qui sert à sa fabrication, les surfaces léchées par la flamme sont vitrifiées; cette vitrification empêche les briques d'adhérer avec le mortier, aussi ne doit-on employer celles-ci que pour des usages particuliers. On peut les mettre en parement sur des murs sans enduit, comme pour support d'auge et mangeoire, écuries et étables, ou dans d'autres travaux analogues dans lesquels la brique doit rester apparente. On peut utiliser aussi comme décoration de façade ces vitrifications. Il y a diverses manières d'assembler les briques pour faire des murs. Les uns sont faits d'une brique, d'une brique et demie, de deux briques;

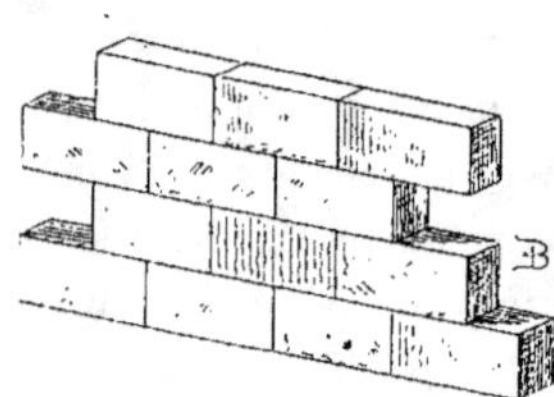

Fig. 16. — Mur en briques de champ.

elles sont posées sur champ (*fig.* 16), ou bien à plat formant parpaing (*fig.* 17), ou bien dans leur longueur (*fig.* 18). Quel que soit leur mode

Fig. 17. — Mur en briques formant parpaing.

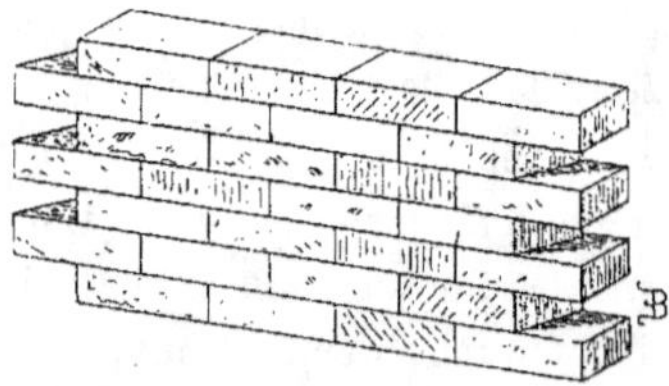

Fig. 18. — Mur en briques posées à plat.

d'emploi, à épaisseur égale, la maçonnerie de brique est toujours supérieure à toute autre, et résiste parfaitement à l'incendie. On ne peut lui reprocher que d'être poreuse et d'absorber ainsi de l'humidité; mais, avec de bons enduits, on peut parer à cet inconvénient.

La brique conjointement avec le ciment sert à établir des cuves vinaires ou autres, des réservoirs et des bassins pour les eaux, des voûtes, etc. Nous aurons l'occasion d'y revenir dans le courant de cet ouvrage, lorsque nous traiterons des différentes constructions que nous venons de citer.

PISÉ.

Le pisé est une maçonnerie économique faite avec de la terre comprimée simplement sur place; quelquefois on la transforme préalablement en moëllon factice à la manière des briques crues. Notre figure 19 montre un moule monté et chevillé servant à faire des carreaux de pisé; la figure 20, le même moule déchevillé après avoir moulé son carreau. Ce même cadre peut servir pour la fabrication de grandes briques soit en terre argileuse, soit en béton agglomérés ou d'autres mortiers et compositions analogues.

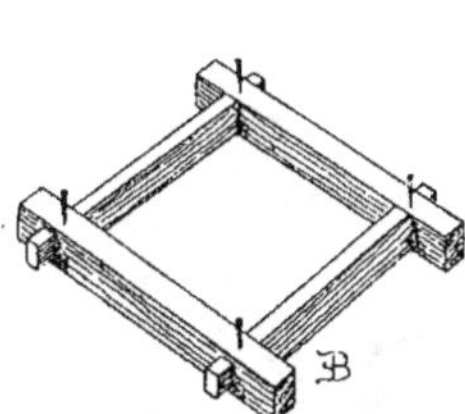

Fig. 19. — Moule monté servant à faire
des carreaux de pisé.

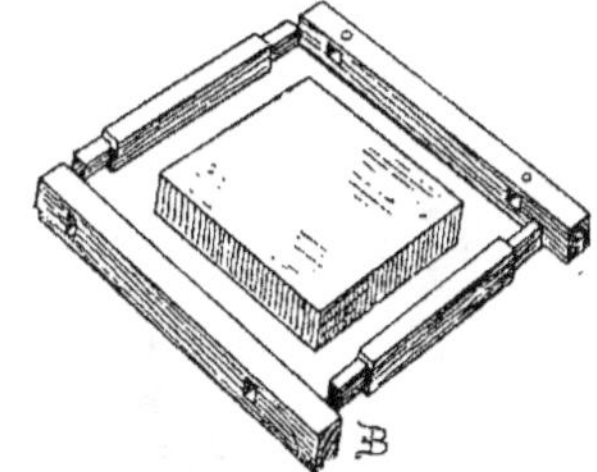

Fig. 20. — Moule déchevillé montrant
un carreau de pisé.

On emploie le pisé comme construction dans les localités où la pierre est rare et par conséquent coûteuse. C'est évidemment un genre de bâtisse essentiellement utile dans les constructions rurales.

Dans les départements de l'Ain, du Rhône et de l'Isère, le pisé est fort en usage; on en construit même des maisons à plusieurs étages.

La terre légèrement argileuse telle que la terre franche et la terre végétale un peu graveleuse sont les meilleures pour faire le pisé. On mélange à ces terres en les pétrissant de la paille ou du foin pour les empêcher de gercer en se desséchant. Les terres sablonneuses sans liant sont impropres à cette fabrication. Une bonne terre est celle qui, légèrement humide, fait corps lorsqu'on la comprime dans la main et garde la forme qu'elle a reçue.

Après avoir, si cela est nécessaire, passé la terre à la claie, l'avoir mouillée légèrement, si elle est trop sèche sans toutefois la détremper, on la triture pour y mélanger du foin, ou de la paille.

On construit les murs par parties au moyen d'un encaissement formé par un châssis mobile dont les deux parois en planches nommées *banches* (*fig.* 21) sont maintenues dans une distance égale à l'épaisseur qu'on veut

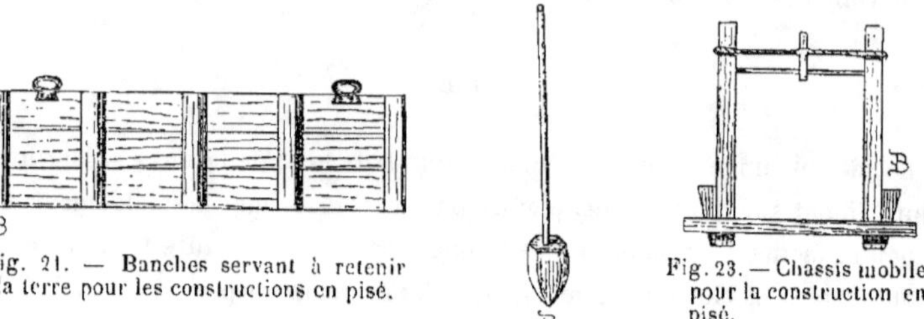

Fig. 21. — Banches servant à retenir la terre pour les constructions en pisé.

Fig. 22. — Pisoir.

Fig. 23. — Chassis mobile pour la construction en pisé.

donner au mur. Entre les banches on comprime avec des pisoirs (*fig.* 22) la terre étendue par couches de 0^m,10 d'épaisseur jusqu'à ce qu'elles n'aient plus que 0^m,05 ou 0^m,06. Les châssis (*fig.* 23) ont ordinairement 0^m,75 de

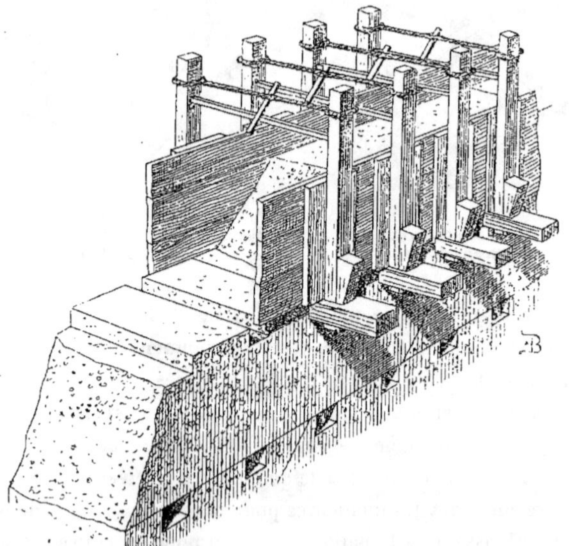

Fig. 24. — Construction en pisé. Manière de construire l'encaissement.

hauteur sur 1 mètre de longueur ; quatre servent à former un coffre ; ils sont distants d'un mètre l'un de l'autre. Quand cette espèce de coffre est remplie de pisé tassé, on retire les clés ou clavettes qui relient ses parois aux traverses. On enlève alors celles-ci et celle-là, et l'on monte le coffre à la suite pour continuer le mur. Notre figure **24** montre une perspective d'un coffre monté. Les trous laissés dans le mur par suite de l'enlèvement des traverses se bouchent après coup avec la même terre. En serrant de plus en plus les clavettes et les cordes des traverses à mesure que la construction s'élève, on donne un léger fruit aux assises inférieures, ce fruit est de **7 à 8** millimètres par mètre de hauteur pour chaque parement. Pour faciliter la liaison des blocs entre eux, on incline sous un angle de 60° environ les joints montants en ayant soin que les inclinaisons soient alternées et se trouvent en outre en sens contraire dans les assises voisines c'est-à-dire que les uns vont de droite à gauche et les autres de gauche à droite.

Quand la terre est à pied d'œuvre, deux ouvriers habitués à ce genre de travail font environ **8 à 9** mètres cubes de bonne maçonnerie de pisé en douze heures.

Lorsque la construction doit avoir une certaine élévation, il est bon de rendre les blocs de pisé et les murs solidaires au moyen de pièces de bois ou filets d'un faible équarrissage, reliés entre eux et posés à plat dans les murs de face et de refend. Quelquefois on construit les angles en moëllons, mais dans ce cas le tassement inégal des différentes parties de la construction est une cause grave de destruction. On augmente aussi beaucoup la solidité du pisé en plaçant dans l'intérieur des murs à des hauteurs différentes des lattes ou, des vergettes disposées horizontalement et verticalement. Le pisé acquiert beaucoup plus de consistance lorsqu'on arrose la terre qui sert à sa fabrication avec du lait de chaux, au lieu d'employer de l'eau pure.

Pour le rendre capable de résister à l'action destructive de l'air et de la pluie, on doit le recouvrir d'un enduit composé d'une partie de chaux pour quatre parties d'argile et mêlé d'une quantité suffisante de bourre commune. Cet enduit ne doit être appliqué qu'après l'entière dessiccation des murs, c'est-à-dire après un laps de temps qui varie en raison de l'épaisseur de la construction et de la saison pendant laquelle elle a été exécutée. Ainsi un mur de pisé achevé dans le mois de mai peut recevoir l'enduit en septembre ; ceux terminés en juillet et même en août peuvent encore être enduits avant l'hiver si la belle saison se prolonge et si l'automne n'a pas été pluvieuse. Mais ceux bâtis après la mi-août exigent au moins six ou huit mois de dessiccation.

Enfin cet enduit ne doit pas être appliqué par un temps humide et pluvieux. On ne doit jamais perdre de vue que se presser d'enduire le pisé est ordinairement un mauvais calcul, car plus il est sec plus l'enduit est adhérent et par conséquent efficace et protecteur.

Il est aussi indispensable de construire en meulière, moëllon ou pierre de taille le soubassement des constructions en pisé, pour empêcher l'humidité du sol de s'introduire dans les murs et d'en détruire la cohésion.

Pisé en béton. — Le pisé de terre présente de graves inconvénients, il ne peut être employé sous les climats trop humides, et même dans les pays chauds : il propage l'humidité ; aussi pour essayer de remédier aux inconvénients du pisé ordinaire, on a proposé deux sortes de béton, qu'on utilise d'une manière analogue au pisé de terre.

Le premier béton a la composition suivante :

Chaux non délitée.	10 parties.
Terre argileuse crue.	27 —
Sable et gravier .	63 —
	100 —

Le pisé en béton a l'avantage de pouvoir résister beaucoup mieux que le pisé ordinaire à l'action de l'eau, néanmoins il doit être proscrit dans les pays sujets aux inondations où dans ceux qui sont humides et couverts de brouillards.

Le second béton a la composition suivante :

Chaux grasse ou hydraulique non délitée	14 parties.
Cendre de houilles pulvérisées .	8 —
Terre argileuse cuite et pilée	8 —
Sable et gravier.	70 —
	100 —

Comme on peut le voir par sa composition, ce béton n'est autre qu'un béton de ciment énergique ; il en a d'ailleurs toutes les propriétés, prise rapide et grande dureté acquise en peu de jours.

Bauge ou torchis. — Ce genre de construction ne peut être utilisé que pour des bâtiments ayant un caractère provisoire ou pour des murs de clôture. Le torchis est très-hygrométrique et offre peu de solidité. S'il demande moins de main-d'œuvre que le pisé et s'il coûte moins cher, il vaut infiniment moins que lui. Sa fabrication est des plus simples ; on n'a qu'à gâcher de la terre franche légèrement humectée et mélangée de foin ou de paille hachée.

On élève les murs en bauge en entassant ce compost ou plutôt ce mélange avec la fourche à dents. On superpose alternativement des couches horizontales ; on ne pose une deuxième couche qu'autant que la première a pris un peu de consistance ; et chaque fois qu'on fait une assise on a soin de régler ou rafraîchir celle qui va supporter la nouvelle, afin de les

liaisonner entre elles. Le mur terminé, on lisse les parois à la truelle et quand
le torchis est suffisamment sec, on y applique un enduit comme sur le pisé.

On emploie le torchis pour les petites constructions couvertes en chaume,
et pour remplir les interstices entre les parois des constructions en colombages, enfin pour charger les planchers auxquels on veut donner une certaine épaisseur.

MURS DE REVÊTEMENT OU DE SOUTÈNEMENT.

On appelle ainsi les murs appliqués contre des terres amoncelées, et faits
pour soutenir ces terres et en prévenir l'éboulement ; ainsi toutes les fois que
l'on forme une terrasse dont les faces doivent être verticales ou à peu près,
ou que l'on a tranché un terrain qui ne pourrait rester taillé à pic sans s'ébouler, on les revêt d'un mur de soutènement.

Dans la pratique usuelle, le nom de mur de *terrasse* ou de *soutènement*
est donné à tout mur destiné à soutenir la face verticale ou biaise d'un
terrain.

Il existe une infinité de règles et de formules pour calculer la poussée
exercée par une masse de terre sur un mur, de même que pour déterminer
la forme du mur qui offre le plus de résistance avec le moindre volume de
matériaux. Dans la pratique, l'application de ces lois est très-difficile, car
on ne peut rien déterminer de rigoureux ; en effet suivant les terrains, les
climats, la composition du sol, ces formules devraient varier ; nous nous
bornerons donc à déterminer *grosso modo* l'épaisseur à donner en général à
ces murs ; nous ne donnerons qu'une formule, celle de Poncelet, qui suffira dans les cas usuels, si ce n'est dans tous pour calculer cette épaisseur.
Voici cette formule : $x = 0^m,285\ (\mathrm{H} + h)$; H étant la hauteur du revêtement
et h la hauteur entière de la surcharge située au-dessus du plan horizontal
passant par le sommet du mur.

Dans les campagnes, on construit quelquefois des murs de soutènement
en pierre sèche ; l'épaisseur de ces murs doit être augmentée d'un quart
en sus des murs bâtis en mortier de chaux. Dans les murs en pierre sèche, on
n'a pas à s'occuper de l'écoulement des eaux puisqu'elles s'écoulent naturellement par les interstices existant entre les pierres qui constituent le mur.

Il n'en est pas de même pour les murs en maçonnerie : l'eau qui s'amasse
derrière ceux-ci augmente considérablement la poussée des terres, et
nécessite une plus grande épaisseur de ce mur, c'est-à-dire une plus-value de dépense. Pour obvier à cet inconvénient, on pratique çà et là sur
plusieurs points de leur hauteur des *barbacanes*, qui sont destinées à donner de l'air et à faciliter l'écoulement des eaux. Ces barbacanes doivent être

établies avec soin et leur pourtour être fait avec de bons et solides matériaux, non gélifs.

Quelquefois, ce qui vaut mieux que les barbacanes, on draine le terrain pour établir un écoulement naturel ; on fera bien de le faire chaque fois qu'on le pourra, car les résultats en sont plus positifs et plus certains.

CONTRE-FORTS. — Pour diminuer la force des murs de terrasse ou de soutènement, on emploie des contre-forts intérieurs ou extérieurs : ces derniers doivent être préférés. Dans bien des cas aussi, quand on n'est pas obligé d'économiser le terrain, on construit des arcs-boutants s'appuyant sur de minces éperons ou contre-forts. Ce système donne une suite d'arcades qu'on peut utiliser pour des espaliers lorsque les murs de soutènement se trouvent dans une exposition favorable (*fig. 25*).

Fig. 25. — Contreforts.

Bien souvent, quand la nature du sol est dure et ferme, les terrains taillés en talus se soutiennent d'eux-mêmes ; dans ce cas, il est encore bon de construire un mur, non pour soutenir les terres mais pour les protéger contre les intempéries des saisons : la gelée, les orages, qui finiraient avec le temps par désagréger tellement la surface qu'il faudrait faire dans un temps donné un véritable mur. On peut l'économiser en pratiquant, aussitôt la tranchée faite, un simple et léger revêtement.

Dans un terrain en pente, les couches qui inclinent vers le mur obligent à augmenter proportionnellement son épaisseur ; de l'autre côté de la tranchée au contraire, les couches déclinant, le mur ne réclame qu'une faible épaisseur ; un simple parement suffira dans bien des cas. Il faut seulement empêcher le terrain de se désagréger, et de s'ébouler en devenant pour ainsi dire déhiscent. Notre figure 26 montre mieux que ne pourrait le faire aucune description la manière de construire les murs dans les terrains que nous venons de signaler. Nous avons supposé un chemin passant au travers de ce terrain.

En *a* il existe une canalisation recevant les eaux pluviales et celles des drains, *b, b ;* le mur de soutènement est à droite *d*, celui de revêtement à gauche *e*. En *c* il existe une voûte renversée. Elle sert à deux fins, à contrebuter la poussée des terres du côté B en empêchant le glissement du mur, et à ramener dans l'aqueduc *a,* toutes les eaux qui croupiraient sur la route.

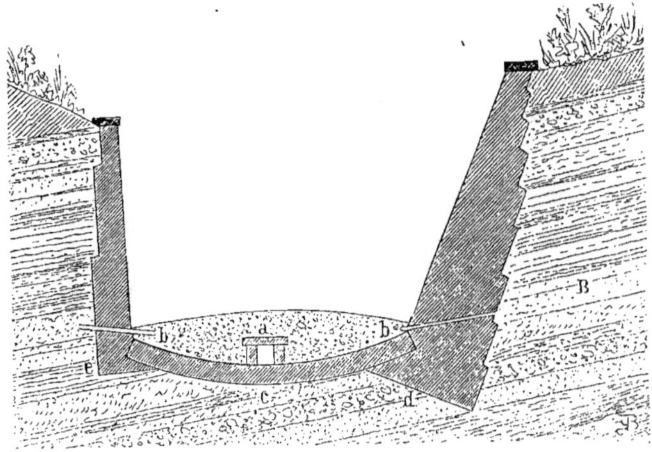

Fig. 26. — Murs de soutènement et de revêtement.
Échelle de 0^m,005 pour mètre.

Le calcul de la stabilité d'un mur de terrasse se divise en deux parties : 1° la poussée des terres, 2° la résistance à donner au mur.

Il est reconnu que les remblais de terres ordinaires forment un angle de 45 degrés A, C, B (*fig. 27*).

On nomme *ligne de pente naturelle* l'inclinaison que prendrait la terre en s'éboulant AC (*fig. 27*).

Cette surface AC forme dans ce cas, un plan incliné sur lequel glisse le prisme triangulaire A, C, D. Le mur de soutènement est donc destiné à supporter la pression de ce prisme.

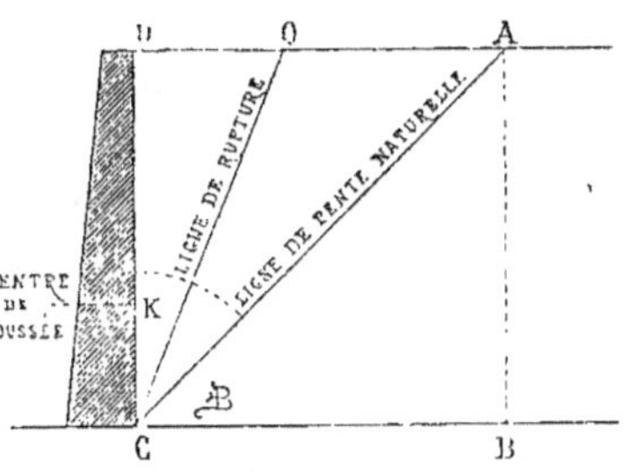

Fig. 27. — Murs de soutènement.

On appelle *ligne de rupture* celle qui se produit lorsqu'une masse de terre glisse obliquement sur elle-même, ou lorsque les terres viennent à se décoller.

Il a été constaté que cette ligne est presque bissectrice de l'angle formé par la pente naturelle et la ligne passant derrière le mur. C'est, dans notre figure, la ligne C, O qui divise l'angle A, C, D.

Enfin on nomme *centre de poussée*, le point K sur la face intérieure d'un mur, au-dessus et au-dessous duquel la poussée s'exerce également.

5

Le calcul et l'expérience démontrent simultanément que ce point de poussée est situé au tiers inférieur de la hauteur verticale du mur.

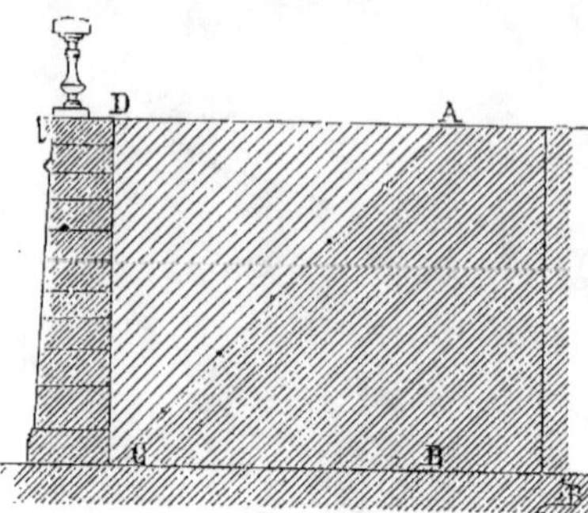

Fig. 28. — Détermination des murs de soutènement.

On peut trouver par une opération graphique des plus simples l'épaisseur qu'il faut donner aux murs de soutènement. On détermine la ligne de pente naturelle des terres qu'on veut retenir. Soit A, C, cette ligne, et, on la divise en six parties égales, la longueur d'une de ces divisions est l'épaisseur qu'on doit donner à la base du mur (*fig.* 28).

VOUTES.

Dans les constructions rurales, on emploie fréquemment les voûtes, soit pour des caves, celliers, laiteries, glacières etc., soit pour les planchers d'écuries et d'étables. Elles sont d'une grande utilité, car on n'a pas à redouter les brusques variations de température dans les locaux qu'elles couvrent ; elles sont en outre incombustibles et plus durables que les planchers.

L'établissement des voûtes, demande un certain savoir pour pouvoir équilibrer la résistance des supports ou pieds-droits, et la poussée exercée par les *reins* de la voûte ; aussi il nous paraît indispensable d'exposer ici une théorie sommaire de leur construction.

THÉORIE DES VOUTES. — Une voûte peut être considérée comme formée par une série de polygones taillés en coins se soutenant mutuellement les uns les autres par leur simple pression. Ces coins se nomment *voussoirs*. Les derniers de chaque côté de la voûte sont soutenus par les pieds-droits, celui du milieu *a* (*fig.* 29) est nommé *clef*. La surface intérieure de la voûte prend le nom d'intrados, tandis que la face extérieure prend celui d'extrados.

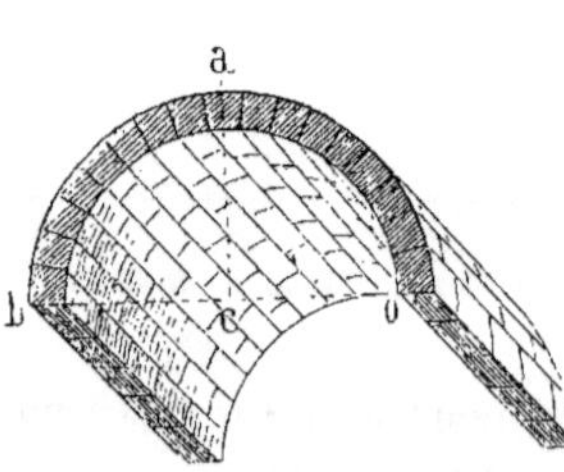

Fig. 29. — Théorie des voûtes.

Les points *b, o,* qui reçoivent les derniers voussoirs se nomment *naissances* ; la distance horizontale *b, o, ouverture* ou *portée* ; la distance verticale *a, c, hauteur* et les matériaux placés sous *b* et *o,* *coussinets* ou *sommiers* ; ils sont ordinairement en pierres dures.

La théorie et la pratique ont démontré que les principes suivants pouvaient passer comme axiomes, pour la construction des voûtes :

1° La poussée d'une voûte est d'autant plus forte, que la voûte est divisée en un plus petit nombre de voussoirs, et réciproquement.

2° La poussée est encore d'autant plus forte, que la voûte est moins élevée, de sorte que la voûte en plein cintre et les voûtes surbaissées donnent une poussée plus grande que l'arc en ogive ou en tiers-point; aussi ces derniers peuvent être supportés par des pieds-droits d'une moindre épaisseur que les premiers.

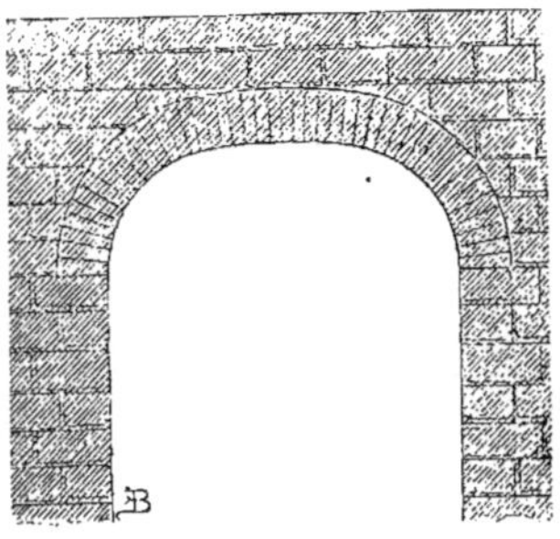

Fig. 30. — Voûte extradossée en ligne droite.

3° Les voûtes dont l'épaisseur va en diminuant de la naissance à la clef offrent moins de poussée que, celles dont l'épaisseur est uniforme.

4° Les voûtes extradossées en ligne droite, c'est-à-dire celles dont les reins sont entièrement remplis (*fig.* 30), ont, à courbure égale, moins de poussée que dans toute autre circonstance.

5° Quand des pieds-droits n'ont pas assez d'épaisseur pour résister à la poussée d'une voûte, celle-ci cède à la pression et s'ouvre en dessous vers la clef A et au-dessus vers le milieu des reins en BCD (*fig.* 31).

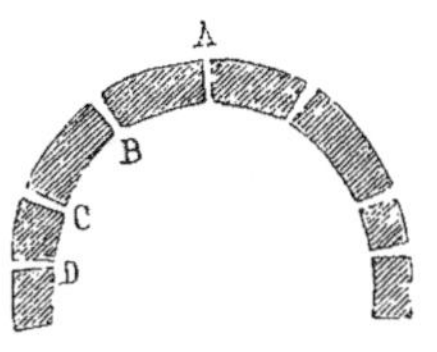

Fig. 31. — Rupture d'une voûte.

6° Toute voûte plein-cintre, pour se soutenir, doit avoir une épaisseur minima et uniforme d'un dix-huitième de son diamètre.

Ces principes fondamentaux posés, il nous reste à déterminer quelle est l'épaisseur que doivent avoir les voûtes à leur naissance ainsi que la forme de leur extrados; nous donnerons ensuite le tableau déterminant l'épaisseur des voûtes en plein-cintre et des voûtes surbaissées, ainsi que celle qu'il convient de donner aux pieds-droits qui supportent ces différentes voûtes.

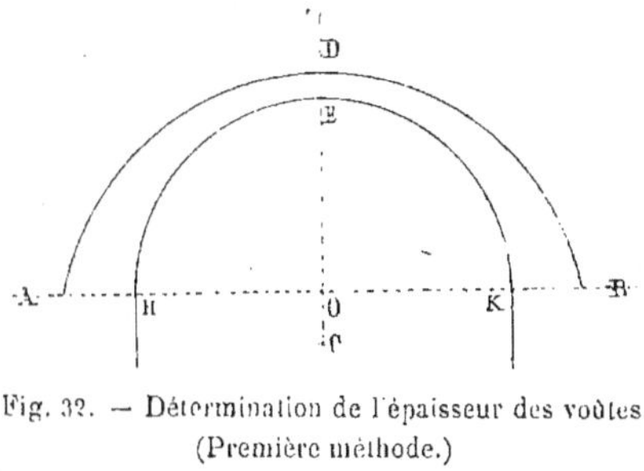

ÉPAISSEUR DES VOUTES; FORME DE LEUR EXTRADOS. — L'épaisseur d'une voûte à son sommet peut être déterminée assez facilement par l'expérience.

Fig. 32. — Détermination de l'épaisseur des voûtes. (Première méthode.)

Première méthode. — Un moyen simple et pratique est le suivant (*fig.* 32). On tire la ligne AB et la perpendiculaire DC. Du point O comme centre, avec le rayon OH, on décrit l'arc HEK. Sur le sommet de cet arc on porte ED l'épaisseur de la voûte (épaisseur variable déterminée par le tableau suivant page 60). On porte ensuite le quart du rayon, de O en C, et du point C comme centre avec le rayon CD on décrit l'arc ADB qui est la courbe demandée.

Deuxième méthode. — On trace (*fig.* 33) l'intrados de la voûte BAC, on détermine l'épaisseur à donner à la clef. Soit AD cette épaisseur; on divise ensuite le rayon AO, en six parties égales et l'on porte une de ces parties au-dessous du point O, et avec ED comme rayon on décrit le demi-cercle HDK, qui est la courbe demandée.

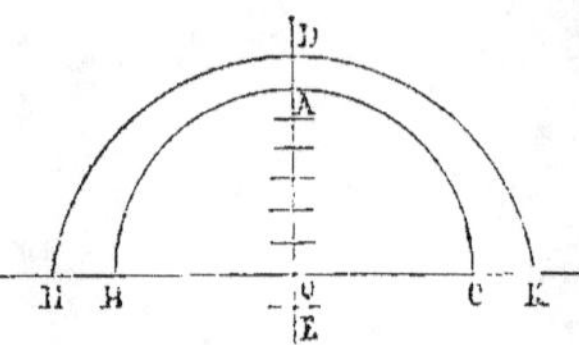

Fig. 33. — Détermination de l'épaisseur des voûtes.
(Deuxième méthode.)

Troisième méthode. — Après avoir tracé les premières opérations déjà indiquées deux fois on porte (*fig.* 34) sur DO un certain nombre de divisions E, E, E toutes égales à l'épaisseur de la clef et par les points E on fait passer des horizontales indéfinies, puis au point de leur intersection avec la courbe de l'intrados on mène des lignes indéfinies H, H, H ; et par le point où ces dernières coupent les horizontales E, on fait passer une courbe qui fournit l'extrados demandé.

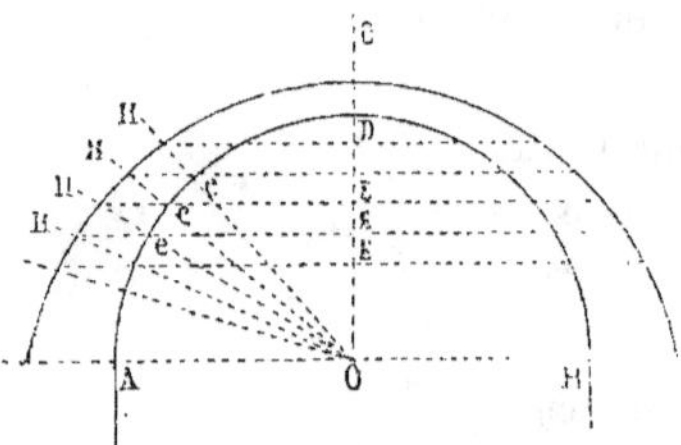

Fig. 34. — Détermination de l'épaisseur des voûtes.
(Troisième méthode.)

Étudions maintenant les moyens de trouver l'épaisseur qu'on doit donner aux pieds-droits de toutes sortes de voûtes extradossées et intradossées.

. VOUTES EXTRADOSSÉES. — Après avoir tracé (*fig.* 35) l'intrados de la voûte on mène la bissectrice de l'angle AOB. Par le point L où cette ligne coupe la courbe de l'intrados, on mène l'horizontale JK, ensuite du point B on élève une perpendiculaire indéfinie qui rencontre l'horizontale JK au point I. Portez alors IL de L en P et la partie PK de B en D et le double de l'épaisseur de la voûte de B en Q. Divisez ensuite en deux parties QD et du point C comme centre avec CD comme rayon décrivez une demi-circonférence DEQ, et le point E où elle coupera l'horizontale EO indiquera précisément l'épaisseur qu'il faudra donner aux pieds-droits de la voûte extradossée pour qu'ils puissent résister aux efforts de la poussée.

VOUTES INTRADOSSÉES. — Pour trouver l'épaisseur à donner aux pieds-droits des voûtes intradossées par une circonférence de cercle qui n'est pas concentrique, on procède de la manière suivante :

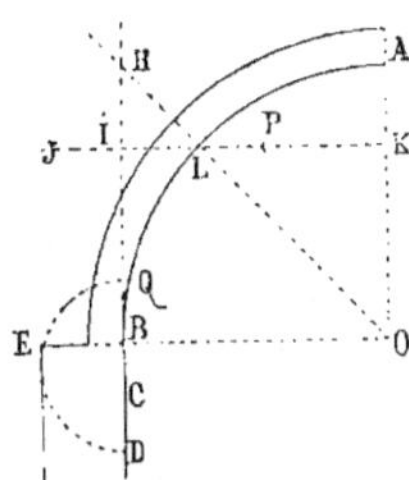

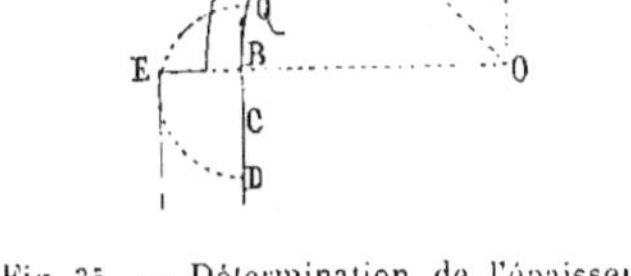

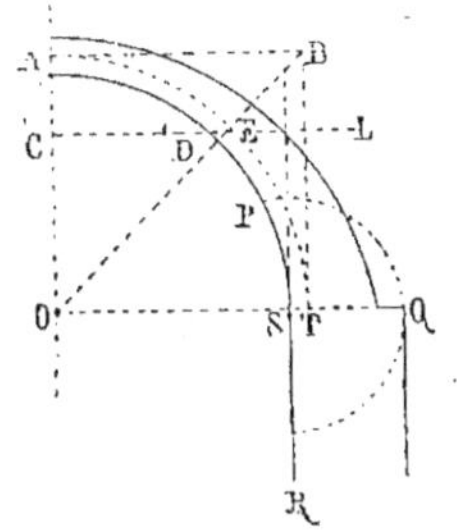

Fig. 35. — Détermination de l'épaisseur à donner aux pieds-droits des voûtes extradossées.

Fig. 36. — Détermination de l'épaisseur à donner aux pieds-droits des voûtes intradossées.

Après avoir tracé les deux courbes comme il a été dit ci-dessus, on divise (*fig.* 36) l'épaisseur de la voûte à la clef en deux parties égales et du point O comme centre avec le rayon OA, on trace la courbe AT. Par le point A, on mène une parallèle à OQ et par le point T une autre à OA. A la rencontre de ces deux lignes au point B, on abaisse une perpendiculaire sur une ligne supposée, allant de A en T ; à l'intersection E de cette perpendiculaire et de AT, on mène une parallèle à AB ; on prend sur cette droite ED égale à EC et l'on porte DC de S en R ; faites ensuite SP égal à deux fois l'épaisseur de la voûte, sur la ligne OB. Du point S comme centre, avec un rayon égal à SP, décrivez une demi-circonférence qui rencontrera l'horizontale O au point Q, qui donnera l'épaisseur cherchée du pied-droit.

Nous allons, pour plus de facilité, réunir dans un tableau les épaisseurs qu'on doit donner aux reins et, aux pieds-droits des voûtes plein cintre et, des voûtes surbaissées au tiers.

Ces chiffres répondent aux proportions de la plupart des voûtes construites en matériaux d'une dureté moyenne ; ils sont établis d'après les indications de l'ingénieur Péronnet.

DIAMÈTRE de LA VOUTE.		ÉPAISSEUR DE LA VOUTE		ÉPAISSEUR DES PIEDS-DROITS LEUR HAUTEUR ÉTANT :						
		aux naissances.	à la clef.	$1^m,00$	$2^m,00$	$3^m,00$	$4^m,00$	$5^m,00$	$6^m,00$	$8^m,00$
Voûtes plein cintre.	1	0,36	0,27	0.18	0,50	0,60	0,65	0,70	0.72	0,75	0,80
	2	0,40	0,30	0.20	0,70	0,80	0,85	0 95	0,98	1,00	1,10
	3	0,43	0,32	0.22	0,80	0,95	1,05	1,15	1,20	1,25	1,35
	4	0,46	0,34	0.23	0,90	1,10	1,20	1,30	1,35	1,40	1,50
	5	0,50	0,36	0,25	1,00	1,20	1,30	1,45	1,50	1,55	1,70
	6	0,53	0,38	0,27	1,10	1,30	1,45	1,60	1,70	1,75	1,90
	7	0,56	0,40	0,28	1,20	1,40	1,60	1,75	1,85	1,90	2,10
	8	0,59	0,42	0,30	1,30	1,50	1,75	1,85	1,90	2,00	2,25
Voûtes surbaissées.	1	0,38	0.28	0.19	0,65	0,75	0,80	0,85	0,90	0,95	1.00
	2	0,43	0,33	0,22	0 90	1,05	1,10	1,15	1,20	1,25	1,35
	3	0,50	0,40	0,25	1,10	1,35	1,45	1,50	1,60	1,65	1.70
	4	0,56	0,46	0,28	1,35	1,65	1,80	1,90	1,95	2,00	2,10
	5	0,61	0,50	0,30	1,55	1,85	2,00	2,10	2,20	2,30	2,40
	6	0,66	0,56	0,33	1,65	1,95	2,15	2,30	2,45	2,55	2,70
	7	0,70	0,60	0,35	1,75	2,05	2,35	2,50	2,65	2,75	3,00
	8	0,73	0,65	0,38	1,85	2,15	2,50	2,70	2,85	3,00	3,30

Quels que soient les matériaux employés pour la construction des voûtes, on commence par poser les cintres représentant exactement la courbe de la voûte. Ils sont plus ou moins espacés suivant la portée de celle-ci. On cloue sur eux des planches ou madriers, qui donnent la forme de l'intrados, et sur cette forme convexe, on pose les moëllons ou briques, par assises droites ou parallèles aux pieds-droits, de manière à ce que les joints soient toujours perpendiculaires à la surface du cintre. Les matériaux employés à la construction des voûtes doivent être mouillés et posés à bain de mortier et parfaitement serrés les uns contre les autres. Chaque fois que les joints sont larges à l'extrados à cause de la courbure de la voûte, il faut remplir les interstices par des éclats de pierres plates (*garnis*), ou d'ardoises qu'on doit faire entrer avec force mais sans cogner.

Les briques se posent de champ, en largeur ou, en longueur suivant l'épaisseur de la voûte. Lorsque celle-ci nécessite une très-grande épaisseur on doit liaisonner les briques, comme pour la construction ordinaire.

Pour les voûtes de peu de portée, comme les petites voûtes de planchers, on emploie souvent la brique posée à plat.

Lorsqu'on ferme les voûtes, il faut avoir soin de faire serrer la clef avec force et à bain de mortier.

Il faut être très-prudent pour le décintrement des voûtes. On doit bien s'être assuré de la prise du mortier, avant d'entamer cette opération.

ENDUITS.

On nomme ainsi les couches de mortier de chaux, de ciment, de plâtre, etc., appliquées sur une surface de maçonnerie pour la lisser, la consolider ou la rendre imperméable. La nature du mortier varie selon le genre et la destination des ouvrages.

Lorsqu'on enduit par exemple des bassins, citernes, aqueducs, fosses d'aisances, etc., on emploie un mortier différent de celui qu'on applique à l'intérieur des habitations. La manière d'enduire varie aussi selon le genre et la nature de la construction auxquels on a affaire. Quelle que soit la position des surfaces à enduire, la première condition à obtenir est une parfaite adhérence. S'il s'agit d'enduire une maçonnerie neuve hourdée en mortier de chaux, et si les parements sont assez rugueux pour présenter des aspérités suffisantes, l'enduiseur n'a qu'à brosser, asperger la maçonnerie, et appliquer son enduit. Tout au contraire, si on a une vieille construction, il faut la dégrader assez profondément, puis piquer à la pioche les matériaux, afin d'obtenir le plus d'aspérités possible. Ceci fait, on nettoie parfaitement les parements, en les frottant d'abord à sec, avec des balais très-durs, les lavant ensuite, avec beaucoup d'eau jusqu'à ce qu'ils ne contiennent plus ni terre ni poussière qui pourraient diminuer l'adhérence des mortiers.

La dégradation et le lavage des parements terminés, on pratique un rocaillage, puis on procède à la pose du mortier de la manière suivante : Si le parement est vertical, l'ouvrier jette dessus en la lançant de bas en haut et avec force chaque truellée de mortier qu'il prend dans l'auge. L'ouvrier en appliquant le mortier truellée par truellée, couvre d'une couche grossièrement dressée une partie du mur. Il doit éviter de jeter plusieurs truellées les unes sur les autres, ce qui les ferait détacher et rendrait extrêmement difficile l'adhérence de la nouvelle couche.

Les enduits en mortier de chaux sont surtout difficiles à appliquer sur des plans en dessous ou sur des intrados de voûtes.

Les enduits en plâtre se font en trois couches : le *gobetage,* le *crépi,* et l'*enduit.*

Le *gobetage* se fait avec un balai que l'on trempe dans du plâtre gâché clair, et que l'on secoue fortement pour en projeter le contenu sur le mur.

Le *crépi* consiste à faire gâcher serré du plâtre au panier et, lorsque le gobetage a fait corps, le maçon lance son crépi à la main et puis l'étend avec la truelle.

L'*enduit* emploie le plâtre passé au *sas* ou au *tamis de crin ;* on l'étend ensuite avec la truelle ; pour enlever les aspérités qui subsistent on se sert de la truelle brettée.

Les enduits sur cloisons, pans de bois, plafonds et lambris, se font de même sur *lattis,* qu'ils soient jointifs ou à claire-voie.

Les enduits en mortier de ciment s'exécutent comme ceux en mortier de chaux ; seulement comme la prise du mortier de ciment est très-prompte, l'ouvrier doit opérer plus rapidement. L'enduit se fait d'une seule couche et on le dresse au fur et à mesure de la pose, non en lissant avec le dos de la truelle, mais en enlevant le mortier avec le champ de cet outil, pour régulariser l'épaisseur. Le mortier que ramasse ainsi la truelle se rejette successivement sur les parties molles de l'enduit jusqu'à ce qu'elles soient bien pleines et suffisamment dressées.

Les joints de raccordement et les soudures des parties d'enduit formées par les différentes gâchées doivent être faits avec soin, lors de la pose des mortiers. Ces joints doivent être taillés en biseaux très-allongés et hachés avec le tranchant de la truelle avant la prise du mortier, afin d'augmenter la surface de soudure et en faciliter l'adhérence. Avant d'appliquer de nouveau du mortier sur ces joints biseautés, on doit les mouiller légèrement et avoir soin de les couvrir avec les premières truellées de la gâchée, afin que le mortier frais pénètre bien dans toutes les petites cavités, adhère fortement et produise une bonne soudure. Il y a deux sortes d'enduits, suivant qu'ils couvrent les matériaux ou qu'ils les laissent apparents.

Les *enduits pleins* ou *à pierres couvertes* sont aussi nommés *crépis.* Ils sont exécutés par couches continues que l'on applique sur les matériaux formant la construction et sur leurs joints. Ces enduits sont *lissés* ou *fouettés.*

Les *enduits partiels,* laissant voir les matériaux, sont nommés *jointoiements.* Ils s'appliquent dans les joints des pierres, moëllons ou briques.

On commence par gratter à vif ces derniers : on les asperge pour humecter les matériaux, et on applique ensuite une couche de mortier plus gras que celui qui a été employé pour la maçonnerie.

Les jointoiements doivent, dans la plupart des cas, être faits en boudin saillant au moyen des *tire-joints.*

Les enduits doivent être faits en matériaux hydrauliques partout où l'on craint l'humidité. On emploie aujourd'hui beaucoup d'enduits hydrofuges pour la combattre.

Quand un mur est fortement endommagé ou qu'on est obligé de lui donner plus de largeur, on applique des couches très-épaisses d'enduit qu'on nomme renformis ; ils servent souvent à cacher des malefaçons, et sont souvent peu solides, aussi doit-on éviter de les employer à l'extérieur.

PLAFONDS.

Les plafonds sont des revêtements horizontaux qu'on applique sous les planchers. Quand les pièces de bois composant ces derniers ne sont pas de niveau entre elles, on les dresse régulièrement en y appliquant des *fourrures,* qui sont des dosses de bois, ou des planches.

Les plafonds s'établissent sur un lattis jointif ou espacé et cloué sur les solives laissant vides les intervalles compris entre ces dernières. Les lattes sont espacées de 0^m,10 à 0,12 les unes des autres, les meilleures sont en cœur de chêne ; cependant, dans les campagnes, on emploie souvent du sapin et des bois blancs. Dans certaines contrées, on lacère à la hachette du feuillet de sapin que l'on cloue sur les solives en écartant les parties lacérées, de façon à ce qu'elles laissent entre elles des vides qui permettent au mortier ou au plâtre de *gripper.*

Quand le plancher est à poutres, on se borne quelquefois à hacher leur surface, mais ce moyen est insuffisant : il vaut mieux les garnir de lattes.

Les planchers ainsi préparés, il y a deux manières de les plafonner ; on applique au-dessous une ou plusieurs couches d'enduit qu'on lisse avec soin.

Le plâtre forme les meilleurs plafonds ; mais dans les pays qui ne peuvent en avoir, on le remplace par des mortiers de différentes compositions ou par du blanc de bourre (voyez page 13 la composition de cette substance).

La seconde manière de plafonner consiste à larder de clous à bateau les solives dans l'intérieur des entrevous et à y fixer le lattis. Ce procédé est dit *à augets,* il ne peut être exécuté qu'au plâtre et avant de planchéier ; car on garnit le dessous de planches sur lesquelles on coule du plâtre dont on relève une partie sur les bords des solives. Quand le plâtre a fait prise, on enlève les planches et on termine le plafond à la manière ordinaire.

Les plafonds à augets sont *plats* ou *cintrés,* ils sont plus solides que ceux faits sur lattis jointifs, mais ils sont plus coûteux parce qu'ils dépensent plus de plâtre.

PAVÉS ET CARRELAGES.

Les revêtements horizontaux destinés à supporter la présence de l'homme, des animaux, ou le passage des voitures, charrettes, etc., doivent être faits en matériaux résistants ; ces revêtements sont continus ou discontinus ; les premiers servent à recouvrir le sol des routes et des chemins, on emploie pour leur construction des matériaux de diverses nature. Nous en parlerons plus tard, lorsque nous traiterons de la viabilité.

Les pavages discontinus sont destinés à recouvrir le sol des écuries, des cours, hangars, remises, etc. Nous en parlerons à chacun des mots que nous venons de citer, nous n'avons à mentionner ici que les carrelages et les dallages.

Carrelages. — Les carrelages diffèrent du pavage en ce que, destinés exclusivement aux intérieurs, ils doivent, sans exiger la même solidité, présenter une surface parfaitement unie. On peut diviser les revêtements horizontaux intérieurs en trois catégories, le carrelage proprement dit, le dallage et les aires.

Les briques destinées au pavage constituent le premier mode de carrelage. Elles doivent être parfaitement moulées, bien cuites et d'une dureté suffisante. Le carrelage en brique est assez économique, il convient fort bien pour les écuries, étables, porcheries, fournils et celliers.

Pour les parties de l'habitation dont le sol n'a pas besoin d'être aussi résistant, on emploie des carreaux de terre cuite ; dans les campagnes, on peut les utiliser pour toutes les pièces, cuisines, salons, chambres, fruitiers et autres locaux analogues.

On fait usage aussi de carreaux en faïence émaillée ; on les utilise pour les fourneaux de cuisines, les devants de foyer, les cheminées d'appartements : on les scelle au plâtre.

Dallages. — Le dallage est fait avec des dalles en pierre, de qualités et de formes très-variables ; en employant des pierres de différentes couleurs, on peut obtenir une multitude de combinaisons dont quelques-unes sont d'un charmant effet. Pour les constructions qui nous occupent, on n'emploie guère que la pierre comme dallages, car il ne peut être question de matériaux d'un prix plus élevé.

Aires. — Enfin les aires sont faites avec des enduits, argile battue, béton, asphalte, et même des plâtras etc. On emploie ce revêtement, pour les granges, les caves, les courettes, les trottoirs, etc.

CHARPENTERIE.

La charpenterie ou l'art de travailler les bois en pièces équarries a subi, depuis bon nombre d'années déjà, des améliorations importantes.

L'introduction du fer dans la charpente a fourni d'habiles combinaisons, qui, en augmentant la légèreté et la portée des fermes, a accru en même temps leur solidité. On est parvenu à diminuer de plus de moitié cette énorme quantité de bois qui surchargeait les bâtiments, ou forçait à donner une épaisseur considérable à leurs murs. C'est plus particulièrement dans la charpente des combles qu'on a réalisé de grandes économies.

La charpenterie dans ses applications au bâtiment, outre les travaux nécessaires dans les fondations (*page* 42), comprend quatre divisions :

1° La construction des parois verticales, pans de bois, colombages et cloisons de refend ; 2° celle des parois horizontales ou planchers ; 3° celle des parois inclinées ou supports, pour couvertures ou combles ; 4° celle des escaliers.

Outre ces divisions, la charpenterie comporte des travaux d'un caractère provisoire, tels que *étaiements, cintres* pour arcs et voûtes, *échafaudages*.

PANS DE BOIS. — Les constructions en pans de bois sont fort en usage dans les campagnes, cependant la combustibilité des bois, leur pourriture facile, l'augmentation de prix qu'ils acquièrent tous les jours, tendent à supprimer de plus en plus ce genre de construction et à en restreindre l'usage aux seuls locaux qui affectent un caractère provisoire. Dans les pays boisés, où le bois est à vil prix, son emploi peut être économique, mais encore on agira sagement de n'utiliser le pan de bois que pour les parties hautes des bâtiments.

Les pans de bois se divisent en *colombages* et en *pans de bois* proprement dits ; dans tous les cas, ils doivent n'être établis qu'à 0^m,80 ou 1 mètre au-dessus du sol, afin de pouvoir résister à l'humidité et aux infiltrations des eaux pluviales. Les pans de bois sont soutenus par un socle en maçonnerie solide, on emploie pour cela du moëllon, des pierres de taille et même de la roche.

A première vue, le pan de bois semble offrir de grandes complications pour sa construction et l'assemblage des pièces de bois qui le composent ; il n'en est rien : en disséquant sa structure, nos lecteurs comprendront facilement sa composition (*fig.* 37).

1° Les *sablières aa* sont des pièces de bois placées horizontalement et dans lesquelles s'assemblent à tenons et mortaises les poteaux.

2° Les poteaux sont debout ; ils sont de trois sortes, les poteaux corniers *o* placés aux angles de la construction. Ils montent de fond dans

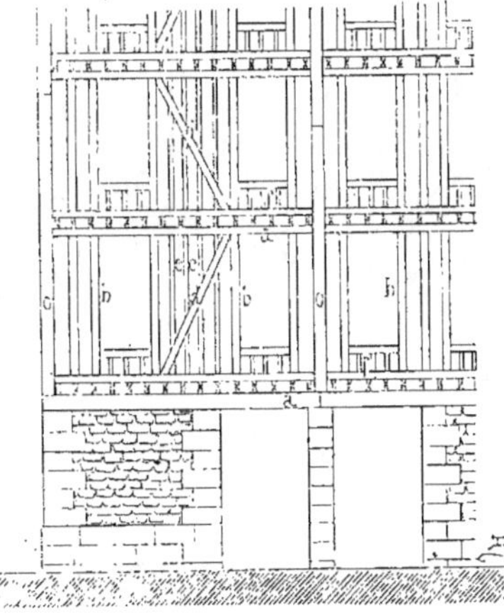

Fig. 37. — Pan de bois.
Échelle de 0^m,00ö pour mètre.

toute la hauteur du bâtiment. Lorsque celui-ci a plusieurs étages, on ente les poteaux par l'assemblage dit *à trait de Jupiter* ; nous parlerons bientôt de cet assemblage ; on relie en outre les pièces par des boulons à écrou ou par des liens en fer. Ils mesurent 0^m,24 à 0^m,27 de grosseur sur les faces ; les poteaux d'*huisserie b,* qui forment les baies de porte et de fenêtre, et dont l'étymologie est le vieux mot français *huis,* (porte) ; les poteaux d'huisserie ont 0^m,19 à 0^m,22 d'épaisseur ; enfin *ee* sont les poteaux de remplissage, quand ils sont très-courts comme ceux qui existent sous les appuis des fenêtres ou sous les linteaux des portes : on les nomme potelets *f.*

3° Les *décharges* sont des pièces de bois inclinées *d, d,* dont l'inclinaison dépasse trois fois leur épaisseur ; lorsqu'elle est moindre, on les nomme *guettes.*

4° Les *tournisses* sont des pièces de bois placées verticalement dans les vides que laissent les décharges, elles sont taillées obliquement soit en haut soit en bas suivant la position qu'elles occupent au-dessous ou au-dessus de la décharge ; elles sont assemblées en outre dans les sablières hautes ou basses.

5° Les *croix de saint André* sont entaillées à mi-bois et assemblées en croix, de là leur nom.

Les croix de saint André remplacent les décharges ou guettes, et servent à fortifier les trumeaux d'encoignure ; elles sont assemblées à tenons dans les sablières.

6° Les *linteaux* sont les pièces de bois posées horizontalement sur les poteaux des portes et fenêtres ; les linteaux et les poteaux formant une baie se nomment *huisserie.*

Notre figure 38 montre un pan de bois qui n'a ni décharge ni guette ; on emploie plus particulièrement ce genre quand on noie le pan de bois dans la maçonnerie ; mais nous devons ajouter que ce mode de construction est vicieux.

Le colombage, au lieu d'employer des bois équarris, n'utilise que les bois en grume.

Les cloisons en charpente ou de remplissage qui servent à diviser les pièces d'une habitation ne diffèrent des pans de bois ordinaires que par leur épaisseur qui est moindre ; en effet dans celles-ci les plus grosses pièces de bois ne dépassent pas

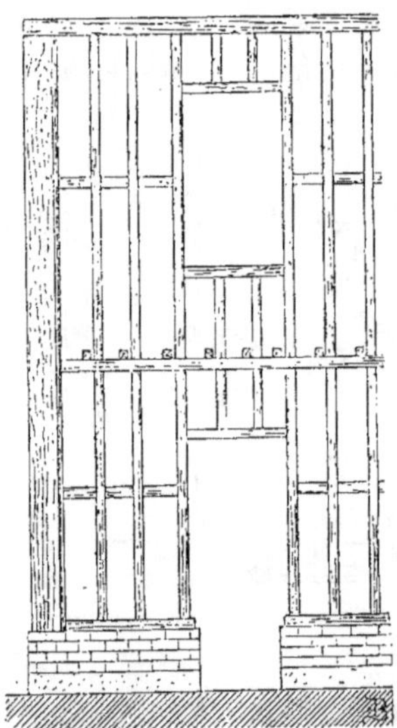

Fig. 38. — Pan de bois mal établi.
Échelle de 0^m,005 pour mètre.

0^m,15 et les poteaux de remplissage ou autres ne mesurent que 0^m,10.

Les cloisons reposent souvent sur des sablières recouvertes par le carrelage. Quand les cloisons sont dans le sens des solives, on les établit sur une solive plus forte ou sur deux solives jointives; au contraire quand elles sont en travers, on pose nécessairement une sablière.

Afin d'obtenir des cloisons très-légères, on se contente souvent de latter sur les poteaux et d'y appliquer un enduit quelconque; ces cloisons ont l'inconvénient d'être très-sonores, et d'offrir en outre des retraites aux rongeurs et aux insectes.

Les pans de bois sont remplis soit avec des garnis et du plâtre, soit en briques crues ou cuites, en torchis, bourre, etc., le meilleur remplissage est à coup sûr de la brique cuite, laissée apparente.

Pour augmenter la solidité des pans de bois, on les scelle aux planchers et aux murs attenants par des liens, des tirants, des chaînes et des harpons en fer.

Pour alléger la charge d'un linteau dans un pan de bois, on établit au-dessus de lui deux décharges arc-boutant un renfort (*fig.* 39), ce qui lui donne du raide.

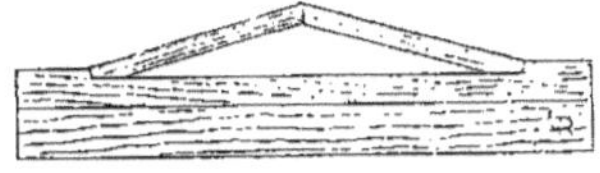

Fig. 39. — Renforcement des linteaux.

On fortifie aussi les linteaux en les renforçant en dessous par un madrier contre-butté de chaque côté par des écharpes.

PLANCHERS.

Les planchers sont formés par des assemblages en charpente faits pour supporter les parois horizontales des étages. Ils sont de deux genres : en bois et en fer ; on peut les construire de trois façons : 1° en solives seules, 2° en poutres et solives, 3° en poutrelles et solives assemblées.

Planchers en solives. — Les planchers les plus simples sont formés par des solives parallèles qui portent sur des murs, des pans de bois ou des cloisons. Leur portée par leurs abouts doit avoir au moins 0^m,15. On doit, autant que possible, ne pas sceller leurs extrémités, car le mortier ou le plâtre employé pour ce scellement active la pourriture du bois. Elles doivent être solidement engagées dans les parois qui les supportent; on peut les serrer entre des pierres sèches ou des tasseaux en bois, dans les pans de bois par exemple.

Les solives de brin, c'est-à-dire d'un arbre ou d'une branche entiers, sont plus solides et plus résistantes que celles obtenues par le sciage.

Il y a avantage à débiter les solives plus larges sur un côté que sur un autre et à les placer sur champ, c'est-à-dire dans le sens de leur hauteur ; car chacun sait que la résistance des pièces de bois est en raison directe de leur largeur, et en raison du carré de leur épaisseur. Cette résistance aussi varie suivant la longueur de ces mêmes pièces.

On peut laisser entre chaque solive un vide qui mesure ordinairement 0,33 d'axe en axe, si les planchers ne sont pas destinés à supporter de lourdes charges. On rapproche les solives de 0^m,25 pour les faux plan-

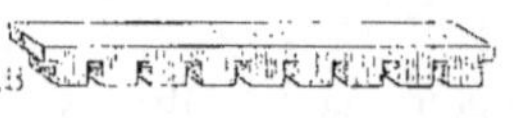

Fig. 40. — Liernes.

chers. Si au contraire les planchers ont à supporter une charge considérable, on étrésillonne les solives entre elles ; c'est dans le même but qu'on insère transversalement à leur direction des pièces de bois entaillées au droit. de chaque solive. On nomme ces pièces, *liernes* (*fig.* 40).

Ce dernier mode de consolidation des planchers est assez coûteux ; aussi, dans les constructions rurales, on ne l'emploie que dans les cas extrêmes, on obtient le même résultat en plaçant sur les solives des madriers qu'on cheville avec elles.

Il arrive quelquefois dans les campagnes, qu'on emploie des vieilles solives dont on scie à vif les abouts pour les rafraîchir, ou bien encore, si on a des bois trop courts, pour utiliser ces solives, on encastre à moitié dans les murs des lambourdes qui sont scellées dans la maçonnerie avec du fer ou qu'on maintient fixes avec des corbeaux en pierre. Malgré ces précautions, il arrive que les lambourdes peuvent se déverser, aussi cet assemblage doit-il être rejeté à moins de circonstances particulières. Notre

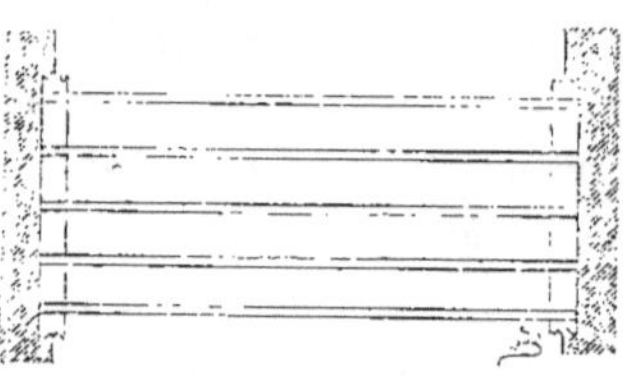

Fig. 41. — Solives posées sur lambourde
encastrée dans le mur.
Échelle de 0^m,005 pour mètre.

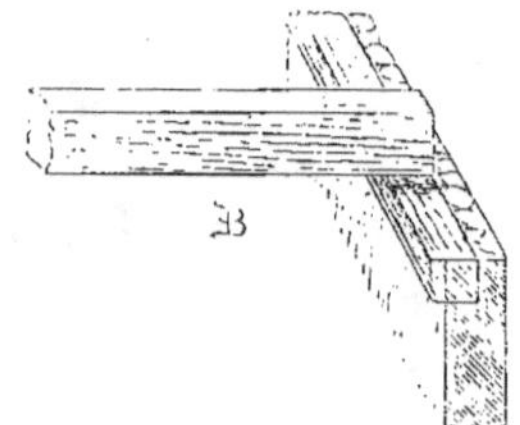

Fig. 42. — Solive posée sur lambourde
encastrée dans le mur.

figure 41 montre cet assemblage en place et la figure 42 en perspective. Les lambourdes sont plus hautes que les solives et doubles en largeur.

Planchers en poutres et solives. — Quand les murs d'une construction dépassent un certain écartement il n'est pas prudent d'employer de trop longues solives ; et c'est pour éviter cet emploi que, au lieu de mettre les solives perpendiculaires aux murs, on les pose parallèlement ; de sorte que les extrémités des solives ou l'une de leurs extrémités reposent sur des poutres, tandis que l'autre repose sur le mur en retour d'équerre. Nos figures 43, 44, 45

montrent cette disposition. Suivant la surface des planchers, il faut une ou
plusieurs poutres pour les supporter. On espace ordinairement les poutres
de 3 en 3 mètres ou de 4 mètres au plus ; elles doivent être scellées solidement
dans les murs et avoir 0ᵐ,25 à 0ᵐ,30 de portée.

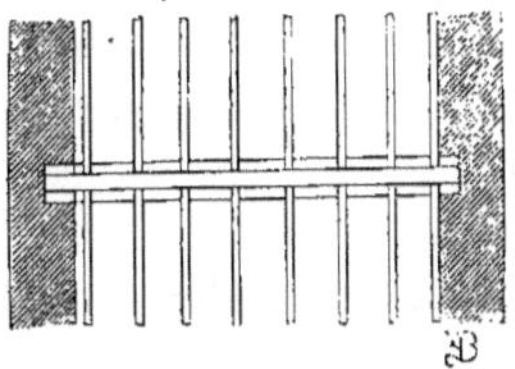

Fig. 43. — Plancher d'assemblage.

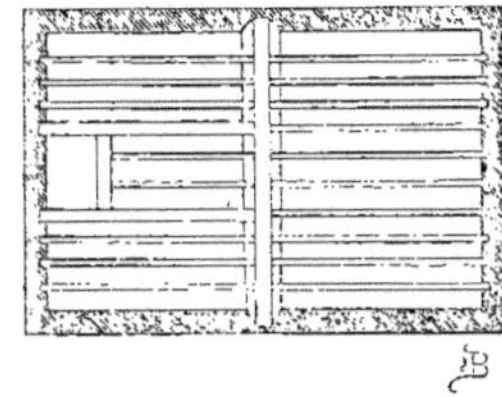

Fig. 44. — Plancher d'assemblage avec
une poutre.

Pour leur donner plus de portée quand les murs n'ont pas beaucoup
d'épaisseur, on pose les poutres sur un corbeau en pierre ou une semelle de
bois qui est soutenue par une jambette.

Quand les matériaux employés pour le mur sont peu résistants, on établit
sous la poutre une pièce de bois perpendiculaire pour la soutenir, ou bien
une pièce dirigée dans le sens du mur qui, recevant la poutre, en répartit
la charge sur une plus grande étendue. (*fig.* 47).

Si l'on est forcé de poser une poutre sur une baie, le linteau de celle-ci
doit être déchargé par un arc ou surmonté par une forte pièce de bois assez
longue pour ne pas porter exclusivement sur les pieds-droits de la baie.

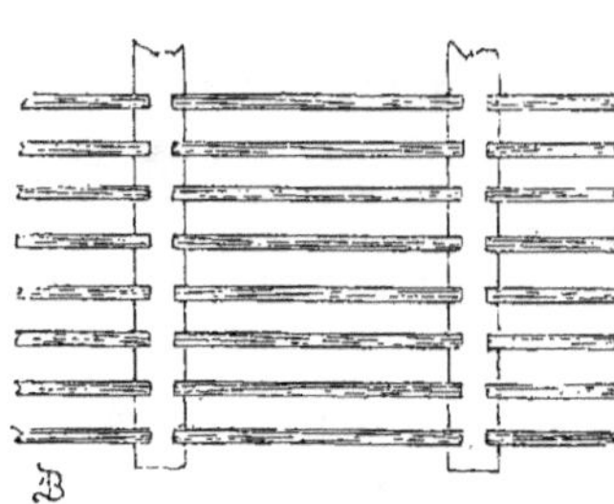

Fig. 45. — Plancher d'assemblage avec
deux poutres.

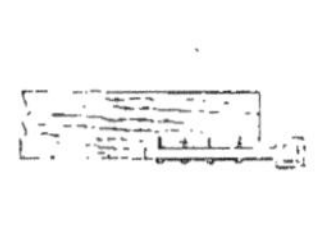

Fig. 46. — Poutre
portant ancre.
(En plan.)

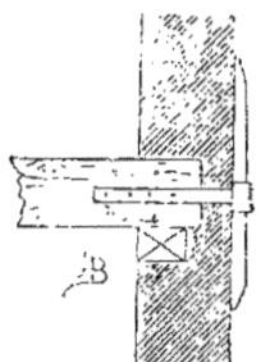

Fig. 47. — Poutre
portant ancre.
(Élévation.)

On augmente la rigidité des planchers et par suite celle des bâtiments, en
armant les poutres d'ancres ou de harpons en fer (*fig.* 46, 47) qui traversent
le mur, qui ne peut ainsi se déverser, soit à droite soit à gauche.

Voici quelques données relatives à la force des bois employés dans la
construction des planchers.

On donne comme règle générale que les poutres doivent avoir en hauteur 1/18 de leur portée, et en largeur 2/3 de leur hauteur. Ainsi par exemple une poutre de 9 mètres de portée devra mesurer 0ᵐ,51 de hauteur sur 0ᵐ,34 de largeur.

Les solives auront en hauteur 1/24 de leur longueur pour les planchers mixtes munis de poutres et de solives. Pour des planchers composés de solives seules, on emploie ordinairement des madriers de sapin qui mesurent 0ᵐ,22 de hauteur sur 0ᵐ,05 de largeur, avec lesquels on peut établir des planchers ayant une portée de 7 à 8 mètres dans œuvre.

Dans ces sortes de planchers, les madriers doivent être distants les uns des autres de 0ᵐ,325 d'axe en axe, c'est ce qu'on nomme espacement de *quatre par latte ;* par la raison que chaque latte de 1ᵐ,32 de longueur recouvre quatre intervalles de madrier.

Voici quelques données pratiques sur la solidité des planchers. On peut les considérer comme des axiomes : *La solidité des planchers de portée égale est en raison double de la hauteur des solives, en raison directe de leur largeur et, en raison inverse de leur écartement.*

Quand un plancher est appelé à supporter de très-lourdes charges et que les poutres ordinaires ne suffisent pas, on emploie des *poutres armées ;* elles se composent de plusieurs pièces de bois diversement assemblées entre elles, mais de manière à former toujours un tout solide et présentant une très-grande résistance.

Il y a diverses dispositions en usage, nous donnons les meilleures.

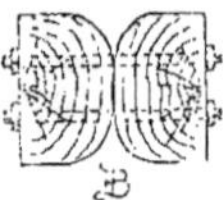

Fig. 48. — Poutre armée.

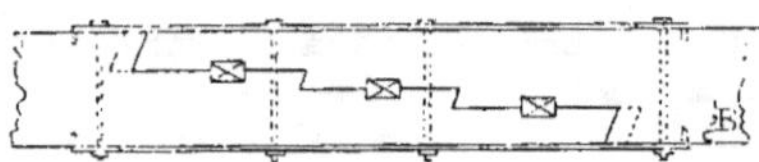

Fig. 49. — Poutre assemblée à trait de Jupiter.
(Élévation.)

La première (*fig.* 48) consiste à refendre en deux parties un tronc d'arbre, de les retourner dos à dos et de les réunir par des boulons.

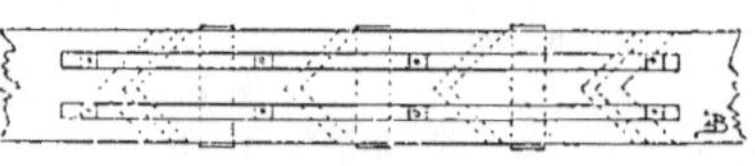

Fig. 50. — Poutre assemblée à trait de Jupiter.
(Plan.)

La seconde à scier des pièces de bois d'une manière spéciale et à les réunir par un assemblage dit *à trait de Jupiter.* Notre figure 49 représente ce système de face et notre figure 50 en plan.

Une troisième combinaison (*fig.* 51) emploie deux arbalétriers qu'on place entre deux poutres méplates posées sur champ, et qu'un embrèvement réunit en une seule. Les deux pièces sont maintenues parallèles par des tasseaux placés sur les faces des arbalétriers ; des boulons à écrous serrent avec force les deux poutres entre elles et contre les arbalétriers.

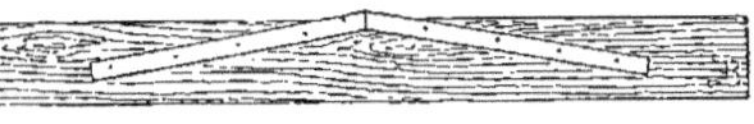

Fig. 51. — Poutre armée.

Quand les poutres sont fort longues, les arbalétriers exige-raient une hauteur telle que ceux-ci dépasseraient la poutre dans son milieu. Pour éviter cet inconvénient, une partie des arbalétriers est remplacée dans le milieu de la poutre par une pièce horizontale. Des étriers en fer relient les diverses parties de l'armature; notre figure 52 représente ce système.

Fig. 52. — Poutre armée.

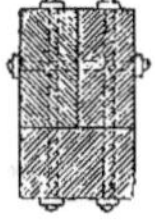

Fig. 53. — Assemblage de trois pièces de bois pour former poutre.

Enfin, on assemble par des boulons trois pièces de bois de différentes dimensions qui ne forment ainsi, qu'une poutre (*fig.* 53).

On pose en général les solives sur les poutres. Anciennement, on entaillait la poutre de tout ou partie de la hauteur des solives pour faire un assemblage à mi-bois ; aujourd'hui on a reconnu avec raison que cette manière de procéder affaiblissait la poutre et que celle-ci avait moins de force qu'une poutre d'un diamètre moindre qui n'était pas entamée. On se contente pour diminuer l'épaisseur du plancher de pratiquer dans la poutre des encoches dans lesquelles on encastre les solives, c'est encore une pratique vicieuse, car une poutre ainsi entaillée fléchit et se rompt plus facilement qu'une poutre qui n'aurait qu'un diamètre diminué de la hauteur des encoches.

On a reconnu qu'il valait mieux fixer de chaque côté de la poutre, avec des boulons ou des étriers, une lambourde pour supporter les solives. Notre figure 54 montre cette disposition en perspective

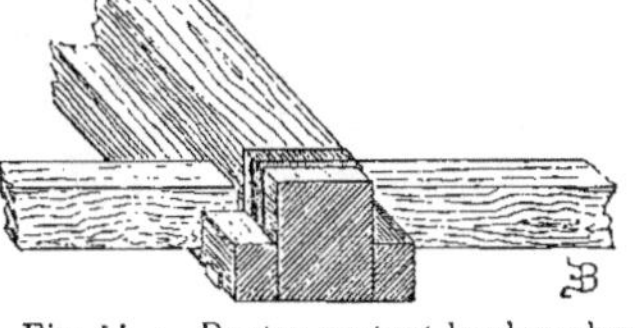

Fig. 54. — Poutre portant lambourdes au moyen d'étriers.

et notre figure 44 un plancher assemblé de la même manière. Ce mode d'assemblage renforce les poutres au lieu de les affaiblir ; il permet en outre d'employer des solives plus courtes.

On peut encore soutenir chaque solive, par un étrier en fer attaché à la poutre, mais nous devons ajouter que ce système coûte cher, et il a de plus l'inconvénient d'occasionner des tassements, si le fer des étriers, trop faible, vient à fléchir.

Lorsqu'on établit un plancher, on doit laisser le passage des conduits de cheminées et des escaliers, âtres de cheminées; ces espaces vides se nomment trémies; ils sont formés par la réunion de solives plus fortes qu'on nomme solives d'enchevêtrure ; elles supportent, à environ 1 mètre du mur, quelquefois davantage, les deux extrémités d'une pièce de bois nommée *chevêtre*.

Parfois l'ouverture à placer dans un plancher se trouve dans l'angle d'une pièce ; dans ce cas, on n'a qu'à poser une solive d'enchevêtrure ; le chevêtre porte d'un côté dans celle-ci et de l'autre dans le mur. Quelquefois on assemble sur les chevêtres des solives plus courtes que les autres, c'est pour cette raison qu'on les nomme *boiteuses*.

PLANCHERS D'ASSEMBLAGES. — Quand l'écartement des murs est considérable, on ne peut avoir des poutres suffisamment longues et fortes pour traverser les murs, ou bien, si elles ont assez de longueur, elles ne pourraient supporter de lourdes charges sans fléchir dans leur milieu. Dans ce cas, on a

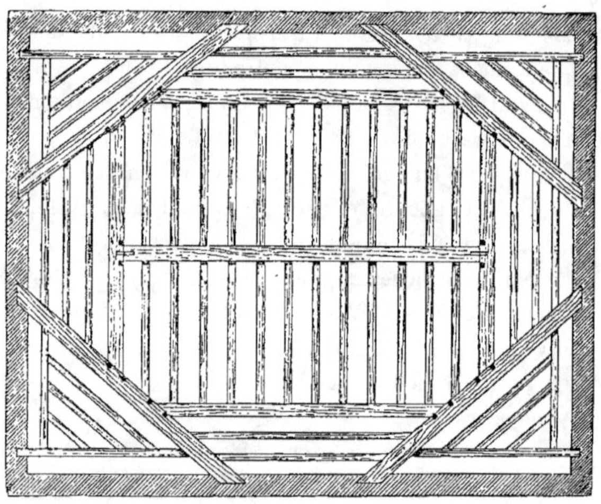

Fig. 55. — Plancher d'assemblage.
Échelle de 0^m,005 pour mètre.

recours à des planchers d'assemblages. Ils se composent de poutrelles et solives; ces dernières sont assemblées près des points d'appui des poutrelles. La disposition de ces planchers varie, mais on doit toujours éviter dans leur construction d'affaiblir les pièces principales par des mortaises trop rapprochées, il vaut mieux employer des étriers et des armatures en fer. Notre figure 55 représente un plancher d'assemblage, la pièce où il est appliqué mesure 16 mètres de longueur sur près de 11 de largeur, on a placé aux quatre angles de la pièce des poutrelles qu'on a reliées à d'autres qui n'ont plus que 8 mètres sur la longueur et 7 mètres sur la largeur ; on a posé ensuite les chevrons comme dans les planchers ordinaires. Les poutrelles longitudinales et transversales sont reliées aux poutrelles d'angle par des étriers et des armatures en fer. L'inspection de notre figure fera mieux comprendre que toute explication le système général des planchers d'assemblages.

Un plancher particulier. — Dans les campagnes et quelquefois dans les villes, un propriétaire loge au-dessus de son écurie, soit qu'il ne puisse faire autrement, soit pour économiser les constructions. Il doit donc faire un plancher particulier pour se mettre à l'abri des émanations de l'écurie et du bruit du piaffement des chevaux.

Nous recommandons à ceux qui se trouveront dans ce cas le plancher suivant exécuté en 1840 à la chambre des notaires de Paris.

Ce plancher (*fig.* 56) est muni d'un double lattis qui présente deux avantages, celui d'intercepter le bruit et les émanations de l'écurie. Une simple description suffira pour faire comprendre son mode de construction. En 1 sont figurées les frises du plancher, 2 sont les lambour-

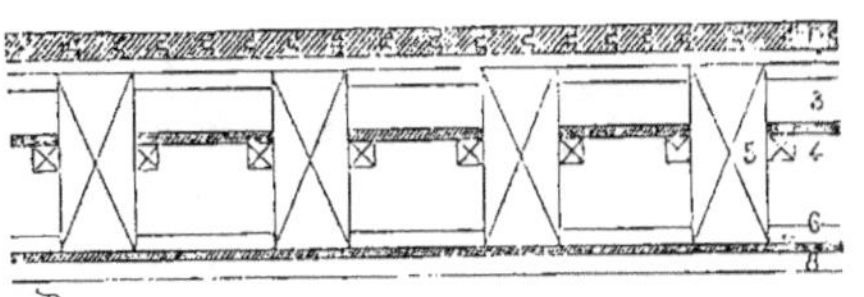

Fig. 56. — Plancher insonore à double lattis.

des, 3 l'aire des entrevous qu'on remplit de sciure de bois pour assourdir le plancher, 4 les tasseaux supportant le lattis supérieur, 5 les solives, 6 l'aire inférieure en plâtre, 7 le lattis du plafond qui soutient cette aire et 8 l'enduit.

Planchers en fer. — Aujourd'hui, même dans les campagnes suivant la localité, on pourrait employer des planchers en fer. Voici le mode le plus simple de les construire. On place (*fig.* 57) des fers à T (3) plus ou moins espacés suivant la hauteur du fer et suivant le poids que les planchers sont appelés à supporter.

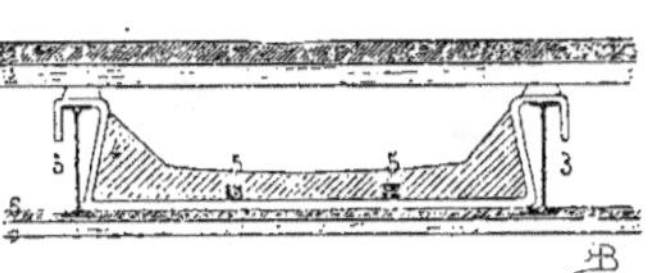

Fig. 57. — Plancher en fer à T.

L'intervalle entre chaque solive en fer est garni d'entretoises (4) qui supportent des fers dits *carillons, fantons* ou *côtes de vache* (5). — Ce treillis forme une sorte de paillasse qui supporte une charge de plâtre et de garnis. — On pose ensuite les lambourdes sur le fer à T, et on fait le plancher à la manière ordinaire. 1, sont les frises, 2 les lambourdes, 6 et 7 les enduits.

Quand les entrevous des planchers sont en brique, il n'est pas nécessaire d'employer des fantons et des carillons, et les entretoises peuvent être plus espacées. On établit au-dessous des planchers des planches sur lesquelles on noie des briques creuses dans du plâtre coulé.

Les planchers en fer peuvent rendre des services dans les campagnes ; pour couvrir les écuries ou les caves par exemple, on fait de petites voûtes plates (*fig.* 58), qui ont si peu de flèche qu'elles n'atteignent pas la hauteur des solives de 0ᵐ,18, ou de 0ᵐ,22.

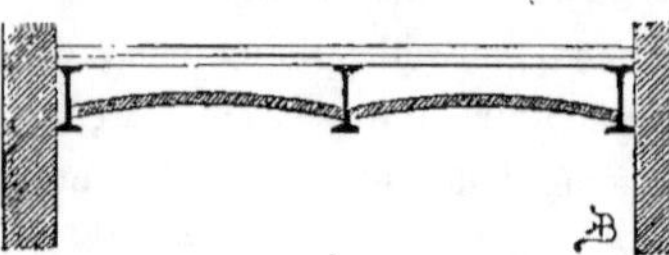

Fig. 58. — Plancher en fer avec entrevous apparents.

Quand on veut laisser les entrevous apparents, il faut faire les joints avec soin, afin de pouvoir rejointoyer convenablement.

Notre figure 58 montre cette disposition de plancher portant ses lambourdes et sa frise, et notre figure 59 le même plancher, mais avec un tirant en fer, avec un écrou à vis reliant les solives entre elles.

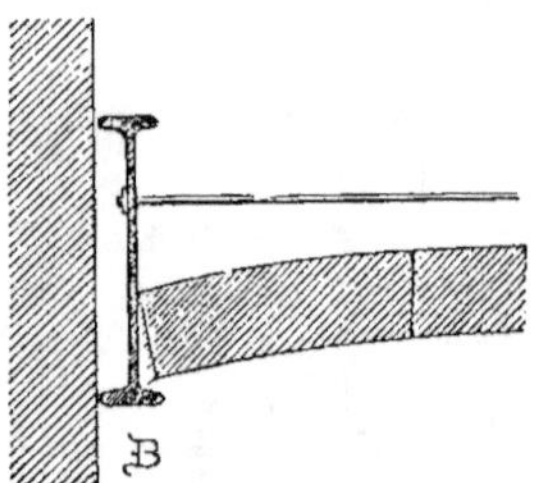

Fig. 59. — Plancher avec tirant en fer entre les fers à T.

Dans les pays où le prix du fer est élevé, on peut remplacer les solives en fer par du bois et, afin de pouvoir construire les entrevous en voûte plate, on cloue au bas et de chaque côté des solives, des lambourdes taillées en échantignolles qui reçoivent les briques. Notre figure 60 montre cette disposition.

Nous avons vu plus haut (pag. 69) qu'on utilise les poutres en bois pour le chaînage des murs ; on fait de même avec les solives en fer.

Fig. 60. — Lambourdes taillées en échantignolles pour entrevoux.

Le procédé le plus simple consiste (*fig.* 61) à fixer à l'extrémité de la solive un œil en fer au moyen de deux écrous, dans lequel œil on fait passer l'ancre, qui est noyée dans la maçonnerie, ou mieux dans une pierre formant parpaing.

Pour donner plus de fixité et de rigidité aux solives en fer faisant poitrail au-dessus de grandes baies, on les arme d'ancre D (*fig.* 62), qu'on encastre dans les pieds-droits ou dans les jambes étrières A.

Quelquefois on se contente d'ancrer dans les murs les extrémités des deux

solives, tandis que les deux autres sont reliées par un simple lien ou armature avec quatre écrous (*fig.* 63).

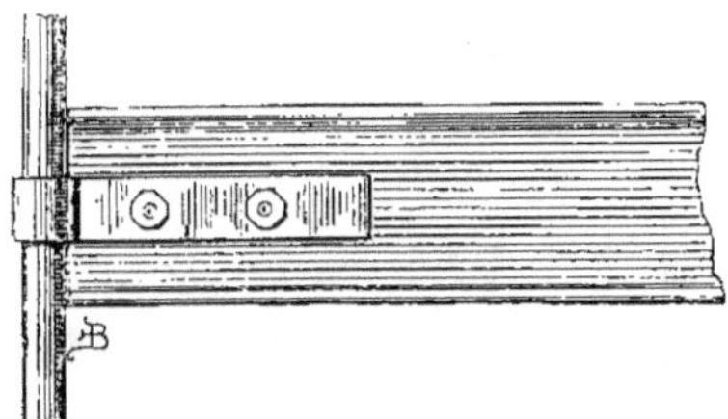

Fig. 61. — Solive en fer portant une ancre.

Poutre mixte. — Pour donner une plus grande force de résistance à une
poutre refendue, on insère dans son milieu une solive en fer qui a une
légère flèche sur la partie portante. Quelquefois on flanque les deux côtés

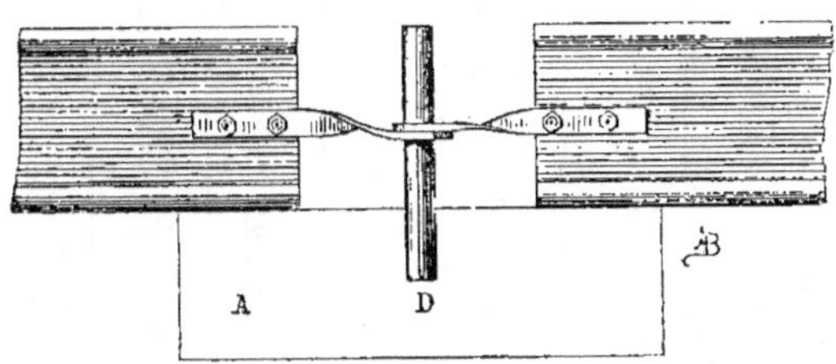

Fig. 62. — Solive en fer faisant poitrail avec ancre.

d'une poutre en bois de deux fers à T qu'on boulonne avec elle. Ce système
constitue une excellente poutre.

Dans d'autres cas aussi, on se contente de réunir par des brides étresil-

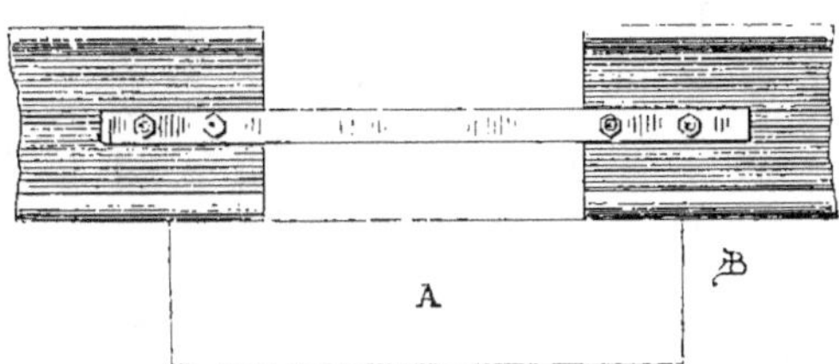

Fig. 63. — Solives en fer réunies par un lien avec quatre écrous.

lonnées deux fers à T ; on pose ordinairement au-dessus des fers et des solives faisant poitrails, trois ou quatre rangs de briques.

Nous terminerons ce que nous avions à dire sur les planchers en fer en donnant un tableau qui permet de déterminer à première vue la hauteur des fers à double T en fonction des charges les plus usuelles par mètre carré de plancher.

FERS DU COMMERCE.		ÉCARTEMENT DES SOLIVES.					
Hauteur des fers.	Poids par mètre courant.	0ᵐ,50	0ᵐ,55	0ᵐ,60	0ᵐ,65	0ᵐ,70	0ᵐ,75
m.	kil.	*Charge de 300 kilog. par mètre carré de plancher.*					
0,08	7,05	3,13	2,99	2,86	2,75	2,64	2,56
0,10	9,00	3,00	3,58	3,42	3,30	3,17	3,07
0,12	11,00	4,43	4,23	4,04	3,89	3,74	3,62
0,14	14,00	5,44	5,11	4,88	4,70	4,51	4.37
0,16	15,00	5,84	5,58	5,32	5,13	4,93	4,58
0,18	20,00	7,09	6,78	6,47	6,24	5,99	5,80
0,20	24,00	8,26	7,90	7,54	7,26	6,98	6,76
0,22	26,00	9,00	8,61	8,22	2,93	7,61	7,36
		Charge de 400 kilog. par mètre carré de plancher.					
0,08	7,05	2,70	2,62	2,47	2,38	2,28	2,20
0,10	9,00	3,25	3,09	2,96	2,85	2,75	2,64
0,12	11,00	3,83	3,65	3,50	3,36	3,24	3,13
0,14	14,00	4,63	4,41	4,22	4,06	3,91	3,78
0,16	15,00	5,06	4,82	4,62	4,43	4,27	4,13
0,18	20,00	6,14	5,87	5,61	5,39	5,19	5,01
0,20	24,00	7,15	6,82	6,53	6,27	6,04	5,84
0,22	26,00	7,79	7,43	7.11	6,83	6,59	6,36
		Charge de 500 kilog. par mètre carré de plancher.					
0,08	7,05	2,42	2,32	2,22	2,12	2,05	1,96
0,10	9,00	2,90	2,78	2,65	2,56	2,45	2,36
0,12	11,00	3,44	3,27	3,14	3,00	2,90	2.81
0,14	14,00	4,14	3,95	3.78	3,63	3,50	3,38
0,16	15,00	4,52	4,32	4,13	3,98	3,82	3,40
0,18	20,00	5,50	5,24	5,00	4,82	4,64	4,79
0,20	24,00	6,40	6,10	5,84	5,62	5,40	4,23
0,22	26,00	6,97	6,65	6,36	6,12	5,89	5,70
		Charge de 600 kilog. par mètre carré de plancher.					
0,08	7,05	2,21	2,13	2,02	1,92	1,87	1,80
0,10	9,00	2,65	2,52	2,42	2,30	2,24	2,16
0,12	11,00	3,13	2,98	2,86	2,70	2,64	2,55
0,14	14,00	3,78	3,60	3,45	3,32	3,19	3,08
0,16	15,00	4,13	3,94	3.77	3,62	3,49	3,37
0,18	20,00	5,02	4,78	4,58	4,40	4,24	4,09
0,20	24,00	5,84	5,37	5,33	5,12	4,93	4,78
0,22	26,00	6,37	6,07	5,81	5,59	5,38	5,16

Nos lecteurs remarqueront que, dans ce tableau, nous ne donnons point l'écartement pour les charges de 350, 450, et 550 kilogrammes par mètre carré ; si nous n'avons pas fait entrer ces calculs dans notre tableau, c'est qu'il sera facile à nos lecteurs de prendre une moyenne entre 400 et 500 pour établir par exemple 450 kilog.; du reste, il vaut mieux forcer les chiffres, car les planchers qui fléchissent entraînent avec eux de graves accidents ; et pour un minime surcroît de dépense il vaut mieux dans le doute forcer les chiffres, c'est-à-dire opérer avec des chiffres ronds.

COMBLES.

Après avoir étudié les parois verticales et horizontales en charpente, nous nous occuperons des parois inclinées, c'est-à-dire des *combles*.

On nomme ainsi l'assemblage en charpente destiné à recevoir et à supporter la couverture, et par extension l'espace compris entre la couverture et le premier plancher situé au-dessous d'elle.

Les combles sont de deux genres : 1° ceux à surfaces planes (pans, égouts, versants, rampants) ; 2° ceux à surfaces courbes. Les premiers se subdivisent eux-mêmes en *combles simples, combles brisés* ou à la *Mansart* et *combles à figure pyramidale*.

Nous ne nous occuperons dans notre ouvrage que des combles à surfaces planes, parce qu'ils sont plus en usage que les autres dans les constructions rurales. Le plus simple est l'*appentis ;* ce genre de comble n'a qu'une surface ou qu'un égout. L'appentis est plus spécialement employé pour la couverture des hangars, ou autres bâtiments adossés.

Quelle que soit l'importance d'un comble, il se compose toujours des mêmes pièces de bois (en plus ou moins grand nombre bien entendu) ; aussi pour familiariser le lecteur avec les différentes pièces de bois qui composent un comble, nous allons lui soumettre un type qui les renferme presque toutes ; cette description lui fera saisir d'un seul coup d'œil l'assemblage des diverses pièces de bois, ainsi que leur nom (*fig.* 64). *a* est une des poutres de l'étage ; elle repose quelquefois sur une *sablière* ou *plateforme* encastrée dans le mur. *b, b* sont les *jambes de force* assemblées dans la poutre *a* de manière à ce que leurs parties inférieures ne puissent s'écarter sous la charge du comble qu'elles soutiennent en grande partie. Aussi ces jambes de force sont-elles

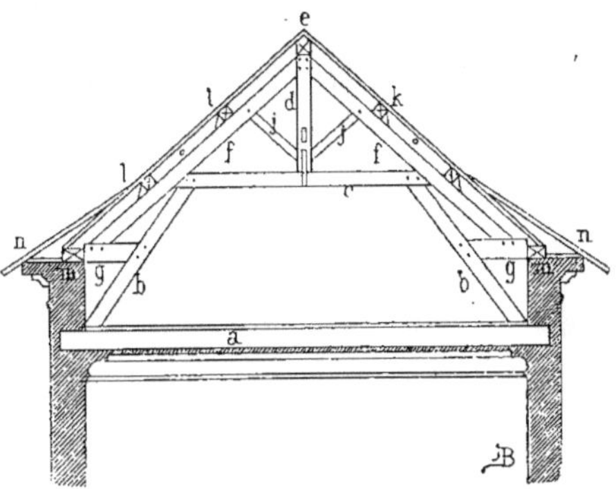

Fig. 64. — Type de charpente pour comble à deux versants.
Échelle de 0ᵐ,005 pour mètre.

aussi assemblées dans l'entrait *c* et dans les blochets *g. d* est le poinçon assemblé à tenon dans l'axe de l'entrait et supportant le faîtage *e* qui est parallèle à la face du bâtiment et forme la partie saillante du toit. *f, f* sont les arbalétriers. Ce sont des pièces de bois inclinées qui déterminent la pente du toit. Ils sont assemblés à leur partie supérieure avec le poinçon, et par le bas avec les blochets *g, g ;* ces derniers relient les sablières *m, m* à la jambe de force. *j, j* sont les liens ou contrefiches, qui s'opposent à la flexion des arbalétriers. Ces liens sont indispensables surtout dans les combles de grandes dimensions. *k, k* sont les *pannes, filières*, ou *ventrières*, ce sont les pièces longitudinales parallèles aux sablières et au faîtage, elles sont posées sur les arbalétriers. C'est sur elles que se posent les chevrons *o*. Les pannes sont retenues sur les arbalétriers par des *échantignolles*. Pour éviter la déformation du faîtage on assemble sous celui-ci et le poinçon de petites pièces de bois nommées à cause de cela *lien de faîtage*, dont notre figure montre la coupe. *n* sont les coyaux. Tels sont les principaux éléments qui concourent à la construction d'un comble.

En jetant les yeux sur notre figure 64, on voit que la charge du toit repose presque entièrement sur les jambes de force *b*, qu'ensuite tout l'assemblage formé par les arbalétriers *f*, le poinçon *d* et l'entrait *c*, consolidé par les liens *j*, forme un triangle parfaitement solide qui est soutenu à son tour par les jambes de force, assemblées dans la poutre du plancher ; aussi il leur serait difficile de s'écarter.

Quand l'espace à couvrir a peu de longueur, s'il ne dépasse pas 4 à 5 mètres par exemple, le faîtage et les pannes sont simplement portés par les murs pignons. On nomme ainsi les murs de côté, tandis que les murs de face, les plus longs, sont nommés *goutteraux* parce qu'ils portent les gouttières.

Si au contraire un bâtiment a 8 ou 9 mètres, il faut placer une ferme dans son axe, s'il a plus d'étendue encore, il faut placer plusieurs fermes ; l'espace compris entre deux fermes se nomme *travée*. Cette distance n'a jamais moins de 3 mètres, et jamais plus de 4m,50.

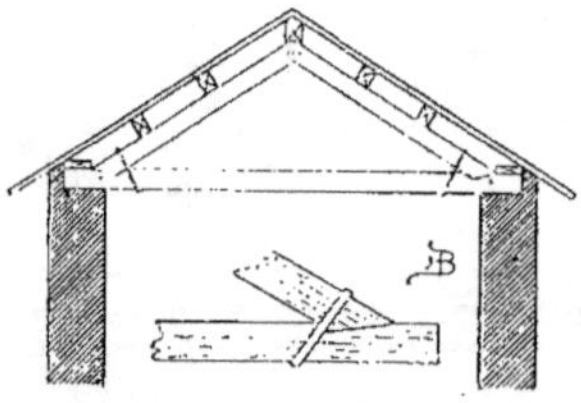

La ferme dont nous venons de donner la description est applicable au bâtiment ayant une assez grande portée ; mais dans le cas où les fermes n'ont pas beaucoup de portée, elles peuvent être beaucoup plus simples ; trois pièces de bois suffisent à leur construction , l'entrait et les deux arbalétriers (*fig.* 65) ; au sommet ils se raccordent par un joint à plomb qui les réunit pour former la pointe du comble. Dans la même figure 65 un croquis indique

Fig. 65. — Ferme à petite portée à joint à plomb et avec lien.
Échelle de 0m,01 pour mètre.

l'assemblage d'un des arbalétriers et de l'entrait et leur réunion au moyen d'un lien en fer. Quelquefois les arbalétriers sont réunis par des entailles à mi-bois (*fig.* 66), et sont fixés avec une cheville ; d'autrefois ils le sont par une sorte de clef entaillée dans les deux arbalétriers (*fig.* 67).

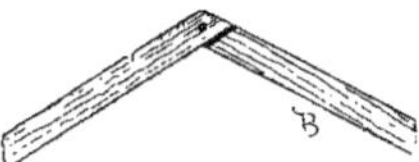

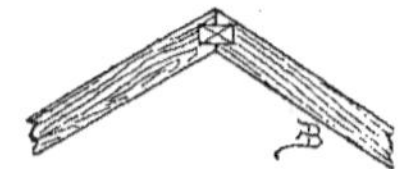

Fig. 66. — Arbalétriers réunis par une entaille à mi-bois et chevillés.

Fig. 67. — Assemblage à clef des arbalétriers.

On renforce ces fermes en doublant les arbalétriers jusqu'au tiers supérieur ; là, on place une pièce de bois horizontale pour contrebuter ces doubles arbalétriers comme le montre notre figure 68.

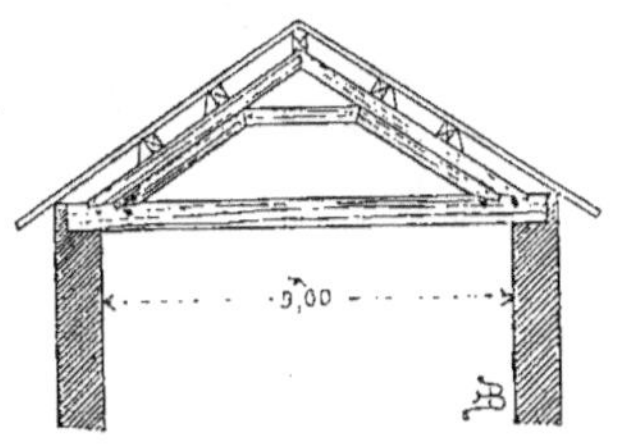

Par ce qui précède, nos lecteurs peuvent voir combien est variable la disposition des fermes. Aussi nous nous bornerons à donner les types les plus simples et les plus économiques, ceux enfin qui sont les plus appropriés aux constructions rurales, parce qu'ils sont d'une utilité pratique incontestable.

Nous commencerons par les combles en appentis qui n'ont que des demi-fermes.

Fig. 68. — Ferme renforcée.
Échelle de 0m,005 pour mètre.

DEMI-FERMES. — Quand les toits sont à un seul versant, le comble n'est soutenu que par des demi-fermes. Ce qu'il faut surtout prévenir dans un

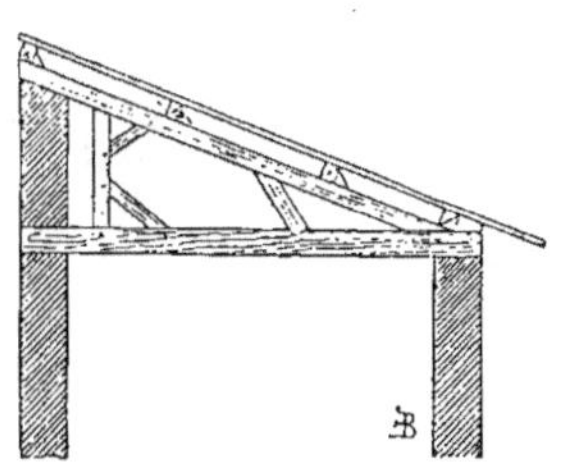

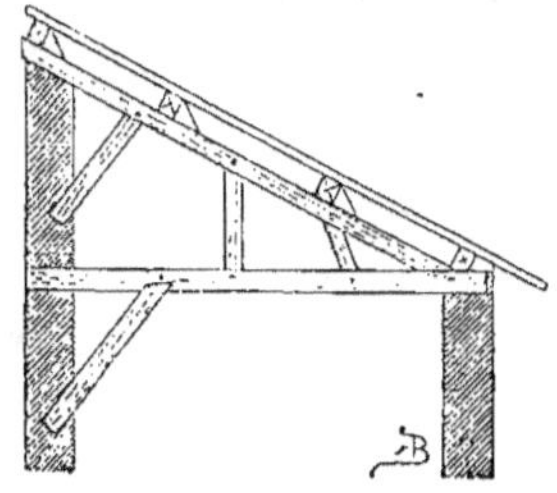

Fig. 69. — Demi-ferme avec poinçon.

Fig. 70. — Demi-ferme sans poinçon.
Échelle de 0m,05 pour mètre.

appentis c'est le glissement latéral, aussi recommandons-nous à nos lecteurs l'appentis représenté par notre figure 69, car il remplit parfaitement les conditions nécessaires.

Il se compose d'un arbalétrier et d'un entrait scellé dans le mur, d'une contrefiche et d'un poinçon solidement contrebuté.

Il arrive souvent qu'on supprime le poinçon dans les demi-fermes; pour ce type, nous recommandons la disposition indiquée dans notre figure 70. L'arbalétrier et l'entrait sont rattachés au mur qui sert d'ados à l'appentis; ils ont chacun une jambe de force, et ils sont reliés par des liens.

Bien souvent, les appentis au lieu d'être supportés par des murs n'ont que celui auquel ils sont adossés, l'autre mur est remplacé par des poteaux comme l'indiquent nos figures 71, 72. — Dans ce cas, pour éviter la prompte

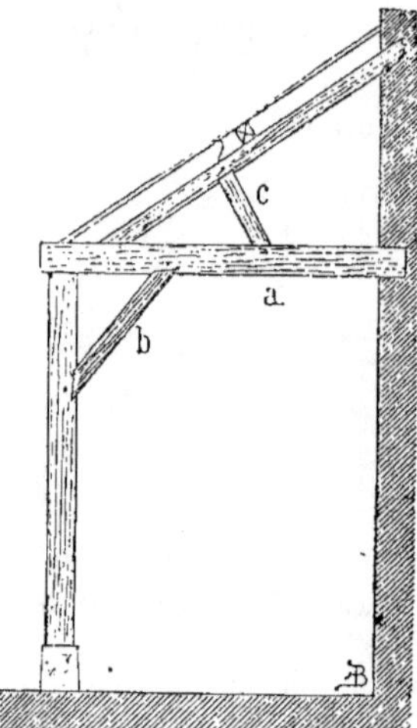

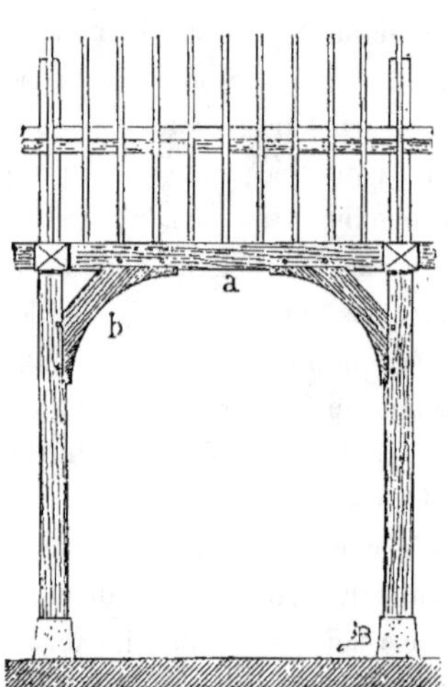

Fig. 71. — Face d'un appentis.
Fig. 72. — Coupe d'un appentis.

Échelle de 0^m,01 pour mètre.

pourriture des poteaux, ils doivent toujours reposer sur des dés en pierre.

Pour maintenir les entraits et les poteaux dans leurs positions respectives on assemble dans les derniers une sablière horizontale a, qui sert en même temps à recevoir le pied des chevrons. Les arbalétriers et les entraits sont encastrés d'un côté dans le mur et assemblés entre eux de l'autre côté.

Pour donner de la rigidité et de la solidité à cette charpente et conserver l'équerre des poteaux avec l'entrait a, et de la sablière avec les poteaux, on a assemblé des aisseliers b à tenon. Sur la face (*fig.* 72), on les a chantournés avec la scie pour leur donner un aspect plus agréable; enfin pour renforcer l'arbalétrier on a posé (*fig.* 71) une jambette c assemblée à tenon.

Quand deux appentis sont adossés à un même mur on doit les relier par des liens, des armatures et des crampons en fer. L'emploi de ces mêmes engins pour l'appentis isolé peut aussi être fort utile dans bien des cas.

Les appentis sont fort utiles dans les constructions rurales; ils sont avec les hangars et les hallages dont nous parlerons plus loin (CHAPITRE V) d'un grand secours pour abriter économiquement toute sorte d'instruments d'exploitation, ou même des récoltes.

FERMES. — Les fermes entières servent pour de grands ou petits bâtiments, aussi les diviserons-nous en deux parties, les *fermes à petite portée* et les *fermes à grande portée.*

Il n'entre généralement que du bois dans la construction des premières, quoique souvent on pourrait utiliser avec avantage le bois et le fer; dans les secondes au contraire, on se sert du bois seul et de celui-ci concurremment avec le fer.

Nous commencerons par étudier les fermes en *charpente à petite portée.*

FERME EN BOIS A PETITE PORTÉE. — Nous avons donné précédemment deux exemples de ces fermes (*fig.* 65 et 68); mais la plus simple et la plus économique est sans contredit celle que représente notre figure 73.

Cette ferme est composée de trois planches solidement clouées en forme d'A évasé. On espace ces fermes de 0^m,33 et on les relie seulement par les voliges destinées à recevoir les tuiles ou les ardoises; comme elles servent de chevrons elles peuvent avoir 0^m,03 d'épaisseur sur 0^m,16 de

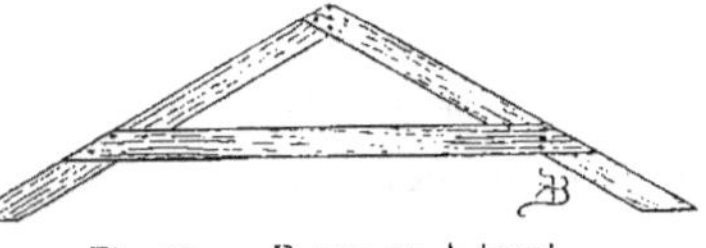

Fig. 73. — Ferme en A évasé.

hauteur. Chaque assemblage doit être solidement fixé avec cinq clous rivés. Les entraits doivent être placés au tiers inférieur de la hauteur totale de la ferme. Avec un simple lattis sous l'entrait et les extrémités des arbalétriers, on plafonne comme à l'ordinaire, seulement le plafond a deux parties rampantes.

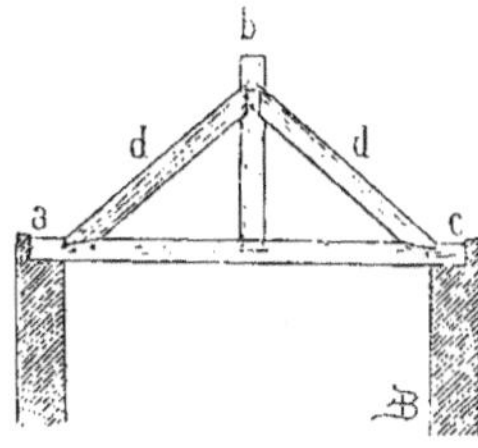

Fig. 74. — Ferme très-simple et très-solide.

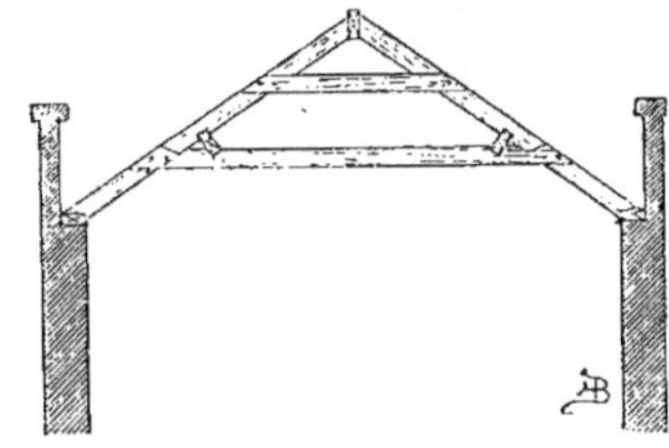

Fig. 75. — Ferme à entrait surélevé.

Échelle de 0^m,005 pour mètre.

Une autre disposition très-simple et très-solide est représentée par notre

figure 74. Cette ferme se compose d'un entrait *a c*, d'un poinçon *b* et de deux arbalétriers *d*.

Une autre ferme d'une grande simplicité est celle de notre figure 75. L'entrait est placé au tiers inférieur des arbalétriers, ce qui permet d'employer ce genre de ferme lorsqu'on veut gagner de la hauteur. Les arbalétriers sont assemblés dans le faîtage et dans les sablières qui courent le long des murs. Les pannes reposent sur l'entrait, de sorte qu'une seule de chaque côté suffit pour supporter les chevrons qui portent d'une part sur le faîtage et d'autre part sur les sablières ; ils sont donc maintenus par trois points. Pour donner plus de rigidité, on a fixé un faux-entrait au tiers supérieur de la ferme, ce qui aide à sa consolidation.

Nous venons de dire qu'il est quelquefois utile pour gagner de la hauteur d'avoir des fermes d'une disposition particulière. On a créé de nombreux systèmes qui tous reposent sur la même donnée, c'est-à-dire qu'ils ont tous leur entrait retroussé. Notre figure 76 montre une ferme de 5^m,15 de portée dans œuvre qui est une

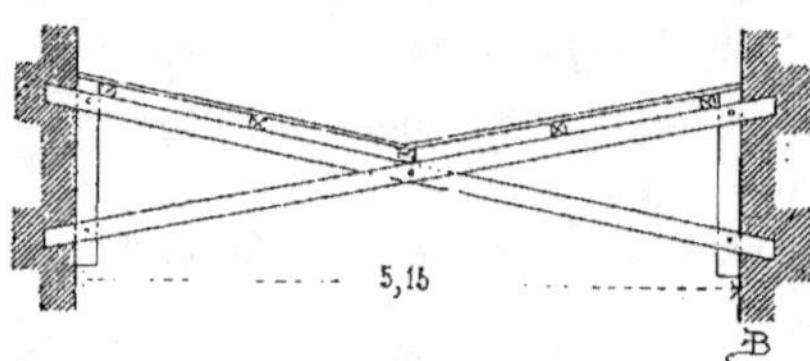

Fig. 76. — Ferme en croix de saint André.
Échelle de 0^m,05 pour mètre.

simple croix de saint André. Cette ferme a le double avantage de donner le plus de hauteur possible et en outre son profil supérieur au lieu d'être convexe est concave, ce qui permet d'utiliser cette ferme dans les couvertures destinées à ramasser les eaux pluviales, dans les pays où les pluies sont rares et dans lesquels par conséquent on emmagasine l'eau dans les citernes. On doit au contraire rejeter cette ferme dans les contrées où il tombe beaucoup de neige, parce que les combles ainsi formés en supporteraient bientôt une charge considérable. Cette ferme se compose de deux pièces de bois en croix de saint André chevillées dans leur axe et dans des liens placés au droit de chaque mur.

Notre figure 77 donne encore une ferme à entraits retroussés solidement reliés et chevillés aux arbalétriers.

L'écartement des murs est ici un peu plus considérable que dans les exemples précédents. La charpente a dans œuvre une portée de 6^m,80 ; elle pourrait être beaucoup plus considérable, car si on employait des bois plus forts, on pourrait arriver à 8 et 10 mètres de portée, et cela sans crainte pour la solidité ; mais dans ce cas, il faudrait donner plus d'épaisseur aux murs, car la charge de la charpente tendrait à les écarter, à les pousser au vide.

FERME EN BOIS A GRANDE PORTÉE. — Au-dessus de 8 à 9 mètres, c'est-à-dire de 10 mètres à 50, les fermes sont dites à *grande portée,* mais disons tout de suite qu'en employant seulement du bois on ne peut guère dépasser 20 à 21 mètres. Au-dessus, il faut employer le bois et le fer ; et pour la plus

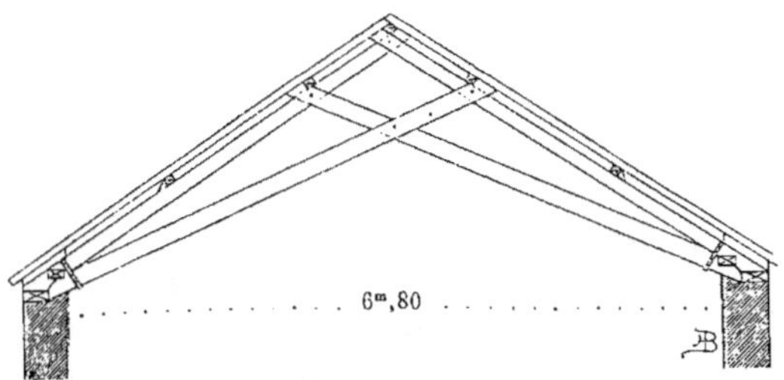

Fig. 77. — Ferme à entrait retroussé ayant 6ᵐ,80 dans œuvre.
Échelle de 0ᵐ,01 pour mètre.

grande portée, le fer exclusivement. Nous nous occuperons bientôt du bois et du fer ; pour l'instant, nous n'avons qu'à décrire les fermes construites entièrement à l'aide du bois.

Notre figure 78 représente une ferme exécutée en plats-bords ou madriers

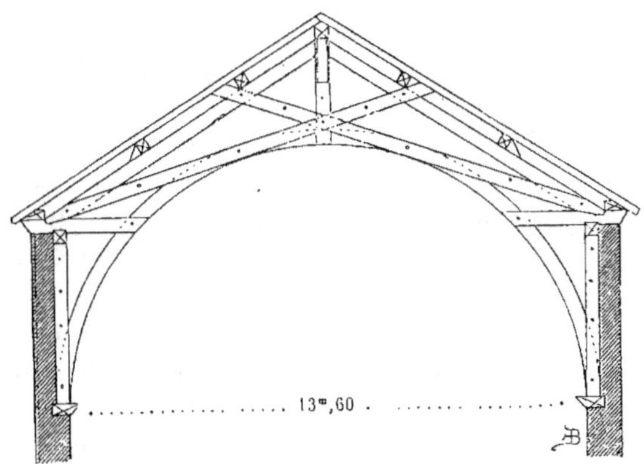

Fig. 78. — Ferme à grande portée à croix de saint André moisée.

de sapin, dont la plus grande largeur est verticale. Ces madriers font moises, ils forment une croix de saint André. L'inspection de notre figure fait suffisamment comprendre la construction de cette ferme.

Ce système de construction, quoique léger, est très-solide grâce aux moises qui maintiennent la rigidité des pièces et les rendent solidaires. En employant ce système, non-seulement on obtient une notable économie, mais encore la légèreté de la charpente permet de donner aux murs le minimum d'épaisseur nécessaire à leur stabilité.

On peut utiliser ce genre de ferme pour combles de granges, hangars, pour des ateliers, des fabriques, pour des manéges et salles d'expositions agricoles, pour les concours régionaux.

Les deux figures suivantes montrent encore l'application des moises pour les charpentes à grande portée.

Dans la ferme (*fig.* 79), le poinçon est moisé. Les deux arbalétriers sont doublés à leur tiers inférieur et à ce point deux supports portent sur l'entrait. Deux semelles à chaque extrémité de l'entrait diminuent sa portée réelle, des brides en fer relient fortement ensemble l'arbalétrier, sa doublure, l'entrait et la semelle. Cette ferme mesure dans œuvre 14 mètres de portée.

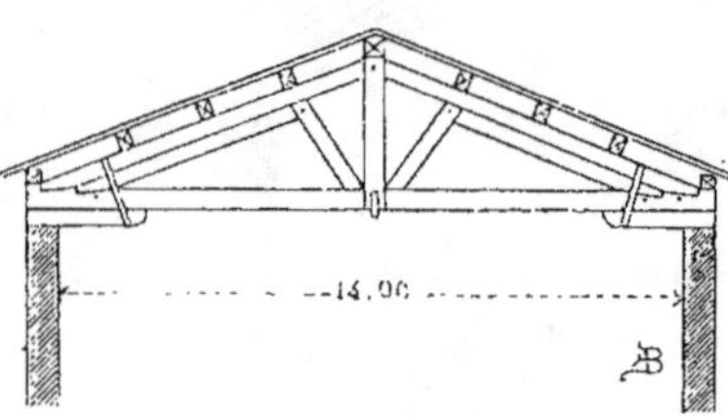

Fig. 79. — Ferme à grande portée avec semelle et liens en fer.

La figure 80 fait voir une ferme qui a également 14 mètres de portée dans œuvre. Des moises relient les arbalétriers avec l'entrait. Les plats-bords ou madriers montent jusqu'au chevronnage et servent ainsi à retenir les pannes.

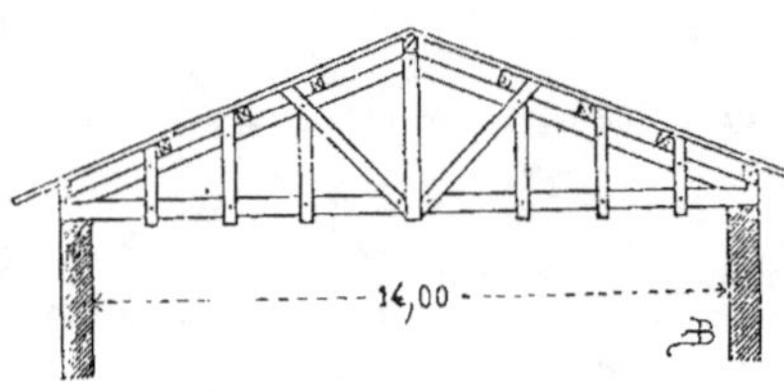

Fig. 80. — Ferme à grande portée toute en bois.

Philibert Delorme avait imaginé un système de ferme composé de plats-bords avec lequel on obtenait une très-grande portée. Pour 19^m,50 il fixe la largeur des planches à 0^m,35 et leur épaisseur à 0^m,05. Voici comment il opérait.

, Suivant la hauteur du comble, il retraitait le mur de moitié de son épaisseur, quand celui-ci était arrivé à une hauteur déterminée ; il posait ensuite sur la moitié intérieure une sablière épaisse de 0^m,21 à 0^m,24 dans laquelle il creusait des entailles distantes de 0^m,65 les unes des autres, qui étaient destinées à recevoir le pied des courbes formant chevrons ; le restant du comble jusqu'au nu extérieur de face se faisait par l'addition de bouts de courbes en forme de coyaux fixés par le bas dans une entaille pratiquée au-dessus de la dernière assise qui le plus souvent faisait corniche.

Ce système de Philibert Delorme, qui a eu pendant longtemps beaucoup de célébrité, est aujourd'hui complétement abandonné parce qu'il présentait des inconvénients pour les charpentes à grande portée.

Les planches débitées coûtent beaucoup plus que les bois ordinaires de charpente et la façon pour ce genre d'assemblage est aussi beaucoup plus élevée, en outre le cube des bois employés est considérable. Le colonel Emy, frappé des incon-vénients de ce sys-tème en a inventé un autre qui con-siste en madriers longs et étroits qu'on superpose les uns sur les autres comme les feuilles d'un ressort de voi-ture. Ils courbent sur leur plat par leur flexibilité. Le colonel Emy fit une application de son

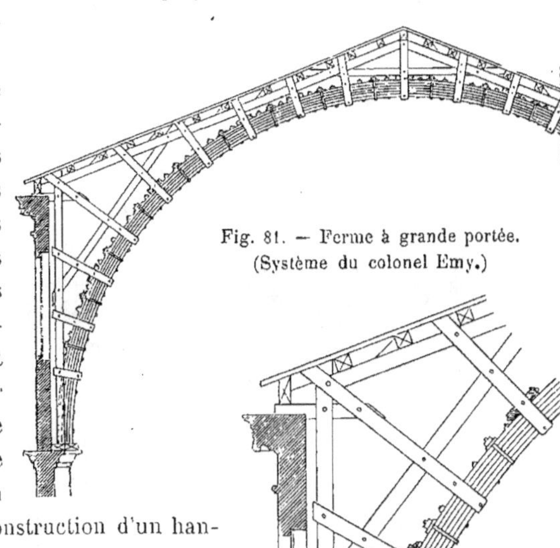

Fig. 81. — Ferme à grande portée.
(Système du colonel Emy.)

système dans la construction d'un han-gar à Marac près de Bayonne.

Voici l'appréciation d'Abel Blouet (1) sur ce genre de charpente. « On s'est assuré à l'aide de calculs exacts qu'en général il y a économie à substituer ce mode de construction aux charpentes ordinaires toutes les fois que la largeur de l'espace à couvrir excède 14 mètres. Cette combinaison peut d'ailleurs acqué-rir une grande légèreté et être appliquée dans bien des cas à des bâtiments de peu de largeur, surtout si l'on se trouve dans la nécessité de supprimer les entraits. »

Aussi nous n'avons pas hésité à donner ce système dans notre traité, car il pourra rendre de grands services dans les cam-

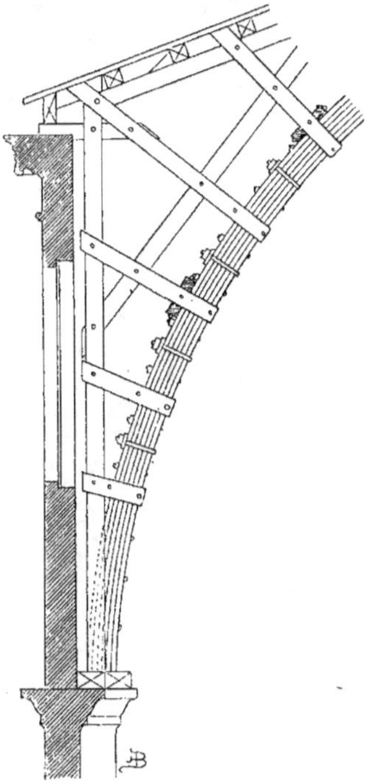

Fig. 82. — Détail d'une ferme à grande
portée.
(Système du colonel Emy.)

pagnes, où souvent les charpentes à entraits retroussés ne suffisent pas.

Au reste, nos figures vont en faire connaître la construction. Notre figure 81 représente à peu de chose près la moitié d'une ferme du manége de Libourne construit par le colonel Emy ; et la figure 82, un détail à plus

(1) *Traité de l'Art de bâtir*, de Jean Rondelet, supplément par Abel Blouet, vol. 1, p. 158.

grande échelle. Comme on peut le voir, les madriers sont boulonnés et l'arc est maintenu par des moises qui le sont également. La portée de cette charpente dans œuvre est de 21 mètres.

COMBLES CIRCULAIRES. — Dans un travail comme le nôtre, nous n'avons pas à nous occuper de la couverture des dômes et coupoles, mais il arrive souvent dans les campagnes que certains constructeurs veulent ériger des tours ou du moins des tourelles ; il faut donc donner au moins un exemple de ces combles.

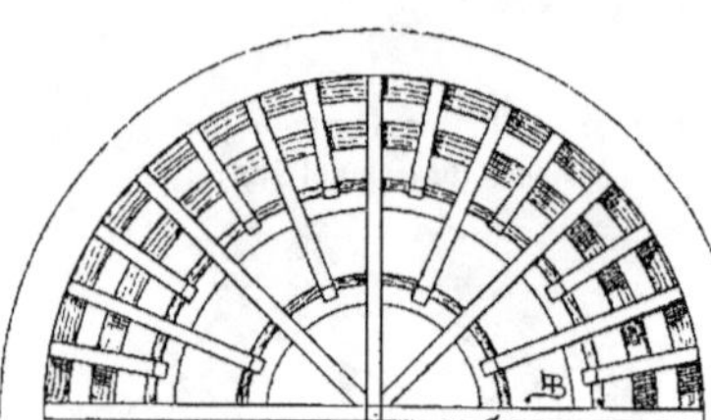

Fig. 83. — Plan d'un comble conique.

Notre figure 83 montre le plan d'un de ces combles et la figure 84 la coupe.

Ce comble conique se compose 1° d'une plate-forme circulaire posée sur la maçonnerie. Quand la tour est grande pour donner plus d'assiette à la charpente, cette plate-forme est double ; dans ce cas, elle est réunie par des blochets ou entretoises ; 2° d'un poinçon central, qui sert à porter la fourchette du paratonnerre, quand la tour en porte un, ou bien une simple girouette ; 3° de quatre ou huit principaux chevrons suivant la dimension de la tourelle. Ces chevrons sont assemblés par le bas dans la plate-forme et par le haut dans le poinçon central ; 4° de chevrons de remplissage dont le nombre augmente en raison de l'élargissement de la circonférence, qui va en s'élargissant de haut en bas ; 5° de liernes ou entretoises circulaires assemblées sur les quatre ou huit principaux chevrons et qui servent à fixer l'extrémité supérieure des chevrons de remplissage ; 6° enfin, quand les tours sont considérables il existe des entraits et des faux-entraits qui sont assemblés d'une part dans chacun des principaux chevrons au droit des liernes, et d'autre part au poinçon central qui descend jusqu'à l'entrait c'est-à-dire au niveau de l'arase de la maçonnerie.

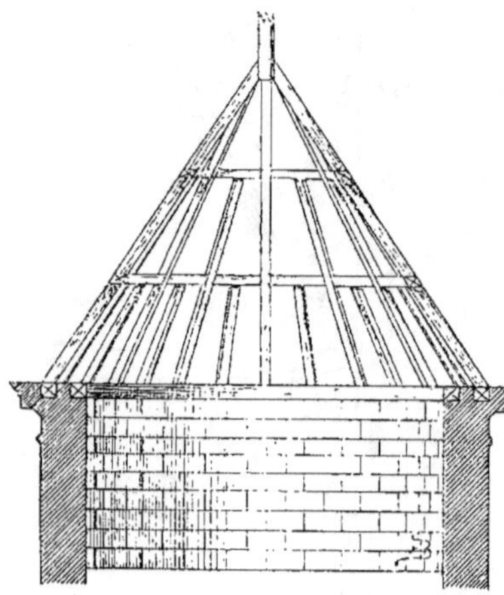

Fig. 84. — Coupe d'un comble conique.
Échelle de 0^m,01 pour mètre.

FERMES EN BOIS ET FER, OU FERMES MIXTES. — On emploie le bois et le fer dans la construction des fermes pour en obtenir à très-grande portée ; cependant, même pour des fermes à petite portée, il y aurait avantage à employer comme entraits des tirants en fer. L'art des constructions n'est pas encore assez avancé et surtout généralisé pour permettre à l'industrie de fabriquer une quantité de travaux de construction pouvant être exportés au loin; c'est un grand tort, mais chaque chose vient à son temps. Quand l'instruction sera plus répandue dans les campagnes, la classe agricole recherchera et saura apprécier à sa valeur des produits qu'elle ne connaît pas du tout aujourd'hui; le fer par exemple est un de ses produits, mais jusqu'ici son emploi a été par trop limité dans les constructions rurales. Une preuve de ce que nous avançons nous est fournie par notre figure 85, qui représente une fermette, la plus simple et la plus solide qu'on puisse imaginer. Elle est composée d'une pièce de

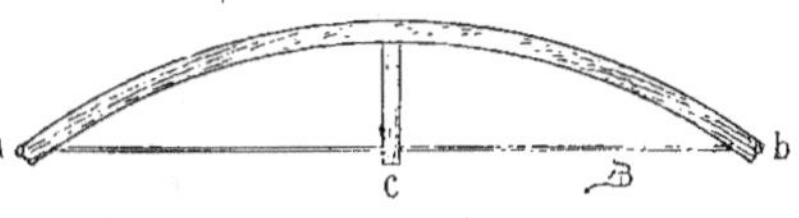

Fig. 85. — Fermette en bois et fer.
(Système mixte.)

bois ayant 0^m,054 d'épaisseur sur 0^m,08 à 0^m,11 de largeur, un tirant en fer boulonné à ses deux bouts aux extrémités de la pièce de bois *ab* maintient cette pièce dans une courbe déterminée; en *c*, on a établi au centre de la fermette un simple tasseau qui forme poinçon et sert à équilibrer et maintenir la courbe. On fait ainsi des fermettes qui mesurent depuis 3 et 4 mètres jusqu'à 5 et 6 mètres. Nous avons eu l'occasion d'en faire une application en 1870 pendant le siége de Paris pour des baraquements pour nos soldats.

On peut, lorsque la pièce de bois a 0^m,10 ou 0^m,12 de largeur, mettre deux tirants au lieu d'un; on obtient ainsi plus de solidité. Il est bien entendu que la courbure de la fermette est obtenue non par le débit du bois, mais par sa flexibilité; c'est ce qui fait du reste le mérite et la bonté du procédé.

Lorsqu'une ferme n'est pas appelée à supporter un plancher, on peut remplacer l'entrait par un tirant en fer dont les extrémités sont boulonnées ou assemblées par un moyen quelconque dans les bouts des arbalétriers.

Il arrive souvent dans les campagnes qu'on ne peut toujours se procurer facilement des sabots, mâchoires ou autres engins nécessaires pour la construction ou du moins une bonne application des

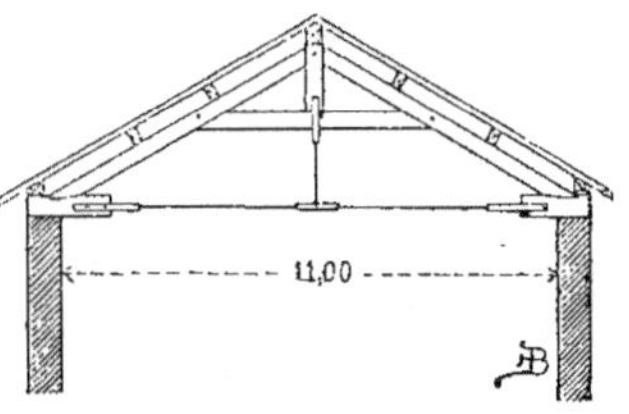

Fig. 86. - Ferme en bois et fer.
(Système mixte.)

tirants. Dans cette occurrence, on assemble les arbalétriers d'une ferme dans des bouts de bois, sortes de blochets, et puis avec des fourchettes on fixe les tirants. Notre figure 86 montre une ferme construite de la sorte. On doit soutenir le tirant en fer dans son milieu et le relier au poinçon pour prévenir sa rupture. Du reste notre figure 87 donne un des meilleurs modèles de ferme mixte. Cette ferme mesure 14 mètres dans œuvre, mais on peut appliquer ce mode de construction à des fermes ayant une bien plus grande portée.

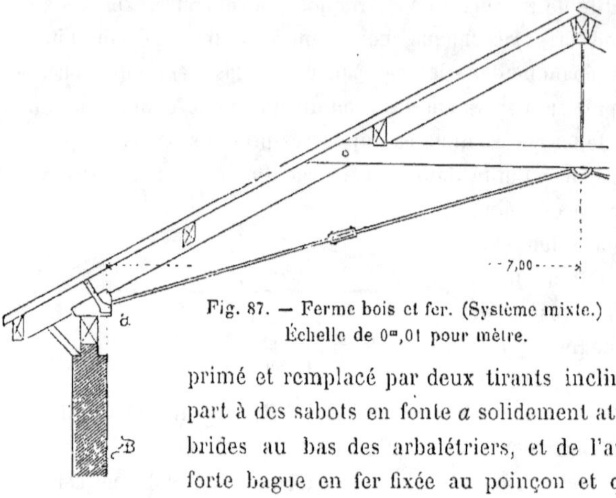

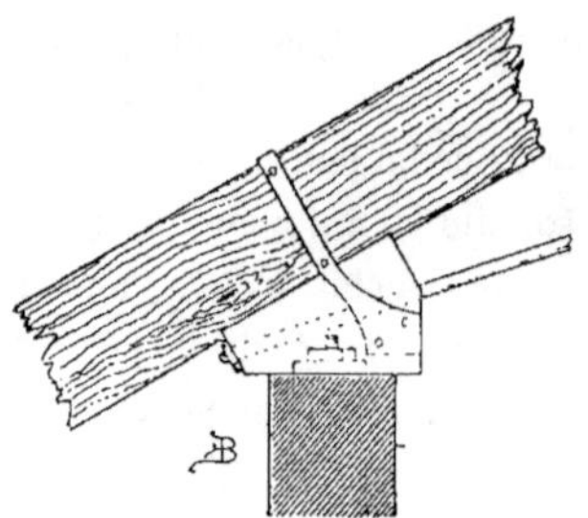

Fig. 87. — Ferme bois et fer. (Système mixte.)
Échelle de 0ᵐ,01 pour mètre.

Dans cette ferme l'entrait est supprimé et remplacé par deux tirants inclinés fixés d'une part à des sabots en fonte *a* solidement attachés par des brides au bas des arbalétriers, et de l'autre dans une forte bague en fer fixée au poinçon et qui soulage le faux-entrait. Ce dernier sert à maintenir la rigidité des arbalétriers.

Nos figures 88 et 89 représentent le profil et la face du sabot placée sur

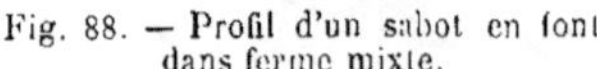

Fig. 88. — Profil d'un sabot en fonte
dans ferme mixte.

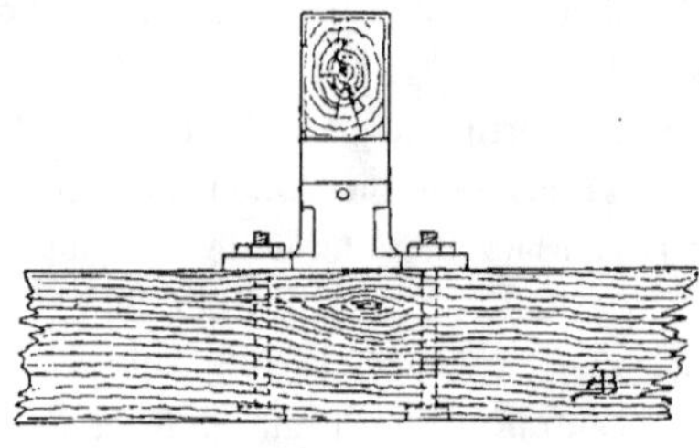

Fig. 89. — Élévation d'un sabot en fonte d'une
ferme mixte.

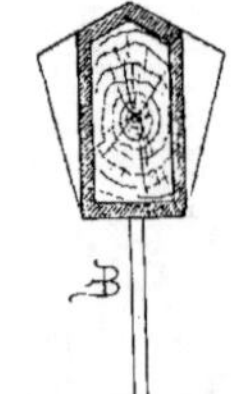

Fig. 90. Boîte de
faîtage en fonte.

les sablières, et la figure 90 une boîte en fonte dans laquelle le faîtage et la partie supérieure des arbalétriers viennent s'assembler. On comprend combien la combinaison du bois et du fer pour la construction des fermes peut fournir de modèles variés. Nous ne nous appesantirons pas davantage sur ce sujet, mais nous donnerons d'autres exemples de fermes, lorsque nous étudierons les hangars.

Parlons maintenant de la pente qu'il convient de donner

aux combles. Elle peut varier suivant le climat sous lequel se trouve le constructeur, suivant aussi la nature des matériaux employés pour la couverture. Ainsi par exemple pour le feutre et le carton bitumé, pour le zinc et l'ardoise, on peut donner moins de pente que pour les tuiles ou autres matériaux lourds.

ESCALIERS.

Les escaliers se construisent de différentes manières. Ils sont à rampe droite ou circulaire ; mais les plus commodes sans contredit, surtout pour les bâtiments ruraux, sont les escaliers droits. Ils permettent en effet à des hommes chargés de lourds fardeaux de monter et de descendre les étages sans s'exposer à broncher et par suite à des dangers plus ou moins graves.

Il faut apporter beaucoup de soin pour la conception et l'exécution des escaliers. De leur bonne construction dépendent la sécurité et les commodités de l'habitant de la maison.

Les escaliers s'exécutent en bois, en pierre, en fer, etc. ; mais quels que soient les matériaux employés, il existe des principes généraux qu'on doit toujours appliquer. Ainsi il est d'usage de proportionner les escaliers de façon que la hauteur de la contre-marche ajoutée à la largeur de la marche ou giron fassent ensemble $0^m,48$. Un bel escalier ordinaire par exemple, a $0^m,32$ de giron et 16 de contre-marche, ou bien, 30 de marche sur 18 de contre-marche. De ce que nous venons de dire il ne s'ensuit pas qu'on soit obligé de rendre un escalier dangereux en faisant de hautes contre-marches et des girons étroits. Il faut toujours que le pied de l'homme puisse poser en entier sur le degré.

Un deuxième principe, c'est que la hauteur doit invariablement être la même pour toutes les marches d'un même escalier.

Enfin, même pour les escaliers de service, les contre-marches ne doivent pas avoir plus de $0^m,19$ de hauteur, sans cela, surtout pour la descente, les escaliers deviennent de véritables casse-cou, car la jambe d'un homme de taille ordinaire ne conserve plus assez de force d'équilibre et peut ployer sous le poids du corps ; *a fortiori,* si un homme est d'une forte corpulence, il ne peut sans danger s'exposer à descendre des degrés de plus de $0^m,19$ de hauteur; encore ne doit-on donner cette dimension qu'autant qu'une place restreinte ne permet pas de faire autrement.

Souvent, pour économiser le terrain et par suite les dépenses de construction, on^t fait dans les campagnes des escaliers excessivement étroits. C'est une économie mal entendue, car en admettant même que les étages supérieurs de l'habitation ne soient pas destinés à emmagasiner des grains, il est certain que l'escalier devra toujours donner passage à des fardeaux plus ou moins volumineux, aussi nous conseillons de ne jamais donner moins de 1 mètre à 1^m,05 de largeur aux marches.

Après ces généralités sur les escaliers, étudions les éléments dont ils se composent. 1° Un *limon*, pièce de bois rampante, soutient la marche du côté opposé au mur. Les escaliers ont quelquefois un *faux-limon*, qui consiste en une pièce de bois rampante, mais contre le mur, ou le vide d'une baie de ce même côté. Le faux-limon reçoit le bout des marches comme le limon ; souvent le faux-limon est à crémaillère, tandis que le limon porte des entailles ; si cependant ce dernier est coupé par-dessus en crémaillère, la marche doit entrer dans une entaille pratiquée au bas de la partie verticale

Fig. 91. — Marche.

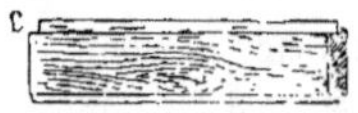

Fig. 92. — Contre-marche.

de cette crémaillère. 2° Les *marches* nommées aussi *pas, degrés,* sont des planches horizontales qui reçoivent le pied de l'homme et servent à monter ou descendre (*fig. 91*). 3° Les *contre-marches* sont des pièces de bois verticales, qui font le devant de la marche et qui empêchent le pied de s'introduire entre deux marches (*fig. 92*).

Les escaliers rudimentaires n'ont pas de contre-marches : on les appelle *échelle de meunier,* mais même dans ce genre d'escalier il est bon de faire un revêtement quelconque, arrasé au droit des limons et qui suit leur inclinaison afin d'éviter des accidents ; car en montant dans ces échelles si le pied vient à glisser on peut se casser la jambe ou les reins, en tombant à la renverse.

Les marches et contre-marches sont assemblées à rainure et à languette (*fig. 93*).

Les marches d'un escalier peuvent être massives ou faites en planches.

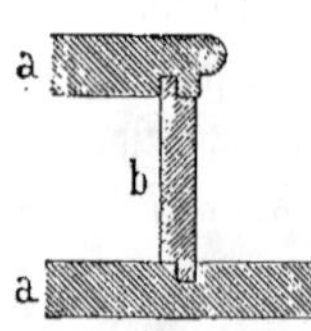

Dans le premier cas, chaque marche est taillée dans la masse du bois et profilée selon la disposition adoptée pour l'escalier, ce mode n'est guère exécuté qu'en pierre. Dans le second cas, les marches sont simplement en planches assemblées comme nous venons de voir (*fig. 93*).

Fig. 93. — Assemblage d'une marche et de sa contre-marche.

Outre les limons, les marches et les contre-marches ; les escaliers possèdent ordinairement un palier, sorte de grande marche, c'est un repos qu'on met à chaque révolution de l'escalier, ou à chaque *volée*. On nomme *rampe* ou *volée d'escalier* une suite de marches placée entre un palier ou un départ et le palier suivant.

Il existe cependant des escaliers d'une seule volée, mais ils ne s'appliquent qu'à un seul étage. Les volées sont généralement composées d'un nombre impair de marches, treize le plus souvent et quelquefois vingt et une. On ne doit pas dépasser ce nombre, car ce serait très-fatigant pour les personnes de monter sans rencontrer un palier ou repos. L'enceinte dans laquelle se place un escalier se nomme *cage*, et les murs dans lesquels les marches sont encastrées, *murs d'échiffre*.

Quand on veut faire le tracé d'un escalier, il faut avant tout prendre la hauteur à franchir, qu'on divise en marches de 0,16 ou 0,18. On obtient ainsi le nombre de marches. On multiplie ce chiffre diminué d'une unité par la largeur que l'on veut donner à la marche ou giron, et l'on a le développement de l'escalier.

Ainsi pour franchir une distance de 3^m,60, il faudrait vingt marches de 0^m,18; si maintenant on donne à ces marches 0^m,30 de giron, l'escalier aura une étendue de 20 — 1 $\times$ 0^m,30 = 5^m,70.

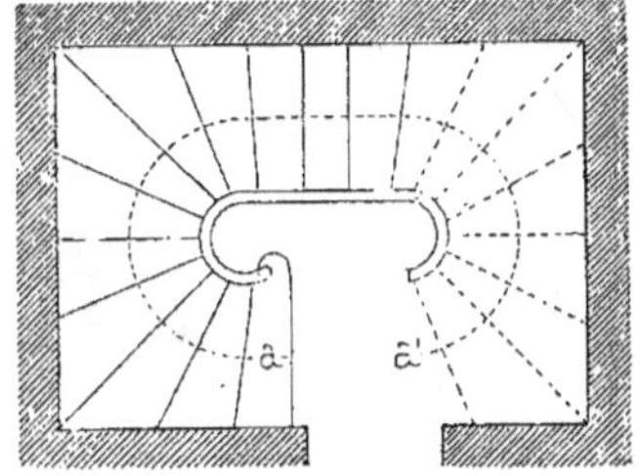

Fig. 94. — Plan d'un escalier tournant.

Quand l'escalier est droit, rien n'est plus facile à tracer, mais s'il est tournant la longueur doit être calculée sur une ligne passant par l'axe transversal des marches, ce qui donne la moyenne de leur développement. Soit *aa′* cette ligne (*fig.* 94). L'axe des marches tournantes ne doit pas passer par le centre de la courbe comme c'est indiqué du côté *a*, mais le prolongement de ces marches doit se trouver sur la ligne d'axe comme *a′*. Les dernières marches, en effet, sont bien moins dangereuses puisque les girons près des quartiers tournants sont plus larges que de l'autre bout.

Nous dirons que chaque fois qu'on peut éviter d'établir un escalier circulaire ou, à quartier tournant on doit le faire, surtout si cet escalier doit servir à monter de lourds fardeaux. Il vaut toujours mieux faire des escaliers droits d'une seule volée, ou à palier.

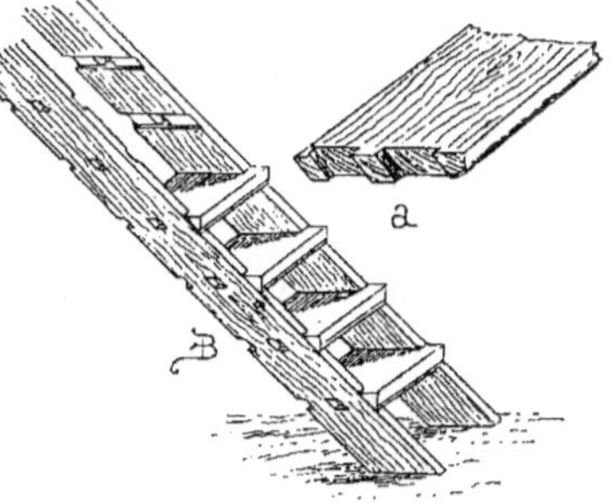

Fig. 95 et 96. — Échelle de meunier.
a tenons de la marche.

Nous donnons ci-après plusieurs types d'escaliers en commençant par le plus simple, l'échelle de meunier. Ce genre d'escalier (*fig.* 95) est très-économique; il se construit en chêne ou en sapin.

Chaque marche est formée d'une planche assemblée à tenon et à queue d'aronde avec entaille dans les limons. Notre croquis *a* (*fig.* 96) montre distinctement les tenons de la marche.

Comme nous l'avons déjà dit, l'échelle de meunier n'est employée que pour les escaliers d'une seule volée, qui vont du rez-de-chaussée au premier; mais on comprend qu'en ajoutant d'autres échelles à chaque palier, on ferait ainsi un escalier droit à une seule volée comme le représente notre figure 97 en plan et 98 en coupe; celle-ci est faite sur la ligne *ab*.

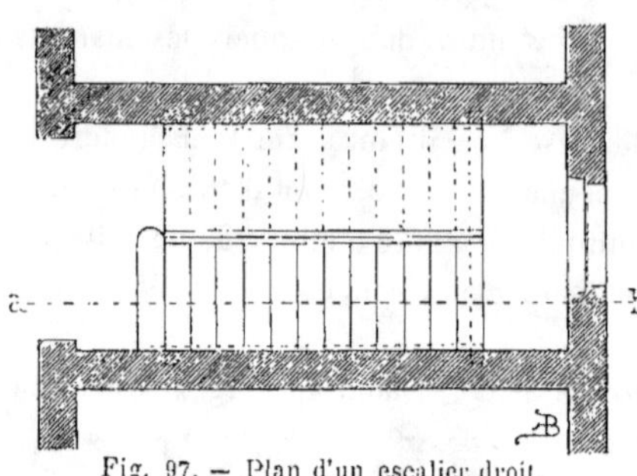

Fig. 97. — Plan d'un escalier droit.

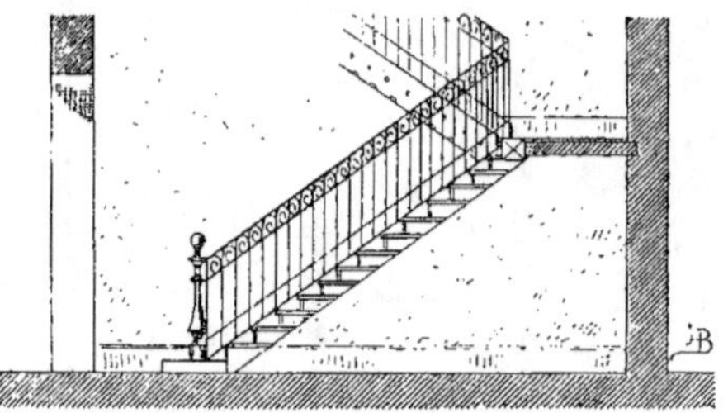

Fig. 98. — Élévation d'un escalier droit.
Échelle de 0^m,01 pour mètre.

La cage d'un tel escalier occupe 10 mètres carrés de superficie, soit 2 mètres de largeur sur 5 mètres de longueur.

Les escaliers à deux paliers sont plus usités et plus commodes que ceux à un seul palier, mais ils ont l'inconvénient d'exiger un peu plus d'espace et de dépense. L'établissement de ces paliers à mi-étage oblige aussi à sceller dans le mur des barres de fer, dites *bascules*, ainsi nommées parce que, posées en croix, l'une de ces barres est scellée par ses deux bouts dans le mur, tandis que l'autre, qui lui est superposée, tient par l'une de ses extrémités dans le mur, et par l'autre dans le limon qu'elle tient soulevé.

Les escaliers à plusieurs paliers laissent entre les limons un jour qui permet de monter des fardeaux à l'aide d'une poulie solidement attachée au plafond, dans l'axe de la cage. On peut aussi profiter de ce vide pour y installer un ascenseur ou, un monte-charge; ce qui peut être très-commode et très-utile dans les grands bâtiments, dont on utilise les combles comme greniers ou magasins.

Notre figure 99 montre le plan d'un escalier à plusieurs paliers *a*, *b*, *c*; sont les marches; *d*, les bascules posées sous les paliers. La cage (*fig.* 100) mesure 3 mètres sur 4ᵐ,50 soit 13ᵐ,50 de superficie ; la coupe est faite sur la ligne *ed*.

On peut aussi construire des escaliers mixtes, c'est-à-dire qu'une partie est tournante comme dans notre figure 94 et l'autre est droite comme dans nos figures 97 et 99. On doit autant que possible éviter ce genre de construction dans les campagnes, de même que les escaliers circulaires, en colimaçon, à chandelle, ou en spirale ; car nous ne craignons pas de le redire, il peut, dans de pareils escaliers, survenir de graves accidents aux hommes chargés de fardeaux qui montent ou descendent ces marches d'inégale largeur.

Quelle que soit la forme d'escalier adoptée dans une construction, qu'il soit en bois de chêne ou de sapin, peu importe, on doit toujours le faire porter à son départ sur une ou deux marches en pierres massives.

Ces marches, appelées *marches palières*, servent à caler l'escalier et à isoler le bois de l'humidité, qui règne trop souvent dans les rez-de-chaussée.

Chaque palier a sa marche palière ; c'est sur celle-ci que se posent la contremarche et le limon de la première

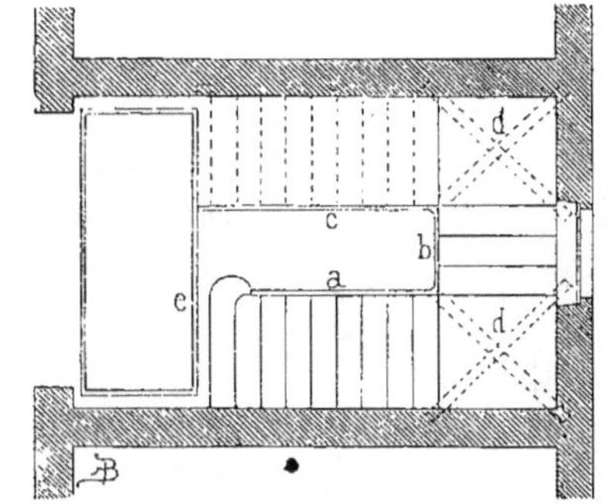

Fig. 99.   Plan d'escalier à palier.

Fig. 100. — Élévation d'un escalier à palier.
Échelle de 0ᵐ,01 pour mètre.

marche de chaque révolution d'escalier, conduisant à un étage supérieur ; mais on doit éviter de faire porter celle-ci sur les solives de remplissage qui formeront le plancher, elles doivent porter sur une solive faisant partie du limon.

Des cintres. — Les cintres sont des ouvrages en charpente destinés à soutenir la maçonnerie des arcs et des voûtes pendant leur construction, jusqu'à ce que la prise du mortier leur ait fourni le moyen de se tenir seuls. Le but des cintres est donc de maintenir fixes les voussoirs après leur pose jusqu'à ce que l'arc ou la voûte qu'ils doivent former puissent être abandonnés à eux-mêmes.

On comprend dès lors que les cintres soient de forme et d'importance diverses, suivant l'usage auquel ils sont destinés; mais dans tous les cas, ils doivent être construits avec précision et solidité.

Les cintres destinés à l'exécution des voûtes sont donc de véritables fermes de comble, avec cette différence, que celles-ci sont faites à demeure, tandis que la durée des cintres n'est que temporaire.

Pour les baies ou les voûtes de petites dimensions, leur construction est très-simple, on prend le plus souvent deux ou trois planches de 0^m,034 à 0^m,054 d'épaisseur ; on scie l'un de leurs côtés suivant la courbe de l'intrados de la voûte à ériger. On pose ces planches sur champ ; on les cheville, ou on les fixe par des traverses, des tasseaux ou des étrésillons. Les cintres sont ensuite maintenus à la hauteur nécessaire par des potelets droits ou inclinés suivant le système de charpente adopté.

Fig. 101. — Cintre pour voûtes légères.
Échelle de 0^m,01 pour mètre.

Nous donnons figure 101 un système de cintre des plus simples employé le plus fréquemment dans la construction des voûtes légères ; mais pour des voûtes plus considérables, il faut employer des cintres plus forts, tels que celui qui est figuré sur notre croquis 102. L'entrait a est soutenu par deux jambes de force b, b, et trois poteaux c, c, c. En outre ce cintre a un poinçon d, deux fiches e, e, des pièces courbes f destinées à recevoir les madriers ou couches sur lesquels repose immédiatement la maçonnerie. Tout l'ensemble de cette charpente repose sur une sablière h.

L'entrait est toujours placé à la hauteur de la naissance de la voûte.

Enfin quand une voûte atteint de plus vastes proportions encore, au lieu de deux fiches, on ajoute des contrefiches (*fig.* 103) ; si la construction à ériger est une série d'arcades, on emploie des cintres avec arbalétriers.

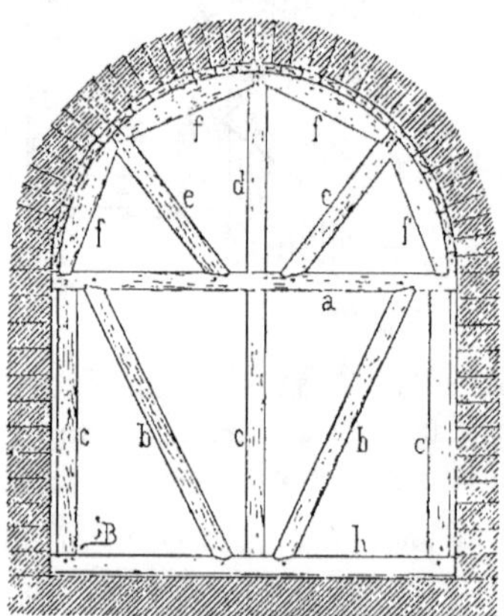

Fig. 102. — Cintre pour grandes voûtes.
Échelle de 0^m,01 pour mètre.

Dans la figure 103, a a, a sont les poteaux, b l'entrait, c le poinçon, d, d les fiches, e e les contrefiches, f, f les pièces de bois cintrées faisant office d'arbalétriers, *g, g* les madriers ; enfin notre figure possède un véritable arbalétrier qui supporte des fiches et des contrefiches.

Ce genre de cintre avec quelques modifications sert pour la construction des voûtes dites en *anse de panier*. Dans ce cas, entre les poteaux, on doit mettre sous l'entrait et de chaque côté des jambes de force occupant la position indiquée par nos lignes ponctuées.

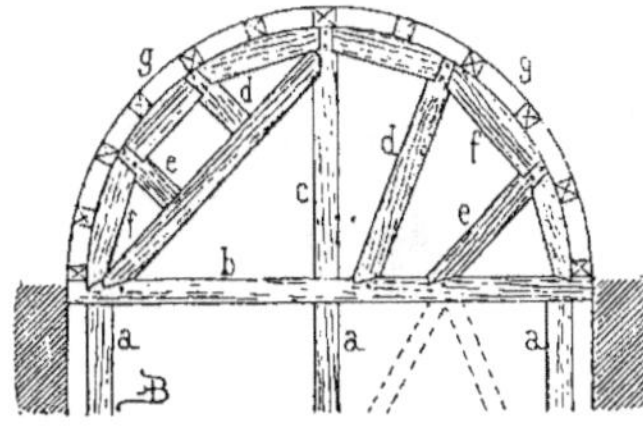

Fig. 103. — Cintre pour très-grandes voûtes.

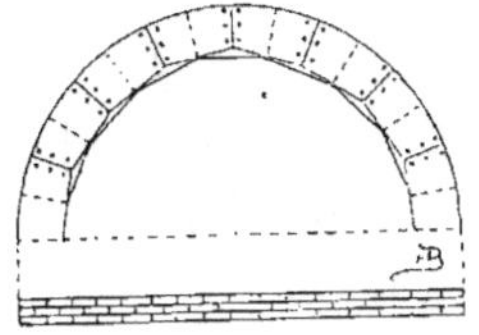

Fig 104. — Cintre en planche clouées et chevillées.

Échelle de 0ᵐ,01 pour mètre.

On fait aussi des cintres avec des planches clouées et chevillées ensemble comme le montre notre figure 104 en plan et en élévation ; mais ce genre de cintre ne peut être utilisé que dans la construction de voûtes légères.

Pour résumer ce que nous avons dit sur les cintres, nous ajouterons :
1° qu'il faut qu'ils aient une force suffisante pour éviter tout tassement ;
2° qu'il faut ménager les moyens de décintrer sans crainte d'accident ;
3° qu'on doit s'efforcer d'y employer la moindre quantité de bois possible ;
4° qu'on peut presque toujours employer à leur construction des vieux bois, pourvu qu'ils soient sains.

DES ÉTAYEMENTS.

On nomme ainsi une combinaison de plusieurs pièces de bois qui sert à appuyer un mur qui menace ruine, ou à soutenir dans son état normal une construction qu'on veut reprendre en sous-œuvre pour y apporter des modifications. On se sert d'étayements quand on veut pratiquer dans un mur une ouverture quelconque, et supprimer un trumeau qui se trouve au rez-de-chaussée. Il faut dans ce cas, étrésillonner les baies des étages supérieurs en posant des plates-formes le long du jambage avec des étrésillons en travers, inclinés en sens contraire. On soutient la partie supérieure du trumeau conservée par un poitrail que l'on pose sur les jambages des croisées du rez-de-chaussée.

Nos figures 105 et 106 montrent de face et de profil un genre d'étais nommé *chevalement,* qui est composé d'étais inclinés en sens contraire. Ils soutiennent de fortes pièces de bois qui traversent le mur. On peut ainsi supprimer une partie de la maçonnerie et passer un filet ou poitrail. Les étais inclinés qui forment chevalement sont arrêtés à leur pied par des broches en fer plantées dans le couchis et par le haut dans la pièce qui traverse le mur, au moyen d'entailles pratiquées dans le haut des étais.

 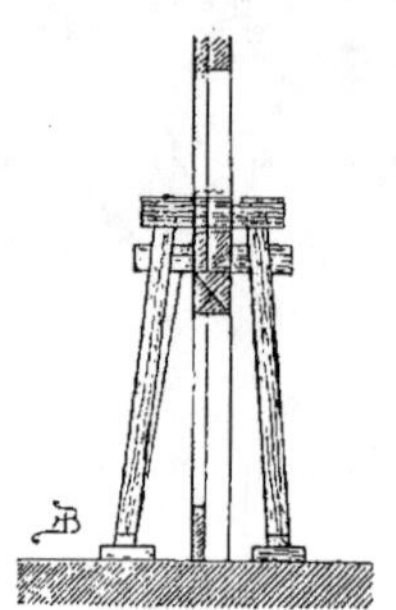

Fig. 105. — Chevalement (vu de face).   Fig. 106 — Chevalement (vu de profil).
Échelle de 0^m,005 pour mètre.

Quand on refait un mur de face ou de refend, on est aussi obligé d'étayer tous les planchers. On pose sur le sol des sablières d'équerre sur les solives ou ce qui vaut mieux, en travers ; c'est sur ces sablières qu'on place des étais, dont le pied coupé en biseau et roidi par un coin est chassé à la pince.

On étaye aussi les terres d'une tranchée, car dans les terrains mouvants il est à craindre que l'éboulement des terres n'écrase, ou tout au moins ne blesse les terrassiers.

Pour parer à ce danger, on emploie un étayement oblique, qu'on pose par petites parties au fur et à mesure qu'on s'enfonce dans la fouille. On commence à poser horizontalement contre les parois de la tranchée des couchis de planches, sur lesquels on pose verticalement d'autres couchis qu'on étrésillonne alternativement, en sens contraire.

Quand les tranchées sont fort larges et qu'on ne peut étrésillonner, on pose obliquement des pièces de bois, qui sont retenues à leur partie supérieure par de forts clous ; ce qui empêche le glissement.

DES ÉCHAFAUDS.

Dès qu'un édifice sort de terre, il faut nécessairement établir des constructions temporaires pour porter les ouvriers et les matériaux qui vont ériger l'édifice. L'ensemble de cette charpente porte le nom d'échafauds, échafaudage.

Les échafauds servent aussi toutes les fois qu'il faut travailler à une certaine hauteur, même dans un édifice construit. Ils se divisent en deux grandes classes, les *échafauds fixes* et les *échafauds mobiles*. La première classe se subdivise elle-même en divers genres, tels que *échafauds ordinaires, d'assemblage, volants,* etc.

La manière la plus simple d'échafauder consiste à planter verticalement en terre à environ 3 mètres les unes des autres des *écoperches* dont le pied est maintenu par un patin en moëllons et plâtre. Elles sont reliées entre elles par des traverses longitudinales avec des cordages, et de chaque écoperche partent d'autres pièces horizontales nommées *boulins,* qui sont scellées perpendiculairement dans le mur. On doit éviter d'employer des bois et des cordes échauffés, à plus forte raison pourris, même en partie.

Les planches employées pour former le plancher des échafaudages proviennent du déchirage des bateaux, elles mesurent ordinairement 4 mètres de longueur sur 0^m,30 à 0^m,35 de largeur et ont 0^m,04 à 0^m,05 d'épaisseur. Pour les empêcher de se fendre, on cloue trois petites traverses sur l'une de leurs faces, ou bien on les cercle en fer dans leur milieu et dans leurs extrémités.

Les *échafauds volants* se construisent de différentes manières, selon la nature des travaux et la disposition des lieux.

Quelquefois, pour un motif quelconque, il est impossible de faire reposer les échasses sur le sol; par exemple, si la porte d'une remise se trouve en face d'un passage étroit, les écoperches gêneraient l'entrée et la sortie de la remise ; dans ce cas, on peut établir un *échafaud* dit *à bascule* (*fig.* 107) qui se compose de fortes pièces de charpente *a* placées sur les appuis des fenêtres, et, on s'oppose à leur mouvement de bascule en maintenant l'extrémité de leur partie intérieure par un potelet de support *e* qui repose sur le plancher et par un poteau vertical *b,* dont l'extrémité supérieure s'appuie sur le plafond. Sur la partie extérieure de ces pièces, on établit le premier plancher de l'échafaud. L'écoperche *c* est engagée dans un patin en plâtre *p,* on pose ensuite le boulin *d.*

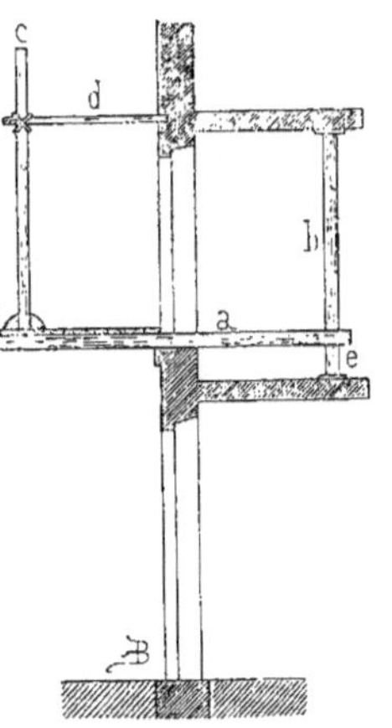

Fig. 107. — Échafaud en bascule.
Échelle de 0^m,01 pour mètre.

Lorsque le travail est de peu d'importance et que le premier plancher ne doit pas porter d'échafaudage on se contente (au lieu de pièces de charpente, d'employer des *morizets* pour les pièces horizontales ; et, pour empêcher le mouvement de bascule, on les attache simplement après un boulin vertical qui s'appuie sur le plancher et sous le plafond. Le boulin remplace ainsi le poteletet ou le poteau dont nous avons parlé ci-dessus.

Quand le premier étage du bâtiment n'est pas libre, ou qu'on ne veut pas y entrer, on supporte la partie extérieure des boulins horizontaux *d* par des

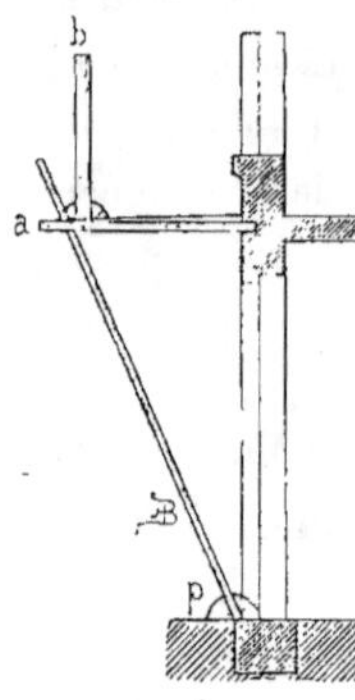

boulins inclinés *a* dont la partie inférieure est scellée au pied du mur dans de forts patins ; le reste de l'échafaudage se construit à la manière ordinaire. On pose d'abord le boulin *b*.

Pour des réparations accidentelles, ou pour planter ou encastrer dans un mur un objet quelconque, les échafauds volants ne se composent souvent que d'une ou de deux planches liées aux extrémités par des cordages qui passent sur le sommet du mur pour aller se fixer contre la face opposée soit à des crampons soit à toute autre saillie solide (*fig.* 109).

En résumé, il existe trois genres d'échafauds.

1° Les *échafauds sur plans verticaux*, qui sont les plus employés, et qui servent sur les façades de murs.

2° Les *échafauds sur plans horizontaux* qui sont utilisés pour traîner les plafonds, et leur corniche, ainsi qu'à faire les enduits, et les rejointoiements des voûtes.

Fig. 108. — Échafaud pour passage étroit à rez-de-chaussée.

Échelle de 0ᵐ,01 pour mètre.

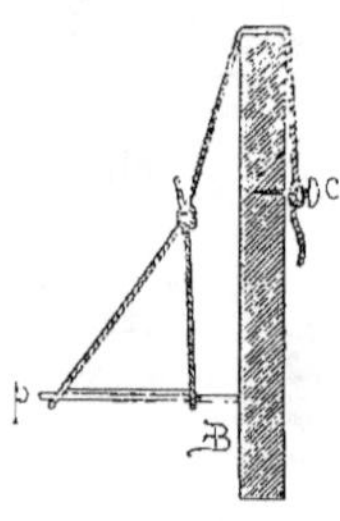

3° Les *échafauds volants* qui servent à toute sorte d'usages et qu'on démonte pour changer de place suivant les besoins et l'avancement des travaux pour lesquels ils sont établis. Dans les grands travaux de maçonnerie, on emploie un grand échafaudage volant qui est une sorte de tour qui roule sur des rails placés parallèlement à la face des constructions. Dans cette tour, on établit un engrenage mu par une manivelle à bras ou à vapeur, qui sert à monter les matériaux les plus lourds.

Cette tour les dépose presque à l'emplacement qu'ils doivent occuper, de sorte qu'on économise de la main-d'œuvre et du bardage pour les blocs de pierre ; mais, nous le répétons, on ne peut employer ce genre d'échafaud que dans les constructions très-importantes.

Quelquefois cette tour est fixée sur un point de la construction. Dans ce cas,

Fig. 109. — Échafaud pour réparation légère.

Échelle de 0ᵐ,01 pour mètre.

elle se compose de quatre longues pièces de bois de sapin de 15 à 18 mètres de hauteur, de là son nom de *sapine*.

DES ASSEMBLAGES.

Nous avons vu précédemment plusieurs moyens de renforcer des poutres et même de les allonger. Dans ce but, nous avons donné (*fig.* 49 et 50) l'assemblage à trait de Jupiter qui est certainement un des plus solides pour rallonger deux fortes pièces de bois, mais il en existe beaucoup d'autres, et comme ils sont d'un fréquent usage dans l'art de la charpente, nous allons en décrire un certain nombre, remarquables par leur simplicité et leur solidité. Ces assemblages sont employés pour linteaux, sablières, arbalétriers, poteaux, etc.

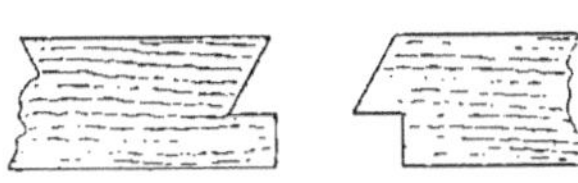

Fig. 110. — Assemblage à mors d'âne.

Fig. 111. — Assemblage à paume.

Fig. 112. — Assemblage à tenon et à repos.

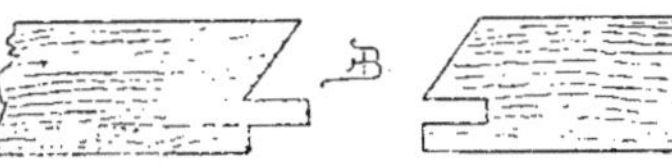

Fig. 113. — Assemblage à chaperon.

Les plus simples sont ceux dits à *mors d'âne* (*fig.* 110), à paume (*fig.* 111), (*fig.* 112), à tenon, à repos et à chaperon (*fig.* 113).

Il arrive souvent qu'on n'a pas de poteaux assez longs ; dans ce cas il faut enter deux pièces de bois pour faire un poteau. Nous recommandons à cet effet les deux entures suivantes :

Celle représentée (*fig.* 114) qui est boulonnée aux points *a* et *b*, enfin celle (*fig.* 115) qui est à mi-bois bout à bout et simplement clouée ou chevillée.

On ente encore les poteaux à tenon et mortaise ; il faut avoir soin, lorsqu'on emploie ce mode de rallonger les bois, de ne pas en diminuer la force. Le tenon doit toujours être taillé suivant le fil du bois et être égal au tiers de l'épaisseur de la pièce et situé dans son milieu. La mortaise sera semblablement située dans l'autre pièce, et les deux jouées seront donc égales aussi au tiers de la pièce. Les trois tiers feront l'épaisseur totale du bois, de sorte que le tenon et les jouées des mortaises ayant la même force auront la même résistance.

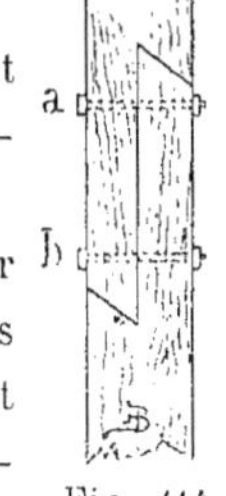

Fig. 114.
Assemblage
boulonné
pour enture
de poteau.

Les trous destinés à recevoir les chevilles d'assemblage doivent être situés au tiers inférieur de la longueur du tenon et dans l'axe de son épaisseur. Les chevilles sont cylindriques, et leur diamètre doit être du quart de l'é-

Fig. 115. — Assemblage à mi-bois (cloué ou chevillé).

paisseur du tenon ; elles sont en bois dur et de fil ; il ne faut pas oublier qu'elles ne sont là que pour aider à monter les assemblages, mais qu'elles n'en font pas partie, car une charpente bien comprise et bien exécutée doit après sa pose tenir sans chevilles. Il est cependant d'usage de les laisser, après la pose de la charpente, de les enfoncer à force et de scier leur tête à fleur des pièces dans lesquelles elles sont engagées.

Nous avons parlé précédemment des liernes, et nos lecteurs savent que ces pièces de bois sont destinées à empêcher le fléchissement des solives, il

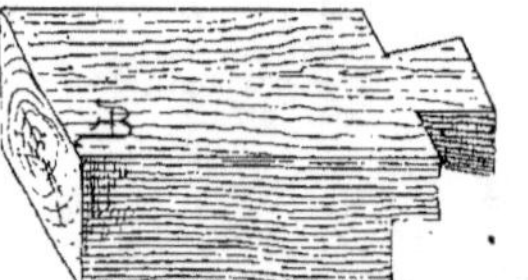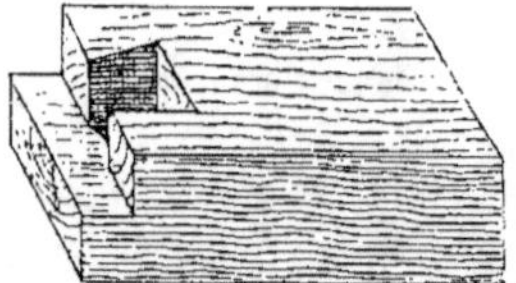

Fig. 116. — Assemblage à queue d'aronde et à mi-bois.

arrive souvent qu'on est obligé d'enter les liernes. Un des assemblages les plus solides et qui empêche tout mouvement en travers et en longueur est celui à queue d'aronde et à mi-bois (*fig.* 116).

On peut aussi avoir à assembler des pièces de charpente ou de menuiserie avec des entailles à mi-bois ; on procède de la manière suivante : quand on veut par exemple assembler deux pièces d'équerre, on fait dans chacune

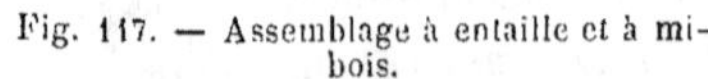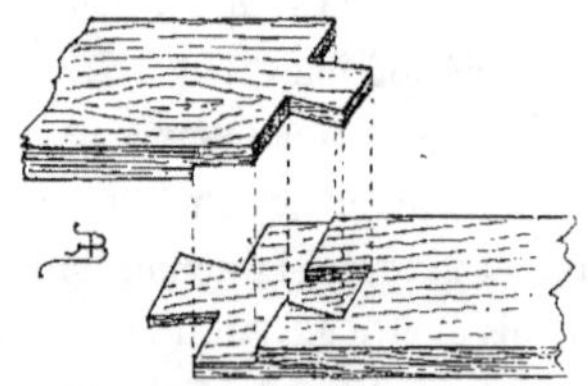

Fig. 117. — Assemblage à entaille et à mi-bois.

Fig. 118. — Assemblage à double queue d'aronde et à mi-bois.

d'elles une encoche égale à la moitié de leur épaisseur, de sorte que, lorsqu'elles sont réunies, elles s'affleurent de part et d'autre. Notre figure 117 indique cet assemblage.

Enfin, si l'on veut obtenir une très-grande solidité, on peut employer l'assemblage dit *à double queue d'aronde* et *à mi-bois* (*fig.* 118), ou bien à *trait de Jupiter* comme le montre notre figure 119, qui est un genre assez simple, ou bien un double trait de Jupiter plus compliqué, tel que celui de notre figure 120, qui indique les bois avant leur assemblage, et la figure 121 après leur assemblage. Dans

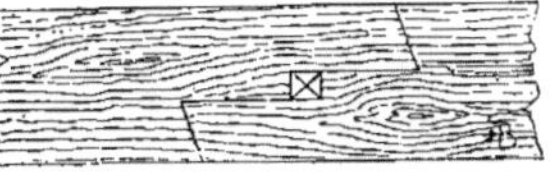

Fig. 119. — Assemblage à trait de Jupiter.

ces deux derniers exemples, on emploie une clef, sorte de cheville, pour unir plus fortement entre elles les pièces de bois.

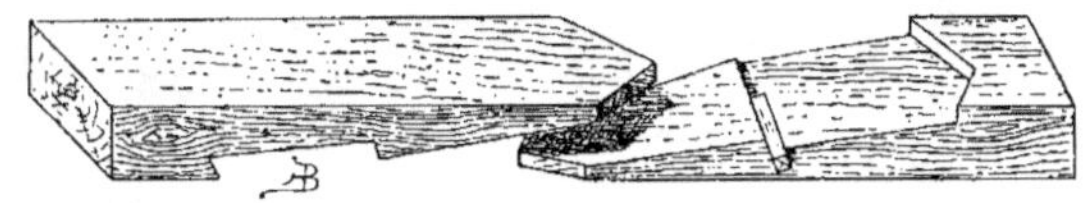

Fig. 120. — Assemblage à double queue d'aronde et à mi-bois (non-monté).

Ces deux assemblages peuvent être employés pour réunir deux bois pour poteaux.

On a quelquefois à assembler deux pièces de bois, dont l'une est horizontale et l'autre verticale. Afin que le tenon n'ait pas à supporter tout le poids de la pièce horizontale, on les assemble à *embrèvement*, comme l'indiquent nos figures 122 et 123 (1) dont la première montre le plan, et la seconde l'élévation.

Fig. 121. — Assemblage à double queue d'aronde et à mi-bois (monté).

Si au lieu d'être horizontale la pièce est inclinée comme dans notre figure 123, et qu'elle soit en outre destinée à résister à un effort de pression,

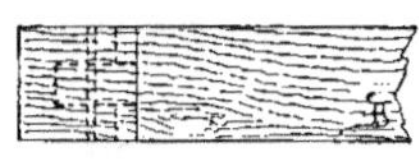

Fig. 122. — Plan de l'assemblage horizontal à embrèvement.

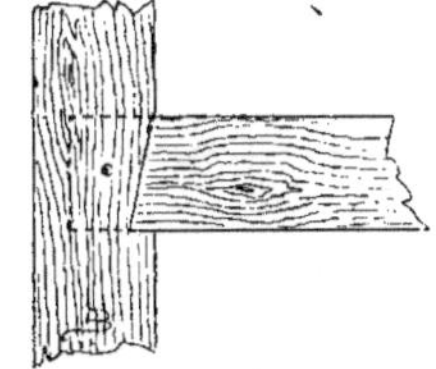

Fig. 123. — Assemblage horizontal, à embrèvement (élévation).

on applique le précédent assemblage, mais de façon à ce que l'embrèvement soit comme le représente notre figure 123, dont nous donnons le plan (*fig.* 124).

---

(1) Cet assemblage, ainsi que les quatre qui suivent, sont tirés du supplément de l'*Art de bâtir* de Rondelet, p. 112 et suivantes.

Lorsque la pièce s'assemble dans le poteau avec un angle très-aigu, l'embrèvement se fait *à crans* (*fig.* 126 et 127).

Fig. 124. — Plan de l'assemblage incliné à embrèvement.

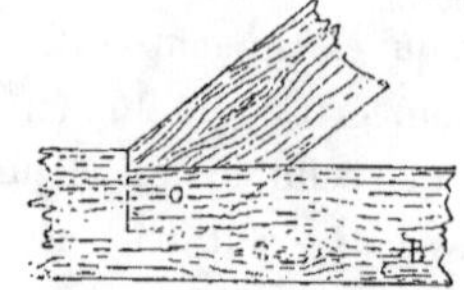

Fig. 125. — Assemblage incliné à embrèvement (élévation).

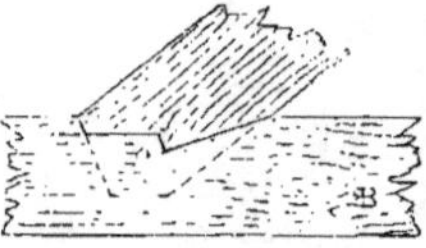

Fig. 126. — Assemblage à embrèvement et à crans (élévation).

Fig. 127. — Plan de l'assemblage à embrèvement et à crans.

ASSEMBLAGE ANGLAIS. — Les charpentes exposées aux intempéries de l'air sont plus sujettes que les autres à être promptement détériorées, il faut donc prendre des précautions pour avoir le moins d'assemblages; et pour ceux qu'on est obligé d'établir, on n'emploiera que ceux qui peuvent par leur structure même résister le plus à l'humidité, tel est celui représenté par notre figure 128. La mortaise est en contre-haut, c'est-à-dire dans l'about de la pièce inclinée; on évite ainsi l'inconvénient qui résulterait de l'eau arrivant dans la mortaise si elle était dans la partie inférieure. Son séjour aurait bien vite détruit le tenon.

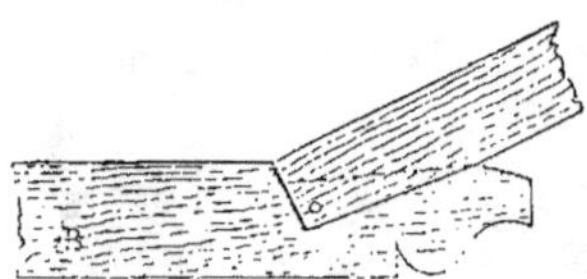
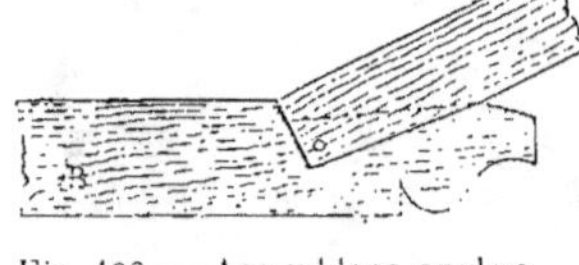

Fig. 128. — Assemblage anglais.

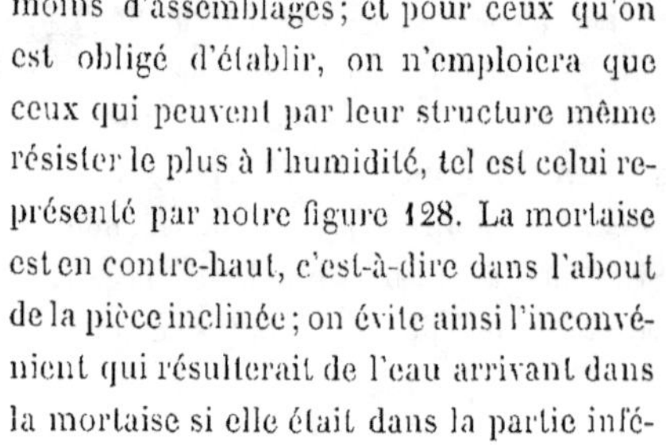

Fig 129. — Profil de l'assemblage anglais.

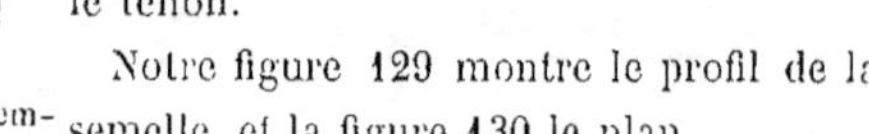

Fig. 130. — Plan du tenon de l'assemblage anglais.

Notre figure 129 montre le profil de la semelle, et la figure 130 le plan.

ASSEMBLAGE A QUEUE D'ARONDE. — Nous avons vu (*fig.* 116 et 118) des assemblages à *queue d'aronde* pour des pièces de bois horizontales, mais si l'assemblage est vertical, la queue d'aronde se trouve alors dans l'axe de la pièce, et elle n'est diminuée que d'un côté, c'est une demi-queue d'aronde (*fig.* 131) et encore, pour que l'emmanchement des deux parties puisse s'opérer, il faut que la mortaise, sur la face d'assemblage, soit au moins égale à la plus grande hauteur de la queue d'aronde. Aussi quand cette dernière est en place, il reste un vide

dans la partie supérieure de la mortaise ; on le remplit avec une clef légèrement conique que l'on introduit avec force, afin de serrer l'assemblage. Cet

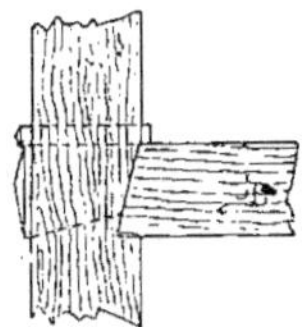

Fig. 131. — Assemblage à demi-queue
d'aronde et à clef.

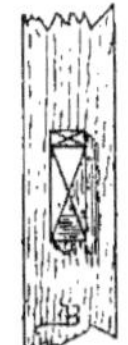

Fig. 132. — Face de l'assemblage à demi
queue d'aronde et à clef.

assemblage offre la faculté, si le bois en séchant se contracte, de pouvoir
être resserré avec la clef. Notre figure 132
montre la face de l'assemblage, et la figure 133
le plan de la pièce de bois taillée en queue
d'aronde.

Fig. 133. — Tenon de l'assemblage
à embrèvement.

Enfin notre figure 134 montre un assemblage
d'un poinçon avec ses arbalétriers. Ce genre est très-simple, très-solide, et
produit un bon effet ; on peut l'employer dans les charpentes apparentes.

Comme nos lecteurs peuvent s'en convaincre par cette longue énumération, les assemblages sont aussi
nombreux que variés dans leurs
formes. Aussi allons-nous les résumer en quelques lignes. Ils
peuvent être tous ramenés à
trois formes principales :

1° L'ASSEMBLAGE DE CHAMP, dans
lequel les pièces de bois sont
unies par leurs faces latérales.
Cet assemblage est très-usité en
menuiserie ; il se fait :

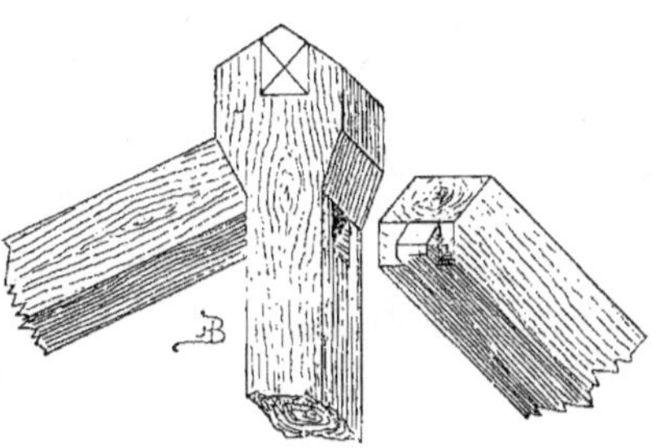

Fig. 134. — Assemblage d'un poinçon avec ses
arbalétriers.

a. — A *rainure* et *languette ;* sur le champ de l'une des planches on
creuse une sorte de canal rectangulaire dans lequel vient s'ajuster une languette poussée sur le champ de l'autre planche.

b. — A *feuillure mi-bois,* obtenu par l'enlèvement sur champ de chaque
planche de la moitié de leur épaisseur.

c. — L'*assemblage à clef,* qui consiste à pousser sur le champ de chaque
planche deux rainures de force et de profondeur égales, dans lesquelles
on introduit une tringle de bois. Quelquefois on consolide cet assemblage
en le chevillant.

2° L'ASSEMBLAGE DE BOUTS OU DE RALLONGE, ou à BOIS DE FIL, dans lequel les pièces de bois sont assemblées en prolongement. Cet assemblage n'est guère employé qu'en charpente ; il est souvent consolidé par des frettes en fer ou boulonné (voy. *fig.* 114 et 115). Il se fait :

a. — *A mi-bois,* c'est-à-dire que les pièces sont entaillées d'équerre chacune par moitié de leur épaisseur et d'une même longueur, de sorte que les entailles de chaque pièce s'emboîtent parfaitement pour former un tout.

b. — *En flûte* ou *en sifflet.* Dans cet assemblage, les pièces de bois sont entaillées sous un même angle aigu et les faces de l'entaille sont posées jointives.

c. — *A trait de Jupiter.* C'est une suite d'entailles en flûte ou en sifflet sur deux ou plusieurs plans parallèles, et sur plus ou moins de longueur. On laisse quelquefois des vides rectangulaires dans le fond des entailles ; ils servent à recevoir des clefs ou clavettes, qui enfoncées avec force font pression et donnent de la rigidité à l'assemblage (*fig.* 49).

3° L'ASSEMBLAGE ANGULAIRE, dans lequel les pièces de bois sont sciées sous un même angle, mais à emboîtement, c'est-à-dire qu'une pièce de bois fait coin et l'autre matrice. Ces assemblages sont très-nombreux ; les principaux sont :

a. — *A mi-bois,* on les cheville, ou on les cloue pour les unir.

b. — *A queue d'aronde,* l'une des pièces de bois est entaillée en queue d'aronde, et l'autre a une saillie de même force, de sorte que celle-ci s'engage et s'emboîte parfaitement dans la première. Cet assemblage est très-usité en menuiserie.

c. — A tenon et mortaise, trop connu pour qu'il soit nécessaire de le décrire.

d. — Enfin l'*assemblage à angle.* On scie les deux pièces à réunir sous forme d'onglet, et on les assemble à tenon et mortaise. Cet assemblage est très-usité pour les pièces moulurées.

COUVERTURE.

GÉNÉRALITÉS. — La couverture est le revêtement qu'on applique sur le comble des constructions.

On emploie à cet effet de nombreux matériaux, tels que paille, chaume, papier, carton, toile, feutre, bois, tuile, ardoise, zinc, etc. ; mais quelle que soit la matière employée une couverture doit être imperméable, incombustible, solide, durable et légère autant que possible. Telles sont les conditions indispensables que doit remplir une bonne couverture.

Il est très-difficile de trouver réunies dans un seul mode de couverture toutes ces qualités, surtout si nous ajoutons que, pour les constructions rurales, il faut que le mode adopté soit encore *économique*. Mais pour ce dernier mot il s'agit de s'entendre, car souvent une couverture *économique* est *ruineuse*. Bien souvent en effet de mauvaises couvertures construites à bon marché ont causé l'incendie des bâtiments qu'elles étaient appelées à protéger, c'est-à-dire leur *ruine* et quelquefois celle de leur propriétaire.

Il ne faut donc pas se faire illusion, et pour notre part, nous conseillons à nos lecteurs d'employer toujours la meilleure couverture en usage dans la localité dans laquelle ils construisent, et cela, quel qu'en soit le prix de revient ; puisque, par une économie mal entendue, ils peuvent, outre les dangers de l'incendie que nous avons signalés, perdre une grande partie de leurs récoltes. La pluie en effet peut occasionner des avaries, si le chapeau de la maison ne la couvre pas hermétiquement. Nos lecteurs comprendront par ces quelques lignes l'importance d'une bonne couverture pour les bâtiments agricoles ; car de son entretien et de sa bonne confection dépendent la durée des charpentes, la solidité des planchers des édifices mêmes, ainsi que la conservation des grains, des fourrages, en un mot de tout ce que la couverture est appelée à abriter.

Pour tous ces motifs, il importe d'étudier avec assez de détails la couverture des bâtiments ruraux.

Nous aurons donc soin d'indiquer tous les genres de couvertures économiques, mais nous commencerons auparavant par examiner la forme et les pentes qu'il convient de donner aux toits, ainsi que les ouvertures qu'on est appelé à pratiquer dans ces mêmes toits.

Forme a donner aux toits. — Il n'y a que deux formes à donner aux couvertures des bâtiments agricoles, celle à un égout ou en appentis, et celle à deux égouts ou à deux pentes.

La première n'est applicable qu'aux constructions de peu de largeur (3^m,50 à 4 mètres au plus). On utilise l'appentis soit pour l'adosser aux murs de clôture ou autres, soit pour l'appuyer contre des murs de grands bâtiments. La couverture à deux égouts est de beaucoup, celle qu'on doit préférer pour les constructions qui nous occupent ; on doit éviter autant que possible, tout ce qui pourrait donner lieu à des raccords, *tabatières, lucarnes, noues* ou *angles rentrants*. Il est préférable d'établir des égouts *pendants* qui permettent l'emploi des *gouttières*, plutôt que des égouts *retroussés* ou *ordinaires*, ou *doubles*, ou en *bascule*.

On termine trop souvent la couverture à l'aplomb des murs pignons, c'est un tort ; il vaut beaucoup mieux la faire dépasser de 0^m,25 à 0^m,35 et même davantage suivant la hauteur du bâtiment. Construite de cette façon, non-seulement elle abrite les pignons, mais encore il arrive fort souvent qu'on ouvre sur ces murs des baies qui servent à emmagasiner du fourrage et d'autres récoltes, de sorte que la couverture ainsi construite forme un auvent des plus utiles sur ces baies. Dans les pays où règne un vent impétueux, qui pourrait soulever cette partie de la couverture, on soutient les bouts de chevron par des écharpes scellées dans les murs.

Pentes des toits. — On ne doit pas craindre, dans les pays pluvieux, de même que dans ceux où il tombe beaucoup de neige, de donner une très-grande pente aux toits ; l'eau s'écoulera avec d'autant plus de rapidité que la pente sera plus considérable. Dans les toits à grande pente les effets de la capillarité qui causent souvent la pourriture des bois sont beaucoup moins à craindre.

Du reste dans le courant de notre travail, nous indiquerons les inclinaisons nécessaires pour chacun des genres de couverture que nous décrirons.

Des ouvertures dans les toits. — On pratique souvent dans les toits des ouvertures, soit pour aérer ou ventiler les combles, *chatières*, soit pour donner du jour, *châssis à tabatières, lucarnes,* etc. On doit autant que possible restreindre le nombre de ces ouvertures à celles qui sont strictement nécessaires, car les frais d'entretien d'un toit sont d'autant plus grands, que le nombre de ces ouvertures est plus considérable.

Toutes les fois, qu'on construit dans un pays où le prix des matériaux ne s'y oppose pas, on doit pratiquer des portes ou des fenêtres dans les combles, car ainsi ils peuvent être utilisés pour des logements ou des magasins. En fixant une poulie dans les linteaux de ces portes ou fenêtres, on fait arriver dans ces locaux élevés, et plus facilement que par l'escalier, des fardeaux lourds et encombrants, seulement, dans ce cas, il est bon de poser un seuil au niveau du plancher, mais en saillie du mur, et cela à chacune de ces baies ; ce seuil aide considérablement pour la décharge des fardeaux, et il donne aux hommes en outre beaucoup de sécurité pour la manœuvre.

Les ouvertures pour laisser passer la lumière peuvent être très-petites. De simples châssis vitrés ou des tabatières de petites dimensions peuvent suffire dans bien des cas. Souvent même de simples tuiles en verre placées çà et là dans la toiture avec discernement suffisent. Pour les couvertures en tuiles, des petites feuilles de verre double, fixées d'une manière quelconque dans le lattis ou le chevronnage donnent assez de jour.

Enfin, quand il ne faut que ventiler et aérer les combles, on pose ou des petits lanternons qui se composent d'un tuyau en tôle ou en zinc, ou des chatières formées par un demi-cône fait avec ces mêmes métaux. L'ouverture de ces chatières doit être grillagée ou fermée par du zinc découpé afin d'empêcher les gros insectes, les oiseaux et les rongeurs d'arriver dans les combles par ces ouvertures. Après ces généralités sur les couvertures, nous allons passer en revue les divers modes employés, en commençant par ceux qui ont les végétaux pour base.

COUVERTURES VÉGÉTALES.

PAILLE OU CHAUME. — Si la paille ou le chaume ne présentait pas un immense danger par leur combustibilité, ils seraient l'un des meilleurs éléments de couverture pour les bâtiments ruraux. Par sa légèreté, cette toiture ne demande qu'une charpente très-faible pour la soutenir ; faite dans de bonnes conditions, elle peut durer 35 à 40 années et même 50. Quelques légères réparations, quelques repiquages pour boucher les trous causés par l'humidité peuvent même prolonger sa durée au delà de 60 et 75 ans. En outre, la paille, mauvaise conductrice de la chaleur protége par son inconductibilité même, contre les brusques changements de température, les combles et les bâtiments qui renferment les produits agricoles, ce qui facilite leur conservation. Employée en doublis dans les logements des animaux, elle donne de la fraîcheur en été, et maintient en hiver, une température élevée.

Malheureusement tous ces grands avantages de la paille sont balancés par un inconvénient capital, sa facilité à s'enflammer et à propager au loin l'incendie dans les campagnes. Aussi nous conseillons d'en restreindre l'usage le plus possible et de reléguer la toiture de chaume aux bâtiments isolés, tels que hangars, glacières, pavillons de repos, etc. (1).

Nous ajouterons que, dans les localités dans lesquelles le vent souffle avec violence, on ne peut faire des couvertures en paille.

Malgré tous ses désagréments, ce genre de couvrir sera encore longtemps employé dans les campagnes à cause de la modicité de son prix de revient ; nous allons donc décrire les meilleurs procédés et ceux surtout qui consistent à rendre incombustible, ou plutôt moins inflammable ce genre de couverture.

Si nous pouvons propager les moyens de préserver de l'incendie les couvertures de chaume, nous aurons pallié ainsi la moitié du mal.

On emploie pour couverture de la paille de blé blanc, de préférence à toute autre ; cette paille mesure 1^{m},20 de longueur, il faut rejeter les pailles atteintes de la rouille, ainsi que tous les brins brisés (*étrain* ou *étrein*), et n'employer que la paille droite (*glui, gluis,* ou *fétu*).

On utilise quelquefois la paille de seigle ; mais sa tige plus flexible con-

(1) Le titre III, art. 17, d'une ordonnance de police de la préfecture de la Seine en date du 11 décembre 1852, concernant les incendies, en prohibe l'emploi à Paris, et cette prescription devrait bien être étendue à toute la France. Voici la teneur de cet article : aucune couverture en chaume ou en jonc ne pourra être conservée ou établie sans notre autorisation.

serve moins bien la forme rigide qui facilite l'écoulement des eaux, aussi sa durée est moindre que celle de la paille de blé blanc.

CONSTRUCTION DES COUVERTURES EN CHAUME. — Comme nous l'avons déjà dit, la charpente nécessaire pour supporter ces couvertures peut être extrêmement légère, car les fermes et pannes peuvent être moitié moins fortes que celles employées pour les couvertures en tuiles. Les pièces composant cette charpente peuvent être en bois blanc, sauf les sablières et les faîtages, pour lesquels, on fera bien d'employer du chêne. Ces pièces en effet sont susceptibles de pourrir par suite des infiltrations du faîte ou par l'humidité des murs. Les chevrons peuvent n'être que de simples perches à peine équarries ayant cinq à six centimètres de diamètre; on les espace de 0^m,50 à 0^m,60, et, pour empêcher leur déplacement, on les fixe sur les pannes avec des chevilles en bois. Au-dessus des chevrons, on établit un clayonnage. On se sert à cet effet, soit de lattes, soit de perchettes; les premières sont clouées, les secondes liées avec de l'osier. Les mailles de ce clayonnage mesurent 0^m,12 ou 0^m,15 de côté.

On sépare la paille par petites bottes, on les attache avec un osier, dont l'une des extrémités sert à fixer la botte sur le clayonnage et l'autre à la botte suivante, celle-ci est liée au chevronnage avec de l'osier. Les bottes de paille doivent être placées la tête en haut et le pied en bas, on a eu soin de retrancher à l'avance l'épi vidé.

On presse bien les bottes les unes contre les autres, en serrant fortement les osiers, et en les battant avec un instrument nommé *paroir*. On établit un second rang de bottes, de façon à ce que leur base soit placée dans les intervalles des bottes du premier rang, et on continue successivement les rangs de la même manière; on égalise à l'aide d'une faucille les extrémités inférieures des bottes. Arrivé au haut du comble, on pose comme faîtage une javelle qu'on recouvre avec une tuile faîtière, qui est à cheval elle-même sur un ou plusieurs rangs de tuiles. On se contente quelquefois de couvrir avec de la terre glaise la gerbe de faîtage; cette manière d'opérer est défectueuse, car elle facilite au plus haut degré les infiltrations par le faîtage, ce qui amène la pourriture de la couverture entière. On fera bien également de border en tuiles plates ces mêmes couvertures, auxquelles on donne une inclinaison de 45 degrés et une épaisseur de 0^m,20 environ, les bottes avant leur tassement ont 0^m,25 de diamètre. Il faut environ vingt kilogrammes de paille pour faire un mètre carré de couverture. On laisse souvent pousser la mousse sur ces toitures, c'est un tort, car dans les pays brumeux elle y entretient une humidité constante, il serait mieux de la supprimer chaque année, et de ne la laisser croître que sur les constructions pittoresques des jardins paysagers, sur lesquelles elle produit le plus agréable effet.

Tel est le mode primitif de construire les couvertures en chaume, c'est peut-être encore le meilleur ; mais nous devons dire aussi qu'on fabrique aujourd'hui des paillassons au rouleau, dont l'emploi est très-facile. Ces paillassons faits à la mécanique et liés avec du fil de fer galvanisé font beaucoup d'usage ; le premier ouvrier venu avec un peu d'intelligence attrape bien vite le tour de main nécessaire à la pose de ce genre de couverture. Les bandes de paillassons ont 0^m,60 de hauteur, on les superpose à la manière des tuiles ; mais sur de la volige jointive. Nous devons dire que ce système de couverture très-léger ne convient que pour des abris temporaires, qui ne doivent durer que douze ou quinze années.

Préservation contre l'incendie. — Pour atténuer les chances d'incendie du genre de couverture que nous venons de décrire, on a proposé divers moyens. Le plus simple, mais dont l'efficacité ne peut être de longue durée, consiste à immerger dans une dissolution de sulfate de cuivre la paille qui sert à fabriquer les couvertures en chaume, ou les paillassons.

On a recommandé aussi divers enduits, dont nous donnons ci-après les différentes compositions. L'un des plus efficaces est celui-ci :

Terre glaise	70 parties.
Chaux vive	10 —
Crottin de cheval ou bouse de vache.	10 —
Sable	10 —
	100 parties.

Après avoir mélangé et corroyé le tout avec de l'eau, jusqu'à consistance de mortier, on applique avec une truelle une couche de 0,01 de cet enduit sur la surface du chaume. A mesure que la dessiccation s'opère, on bouche les fentes et fissures qui se produisent.

Un inventeur a établi un nouveau mode de couvertures qu'il appelle *ignifuges* (1). Il les rend telles par les compositions suivantes :

Enduit n° 1 :

Cendres et scories de houille passées au crible. . . 2 parties.
Chaux éteinte d'avance et réduite en pâte 2   —
Argile ou glaise détrempée et délayée dans l'eau . . 1
Sang de bœuf ou autre, cinq livres par hectolitre des autres matériaux.
Bourre de vache éparpillée et battue, six onces par hectolitre des autres matériaux.

---

(1) Ces compositions et la description de la couverture à panneaux que nous donnons ci-après sont tirées d'une brochure in-8° de 32 pages, brochure qui aurait pu se résumer dans les quelques lignes que nous donnons à nos lecteurs; en voici néanmoins le titre : *Nouveau mode de couverture rurale dit ignifuge*, par Le Gavrian. Paris, Imprimerie Huzard. 1829.

Enduit n° 2 :

> Tuiles ou briques pulvérisées et passées au crible . .   2 parties.
> Chaux en pâte.   1   —
> Argile ou glaise détrempée et délayée. . . . . .   1/2 —
> Sang de bœuf et bouse de vache comme au n° 1.

Enduit n° 3 :

> Sable fossile ou falaise de rivière . . . .   2 parties.
> Chaux en pâte   2   —
> Argile ou glaise délayée   1   —
> Sang de bœuf ou bouse de vache comme au n° 1.

L'auteur ajoute en note, que si on ne peut se procurer du sang de bœuf ou d'autres animaux, on pourra le remplacer par l'eau des mares et à défaut de bourre, on se servira de balles d'orge ou de blé.

Notre opinion est qu'il vaut mieux employer de l'eau pure que du sang d'animaux.

Examinons maintenant la composition des panneaux. On forme avec de la paille de grosses cordes, d'une longueur suffisante pour couvrir trois chevrons ; ces cordes sont reliées avec de l'osier de manière à former des panneaux, que l'on cloue sur le chevronnage à la manière ordinaire, on a eu soin de faire tremper préalablement ces panneaux dans un des trois enduits que nous avons décrits.

Application des enduits. — Après avoir donné à l'enduit la consistance du mortier ordinaire, le couvreur commence par enduire le haut du toit. Il l'étend le plus également possible avec une large truelle en une couche de $0^m,005$ d'épaisseur sur les panneaux. Il l'égalise avec la *taloche*.

Quand l'enduit commence à sécher, il le refoule avec la truelle mouillée, afin de boucher les fentes et les gerçures, s'il arrive que, par un temps sec, il s'en soit formé ; après quoi, on laisse sécher l'ouvrage parfaitement. Il sera d'autant plus durable et mieux fait que le temps aura été un peu humide et couvert.

Une seule couche d'enduit suffit, si elle a été appliquée unie et refoulée avec soin.

L'enduit s'applique à la main contre les bords des toits, des croisées et du faîte ; on y passe ensuite légèrement une petite pièce de bois trempée de temps en temps dans l'eau. Les échelles des couvreurs doivent être garnies à leur extrémité avec des bourrelets de paille ou de jonc pour préserver la couche d'enduit. Quand on pourra se procurer du brai ou goudron liquide, on fera bien d'en passer une couche au pinceau sur l'enduit, quand il sera à peu près sec. C'est une bonne mesure de conservation, mais qui n'est pas indispensable.

MISE EN COULEUR DES ENDUITS. — Pour prolonger la durée de l'enduit, on peut le mettre en couleur; deux couches suffisent pour le rendre imperméable et donner aux toitures un aspect agréable; car on peut à volonté leur faire imiter la tuile ou l'ardoise. Les deux couches doivent être passées à court intervalle avec une brosse de badigeonneur, fixée au besoin au bout d'un bâton qui doit être d'une longueur suffisante pour permettre d'atteindre le faîtage des toits. Il faut avoir soin de remuer le mélange de temps en temps pendant son emploi, afin d'empêcher le lait qu'il contient de s'écailler. Quand la couleur s'épaissit dans le camion on y ajoute du lait écrémé.

COMPOSITION DE LA COULEUR IMITANT LES TUILES OU L'ARDOISE.

Lait écrémé et non tourné, 20 litres environ ou. . .	20 kilog.
Chaux vive	$3^{kg},500$
Huile de lin, de noix ou d'œillette	1 ,500
Poix de Bourgogne	0 ,500
Rouge de Prusse pulvérisé	2 ,000
Blanc de Bougival	5 ,000

Ces quantités suffisent pour 90 à 100 mètres carrés de couverture.

Pour imiter l'ardoise, on substitue à la même composition 1 kilogramme de noir d'ivoire à la place du rouge de Prusse et on ajoute 500 grammes de bleu commun, ce dernier détrempé préalablement dans l'eau pendant vingt-quatre heures environ. Alors on mêle le noir en poudre aux autres matières et on suit en tout point le même procédé de préparation que nous allons décrire. Si l'on voulait donner à l'ardoise une teinte violacée on chargerait un peu en bleu et on ajouterait plus ou moins du rouge de Prusse suivant qu'on voudrait obtenir le ton plus ou moins violacé.

PRÉPARATION DES MATIÈRES. — Après avoir écrasé la poix de Bourgogne, on la fait fondre dans l'huile à une douce chaleur ; on plonge la chaux dans l'eau, et on la laisse s'effleurir à l'air, après quoi on la met dans un vase d'une capacité convenable, et l'on verse sur elle une quantité suffisante de lait pour en former une bouillie assez épaisse. On ajoute alors l'huile dans laquelle, on a fait dissoudre la poix en ayant soin de remuer le composé avec une spatule; puis on verse le restant du lait en agitant le mélange. On répand à ce moment le blanc de Bougival qu'on a préalablement écrasé, il commence d'abord par surnager puis il se précipite au fond, on verse enfin le rouge de Prusse, on remue avec la spatule et on passe le mélange à travers un tamis à maille serrée.

PESANTEUR DES COUVERTURES IGNIFUGES. — Une surface de 8 mètres carrés de couverture terminée et sèche pèse 176 kilogrammes, soit 22 kilogrammes le mètre carré. L'ardoise est de 20ᴷᵍ,25, les tuiles plates de 70 à 75 kilogrammes, les tuiles courbes ou pannes 85 à 90 kilogrammes, les toitures en chaume 42ᴷᵍ,50.

Tandis que les toitures ignifuges n'augmentent que de 3 p. 0/0 après plusieurs jours de pluie, celles en tuiles ou en chaume augmentent de 8 p. 0/0 pendant les temps pluvieux.

Prix de revient. — Ce mode de couverture coûte environ 5/6 de moins que la toiture en ardoise, moitié moins que la tuile, et elle est du même prix que le chaume.

Un ouvrier couvreur peut dans sa journée de dix heures attacher 24 à 25 mètres carrés de panneaux, et y appliquer l'enduit, tandis que le même ouvrier dans le même laps de temps ne pourrait couvrir que 16 à 17 mètres en pannes, 14 mètres en tuiles et 6 mètres en ardoises.

Il est donc évident que, sous le rapport de la légèreté et de l'économie, ce mode de couverture mérite la préférence. Quant à sa durée, elle a été des plus satisfaisantes, d'après les expériences faites ; enfin sa difficulté à s'enflammer, devrait la faire employer à l'exclusion de toute autre couverture en paille pour les constructions rurales.

Joncs, roseaux, glaïeuls, bruyères. — On utilise encore pour couverture les *joncs, roseaux, glaïeuls, bruyères.*

Les variétés employées sont principalement pour les joncs, le roseau à balai (*arundo phragmites*), le jonc à paillassons (*scirpus lacustris*), et la massette à large feuille, vulgairement jonc des tonneliers (*typha latifolia*). Cette dernière plante dont les tiges sont molles et spongieuses conserve beaucoup l'humidité, aussi elle se retrouve fréquemment dans les tourbières. Du reste beaucoup de plantes qui croissent dans les tourbières feraient d'excellentes couvertures. Ceux de nos lecteurs qui voudraient en faire l'essai trouveront la flore complète des marais tourbeux dans notre Traité de la tourbe (1).

Les toits en joncs présentent les mêmes dangers et les mêmes inconvénients que ceux en paille, mais leur durée par la nature même du jonc est plus considérable, et ils résistent beaucoup mieux aux coups de vent. Au bord de la Méditerranée, nous avons vu des cabanes de pêcheurs couvertes en joncs qui n'avaient rien à redouter des plus forts vents.

Enfin on emploie aussi les bruyères pour couvertures, mais comme elles sont peu solides nous n'en parlerons pas.

____

(1) *Traité complet de la tourbe*, 1 vol. in-8º avec figures, Paris, librairie polytechnique de J. Baudry, éditeur, 1870.

COUVERTURES BITUMINEUSES

OU A BASE DE GOUDRON.

Après les couvertures végétales, les couvertures bitumineuses sont sans contredit les plus économiques, mais comme celles-là, elles sont facilement inflammables. Nous devons ajouter cependant qu'elles résistent plus ou moins au feu, suivant la composition employée à leur fabrication.

Aussi toutes les fois que, dans une localité, on pourra se procurer de ces couvertures à bon marché on fera bien de les préférer à celles de paille ou de chaume.

Le bitume, ou le goudron, qui joue le rôle le plus important dans la toiture, est le produit qui, après le feutre, la toile et le carton, coûte le plus.

A raison de sa nature volatile, il ne pourrait rendre longtemps de bons services si on ne le combinait avec d'autres substances plus fixes, telles que poix, résines ou autres matières grasses qui ne se dessèchent que lentement, et qui sont insolubles à l'eau, ce dernier avantage fait que les couvertures dans la composition desquelles elles rentrent résistent à l'eau des pluies et à l'humidité prolongée.

Le papier, le carton, la toile, le feutre sont les principaux excipients du goudron. Avant de parler de l'application de ces produits, nous devons décrire et bien différencier les bitumes des goudrons minéraux et végétaux.

Bitume. — Nous avons déjà parlé de ce produit dans notre chapitre premier, page 20, nous y renvoyons donc notre lecteur. C'est un produit naturel qu'on extrait du sein de la terre.

Goudron minéral. — Le goudron minéral provient de la distillation de la houille, il était inconnu avant l'éclairage au gaz (1840); à cette époque on ne savait qu'en faire, et on le brûlait pour chauffer les cornues à gaz; aujourd'hui, il sert à de nombreux usages, notamment pour les couvertures économiques qui nous occupent.

Goudron végétal. — Comme le précédent, ce produit s'obtient aussi par la distillation, mais on le tire du bois de sapin. Quand ces arbres ne donnent plus de térébenthine par incision, on distille leur bois, qui donne le goudron végétal; ce produit est préférable pour les couvertures, parce qu'il ne corrode et ne consomme pour ainsi dire pas le bois comme le fait le goudron minéral; aussi on l'emploie de préférence pour enduire les bois de toutes sortes et calfater les bateaux et les navires.

Papier goudronné. — Le papier goudronné devient d'un emploi assez fréquent et remplace avec avantage le chaume, pour couverture.

Sa fabrication est des plus simples. On choisit un papier fort et à gros grains, susceptible d'absorber le plus de goudron possible, on l'étale sur une surface plane et on l'enduit d'un côté et quelquefois de deux, ce qui est préférable.

Toile goudronnée. — La toile coûte davantage que le papier et sa durée n'est pas plus considérable ; elle se goudronne de la même manière que le papier.

Carton goudronné. Carton cuir. — Pour fabriquer ce carton il faut commencer par le faire tremper dans l'eau un laps de temps plus ou moins long, puis l'empiler sur un plan incliné, afin de chasser l'eau surabondante qu'il peut contenir. L'opération du trempage a pour but de faciliter l'absorption du goudron, lorsqu'on le passe sur une ou deux faces du carton. On le sable d'un côté avec du sable fin très-sec.

Il y a une variété considérable de cartons bitumés ou goudronnés, au milieu de laquelle le constructeur se reconnaît difficilement, mais il existe des caractères généraux auxquels on reconnait un bon carton ; il doit être d'un tissu serré, solide, relativement souple et tellement saturé que plongé plusieurs heures dans l'eau il ne doit augmenter ni en poids ni en volume.

Sa coupure doit être noire, d'un aspect gras et luisant (ce qui prouve sa parfaite homogénéité), et il ne doit subir aucun retrait par les variations de température et d'humidité. La chaleur ne doit pas non plus le dilater d'une manière sensible.

Un bon carton coûte en moyenne $0^f,90$ à $1^f,25$ le mètre, et les rouleaux de 12 mètres de longueur sur $0^m,70$ de hauteur doivent peser environ 18 à 20 kilogrammes. On peut du reste contrôler son prix : c'est de ne payer par mètre que la moitié du poids en kilogrammes du rouleau. Par exemple un rouleau pèse 18 kilogrammes, on doit payer $0,^f90$ le mètre, s'il pèse 20 kilogrammes, 1 franc le mètre. Il est bien entendu que le rouleau doit avoir la longueur et la hauteur indiquées ci-dessus; dans le cas contraire, il faudrait avoir soin d'établir des moyennes pour raisonner ce prix.

Sous le nom de *feuilles minérales* un inventeur, Maillard, a fabriqué d'excellents cartons pour couvertures économiques. Des essais comparatifs faits pour diverses administrations de l'État ou de chemins de fer prouvent son excellent usage. D'après un rapport publié avec l'autorisation du Gouvernement dans le *Journal officiel,* il semble résulter que, d'après des expériences comparatives faites sur la combustibilité de divers systèmes de couverture en usage, la toiture en feuille minérale, après trente minutes de feu, supportait encore le poids d'un homme, tandis que celle en tuiles s'est affaissée au bout de vingt minutes et celle en zinc en dix minutes.

Pour faire les essais, on avait établi dans le jardin des Tuileries à Paris, trois appentis recouverts, le premier en tuiles Muller, le deuxième en zinc et le troisième en feuilles minérales.

La durée moyenne de cette couverture serait de douze à quinze ans avec un léger entretien. Le prix du mètre carré avec fourniture de clous et couvre-joints est de 1ᶠ,65 à Paris et tout posé 2 francs.

FEUTRE ASPHALTIQUE. — Le feutre étant composé de matières fibreuses n'est pas sujet à se déchirer ; sa nature lui permet en outre de s'imprégner fortement de goudron, ce qui le rend imperméable. La chaleur et le froid ont peu d'action sur lui et il est peut-être moins inflammable que le papier, toile, et carton goudronnés, car sa texture fibreuse rend la carbonisation difficile.

FEUTRE SABLÉ. — On fait aussi du feutre sablé ; on l'obtient en saupoudrant de sable le feutre ordinaire, après l'avoir revêtu de goudron. Il en existe de deux couleurs différentes, un fond blanc et l'autre fond rouge. Les feutres se vendent par rouleaux de 25 mètres, à raison de un centime le centimètre de hauteur, ainsi lorsqu'il a 0ᵐ,50 de large il vaut 0ᶠ,50, 0ᶠ,60 et ainsi de suite jusqu'à 1 mètre, qui vaut 1 franc, ce qui revient en somme à 1 franc le mètre carré.

APPLICATION DES SUBSTANCES GOUDRONNÉES. — Quels que soient les matériaux employés pour ce genre de couverture on les applique à quelque chose près de la même manière. Nous allons indiquer le mode général, sauf à le faire suivre d'observations particulières pour les genres de couverture qui nécessitent quelques différences dans la pose.

Voici comment on procède : Sur une charpente légère ayant depuis 20 jusqu'à 40 degrés d'inclinaison, on cloue un voligeage jointif sur lequel on étale à la brosse une couche de goudron chaud et par conséquent liquide ; et l'on applique ensuite le papier, toile, carton, ou feutre. Ce qui est en rouleau, est déroulé sur la longueur de la toiture dans un sens horizontal, en commençant par le bas du côté qui porte gouttière, et en remontant jusqu'au faîtage.

On doit bien tendre et superposer l'une sur l'autre chaque bande en les recouvrant de 0ᵐ,07 à 0ᵐ,08. On maintient ces bandes ensuite de distance en distance avec des clous à tête garnis d'une cravate de carton, ou, ce qui est mieux, d'une forte tête de plomb que le marteau aplatit contre la couverture, ce qui empêche les infiltrations par les trous produits par les clous.

Plus le recouvrement est large et plus on est assuré d'une grande imperméabilité.

On fixe définitivement du haut en bas de la toiture avec de petites tringles en bois de 0ᵐ,03 environ, les cartons ou feutres. Ces tringles sont clouées à 0ᵐ,40 d'intervalle les unes des autres.

Pour éviter l'action du vent il faut replier les cartons, etc., sur les bords de la toiture et les fixer également avec les mêmes tringles ; puis, arrivé au sommet de la toiture, placer la bande à cheval et la faire retomber de chaque côté du toit si le comble est à deux égouts, le relever au contraire contre le mur et le clouer si c'est un appentis adossé à un mur, ou le laisser retomber s'il est isolé.

Les cartons, feutres, etc., ne sont sablés que d'un seul côté, il faut appliquer sur la volige le côté non sablé.

Quand la pose est terminée, on donne une nouvelle couche de goudron et on saupoudre avec du sable fin. L'entretien de ce genre de couverture se borne à peu de chose ; lorsque le toit prend un ton rougeâtre, on donne une couche générale ou partielle de goudron (dans les parties fatiguées) et on saupoudre à nouveau avec du sable. Quelquefois au lieu de mettre les lés horizontalement, on les pose verticalement ; dans ce cas, les tringles sont appliquées au-dessus des lisières, et l'on cloue plus serré ; mais cette disposition vaut moins que la précédente.

DES TOITS PLATS.

On fait encore avec des compositions à base bitumineuse des couvertures plates. Ce genre de couverture est connu en Angleterre depuis 1838. Un sieur J.-L. Loudon l'avait appliqué non-seulement à des bâtiments agricoles, mais encore à des édifices considérables, tels que magasins à grains, à Deal, à Dover et à Canterbury, à plusieurs fabriques dans le comté d'Oxford et même à une église à Dumferline.

Le premier pays dans lequel on ait fait usage de toitures bitumineuses, c'est en Suède (1).

Nous avons dit précédemment que diverses substances telles que poix, résines, etc., donnaient au goudron des propriétés qui rendaient son emploi plus efficace ; ce que nous avons dit plus haut est confirmé par diverses compositions ou mastics à l'aide desquels on obtient de bonnes couvertures économiques.

Ces ingrédients sont mêlés au goudron pendant son ébullition dans les proportions d'un huitième ou d'un quart de son poids.

Ces matières servent à épaissir le goudron et à l'empêcher de se volatiliser ; on obtient, du reste, une amélioration sensible par l'épaississement seul que lui fait subir l'action d'un feu lent.

Avant de donner la composition des mastics et des enduits bitumineux, nous allons dire quelques mots sur les divers ingrédients qui entrent dans

---

(1) Un architecte allemand, Suchs, a publié en 1837, à Berlin, un petit volume sur les couvertures bitumineuses.

cette composition, et que nous n'avons pas encore étudiés. Quand les goudrons sont trop gras, on les mêle avec de la poix, de l'argile, du tan, de la tourbe, etc.

La plupart des poix sont solubles dans les goudrons à une assez basse température ; les résines au contraire sont plus difficilement solubles.

ARGILE. — Si le mélange a lieu avec de l'argile, il ne faut pas employer celle qui est maigre ou marneuse, car elle n'a pas assez de consistance, surtout quand on la mêle avec du tan, comme cela se pratique souvent pour la confection des enduits. D'un autre côté, la glaise des potiers retient trop l'eau, elle durcit difficilement et se crevasse en séchant, il faudrait, si on ne pouvait s'en procurer d'autre, y ajouter du sable pour l'améliorer.

L'argile ordinaire est la meilleure, seulement il faut avoir soin de retirer les cailloux, car en enlevant l'élasticité nécessaire à l'enduit, ils y occasionneraient des fentes. Pour arrêter les cailloux il suffit de cribler l'argile mouillée.

Le tan ayant déjà servi au tannage peut aussi amaigrir l'argile, et donner de l'élasticité à la couche qu'on emploie comme couverture.

Des écorces de quercitron lessivées, du poussier de charbon, ou de motte, de la bouse de vache, peuvent rendre le même service, car toutes ces subtances se mêlent aussi fort bien avec l'argile.

Quand on emploie l'enduit composé de tan et d'argile pour les toits plats, il faut donner une ou deux couches d'un goudron mélangé de charbon de terre, de résine et de sable.

Préparation de l'argile. — Selon que l'argile est plus ou moins grasse, on ajoute plus ou moins de tan, le quart ou la moitié de son volume, s'il le faut.

Il est du reste très-difficile, même avec une grande habitude, de mesurer à l'œil le degré plus ou moins gras de l'argile, ce n'est que par des épreuves réitérées qu'on peut s'assurer de sa qualité.

Pour ce faire, on recouvre une planche d'une couche de deux ou trois centimètres du mélange, et on l'expose au grand soleil ou à un fort courant d'air. Si cette dessiccation rapide produit peu de fentes ou n'en produit pas, c'est que le mélange est bon ; dans le cas contraire, de fortes crevasses indiquent que le mélange est trop chargé en tan.

Quand les argiles sont très-grasses et qu'il faudrait ajouter les trois quarts de tan pour les amaigrir, il vaut mieux y mélanger du sable. Ce travail est très-pénible, mais nécessaire : une fois le sable amalgamé, on ajoute ce qu'il convient de tan ; la présence de celui-ci est indispensable, car il présente les avantages de faciliter l'entrée de l'air et la vaporisation de l'eau, de favoriser la dessiccation, et de faire absorber au mélange une grande quantité de goudron, il donne en outre beaucoup d'élasticité à l'enduit. On fabrique mécaniquement ce mélange, quand il en faut de grandes quantités; pour de petites quantités, les ouvriers le foulent avec leurs pieds et le manipulent avec la main, la pelle ou la houe.

TOURBE, MOUSSES, REGAYURES, *etc*. — La tourbe fondue est excellente pour mélanger au goudron et lui donner une dureté élastique. Comme elle se vend à bon marché, elle diminue le prix de revient des compositions dont elle fait partie. Elle n'entre en fusion qu'à 115 ou 120 degrés centigrades, suivant la variété à laquelle elle appartient; mais toutes les espèces de tourbe se ramollissent à 60 degrés centigrades.

Quand on n'a pas de la tourbe sous la main, on peut employer des mousses, des plantes marines, des regayures de chanvre ou de lin, des débris de cordages ou d'étoupes recardées.

Examinons maintenant les différentes compositions :

Enduit n° 1 :

Argile préparée au tan	75 parties.
Goudron	20 —
Poix.	5 —
	100 parties.

Enduit n° 2 :

Goudron	60 parties.
Poix.	10 —
Craie broyée et tamisée	30 —
	100 parties.

Dans cet enduit, la craie se combine intimement avec le goudron, le rend plus compacte, et empêche sa trop grande volatilisation.

On peut employer cet enduit par couche fort mince sur la volige jointive, car cette composition assez épaisse ne risque pas de s'amollir sous les rayons du soleil.

Enduit n° 3 :

Asphalte.	28 parties.
Coaltar.	72 —
	100 parties.

Cette composition sert pour donner une dernière couche sur d'autres enduits.

SABLE. — Le sable, qu'on emploie pour garantir le goudron ou les autres substances grasses contre la volatilisation, doit être purgé de toutes les matières végétales. Il doit aussi être sec pour pouvoir s'unir au goudron, et d'un grain moyen.

Il arrive parfois que le sable est très-humide : pour le faire sécher on a des poêles spéciaux très-bas, et, qui mesurent 1^m,25 à 1^m,50 de longueur. Ils sont enterrés dans le sable ; on ne voit qu'une porte verticale qui se trouve en avant et le tuyau de fumée qui sort à l'autre extrémité par-dessus le tas de sable.

Quand on ne possède pas ce genre de poêles, on brûle l'intérieur des chaudières à bitume et on fait sécher le sable à un feu doux en le remuant à la pelle.

A défaut de bon sable de rivière, on peut utiliser du sable de carrière, des cendres de charbon de terre bien tamisés pour les purger des scories, car celles-ci pourraient occasionner des trous à la couche d'enduit lorsqu'on marcherait sur les toits.

Le mélange s'étale sur un fond en voliges jointives clouées sur des chevrons. Ceux-ci doivent être assez rapprochés pour former un plancher solide afin de supporter sans fléchir le poids d'un homme. Le dessus du voligeage doit avoir des rugosités, qu'on peut augmenter encore, par des coups de hachette dirigés du haut en bas du toit ; ces petites encoches facilitent l'adhérence de l'enduit.

Dans les constructions rurales, on peut employer même un lattis composé de perchettes refendues en deux, dont les extrémités sont alternées, et dont le côté plat repose sur les chevrons, tandis que la partie convexe reçoit l'enduit.

On peut aussi employer des lattes droites qu'on espace de façon à laisser entre elles trois ou quatre millimètres, ce qui aide l'enduit à gripper. Le revêtement de ces lattes les conserve, car elles sont à l'abri de la pourriture et des piqûres des vers, ce qui permet d'employer des bois blancs, tels que le hêtre, l'aulne et le bouleau ; dans cette occurrence, on devra appliquer par dessous une mince couche du mélange argileux, mais seulement quand la couche de dessus sera entièrement sèche.

En opérant ainsi, on peut badigeonner le plafond, ce qui donne de la clarté, diminue les chances d'incendie et empêche l'entrée du froid en hiver et de la chaleur pendant l'été.

INCLINAISON DES TOITS PLATS. — L'inclinaison de pareils toits est très-variable. Une pente de dix centimètres par mètre suffit pour les petits toits, cependant plus l'inclinaison sera sensible, plus l'eau pourra s'écouler avec rapidité.

Les toits, formant terrasse, plate-forme, pourront avoir une pente de 0^m,03 ou 0^m,04 par mètre ; mais lorsqu'on n'aura pas de raison pour ménager la pente, on fera bien de donner 0^m,10, 0^m,15 et même 0^m,20 centimètres pour mètre. Une plus forte pente serait nuisible pour de pareils toits, car sous l'influence de la chaleur, le goudron serait infailliblement entraîné dans le bas de la couverture, et pourrait obstruer les gouttières qui s'y trouvéraient. Celles-ci sont fixées sous une rangée de tuiles, ou sous des bandes de zinc, ou de tôle, qui bordent le bas de la toiture.

APPLICATION DU MÉLANGE. — Chaque couvreur est muni d'un seau, d'une truelle, d'un goupillon et d'une règle de 1^m,80 à 2 mètres de longueur, d'un aplanissoir ordinaire, d'un pot à l'eau et d'une brosse à goudron. On transporte le mélange argileux dans une auge ou un baquet.

On commence par étaler une couche de 0^m,03 à 0^m,04 pour les toits sur lesquels on marche, et 0^m,02 seulement pour ceux sur lesquels on ne marche pas. A l'aide du goupillon on mouille la partie à enduire, on jette le mélange avec force contre le lattis, on le remue à la truelle de manière à le faire entrer dans les joints, et avec l'aplanissoir, on l'égalise. A tout objet dépassant le toit, souche de cheminée, mur, pilier, etc., on fait une entaille d'un centimètre de profondeur et après l'avoir mouillée on y fait entrer le mélange en le relevant en solins sur une hauteur de 0^m,08 à 0^m,10 centimètres.

On peut sur ces toits mettre une ou deux couches d'argile. Quand elles sont sèches on leur donne une première couche de coaltar bouillant à l'aide d'un pinceau fait avec du crin solidement lié au bout d'un bâton avec de la ficelle. L'opération réussit d'autant mieux que le temps est chaud, sec et clair. S'il pleuvait il faudrait remettre le travail à un autre jour.

Nous avons dit que le goudron doit être appliqué bouillant; en effet, dans cet état, il pénètre l'enduit et il arrive jusqu'au lattis; à froid, on n'obtiendrait pas le but désiré. Il ne faut pas le ménager, il faut le verser à pleine cuiller et n'employer le pinceau que pour l'étaler, le ramasser et l'empêcher de couler.

Avec un temps sec, la première couche de goudron est sèche en quelques heures; on doit donner une seconde couche avec l'enduit n° 3 (page 118) ou bien avec un enduit composé de poix, de résine et d'asphalte. Cette dernière couche peut être plus épaisse que la première en coaltar, et comme elle est poisseuse, le sable y adhère fortement. Quand on couche deux fois, il faut de toute nécessité employer deux enduits différents; sans cela, une première couche bien faite rend la toiture imperméable, tandis que s'il y a deux couches l'eau peut se loger entre elles par quelques fissures imperceptibles, et comme il est difficile de découvrir le siége du mal, l'humidité peut pourrir la toiture.

Nous venons de voir qu'il faut opérer avec un beau temps; le désir de pouvoir opérer par tous les temps a fait expérimenter d'autres mastics; nous allons les décrire. Nous demandons pardon à nos lecteurs d'insister sur ce système de toitures, mais comme il n'a été étudié dans aucun ouvrage spécial, nous pensons que notre travail, quoique assez développé, pourra intéresser, ou tout au moins rendre quelques services.

DIVERS MASTICS.

MASTICS ARGILEUX. — On prend de l'argile pulvérisée et tamisée, du tan filamenteux et menu et du goudron minéral (*coaltar*). On opère le mélange de ces substances. Les deux premiers ingrédients complétement secs sont jetés à petits intervalles dans une chaudière, dans laquelle on manipule le mélange. Ce dernier est répandu sur le lattis ; on peut presser avec un fer pour en faire l'application, ou bien employer un rouleau en fonte semblable, à ceux dont on se sert dans les jardins pour comprimer les gazons. On a eu soin avant de rouler, de jeter du sable fin.

Ce dernier mode de couverture est plus cher que ceux décrits précédemment, mais il est meilleur. On peut suppléer au tan par de la tourbe.

MASTIC AU CHARBON DE BOIS. — Sable fin tamisé 6/9ᵉ, argile en poudre 4/9ᵉ, charbon de bois 8/9ᵉ ; suivant la nature du sable et de l'argile employés, la quantité de goudron est très-variable. Il faut faire divers essais pour préciser le dosage ; mais le mastic doit être liant afin de pouvoir bien adhérer.

MASTIC AUX CENDRES DE HOUILLE. — On prépare ce mastic comme le précédent, il se compose de goudron, de charbon de terre et de cendres de ce même charbon. Les proportions doivent être faites de façon à ce que le mélange ne soit liquide que s'il est en ébullition.

Ce mastic est moins bon que le précédent comme usage, parce qu'il est plus dur, plus sec, et par conséquent plus cassant, mais aussi il coûte beaucoup moins. Au lieu de batte il vaut mieux employer le rouleau, car le moindre mouvement de la charpente du toit fait craquer ce mélange.

Tous ces mastics sont d'une utilité certaine pour le recouvrement des maçonneries massives, pour les terrasses, les voûtes et chapes de ponts, etc. Dans de pareils milieux et des bases aussi solides les fissures et les crevasses sont bien moins à craindre que sur une couverture légère, élastique, plus ou moins sujette à caution.

COUVERTURES EN BOIS.

On utilise le bois en couverture sous forme de planches et de bardeaux.

PLANCHES. — Il y a plusieurs manières de couvrir en planches ; l'une d'elles consiste à les disposer suivant la pente du toit, et à les clouer directement sur des pannes et sur le faîtage, on économise ainsi l'emploi des chevrons. On pose les planches jointives et sur leurs joints on cloue des lattes ou tringles en bois, puis on donne une ou deux couches de goudron, ou d'un enduit analogue à ceux que nous avons décrits plus haut.

Un second procédé consiste à espacer des chevrons d'un mètre et de clouer sur eux des planches qui se recouvrent mutuellement d'un quart de leur surface. On pose au bas des chevrons une chanlatte sur laquelle est clouée une planche, puis une deuxième, et ainsi de suite, jusqu'au faîtage. Il faut avoir soin d'alterner les joints verticaux de chaque planche.

Enfin un troisième système, ou plutôt le même perfectionné, consiste à rapporter sur les chevrons des crémaillères, dont les crans ont pour dimension les trois quarts des planches employées; plus celles-ci seront étroites, moins elles seront sujettes à se gondoler, du reste ce système permet de les clouer solidement sur les chevrons.

Les toits en bois doivent avoir une assez forte pente, afin que l'eau ou la neige y séjournent le moins longtemps possible. Cette pente est surtout nécessaire quand les planches sont posées à recouvrement, car, par l'effet de la capillarité, l'eau pourrait remonter et détériorer ce qui se trouverait sous la couverture. On peut établir cette pente sous un angle de 40 ou 45°.

BARDEAUX. — Les bardeaux sont de petites planchettes en bois de chêne ou de châtaignier, quelquefois même de sapin ou de hêtre, qu'on emploie en guise de tuiles pour les couvertures. Ces planches peuvent être ou rectangulaires, ou l'un de leurs côtés peut être arrondi ou à pan coupé. Généralement elles mesurent 0^m,30 de longueur sur 0^m,15 à 0^m,20 de largeur, sur 0^m,02 d'épaisseur. On fait aussi de petits bardeaux qui n'ont qu'un centimètre d'épaisseur sur 0^m,12 de largeur et 0^m,20 de longueur, ceux-ci ne servent que comme revêtements de mur, dans les pays froids et humides et dans ceux où il tombe beaucoup de neige, en Suède, en Norwége, en Russie par exemple. Certaines maisonnettes suisses ont également les murs revêtus de ces bardeaux du côté qui est exposé à être battu par l'orage ou fouetté par la pluie.

Un mètre carré de bardeaux ordinaires en bois de chêne pèse encore 40 à 45 kilogrammes, aussi la charpente doit-elle présenter un peu plus de solidité que celle faite en vue de supporter les couvertures en papier, toile, carton bitumés, ou en zinc, car celles-ci ne pèsent que 10 à 15 kilogrammes.

On dispose les bardeaux de même que la tuile sur un lattis espacé de 0^m,10, et ils se recouvrent mutuellement, de manière qu'il n'y ait qu'un tiers de leur surface de visible, ils sont percés dans le haut de deux trous afin que le clouage ne puisse les fendre. Pour prolonger la durée du bardeau et empêcher l'humidité de le pourrir, on le plonge souvent dans du goudron végétal liquide, ou bien dans une huile grasse quelconque.

L'inclinaison de ces toitures doit être comme la précédente de 45 degrés environ, afin de faciliter le prompt écoulement des eaux.

COUVERTURES EN TERRE CUITE.

TUILES. — La tuile est la couverture la plus employée pour les constructions rurales. En effet, à part l'inconvénient de son poids, elle ne présente que des avantages : solidité, imperméabilité assez grande et durée. Nous avons vu dans le CHAPITRE PREMIER, page 8, quels étaient les signes auxquels on reconnaissait les bonnes qualités des tuiles ; nous n'avons donc pas à y revenir, mais à nous occuper des diverses espèces.

TUILES ROMAINES. — L'une des plus anciennes, en usage encore dans quelques contrées méridionales de l'Europe, ést la *tuile romaine.* Ces tuiles sont plates et portent des rebords. On les pose sur un carrelage en briques minces hourdées en mortier de chaux, et à côté les unes des autres. Notre figure 135

montre une partie de couverture en tuiles romaines, la partie à droite est terminée, tandis que la partie à gauche n'est pas recouverte de tuiles creuses. Notre figure 136 montre la coupe de cette couverture à une échelle presque double.

On recouvre les joints qui existent entre deux rangées avec des tuiles creuses légèrement coniques, nommées *chapeaux* et naturellement la partie convexe protége les

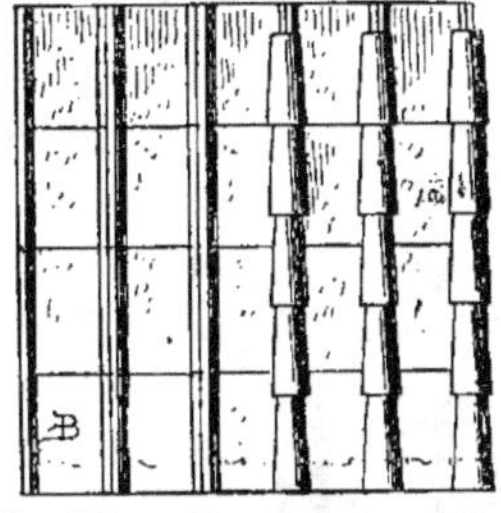

Fig. 135. — Couverture en tuiles romaines.

joints et rejette l'eau sur la partie plane de la tuile. La durée de cette couverture est très-longue, mais son poids est excessif ; elle pèse jusqu'à 136 et 138 kilogrammes par mètre, ce qui exige de fortes charpentes pour la supporter.

L'inclinaison de ces toitures ne doit pas dépasser 60°, sans quoi elles pourraient glisser : ce qui nécessiterait des réparations incessantes.

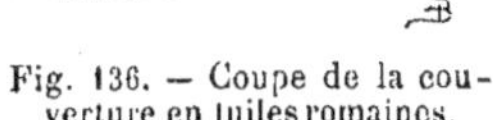

Fig. 136. — Coupe de la couverture en tuiles romaines.

TUILES CREUSES OU A CANAL. — Les tuiles creuses ou à canal nommées aussi *pannes* sont en usage dans beaucoup de pays, mais principalement dans les contrées méridionales de l'Europe. Ce sont des demi-cylindres légèrement coniques et qui, suivant la localité, mesurent de 0,^{m}35 à 0^m,55 de longueur.

Sur des chevrons distants de 0,^{m}30 les uns des autres, on établit un plancher en voliges ou en tuiles minces, et sur ce plancher on pose les tuiles creuses. Notre figure 137 montre l'aspect de cette couverture. Un mode de pose que nous avons souvent employé dans

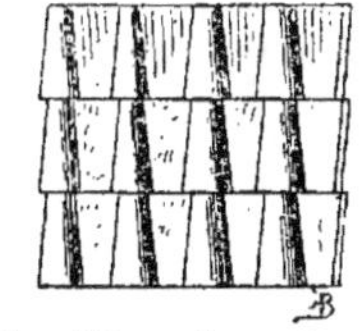

Fig. 137. — Couverture en tuiles creuses ou à canal (pannes).

le Midi de la France et qui est fort en usage consiste à supprimer le chevronnage, et à poser de la volige de deux centimètres d'épaisseur sur les pannes qui n'ont entre elles que 0ᵐ,80 d'écartement.

Sur ce plancher, on pose verticalement au toit et en commençant par le bas, des rangées de tuiles espacées de 0ᵐ,10, de manière que la partie convexe soit portée sur la volige. Les intervalles de 0ᵐ,10 sont recouverts à leur tour par d'autres tuiles mais posées en sens inverse, c'est-à-dire que la partie convexe est en dessus. Les premiers rangs de tuiles, ceux qui sont posés sur le voligeage, s'appellent *channées* ou *chéneaux,* les seconds *chapeaux.*

Dans les contrées où souffle un vent violent, on maçonne quelquefois de distance en distance les chapeaux et toujours le premier rang de tuiles situé au bas du toit.

Dans les mêmes contrées, on couvre le haut des murs de trois rangs de tuiles creuses qu'on superpose, et qu'on chevauche pour former au bâtiment une espèce de corniche nommée *génoise.*

Ce genre de couverture doit être fort plat ; il n'a guère que 18° à 22° de pente.

Tuiles en ꙩ dites flamandes. — Les tuiles flamandes sont à la fois concaves

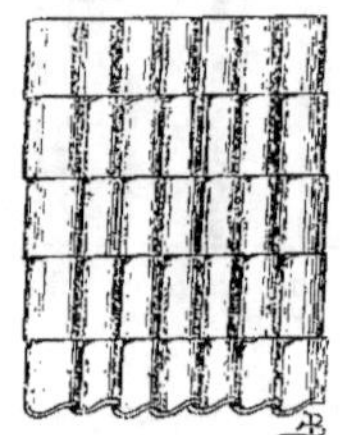

et convexes ; elles se posent à recouvrement, c'est-à-dire que la partie concave s'emboîte dans la partie convexe et réciproquement, elles forment donc à la fois chéneau et chapeau. Ces tuiles se posent comme les précédentes, seulement nous recommandons de bien choisir la forme de ces tuiles, qui doivent être bien rondes, car celles qui sont plates ne se recouvrent pas bien ; car si les chéneaux sont plats, il advient que, dans les fortes pluies, l'eau arrive sur la volige. Dans ce cas,

Fig. 138. — Couvertures flamandes.

si l'eau ne pénètre pas dans le bâtiment, elle pourrit toujours le plancher et la charpente. Notre figure 138 montre un spécimen de ce genre de couverture.

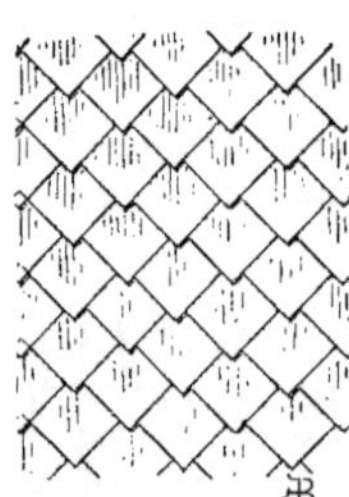

On a reproché avec raison à la couverture en tuiles d'être très-lourde et de ne garantir qu'imparfaitement dans les pays très-pluvieux des infiltrations, aussi a-t-on essayé de beaucoup de modèles et nous donnons deux de ceux qui nous paraissent les meilleurs. Tous les autres types sont des variantes de ces deux systèmes.

Tuiles carrées. — Notre figure 139 montre un système de tuiles carrées à emboîtement qui est fort léger, dont notre figure 140 montre le détail. Cette

Fig. 139. — Couverture en tuiles carrées.

tuile est munie sur deux de ses côtes contigus d'une ailette, et à l'angle opposé et en dessous le tuilier a ménagé une sorte d'agrafe ou crochet qui porte dans l'angle formé par les ailettes de la tuile qui est placée au-dessous, de sorte que celle-ci une fois accrochée ne peut glisser.

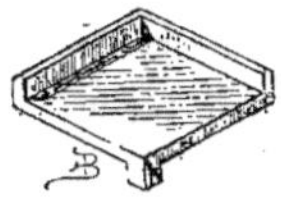

Un autre système de tuile à emboitement est celui qui est représenté par notre figure 141. Il existe deux modèles de tuiles de ce genre, le grand modèle dont quatorze suffisent pour recouvrir un mètre carré et qui pèse 55 kilogrammes. Le petit modèle, qui en nécessite vingt-deux et qui pèse de 35 à 40 kilogrammes par mètre carré.

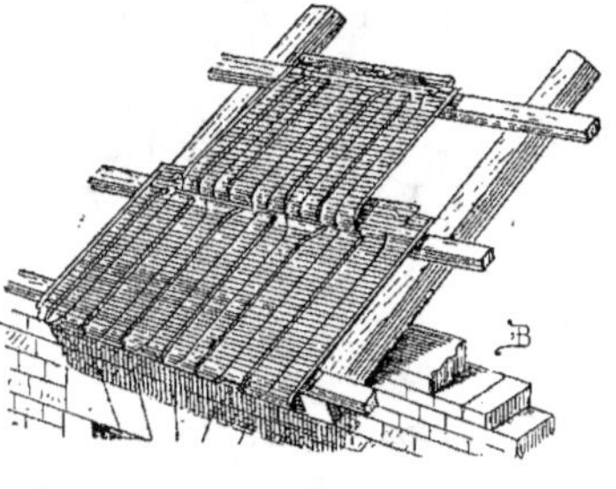

Fig. 140. — Détail d'une tuile carrée.

Voilà ce que nous avions à dire sur les couvertures en tuile ; il existe une infinité de systèmes plus ou moins brevetés, car cette grande industrie a tenté bien des ambitieux, mais nous ne pouvons nous appesantir plus longtemps sur cette question ; nous allons passer immédiatement aux autres genres de couverture, aux couvertures en pierre.

Fig. 141. — Couverture en tuiles à emboîtement.

COUVERTURES EN PIERRE.

Toute pierre qui peut se débiter en dalles minces est susceptible d'être employée pour ce genre de couverture. Les anciens en firent un fréquent usage, mais de nos jours il est presque abandonné ; on n'emploie qu'une pierre schisteuse, l'ardoise.

Ardoise. — L'ardoise est une excellente couverture. Sa légèreté jointe à sa propreté la font préférer à toute autre matière pour les grands édifices, on peut la tailler sous diverses formes et combiner celles-ci de différentes ma-

Fig. 142. — Couverture en ardoises.

nières dans le but d'interrompre la monotonie d'une couverture uniforme. Le poli dont les ardoises sont susceptibles permet à l'eau de s'écouler rapidement sur ce genre de toiture. Mais à côté de ces avantages, elles ont l'inconvénient d'être plus cassantes que les tuiles, et leur peu d'épaisseur permet aux changements de température de se faire sentir à l'intérieur des habitations.

L'ardoise comme la tuile s'attache sur un voligeage avec deux ou trois clous. Notre figure 142 montre la disposition de cette couverture : à droite on aperçoit les pannes et les chevrons, à gauche le voligeage et dans le coin inférieur, les ardoises posées. Les ardoises se recouvrent mutuellement des deux tiers de leur dimension, le tiers qui reste apparent est nommé *pureau*. Ce dernier varie de 0^m,11 à 0^m,08 de hauteur suivant la dimension du modèle. Nous avons donné dans le CHAPITRE PREMIER, page 3, le nom et les dimensions des divers types. On taille aussi les ardoises de différentes formes en losanges et surtout en écailles, comme montre la figure 143.

Les gelées, les vents, les pluies contribuent beaucoup à détériorer ce genre de couverture qui, toutefois entretenu régulièrement, peut durer quarante et cinquante années.

Dans les couvertures en ardoises, les noues, arêtiers, chéneaux, etc., se font avec du métal, soit avec du plomb, soit avec du zinc.

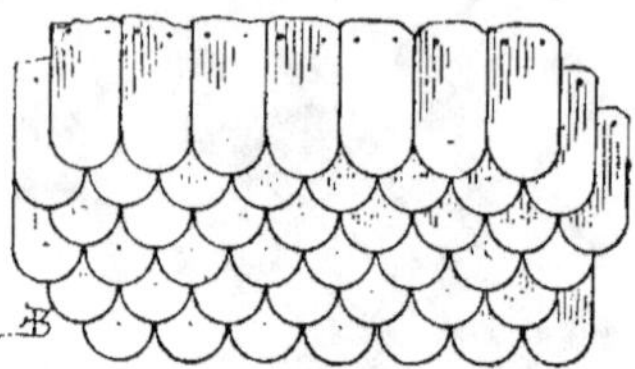

Fig. 143. — Couverture en ardoises à écailles.

Le mètre superficiel de couverture en ardoises ordinaire pèse de 25 à 26 kilogrammes.

GRANDES ARDOISES. — Depuis quelques années, on fabrique soit à Angers, soit en Angleterre, de grands modèles d'ardoises, mais ce système de couverture mérite d'être établi avec beaucoup de soin; aussi la compagnie des ardoisières a publié une instruction très-bien faite qui pourra être consultée même pour les couvertures construites avec de petits modèles, c'est pourquoi nous allons citer cette instruction, la voici :

« Le couvreur, après s'être assuré que le chevronnage est parfaitement exécuté et réglé, fixera le recouvrement ou liaison à donner à ses ardoises, suivant l'angle d'inclinaison du toit; il devra être de 0^m,08 pour les toitures inclinées au-dessus et jusqu'à 20 degrés et de 0^m,10 à 0^m,12 pour celles qui varient de 19 à 15 degrés; le recouvrement adopté, on déduira facilement : 1° le pureau ou surface visible de l'ardoise sur la toiture, qui devra toujours être égal à la moitié de la hauteur de l'ardoise, déduction faite du recouvrement; 2° l'écartement des voliges doit toujours être égal au pureau. Les voliges doivent être en bois de sapin du Nord, attachées à deux pointes par chevron, larges de 0^m,08, mises en chanlatte à l'épaisseur de 0^m,02 à 0^m,03. Si on employait des voliges sciées droites, ce qui serait d'un moins bon usage, parce que la volige serait moins aérée et, par conséquent, dans de moins bonnes conditions de conservation, on les mettrait à l'épaisseur de 0^m,02.

« L'ardoise sera toujours clouée à deux clous en cuivre; ces clous peuvent être placés soit en tête de l'ardoise, soit au milieu, suivant que l'on veut plus ou moins serrer les ardoises entre elles. Toutes les ardoises ne pouvant être de même épaisseur, il est essentiel qu'avant de les poser sur le toit le couvreur fasse un triage en trois catégories et par degré d'épaisseur : les plus fortes seront aux égouts, celles de moyenne épaisseur au milieu du toit, enfin celles un peu plus minces près le faîtage. »

Grosses ardoises. — Dans certaines contrées, dans le département de la Manche par exemple, on se sert de grosses ardoises qui ont jusqu'à $0^m,02$ et $0^m,03$ d'épaisseur. Elles sont taillées dans des schistes grossiers. On les pose comme les tuiles, mais on a soin de les jointoyer avec du mortier hydraulique ou du ciment. On perce ces ardoises dans le haut, et on les cheville avec des chevilles de bois dur. Si l'on a soin de rejointoyer tous les dix ou douze ans ces ardoises, la couverture peut durer cent ans et plus, mais elle est très lourde et nécessite de fortes charpentes, et, par suite des murs épais.

Laves. — Dans les contrées dans lesquelles il existe des volcans éteints, on utilise la lave comme couverture. On la fait comme celle en grosses ardoises.

COUVERTURES MÉTALLIQUES.

Le plomb, le zinc, le cuivre, la fonte et même le fer laminé ont été appliqués comme couverture.

Plomb. — Le plomb ne peut être employé que pour des portions de la couverture comme nous l'avons déjà vu ; car pour la couverture entière, son poids et son prix l'interdisent pour les constructions rurales. Nous en dirons néanmoins quelques mots, car on est obligé quelquefois de faire de petites couvertures avec ce métal.

Cette couverture se compose de tables de 4 mètres de longueur sur $0^m,50$ à $0^m,60$ de large, et d'une épaisseur de $0^m,002$ à $0^m,003$. On les pose à recouvrement, et à dilatation libre sur un voligeage jointif, ou sur une aire en plâtre. Son poids à $0^m,0034$ d'épaisseur (1 ligne 1/2) est de 40 kilogrammes par mètre superficiel.

Zinc. — Depuis qu'on est parvenu à laminer le zinc, c'est-à-dire depuis cinquante ans environ, ce métal a remplacé le plomb dans tous les usages auxquels celui-ci était exclusivement appliqué autrefois. On le pose en feuilles de 2 mètres de hauteur sur $0^m,65$ à $0^m,80$ de largeur, sur voligeage jointif ou peu espacé. Il est indispensable de le poser à dilatation libre à cause de l'influence qu'a sur lui la température. Si on le pose sur une aire en plâtre ou en mortier, il faut avoir soin d'enduire celle-ci d'une bonne couche de peinture bitumineuse (voir page 118, ou bien de papier goudronné). Sans cette précaution l'affinité de la chaux pour les acides métalliques causerait promptement la destruction du zinc. On doit en outre, éviter de le mettre en contact avec d'autres métaux, notamment avec le fer, car sous un climat humide ces deux métaux constituent les éléments d'une pile voltaïque, ce qui contribue à leur réciproque destruction.

Ce genre de couverture jouit aujourd'hui sur les autres d'une préférence marquée, à cause de sa solidité et de sa légèreté. Elle ne pèse que 6 à 7 kilogrammes par mètre carré et son prix de revient n'est pas très-élevé. Le seul reproche qu'on puisse lui faire, c'est de ne pas résister à l'incendie et de lui fournir même, un aliment. Bien établie avec du zinc n° 14 une couverture peut se conserver plus de trente ans sans réparation.

Pour le logement de l'homme et des animaux, la couverture en zinc est chaude en été et froide en hiver ; aussi nous conseillons, chaque fois qu'on pourra le faire, de plafonner avec du mortier ou du plâtre, l'habitation de l'homme, et de faire un doublis en paille ou en paillassons aux couvertures destinées au logement des animaux.

La pente nécessaire pour les couvertures en zinc est en général de 12 ou 15 degrés.

Les deux meilleurs systèmes sont celui *à tasseaux* avec des feuilles de 0ᵐ,65 ou de 0ᵐ,80 de largeur, et le système en *zinc ondulé* dans lequel le chevronnage disparaît, car des pannes espacées entre elles de 1 mètre sont suffisantes.

Nous allons décrire ces deux procédés.

COUVERTURE A TASSEAUX. — Sur le chevronnage, on cloue des voliges ou bien on les assemble par emboîtement ; dans ce cas, on les maintient réunies jointives. Au bas du toit on fixe avec des clous en zinc, une bande de ce même métal. Cette bande fait une saillie de 0ᵐ,03 sur l'arête des chevrons, elle est large de 0ᵐ,08. Ces bandes posées, à 0ᵐ,80 de distance les unes des autres, on cloue sur le voligeage des tasseaux en bois léger, en forme de trapèze (*fig.* 144) sous lesquels sont engagées de mètre en mètre des pattes

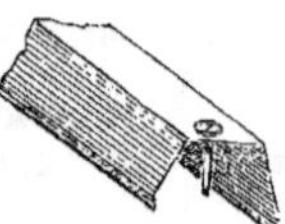

Fig. 144. — Tasseau pour couvre-joint.   Fig. 145. — Patte en zinc pour la couverture à tasseaux.   Fig. 146. — Couvre-joint en zinc pour coiffer le tasseau.

en zinc semblables à celles de notre figure 145. Elles servent à retenir les feuilles de zinc qu'on place entre les tasseaux. Celles-ci ont leurs bords latéraux relevés et leurs extrémités inférieure et supérieure recourbées en agrafe, mais en sens contraire. Du reste nos figures font comprendre parfaitement cet assemblage.

La figure 146 représente le couvre-joints qui coiffe le tasseau, la figure 147 montre la coupe transversale, et 148 les pattes d'attache et l'agrafement des feuilles de zinc.

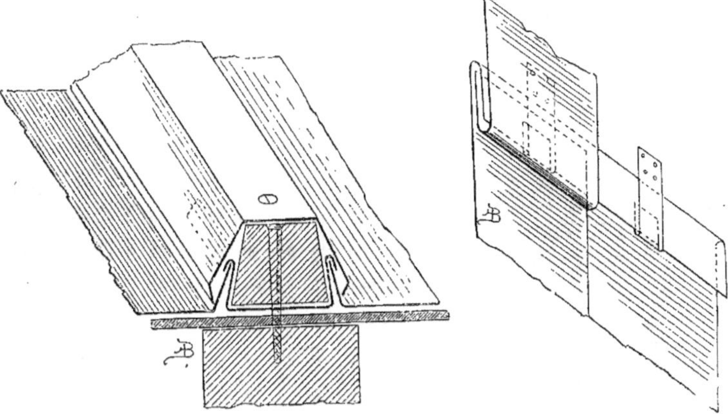

Fig. 147. — Coupe transversale d'une couverture en zinc avec tasseaux.

Fig. 148. — Couverture en zinc. Pattes d'attache et agrafement des feuilles.

Les couvre-joints se fixent soit avec des clous qu'on plante dans les tasseaux dont la tête est noyée dans une goutte de plomb ou avec un calotin, soit enfin par assemblage à emboîtement; dans ce cas, on les maintient réunis par de petites pattes soudées en dessous des couvre-joints.

Couverture ondulée. — On fait enfin, des couvertures ondulées qui par la rigidité que leur donne la cannelure se maintiennent sans qu'il soit nécessaire d'employer des chevrons (*fig.* 149).

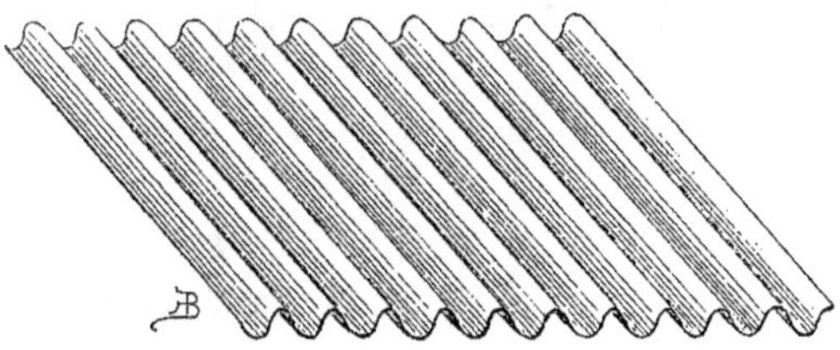

Fig. 149. — Zinc ou tôle ondulé pour couverture.

Trois pattes clouées sur les pannes accrochent la feuille de zinc.

Tole galvanisée. — Sous le nom d'*ardoises métalliques,* la compagnie des forges de Montataire fabrique des tôles galvanisées, qui ne coûtent que 4^f,50 le mètre carré sans le voligeage, et qui pèsent 4 kilogrammes. Comme on le voit, ces toitures métalliques ne sont pas d'un prix élevé, et leur légèreté est remarquable. Elles n'exigent que peu d'entretien, de sorte qu'elles présentent un avantage assez sensible sur les couvertures ordinaires en métal, puisque celles en zinc coûtent beaucoup plus. En outre, elles ne sont pas combustibles comme ces dernières. On emploie pour la pose de ces ardoises métalliques des clous et des agrafes galvanisés.

Le clouage a lieu sur la volige directement : le clou a la tête garnie d'une rondelle en plomb, qui se trouve écrasée sous l'action du marteau, et cette matière pénètre dans tous les interstices de façon à faire joint ; ce clou d (*fig.* 150) traverse une ardoise et une bande de tôle de 0^m,02 de large sur 0^m,07 de long, qu'on a percées à l'avance. Cette bandelette c ainsi placée, recourbée ensuite au tiers environ de sa

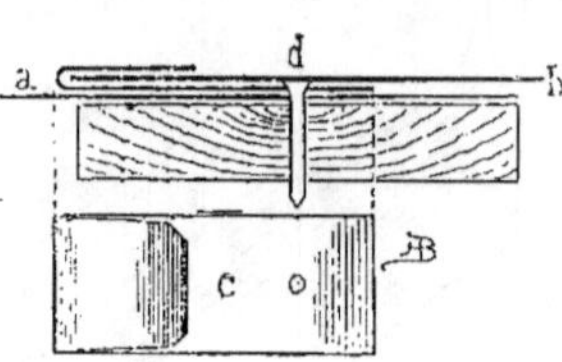

Fig. 150. — Coupe d'une couverture en ardoises métalliques.

longueur, sert à retenir le bas de l'ardoise de la rangée supérieure et devient une véritable agrafe ; de cette façon, la clouure est recouverte et se trouve ainsi préservée de toute infiltration.

Dans notre figure, a est l'ardoise inférieure, d l'ardoise supérieure. Chaque ardoise d'une rangée est donc fixée sur la volige dans le haut par deux clous et se trouve retenue dans le bas par les deux agrafes attachées à l'ardoise de

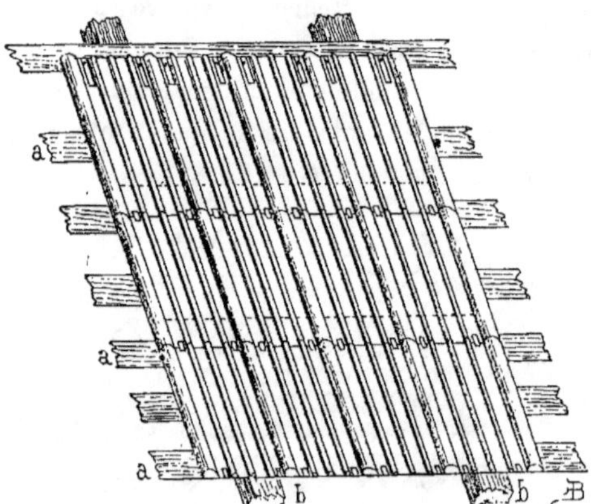

Fig. 151. — Couvertures en tôle galvanisée (ardoises métalliques).

la rangée qui est immédiatement au-dessous comme on peut le voir par nos figures 150 et 151. c, montre une agrafe.

L'ardoise de la première rangée est fixée par des clous munis de rondelles, en remplacement des agrafes ; il en est de même pour la rangée d'ardoises longeant le faîtage.

Le travail se commence par le bas : l'ardoise de la première rangée et de
la première file étant fixée, on place celle du rang immédiatement supérieur,
et on continue ainsi cette même file jusqu'au faî-
tage, en ayant soin de tenir toujours parfaitement
en ligne les nervures et les boudins ; puis on commence la file voisine, en faisant emboîter les boudins de cette file avec ceux de la première, et ainsi
de suite. Le clouage se fait entre la nervure voisine du boudin et ce boudin lui-même, c'est-à-dire
sur les parties les plus rapprochées des rives de
l'ardoise, de façon à la retenir plus solidement.

Le plus ou moins de recouvrement à donner dépend de la pente que devra avoir la toiture et varie
ordinairement de $0^m,03$ à $0^m,08$; avec une inclinaison de 35 à 40 degrés, un recouvrement de $0^m,05$ à
$0^m,06$ est suffisant.

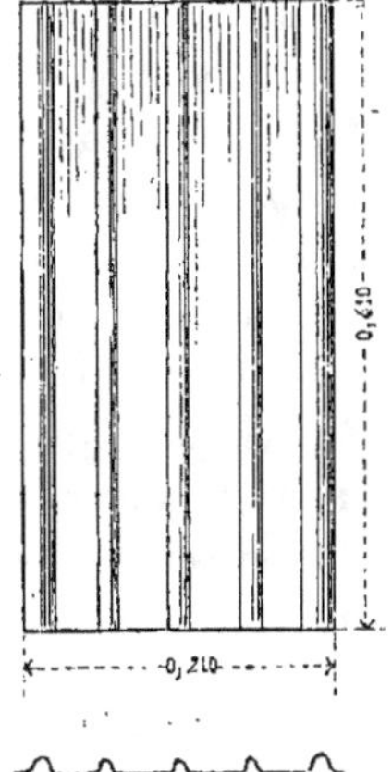

Fig. 152. — Plan et profil
d'une ardoise métallique.

Notre figure 151 montre une couverture en tôle
galvanisée. *a, a,* sont les voliges, *b, b* les chevrons. On voit dans la rangée
supérieure les bandelettes avant d'être recourbées.

Notre figure 152 montre le plan et le profil d'une de ces ardoises.

Telles sont les seules couvertures métalliques qu'on puisse employer en
ce moment pour les Constructions rurales ; car il ne peut être question du
laiton, cuivre, bronze et autres métaux.

MENUISERIE.

La menuiserie est l'art qui s'applique aux *menus* ouvrages en bois. C'est
une des parties importantes de la construction. Quoique toute la menuiserie soit exécutée par les mêmes ouvriers, elle comprend deux divisions
distinctes : la *menuiserie dormante* et la *menuiserie mobile.*

La première comprend les *planchers* et les *parquets,* les *lambris* et les *escaliers* finement exécutés, qui ne sont pas du ressort du charpentier.

La deuxième les *portes, fenêtres, volets, persiennes, châssis,* etc.

Les bois employés ordinairement en menuiserie sont : le chêne, le sapin, le hêtre, etc. Ils doivent être bien secs, sans nœuds vicieux ni aubier.
Nous n'insisterons point sur les qualités ou défauts des bois, nous ne décrirons pas non plus les variétés des bois de commerce, mais nous nous contenterons de renvoyer le lecteur au précédent chapitre, page 22 et suivantes,
qui lui fourniront les renseignements qu'il pourrait désirer, et nous entrerons tout de suite en matière.

Parquets et planchers. — Les ouvrages les plus simples en menuiserie, et que le menuisier exécute en premier lieu dans un bâtiment neuf, c'est le revêtement en bois des aires, les planchers.

Les plus ordinaires, et par conséquent les plus employés dans les campagnes se font avec des planches entières de sapin assemblées à *joints plats* ou à *rainures* et *languettes* et clouées à rez-de-chaussée sur des lambourdes en chêne, qu'on fera bien de noyer dans le bitume, après avoir préalablement répandu sur le sol du mâchefer concassé, quand on aura pu s'en procurer. Dans les étages supérieurs, on cloue les planches sur les solives qui forment la charpente du plancher.

On fera bien de refendre les planches pour cet usage, car les planches étroites ont sur les larges l'avantage de ne pas se déformer et de subir moins de retrait, et la plus-value de dépense qu'elles occasionnent est largement compensée par une durée et une solidité plus considérables. Les planches refendues sont également assemblées à rainures et languettes et n'ont que 0^m,10 à 0^m,11 de largeur. On nomme ces planchers *parquets à l'anglaise*. Ils doivent toujours être fixés à *clous perdus*, ce qui s'obtient en plaçant obliquement dans les joints au-dessus de la languette des pointes de Paris de 0^m,05 de longueur, comme le montre notre croquis (*fig.* 153), dessiné à moitié de l'exécution.

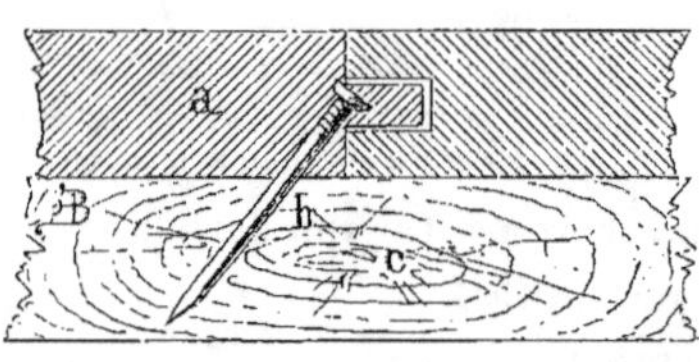

Fig. 153. — Clouage des parquets à clous perdus (à moitié de l'exécution).

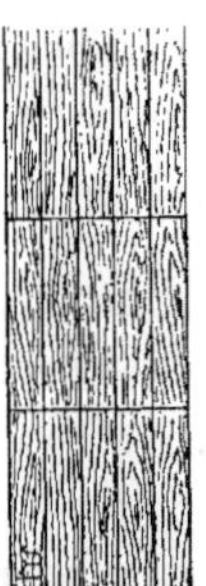

Fig. 154. — Parquet droit.

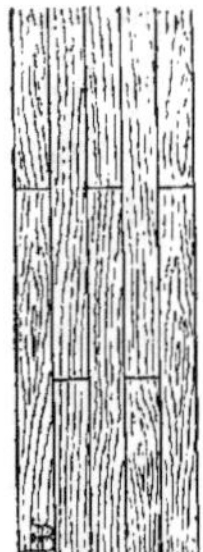

Fig. 155. — Parquet droit à joints alternés.

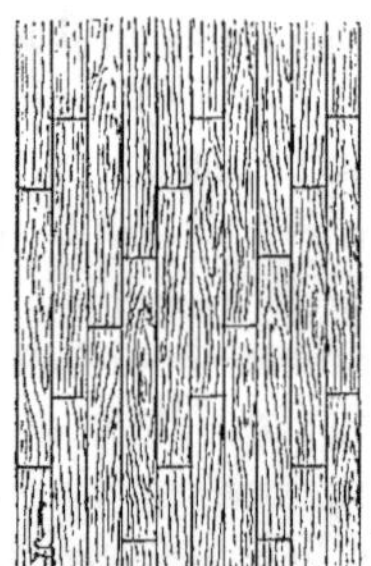

Fig. 156. — Parquet droit à joints en échelons.

Suivant leurs diverses formes, on donne aux parquets divers noms. Ils sont *droits* (*fig.* 154), droits à joints alternés (*fig.* 155), droits à joints en échelons (*fig.* 156), en *points de Hongrie* ou *fougère* (*fig.* 157), à *bâtons rompus* (*fig.* 158).

Les points de Hongrie, ou fougère, ou à bâtons rompus, constituent les parquets les plus solides, mais aussi les plus chers.

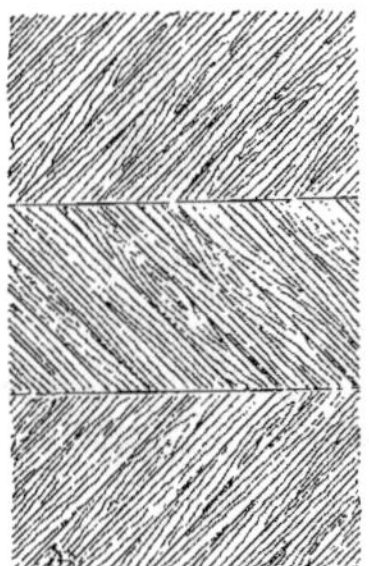

Fig. 157. — Parquet en point de Hongrie ou fougère.

Fig. 158. — Parquet à bâtons rompus.

Pour obtenir de bons parquets, il faut : employer du bois sec, c'est-à-dire débité depuis deux ou trois ans ; que la réunion des joints soit parfaite ; que le clouage sur les lambourdes soit solide, afin que l'eau, l'humidité ou d'autres causes ne fassent point soulever partiellement le parquet.

Un autre mode de parquet est celui dit *parquet d'assemblage* ou *sans fin* qu'on peut construire sur place (*fig.* 159). Il est ainsi nommé parce que les menuisiers l'établissent le plus souvent par feuilles pour utiliser des bouts de bois restés sans emploi. Ces parquets sont composés de morceaux de bois assemblés à tenons et mortaises. Les menuisiers forment des feuilles qui ont environ 1 mètre carré, sur $0^m,027$, $0^m,033$, $0^m,047$, ou même $0^m,054$ d'épaisseur ; ils les posent sur des lam

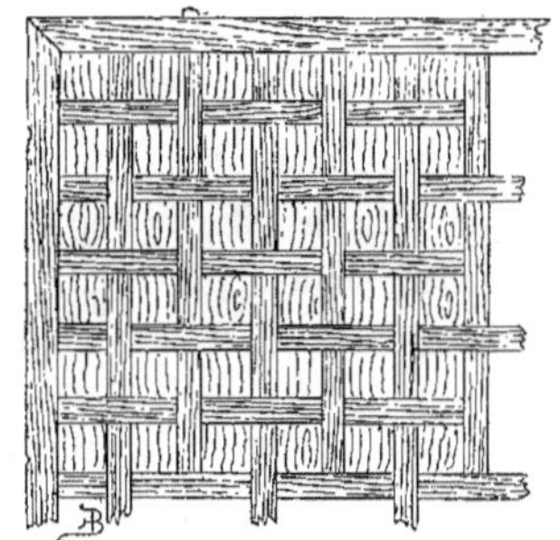

Fig. 159. — Parquet d'assemblage ou sans fin.

bourdes placées en travers des solives. Dans un pareil parquet et quelle que soit son épaisseur, il faut toujours éviter la multiplicité des joints à onglet, qui outre la difficulté de l'exécution lui enlèveraient de sa solidité.

Avec le même mode de construction, on fait des parquets à *petites feuilles,* à *grandes feuilles* et enfin à compartiments.

Pour les étages supérieurs, on pourra employer du sapin pour les planchers, mais pour le rez-de-chaussée on agira sagement de n'employer que du chêne.

On fait pour les rez-de-chaussées un parquet dit en *gourguechon,* qui consiste, après avoir bien dressé l'aire et l'avoir enduite d'une couche de béton maigre, ou de mâchefer, à couler du bitume et y appliquer immédiatement, tandis qu'il est chaud, la frise du parquet. Ce plancher est très-bon et très-solide. Il a en outre l'avantage d'être insonore, quand on l'applique à des étages supérieurs.

On ne doit faire les parquets dans un bâtiment neuf, que lorsque celui-ci n'a plus d'humidité et que le plâtre qui a servi au scellement des lambourdes est complétement sec. Sans cette précaution, il arrive souvent que, quelques mois après leur pose, les joints des parquets sont tellement larges qu'il faut les boucher avec des *flipots* ou même des *tringles,* ce qui coûte cher et ne vaut rien ; il est préférable de les relever, les resserrer en redressant les bords des planches ; la réparation ainsi faite ne laisse rien à désirer, et le plancher est plus solide et ne travaille plus.

Lambris. — On nomme ainsi des ouvrages d'assemblage destinés à couvrir les murs de certaines pièces d'un bâtiment. Ces ouvrages sont nombreux et de formes variées, il existe :

Le *lambris d'assemblage,* dont les battants et les traverses sont sans moulure, sans plate-bande, que les panneaux affleurent les bâtis ou qu'ils soient renforcés.

Le *lambris à simple bouvement,* dont les bâtis ne portent qu'une seule moulure sur leur arête.

Les *lambris à petit* et *à grand cadre* ou *à cadres embrevés.* Les premiers ont plusieurs moulures sur leur bâti, mais ces moulures ne dépassent pas l'épaisseur de ce bâti, tandis que, dans le grand cadre, le moulurage fait saillie sur ce bâti et n'en fait pas partie. Il est embrevé (de là une de ses dénominations) par une languette double ou simple, ou bien il est rapporté à plat.

Le *lambris à cadre élégi,* dont les battants et traverses sont diminués d'épaisseur sur un bord, tandis que de l'autre ils ont un cadre à profil plus ou moins large, qui fait saillie sur le *champ* et qui est pris dans la masse des battants et traverses.

Le *lambris à table saillante,* dont les panneaux font saillie sur les bâtis.

Le *lambris à un parement,* qui est brut par derrière.

Le *lambris à double parement,* celui qui est à cadre sur ses deux faces. Le *lambris blanchi,* celui dont les bâtis et panneaux sont corroyés par derrière.

Le *lambris arasé au double parement,* celui dont les panneaux affleurent le bâti sur ce second parement.

Les lambris, fort en usage autrefois, sont remplacés aujourd'hui par de *faux lambris.* Ces derniers sont faits uniquement en vue de la décoration, tandis que les premiers, plus décoratifs encore, avaient en outre l'avantage de rendre les appartements sains et commodes à la fois.

On distingue les lambris en *lambris de hauteur*, quand ils garnissent toute la muraille entre le plancher et la corniche du plafond, et en *lambris d'appui*, quand ils ne s'élèvent que jusqu'aux appuis des croisées. Aujourd'hui, dans les salles à manger, on fait des lambris intermédiaires qui s'élèvent suivant la hauteur des pièces qu'ils décorent, à 1^m,50, 1^m,80 et quelquefois davantage.

Quand les lambris sont de grande dimension, on les divise par des compartiments ; un homme de goût avec un peu d'étude en fait un moyen de bonne décoration.

Les lambris sont composés de bâtis et de traverses qui forment des cadres ; des panneaux remplissent ces derniers. Les panneaux ayant pour maximum de largeur 1 mètre sont faits avec des planches jointes ensemble, à rainures et languettes, ayant au plus 0^m,16 à 0^m,21 de largeur et 0^m,014 d'épaisseur. Les bois employés pour les cadres ont 0^m,034 d'épaisseur. Pour assembler les panneaux il faut adopter un mode d'assemblage qui, pendant les temps humides, permette la

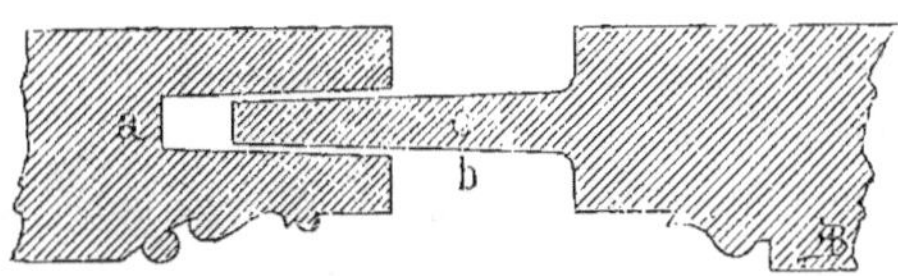

Fig. 160. — Assemblage de panneaux pour lambris.

dilatation du bois et pendant les temps secs cache son retrait. C'est dans ce but que l'on fait les languettes fort longues et les rainures plus profondes qu'elles, comme le représente notre figure 160 ; au moment de la pose, l'assemblage doit être tel que le montre notre croquis, de sorte que si l'humidité allonge le bois la languette peut arriver jusqu'en *a*, et si la sécheresse se fait sentir le retrait ne peut jamais être assez considérable pour aller jusques en *b*. Les divers bois composant les panneaux sont collés ensemble, ils sont donc retenus, et s'il survient un mouvement de retrait il s'opère dans la languette *c*. Pour empêcher encore ces morceaux de se disjoindre, on colle de la toile forte par derrière.

On pose les panneaux à côté les uns des autres, mais en ayant soin de laisser entre eux un petit intervalle, qu'on couvre par une moulure rapportée, mais clouée d'un seul côté.

Pour toute sorte de menuiserie dormante en général, et plus particulièrement pour les lambris, il faut s'assurer que les murs sont bien secs avant de commencer la pose ; mais comme on n'a pas toujours le temps d'attendre la parfaite siccité de ceux-ci, il faut employer des moyens qui

10

atténuent les fâcheux effets de l'humidité. On sèche les murs artificiellement avec des cloches en fonte ou poêles, ou bien avec des appareils munis
de tuyaux et qui projettent la chaleur intérieure de leur foyer dans lequel
on brûle du charbon de coke. Ce sont des moyens coûteux qu'on ne peut
toujours employer, et qui du reste, ne font que la moitié de la besogne, car
il est difficile de suppléer à l'action du temps, du vent, et surtout aux
rayons si bienfaisants du soleil.

Un autre moyen consiste à laisser un espace vide entre le mur et le
lambris de 0^m,025 à 0^m,04 afin que la circulation de l'air puisse faire
évaporer une partie considérable de l'humidité. On peut même en lais-
sant 0^m,05 à 0^m,06 de vide, entre le mur et la boiserie établir de
petites rosettes ou grilles de ventilation, qu'on poserait de distance
en distance dans la plinthe et dans la cymaise. Enfin on peut revêtir
les bois de goudron végétal, et même, si l'essence employée était précieuse, on garnirait le revers du lambris avec de l'étoupe imprégnée de
cette dernière substance.

Arrivons à la pose.

Pose. — Pour fixer les lambris aux murs, il y a deux manières de procéder,
la première, qui fait moins bien, mais aussi la moins coûteuse, consiste dans
l'emploi de broches plantées dans le mur, la seconde par l'emploi de
vis. On scelle dans les murs des tampons de bois, sur lesquels on visse les
lambris. Ces tampons doivent être bien dressés, afin que les panneaux puissent porter également. Si, comme nous l'avons dit précédemment, les lambris
sont isolés des murs, il faut que les tampons fassent saillie au droit des
montants.

Plinthe. — Toute pièce d'habitation portant ou ne portant pas lambris doit
avoir au-dessus du plancher une planche faisant saillie au bas des murs et
posée sur champ, on la nomme *plinthe*. Elles sont plus ou moins hautes (de
0^m,11 à 0^m,22). Les plinthes servent à garantir les enduits des chocs des chaises,
meubles et coups de balais qui pourraient les dégrader assez promptement.

Cloisons. — Les cloisons de menuiserie sont employées pour faire la distribution des appartements. Les plus simples sont celles formées avec des
planches brutes clouées sur des bâtis et poteaux de charpente, telles que les
clôtures en planches. Quelquefois, après avoir dressé convenablement les
planches, on les place à côté les unes des autres, on les pose jointives en
clouant sur leurs joints des tringles ; ou bien encore on les assemble à rainures et languettes comme les lambris. On fixe les cloisons pleines de
différentes manières, soit par des coulisses posées sur le parquet et des tringles
dans le haut, soit par des tringles posées haut et bas. Les *cloisons de remplissage* portent des traverses haut et bas et sont lattées en chêne et hourdées

comme le pan de bois. Les baies de portes à travers ces cloisons consistent en poteaux d'huisserie ayant pour longueur la hauteur de la pièce et 0^m,08 de largeur. Ils sont reliés par des traverses.

Enfin, on fait des cloisons vitrées. Le bas est formé de panneaux pleins, tandis que le haut se compose d'un châssis divisé en compartiments par de petits bois portant feuillures pour recevoir la pose des verres.

Ces cloisons sont faites soit à petit cadre, soit à glace.

Portes et Fenêtres. — Les portes et les fenêtres sont de formes variées, elles sont à un vantail ou à deux vantaux. Suivant les usages auxquels on les destine, elles affectent des formes différentes, c'est pourquoi nous nous dispenserons de les décrire ici. Nous donnerons aux écuries, étables, granges, etc., les types qui conviennent le mieux pour ces locaux.

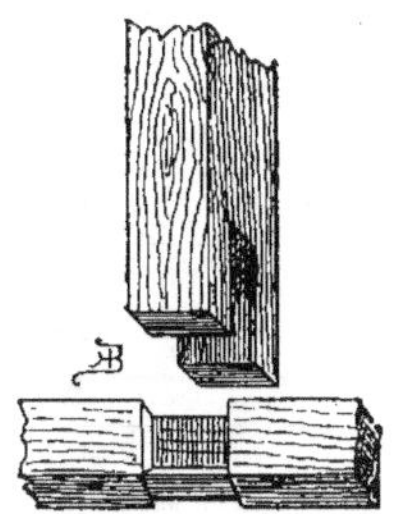

Fig. 161. — Assemblage à enfourchement.

Nous ferons de même pour les *persiennes* et *volets*. Les *persiennes* sont formées par un bâti en bois de 0^m,027 ou 0^m,034 dans lequel des lames de bois de 0^m,013 d'épaisseur viennent s'assembler à tenons et mortaises, ces lames se recouvrent entre elles; on les rend quelquefois mobiles par un système particulier qui est décrit dans le chapitre iv. *Logement des animaux (Bergeries)*.

Les volets sont emboîtés et assemblés à rainures et languettes, ils sont à glace ou à petit cadre, on les pose à l'intérieur ou à l'extérieur des appartements.

Assemblages. — De même qu'en charpente, il existe des assemblages en menuiserie.

Le plus élémentaire, celui qui n'est employé que pour les ouvrages grossiers, est dit *assemblage à enfourchement (fig. 161)*. *L'assemblage à onglet* que nous avons décrit précédemment, page 104.

L'assemblage de deux faces d'équerre disposées de manière à dissimuler le joint *(fig. 162)*.

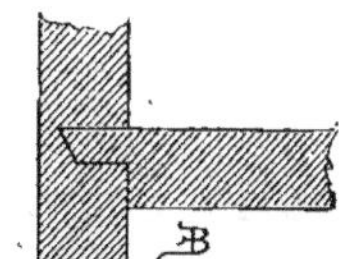

Fig. 162. — Assemblage de deux faces d'équerre à joint caché.

Moulures. — On appelle ainsi le contour ou forme donné à tout membre d'architecture soit saillant soit rentrant. La moulure, pour produire bon effet, doit avoir un profil sobre. Celles qui manquent de sobriété, ou qui font du tapage ne sauraient avoir un caractère de bon goût.

Les moulures sont simples ou composées.

Dans la disposition des moulures, il faut autant que possible éviter de mettre côte à côte des membres pareils, car cela produit un mauvais effet. Les surfaces curvilignes doivent être coupées par des *filets* ou *listels*.

En général, en menuiserie, les moulures ne doivent pas être aussi saillantes, aussi mâles qu'en maçonnerie; les parties à la hauteur de l'œil ne doivent pas avoir beaucoup de saillie. Il faut réserver les effets pour les parties hautes.

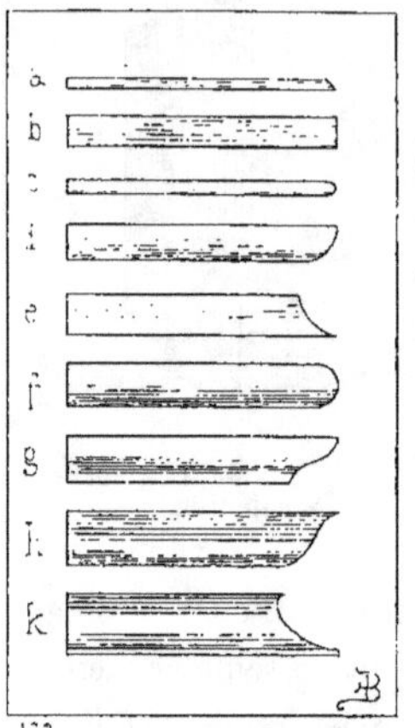

Fig. 163. — Moulures simples.

Nous donnons ci-contre la nomenclature des moulures simples avec lesquelles on peut faire toutes sortes de combinaisons pour obtenir des moulures composées.

Le *chanfrein* est la moulure la plus simple (*a*), figure 163.

Le *filet, bande* ou *listel* (*b*), vient ensuite. Ces moulures ont leurs faces plus ou moins étroites, elles sont verticales ou horizontales.

L'*astragale* (*c*) est formée par une portion d'ellipse ou la moitié d'une circonférence.

Le *quart de rond* (*d*), comme l'indique son nom, est le quart d'un cercle.

Le *cavet* (*e*) est une moulure concave formant gorge.

Le *tore* ou *boudin* (*f*) est une moitié de circonférence de cercle.

Les moulures composées sont : le talon ou cymaise (*g*). Cette moulure est convexe par le haut (quart de rond) et concave par le bas (cavet).

La doucine (*h*) qui est une cymaise renversée.

Enfin la scotie (*k*) est une moulure cave tracée au moyen de deux ou trois cercles de différents rayons.

SERRURERIE.

La serrurerie est l'art d'assembler le fer pour en obtenir une forme déterminée. Elle comprend la fabrication des ouvrages en fer utilisés pour relier, renforcer ou assujettir diverses parties des constructions.

Les travaux de serrurerie peuvent être divisés en trois catégories, les ouvrages *en fonte*, ceux *en gros fers* et les ouvrages *en petits fers*.

Fonte. — La fonte dans les constructions rurales est employée pour *colonnes, consoles, caniveaux, tuyaux de chute, de descente* et *de canalisation*, pour *grilles* et *grillages*, pour *balcons*, plaques de *cheminées* et de *fourneaux* etc.

Gros fers. — Les gros fers sont employés pour relier diverses parties de maçonnerie ou de charpente, pour *linteaux, étrier, plate-bande, para-tonnerre, planchers,* etc.

A cause de son prix élevé, le fer est encore aujourd'hui peu employé pour les bâtiments agricoles, mais dans certains cas, son emploi devient indispensable, pour le chaînage des bâtiments par exemple, puisqu'il réalise des économies pour la maçonnerie en permettant de diminuer l'épaisseur des murs. En effet, quelle que soit cette épaisseur, le tassement, le poids des planchers et principalement des combles, tendent à les.pousser en dehors. Pour s'opposer à cet écartement il est indispensable de les chaîner.

L'expérience a fait connaître qu'il y a un avantage incontestable à employer des fers méplats au lieu de fers carrés de même superficie comme on le faisait autrefois. Les premiers sont beaucoup plus forts, beaucoup plus résistants.

Ainsi on a trouvé qu'une barre de fer méplate de $0^m,027$ de largeur sur $0^m,009$ d'épaisseur était aussi forte qu'une de $0^m,018$ en carré, quoique la superficie du rectangle qui forme la première barre, soit $0^m,000243$, ne soit que les trois quarts de la superficie du carré, soit $0^m,000324$, qui forme la grosseur de la seconde : d'où il résulte que la force des barres de fer est en raison de leur périmètre et non de la superficie de leur section, comme on serait tenté de le croire de prime abord.

L'avantage du fer méplat provient de ce que, à volume égal, il a plus de surface que le fer carré, et c'est ce qui fait sa force, car plus un fer reçoit la pression du marteau et plus il est résistant. Le martelage, en effet, allonge le fer en filaments qu'on appelle *nerfs,* tandis que le fer qui ne subit pas cette préparation est simplement *à gros grains.* Ce dernier est quinze fois moins fort que le fer à nerfs. Malheureusement les plus forts marteaux ne transforment les gros grains en nerfs, qu'à une profondeur maxima de $0^m, 0045$; il en résulte qu'un fer n'est tout nerf que si son épaisseur ne dépasse pas $0^m,009$. Nous ferons observer, en outre, que, dans les gros fers carrés, forgés sur les quatre côtés, l'action du marteau transforme les molécules du fer de grains en nerfs tant qu'il n'agit que sur deux surfaces opposées et parallèles ; il désagrége, au contraire, ces molécules lorsqu'on forge les deux autres côtés restants.

Nous devons encore observer qu'on n'emploie aujourd'hui que du fer étiré ; il ne vaut pas à coup sûr le fer martelé, mais il est préférable de beaucoup au fer à gros grains, car le fer étiré équivaut presque au fer martelé.

Maintenant que nous connaissons le fer que l'on doit employer pour les chaînes, nous allons passer en revue les différents modes de les assembler pour faire des chaînages solides et résistants.

Il y a quatre modes principaux d'assembler les chaînes ; ce sont : *l'as-*

semblage à crochets ou *à crampons*, *à charnières*, *à talons*, et *à moufles* ou *mentonnets*.

L'*assemblage à crampons* a été pratiqué à la Sainte-Chapelle du Palais à Paris par Pierre de Montereau.

Il se compose d'une série de pièces en fer dont un bout est une bague et l'autre un crochet.

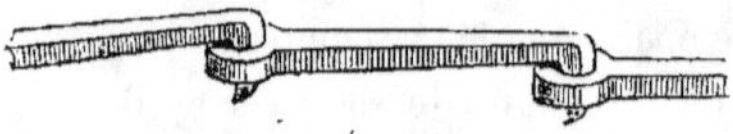

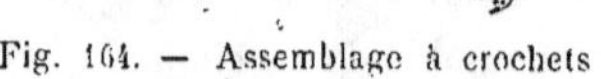

Ces pièces s'accrochent les unes aux autres comme le montre la figure 164. Cette chaîne est posée à la Sainte-Chapelle dans une rigole taillée dans le lit de l'assise ; elle est coulée en plomb.

Fig. 164. — Assemblage à crochets ou à crampons.

L'*assemblage à charnière* se compose, comme l'indiquent les figures 165,

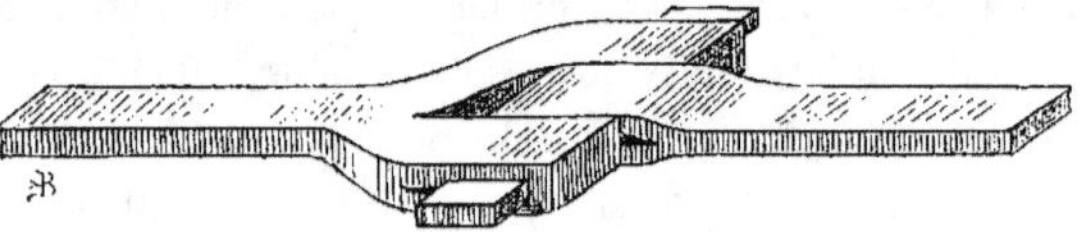

Fig. 165. — Assemblage à charnière avec boutons à clavette.

166, 167, 168 et 169, de deux barres de fer. L'extrémité de l'une de ces barres forme une fourche dans laquelle on insère le bout de l'autre.

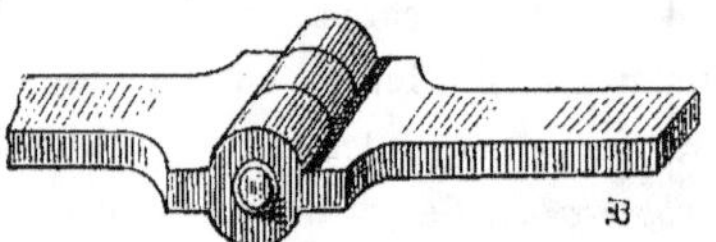

Fig. 166. — Assemblage à charnière avec boulon à vis.

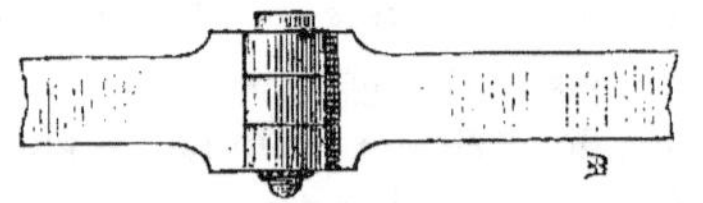

Fig. 167. — Assemblage à charnière avec boulon à vis.

On introduit dans le trou pratiqué dans les épaisseurs de ces fers un boulon à clavette (*fig.* 165), ou à vis (*fig.* 166 et 167), ou un double coin (*fig.* 168 et 169). Généralement on doit employer les doubles coins, parce qu'en les enfonçant avec force on fait bander la chaîne.

Dans le troisième assemblage (*fig.* 170 et 171) les extrémités des

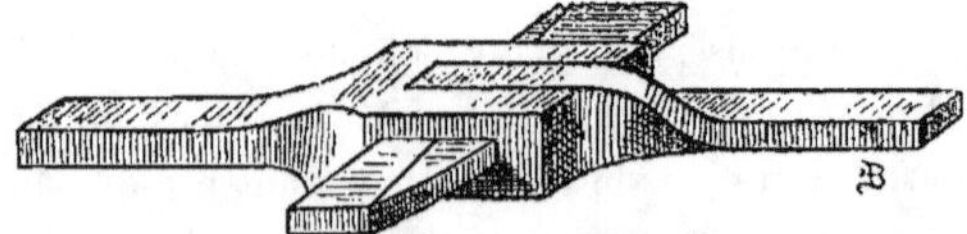

Fig. 168. — Assemblage à charnières avec double coin.

barres sont terminées par des talons tournés en sens contraire ; on tend la chaîne en introduisant des coins en fer entre les deux talons, et on maintient les barres réunies au moyen de brides *aa* placées au droit des talons.

Le dernier assemblage, celui à moufles, ne diffère du précédent qu'en ce que les talons sont plus forts comme on le voit par les figures 172 et 173. C'est ce dernier assemblage qui est le plus usité, seulement au lieu d'avoir des bagues bien faites comme celles que représente notre figure 173, on fait

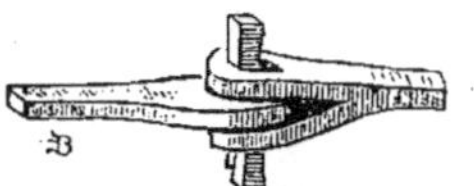

Fig. 169. — Autre assemblage avec double coin.

des bagues en fer méplat de 0ᵐ,04 à 0ᵐ,05 qui ne sont pas soudées.

Quelquefois on assemble les barres de fer de moindres dimensions par un

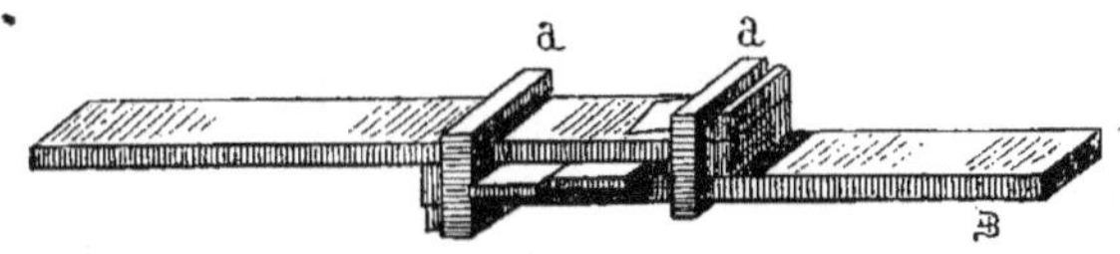

Fig. 170. — Assemblage par des coins en fer à l'aide de brides.

Fig. 171. — Assemblage à l'aide de coins et sans brides.

Fig. 172. — Assemblage à moufles.

Fig. 173. — Assemblage à moufle ou mentonnet.

Fig. 174. — Assemblage par un trait de Jupiter.

simple trait de Jupiter comme le montre la figure 174. Dans ce cas les brides sont des bagues rondes extérieurement, tandis que, à l'intérieur, elles épousent la forme des fers auxquels on les ajuste.

Après avoir vu la forme des fers qu'on doit employer pour les chaînes, ainsi que les divers assemblages, occupons-nous de la pose.

Il y a plusieurs manières de poser les chaînes, suivant que le bâtiment est isolé ou adossé à d'autres constructions. S'il est isolé, on chaîne les murs de face et de côté, et quelquefois même quand le bâtiment est très-important, on pose des chaînes en diagonales qui passent sous les planchers. Au contraire, si le bâtiment est adossé ou entre murs mitoyens, les chaînes ne sont généralement tendues qu'entre les murs de faces principales et postérieures. Cependant nous conseillons, dans tous les cas, de chaîner un bâtiment comme s'il était isolé. C'est mieux, car aujourd'hui il est adossé, et demain des causes d'incendie, de percement, de démolitions quelconques, peuvent l'isoler. Il est donc préférable d'adopter le meilleur mode de chaîner.

Chaque chaîne est terminée par un œil (*fig.* 175) dans lequel on introduit des ancres, que les ouvriers nomment *ancriaux*. On donne à ces ancres la forme d'un S ou d'un Y pour embrasser une plus grande surface de mur.

Dans bien des cas, on encastre les ancres dans l'épaisseur des murs pour ne pas nuire à l'effet des façades. C'est une pratique vicieuse : il vaut bien mieux laisser les ancres apparentes en dehors des murs de face.

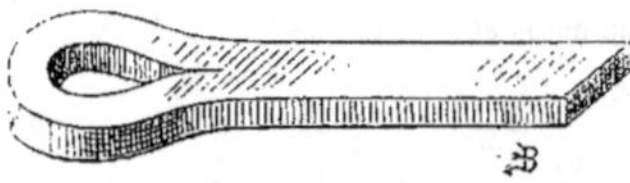

Ce mode offre beaucoup plus de solidité. Du reste, un architecte tant soit peu habile sait en faire un motif de décoration qui satisfait agréablement la vue, et qui ne nuit en rien à l'effet

Fig. 175. — Extrémité des chaînes recevant l'ancre.

des façades. Nous faisons cette observation pour les villas et les maisons de plaisance ; car pour les constructions rurales et les fabriques, la première condition c'est de faire solide et à bon marché.

L'utilité du chaînage dans les constructions neuves est incontestable, mais une expérience curieuse faite au Conservatoire des arts et métiers de Paris prouve que le chaînage peut être utilement employé dans les anciennes constructions, non-seulement pour maintenir les murs, mais pour les ramener dans leur aplomb primitif, s'ils s'en étaient écartés.

Par suite de divers changements faits à l'ancien prieuré de Saint-Martin des Champs pour l'approprier à sa nouvelle destination, on démolit des murs de séparation au-dessous d'une voûte très-surbaissée. Ces derniers avaient été construits de manière à soulager les voûtes du poids d'une immense cloison qui portait sur elles. Après cette démolition, la poussée des voûtes ne tarda pas à faire écarter les murs d'une manière très-sensible. Que fit-on pour arrêter le progrès du mal? On fit passer des chaînes qui traversaient la salle voûtée et qui sortaient de chaque côté en dehors des murs. Les extrémités des chaînes, qui passaient au travers de grands disques de fonte, étaient terminées d'un côté par un énorme boulon et de l'autre par une très-forte vis arrêtée par un écrou en forme de pentagone.

. Les chaînes mises en place, on serra les écrous à refus. On fit alors chauffer les chaînes à l'aide de réchauds; la dilatation produite par la chaleur allongeant les chaînes permit de serrer à nouveau les écrous. Dès qu'on enleva les réchauds, le métal en se refroidissant se raccourcit et entraîna forcément les murs. Cette opération, plusieurs fois répétée, ramena, d'après Blouet, ces murs dans leur aplomb primitif.

On peut, comme nous le verrons plus tard, employer utilement les tirants et les chaînes pour la construction des hangars, des combles et charpentes à grandes portées, notamment pour celle des granges.

Indépendamment des chaînes entières posées dans l'épaisseur des murs, on assujettit encore à l'extrémité des poutres des tirants ou *demi-chaînes* qui remplissent le même but, nous en avons donné des exemples lorsque nous avons parlé des planchers (Voir CHAPITRE II, *fig.* 46 et 47, pag. 69).

LINTEAUX. — Les *linteaux* sont des barres de fer placées en travers et au-dessus d'une baie; aujourd'hui on pose souvent dans les murs en moëllons

Fig. 176. — Crampons ou agrafes droits à queue de carpe.   Fig. 177. — Crampons coudés à queue de carpe.   Fig. 178. — Crampons à crochets.

ou en briques, au lieu de simple barre, des fers à T légèrement cintrés. On doit arrêter à leur extrémité les barres et les fers à T, car cette précaution les empêche de ployer, leur donne du raide et par suite ils supportent plus efficacement la charge.

On emploie les barres de fer pour supporter les claveaux de baies en pierre de taille, elles sont encastrées dans les claveaux formant plate-bande et scellées dans les pieds droits.

Les barres de fer forgées acquièrent une augmentation de force en raison directe de leur périmètre et en raison inverse de leur épaisseur, on doit tenir compte de ces données pour évaluer leur force.

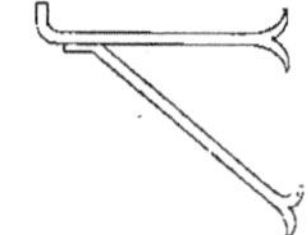

Fig. 179. — Consoles ou potences à scellement.

Dans la série des gros fers nous avons à mentionner les étriers que nous avons décrits plus haut; les *crampons* ou agrafes à scellement, qui servent à relier entre elles des parties de maçonnerie. Ces crampons sont *droits* ou *à queue* de carpe (*fig.* 176 et 177), coudés ou à crochets (*fig.* 178).

Les *consoles* ou *potences* qui sont scellées dans le mur (*fig.* 179) et qui servent à supporter les tablettes dans les cuisines, laiteries, fruiteries, etc.

Les *frettes* ou *colliers* qui servent à beaucoup d'usages. Elles ont leurs extrémités soudées pour les têtes de pilots et pilotis, mais on en fait aussi avec des oreilles qu'on réunit avec un écrou à vis (*fig.* 180).

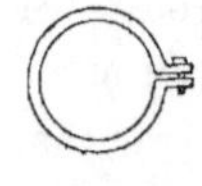

Fig. 180.
Frettes ou colliers avec un écrou à vis.

Les fers d'assemblage, comprenant les grilles, balcons, rampes d'escalier et paratonnerres. Nous ne parlerons que de la construction de ces derniers, car les autres objets se trouvent dans le commerce.

PARATONNERRES. — La construction des paratonnerres nécessite de grandes précautions, et il est bien rare que, dans les campagnes, les serruriers soient assez expérimentés pour les établir dans de bonnes conditions; il est même arrivé parfois qu'un vice de construction a amené l'incendie des bâtiments qu'ils devaient préserver de la foudre. Comme nos lecteurs le voient, la question mérite d'être étudiée avec soin, aussi nous allons résumer les meilleures instructions et considérations qui ont paru jusqu'à ce jour, nous prendrons successivement les différentes parties dont se compose un paratonnerre.

De la tige. — La tige est une barre de fer ronde amincie de sa base à son sommet, et dont la hauteur est subordonnée à la plus ou moins grande action qu'on veut obtenir du paratonnerre. Cette tige est assujettie par une fourchette sur les poinçons des charpentes (*fig.* 181). Cette tige possède dans sa partie inférieure *a* un fil conducteur qui descend jusqu'au sol et dont l'extrémité est terminée par un perfluide (*fig.* 182) qui renvoie la foudre dans l'eau ou dans un sol humide. Le fil conducteur est quelquefois une barre de fer de petite dimension, mais il vaut mieux employer une corde en fil de fer, car elle épouse mieux les courbes qu'on est obligé de parcourir et puis on la fait passer plus facilement partout. Dans les pays situés au bord de la mer et dans les phares, comme le fil de fer s'oxyderait rapidement, à cause des exhalaisons salines, on emploie comme conducteur des cordes en fil de laiton.

Fig. 181. — Tige de paratonnerre.

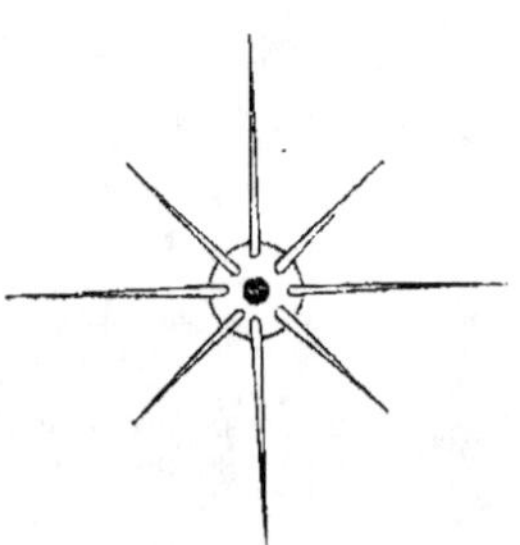

Fig. 182. — Perfluide.

Dans l'installation d'un paratonnerre on doit rigoureusement observer trois points principaux :

1° Que l'extrémité de la tige soit une pointe bien aiguë; 2° que le conducteur soit en contact avec le sol, et cela à une assez grande profondeur; 3° qu'il n'y ait aucune solution de continuité de la tige du paratonnerre au perfluide. L'inobservance de ces règles peut amener de très-grands dangers.

Si la pointe était émoussée le tonnerre au lieu d'être soutiré frapperait directement la tige et pourrait la détruire, et par suite incendier l'édifice.

Si le conducteur n'était pas en contact avec le sol, ou s'il existait sur son parcours des solutions de continuité, le fluide électrique pourrait s'arrêter sur un point d'interruption et occasionner autant de dégats que si le paratonnerre n'existait pas.

Généralement la tige d'un paratonnerre d'un bâtiment de quelque importance mesure 9 à 10 mètres de hauteur. D'après des calculs très-exacts, il est prouvé qu'un paratonnerre peut garantir des atteintes de la foudre un espace circulaire d'un diamètre double de sa hauteur.

La tige d'un paratonnerre se compose (*fig.* 181) de la barre de fer rond *b,* d'une tringle de laiton vissé à l'extrémité de la tige en fer *d,* enfin d'une pointe en platine vissée au point *c.* Comme le platine est fort cher on fait aujourd'hui les pointes de paratonnerre en cuivre rouge qu'on visse sur la barre de fer; dans ce cas, elles ont la forme de notre figure 183.

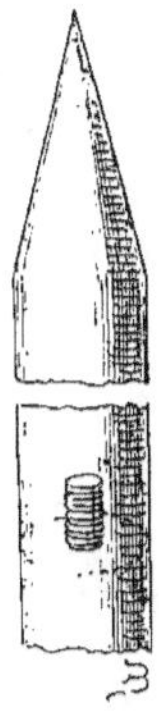

2° *Du conducteur.* — Suivant Arago c'est de la bonne construction et de la bonne disposition du conducteur que dépend *principalement l'action préservatrice des paratonnerres.*

Un rapport à l'Académie des sciences formulait ainsi les deux règles fondamentales de la construction des conducteurs (1) :

Fig. 183.
Pointe de paratonnerre
en
cuivre rouge.

« 1° Les conducteurs doivent présenter partout une section suffisante pour offrir un écoulement suffisant à la matière fulminante.

« 2° Ils doivent être continus et sans lacune depuis la pointe de la tige jusqu'au réservoir commun. »

Si un édifice possède plusieurs paratonnerres il est indispensable d'établir entre eux une liaison entre les pieds des tiges de tous les paratonnerres, à l'aide de barres de fer ou de cordes en fil de fer courant le long du faitage. La communication du conducteur avec le sol doit être établie, nous l'avons déjà dit, avec le plus grand soin ; si on possède dans le bâtiment un puits intarissable, il suffira d'y faire plonger le conducteur avec son perfluide, si on n'a pas sa disposition un puits, un trou de sonde poussée jusqu'à la couche d'eau permanente suffira pour noyer la foudre. Enfin si le terrain était

---

(1) Voy. *Instructions sur les paratonnerres,* adoptées par l'Académie des sciences le 23 avril 1828, pag. 93.

très-sec on pourrait utiliser la marc à fumier, mais dans ce cas, il faudrait que le conducteur arrivant à terre fût noyée dans de la braise de charbon de bois ; on fait même dans les pays secs des puits de glaise, ayant au centre du charbon pour remplacer les puits d'eau.

Liaison du conducteur et de la tige. — « Au bas de la tige (1), à 0^m,08 du toit, est une embase soudée au corps même de la tige et destinée à rejeter l'eau de pluie qui coulerait le long de la tige (*fig.* 181, *c*).

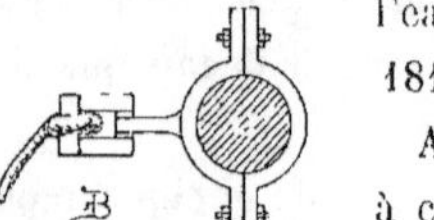

Fig. 184. — Collier brisé à charnière avec bague pour attacher les cordes des paratonnerres.

Au-dessus de l'embase, la tige reçoit un collier brisé à charnière portant deux oreilles (*fig.* 181, *a*) entre lesquelles on serre l'extrémité du conducteur.

« Lorsqu'on emploie pour conducteur une corde métallique, on la relie à la tige du paratonnerre en la pinçant fortement au moyen d'un boulon entre les deux oreilles d'un collier, lesquelles sont un peu concaves et hérissées de quelques pointes pour mieux embrasser et retenir la corde. »

Nous avons préféré faire une sorte de bague dans laquelle nous avons fait passer la corde que nous avons liée fortement avec du fil de fer (*fig.* 184) ; le procédé donné par l'Académie ne nous paraît pas donner une garantie suffisante car la foudre pourrait détacher la corde qui n'est que pincée entre les oreilles d'un collier.

Les conducteurs suivent le faîtage ou courent sur le versant de la couverture ; dans ces deux cas ils sont retenus par des crampons coudés à fourchettes dans lesquels ils sont retenus par des goupilles rivées (*fig.* 185). Autrefois on mettait des isolateurs en porcelaine ou encore à chaque crampon, aujourd'hui on a reconnu qu'ils sont complétement inutiles. Les crampons sont espacés de 3 mètres les uns des autres.

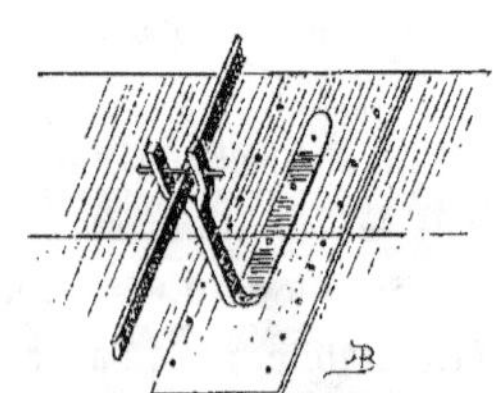

Fig. 185. — Crampon coudé à fourchette.

On doit avoir soin de visiter les paratonnerres et leurs conducteurs au moins une fois par an.

Il arrive parfois que la construction d'une charpente ne permet pas de poser les paratonnerres comme nous l'avons indiqué (*fig.* 181), parce que le poinçon trop court a d'un côté une pièce de bois. On couderait alors la fourchette comme le montrent nos figures 186 et 187, qui montrent la coupe et la face de la disposition que nous venons de signaler.

---

(1) Ces détails sont empruntés à l'*Instruction sur les paratonnerres*, adoptée par l'Académie des sciences, le 23 avril 1863.

Nous terminerons ce que nous avons à dire sur la serrurerie en nous occupant des petits fers, ou quincaillerie. Ces fers sont de quatre sortes, les appareils de suspension, ceux de fermeture, ceux de consolidation, et ceux d'assemblage.

1° *Les appareils de suspension* ; ce sont d'abord les pentures. Elles sont droites ou coudées ; on les fixe avec des clous ou des vis ; l'œil de ces pen-

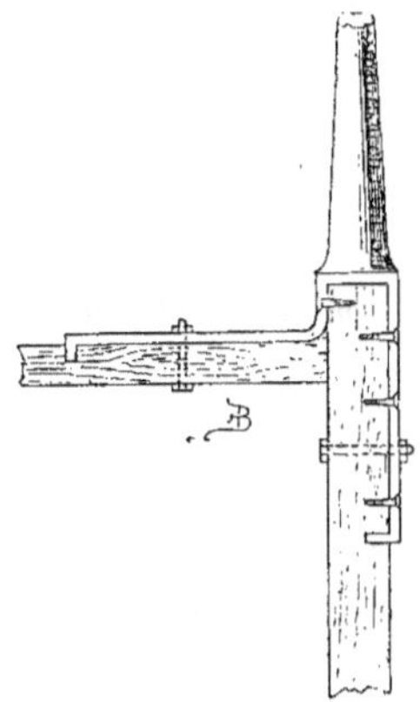

Fig. 186. — Fourchette coudée pour paratonnerre (Coupe).

Fig. 187. — Fourchette coudée pour paratonnerre (Vue de face).

tures (*fig.* 188) s'engage dans le paneton des gonds, ces derniers sont à pointe (*fig.* 189) ou à scellement (*fig.* 190). Ce sont ensuite les paumelles, sorte de pentures qu'on pose en hauteur au lieu de les placer horizontalement,

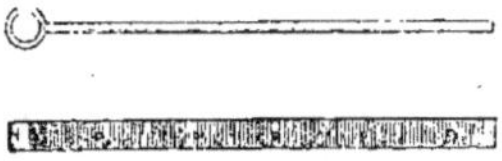

Fig. 188. — Pentures (Appareils de suspension).

Fig. 189. — Gond à pointes.

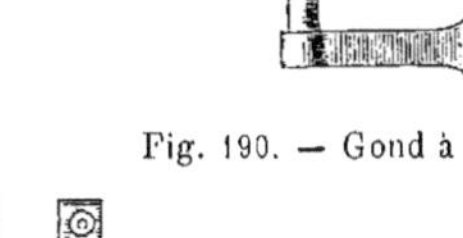

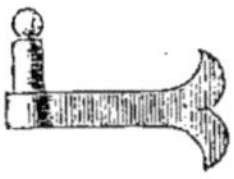

Fig. 190. — Gond à scellement.

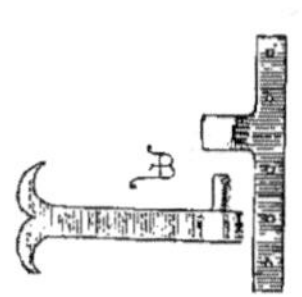

Fig. 191. — Paumelle à simple T.

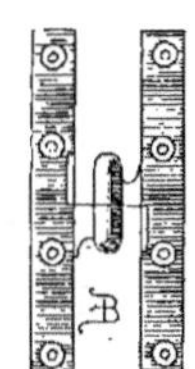

Fig. 192. — Paumelle double.

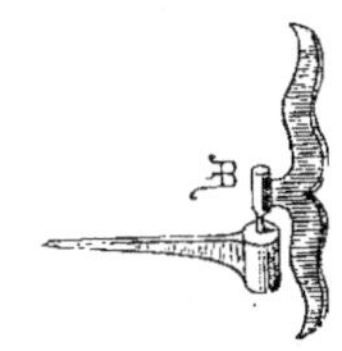

Fig. 193. — Paumelle simple en S.

parmi celles-ci on distingue : les paumelles à simple T (*fig.* 191), celles doubles (*fig.* 192), et les paumelles simples en S (*fig.* 193). Il en existe aussi en S double, enfin il y a des fiches servant à la suspension des portes légères et des croisées ; elles sont *à broches, à nœuds, à vase, à gonds,* etc. : elles sont toutes dans le commerce, nous ne les décrirons pas, enfin les charnières à un et deux coqs et les charnières pour volets brisés (*fig.* 194).

Un appareil de suspension des plus utiles pour les grandes portes lourdes et pesantes telles que granges, remises, barrières, etc., c'est le pivot, cet appareil est généralement en équerre renforcé, le pivot du haut (*fig.* 195) a un goujon qui encastré dans le haut de la baie et le pivot du bas, tourne dans une crapaudine placée dans le sol (*fig.* 196).

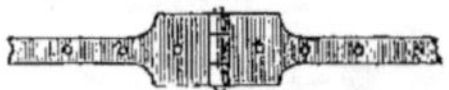

Fig. 194. — Charnière pour volets brisés.

2° *Les appareils de fermeture* sont aussi fort nombreux : ce sont les *cadenas, serrures, verrous, crochets, éclanches* ou *loquets, tourniquets, bascule* ou *fléau, crémones,* etc. Nous ne parlerons pas du tout des uns puisqu'ils

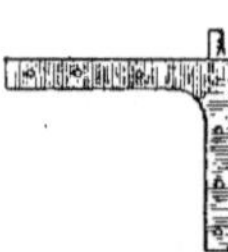
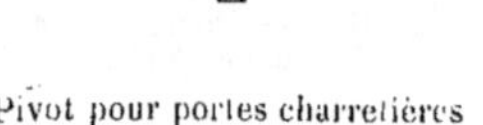
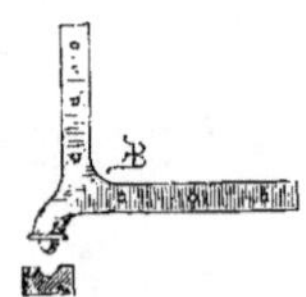

Fig. 195 — Pivot pour portes charretières (partie haute).

Fig. 196. — Pivot pour portes charretières (partie basse).

sont dans le commerce, et nous décrirons les autres, en temps et lieu à propos des ferrures de portes ou de fenêtres, nous nous contenterons de donner ici deux modèles de *loqueteaux* qui peuvent être très-utiles.

Les loqueteaux sont des espèces de verrous à ressort qu'on manœuvre

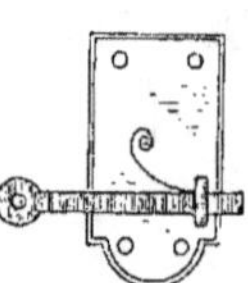
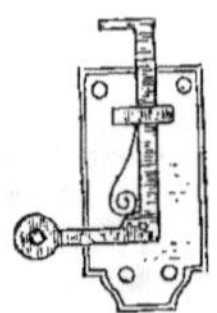

Fig. 197. — Loqueteau droit.

Fig. 198. — Loqueteau coudé.

avec une corde de tirage. Suivant la position qu'ils doivent occuper, ils sont de deux sortes : ils sont droits (*fig.* 197) ou coudés (*fig.* 198). Ils servent à la fermeture des volets, persiennes et armoires, et ne servent que dans des positions inaccessibles à la main.

3° *Les appareils de consolidation* sont des plates-bandes en fer plat ou en forte tôle que l'on encastre dans le bois, les principaux sont les *équerres doubles* et *simples* (fig. 199 et 200) ensuite les brides pour serrures, tuyaux, etc.

4° Enfin *les appareils d'assemblage* sont *les vis à tête ronde* ou *fraisée*, les

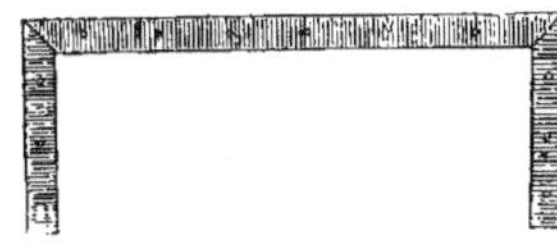
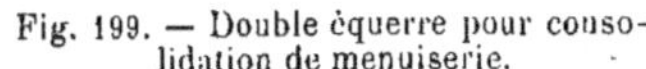

Fig. 199. — Double équerre pour consolidation de menuiserie.

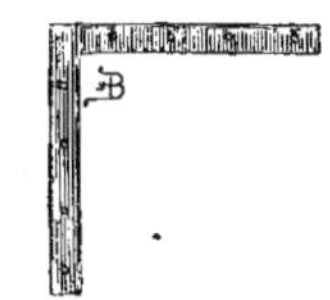

Fig. 200. — Équerre simple pour consolidation de menuiserie.

crochets, pattes, boulons à vis, à écrou, à clavette, les broches, têtes d'épingles,
clous, pointes, rappointis, etc.

PEINTURE.

La peinture de bâtiment est destinée à conserver ou décorer certaines
parties de la construction, soit des surfaces de maçonnerie, de bois, fer, etc.

On emploie à cet effet des substances mucilagineuses qui en durcissant à
l'air préservent des influences atmosphériques les matériaux sur lesquels,
elles sont appliquées.

La peinture est une des dernières opérations pratiquées dans un bâtiment,
elle sert à l'achever et à le compléter ; malheureusement dans les constructions rurales, on néglige trop son emploi ; cependant au point de vue de la
salubrité, de la propreté et de la conservation, il est indispensable de
badigeonner les murs et peindre les menuiseries, tant intérieures qu'extérieures.

Deux raisons sont cause que, dans les campagnes, on ne fait pas de la
peinture ; la première c'est que son prix de revient est assez élevé et une
économie mal entendue fait qu'on s'en prive, la seconde c'est que si l'entrepreneur de peinture n'est pas consciencieux on dépense beaucoup pour
obtenir un mince résultat ; nous conseillons donc à ceux qui construisent
de faire eux-mêmes leurs préparations afin de ne pas être trompés. Aussi
nous ne craindrons pas d'entrer dans d'assez longs détails à ce sujet afin que
nos lecteurs puissent eux-mêmes être leur propre peintre s'ils le désirent.

DES SUBSTANCES EMPLOYÉES. — Les matières colorantes employées généralement dans la peinture de bâtiments sont des composés métalliques réduits
en poudre, puis mis en pâtes par des substances plus ou moins liquides qu
les font adhérer aux parois sur lesquelles on les applique. Suivant la composition des mélanges, la peinture prend différents noms ; on la désigne sous
le nom de *peinture à l'eau, à la colle, à la détrempe, à l'huile, à la cire, au*

vernis, au vinaigre, au lait, au sable, grès, etc. ; mais avant d'appliquer ces modes de peintures il faut préparer les surfaces.

PRÉPARATIONS DES SURFACES. — Pour obtenir de la peinture solide, il faut avant toute application sur les murs faire différentes opérations, qui sont : *l'époussetage, l'égrainage, le grattage, le mastiquage, le rebouchage, l'enduit, et le ponçage.* Il n'est pas nécessaire de pratiquer toutes ces opérations, mais suivant les cas, on fait l'une ou l'autre séparément ou simultanément, et toutes si les travaux sont très-soignés.

Époussetage. — Après s'être assuré que les murs sont bien dressés et bien unis, c'est-à-dire après avoir reconnu qu'ils n'ont pas de trace d'aspérités, on doit les épousseter pour enlever la poussière, les toiles d'araignée, etc. C'est cette opération qu'on nomme *époussetage.*

On procède ensuite à *l'égrainage* qui consiste à frotter au papier de verre les enduits en plâtre neufs pour en lisser la surface et la rendre plus propre à recevoir la peinture ; on se contente bien souvent avec un instrument appelé *grattoir* de râcler les enduits, c'est ce qu'on nomme *grattage.* Avec le même instrument on détruit les vieilles peintures à la colle ou à l'huile après avoir brûlé celles-ci. On pratique cette dernière opération à l'aide d'un réchaud garni de charbon incandescent qui chauffe les peintures jusqu'au moment où elles se boursouflent. On a remplacé aujourd'hui le réchaud par des lampes à l'esprit de vin, mais comme le prix de l'alcool tend toujours à augmenter il est plus économique d'employer le réchaud à charbon. Les opérations que nous venons d'indiquer étant faites, on donne une couche d'impression, c'est-à-dire qu'on revêt la surface d'une couche très-maigre composée d'essence, d'huile et de céruse, après quoi on procède au masti-quage, c'est-à-dire que souvent on enduit les murs avec une couche de mastic qu'on étale avec un large couteau. Quand le mastic a suffisamment durci, on rebouche les trous ; enfin on procède au *ponçage.* Cette opération, qui peut se pratiquer à plusieurs reprises, consiste à frotter avec la pierre ponce des blancs d'apprêt ou des fonds d'impression, pour les adoucir et les rendre unis, en faisant disparaître les grains de couleur, les poils et trous laissés ou occasionnés par la brosse. Quelquefois on humecte la pierre ponce avec de l'essence ou de l'esprit de vin pour poncer les fonds à l'huile, les adoucir et les rendre unis ; mais on n'exécute guère ce travail que sur les teintes dures que l'on doit couvrir d'or.

De toutes les opérations que nous venons de décrire, on n'utilise dans les constructions rurales que l'époussetage, l'égrainage et quelquefois les enduits ou mastiquages.

Le mastic est fait avec du *blanc de Meudon,* ou de la *craie* qu'on triture à la colle ou à l'huile suivant le mode de peinture adopté ; pour la peinture à l'huile soignée, le mastic est fait avec de l'huile et du blanc de céruse, qui ne jaunit pas comme le blanc de Meudon.

Quand les menuiseries sont recouvertes de minces couches de peintures, au lieu de les brûler, on se contente de les lessiver, soit à l'eau de potasse (1), soit avec une forte lessive obtenue en faisant bouillir des cendres avec de l'eau.

Préparation des couleurs. — Toutes les couleurs se trouvent dans le commerce de la droguerie, soit en poudres soit liquides, ou plutôt à l'état de pâte.

Celles qui sont en poudre ont généralement subi une première opération.

Pour s'en servir il faut les réduire à l'état de pâte liquide en les broyant sur le marbre à l'aide d'une molette, et en les arrosant avec de l'eau ou avec de l'huile, suivant que le broyage a été fait avec l'un de ces liquides ou avec l'autre.

Une fois les couleurs broyées, on les met dans un pot de grès vernissé, ou mieux dans un *camion* (sorte de pot en fer-blanc muni d'une anse) et pour les liquéfier au point de pouvoir les étaler au pinceau, on ajoute de l'huile. Ce mélange s'opère à l'aide d'une brosse que l'on fait tourner rapidement en roulant le manche entre les mains.

Composition des couleurs. — Le mélange des couleurs demande beaucoup de savoir pour obtenir des résultats frais et brillants. L'assemblage bizarre de certaines couleurs que l'on rencontre fréquemment dans les constructions provient de l'absence de goût, de l'ignorance de ceux qui commandent les travaux de peinture.

Nous ne pouvons entrer ici dans trop d'explications, car il faudrait faire un cours d'esthétique et enseigner la théorie de la couleur et de la lumière pour donner à nos lecteurs un aperçu sur la matière ; aussi nous n'essayerons même pas d'effleurer ce grave sujet ; nous nous bornerons à donner quelques règles générales et à indiquer les principaux mélanges, laissant le surplus de la tâche, au goût de chacun.

Parmi les couleurs, on distingue les couleurs simples et les couleurs composées; les premières sont : *le blanc, le jaune, le rouge, le bleu,* et *le noir ;* avec celles-ci on compose les nuances les plus variées, puisque avec du bleu, du jaune et du blanc, on peut faire dix-huit cents tons différents de vert, dont la gamme non interrompue part du vert le plus tendre pour

---

(1) L'eau de potasse ou *eau seconde* s'obtient en faisant dissoudre 4 kilogrammes de potasse dans 5 litres d'eau chaude, on ajoute au mélange quand il est refroidi environ 12 litres d'eau ; on ne doit employer pour lessiver que des vieilles brosses, car l'eau seconde brûle la soie des pinceaux.

aboutir successivement et sans différence appréciable au vert le plus intense, à un vert noir, au vert bouteille.

Les couleurs composées résultent du mélange des couleurs simples.

BLANC. — On obtient le blanc avec plusieurs matières, la céruse, le blanc de zinc, de plomb, le blanc d'Espagne, etc.

JAUNE. — Les terres d'Italie, les ocres, la gomme-gutte fournissent le jaune.

ROUGE. — Les matières qui le fournissent sont fort nombreuses, le sulfure de mercure donne le vermillon, ou le cinabre, le rouge de Mars, de Prusse, etc.

Certaines ocres donnent aussi cette couleur.

BLEU. — Les bleus sont fort nombreux ; ce sont : le bleu de Prusse, d'outre-mer, le bleu minéral, le bleu céleste, le cobalt, etc.

NOIR. — On obtient le noir par la carbonisation des os, *noir d'os ;* par le charbon du sarment de la vigne, *noir de vigne,* etc.

Nous voudrions bien pour les couleurs composées indiquer la proportion des mélanges, mais suivant les tons qu'on veut obtenir, les données sont tellement différentes que crainte d'induire en erreur, nous indiquerons dans bien des cas simplement les mélanges ; mais il est clair que si l'on veut obtenir des tons intenses on devra charger avec la base foncée ou employer au contraire la base claire si le peintre veut obtenir des tons pâles.

VERT. — Les verts, comme nous venons de le dire, sont fort nombreux ; on les obtient par le mélange des bleus et des jaunes, mais il existe dans le commerce des verts tout fabriqués, tels que le *vert de Scheele,* le *vert d'eau, de mer,* le *vert de pré* (*arséniate de cuivre,* substance fort dangereuse), etc.

BRUN. — *La terre de Cassel, de Cologne, le bistre, la terre d'ombre,* etc. Suivant les bruns qu'on veut obtenir on ajoute différentes couleurs, et on a de cette façon des bruns rouge, vert, marron, chocolat, etc.

GRIS. — Blanc et noir, bleu de Prusse, mélangés dans toutes sortes de proportions.

JAUNES. — Ceux-ci sont fort nombreux, ils s'obtiennent : le *jaune d'or* avec du blanc et du jaune de chrôme, ou bien, avec du jaune minéral et du vermillon ; le *jaune citron,* avec très-peu de bleu de Prusse et du jaune de chrôme ; le *soufre,* avec du bleu de Prusse et du jaune minéral et du blanc ; le *serin,* par du jaune minéral pur ; le *jonquille,* avec cinq parties de blanc, une partie de jaune de chrôme ; le *jaune paille,* avec quarante parties de blanc et une partie de jaune de chrôme ; le *chamois,* blanc trente parties, jaune de chrôme une partie, vermillon une partie ; le *chamois foncé,* blanc dix parties, terre de Sienne une partie ; le jaune *ton de pierre,*

blanc quinze parties, ocre jaune une partie ; *nankin*, blanc quarante parties, rouge de Prusse une partie, ocre jaune une demi-partie.

CRAMOISI. — Carmin et vermillon.

LILAS. — Blanc, laque carmin, bleu de Prusse.

AMARANTHE. — Bleu, rouge, laque carmin, blanc.

Il existe encore beaucoup d'autres nuances, mais comme elles sont moins
en usage dans les constructions rurales à cause de leur prix élevé nous
n'en parlerons pas.

PEINTURES A L'EAU. — Les peintures à l'eau sont : le *lait de chaux* et le
badigeon.

Le *lait de chaux* s'obtient par l'immersion de chaux grasse dans de l'eau,
on délaie ensuite cette chaux éteinte dans une plus grande quantité d'eau,
on laisse reposer le mélange quelques heures ; puis avec une brosse em-
manchée au bout d'un bâton, on blanchit les murs intérieurs et extérieurs.

Le *badigeon* est un lait de chaux avec addition de pierre tendre réduite
en poudre ; si l'on désire une teinte très-chaude, on ajoute de l'ocre jaune.
Le badigeon s'emploie aux mêmes usages que le lait de chaux.

Pour enlever la crudité à ces sortes de peinture, on fait dissoudre du
noir de fumée dans du vinaigre, et, on l'additionne au lait de chaux ou au
badigeon. Généralement, on donne plusieurs couches de ces peintures,
mais au moins deux ; dans ce cas, la première est passée verticalement et
la seconde horizontalement. Pour augmenter, l'adhérence du lait de chaux
et du badigeon, on fait dissoudre un kilogramme d'alun pour vingt-cinq
litres de couleur.

PEINTURE EN DÉTREMPE OU A LA COLLE. — La peinture *en détrempe*, dite aussi
à la colle, consiste dans l'emploi de couleurs broyées seulement à l'eau et
détrempées dans de la colle de Flandre ou de peau.

La colle de Flandre ou la colle forte, se fabrique au moyen de la gélatine et
de l'eau, on fait dissoudre 60 grammes de cette substance par litre d'eau.

On obtient la colle de peau, en faisant bouillir quelques heures dans de
l'eau des rognures de peaux d'animaux. Après quatre à cinq heures d'ébullition et le refroidissement du liquide, on obtient une pâte gélatineuse d'une
grande consistance. Cette colle, qui est très-économique, peut se conserver
plusieurs mois si on la tient renfermée dans une cave ou dans un lieu frais ;
la chaleur au contraire au bout de quelques jours la décompose, et, ainsi employée, non-seulement elle ne vaut rien, mais encore elle répand une odeur
infecte.

Pour se servir des colles, on les délaie avec de l'eau chaude et on détrempe
la couleur, de manière à ce qu'elle file au pinceau. L'eau collée doit être
employée dans une certaine proportion avec la couleur, parce qu'un excès de

colle fonce la couleur et fait écailler la peinture; si au contraire le mélange n'est pas assez chargé en colle, la peinture ne tient pas.

On emploie la peinture à la colle à une chaleur modérée, car trop chaude elle ne couvrirait pas les surfaces et froide elle ne prendrait pas également.

Quand on donne plusieurs couches, la première peut être plus chargée en colle que les autres, mais on doit avoir soin de n'appliquer la deuxième couche, qu'autant que la première est parfaitement sèche.

Le blanc de craie forme la base de la peinture à la colle, on ajoute à celui-ci les matières colorantes pour obtenir les tons qu'on désire.

On n'utilise guère la peinture en détrempe que pour les plafonds, corniches, et les parties de mur situées au-dessus de la portée de l'homme, car les soubassements, stylobates, plinthes, menuiseries, etc., doivent toujours être peints à l'huile.

PEINTURE A L'HUILE. — Dans cette peinture, les couleurs sont broyées à l'huile; ce mode de peindre est le plus solide de tous; on emploie des huiles végétales telles que l'huile de noix, de lin, d'œillette, qu'on mélange avec de l'essence de térébenthine pour les rendre plus liquides et de l'oxyde de plomb (litharge) pour les rendre plus siccatives; on emploie aussi dans ce but des poudres appelées *siccatifs*.

La base de la peinture à l'huile est le blanc de céruse et surtout le blanc de zinc.

Malheureusement le blanc de céruse est très-falsifié, il est mélangé le plus souvent avec du blanc d'Espagne ou de Meudon, ce qui en diminue considérablement la valeur. Il est des caractères auxquels on peut reconnaître cette falsification. Après l'analyse chimique qui est le moyen le plus sûr, on reconnaît qu'une céruse a été sophistiquée :

1° Quand mouillée elle ne happe pas l'eau comme le blanc d'Espagne ;

2° Quand humectée d'eau, elle ne change pas de couleur, comme les blancs de craie qui deviennent gris ;

3° A son poids, car elle est plus lourde que la craie.

Enfin quand la peinture n'est pas faite avec de la céruse pure, quelques mois après son application, les tons blancs, gris, ou nuances pâles poussent au noir assez rapidement; mais ce moyen ne permet que de constater tardivement la fraude; il vaut donc mieux avoir recours aux moyens précédents ; du reste avec un peu d'habitude, on peut reconnaître dans les peintures la présence de la craie, car avant leur durcissement complet, si on les frotte avec le doigt, on détache comme un ruban celles qui ne sont pas faites à la céruse pure.

PEINTURE D'IMPRESSION. — Avant de coucher les bois, fers, etc., qu'on veut peindre, on leur donne en général ce qu'on nomme une *couche d'impression*.

La matière employée pour la peinture d'impression est le brun Van-Dyck, le *minium* ou oxyde de plomb pour le fer ; pour la menuiserie et les bois, c'est de l'huile dans laquelle on met très-peu de couleur.

On doit donner au bois trois couches, c'est-à-dire, une d'*impression,* une couche de *couverte* et une de *lissage.*

Pour donner aux peintures à l'huile du glacé, du brillant, on les vernit. Les vernis sont fort nombreux comme qualité ; ils sont blanc, brun pâle ou foncé ; on les trouve tous dans le commerce.

Quand on veut conserver au bois sa couleur naturelle et montrer le dessin de ses fibres, quand on veut en un mot laisser le bois apparent, on commence par l'enduire d'une couche d'huile, et lorsque celle-ci est bien sèche, on vernit par-dessus.

Pour lui donner plus de couleur, on mélange quelquefois à l'huile, mais en très-petite quantité des terres colorantes, pour le sapin une pointe de terre de Sienne, pour les bois rouges de l'ocre rouge, pour les bois foncés de la terre de Cassel ou de Cologne. Quelquefois avant de coucher les bois à l'huile on les passe avec les terres que nous venons d'énumérer dissoutes préalablement dans l'essence ; c'est ce qu'on nomme un *glacis.* Quand celui-ci est sec, on donne la couche à l'huile.

PEINTURE AU GOUDRON. — Dans quelques localités, pour préserver le fer, la maçonnerie et surtout le bois, principalement pour les chalets, on emploie du goudron végétal (voir page 113 la description de cette substance), mais nous devons ajouter qu'on n'utilise guère cette peinture que pour des bâtiments temporaires, pour des appentis et hangars, docks et entrepôts, car la couleur foncée presque noire de cette peinture la fait rejeter pour des bâtiments plus importants.

PEINTURE MIXTE. — Sous ce nom, on exécute une peinture économique, qui consiste à donner une couche d'impression à la détrempe, puis une couche ou deux à l'huile. Ce mode de peindre, qui n'est bon que pour l'intérieur, fait de très-beaux plafonds ou revêtements de murs. Il donne une économie sensible sur la peinture faite exclusivement à l'huile.

PEINTURE EN DÉCOR OU A LA CIRE. — Cette peinture est employée pour imiter le bois, marbre, etc.; elle consiste à détremper à chaud les couleurs au moyen d'une dissolution de cire dans de l'essence de térébenthine. Cette peinture sèche très-rapidement puisque par un temps chaud et sec, on peut la vernir une heure après l'avoir couchée.

PEINTURE A L'ENCAUSTIQUE. — On utilise pour les carreaux et parquets une sorte de peinture à l'encaustique. Voici comment on procède. Après les avoir lavés et nettoyés, on passe les parquets et carreaux avec une dissolution de couleur à l'eau, à l'huile ou à l'essence ; quand cette couleur est sèche on applique la couche de cire ou encaustique. Pour obtenir celle-ci, on fait fondre à chaud, à un feu doux, dans dix litres d'eau, 1 kilogramme de cire jaune et 125 grammes de savon. Quand la dissolution est faite on agite le mélange en l'additionnant avec 60 grammes de tartre ou de bicarbonate de potasse. Cette mixtion refroidie, on l'étale sur le parquet avec un balai de crin, dès qu'elle est séchée on peut frotter avec une brosse à cirer, et passer le chiffon de drap pour terminer l'opération et donner le dernier poli ou brillant.

PEINTURE AU VERNIS. — Au lieu de détremper les couleurs à l'eau ou à l'huile, on le fait avec du vernis. Cette peinture est fort peu usitée aujourd'hui; elle ne sert que pour des usages très-limités. On emploie les vernis à l'esprit de vin ou à l'huile.

PEINTURE AU VINAIGRE. — On n'emploie ce genre de peinture que pour les soubassements de couleur, qu'on fait dans les pièces peintes à la détrempe. On délaye du noir de fumée, de l'ocre ou autres terres colorantes dans du vinaigre, puis on ajoute de l'eau et l'on couche.

Pour les plaques de cheminée, poêles, fourneaux en fonte, on délaye de la plombagine dans du vinaigre, on passe cette mixtion, et, quand elle est sèche, on frotte avec une brosse à soie assez courte pour faire briller.

PEINTURE AU LAIT. — Cette peinture a été inventée au commencement du siècle par Cadet de Vaux. Nous donnons d'après lui son mode de fabrication (1). « Pour la peinture destinée à être employée à l'intérieur, on éteint 200 grammes de chaux en la plongeant dans l'eau et la retirant de suite; on l'expose à l'air pour qu'elle s'y effleurisse et se réduise en poudre; on la met alors dans un vase dans lequel on verse assez de lait pour faire une bouillie claire; on introduit alors 125 grammes d'huile d'œillette (ou de lin ou de noix), en la versant peu à peu et en remuant avec une spatule en bois; on ajoute du lait (la quantité totale est de 2 litres) et 2,500 grammes de blanc de craie en poudre. On délaye le tout avec soin. »

On peut aussi employer cette peinture à l'extérieur. Dans ce cas, aux proportions ci-dessus, on ajoute 60 grammes en plus de chaux, 60 grammes de poix de Bourgogne et autant d'huile; on fait fondre la poix dans l'huile à l'aide d'une douce chaleur, après quoi on la mêle avec le lait de chaux.

Cadet de Vaux nous informe en outre que le lait doit être écrémé, qu'il peut être caillé et même tourné, mais non aigri.

Pour colorer cette peinture, on ajoute des ocres, des noirs et autres poudres broyées à l'eau.

---

(1) *Mémoire sur la peinture au lait,* par Cadet de Vaux, une broch. in-8° de 8 pages, an IX. Paris.

Peinture au sable ou au grès. — On applique cette peinture aux charpentes exposées aux intempéries de l'air. Voici son mode d'application. On passe une première couche de peinture à l'huile, qu'on saupoudre avec du sable fin et d'un grain bien égal. La première couche sèche, on couche une deuxième et une troisième fois, suivant l'épaisseur qu'on veut donner à cet enduit. Nous devons dire aussi qu'après chaque couche, on doit balayer avec une brosse rude, tout le sable qui n'adhère pas à la peinture.

Au lieu de sable, on peut employer du grès tamisé dans un crible bien fin.

Les revêtements de cette peinture sont très-durs, et protégent fort bien les bois contre les fâcheuses influences des variations atmosphériques. Nous recommandons cette peinture, surtout pour les bois blancs.

Peinture au sérum du sang. — Cette peinture s'applique à l'intérieur comme à l'extérieur des constructions ; elle donne une belle couleur de pierre et elle résiste assez bien aux influences atmosphériques. Pour fabriquer cette peinture, on délaye de la chaux en poudre dans le sérum du sang, jusqu'à ce que le mélange soit assez consistant pour s'attacher au pinceau. Le sérum se corrompant très-promptement, on ne doit préparer que peu de peinture à la fois et l'employer immédiatement. On obtient le sérum du sang en mettant celui-ci dans un endroit frais, où on le laisse reposer trois ou quatre jours, après lesquels on décante le sérum pour le séparer des caillots de sang, on le filtre ensuite à travers un linge fin. Le sérum pur est presque incolore.

VITRERIE.

Dans le précédent chapitre, page 35, nous avons parlé du verre, de ses qualités et de ses défauts, nous n'avons donc à nous occuper ici que de sa pose.

On commence par couper suivant les dimensions voulues, les feuilles de verre à l'aide d'un diamant qu'on promène le long d'une règle plate. La coupe faite, on pose les carreaux dans les feuillures des châssis, cadres, baies, qu'on veut vitrer. On les fixe avec des pointes sans tête dans le bois, et, avec des petits coins de bois dans le fer, qu'on a percé auparavant, après quoi on mastique avec du mastic de vitrier, dont nous avons donné la composition page 22 ; on peint le mastic du même ton que le châssis qui a reçu le carreau ; enfin comme dernière opération, on nettoie les vitres pour effacer les traces des mains et des corps gras. On emploie souvent à cet effet du blanc de Meudon.

TENTURE.

On appelle *tenture* le revêtement des parois intérieures d'une habitation. On peut faire ce revêtement en cuir, en étoffe et en papier. Ce dernier mode est le seul que nous puissions conseiller pour les constructions rurales, car aujourd'hui on fabrique des papiers à si bas prix, que leur emploi en tenture est tout ce qu'on peut faire de mieux comme revêtement de murs.

Ces papiers se trouvent dans le commerce par rouleaux de 8 mètres de longueur sur 0^m,50 de large ; ils sont très-variés comme dessins, couleurs, et qualités ; mais en général pour les campagnes il faut choisir des tons gris, verdâtre ou marron clair, cuir bouilli et autres analogues, parce que ces tons craignent moins que des nuances plus franches comme bleu, rose, jaune, fuchsia ou violet, etc.

Si cependant on veut des tons clairs on peut poser du papier bulle uni qu'on entoure d'une bordure ou talon uni vert, marron ou rouge, mais qui doit se marier agréablement avec le ton du papier bulle choisi sur lequel il est appliqué, ou encore suivant la couleur de l'étoffe des meubles de la pièce.

Pose. — Le papier est coupé par lés ou bandes et suivant une hauteur déterminée. Comme les pièces ont des stylobates, plinthes, cymaise ou corniche, un rouleau de 8 mètres fait ordinairement trois lés. A l'aide de ciseaux on ébarbe l'un des côtés du rouleau, celui qui est destiné à recouvrir la bande précédente. Ces préparatifs faits, on superpose à l'envers les lés les uns sur les autres, sur une table longue, afin de les enduire de colle.

On emploie généralement la *colle de pâte*, sorte de bouillie faite avec de la farine de blé détrempée dans de l'eau contenant quelquefois de la colle de Flandre en dissolution. On étale la colle sur le papier à l'aide d'un gros pinceau rond ou avec une brosse en queue de morue : on laisse le papier s'humecter, après quoi on procède à la pose. On prend une bande qu'on fixe bien aplomb sur le mur et verticalement, on tamponne avec une brosse ou un balai de crin sans manche, on pose ainsi successivement les lés jusqu'à ce qu'on ait complétement couvert les murs.

On a eu soin avant la pose de les épousseter, les égrener et encoller les parties en pierres. L'encollage consiste à passer de la colle sur certaines portions des murs en pierres qui sans cet encollage absorberaient toute la colle du papier, de sorte que celui-ci ne tiendrait pas.

. On doit avoir soin encore avant la pose du papier de coller des bandes à l'eau (papier ou toile) sur les joints des cloisons en menuiserie, des bandes de toile sur les ferrures, pour empêcher la rouille de traverser le papier.

Doublure. — Quand les murs sont vieux, on doit les gratter, les égrener, et s'ils présentaient dans quelques-unes de leurs parties des traces d'humidité, on fera bien de tendre en ces endroits du papier goudron, en ayant soin d'appliquer la partie noire immédiatement sur le mur, puis on pourra tapisser comme à l'ordinaire.

Si les murs sont neufs et qu'on ait à craindre l'humidité des enduits frais on collera du papier gris commun, avant de tendre le dernier papier. On emploie aussi divers enduits hydrofuges, l'enduit Candelot par exemple, est d'un bon usage.

Collage sur toile. — Par suite de certains vices de construction, il existe parfois dans les rez-de-chaussée une humidité constante qui pourrirait rapidement les papiers de tenture. Pour obvier à ce désagrément on pose de larges tringles sur les murs de manière à former des châssis sur lesquels on cloue une toile gommée. C'est une sorte de canevas de chanvre à tissu lâche. Cette toile est fortement tendue, elle reçoit une tenture de papier gris ou bulle et en dernier lieu de papier peint.

Faux plafonds. — Au lieu de plafonner en plâtre, on se contente quelquefois de clouer des châssis sous les solives d'un plancher et d'y tendre de la toile. On colle ensuite deux épaisseurs de papier blanc ou gris qu'on peint à la détrempe. Ce genre de plafonds se nomme *faux plafonds.* Il contribue à la propreté des logements et comme leur prix de revient n'est pas élevé, on l'utilise pour les constructions rurales, dans le pays où le plâtre est cher.

CHAUFFAGE ET VENTILATION.

La science moderne, qui n'est rien à côté de ce qu'elle sera un jour, a cependant perfectionné depuis quelques années les divers modes de chauffage et de ventilation. Mais on dirait que jusqu'à présent les constructeurs ont pris à tâche de ne point appliquer les découvertes nouvelles, du moins en ce qui concerne le bien-être et la santé de l'homme.

Les horticulteurs ont bien essayé des perfectionnements pour le chauffage et la ventilation de leurs serres, afin d'obtenir plus beaux qu'auparavant les produits végétaux. On a bien recherché aussi les meilleurs modes de ventilation pour le logement des animaux, mais pour l'habitation de l'homme on a continué à la chauffer et à la ventiler comme anciennement, c'est-à-dire qu'on construit encore aujourd'hui des cheminées qui au dire de Roard satisfont uniquement à ce problème : *trouver une construction* (de cheminée) *telle, qu'avec la plus grande quantité de combustible on eût le moins de chaleur possible.*

Nos cheminées modernes satisfont pleinement le problème posé par le continuateur des œuvres de Rosier, puisqu'elles ne donnent que 7 à 8 0/0 du calorique qu'elles pourraient fournir.

Quant à la ventilation, elle s'opère comme elle peut, par les fissures des portes et fenêtres. Ce que nous disons pourra paraître une étrange anomalie ;

mais elle existe, elle n'est que trop réelle, l'homme soigne les plantes et les animaux, pour lui il ne s'occupe pas de sa santé.

Comme on le voit, la question mérite une étude sérieuse et approfondie, nous la traiterons un jour longuement, dans un traité spécial; pour l'instant nous résumerons dans ce paragraphe les éléments indispensables pour permettre à nos lecteurs de mieux installer le service du chauffage et de la ventilation dans les constructions rurales.

Il y a de nombreux moyens et systèmes de chauffer les habitations qui cependant peuvent se réduire sous un certain nombre de types.

Nous les classerons de même que Péclet dans son *Traité de la chaleur* :

1° Le chauffage direct par la combustion;

2° Chauffage de l'air des appartements par le rayonnement du combustible. — Cheminées;

3° Poêles;

4° Cheminées-poêles;

5° Calorifère à air chaud;

6° Chauffage de l'air par la vapeur;

7° Chauffage de l'air par l'eau chaude à basse pression;

8° Chauffage de l'air par l'eau chaude à haute pression;

9° Chauffage par l'eau et la vapeur combinées;

10° Chauffage des édifices publics.

Comme nos lecteurs le comprendront, nous n'aurons à nous occuper ici que des cinq premiers modes de chauffage, les seuls applicables dans les constructions rurales; dans les *grandes industries agricoles,* nous étudierons au contraire les cinq autres modes de chauffage, car beaucoup d'usines agricoles fonctionnant à la vapeur pourront utiliser ce mode de chauffage.

I. *Chauffage direct par la combustion.* — Ce mode de chauffage n'est plus praticable, car les émanations d'acide carbonique qu'il dégage dans une pièce sont des plus dangereuses pour la santé. Il consiste à brûler un combustible dans un récipient quelconque placé au milieu d'une salle dont le plafond conique est, au centre du cône, percé d'un trou, par lequel s'échappe la fumée. Ce n'est que dans les huttes des sauvages que ce mode de chauffage existe encore.

Dans les pays chauds, en Algérie, en Italie, en Espagne, dans l'Amérique du Sud où les Espagnols l'ont importé, on chauffe les pièces d'un appartement à l'aide d'un brasero. C'est un petit chariot en fer chargé de charbons enflammés qui chauffe directement, et qu'on peut promener dans toutes les pièces d'un appartement.

II. *Cheminées.* — Ce mode n'a pas besoin d'être décrit, il est connu de tout le monde; nous pouvons même dire que chacun a eu à se plaindre plus ou moins de la fumée répandue dans une chambre par un vice de construction dans les cheminées.

La fumée est du reste depuis longtemps une des misères de l'espèce humaine, puisqu'un poète latin a écrit :

> Sunt tria damna domus :
> Imber, mala fœmina, fumus.

C'est-à-dire en bon français, il existe trois fléaux de la maison, la pluie (l'humidité), une femme acariâtre, et la fumée. S'il est difficile d'éviter le second fléau on peut au moins remédier aux deux autres.

Pour la fumée, il faut d'abord rechercher les causes qui la rejettent dans les appartements. Ces causes sont nombreuses, nous allons les étudier successivement en indiquant les remèdes les plus efficaces pour la supprimer.

Parmi ces causes, les unes sont purement accidentelles, les autres proviennent d'un vice de construction, elles sont du reste fort nombreuses mais on peut les résumer sous dix catégories :

1° Le manque d'air dans une pièce fait fumer une cheminée, il faut en effet une moyenne de 60 mètres cubes d'air pour brûler dans un foyer ordinaire un kilogramme de bois. Il devient donc impossible de faire tirer une cheminée lorsque la pièce où brûle un foyer est tellement close que l'air extérieur ne peut y pénétrer.

Bien souvent l'habitant du local s'aperçoit qu'en ouvrant une porte ou une fenêtre la cheminée effectue un bon tirage ; il constate donc lui-même et souvent inconsciemment le défaut d'aérage ; dans ce cas, il faut établir une ventouse, c'est-à-dire une prise d'air partant de l'extérieur et arrivant dans le coffre de la cheminée ; par ce moyen, l'air froid ne traverse pas la pièce et donne un tirage dans le tuyau de la cheminée.

2° Une trop grande ouverture du foyer fait aussi fumer les cheminées ; le remède est facile à trouver, il suffit en effet de diminuer ce foyer.

3° Un tuyau trop large ne s'échauffe qu'à la longue, dès lors il ne peut y avoir un tirage suffisant ; il faut donc construire des tuyaux étroits ou réduire ceux qui sont trop larges pour éviter la fumée.

4° Le parcours, ou hauteur du tuyau peut être trop court, cela arrive pour les bâtiments qui n'ont qu'un étage ; dans ce cas, il faut exhausser la cheminée par un tuyau en tôle ou autrement, et si l'on ne peut user de ce moyen, il faudra rétrécir l'embouchure de la cheminée, de façon à ce que l'air aspiré soit forcé de passer très-près du feu, il s'échauffe alors et peut s'élever plus rapidement, ce qui établit un bon tirage.

5° Deux cheminées dans la même pièce, ou dans deux pièces contiguës produisent encore de la fumée. C'est très-facile à comprendre. Si deux cheminées fonctionnent dans une pièce, l'une d'elles par sa position, par sa construction, peut avoir un plus fort tirage que sa voisine, elle attire dès lors un

Fig. 201. — Mauvaise position d'une cheminée par rapport au vent.

plus grand courant d'air, elle peut même amener dans la pièce un vide partiel suffisant pour déterminer un courant descendant par l'autre cheminée, ce qui occasionne de la fumée. Si les cheminées sont dans deux pièces contiguës communiquant par une porte; on évite le désagrément que nous venons de signaler en fermant cette porte, dans le cas précédent pour éviter la fumée il faut fermer par une trappe l'une des cheminées, ou si l'on veut allumer du feu dans les deux à la fois, il faut établir à chacune d'elles de fortes ventouses.

6° Si le sommet d'une cheminée est dominé par un édifice, une éminence, une colline ou même une montagne, suivant le vent qui règne cette cheminée

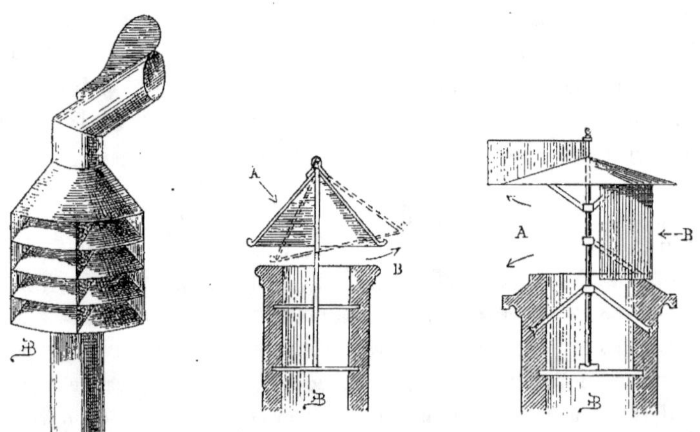

Fig 202. — Gueule de loup à chapeaux superposés. Fig. 203. — Mitre chinoise. Fig. 204. — Mitre pour soude de cheminée et pour ventilateurs.

fumera, et si le vent après avoir dépassé ces hauteurs change de direction et tombe sur la cheminée presque verticalement, il bouche la mitre et la fumée, ne pouvant sortir, enfume l'appartement (*fig.* 201). C'est une des causes auxquels il est très-difficile d'apporter un remède, il faut dans ce cas coiffer les cheminées avec l'un des appareils fumivores que nous donnons (*fig.* 202, 203, 204).

Notre figure 202 représente une gueule de loup à chapeaux superposés, la gueule de loup peut être fixe ou mobile. La mitre chinoise, qui est très-ancienne, est représentée par notre figure 203; quand le vent souffle d'un côté la mitre prend la position inclinée, que montre notre ligne ponctuée et la fumée s'échappe du côté opposé au vent.

Nous donnons dans notre figure 204 un appareil qui sert à la fois pour la fumée et pour la ventilation; la girouette tourne l'ouverture du chapeau du côté opposé au vent, de sorte que la fumée peut sortir sans être refoulée dans le tuyau de cheminée. Si le vent souffle du côté B, la fumée sort en A. Cet appareil est très-utile pour coiffer les tuyaux de ventilation des écuries et des étables dans les pays où règne habituellement un vent violent qui coupe la ventilation des tuyaux d'aérage.

Les appareils que nous venons de décrire ne donnent pas toujours satisfaction, mais ils améliorent sensiblement la situation. Le procédé vraiment efficace consiste à faire dépasser, quand c'est possible, le tuyau au-dessus de l'obstacle.

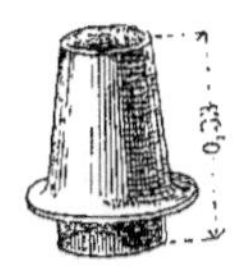

Fig. 205. — Mitre en terre cuite.

7° Quand le vent souffle contre l'éminence il est arrêté dans sa course et comme il est refoulé il s'engouffre dans le tuyau de cheminée, et renvoie la fumée dans la pièce, c'est peut-être le cas le plus difficile, car si le tuyau ne peut dominer l'édifice ou la colline il n'y a pas de remède.

8° Quand une cheminée est posée dans une pièce de façon à ce qu'une porte établit un courant d'air le long du mur, celui-ci entraîne une partie de la fumée dans la chambre.

Dans ce cas, il faut faire ouvrir la porte du côté opposé ou bien employer un paravent pour intercepter le passage de l'air sur le mur auquel la cheminée est adossée. On doit surtout éviter, d'établir la cheminée en face d'une porte d'entrée, sinon chaque fois que l'on ouvrira ou fermera celle-ci, la colonne d'air ébranlée chassera des bouffées de fumée dans la chambre.

9° Un vent violent passant sur le sommet d'une cheminée la fait fumer; on évite l'inconvénient en apposant des mitres (*fig.* 205) ou des appareils fumivores analogues à ceux que nous avons décrits précédemment.

10° Enfin la fumée arrive parfois par une cheminée dans laquelle on ne fait pas de feu, c'est le vent qui rabat la fumée d'une cheminée voisine ou adossée; dans ce cas il faut fermer la cheminée hermétiquement par une trappe, un tablier ou rideau en tôle, quand elle ne fonctionne pas; au contraire, si on fait du feu, l'inconvénient que nous signalons n'arrive qu'accidentellement.

Construction des cheminées. — On doit observer des conditions essentielles dans la construction des cheminées, la gaieté du feu et la salubrité de l'air, la position et la dimension, etc., etc. Pour satisfaire à ces données tout bon constructeur doit :

1° Disposer ses foyers de manière à renvoyer dans la chambre le plus de chaleur rayonnante ;

2° Réduire le plus possible la quantité d'air appelé par la cheminée pour une quantité de combustible donnée ;

3° Fournir pour la ventilation de la chambre et l'alimentation de la cheminée au lieu d'air froid, de l'air chauffé ;

4° Utiliser pour chauffer la chambre même une partie de la chaleur emportée par la flamme et la fumée du combustible et l'air chaud qu'elles entraînent avec elles ;

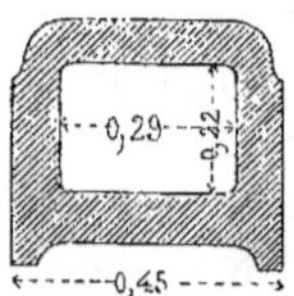

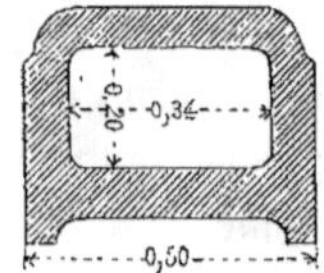

Fig. 206. — Poterie pour tuyaux de cheminée.

Fig. 207. — Poterie en wagon pour tuyaux de cheminée (premier type).

Fig. 208. — Poterie en wagon pour tuyaux de cheminée (deuxième type).

5° Placer la cheminée à l'endroit où elle chauffera le mieux l'appartement sans nuire à la décoration ;

6° Dévoyer le plus verticalement les tuyaux des cheminées.

Une cheminée se compose de deux parties principales : le foyer et le tuyau.

Les dimensions du foyer (ceci est élémentaire) doivent être en rapport avec la grandeur de la chambre à chauffer, car s'il en était autrement une grande cheminée pour une petite pièce occasionnerait une dépense superflue de combustible et un petit foyer pour une grande chambre ne chaufferait pas suffisamment.

Autrefois on faisait de grands coffres pour les cheminées, mais aujourd'hui on a reconnu avec juste raison que les petits coffres donnaient plus de tirage et moins de déperdition de chaleur ; du reste le volume de la fumée est considérablement diminué par des appareils donnant une parfaite combustion, aussi on fait des conduits en poteries qu'on encastre dans les murs en les superposant les uns sur les autres. Notre figure 206 montre ce système de tuyaux

Dans une construction, on est souvent obligé d'adosser plusieurs tuyaux de cheminées à côté les uns des autres. On emploie pour cet usage des poteries dites en wagon, parce qu'on les pose à la suite les unes des autres, et que la partie concave de la première s'emboîte avec la partie convexe de la seconde, ainsi de suite. Nous donnons (*fig.* 207 et 208) deux modèles différents.

On fait aussi des briques cintrées pour le même usage. Suivant la forme qu'elles affectent, elles prennent diverses dénominations : elles sont dites en

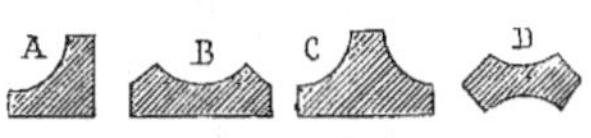

Fig. 209. — Briques cintrées pour tuyaux de cheminées.

Fig. 210.
Briques cintrées pour tuyaux de cheminées (première assise).

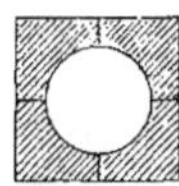

Fig. 211.
Briques cintrées pour tuyaux de cheminées (deuxième assise).

équerre A (*fig.* 209), en plat à barbe B, en chapeau de commissaire C, en violon D. Quand on a un seul tuyau à monter on emploie les briques cintrées comme le montrent les figures 210 et 211, les briques A et B forment la première assise, la figure 211 montre la deuxième assise. Enfin, quand il faut passer dans un mur plusieurs tuyaux, on emploie les première et deuxième assises que représentent nos figures 212 et 213.

Ce qu'on s'efforce d'obtenir aujourd'hui dans la construction d'une cheminée, c'est de ramener le feu en avant dans la chambre pour réduire la profondeur du foyer. On augmente ainsi le champ circulaire de dégagement du calorique rayonnant.

Les cheminées peuvent affecter des formes très-variées : nous ne pouvons entrer ici dans trop de détails, nous nous bornerons à indiquer trois types

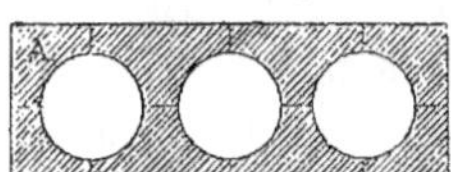

Fig. 212. — Briques cintrées pour un nombre indéterminé de tuyaux (première assise).

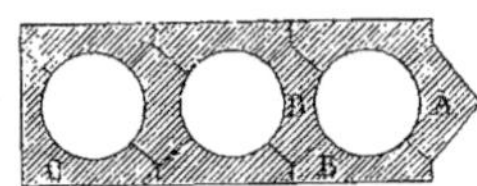

Fig. 213. — Briques cintrées pour un nombre indéterminé de tuyaux (deuxième assise).

très-différents, le premier est destiné aux cuisines et les deux autres aux diverses pièces de l'habitation.

Généralement dans les campagnes on établit dans les cuisines de très-grandes cheminées, dont le manteau est élevé à 1^m,80 et quelquefois deux mètres au-dessus du sol. Ce système est des plus défectueux, car suivant le vent qui domine il est impossible d'empêcher de fumer ces cheminées. Si on les construit de la sorte, c'est afin de pouvoir pendre un gond à crémaillère

pour supporter des chaudrons au-dessus de la flamme. On obtiendrait le
même résultat en construisant des cheminées comme le type que nous indiquons (*fig.* 214). Cette cheminée n'a que 1^m,40 de hauteur, et une potence

Fig. 214. — Cheminée de cuisine avec potence
mobile.

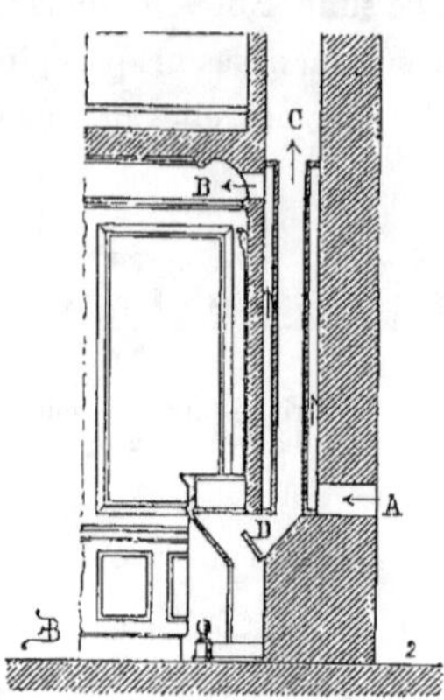

Fig. 215. — Coupe d'une cheminée
bien comprise.

dont la tige horizontale est à crémaillère et peut recevoir un ou deux chaudrons, la tige verticale est maintenue sur le côté gauche par trois bagues à
scellement, ce qui permet d'amener à soi la tige horizontale et de retirer les
chaudrons du feu sans se brûler les mains.

Notre figure 215 fait voir la coupe d'une cheminée pour les autres pièces
de l'habitation. Il existe dans le tuyau de cette cheminée un coffre en tôle
autour duquel un vide annulaire permet à l'air extérieur venant par A de
se chauffer et d'entrer dans la pièce par une bouche B, la fumée s'échappe
par le tuyau C, tandis qu'une trappe
D sert à fermer le foyer quand il
n'est pas allumé. Ce mode de construction offre un grand avantage. Il
introduit de l'air chauffé dans la
pièce, de sorte que la ventilation
s'effectuant par ce moyen, les habitants du logis se chauffant devant la
cheminée, ne se grillent point la face,
et, n'ont pas froid dans le dos, comme

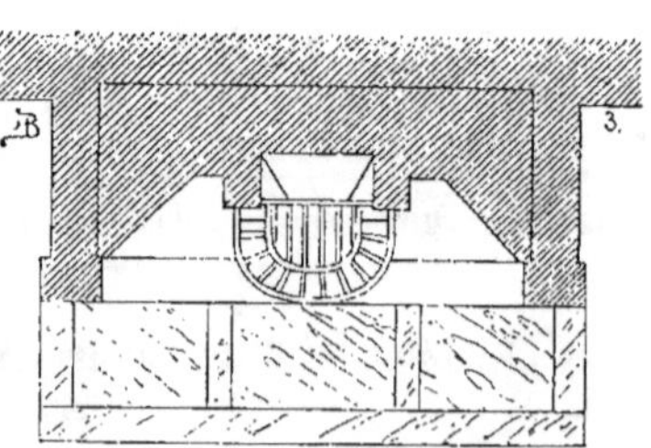

Fig. 216. — Plan d'un foyer à charbon de terre
ou à coke.

cela a lieu ordinairement dans les pièces chauffées par un autre système.

Notre figure 216 donne le plan d'un foyer servant à brûler du charbon de
terre ou du coke. Comme notre figure l'indique suffisamment, le combustible

se trouve tout à fait dans la pièce; il est donc essentiel, quand on construit des grilles de cette façon, que la cheminée soit d'un bon tirage, car s'il en était autrement, les produits de la combustion incomplétement brûlés se répandraient dans la chambre et apporteraient de graves désordres à l'économie animale, et même la mort par l'asphyxie.

III. *Poêles.* — Les poêles sont des appareils de chauffage clos. Ils sont généralement en fonte. On laisse celle-ci nue, ou ce qui est préférable, on l'enveloppe souvent avec de la terre cuite ou de la faïence. Le combustible est renfermé dans ces appareils, et, les produits de la combustion sont évacués au dehors, soit par un tuyau en tôle ou en poterie apparent ou encastré dans le mur, ou sous le sol. Ce mode de chauffage très-simple est très-économique, car l'on peut dire que la totalité de la chaleur dégagée est renvoyée dans la chambre où se trouve le poêle.

A côté de ces avantages réels, les poêles ont le désagrément de cacher la flamme, et, dans les salles longues, de chauffer inégalement, car la partie éloignée du poêle est toujours d'une température bien inférieure à celle qui se trouve dans le voisinage de celui-ci. Les poêles ont en outre l'inconvénient de donner un air sec, qui agit sur les voies respiratoires et sur toute l'économie d'une façon fâcheuse. Pour remédier à cet inconvénient, on place de petits vases contenant de l'eau sur les poêles, de sorte que l'eau, se vaporisant, apporte à l'air un contingent d'humidité. Aujourd'hui, on fait des poêles de construction ayant au-dessus de la cloche en fonte qui renferme le combustible des récipients pour l'eau; et, à l'aide d'un petit entonnoir extérieur au massif en maçonnerie, on entretient toujours pleins ces récipients.

Nous ne donnerons pas la description ni la construction des poêles, car on les achète tout faits chez les fumistes; nous ne pouvons que recommander à nos lecteurs de n'adopter un modèle qu'après s'être assurés de son bon fonctionnement ailleurs que chez le marchand, qui vante toujours le type qui lui rapporte le plus de gain. L'inconvénient des poêles a fait adopter des modèles mixtes, qui sont des cheminées-poêles.

IV. *Cheminées-poêles.* — Ces cheminées consistent en un coffre carré en tôle ouvert par devant au moyen d'une trappe verticale à crémaillère, ou mieux à contrepoids. Quand le tablier est baissé, on a un véritable poêle et au contraire une cheminée quand il est relevé; on trouve aujourd'hui divers systèmes très-ingénieux qui peuvent être utilement employés dans les constructions rurales.

V. *Calorifères à air chaud.* — Les calorifères à air chaud sont pour ainsi dire de grands poêles; mais, au lieu d'être établis dans la pièce même qu'ils doivent chauffer, ceux-ci sont placés dans des caves; car en vertu de sa moindre densité l'air chaud tend à s'élever. On profite encore de cette disposition pour donner des bouches de chaleur dans le plancher des appartements, et, l'air chaud s'élevant chauffe également tout le cube de la pièce. Avec un seul calorifère, on peut chauffer tout une maison; mais il est bien évident qu'il faut le construire en proportion des cubes à chauffer et que, plus grands seront les volumes, plus puissants devront être les calorifères. Nous n'insisterons pas davantage sur cette question, puisque tout constructeur doit employer un homme du métier pour établir des calorifères; mais nous renverrons ceux de nos lecteurs qui voudraient approfondir cette question à notre *Traité complet du chauffage et de la ventilation*.

Pour faire le pain, lessiver le linge, échauder les ustensiles de la laiterie et préparer les buvées des bestiaux, il faut de l'eau chaude. Il est bon, dans ce cas, de pouvoir s'en procurer une grande quantité dans un local autre que celui de la cuisine; on construit à cet effet dans le fournil des fourneaux économiques; nous en parlerons dans le CHAPITRE CINQUIÈME, qui traite des constructions annexes de la ferme.

FEUX DE CHEMINÉE. PRÉCAUTIONS CONTRE L'INCENDIE.

Quand les cheminées ne présentent pas de vice de construction, les feux de cheminée ne sont pas à redouter, surtout quand les tuyaux sont en poterie, la suie s'enflamme et brûle dans les tuyaux et quand elle est brûlée, le feu, n'ayant plus d'aliment, s'éteint; c'est tout simplement un ramonage. Néanmoins, il est toujours prudent d'étouffer ces feux dès leurs débuts, parce que les flammèches et les étincelles qui s'échappent par le haut du tuyau, peuvent être entraînées par le vent, et, occasionner l'incendie des bâtiments voisins, ou enflammer des meules de paille ou d'autres récoltes.

Pour étouffer le plus promptement possible ces feux, il y a plusieurs moyens; l'un des plus efficaces consiste à boucher l'orifice supérieur de la cheminée avec une couverture de laine mouillée; ceci fait, on brûle du soufre dans la partie inférieure. La combustion de cette substance produit de l'acide sulfureux qui éteint instantanément le feu; mais on ne doit employer ce procédé que dans des tuyaux ou des coffres bien solides, car, dans les autres, il pourrait se produire une rupture.

On peut encore le maîtriser en bouchant hermétiquement avec des tampons de fumier les orifices inférieur et supérieur des cheminées. Il est bien entendu que, dans le cas où la cheminée enflammée serait en communication avec d'autres il faudrait aussi intercepter complétement tout courant d'air capable de fournir un aliment à la combustion. Quand les cheminées sont pourvues d'une trappe D, comme nous l'avons indiqué (*fig.* 213, *pag.* 166), il suffit de la fermer pour étouffer le feu. Quand celui-ci paraît éteint, il ne faut pas se hâter d'enlever les tampons, car si on opère avec trop de hâte, le courant d'air pourrait le rallumer. On doit aussi visiter les diverses pièces traversées par le tuyau de la cheminée, et avoir avec soi un seau d'eau, et, une grosse éponge avec laquelle il est possible de maîtriser les premiers jets de flamme.

A propos des couvertures, nous avons signalé l'inconvénient qu'il y avait d'employer les pailles, joncs ou roseaux à cet usage. On doit donc rejeter ces matières pour diminuer les chances d'incendie.

La malveillance et le défaut de soins sont aussi des causes qui déterminent des incendies, mais avec une grande surveillance on peut éviter ces malheurs.

Enfin, le feu peut provenir d'un incendie voisin, qui peut communiquer le feu à votre propriété; dans ce cas, il est bien difficile de se garantir sans une pompe à incendie. Aussi nous conseillons aux habitants des exploitations importantes de se munir de cet engin, qui, en cas d'accident, peut rendre des services inappréciables, et servir au besoin au lavage des façades, des cours et à certains arrosages.

On doit aussi, autant que possible, isoler entre eux les divers bâtiments d'une ferme pour circonscrire les désastres en cas d'incendie.

Nous signalerons à nos lecteurs, CHAPITRE VI, les modifications à apporter dans la construction des bâtiments de ferme, afin de diminuer les chances d'incendie.

On doit encore apporter la plus scrupuleuse attention dans le choix et l'emploi des matériaux qui doivent entrer dans une construction et faire usage des substances qui rendent le bois incombustible, ou qui du moins diminuent sa combustibilité, notamment des dissolutions salines, d'alun, de borax, de phosphate d'ammoniaque, de silicate de soude, etc. Ces dissolutions peuvent sinon arrêter l'incendie, tout au moins en retarder les progrès.

Enfin, dans les bâtiments importants, on devrait toujours construire dans les combles des réservoirs en fer pour emmagasiner de l'eau. Ces réservoirs serviraient à une double fin, premièrement à fournir de l'eau dans les cuisines, écuries, étables et alimenter des fontaines à robinets dans les cours, ensuite, en cas d'incendie, avec quelques mètres de tuyaux de cuir, une lance, et une canalisation bien comprise, on enrayerait immédiatement un incendie. On pourrait même, soit au rez-de-chaussée ou dans les combles, installer ce qu'on nomme une armoire à incendie.

Celle-ci renferme une bouche à eau venant directement du réservoir, des tuyaux ou boyaux de cuir pouvant se visser sur la bouche, une lance, une hache et un seau; le diamètre des bouches et tuyaux a ordinairement $0^m,053$ d'ouverture.

La construction d'une pareille armoire n'est pas une bien grande dépense et peut éviter de grands sinistres ; aussi nous recommandons de ne pas craindre de les multiplier dans les grandes fermes et dans les usines agricoles.

DE L'HUMIDITÉ DANS LES CONSTRUCTIONS.

L'humidité dans les constructions est un véritable fléau, doublement regrettable, car il cause la perte des matériaux et rend insalubres les locaux occupés par l'homme et les animaux.

Cette humidité provient de diverses causes ; aussi peut-on la combattre par des moyens différents.

Après avoir étudié ses effets, nous indiquerons les moyens de la prévenir dans les constructions à ériger et de la combattre dans les bâtiments anciens dans lesquels elle existe.

L'humidité provient généralement des fondations, de là, par l'effet de la capillarité, elle monte dans les murs, qu'elle salpêtre. Elle détruit le mortier, désagrège les matériaux, fait souffler puis tomber les enduits, et, finalement elle abrège considérablement la durée des constructions.

A ces inconvénients si grands, il faut ajouter celui non moins grave de la désastreuse influence que l'humidité des murs exerce sur la santé des habitants et les maladies dont elle les accable, (goutte, rhumatismes, etc.). On a fait de nombreuses expériences et tenté beaucoup d'essais pour parer aux inconvénients de l'humidité, et nous devons dire que tous les palliatifs sont loin d'être efficaces, surtout ceux qu'on applique dans les vieilles constructions.

1. Moyens de prévenir l'humidité. — La première des conditions pour éviter l'humidité consiste à drainer le terrain sur lequel on va construire, si le sol en question est argileux et par suite imperméable. Il faut ensuite établir les fondations dans de bonnes conditions employer d'excellents matériaux et les hourder en mortiers hydrauliques ; on doit aussi construire des caves, qu'on doit largement ventiler en y pratiquant de nombreux soupiraux. Dans les pays qui possèdent de la meulière, on doit l'employer en fondation et à 0ᵐ,40 ou 0ᵐ,50 au-dessus du sol au rez-de-chaussée ; celui-ci doit être établi à 1 mètre au-dessus du sol environnant :

Si le pays dans lequel on construit ne possède pas de meulière ou des matériaux siliceux, on peut recouvrir le sol des fondations et celui des caves d'une couche de béton de 0ᵐ,20 au moins ; on peut aussi pratiquer un fort corroi de terre glaise derrière les murs qu'on élève.

On doit encore considérer l'exposition des bâtiments, surtout si l'on ne doit point y faire des caves.

Quand les murs d'une construction sont arrivés à 1 mètre au-dessus du sol, on couvre l'arase avec de bons libages, qu'on peut asseoir sur une couche de ciment, et qu'on fait descendre le long des parois intérieures jusque sur les reins des voûtes. On peut même sur celles-ci étaler une chape en béton ou en asphalte qui se termine au droit des murs. Enfin on complète le système de préservation, par l'emploi au rez-de-chaussée de parquets, carreaux ou dalles posés sur bitume ou sur ciment et se raccordant avec la couche régnant sur l'arase.

On emploie aussi (mais ce moyen, qui est le meilleur de tous, est trop coûteux pour les constructions rurales) des tables de plomb qu'on pose sur l'arase des murs.

2. Moyens de combattre l'humidité. — Quand l'humidité se manifeste après l'achèvement de la construction et lorsque le bâtiment est habité, on fait usage trop souvent de moyens temporaires, tels que enduits en ciment, enduits hydrofuges et hydroplastiques dont nous avons déjà donné la composition (page 61). Tous ces moyens ne sont que des palliatifs.

Le mieux est, si le bâtiment a des caves d'y établir des ventouses d'aération telles que celles que nous décrirons plus loin dans le chapitre iv, logement des animaux.

Ces ventouses, pratiquées de chaque côté des murs, donnent une ventilation dans les caves, les tiennent sèches et par suite les murs, qui auparavant absorbaient l'humidité, finissent par sécher.

Il y a encore un moyen de sécher les murs en fondations et d'en chasser par suite l'eau qu'ils renferment, mais ce moyen est assez coûteux; il consiste à creuser un fossé d'isolement autour du bâtiment. Quand on emploie ce moyen, on peut, à l'aide de jours percés en auvent, éclairer et ventiler les caves suffisamment pour en faire des sous-sol.

Les moyens que nous venons d'indiquer sont en général assez dispendieux, mais, dans les contrées humides, on ne doit pas craindre de les employer, surtout si l'on met en regard les graves accidents que traîne à sa suite une humidité prolongée.

Dans les pays situées aux bords de la mer ou des lacs, on peut employer à l'extérieur, pour protéger la pierre ou les enduits, des peintures siliceuses, qui font beaucoup d'usage; du reste la silicatisation des pierres tendres des ciments et autre matériaux est un très-bon procédé de conservation et de préservatif contre l'humidité, qu'il est très-fâcheux de ne pas voir utilisé aujourd'hui plus souvent; mais la sainte routine est bien difficile à détrôner.

CHAPITRE III.

HABITATION DE L'HOMME.

1. Salubrité. — L'habitation de l'homme doit satisfaire à de nombreuses conditions qui toutes ont plus ou moins leur raison d'être. La première, celle qui est d'une nécessité absolue, c'est la salubrité ; or cette condition dépend de nombreuses causes. En effet, une habitation peut être salubre ou insalubre suivant l'emplacement et l'orientation choisis, suivant la distribution de la demeure de l'homme et les abords qui l'entourent. Ajoutons qu'on ne doit rien négliger de ce qui concourt à la propreté, car celle-ci augmente la salubrité de la maison.

Il faut encore, autant que possible, n'employer pour la construction de l'habitation que des matériaux imperméables, car l'humidité est une des grandes causes d'insalubrité. Des murs épais en pierres non hygrométriques, liaisonnées avec des mortiers hydrauliques, des fondations en meulière sur sable et béton ; ces fondations drainées au besoin dans les terrains aquifères, un bon mode de couverture ne laissant pénétrer ni le vent ni la pluie, sont aussi d'excellents moyens d'obtenir une habitation salubre.

A ces conditions générales, il faut ajouter qu'on doit autant que possible établir le rez-de-chaussée de $0^m,90$ à 1 mètre au-dessus du sol et sur des sous-sol ou caves largement aérés et par conséquent ventilés.

Les fermiers anglais utilisent les déblais des fondations pour exhausser le terrain sur lequel ils construisent, de manière à former autour de l'habitation une plateforme avec un talus de $0^m,40$ à $0^m,50$ de hauteur. C'est une excellente mesure, que nous recommandons aux constructeurs.

2. Emplacement. — Le choix de l'emplacement pour les bâtiments ruraux est de la plus haute importance ; il ne faut adopter une position qu'après un examen attentif de toutes les circonstances qui peuvent influer sur la salubrité des locaux et sur l'économie des frais d'exploitation.

Nous ne parlerons point ici plus longuement de cette question, nous le ferons plus loin, dans le chapitre sixième, qui traite des fermes en général, c'est-à-dire de la réunion des divers bâtiments agricoles.

3. Orientation ou exposition. — L'orientation la plus convenable (sauf sous quelques climats) est sans contredit celle du midi. C'est de ce côté que doivent être ménagées en plus grand nombre les portes et les fenêtres, car les rayons solaires donnent aux chambres de l'habitation une chaleur douce et uniforme et empêchent ainsi les brusques variations de température, sources de si nombreuses maladies pour l'homme.

Après le midi, la meilleure exposition est sans contredit celle de l'est : celle-ci est moins froide et moins humide que le nord ou l'ouest, ensuite elle est moins exposée aux brouillards, parce que le soleil levant la préserve des vents humides ; à cause de cela, la température est en toute saison plus uniforme.

Le nord et l'ouest sont de très-mauvaises expositions. Celle du nord est très-froide parce qu'elle reçoit peu les rayons du soleil ; elle vaut mieux cependant que celle de l'ouest qui, fouettée par l'orage et l'ouragan, donne toujours à l'habitation une humidité dangereuse.

Tels sont les agréments et les inconvénients des différentes expositions ; malheureusement, on n'est pas toujours libre de choisir les meilleures, à cause de la position d'un chemin, d'une montagne, d'une rivière ; dans ces divers cas, il faut savoir se contenter du bien, puisqu'on ne peut obtenir le mieux et s'arrêter sur une exposition se rapprochant autant que faire se pourra du sud-est ou du sud-ouest.

Du reste, suivant la destination des bâtiments, l'orientation varie, et, nous aurons soin d'en faire mention en traitant spécialement de chacun d'eux ; pour le moment, nous ne nous occuperons que de l'habitation de l'homme.

Tout ce que nous pouvons dire d'une manière générale, c'est qu'il faut disposer les bâtiments, de manière à ce que le soleil frappe sur toute l'étendue des couvertures, afin de les débarrasser de leur humidité le plus rapidement et le plus complétement possible.

4. Des abords de l'habitation. — Il faut éviter d'établir dans le voisinage immédiat de l'habitation des purinières, mares, dépôts d'immondices. Les chemins qui conduisent à l'habitation doivent être pavés dans un rayon de 25 à 30 mètres autour de celle-ci, afin d'éviter les ornières profondes dans lesquelles les eaux croupissantes donnent des exhalaisons malsaines.

Quand l'habitation sera élevée sur un talus comme nous l'avons dit précédemment, on fera bien de paver cette plateforme, soit avec des carreaux de terre cuite, de grès, ou avec des dalles de pierre dure ; on doit à plus forte raison paver de même les abords des habitations qui sont construites au niveau du sol qui les entoure.

Le meilleur mode d'établir ces pavages consiste à répandre une couche de 0^m,30 d'épaisseur de mâchefer ou de silex concassés, sur laquelle on coule du béton ou du mortier ; il serait bon si le sous-sol est imperméable d'établir des lignes de drains pour tenir le terrain dans un état de siccité aussi complet que possible.

Par une économie mal entendue, on a l'habitude, dans certaines contrées, de faire les abords des constructions en terres battues ; dans les pays chauds, dans lesquels il ne pleut presque jamais, les aires bien faites peuvent ne pas être nuisibles pour la santé ; mais elles sont d'un très-mauvais usage sous les climats humides.

Quand la maison est construite sur une plateforme, les talus de cette dernière doivent être établis en pierraille et dans l'axe de la porte d'entrée de l'habitation, on doit ménager quelques marches pour arriver sur le terre-plein, on peut aussi construire un escalier extérieur avec palier en forme de perron, mais ce dernier moyen est assez coûteux. Il y a plusieurs genres de perron, les uns ont des marches sur tout leur pourtour, les autres sur la face seulement, d'autres enfin rien que sur un ou deux côtés, dans ce cas la face parallèle à l'habitation est un petit mur.

5. Distribution et ordonnance. — Dans les constructions qui nous occupent, il faut éviter deux écueils : construire à la hâte des bâtiments trop petits, malsains et incommodes, sans plans généraux arrêtés d'avance, ou bien sacrifier une sage disposition à des idées d'embellissement, qui augmentent inutilement les frais, sans améliorer les dispositions intérieures ou spéciales. Dans ces deux cas, on fait des dépenses inutiles.

Dans toute construction, il faut bien étudier l'importance que doit avoir le bâtiment à ériger, afin de le distribuer et de le disposer convenablement.

Un constructeur sage et prudent doit bien connaître l'étendue de l'exploitation et le système de culture auquel elle doit être soumise ; car, suivant le cas, il faut des bâtiments plus ou moins vastes, et, en rapport avec le nombre de bêtes que l'on doit entretenir, et, les produits que l'on doit abriter ; ces données générales s'appliquent surtout aux bâtiments de la ferme ; nous aurons occasion d'y revenir dans le chapitre sixième.

Pour la maison d'habitation, dont nous devons traiter ici spécialement, nous dirons que ses proportions doivent varier suivant le nombre de personnes qu'elle doit contenir et suivant la position du cultivateur ; mais la distribution d'une habitation rurale doit toujours être simple. On doit éviter avec soin d'y faire des emplacements obscurs, des cabinets noirs. Il faut faire des ouvertures suffisamment grandes, afin que l'air et la lumière puissent pénétrer largement dans le logis et l'assainir ; car même dans les localités sèches et arides, l'humidité est toujours à redouter.

Dans les pays très-chauds, ou ceux dans lesquels les pluies sont très-fréquentes, on fera bien d'établir sur les façades au-dessus de chaque fenêtre ou porte, de petits auvents en bois, recouverts en ardoises, en métal et même en tuiles suivant leurs dimensions. Si ces auvents ont l'inconvénient de supprimer un peu de jour à l'intérieur, ils protégent néanmoins contre l'intempérie des saisons les boiseries et leurs peintures.

Le sol des étages, surtout au rez-de-chaussée, doit être planchéié, les murs enduits d'une manière quelconque, et, tenus avec beaucoup de propreté ; les étages supérieurs doivent être tendus en papiers peints ; lorsqu'on construit, cela peut paraître une dépense, mais elle est bien vite gagnée par l'économie que le papier de tenture fait réaliser chaque année sur le badigeonnage intérieur des murs. Du reste, on fait aujourd'hui des papiers d'un prix si minime, que le surcroît de la dépense qu'ils occasionnent ne peut peser d'une manière bien sensible sur les frais généraux d'une construction.

Nous recommandons aussi, de bien étudier l'écoulement des eaux ménagères et de les diriger par des conduits souterrains dans les purinières ou dans les fosses à fumier, au lieu de laisser croupir ces eaux au devant de l'habitation, comme on le fait trop souvent.

Il sera bon et utile de fixer partout à l'aide de potences ou de tasseaux des tablettes en bois mobiles, car celles-ci permettent de tout ranger avec soin et de ne rien laisser traîner sur les tables ou les autres meubles, ce qui contribue à donner au logis un air d'ordre et de propreté, qui habitue de bonne heure les enfants à acquérir ces deux précieuses qualités.

Il faut enfin, quelles que soient les proportions d'une maison, que toutes les pièces intérieures qui se communiquent n'aient accès que par une seule porte d'entrée. Si cependant, il est nécessaire à certaines époques de l'année d'en avoir une deuxième sur un point quelconque, soit pour l'entrée ou la sortie des denrées ou faciliter un prompt enlèvement des récoltes, il faut que l'une d'elles soit toujours fermée à clef et ne serve que dans les cas exceptionnels, que nous venons d'énumérer.

Généralement dans les habitations rurales, la pièce principale est la cuisine ; c'est là, en effet, que les ouvriers se réunissent pour s'entendre avec le patron, le fermier ou le propriétaire, sur les travaux à exécuter. C'est dans la cuisine que se fait la paye et se règlent les comptes ; elle sert aussi de salle à manger aux domestiques de la ferme.

Le cultivateur n'a pas besoin de beaucoup de pièces, deux ou trois lui suffiront ; c'est pour cela qu'il les lui faut grandes, la cuisine surtout ; puisque à part les différents services que nous venons d'énumérer ci-dessus, et auxquels elle doit satisfaire, elle est encore l'antichambre, le vestibule.et bien souvent elle renferme aussi l'escalier qui dessert les étages supérieurs.

La cheminée de la cuisine doit être large et profonde, non-seulement pour pouvoir contenir les grandes marmites nécessaires à la cuisson de la nourriture des hommes et du bétail, mais encore pour l'utilité et l'agrément des campagnards ; car n'importe le temps, l'habitant des champs voyage à pied ou à cheval, il va aux foires, à la chasse ; aussi en rentrant tout crotté chez lui, après avoir essuyé la pluie ou l'orage, et voyagé dans des chemins boueux, il aime à se rapprocher de la cheminée, où l'attire un feu clair de bois, tandis que la ménagère apprête le dîner.

Nous devons dire cependant que, dans beaucoup de contrées, la cuisine se trouve une simple annexe de la pièce commune, et cette disposition a bien son utilité car on peut jouir de la vue du feu, s'en servir pour sécher ses vêtements mouillés et puis ensuite passer dans la pièce commune pour y traiter ses affaires. Nous ne discuterons pas plus longuement le mérite de telle ou telle autre disposition : nous donnerons des types et nos lecteurs y choisiront celui qui obtiendra leur préférence, d'autant que nous analyserons les agréments et les inconvénients afférents à chaque modèle présenté.

Nous dirons seulement pour terminer nos généralités sur l'habitation rurale, qu'il serait à désirer que chaque nouvelle construction eût un cabinet d'aisances ; ce serait une amélioration importante à introduire, car aujourd'hui le plus grand nombre n'en possèdent point. Cependant l'absence de cette partie essentielle du logis amène plus souvent qu'on ne croit des maladies, de graves accidents et même la mort, car bien souvent, les mouches charbonneuses peuvent piquer les hommes qui vont en plein champ.

Les autres dispositions intérieures de la maison varient suivant la destination de chaque pièce ou le caprice de celui qui l'habite. Le mieux selon nous, est de passer en revue chaque type : nous les désignerons sous les catégories de *maisons de journaliers,* ou *de petits cultivateurs,* et *d'habitations pour la petite, moyenne et grande culture.* Il est bien entendu cependant que souvent la catégorie intermédiaire pourra être prise pour la division qui la précède ou qui la suit ; car il est bien difficile, sinon impossible, de déterminer où commence la moyenne ou grande exploitation, puisque le nombre d'hectares qui sert à délimiter ces diverses catégories sont variables suivant les localités. Aussi n'avons-nous établi ces trois classifications que pour donner de la méthode à notre travail.

I. MAISONS DE JOURNALIERS.

La maison du journalier est la plus simple des habitations rurales. Quand celui-ci est célibataire, ou veuf sans enfants, il ne lui faut bien souvent

Fig. 217. — Maison de journalier
(premier type).

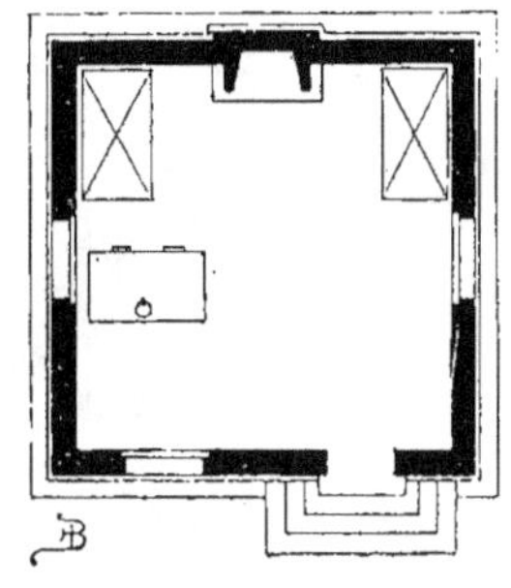

Fig. 218. — Plan de la maison du journalier
(premier type).

Échelle de 0^m,005 pour mètre.

qu'une seule pièce. Elle lui sert à la fois de chambre, de cuisine et de serre à outils. Sa maison ne se compose donc que de quatre murs percés d'une

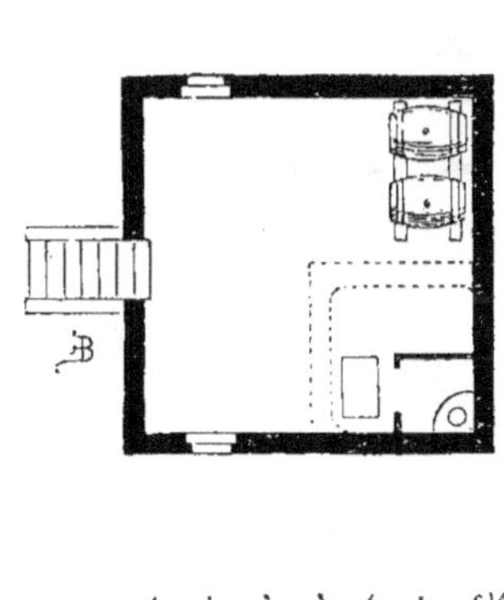

Fig. 219. — Plan du sous-sol de la maison
d'un journalier (premier type).

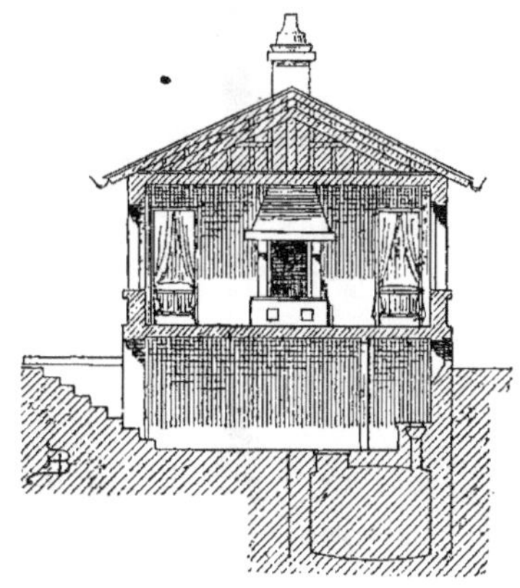

Fig. 220. — Coupe de la maison d'un journalier (premier type).

Échelle de 0^m,005 pour mètre.

porte et d'une ou deux fenêtres. Nous ne donnerons qu'un type de ce genre, type qui est le plus caractéristique et le mieux compris dans l'espèce.

Notre figure 217 montre l'élévation, la figure 218 le plan du rez-de-chaussée, qui se compose d'une porte d'entrée, à laquelle on arrive par

Fig. 221. — Maison de journalier (deuxième type).

quatre marches. A gauche dans la pièce, il existe une trappe qui permet de descendre dans la cave, qui sert aussi de bûcher ; mais une ouverture exté-

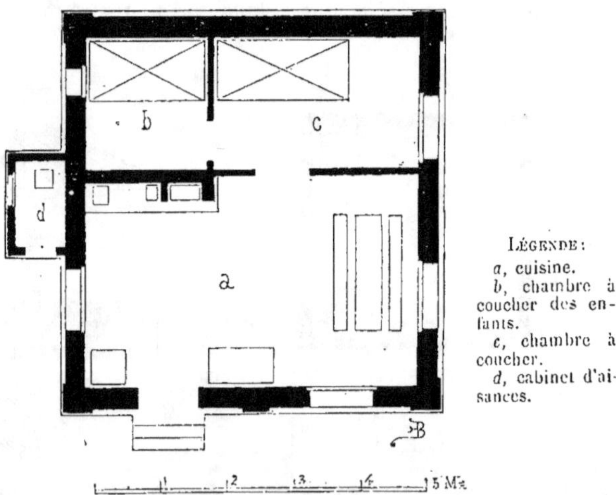

Fig. 222. — Maison de journalier (deuxième type).
Échelle de $0^m,01$ pour mètre.

rieure donne encore accès dans la cave pour enfermer les tonneaux de vin, de bière, de cidre ou les provisions qui réclament la fraîcheur.

La figure 219 montre le sous-sol avec sa descente extérieure, un cabinet
d'aisances avec la fosse en plan, enfin
la figure 220 représente la coupe, dans
laquelle on voit la cave, la coupe de la
fosse, la pièce avec ses lits et sa cheminée et le petit grenier dans lequel on
arrive par une trappe pratiquée dans
le plafond. Ce grenier a pour effet
d'empêcher les variations de température d'être trop sensibles dans la maison du journalier.

Notre figure 221 est une élévation de
la maison d'un journalier un peu plus
grande que la précédente; le plan en
effet (*fig.* 222) accuse trois pièces, la
première *a* sert de cuisine; elle contient
une cheminée et à côté de celle-ci un
fourneau. A gauche de la porte d'entrée
il y a une pierre d'évier, à droite une
armoire et près de la fenêtre une table
et deux bancs où le journalier prend son
repas avec sa famille; *b* est la chambre
à coucher des enfants, *c* celle des pa-

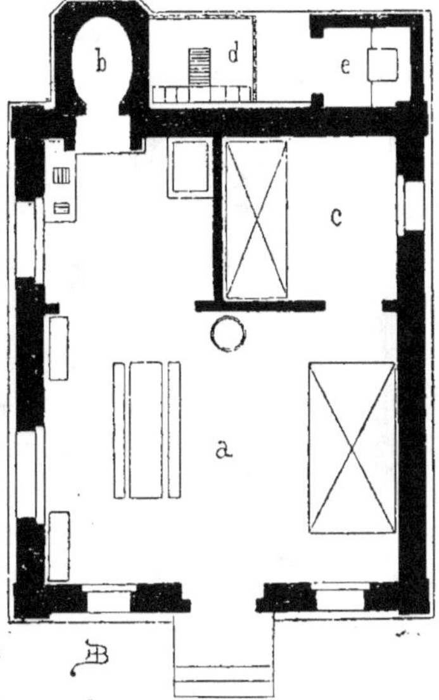

Fig. 223. — Maison de journalier (troisième
type).

Échelle de 0^m,01 pour mètre.

LÉGENDE :

a, cuisine; *b*, four; *c*, chambre à coucher;
d, poulailler; *e*, cabinet d'aisances.

rents; en *d* il existe un cabinet d'aisances avec son ventilateur. Pour les

Fig. 224. — Maison de journalier (troisième type).

petites constructions, nous plaçons presque toujours le cabinet en dehors, afin qu'il ne puisse donner de l'odeur dans l'intérieur du logement.

Nos figures 223 et 224 présentent un type un peu plus confortable que le précédent. Il renferme en effet (*fig.* 223) en *a* une grande cuisine, mais la cheminée se trouve dans le fond ainsi que le fourneau et la pierre d'évier.

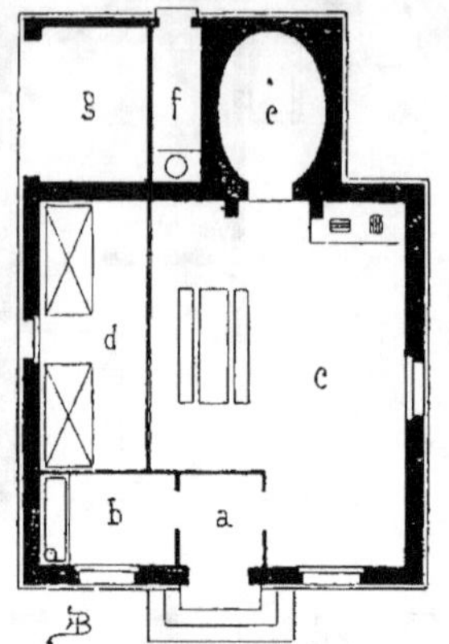

Fig. 225. — Maison de journalier (quatrième type).
Échelle de 0^m,005 pour mètre.

Derrière la cheminée se trouve en *b* un four, en *c* une chambre d'enfants, en *d* un poulailler et en *e* un cabinet d'aisances.

Nous ferons remarquer à nos lecteurs la position du four, qui est très-bien situé. Ordinairement dans la campagne on cuit du pain pour plusieurs jours, de sorte qu'on allume le four tous les cinq ou six jours. Quand le four est bien chauffé, on retire la braise qui tombe sur le foyer de la cheminée et elle sert encore à la cuisson des aliments.

Nos figures 225 et 226 donnent un dernier type de maison de journalier qui est très-commode. En *a* (*fig.* 225) il existe une entrée qui donne accès en *b* à la laverie, en *c* à la cuisine qui dans une alcôve en *d* renferme deux lits. En *e* se trouve le four placé aussi derrière la cheminée, en *f* sont les cabinets d'aisances, dont la porte est extérieure au

Fig. 226. — Maison de journalier (quatrième type).

logement; enfin en *g* il existe une petite pièce qui sert, suivant les besoins de l'habitant, soit à un bûcher, soit à une serre à outils ou à l'élève de quelques animaux comme lapins, poules, etc. Il est du reste toujours bon, quand on construit, de faire quelques petits réduits dont on trouvera toujours facilement l'emploi.

La figure 226 montre la perspective de cette maison de journalier, ce qui permet de saisir d'un seul coup d'œil l'ensemble du bâtiment et son mode de construction.

Nous pensons que ces quatre modèles pour la maison du journalier, suffiront. Du reste, nos lecteurs pourront, avec ces trois types, en créer d'autres très-commodes. Nous allons étudier les habitations qui conviennent pour une petite exploitation.

II. HABITATIONS POUR UNE PETITE EXPLOITATION.

L'habitation du petit cultivateur doit contenir de plus que la précédente des locaux destinés aux produits agricoles, soit des grains à vendre, ou pour les semailles, soit d'autres denrées qu'il n'a pas en quantité suffisante pour leur affecter des locaux spéciaux comme un plus grand fermier en aurait le moyen.

Il peut aussi, cela arrive souvent, employer dans ses cultures et par conséquent garder avec lui sa femme et ses enfants, il faut donc qu'il puisse les loger.

Comme nos lecteurs peuvent le supposer, l'habitation du petit cultivateur peut varier considérablement dans ses formes et ses dimensions. En effet, il peut cultiver un nombre d'hectares plus ou moins grand et employer par conséquent plus ou moins de personnel.

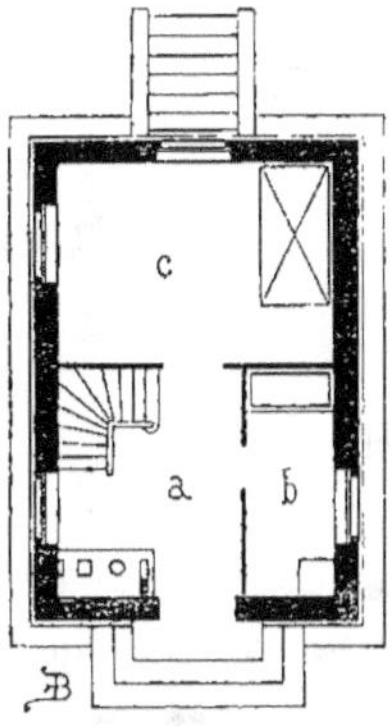

Aussi au lieu de donner deux ou trois types, nous donnerons cinq à six habitations différentes auxquelles il sera facile d'ajouter sur quelques points une, deux ou même un plus grand nombre de pièces.

Fig. 227. — Plan de la maison d'un petit cultivateur (premier type).
Échelle de 0^m,005 pour mètre.

LÉGENDE :
a, cuisine ; b, laverie ; c, chambre à coucher.

Nous commencerons par l'habitation qui se rapproche le plus de celle du journalier.

Notre figure 227 est le plan du rez-de-chaussée de cette maison. En a se trouve la pièce principale, la cuisine, qui renferme une cheminée avec un fourneau et un escalier pour arriver au premier étage, en b une laverie avec un fourneau pour la buanderie, en c une chambre à coucher. L'habitant peut en faire un magasin, une chambre à coucher, un dépôt de denrées, etc.

Au premier étage, il y a trois chambres qui servent à diverses destinations suivant les besoins.

Comme on le voit par la figure du rez-de-chaussée, cette construction

Fig. 228. — Élévation d'une maison de petit cultivateur (premier type).

est élevée sur une petite plateforme formée d'une dalle qui la met à l'abri de l'humidité. Nous recommandons aux constructeurs d'employer aussi souvent qu'ils le pourront ce système.

Cette maison a toutes ses fenêtres au midi et une porte d'entrée à l'est, l'autre à l'ouest. Le mur situé au nord n'est percé que d'une seule petite baie pour la laverie, ce qui est l'exposition la plus favorable pour ce service.

La figure 228 montre la perspective de cette habitation.

Nos figures 229 et 230 représentent un deuxième type d'une maison de petit cultivateur, qui comprend deux étages et un grenier sous les combles.

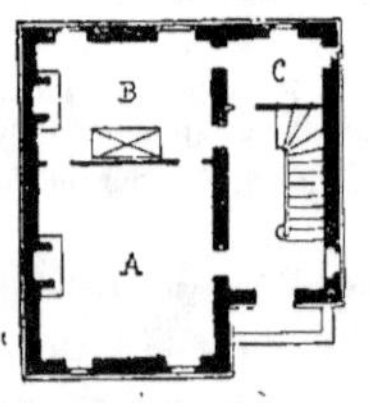

Fig. 229. — Plan de la maison d'un petit cultivateur (deuxième type).
Échelle de 0^m,0025 pour mètre.

Le plan, figure 229, se compose d'une entrée avec un escalier, d'une cuisine A, d'une chambre B, d'un petit cabinet C. Le premier étage possède deux chambres et un cabinet d'aisances au-dessus de C.

Notre figure 230 montre la perspective de cette construction.

Nous donnons, figure 231, une petite maison de cultivateur qui n'a qu'un étage. Elle se compose de deux grandes pièces avec leurs dépendances.

En *a* se trouve l'entrée, en *b* la cuisine, en *c* la laverie, en *d* une chambre qui peut servir à serrer des grains ou d'autres récoltes peu volumineuses, en *e* une petite chambre pour les enfants, en *f* un bûcher, et en *g* le cabinet d'aisances.

Cette maison est entourée d'un petit talus, qui est figuré en plan et en élévation. C'est ce petit talus que les cultivateurs anglais mettent presque toujours autour de leurs habitations.

La figure 232 montre l'élévation de cette maisonnette.

Fig. 230. — Maison d'un petit cultivateur (deuxième type).

Nos figures 233 et 234 donnent le plan et l'élévation d'une habitation plus importante que les deux dernières que nous venons de décrire. Celle-ci a deux étages. L'escalier et l'entrée *a* sont en avant-corps; la cuisine *b* a une grande alcôve *c*, qui peut recevoir deux lits; en *d* se trouve la chambre des enfants du cultivateur, et en *e* une pièce à plusieurs usages, c'est-à-dire que, suivant la saison ou le genre d'exploitation de la propriété, elle peut servir de magasin, de remise, de serre à outils, etc.; en *f* il existe un cabinet d'aisances. Le premier étage comprend deux chambres qui donnent directement sur le palier de l'escalier.

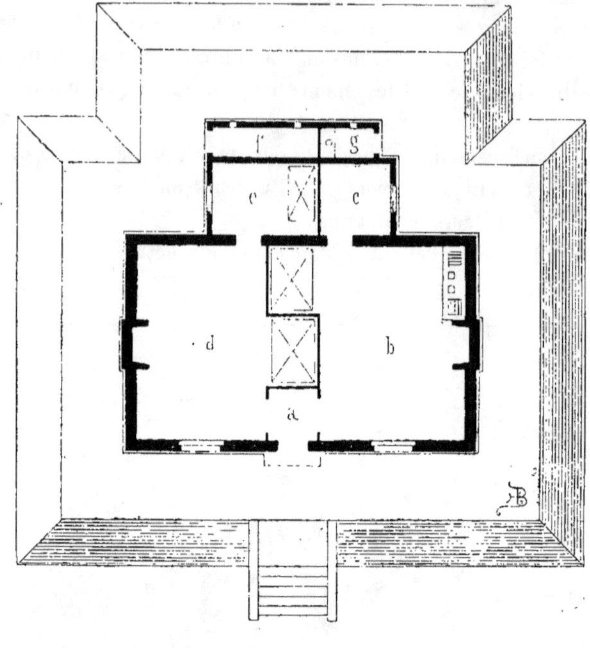

Fig. 231. — Plan de la maison d'un petit cultivateur (troisième type).
Échelle de 0^m,005 pour mètre.

LÉGENDE :

a, entrée ; *b*, cuisine ; *c*, laverie ; *d*, *e*, chambres à coucher ; *f*, bûcher ; *g*, cabinets

Fig. 232. — Maison d'un petit cultivateur (troisième type).
Échelle de 0^m,005 pour mètre.

Nous avons sous les yeux (*fig.* 235) une habitation plus grande que celle
que nous venons de décrire. Celle-ci pourrait convenir également pour une

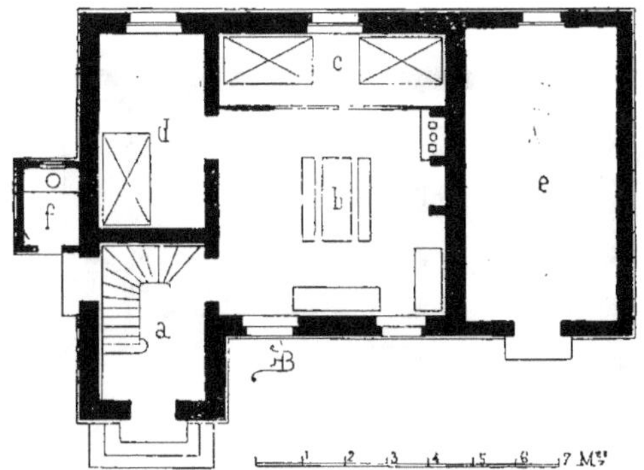

Fig. 233. — Plan de la maison d'un petit cultivateur (quatrième type).
Échelle de 0^m,005 pour mètre.

Légende :

a, entrée ; *b*, cuisine ; *c*, alcôve ; *d*, chambre d'enfant ; *e*, pièce à plusieurs usages ; *f*, cabinet.

moyenne exploitation. Elle se compose d'une entrée *a* et d'un escalier,
d'une pièce à plusieurs usages *b*. La cuisine est en *c* avec une laverie en

Fig. 234. — Maison d'un petit cultivateur (quatrième type).
Échelle de 0^m,005 pour mètre.

d. Le petit réduit *e* peut servir indifféremment pour une laiterie, une cave
à bière, vin ou cidre, ou pour renfermer des provisions. Les cabinets sont

placés entre *e* et *d*, tandis que le poulailler est placé en *g*; *h* peut servir indifféremment pour une écurie, une remise ou une vacherie.

La figure 236 montre l'élévation de cette maison.

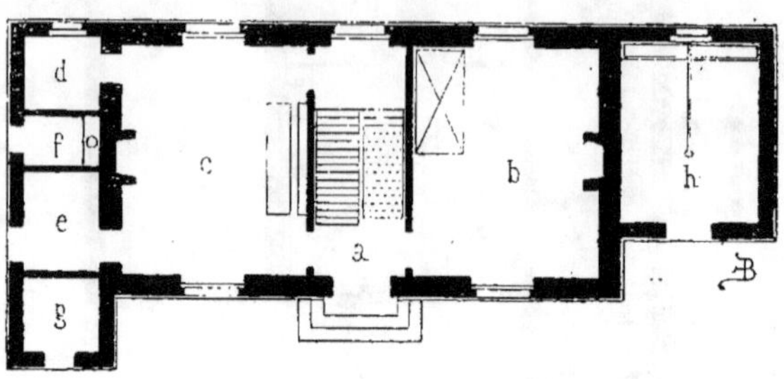

Fig. 235. — Plan de la maison d'un petit cultivateur (cinquième type).
Échelle de 0^m,005 pour mètre.

Légende :

a, entrée; *b*, chambre; *c*, cuisine; *d*, laverie; *e*, petit réduit; *f*, cabinet; *g*, poulailler ; *h*, écurie ou vacherie.

Fig. 236. — Élévation de la maison d'un petit cultivateur (cinquième type).
Échelle de 0^m,005 pour mètre.

III. HABITATIONS POUR UNE MOYENNE EXPLOITATION.

On donne cette dénomination à l'habitation qui est occupée par un exploitant plus important que le petit cultivateur, mais qui n'a pas encore une grande entreprise agricole. Dans les habitations précédentes, nous avions à loger de modestes cultivateurs qui, avec leurs domestiques, se contentaient d'un local restreint; dans les modèles que nous allons donner ici, le fermier propriétaire ou entrepreneur a besoin d'une maison plus

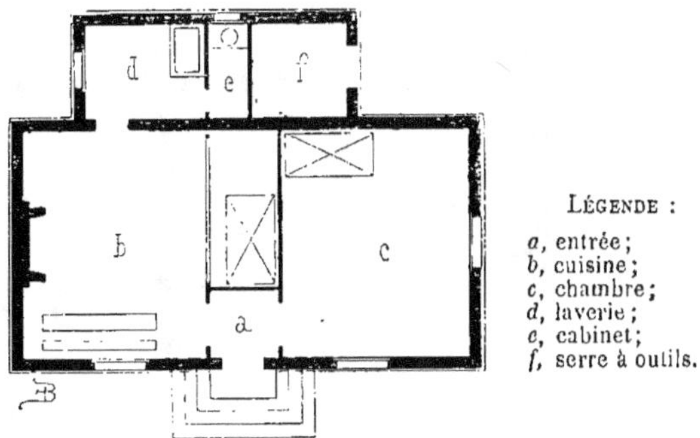

Fig. 237. — Plan de la maison d'un cultivateur (premier type).
Échelle de 0ᵐ,005 pour mètre.

vaste et plus commode, car il a des habitudes de bien-être inconnues au petit cultivateur.

Les figures 237 et 238 représentent le premier type de maison de cultivateur pour une exploitation moyenne. Le plan (*fig.* 237) possède en *a* une

Fig. 238. — Élévation en briques et pans de bois de la maison d'un cultivateur.
Échelle de 0ᵐ,005 pour mètre.

entrée, en *b* une cuisine avec alcôve, en *c* une chambre, en *d* une laverie, en *e* des cabinets d'aisances, en *f* une serre à outils.

La figure 238 fait voir que cette construction est en pans de bois et briques et n'a qu'un socle en moellons.

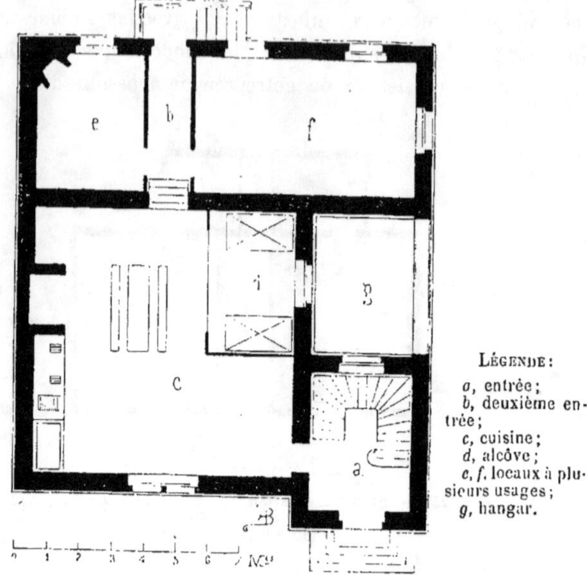

Fig. 239. — Plan de la maison d'un cultivateur pour une moyenne exploitation (deuxième type).

Échelle de 0ᵐ,005 pour mètre.

Le deuxième type des habitations pour une moyenne exploitation est représenté par notre figure 239.

Fig. 240. — Maison d'un cultivateur (deuxième type).

Échelle de 0ᵐ,005 pour mètre.

Le plan est presque un carré, il comprend en a une entrée avec l'escalier, en b une deuxième entrée, en c une cuisine, en d une alcôve pour deux lits,

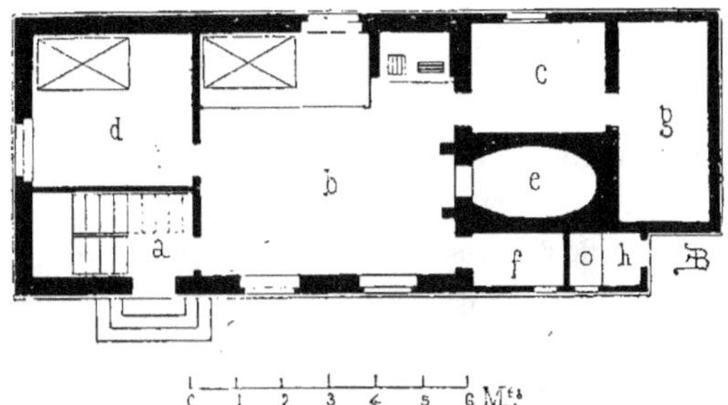

Fig. 241. — Plan de la maison d'un cultivateur (troisième type).
Échelle de 0^m,005 pour mètre.

en c et en f deux locaux qui peuvent servir pour chambre à coucher, magasin, etc., enfin en g on peut établir un petit appentis pour hangar.

Fig. 242. — Élévation de la maison d'un cultivateur (troisième type).
Échelle de 0^m,005 pour mètre.

Au premier étage on peut avoir cinq chambres avec un couloir de dégagement.

La figure 240 montre l'élévation de cette habitation, qui possède un pigeonnier au deuxième étage, au-dessus de l'entrée.

Notre figure 241 nous donne le plan d'un troisième type d'habitation de la catégorie qui nous occupe. Ce plan est un rectangle allongé. En *a* se trouvent l'entrée et l'escalier, en *b* la cuisine, en *c* une serre aux provisions, en *d* une petite chambre, en *e* le four contre lequel est adossée la cheminée de la cuisine, en *f* la laverie derrière laquelle sont les cabinets d'aisances.

Au premier étage, il est facile d'avoir trois ou quatre chambres au midi, c'est-à-dire sur la façade d'entrée avec un couloir sur le mur nord pour les rendre indépendantes les unes des autres.

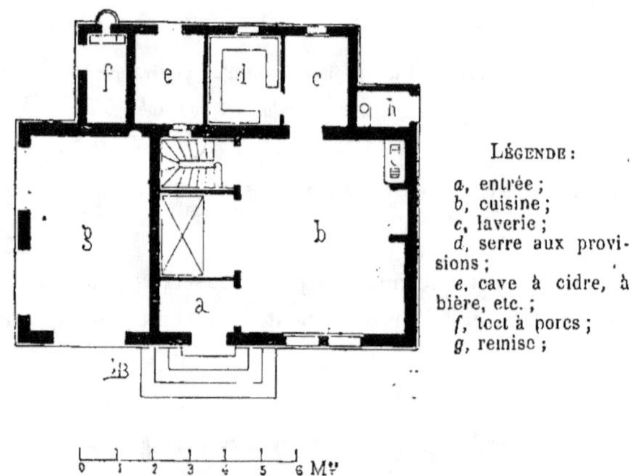

Fig. 243. — Plan de la maison d'un cultivateur (quatrième type).

Échelle de 0^m,005 pour mètre.

La figure 242 fait voir l'élévation de ce troisième type de maison de cultivateur pour une moyenne exploitation.

La figure 243 est un quatrième type d'habitation pour une moyenne exploitation ; le plan du rez-de-chaussée (*fig.* 243) comprend *a* une entrée, *b* une cuisine avec une alcôve et un escalier pour arriver au premier étage. Cet escalier prend jour au-dessus des petits bâtiments en appentis qui sont adossés contre le mur de la cuisine et des magasins *g*. En *c* il existe une laverie pour la cuisine, en *d* une pièce pour les provisions, en *e* une cave à cidre, à bière ou à vin, en *f* un tect à porcs, en *g* une remise. Le premier étage comprend cinq chambres, deux sur la partie *g* du rez-de-chaussée, une dans l'axe du bâtiment sur le palier et deux autres sur le côté droit.

La figure 244 représente l'élévation de cette maison.

Le plan figure 245 se compose au rez-de-chaussée d'une grande cuisine *b*,

flanquée de chaque côté de deux appentis qui donnent à droite en *a* une
entrée, en *c* un fournil et une laverie, en *d* un four ; à gauche en *e* une

Fig. 244. — Maison d'un cultivateur (quatrième type).
Échelle de 0ᵐ,005 pour mètre.

laiterie ou resserre pour provisions, en *f* un bûcher, cellier ou serre à
outils, suivant les besoins de l'habitant de la maison, en *h* une alcôve séparée de la cuisine par une cloison vitrée.

Le premier étage ne comporte qu'un palier et trois chambres. Il existe

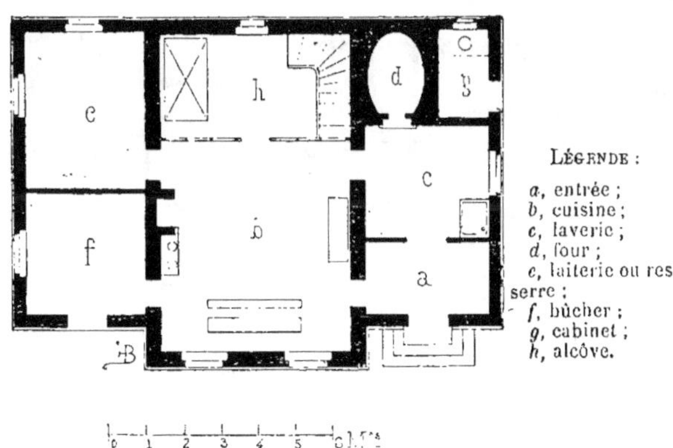

Fig. 245. — Plan de la maison d'un cultivateur (cinquième type).
Échelle de 0ᵐ,005 pour mètre.

sous le comble un petit grenier. La figure 246 montre l'élévation de
cette petite habitation, très-commode et très-pratique.

Nos figures 247, 248, 249 représentent une maison très-élégante, nous avons supposé qu'elle était construite pour un fermier propriétaire, qui en

Fig. 246. — Maison d'un cultivateur (cinquième type).

Échelle de 0ᵐ,005 pour mètre.

fait une propriété d'agrément : aussi comme nos lecteurs pourront s'en convaincre après l'avoir étudiée, rien n'y manque.

Le rez-de-chaussée (fig. 247) comprend, *a* une grande cuisine, *b* un escalier, *c* un four et fournil, *d* un magasin, dépôt, bureau, salle à manger, au

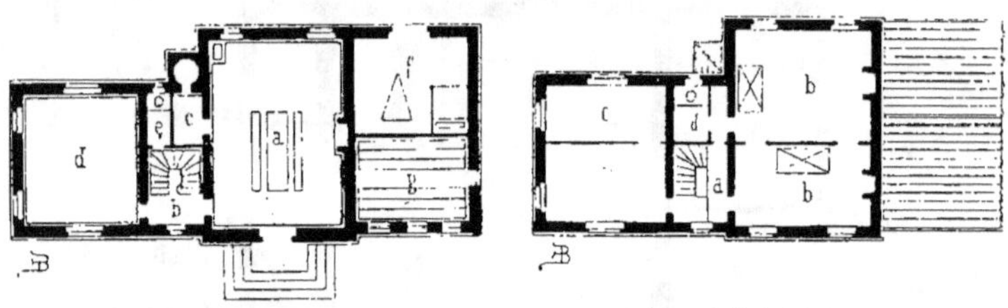

Fig. 247. — Maison d'un cultivateur (sixième   Fig. 248. — Maison d'un cultivateur (sixième
type) rez de chaussée.   type) premier étage.

Échelle de 0ᵐ,0025 pour mètre.

Légende :   Légende :

a, cuisine; *b*, escalier; *c*, four et fournil;   *a*, palier; *b*, chambre à coucher; *c*, chambre
d, magasin, dépôts, bureau ou salle à man-   pour divers usages; *d*, water-closets.
ger; *e*, cabinets; *f*, remise et écurie; *g*, serre
à fleurs et à légumes.

choix du propriétaire, *e* des water-closets, *f* une écurie pour un cheval et une remise, *g* une serre à fleurs et à légumes.

Le premier étage (*fig.* 248) possède quatre chambres, un escalier, un palier avec dégagement et un water-closets, et au-dessus il existe un belvédère.

La figure 249 fait voir la façade, qui est en briques et pierres ; la toiture est en tuiles ; les corniche et balcon en bois découpé, et le socle en roche.

Nous pourrions donner encore d'autres types d'habitations, mais il faut savoir se borner. Du reste, avec les types que nous avons soumis à nos lecteurs, ils pourront eux-mêmes en combiner de nouveaux appropriés à leurs goûts et à leurs besoins. Passons maintenant aux habitations pour grande exploitation. Le dernier type que nous venons de voir pourrait presque convenir pour une grande exploitation.

Fig. 249. — Maison de cultivateur pour une moyenne ou grande exploitation.

IV. HABITATIONS POUR UNE GRANDE EXPLOITATION.

Le propriétaire ou plutôt le directeur d'une grande exploitation agricole est forcément un homme intelligent, d'une grande éducation et instruction, qui est habitué non-seulement à l'aisance, mais encore au confort et au luxe. Sa maison de campagne est destinée à réunir sa famille, ses amis ; il y passe la moitié de son existence. On conçoit que, dans de pareilles conditions, il est impossible de donner des types, car chaque propriétaire en fait construire un convenablement approprié à ses besoins, à ses relations, à sa manière de vivre.

Il ne peut donc être question ici de la maison du grand cultivateur, car souvent sa villa est éloignée à dessein de sa ferme; les locaux qui ont un usage spécial, tels que *écuries, étables, laiteries, celliers,* etc., exigent par leur importance des emplacements spéciaux qui ne sont point groupés autour de la maison du directeur de l'exploitation, mais autour de la ferme qu'habite son lieutenant qui s'appelle, suivant le pays, *fermier, patron,*

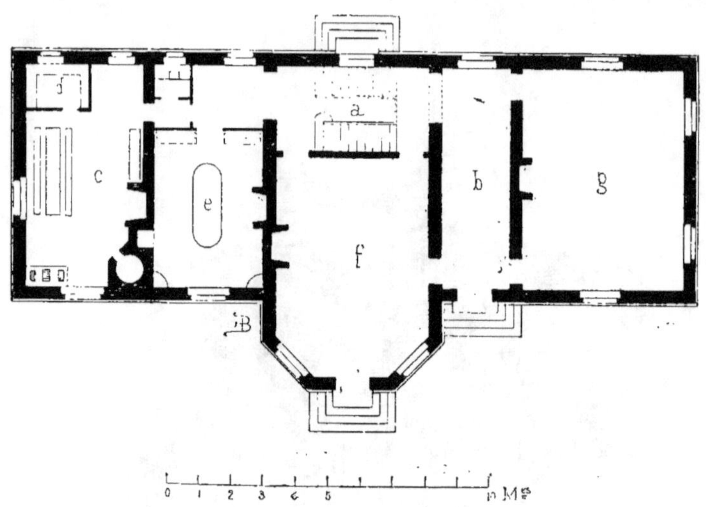

Fig. 250. — Plan de la maison d'un fermier pour une grande exploitation (premier type) rez-de-chaussée.

Échelle de 0ᵐ,005 pour mètre.

LÉGENDE :

a, vestibule d'entrée avec escalier ; *b,* deuxième entrée sur le jardin; *c,* cuisine; *d,* laverie ; *e,* salle à manger; *f,* salon ; *g,* grande pièce à divers usages.

bayle, métayer, etc. Ainsi donc l'habitation du directeur d'une grande exploitation agricole fait partie de la maison de campagne, de la villa et à la rigueur nous n'aurions pas à en parler (1). Nous donnerons cependant deux exemples, car un riche fermier peut vouloir se construire une villa au milieu de sa ferme.

---

(1) Nous préparons dans ce moment, un TRAITÉ DES VILLAS, qui contiendra la création et l'ornementation des jardins et des parcs, ainsi que la construction et le chauffage des serres. — Ce volume fera partie comme le présent travail, de L'ENCYCLOPÉDIE GÉNÉRALE DE L'ARCHITECTE-INGÉNIEUR. Il sera donc de même format.

Voici deux projets que nous avons dressés à son intention.

Nos figures 250, 251 représentent le premier projet, qui comprend,

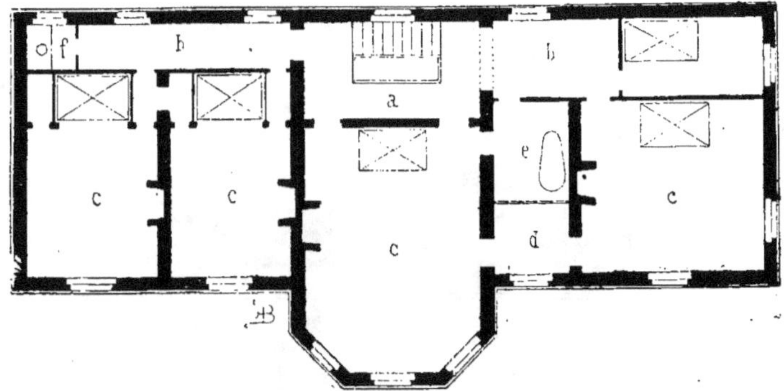

Fig. 251. — Plan du premier étage de la maison d'un grand fermier.
Échelle de 0^m,005 pour mètre.

LÉGENDE :

a, palier ; *b*, dégagements ; *c*, chambre à coucher ; *d*, toilette ; *e*, salle de bain ; *f*, water-closets.

au rez-de-chaussée (*fig.* 250) *a* un vestibule d'entrée avec l'escalier, *b* une

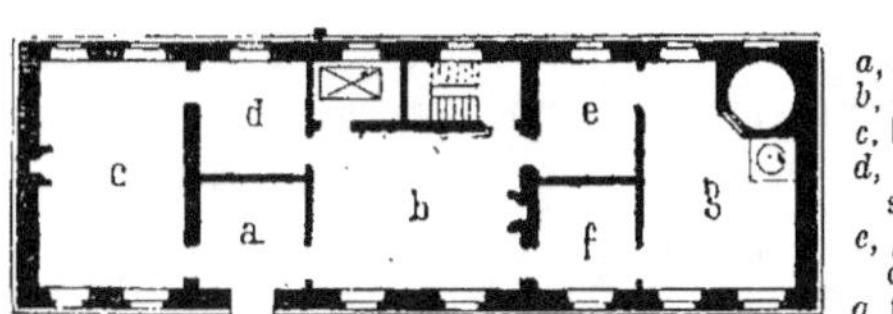

LÉGENDE :

a, entrée ;
b, cuisine ;
c, bureau ;
d, laverie ou res-
serre ;
e, *f*, cabinets pour
divers usages ;
g, four et fournil.

Fig. 252. — Rez-de-chaussée de la maison d'un grand fermier (deuxième type).
Échelle de 0^m,0025 pour mètre.

deuxième entrée sur le jardin, tandis que la première est sur une cour. En *c*

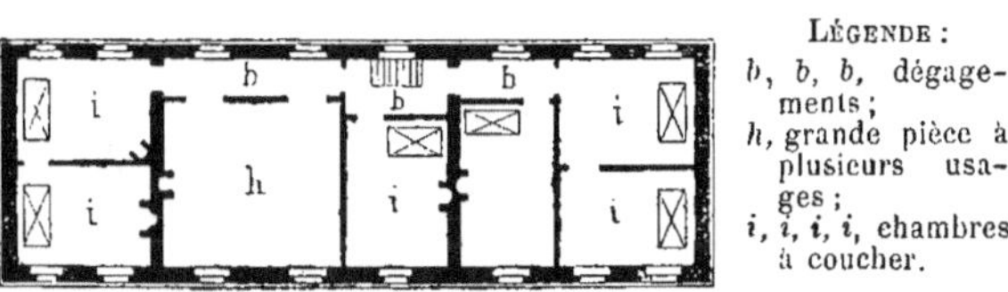

LÉGENDE :

b, *b*, *b*, dégage-
ments ;
h, grande pièce à
plusieurs usa-
ges ;
i, *i*, *i*, *i*, chambres
à coucher.

Fig. 253. — Premier étage de la maison d'un grand fermier (deuxième type).
Échelle de 0^m,0025 pour mètre.

se trouve un grande cuisine, *d* la laverie, *e* la salle à manger, *f* le salon ou
bureau du directeur de l'exploitation, et *g* une grande pièce qui, suivant les

goûts du propriétaire, peut servir de billard, de bibliothèque, de fumoir ou de magasin.

Le premier étage (*fig.* 251) comprend en *a* le palier d'arrivée, *b* un couloir de dégagement, *c*, *c*, *c*, *c*, *c*, cinq chambres à coucher ; l'une d'elles s'il n'en fallait que quatre, pourrait servir de lingerie ; on prendrait, dans ce

Fig. 254. — Élévation de la maison d'un grand fermier (deuxième type).
Échelle de 0ᵐ,0025 pour mètre.

cas, la petite à droite du plan et au nord. En *d*, il existe un cabinet de toilette commun aux deux chambres principales, en *e* une salle de bains et en *f* un water-closets.

Enfin nos figures 252, 253 et 254 donnent un deuxième type d'une demeure un peu plus grande, mais plus modeste ; elle est construite en moellons avec bandeau et socle en pierre, comme le montre la façade (*fig.* 254). Les légendes donnent l'explication des plans.

CHAPITRE IV

LOGEMENT DES ANIMAUX DOMESTIQUES.

Généralités. — Les locaux affectés au logement des animaux doivent réunir des conditions hygiéniques analogues à celles que réclame l'habitation de l'homme. C'est un fait tellement élémentaire qu'il semblerait inutile d'en parler. Cependant nous voyons tous les jours des constructions pour les animaux élevées en dehors de toutes les règles d'une saine hygiène. La plupart du temps, on ne tient nul compte des principes de l'hygiène dans la construction des écuries et des étables ; dans les grandes villes surtout, on se demande assez rarement si l'emplacement choisi est bon ou mauvais. A Paris et dans d'autres grandes villes, on a trop souvent la funeste habitude de construire les écuries dans les sous-sols et même dans des caves. Ce sont là de très-mauvais emplacements ; car les chevaux, de même que les hommes, aiment l'air et la lumière, et l'humidité, qui leur est très-préjudiciable, est souvent pour eux la cause de graves maladies.

ÉCURIES.

Le cheval, il ne faut pas l'oublier, est un animal d'une organisation toute spéciale ; aussi réclame-t-il plus de soins et de ménagements que tout autre quadrupède domestique. Le haut prix de certains chevaux, la question d'humanité mise de côté, devrait faire comprendre à leur propriétaire l'utilité de les soigner et de les mettre dans un milieu qui soit sain et approprié aux besoins et aux goûts de l'animal.

En Angleterre, le cheval est l'objet d'un soin, d'un culte, pourrions-nous dire, tout particuliers ; nous aurons d'ailleurs l'occasion d'en parler un peu plus loin.

Toute écurie doit être fraîche et spacieuse, d'une ventilation facile, car le cheval transpire beaucoup ; et, comme il consomme une grande quantité d'air, qui sort vicié de ses poumons, il lui en faut un cube considérable. Sans cela, la quantité d'air respirable de l'écurie est promptement insuffisante. Le volume nécessaire à un cheval varie de 28 à 32 mètres cubes par heure. Il faut donc lui accorder un espace variable de 8 à 9 mètres superficiels, soit $1^m,75$ de largeur sur 5 mètres de longueur et 4 mètres de hauteur : en tout, 35 mètres cubes.

Voici du reste les deux formules à appliquer :

Maxima : $1^m,76 \times 5 \times 5 = 35$ mètres cubes ;
Minima : $1^m,75 \times 4 \times 4 = 28$ mètres cubes.

Les écuries servent, comme on le sait, à plusieurs fins, soit au logement des animaux pendant les intervalles de travail (écurie d'attelage, de labour), soit à leur élevage pendant leur jeune âge, soit enfin au dressage pour les chevaux de courses. Pour les chevaux d'attelage, on adopte les écuries communes à plusieurs animaux ; pour l'élevage et le dressage, au contraire, on préfère les écuries séparées.

Dans les écuries communes, les chevaux sont attachés à côté les uns des autres, sans séparations ; ou bien encore ils ne sont séparés que par des planches nommées bat-flancs, ou des barres de bois, espèces de boulins suspendus au plafond à l'aide de cordes, ou par des cloisons ou stalles en bois ou même en brique.

Dans les écuries séparées, les chevaux ne sont pas attachés, ils sont libres de tous leurs mouvements ; enfin, dans certaines écuries communes, les chevaux ont une petite pièce à part, qu'on nomme *box*, et dont nous parlerons dans un paragraphe spécial.

Entre les écuries que nous venons de mentionner, c'est-à-dire celles pour les chevaux de travail et celles destinées à l'élevage et au dressage, il existe un genre mixte qu'on pourrait nommer *écuries de luxe*, où logent les chevaux dits *grands carrossiers*. Les heureux qui habitent ces écuries ne connaissent pas le travail et ne servent que rarement, pour la reproduction. Ces animaux sont la classe privilégiée de l'espèce chevaline ; ils partagent la fortune de leur maître (tant qu'ils sont jeunes et beaux), et, dans les temps prospères, n'ont d'autres soucis que celui de bien vivre ; aussi construit-on pour eux les magnifiques écuries que nous avons désignées tout à l'heure sous la dénomination d'*écuries de luxe*. L'établissement de ces écuries doit être étudié à deux points de vue différents : au point de vue de l'installation dans les conditions reconnues les meilleures pour assurer au cheval tout le bien-être et tout le confort possibles : on doit dès lors observer toutes les précautions hygiéniques que recommande une bonne expérience ; le second point de vue consiste à n'adopter que les meilleures dispositions pour l'emplacement, l'aménagement et les dimensions à donner aux locaux dans lesquels sont installés les divers services qui se rapportent au cheval.

Cette deuxième partie, toute pratique, ne peut être traitée qu'à l'aide d'une longue observation des avantages et des inconvénients de telle ou telle disposition adoptée dans les établissements similaires ; l'usage seul peut en faire apprécier la valeur pratique ; car en général, pour ceci comme pour beaucoup d'autres choses qui concernent le cheval, les opinions les plus divergentes sont tour à tour en faveur ou repoussées.

Bien souvent dans les grandes villes, dans les quartiers riches et commerçants, les terrains sont d'un prix très-élevé ; aussi, pour les économiser, voici ce qu'on fait quelquefois. Comme les remises et leurs dépendances occupent à peu près le même emplacement que les écuries et leurs dépendances, on superpose celles-ci à celles-là. Par ce fait, on économise la moitié du terrain, de la couverture, de la charpente et de la fondation qu'auraient réclamés les dispositions ordinaires si l'on eût construit séparément les écuries et les remises. Dans ce cas, on a soin naturellement de donner aux murs du rez-de-chaussée une plus grande épaisseur que dans l'hypothèse d'une construction à un seul étage. On doit aussi, et cette recommandation est élémentaire, prendre de grandes précautions pour la canalisation des urines, la rigidité et la stabilité du plancher sur lequel se trouvent les chevaux. Du reste, nos lecteurs trouveront un peu plus loin les renseignements utiles relatifs à ces détails de construction.

Il existe à Londres des écuries et des remises construites comme nous venons de l'indiquer ; elles font partie des dépendances du palais Strafford. Pour résumer nos généralités sur les écuries, nous dirons qu'elles ne sont bien établies qu'autant qu'elles assurent le bien-être hygiénique et la sécurité d'un animal privé de sa liberté, qu'il aime beaucoup ; il faut donc laisser au cheval le plus de latitude possible, afin de ne pas contrarier ses instincts naturels.

Quant aux divers services que nécessite sa présence, ils ont des exigences impérieuses, qui réclament une direction minutieuse : l'entretien et la conservation, entre autres, d'un matériel souvent très-dispendieux, qui se trouve toujours à côté d'émanations délétères.

Comme on peut le voir par les réflexions qui précèdent, l'établissement des écuries n'est pas chose facile.

Les problèmes qui se présentent tout d'abord sont ceux qui ont pour objet l'étude de l'exposition, de l'emplacement et des dimensions des écuries, leurs diverses dispositions ; les écuries spéciales, la jumenterie, la poulinerie ; les boxes d'élevage et d'entretien, les loges pour haras ; les ouvertures (portes et fenêtres) ; l'éclairage de jour et de nuit. Nous examinerons ensuite la ventilation ; nous décrirons les meilleurs ventilateurs et cheminées d'aération. Nous traiterons du sol et de ses divers pavages ; des pentes, clayonnages, des rigoles d'écoulement, des fosses à purin ; des divers détails de construction se rattachant aux écuries, tels que plafonds, charpentes, auges, râteliers, mangeoires, barbotoires ; des diverses séparations des chevaux ; des sauterelles, anneaux-crochets ; des porte-selles, porte-brides, coffre à avoine, de la sellerie ; nous donnerons enfin nos conclusions.

1. *Exposition.* — La meilleure exposition pour une écurie est celle du midi ; c'est de ce côté qu'on doit placer les principales portes et fenêtres. Si l'on est forcé de les construire au nord ou à d'autres expositions, il est nécessaire, autant que faire se pourra, de percer des fenêtres au midi. Si cependant l'emplacement choisi s'oppose matériellement à cette condition, on devra préférer à tout autre côté celui où ces ouvertures regarderont le levant.

2. *Emplacement.* — Dans les villes, on n'est pas toujours libre de choisir l'emplacement sur lequel on doit construire des écuries ; mais à la campagne, dans les fermes villas, bâtiments d'industrie agricole, où le terrain est moins cher que dans les villes, et où par conséquent, on a du choix, les écuries doivent être placées le plus près possible de la maison d'habitation du maître : cela est d'une nécessité absolue. En effet, le haut prix de certains chevaux ou mulets, la fréquence des accidents qui peuvent leur survenir, les soins constants qu'ils réclament, la valeur des aliments qu'ils consomment, et dont il faut quelquefois prévenir le détournement, toutes ces considérations obligent à placer les écuries le plus près possible de l'habitation du maître, afin qu'il puisse exercer une surveillance active. Plus celles-ci seront rapprochées du chef de l'exploitation, plus cette surveillance sera fréquente et efficace. C'est la satisfaction de ce besoin impérieux qui a créé ce dicton connu : *L'œil du maître engraisse le cheval.*

Dans les petites fermes, lorsque les bâtiments sont construits sur une seule ligne, l'écurie doit être à côté même de la chambre de l'exploitant, et une porte, ou tout au moins une fenêtre doit être placée de façon à permettre au cultivateur de voir et d'entendre ce qui s'y passe. On doit, par cette fenêtre, faciliter un accès à l'écurie à l'aide d'une échelle. Nous recommandons d'adopter cette disposition chaque fois que l'exploitation ne comporte pas plus de deux ou trois chevaux, que le cultivateur soigne lui-même.

Au contraire, lorsque les bâtiments d'exploitation sont plus considérables et qu'un valet d'écurie est chargé de soigner les chevaux, la surveillance peut s'exercer avec moins d'assiduité, car le valet d'écurie couche soit dans l'écurie soit dans le grenier à foin, situé au-dessus d'elle; mais dans ce cas encore, il faut que le cultivateur puisse toujours avoir l'œil sur son écurie.

Lorsque celle-ci n'est pas sur la même ligne que la maison d'habitation, la meilleure disposition à adopter consiste à placer l'écurie en retour d'équerre à angle droit, de façon que la porte d'entrée de l'écurie soit facilement vue du cultivateur.

Lorsque l'exploitation est considérable et qu'elle comporte plusieurs écuries, il est utile qu'elles soient placées les unes à côté des autres. Dans ce cas, on devra construire une petite infirmerie qui sera séparée des autres constructions, afin d'y placer les chevaux malades. Enfin, dans une vaste exploitation agricole, les écuries doivent former une division spéciale des constructions; elles devront avoir leur cour séparée, un pavillon pour le directeur des écuries, qui s'occupe exclusivement des chevaux, administre le budget des écuries, et décharge le maître de tout souci.

La cour des écuries doit contenir un abreuvoir, de l'eau fraîche et abondante, des auges et tous les accessoires. Il va sans dire que cette cour et ses abords seront pavés, ou plutôt cailloutés avec des cailloux étêtés, afin qu'on n'ait à craindre pour les chevaux aucune chute ou accident par le fait d'excavations ou d'aspérités.

3. *Dimensions.* — Il n'y a pas de dimensions rigoureuses à fixer pour les écuries; cela dépend des formes qu'on leur donne et de l'emplacement dont on dispose. Suivant la disposition adoptée, les dimensions sont variables. Nous allons donc examiner les avis des gens compétents, pour nous fixer sur l'espace nécessaire à un cheval, ce qui nous donnera la base pour les dimensions générales des écuries. Le génie militaire accorde 1^m,45 de largeur pour chaque cheval de troupe; Bourgelat (1) indique 1^m,60; M. de Gasparin (2) va jusqu'à 1^m,75. D'autres auteurs portent jusqu'à 2 mètres l'espace *nécessaire* pour les chevaux qui fatiguent beaucoup, parce qu'ils ont besoin de s'étendre à l'aise; néanmoins nous pensons qu'une bonne largeur est 1^m,55. Nous devons dire cependant que le mode qu'on adopte pour séparer les chevaux influe nécessairement sur la largeur, et que, si l'on peut accorder plus de 1^m,55 aux chevaux, cela n'en vaudra que mieux.

Pour la longueur, le cheval ne demande que 2^m,50, auxquels on ajoute 1 mètre pour la mangeoire et un peu d'espace pour le recul, et 1^m,50 pour le passage derrière le cheval, ce qui donne un total minimum de 5 mètres.

______

(1) *Éléments de l'art vétérinaire.*
(2) *Cours d'agriculture.*

Ce passage doit être porté à 2 mètres lorsque la séparation des chevaux est faite à l'aide de stalles, parce que ce genre de séparation gêne les mouvements d'entrée et de sortie des animaux.

Ainsi, bien que la dimension qu'il convient de donner aux écuries dépende de la taille des chevaux, on peut fixer comme une bonne moyenne 5 mètres pour les écuries ordinaires et 6 mètres pour celles qui ont des stalles fixes. Ce sont là les dimensions que nous avons données dans les diverses écuries que nous avons construites.

Quant à la hauteur que nous avons employée, elle varie entre 3^m,50 et 4 mètres. Il ne faudrait pas par trop dépasser cette dernière, car si on le faisait, l'intérieur des écuries pourrait, à certaines époques de l'année, se refroidir trop subitement ; or, il faut éviter à tout prix, les variations trop brusques de température. Une bonne moyenne est 3^m,75. Lorsque nous parlerons de la ventilation, nous verrons que les tuyaux d'aération permettent de réduire la hauteur des écuries.

DES DIVERSES DISPOSITIONS DES ÉCURIES.

Les écuries peuvent affecter diverses dispositions, auxquelles on donne les dénominations suivantes :

1. Écurie longitudinale simple.
2. Écurie longitudinale double (premier type).
3. Écurie longitudinale double (deuxième type).
4. Écurie transversale simple.

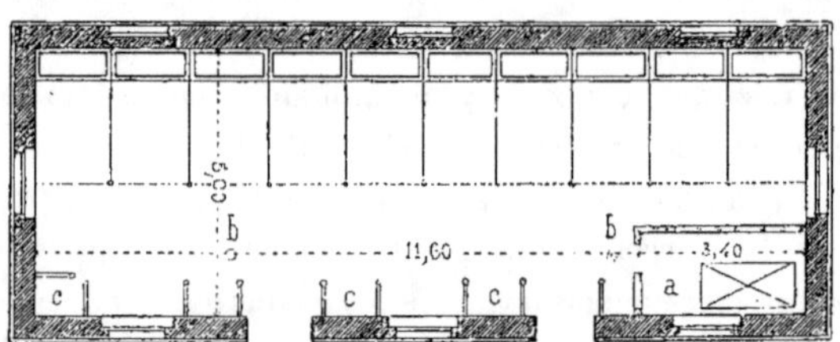

Fig. 255. — Plan d'une écurie longitudinale simple.
Échelle de 0^m,005 pour mètre.

5. Écurie transversale double (premier type).
6. Écurie transversale double (deuxième type).
7. Écurie avec couloir pour l'alimentation.

Nous allons examiner successivement chacune de ces dispositions.

1. *Écurie longitudinale simple.* — On désigne sous ce nom l'écurie qui présente les dispositions indiquées par nos figures 255, 256 et 257.

La longueur de cette écurie est de 15 mètres dans œuvre, sa largeur de 5 mètres ; les murs ont 0^m,50 d'épaisseur.

Comme le plan l'indique (*fig.* 255), cette écurie peut contenir dix chevaux. A l'extrémité droite du plan se trouve, en *a*, un cabinet dans lequel couche le valet d'écurie chargé du service. Ce cabinet est entièrement clos, mais les

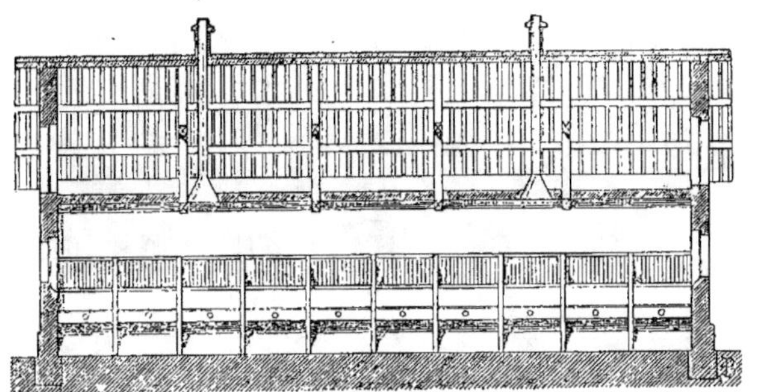

Fig. 256. — Coupe longitudinale d'une écurie longitudinale simple.

Échelle de 0^m,005 pour mètre.

côtés ont des châssis vitrés qui permettent au valet de voir de son lit ce qui se passe dans l'écurie.

c, c, c, sont des crochets sur lesquels on place les harnais.

Les matériaux employés dans cette construction sont des moellons et de la pierre de taille pour les murs ; les cintres des baies sont en briques ; on peut employer pour celles-ci de la pierre de taille, comme pour les angles du bâtiment.

Lorsqu'on veut faire des constructions très-économiques, au lieu d'employer de la brique pour les dessus des baies on la remplace par une pièce de bois faisant linteau.

Dans cette écurie, les séparations sont mobiles, au moins pour les deux chevaux qui sont placés au droit du garçon d'écurie.

Fig. 257. — Coupe transversale d'une écurie longitudinale simple.

Échelle de 0^m,005 pour mètre.

Lorsque celle-ci a 4 mètres de hauteur, on peut établir le lit du garçon dans un entresol dont le plancher bas est assez élevé pour permettre aux chevaux de passer au-dessous. L'inspection de nos figures fait voir le mode d'éclairage et l'entrée de cette écurie, qui est ventilée par deux tuyaux d'aération très-suffisants pour sa capacité. On multiplie quelquefois ces tuyaux ; c'est un tort, car ils donnent une ventilation trop active, ce qui refroidit promptement l'écurie ; or, on doit éviter les changements trop brusques de température, nous ne saurions trop le répéter.

Au-dessus de cette écurie (*fig.* 258), il existe un grenier à foin auquel on arrive à l'aide d'échelles, soit par l'extérieur, soit par une trappe pra-

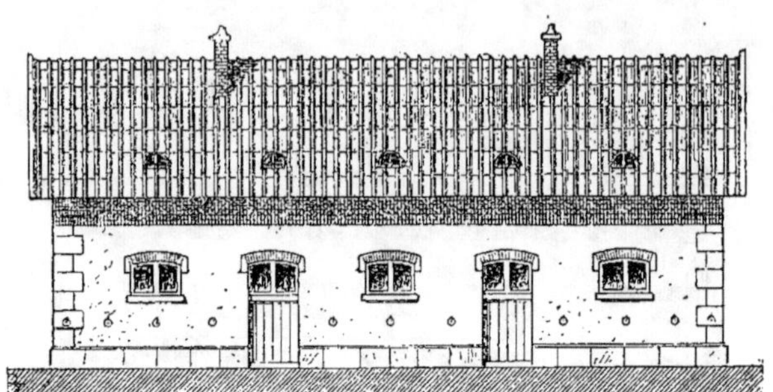

Fig. 258. — Élévation pour écurie longitudinale simple ou double.

Échelle de 0^m,005 pour mètre.

tiquée dans l'écurie même, dans l'angle gauche, c'est-à-dire du côté opposé au cabinet du garçon.

Dans les combles sont pratiquées de petites lucarnes dites chatières, pour ventiler le grenier, ce qui est très-nécessaire, afin d'éviter la fermentation,

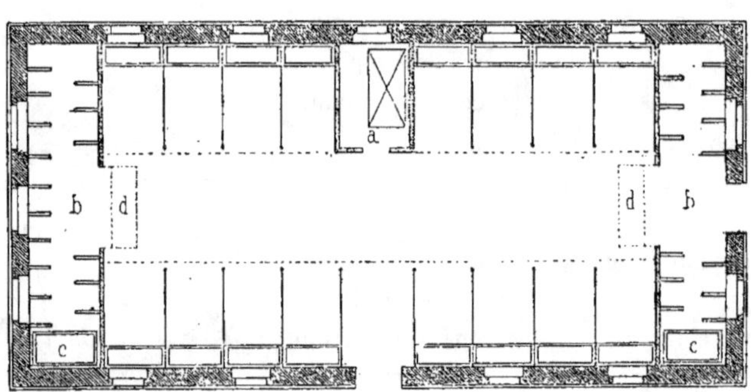

Fig. 259. — Plan d'une écurie longitudinale double (premier type).

Échelle de 0^m,005 pour mètre.

l'échauffement, et de prévenir l'inflammation du fourrage, au cas où il aurait été enfermé un peu vert ou humide.

Ces détails ont une grande importance, et il n'est pas permis de les négliger lors de la construction des écuries.

2. *Écurie longitudinale double* (premier type). — Nos figures 259 et 260

représentent une écurie longitudinale double. Comme dans la précédente, les chevaux sont placés suivant la longueur du bâtiment, mais ils sont sur deux rangs. Il résulte de cette disposition qu'on économise l'emplacement qui sert de passage derrière les chevaux ; en effet, pour dix chevaux il faut autant d'étendue de passage que pour vingt. Il ne faudrait pas croire toutefois que cette économie est si grande qu'elle le paraît ; car, dans le précédent système, le mur qui fait face aux mangeoires des chevaux sert à suspendre les harnais et à la couchette du valet d'écurie. Avec les dispositions d'une écurie longitudinale double, on est donc forcé d'établir de chaque côté *bb,* un dépôt de harnais qui occupe la place de quatre chevaux, plus une place perdue pour le lit du garçon d'écurie *a* : total, cinq chevaux sont logés en moins par ce système, ce qui fait que le bénéfice du passage derrière les chevaux n'est pas aussi net qu'on aurait pu le supposer. Nous dirons encore que la porte d'écurie, au lieu d'être sur le mur pignon, est percée sur l'un des murs de face, comme l'indique notre figure ; c'est une sixième place de perdue. Donc si nous comparons ces deux systèmes, nous avons, pour la première disposition :

Longueur de l'écurie, 15 mètres ; largeur, 5 mètres ; surface totale, 75 mètres, sur lesquels dix chevaux sont logés, ce qui donne 7^m,50 pour un cheval.

Fig. 260. — Coupe transversale d'une écurie longitudinale double.

Échelle de 0^m,005 pour mètre.

Pour la deuxième disposition, nous avons : longueur, 18 mètres ; largeur, 8 mètres ; surface totale, 144 mètres carrés, sur lesquels 16 chevaux sont logés, ce qui donne 8^m,30 pour un cheval. Si nous mettons en parallèle ces deux résultats, 7^m,50 et 8^m,30, nous trouvons qu'il existe un écart de **11** pour 100.

On peut, pour ces différents cas, établir des formules qui représentent la superficie nécessaire à chaque cheval ; ces formules, qu'elles soient appliquées à de grandes ou de petites écuries, sont peu variables, car les besoins du service sont les mêmes et exigent la répétition des mêmes dégagements pour chaque vingtaine de bêtes.

Examinons le premier cas. — Dix chevaux sans sellerie spéciale, avec cabinet de garçon et porte d'entrée, passage, occuperont, à raison de 1^m,50 de largeur sur 5 de longueur, un emplacement de 75 mètres carrés ; d'où la surface nécessaire à chaque cheval est dans la formule suivante :

$$S = \frac{75}{10} = 7^{m},50.$$

Deuxième cas. — Seize chevaux, à part leurs selleries latérales, cabinet de garçon, porte d'entrée, occuperont, à raison de $1^{m},50$ de largeur sur 4 mètres de longueur, une emplacement de 96 mètres carrés. Or, dans le deuxième exemple, nous avons 144 mètres carrés pour la surface totale ; il reste donc 48 mètres pour les dépendances, soit 50 pour 100 de la surface occupée par les chevaux. Comme on peut le voir par la comparaison des deux dispositions, la première est plus économique, en tant que surface occupée. Au point de vue de la construction, elle est plus coûteuse, puisque, pour loger un même nombre de chevaux, le développement des murs est plus considérable. En effet, si nous calculons la longueur de ces murs, nous trouvons comme développement linéaire : 42 mètres pour la longueur totale des murs de l'écurie longitudinale simple avec ses accessoires, et 52 mètres pour l'écurie longitudinale double avec ses accessoires ; ce qui donne dans le premier cas $4^{m},20$ linéaire de murs pour un cheval et dans le second, $3^{m},25$.

Si maintenant, nous nous plaçons au point de vue économique, nous trouvons que, dans le second cas, le grenier à foin étant beaucoup plus large, contiendra beaucoup plus de fourrage, mais l'écartement des murs nécessite un plancher plus coûteux ; ce même écartement donne une surface à couvrir d'une superficie plus considérable, de sorte que les bois de charpente seront plus forts, la surface de couverture plus grande ; les combles coûteront par conséquent beaucoup plus cher que dans le premier système. Ainsi donc en balançant les avantages et les désagréments et en supputant les dépenses, on voit que les deux systèmes coûtent à peu près le même prix pour leur établissement ; aussi nous n'hésitons pas à conseiller de préférence la construction des écuries longitudinales simples, chaque fois que l'emplacement permettra de les établir.

3. *Écurie longitudinale double* (deuxième type). — Le deuxième type d'écurie longitudinale double consiste, comme le montre la figure 261, en un bâtiment refendu dans son milieu par un mur. Ce type présente, en définitive, deux écuries simples, juxtaposées, puisque les chevaux n'ont pas de voisins derrière eux ; et si l'on est forcé de faire une écurie double, nous pensons que c'est à ce modèle qu'on doit s'arrêter. *aa* sont les crochets pour suspendre les harnais ; *b* un lit pour le garçon d'écurie ; *c* le coffre à avoine.

Les écuries doubles ou à deux rangs autrement établies doivent toujours être rejetées pour les chevaux de choix, carrossiers, de course, en un mot pour les chevaux de sang ; car, malgré la largeur des passages, les chevaux vicieux ou méchants trouvent toujours l'occasion de ruer lorsque d'autres chevaux sont derrière eux, ou lorsqu'ils sortent de l'écurie ou qu'ils y rentrent.

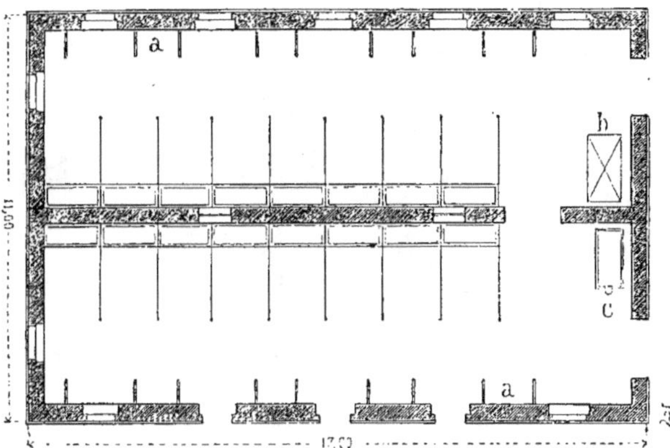

Fig. 261. — Écurie longitudinale double (deuxième type).

Échelle de 0ᵐ,005 pour mètre.

4. *Écurie transversale simple.* — La figure 262 montre une écurie transversale simple. Cette écurie se compose d'un grand corps de bâtiment de

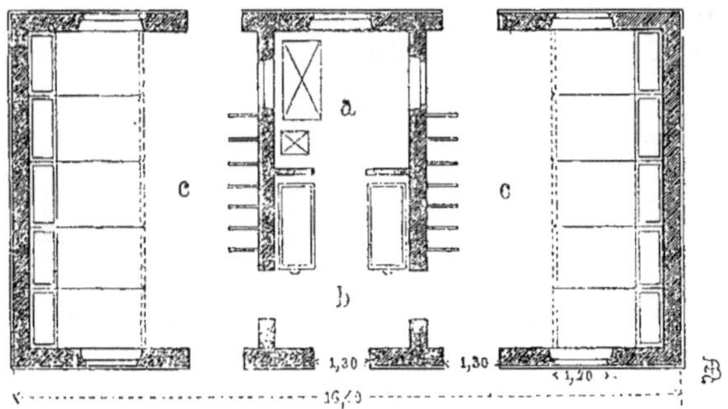

Fig. 262. — Écurie transversale simple.

Échelle de 0ᵐ,005 pour mètre.

16ᵐ,40 de longueur. Il est divisé en deux par le cabinet du garçon d'écurie et celui qui renferme les caisses à avoine, son, etc. Une écurie simple se trouve de chaque côté du bâtiment. Le mur opposé aux rateliers et auges sert à suspendre aux crochets *c, c,* le harnachement des chevaux.

5. *Écurie transversale double* (premier type). —Dans notre figure 263 est représentée une écurie transversale double; le plan de celle-ci est absolument ment disposé comme le plan de l'écurie transversale simple, seulement les harnais se trouvent dans une sellerie qui précède le cabinet du garçon d'écurie, et les chevaux sont disposés sur deux rangs.

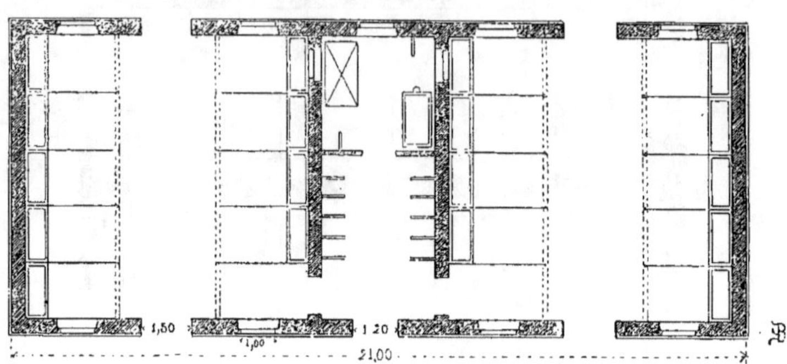

Fig. 263. — Écurie transversale double (premier type).

Échelle de 0^m,005 pour mètre.

6. *Écurie transversale double* (deuxième type). — Notre figure 264 représente le deuxième type d'une écurie transversale double; c'est un grand corps de bâtiment rectangulaire, qui est divisé en quatre parties : la première à droite *d*, sert de sellerie ; derrière elle se trouve un cabinet avec un lit *c*; les deux autres parties sont les écuries proprement dites, et enfin l'extrémité gauche *a* sert de chambre aux valets d'écurie ; *b* est une entrée pour l'es-

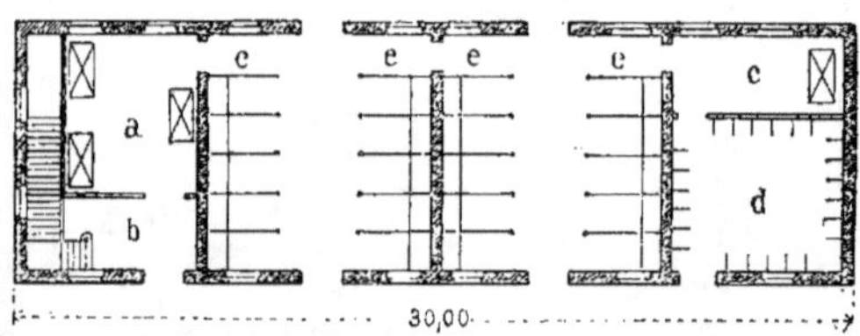

Fig. 264. — Écurie transversale double (deuxième type).

Échelle de 0^m,005 pour mètre.

calier qui conduit au grenier à foin situé au-dessus. Ce deuxième type est fort commode. La sellerie est à l'abri des émanations délétères de l'écurie, et les garçons d'écurie logés ensemble se relèvent successivement pour faire le service ; quelquefois, pour plus de sécurité, comme les chevaux de l'écurie de droite sont éloignés de la chambre des garçons, on établit comme nous venons de le dire un cabinet *c* pour un garçon derrière la sellerie, comme le montre notre figure.

7. *Écurie avec un couloir pour l'alimentation.* — On a établi quelquefois des écuries avec un couloir pour l'alimentation, mais ce genre ayant des inconvénients a été délaissé. Nous en dirons cependant quelques mots, puisque nous étudions à fond la question des écuries, et que nous devons dire non-seulement ce qui est bon et qu'il faut faire, mais encore ce qui est mauvais et qu'on doit éviter.

Dans ce système d'écurie, on donne la nourriture aux chevaux par des trappes qui glissent avec plus ou moins de fracas sur des coulisses, ce qui a l'inconvénient d'effrayer quelquefois les chevaux; il est vrai qu'ils s'y habituent vite, mais ce genre d'écurie prive d'une grande ressource, celle d'habituer l'animal à vivre pour ainsi dire familièrement avec l'homme. En effet, il faut que le cheval qui, pendant son travail, est sous la main et en compagnie de l'homme, s'habitue le plus possible à sa présence et à sa fréquentation; l'instant le plus propice pour développer et entretenir pour ainsi dire la liaison, l'amitié, qui doit exister entre l'animal et son maître, est sans contredit celui où le cheval voit son conducteur s'approcher de lui pour lui remettre sa nourriture: ce qui le touche le plus en effet, sa grande préoccupation, lorsqu'il a jeûné quelques heures, c'est de savoir s'il mangera bientôt; aussi dans ce moment il est fort bien disposé pour son maître, car il n'ignore pas qu'il est surtout sous sa dépendance pour sa ration. Aussi blâmons-nous complétement le système d'écurie avec couloir pour l'alimentation, parce qu'au lieu d'habituer le cheval à l'homme, il tend au contraire à les rendre étrangers l'un à l'autre.

Après avoir étudié les dispositions d'écuries, nous devons parler des séparations, car la simple barre qui est le point de départ de celles-ci nous conduit jusqu'au boxe, qui pour n'être qu'une séparation n'en constitue pas moins un genre particulier d'écurie. Nous le verrons du reste quelques paragraphes plus loin.

Dans bien des cas, on est obligé de séparer les animaux qui habitent la même écurie ; c'est indispensable lorsque celle-ci renouvelle souvent son personnel. On est obligé d'agir de même dans celles qui reçoivent des chevaux entiers et des juments.

Cependant l'absence de toute séparation présenterait des avantages. En premier lieu, elle laisserait plus d'espace aux animaux pour leur repos et aux hommes plus de facilité pour leur service; ensuite cette absence de séparation permettrait aux chevaux qui doivent être attelés ensemble de se connaître, et elle les habituerait à vivre côte à côte. Cependant comme on est obligé de séparer les chevaux, nous devons indiquer les divers moyens en usage, ils sont nombreux comme nous allons le voir ; le plus simple consiste dans le barrage.

DES SÉPARATIONS.

1. *Le barrage.* — On emploie ordinairement une barre en bois ronde de sa nature ou rendue telle par le rabot. On préfère adopter cette forme, afin d'éviter aux chevaux les blessures qu'une barre à vive arête pourrait leur occasionner.

Cette barre suivant la taille de l'animal mesure de $2^m,25$ à $2^m,30$ de longueur. Elle est fixée d'un côté à la mangeoire à l'aide d'un crochet et de l'autre elle est soutenue par une corde ou chaîne en fer fixée à une solive du plancher ou bien à un pilier, lorsqu'il s'en trouve dans une position convenable dans l'écurie. Nous ajouterons qu'aujourd'hui les cordes de chanvre ou les chaînes en fer sont remplacées par des cordes en fil de fer galvanisé.

Le barrage, qui est un moyen assez primitif d'empêcher les chevaux de se taquiner, a des inconvénients. Il arrive souvent, en effet, que les chevaux enjambent cette barre et en essayant de se dégager peuvent s'estropier eux-mêmes ou blesser leurs voisins.

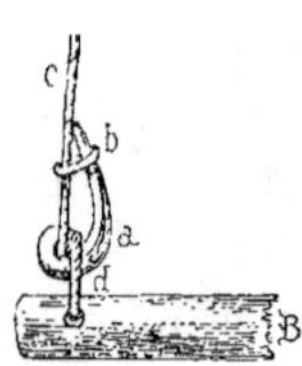
Fig. 265. — Sauterelle en bois.

Pour obvier à cet inconvénient et afin de désempêtrer rapidement l'animal, on se sert d'un ustensile, très-varié dans ses formes, qu'on nomme *sauterelle*.

La plus simple est représentée par la figure 265. Elle se compose d'un petit crochet en bois a et d'un anneau b, qui glisse le long de la corde c. Une boucle en corde d située à l'extrémité de la barre est prise dans la sauterelle. En remontant l'anneau le crochet échappe et bascule, la barre tombe et le cheval se trouve dégagé. Les figures 266, 267 sont deux autres genres de sauterelle au repos ; la figure 268 est celle représentée figure 266, mais au moment où la barre échappe.

Ces diverses sauterelles laissent à désirer, puisqu'elles nécessitent la présence d'un valet d'écurie ou d'un garçon quelconque pour dégager l'animal ; il fallait donc trouver un système permettant au cheval ayant enjambé sa barre, de se dégager lui-même par le poids de son propre corps. Ce système a été trouvé, notre figure 269 le représente. Cette sauterelle mesure $0^m,35$ de longueur sur $0^m,06$ de largeur à sa base. Elle possède un anneau brisé en forme de lyre au point a. On peut aisément en saisir le mécanisme : lorsque le cheval pèse sur le point o, il agit comme un véritable levier par rapport au point c ; l'extrémité de la sauterelle force sur les bras de la lyre qui cèdent et laissent échapper le bois de la sauterelle, par suite la barre tombe instantanément et le cheval se dégage ainsi de lui-même. L'essentiel dans ce mécanisme, c'est que les bras de la lyre soient assez serrés

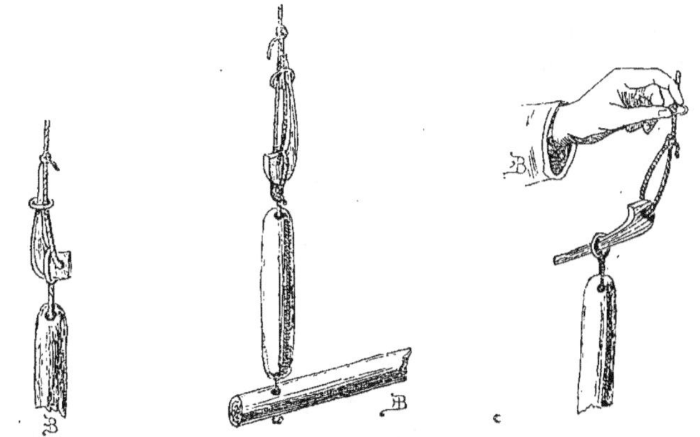

Fig. 266. — Sauterelle en bois au repos.

Fig. 267. — Sauterelle en bois au repos.

Fig. 268. — Sauterelle en bois pour le dégagement de la barre.

pour nécessiter un effort sensible pour les écarter. Sans cette précaution,

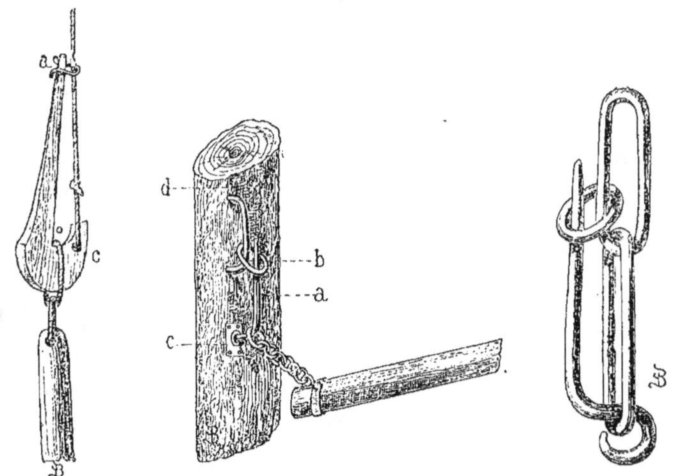

Fig. 269. — Sauterelle permettant au cheval de se dégager de lui-même.

Fig. 270. — Sauterelle en fer permettant à l'animal de se dégager.

Fig. 271. — Sauterelle en fer au repos.

le moindre mouvement imprimé à la barre ferait levier à son tour, et la laisserait s'échapper.

Il arrive parfois que le cheval, au lieu d'enjamber sa barre de séparation, se trouve pris en dessous, s'il s'accroupit pour se reposer. Dans ce cas lorsqu'il se relève, si la barre est fixe et rigide il peut se blesser grièvement. Pour parer à ce danger, les Anglais ont imaginé un système de sauterelle, qui dégage la barre, si la pression exercée sur celle-ci agit de bas en haut. Voici ce système représenté par notre figure 270. — *a* est une tige de fer à pivot mobile *c* fixée sur un plateau *d*. La barre étant soulevée, la chaîne qui la supporte fait glisser l'anneau *b*; la tige pivote sur *c* et la barre se trouve dégagée. C'est ce système qui a donné naissance à la sauterelle que représente notre figure 271. Il est si simple que la seule inspection du dessin suffit pour le faire comprendre. Tous nos croquis de sauterelle sont faits au dixième de leur grandeur réelle.

On vient d'inventer un nouveau genre de sauterelle qui est très-commode.

C'est un ustensile en cuivre qui a la forme d'un petit cylindre portant trois anneaux, deux à chacune de ses extrémités, et un troisième dans son milieu.

Les deux premiers servent à la suspension du bat-flanc, et l'anneau du milieu à faire manœuvrer la sauterelle ; en effet, quand ce dernier est baissé, il serre et maintient une tige qui se trouve dans le cylindre, au contraire, quand il est levé il dégage la tige et le cylindre se sépare en deux.

Ce système de sauterelle, très-pratique, se manœuvre facilement ; mais il a l'inconvénient d'être un peu plus cher que ceux que nous avons décrits précédemment.

Des divers systèmes de séparation, le barrage est le plus défectueux ; cependant lorsqu'il est bien établi, il peut être de quelque utilité ; mais pour cela il faut observer dans sa pose :

1° De laisser au cheval un espace suffisant ;

2° De placer la barre à une hauteur proportionnelle à sa taille.

La position à laquelle on doit assujettir la barre est donc variable suivant la taille de l'animal ; mais il existe une règle fixe que voici : du côté de la mangeoire, elle doit partager l'avant-bras du cheval dans son milieu, et par derrière elle doit arriver à 0^m,13 environ au-dessus du jarret.

Malgré toutes les précautions qu'on peut prendre, la barre a des inconvénients ; on les amoindrit en la rembourrant dans le tiers inférieur de sa longueur, avec de la paille tressée, de la corde, du vieux drap ou cuir. On suspend même quelquefois après la barre un paillasson qui sert à amortir les coups de pied lorsqu'un cheval tracassier en adresse à ses voisins. Comme le plus souvent ce n'est qu'une affaire de taquinerie, le cheval qui ne frappe plus directement sur son voisin s'arrête, et perd l'habitude de ruer, parce qu'il croit n'avoir affaire qu'au paillasson. En lui donnant ainsi le change, on le corrige de ce défaut.

2. *Stalles volantes ou bat-flancs.* -- Nous venons de voir que la séparation la plus élémentaire était la barre ; le mode qui vient ensuite est la stalle volante ou bat-flancs. Elle se compose d'une pièce de bois d'un seul tenant ou d'un assemblage de planches réunies entre elles par des rainures. Les planches employées ont 0ᵐ,22 de hauteur sur 0ᵐ,054 d'épaisseur ; comme il y a trois planches pour faire le bat-flancs, il a donc une hauteur totale de 0ᵐ,66 environ.

On assemble aussi les planches soit à l'aide d'anneaux ou de charnières qui leur donnent une certaine mobilité. On emploie généralement du bois de chêne, parce que dur et résistant, il pourrit difficilement ; mais, comme il s'éclate, les chevaux peuvent s'implanter dans les jambes des échardes. Pour parer à cet inconvénient, on emploie du bois d'aulne, qui est assez mou pour ne pas s'éclater sous les coups de pieds des cheveaux et cependant assez résistant pour ne pas se briser sous le même choc.

Les stalles volantes sont suspendues de la même façon que les barres, et, afin de pouvoir augmenter ou diminuer à volonté l'espace laissé entre les séparations, on établit au profond parallèlement à la mangeoire, une tringle de fer sur la-

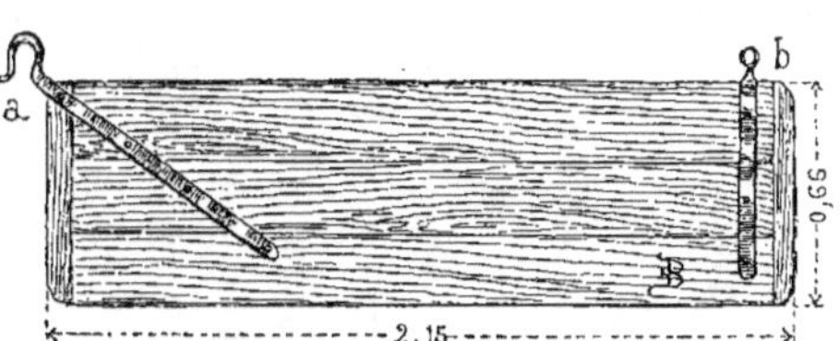

Fig. 272. — Stalle volante ou bat-flancs.

Échelle de 0ᵐ,03 pour mètre.

quelle glisse une petite roue de même métal, qui supporte la chaîne de suspension.

Il existe divers systèmes de stalles volantes ou bat-flancs. Le plus simple est une planche qui remplace la barre. Nos figures 272, 273 représentent les deux stalles volantes les plus employées. Celle de la figure 272 est composée de trois planches de 0ᵐ,22, assemblées par une rainure ; en *a*, se trouve un crochet qui s'accroche dans un anneau du côté de la mangeoire, en *b* une bague en fer, dans laquelle passe la chaîne de suspension qui supporte la sauterelle.

La figure 273 indique une autre disposition de bat-flancs ; ce sont trois planches réunies par des charnières *c* ; en *a*, se trouve le fer terminé en bague pour recevoir la chaîne de suspension ; en *b* un système de ferrure analogue à un gond de porte et qui est fixé dans la mangeoire. Les figures 274, 275 indiquent, à plus grande échelle, diverses ferrures bat-flancs.

Les stalles volantes mesurent 2ᵐ,25 de longueur. Nous conseillons néanmoins de ne les faire que de 2ᵐ,10 à 2ᵐ,15. Cette longueur et suffisante; du reste, dans les petites écuries, si l'on dépasse cette dimension, elles pourraient gêner pour l'entrée et la sortie des chevaux de très-grande taille.

3. *Stalles fixes.* — Enfin il existe des stalles fixes; on les faisait autrefois en maçonnerie, aujourd'hui, elles ne sont plus qu'en bois, parce qu'on a re-

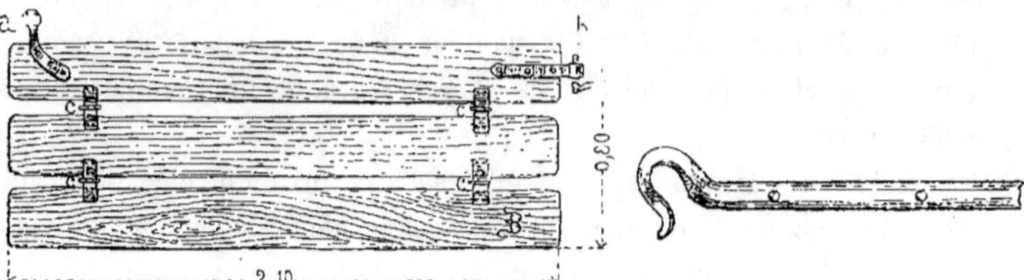

Fig. 273. — Stalle volante ou bat-flancs.   Fig. 274. — Crochet pour bat-flancs.

connu qu'elles étaient plus solides, prenaient moins d'espace et étaient d'un nettoyage plus facile.

Les stalles doivent toujours avoir au minimun 1ᵐ,75 de largeur sur 2ᵐ,50 de longueur, afin d'empêcher les chevaux de se donner des coups de pieds.

La figure 276 représente une stalle fixe vue de profil; la figure 277, la

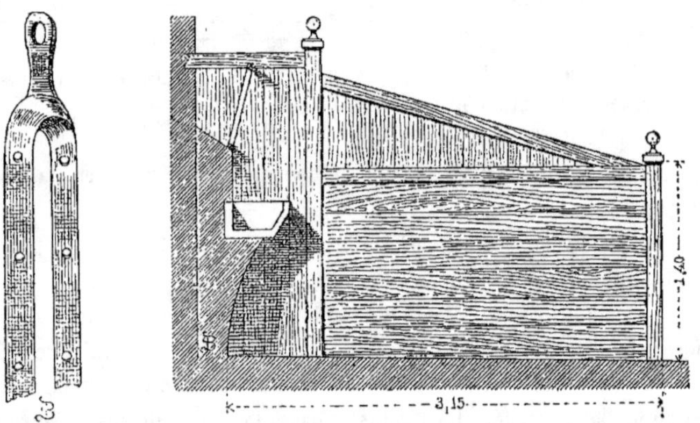

Fig. 275. — Ferrures de sus-   Fig. 276. — Stalle fixe vue de profil.
pension pour bat-flancs.   Échelle de 0ᵐ,02 pour mètre.

même vue de face, c'est ce qui se fait de plus économique dans l'espèce. Elle est simple et commode et remplit parfaitement son but. Nous ne lui adresserons qu'un reproche, c'est que le bois, au lieu d'être fil de bout est horizontal, de sorte que le cheval, en se frottant contre sa stalle, peut s'implanter des échardes dans le bas des jambes.

La figure 278 montre une autre stalle fixe. Dans celle-ci, le bois est fil debout. Quelquefois, avec le même système, le fil du bois est horizontal (*fig.* 279) ou posé à 45 degrés (*fig.* 280).

Pour rendre mobiles les stalles fixes, on emploie une ferrure spéciale, qui permet, lorsque cela est utile, un nettoyage et des réparations faciles, cette ferrure se pose à l'angle droit inférieur de la stalle, tandis que le haut est maintenu par une sorte de forte charnière; l'autre extrémité de la stalle est arrêtée par un fort verrou sans bouton saillant; ce verrou s'enfonce dans le sol. Nos figures 281 et 282 donnent ces ferrures à une assez grande échelle pour permettre leur construction.

Dans ces derniers temps, on a imaginé une armature en fer forgé qui maintient les madriers de chêne formant la stalle. La figure 283 montre l'ensemble de cette stalle; la figure 284 indique les dé-

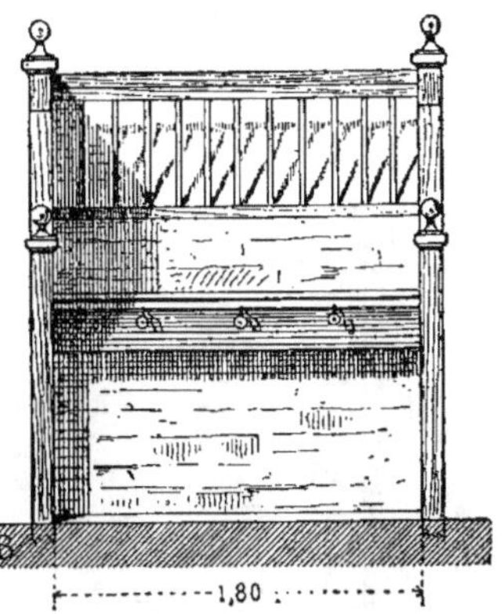

Fig. 277. — Stalle fixe vue de face.
Échelle de 0^m,02 pour mètre.

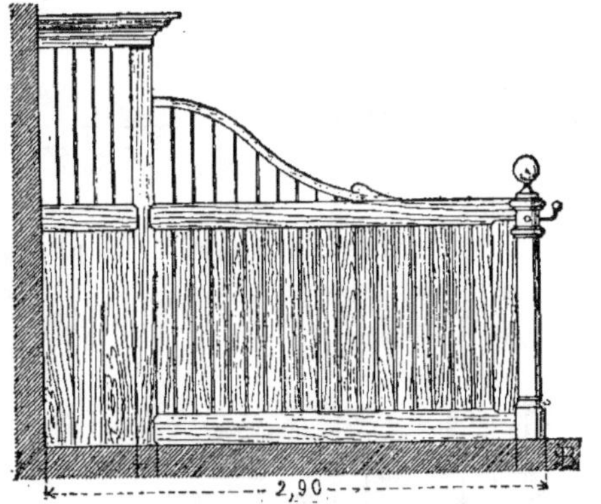

Fig. 278. — Stalle fixe avec le bois fil debout.
Échelle de 0^m,02 pour mètre.

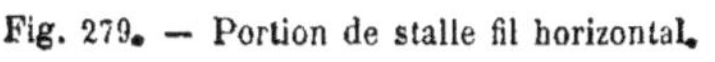

Fig. 279. — Portion de stalle fil horizontal.

Fig. 280. — Portion de stalle dont les fils du bois sont à 45 degrés.

Échelle de 0^m,02 pour mètre.

tails à 0^m,10 pour mètre; ce dernier système est breveté; mais on sait le cas qu'on doit faire d'un brevet.

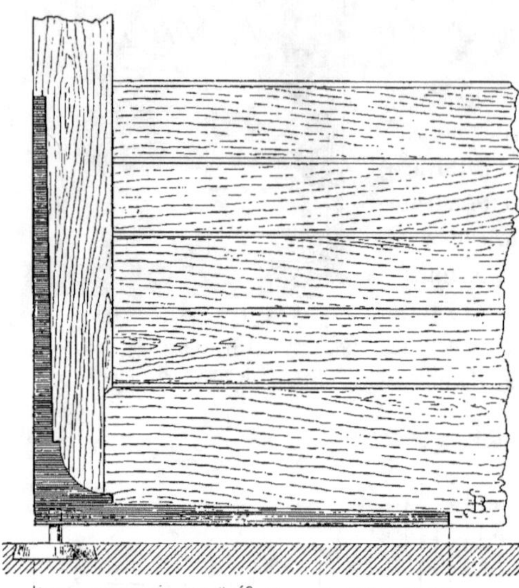

Fig. 281. — Ferrure basse pour rendre mobile les stalles fixes.

Échelle de 0^m,15 pour mètre.

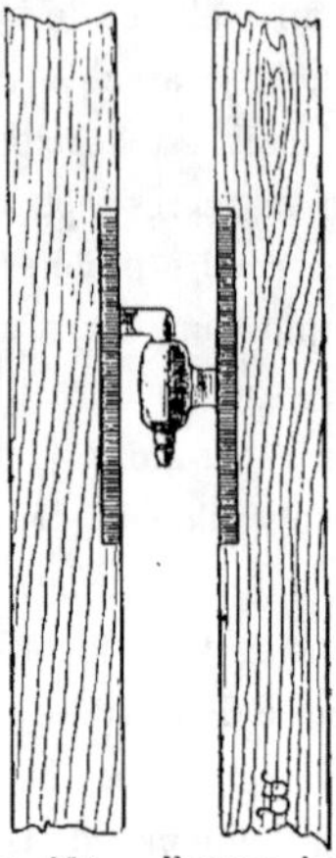

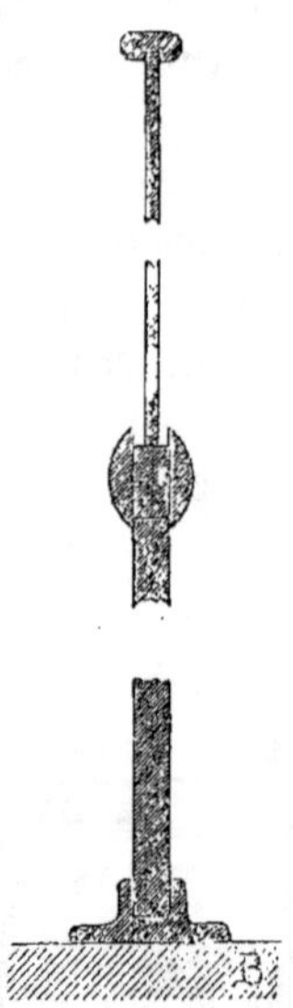

Fig. 282. — Ferrure haute pour rendre mobile les stalles fixes.

Échelle de 0^m,15 pour mètre

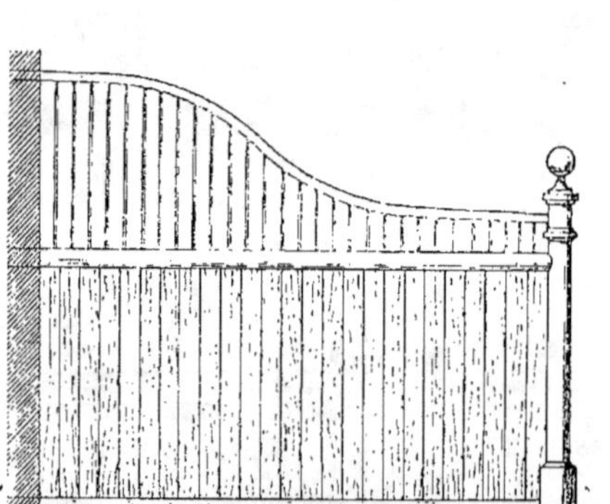

Fig. 283. — Stalle fixe avec armature en fer.

Échelle de 0^m,02 pour mètre.

Fig. 284. — Coupe d'une stalle fixe avec armature en fer.

Échelle de 0^m,10 pour mètre.

Il ne nous reste plus qu'à exposer quelques observations pratiques sur les stalles fixes ou mobiles. Quelques constructeurs ont revêtu leurs stalles avec des feuilles de métal; l'usage a promptement fait justice de cet emploi; en effet, les chevaux, avec leurs fers, déchiraient rapidement les feuilles de tôle ou de zinc et ils s'écorchaient à leur tour les jambes, à ces éraflures.

Quelques-uns ont essayé de placer ces mêmes feuilles entre deux bois. Ce système, outre le tort qu'il a d'augmenter considérablement le prix de fabrication, avait encore celui de diviser le bois en deux parties, de sorte que ces feuilles, qui n'étaient là que pour renforcer les stalles, les affaiblissaient au contraire; aussi ces procédés n'ont jamais été d'un long usage, et nous ne les mentionnons que pour éviter des écoles à ceux qui seraient tentés de renouveler ces malheureux essais.

BOXES.

Les boxes (1) sont de petites écuries dans les grandes, ou mieux des écuries divisées par compartiments, dans lesquels les chevaux ne sont pas attachés, mais laissés en toute liberté.

Les boxes, soit qu'on les établisse dans le bâtiment d'une écurie, ou sous un hangar, sont des loges séparées, ayant ou n'ayant pas de cour. Parfois même ils forment de petites écuries particulières complétement isolées.

Dans bien des cas, les boxes n'occupent guère que l'espace accordé à un cheval dans une écurie bien distribuée, soit $3^m,25$ de longueur, sur $1^m,65$ de largeur; ce ne sont pour ainsi dire que des stalles.

Quant à la cour du boxe, s'il en possède, sa dimension est fort variable. Elle est proportionnée au terrain dont on dispose, et sa grandeur ne peut être rigoureusement fixée; cependant son étendue minima doit toujours être double de celle du boxe et les dimensions ordinaires de ceux-ci sont les suivantes :

$$3^m,25 \times 2^m,25 = 7^m,30 \text{ carré.}$$
$$3^m,25 \times 3^m,00 = 9^m,75 \quad —$$
$$3^m,25 \times 4^m,00 = 13^m,00 \quad —$$
$$4^m,00 \times 4^m,00 = 16^m,00 \quad —$$
$$4^m,00 \times 5^m,00 = 20^m,00 \quad —$$

On dépasse même quelquefois cette dernière dimension. Ce système de stabulation a ses partisans et ses adversaires, et, suivant l'usage, les uns le trouvent excellent, tandis que les autres le tiennent pour mauvais. Nous n'entrerons pas dans toutes les discussions soulevées à ce sujet, car nous sorti-

---

(1) Ce mot est tantôt du genre masculin, et tantôt du féminin; nous avons préféré adopter le masculin pour le distinguer du mot *boxe,* action de boxer, qui est du féminin.

rions des limites que nous avons assignées à notre travail ; nous dirons seulement que la somme des avantages balance celle des inconvénients, et que, de l'avis des hommes les plus compétents, le boxe est pour le cheval

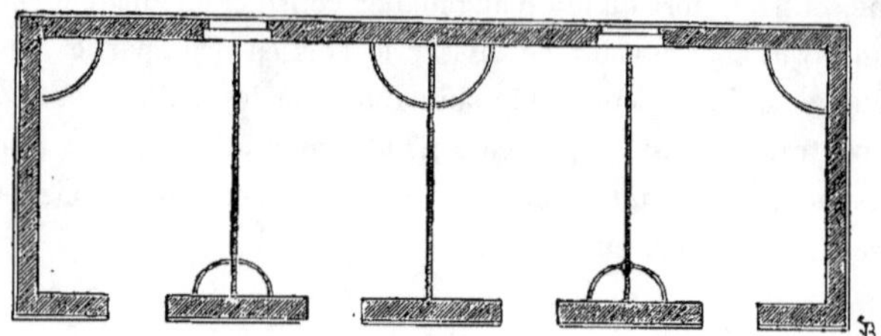

Fig. 285. — Plan d'une écurie avec boxes.
Échelle de 0^m,005 pour mètre.

une excellente écurie ; aussi l'usage s'en est-il de plus en plus répandu. L'air, la lumière, l'espace et le mouvement sont quatre conditions essentielles au bien-être et à la prospérité des animaux ; le cheval en jouit pleinement dans le boxe ; de plus, comme il a toute sa liberté, il ne se couche pas sur ses déjections et ne mange pas le fourrage imprégné de ses urines.

Dans les exploitations de quelque étendue, les boxes facilitent l'engraissement et la reproduction des animaux.

On a reproché au boxe de laisser le cheval dans l'isolement ; ce reproche n'est pas sérieux, car le cheval travaille, on lui donne sa nourriture, on le panse, de sorte qu'il est, dans le jour, très-souvent en compagnie

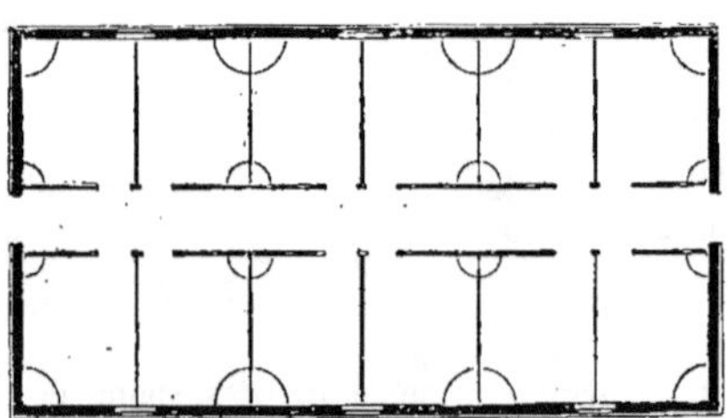

Fig. 286. — Plan d'une écurie avec boxes et couloir central.

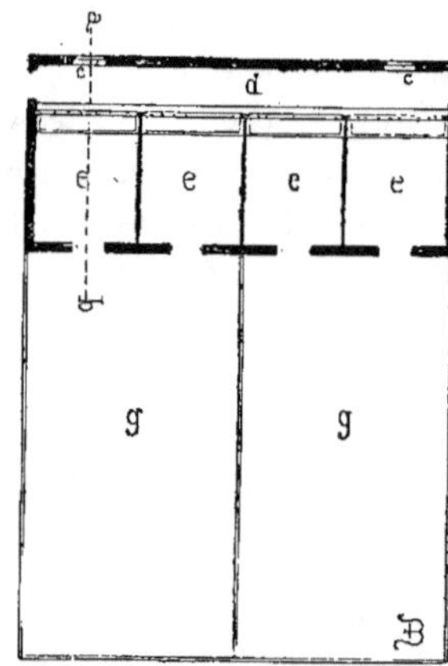

Fig. 287. — Plan d'une écurie avec boxes, couloir d'alimentation et paddocks.

Échelle 0^m,0025 pour mètre.

de l'homme. Lorsque le cheval est seul, il repose plus tranquillement. Les praticiens ont du reste reconnu que les chevaux en boxe étaient d'un caractère plus doux et avaient plus d'appétit que les chevaux enfermés.

Espérons que le boxe sera apprécié à sa juste valeur et que chaque cheval, quel que soit son prix, aura un jour son boxe, tandis qu'aujourd'hui en France, les boxes sont exclusivement réservés pour les chevaux de luxe.

Les écuries avec boxes peuvent affecter diverses dispositions. Elles sont isolées figure 285; ou bien les boxes sont groupés avec un couloir longitu-

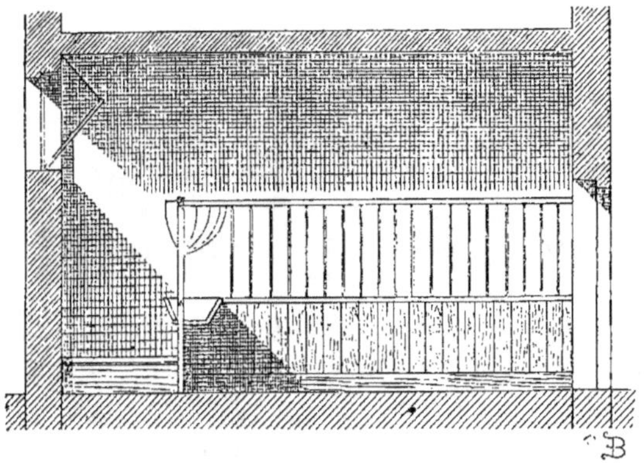

Fig. 288. — Coupe d'une écurie avec boxes, et couloir d'alimentation.
Échelle de 0^m,01 pour mètre.

dinal et central (*fig.* 286), ou bien encore ils peuvent être isolés avec un couloir d'alimentation. La figure 287 montre le plan de ce dernier genre, *e* sont les boxes, *d* le couloir éclairé par les fenêtres *cc* percées devant les boxes. Il existe deux petites cours ou parcs *gg* nommés *paddocks* qui permettent de faire prendre l'air aux chevaux enfermés dans les boxes. Notre figure 288

Fig. 289. — Perspective d'une écurie avec boxes et paddocks.

montre la coupe de ce bâtiment faite sur *ab* (*fig.* 287). Enfin la figure 289 est la perspective de ces boxes: on y voit un paddock pour deux boxes.

Ce dernier système de construction est assez dispendieux; aussi est-il fort rare qu'on fasse le couloir de service.

Des valets d'écurie font le service directement par la porte de chaque boxe si l'on supprime le couloir ; c'est un peu plus long, il est vrai, mais la dépense est moins considérable pour ce genre de construction.

Quoique les divers genres d'écuries à boxes puissent servir aux mêmes usages, nous les diviserons en quatre classes distinctes, que nous décrirons sous le titre *d'écuries spéciales.*

ÉCURIES SPÉCIALES.

Les écuries spéciales comprennent :

1. Les *écuries d'élevage,* la *jumenterie* et la *poulinerie ;*
2. Les *écuries d'entraînement ;*
3. Les *écuries pour hunters,* ou chevaux de chasse ;
4. Les *loges pour haras.*

1. *Écuries d'élevage. Jumenterie..—* Ce dernier terme n'a pas encore été reconnu par l'académie, mais peu importe ; comme il exprime parfaitement ce qu'il représente, la pratique l'a partout admis ; la jumenterie désigne donc le lieu qu'habitent les poulinières et, par extension, leur habitation même·

La jumenterie est généralement située au milieu d'une prairie ; elle se compose d'un bâtiment qui renferme 18 à 20 boxes, rarement davantage. Ces boxes sont séparés, mais ils peuvent être mis en communication à l'aide de portes à coulisses ; ils mesurent 4 mètres de largeur et de longueur et 4 mètres de hauteur. La jumenterie a comme corollaire obligé la poulinerie.

Poulinerie. — Ce mot exprime le fait de l'élevage du poulain dans son ensemble ; il désigne aussi les bâtiments, cours, pacages destinées au sevrage des poulains. La poulinerie les reçoit de l'âge de six mois à trois ans, c'est-à-dire de l'époque du sevrage à celle du second entraînement. Pour la construction d'écuries d'élevage, on emploie les mêmes matériaux que pour les écuries ordinaires, c'est-à-dire la pierre et la brique pour les bâtiments soignés, tandis que, pour les écuries modestes, on emploie le pisé, le pan de bois, le bois avec bauge, torchis ou plâtras.

Les couvertures de ces écuries sont en ardoises, tuiles ou autres matériaux plus ou moins économiques ; mais généralement ces couvertures sont doublées à l'intérieur en paille. Ce doublis a pour but, d'empêcher les changements brusque de température.

L'aire est pavée par les moyens en usage que nous décrirons un peu plus loin, lorsque nous parlerons du sol des écuries ; seulement comme, dans les boxes, les chevaux changent de place, ce pavage n'a pas besoin d'être aussi résistant que dans l'écurie ordinaire, où le cheval, pour ainsi dire immobilisé, frappe toujours du sabot sur le même point.

2. *Écurie d'entraînement.* — Pour loger convenablement le cheval de course, il faut connaître ses goûts et s'y conformer. Les écuries d'entraînement diffèrent peu des boxes pour poulains ; elles sont plus sombres, et il est nécessaire d'y maintenir une température plus élevée. Le thermomètre ne devrait jamais marquer moins de 17 degrés centigrades au-dessus de zéro et plus de 20 degrés. La fermeture hermétique des portes et fenêtres et, au besoin, un système de chauffage pendant les grands froids de l'hiver, doivent contribuer à maintenir une température à peu près égale. L'emploi du thermomètre est donc nécessaire, car lorsqu'il s'élèvera au-dessus de 0 + 20 degrés, on devra aérer successivement afin de renouveler l'air et refroidir l'atmosphère intérieure de l'écurie. Les fenêtres seront pourvues de stores en osier afin d'assombrir l'écurie, chaque fois qu'une trop vive lumière apporterait un obstacle à un repos complet.

Quelquefois, pour maintenir la température nécessaire à ces écuries, on conserve pendant plusieurs jours le fumier ; c'est un grand tort, car celui-ci dégage des miasmes préjudiciables à la santé des chevaux.

L'isolement ou la réunion des chevaux de traîne présente, suivant le cas, des avantages ou des inconvénients ; les poulains élevés en commun se plaisent dans la société de quelques autres ; ceux au contraire élevés dans l'isolement préfèrent le système cellulaire. Ceux qui aiment la compagnie ne mangent bien qu'avec d'autres. Il faut donc connaître tous ces détails, car il est indispensable que le cheval soumis à l'entraînement soit un grand mangeur ; il faut qu'il consomme toute l'avoine qu'il peut digérer : le petit mangeur sera toujours un mauvais coureur.

De plus, on ne doit pas donner des habitudes au cheval de course, car il faut se rappeler qu'il est essentiellement voyageur ; son maître l'envoie en tout pays pour tenter la fortune, et chacun sait qu'en voyage, on ne peut suivre ses habitudes. Le coureur devra donc en contracter le moins possible. Le poulain n'entre dans l'écurie de course que lorsqu'il a acquis assez de force pour être monté c'est-à-dire, comme nous venons de le signaler un peu plus haut, à trois ans ou trois ans et demi. La poulinerie est pour ainsi dire l'école primaire du cheval de traîne, et, lorsqu'il arrive dans l'écurie d'entraînement, il fait des exercices gradués de l'école secondaire ; c'est là où il gagne des forces, de l'énergie, de la puissance ; c'est là où il se fait du muscle.

Une petite cour ou paddock attenant au boxe est indispensable pour les chevaux de course. Elle leur permet, pendant les belles heures de la journée, de respirer l'air pur en toute liberté.

3. *Écuries pour hunters.* — En Angleterre, le cheval de chasse fait un rude labeur. Il ne sort que quatre à cinq fois par mois, rarement davantage. Le reste du temps il jouit d'un repos relatif, car il ne fait que des promenades

de quelques heures. Il vit donc beaucoup chez lui ; mais lorsqu'il sort, ce sont des courses effrénées par monts et par vaux. Il parcourt des terres friables et spongieuses ; c'est une fatigue excessivement pénible à supporter, même pour les meilleurs chevaux. — Il ne faut pas moins de trois mois pour former un bon *hunter*. Comme on peut le voir parce qui précède le cheval de chasse a une rude besogne à accomplir ; aussi quand il rentre à l'écurie, il faut qu'il y trouve tout le confortable nécessaire pour reposer ses forces.

La figure 290 montre le plan d'une écurie anglaise de hunters. *a* est un large passage fermé qui sert à laver les chevaux crottés lorsqu'ils reviennent de la chasse, *b* le magasin à avoine, *c* la sellerie, *d* la cour couverte servant de manége, *e* la canalisation pour les urines, qui aboutissent en *g*, à la fosse à purin, dans laquelle sont entassés les fumiers ; les points indiqués autour de cette fosse ouverte sont les poteaux qu supportent la couverture du manége *d*. Enfin *f* sont les boxes pour les chevaux.

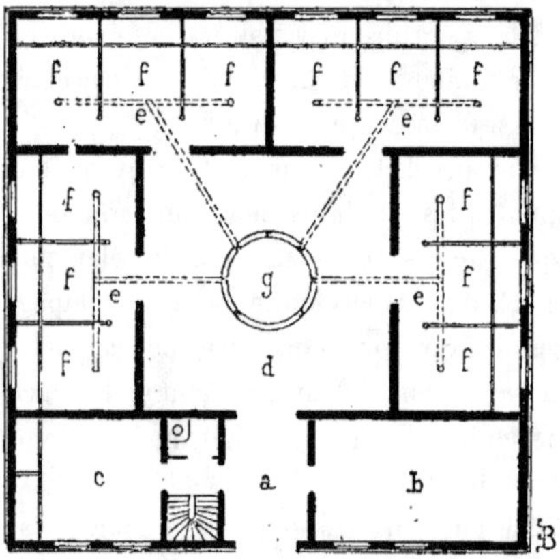

Ce plan est le type le plus répandu en Angleterre et qui passe pour le meilleur pour les écuries des hunters.

Cependant cette disposition n'est pas exempte de reproches, comme nous allons le voir.

Fig. 290. — Plan d'une écurie anglaise pour hunters. Échelle de 0^m,0025 pour mètre.

Les Anglais comprennent mieux que les Français l'installation des écuries, nous le reconnaissons volontiers ; nous ne pouvons toutefois partager l'anglomanie qui règne en France et qui fait admettre comme bon ce qui qui est mauvais, par cela seul, que *c'est anglais*. Nous préférons raisonner. Ainsi nous trouvons le plan ci-dessus défectueux et nous en donnons ces raisons : les portes des boxes, sauf les deux latérales, sont d'un accès difficile ; les fenêtres, placées au-dessus de la tête des chevaux, les incommodent ; le trou à fumier pourrait se trouver en dehors de la cour centrale ; enfin, la forme carrée n'est pas, tant s'en faut, la meilleure disposition à adopter pour un manége. Nous préférerions de beaucoup, pour une écurie de hunters, adopter le plan que nous avons composé et que représente notre figure 291 : *a* est le vestibule avec escalier conduisant au grenier à foin. Dans l'angle de ce vestibule se trouve un fourneau pour envoyer de la chaleur dans la sellerie *c* ; il sert aussi à donner de l'eau chaude pour laver les chevaux qui reviennent de la chasse couverts de boue ; *b* est le magasin à avoine ; *d*, le grand manége couvert par un large auvent posé sur les murs des boxes *f* ; *ee* sont les canalisations pour les urines qui se rendent dans la fumière *g*, en dehors de la cour et des bâtiments.

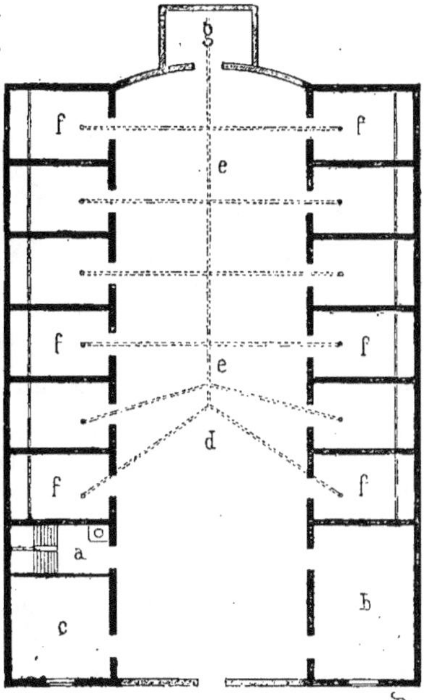

Si nous comparons ces deux plans, voici les avantages que nous offre le dernier :

1° La piste est beaucoup plus grande : elle a une surface de 332 mètres carrés, tandis que la première ne mesure que 125 mètres carrés ; son parcours est donc plus considérable , le rapport en est comme 18 est à 8.

2° Le dépôt de fumiers est mieux placé.

3° Malgré une plus grande surface de terrain, le développement des murs est moins considérable, défalcation faite des murs de boxes qui n'existent pas dans le plan anglais, puisque les chevaux sont réunis par trois dans quatre écuries.

Fig. 291. — Plan perfectionné d'une écurie pour hunters.
Échelle de 0ᵐ,0025 pour mètre.

Si l'on voulait adopter la même disposition, cela ferait une économie de huit murs qui développent 40 mètres.

On pourra nous objecter que notre plan occupe plus de terrain que le plan anglais ; c'est très-vrai, puisque nous avons 708 mètres carrés tandis que le plan anglais n'a que

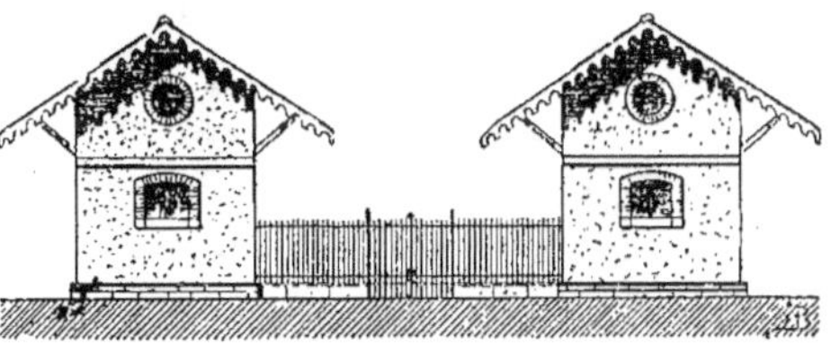

Fig. 292. — Élévation d'une écurie pour hunter.
Échelle de 0ᵐ,0025 pour mètre.

576 mètres carrés. Mais, à la campagne, le terrain a une valeur minime, et les avantages compensent largement la plus-value de cette dépense ; d'autant que ce qui coûte ce sont les surfaces de construction, et nous avons dit que, dans des conditions identiques, notre plan coûterait moins que le

plan anglais. La figure 292 montre l'élévation de cette écurie, la figure 293 une coupe transversale sur l'ensemble du bâtiment, enfin la figure 294 une coupe à plus grande échelle d'un boxe.

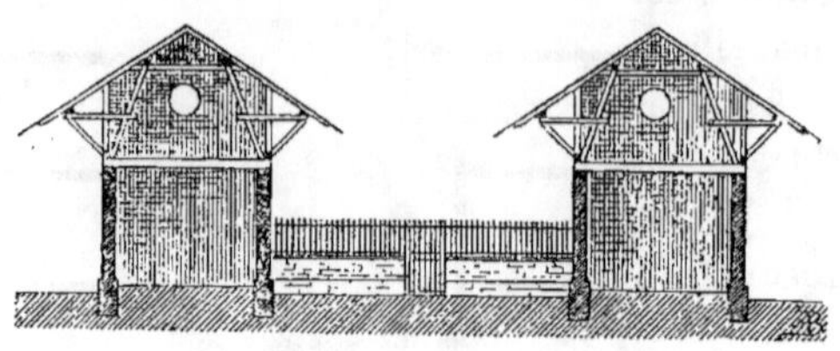

Fig. 293. — Coupe transversale d'une écurie pour hunters.
Échelle de 0ᵐ,0025 pour mètre.

4. *Loges pour haras.* — On construit quelquefois dans les haras des loges destinées à réunir quelques élèves. Ces loges sont situées au centre d'un enclos qui sert de promenade aux jeunes poulains. En général, ce sont de petites constructions isolées, qui comprennent deux, quatre et quelquefois un plus grand nombre de boxes.

Chez les grands éleveurs, les chevaux sont dans des prairies en rase campagne et, suivant les localités, il sont exposés aux vents et aux coups de soleil, ce qui peut avoir une influence fâcheuse sur la santé des jeunes chevaux.

Pous obvier à ce désagrément, on construit en Hongrie et en Roumanie

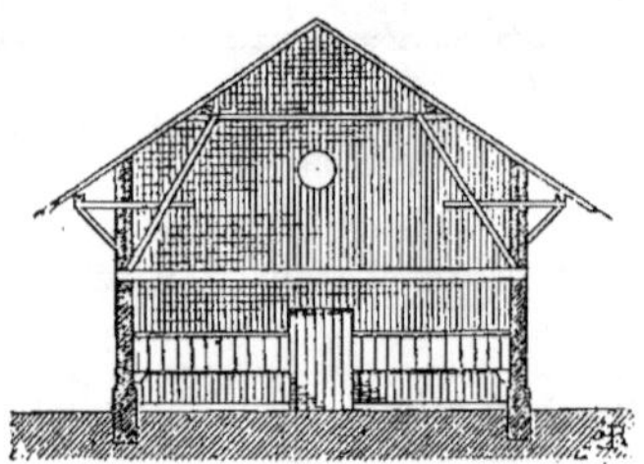

Fig. 294. Coupe d'un boxe pour hunters.
Échelle de 0ᵐ,005 pour mètre.

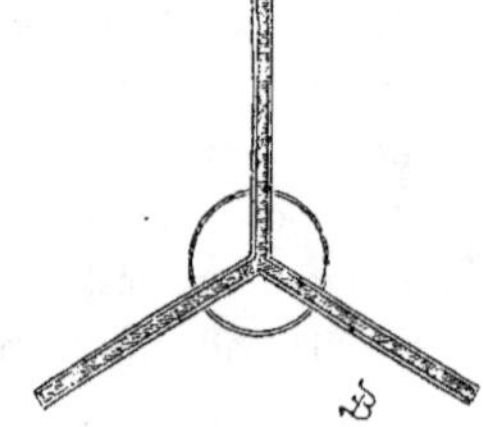

Fig. 295. — Abri pour les chevaux dans la prairie.
Échelle de 0ᵐ,0025 pour mètre.

un abri (*fig.* 295) pour les juments et les poulains, abri qui serait d'une utilité incontestable pour nos éleveurs s'ils l'introduisaient chez eux. Ces abris sont formés par trois murs longs de 8 à 9 mètres. Ils mesurent environ 2ᵐ,75 de hauteur. Ils sont disposés de manière à former entre eux un angle de 120 degrés; de sorte que, quel que soit le vent qui souffle, les chevaux peuvent s'en préserver en se réfugiant dans l'angle opposé; de même, aux époques de l'année et aux heures de la journée où le soleil est très-chaud, ils trouvent derrière ces murs une ombre agréable et salutaire.

DES PORTES ET DES FENÊTRES.

Un bâtiment quel qu'il soit a toujours des portes et des fenêtres, chacun connaît leur usage et leur utilité. Si les portes et les fenêtres étaient établies en nombre suffisant avec des dimensions raisonnées, elles rempliraient parfaitement le rôle qu'on leur assigne, mais dans la pratique (ce qui est regrettable) il n'en est pas toujours ainsi. On oublie insensiblemeut l'usage respectif de chacune d'elles et, pour satisfaire à des ordonnances d'architecture puériles, on arrive à annihiler leur utilité; et souvent là, où il faudrait de larges baies, on en construit de petites et réciproquement; *il faut bien faire de la ligne.*

Beaucoup de constructeurs, en effet, croient encore, à tort, que, sans la symétrie, il n'y a pas d'architecture possible. Il est juste d'ajouter que bon nombre d'architectes de grande valeur n'ont jamais partagé de pareils préjugés, et ont toujours fait des ouvertures en rapport avec les exigences de leur destination.

Au point de vue de la ventilation, nous reprochons aux portes et aux fenêtres de déterminer des courants d'air tantôt trop vifs, tantôt insignifiants (cela dépend de l'atmosphère) et toujours dans un sens horizontal. Or, cette direction est toujours dangereuse pour l'animal, à moins que le tirage ne fonctionne au-dessus de lui et ne le frappe pas directement. En un mot, l'aération n'est utile qu'autant qu'on peut en bénéficier sans en ressentir le courant; sinon, elle est toujours nuisible.

On ne peut facilement atteindre ce résultat qu'en dirigeant verticalement les colonnes d'air et en ne le faisant encore que d'une manière peu sensible et graduée. Nous nous appesantirons plus longuement sur cette question capitale dans le paragraphe suivant, lorsque nous traiterons de la ventilation; pour l'instant, nous ne nous occuperons que des portes, des rouleaux qu'on y place et des fenêtres.

Fig. 296. — Porte à un vantail (face extérieure).
Échelle de 0ᵐ,02 pour mètre.

1. *Portes.* — Les portes d'écuries doivent, autant que possible, être

assez larges pour donner passage à un cheval harnaché ; elles mesurent de 1ᵐ,20 à 1ᵐ,30 de largeur et quelquefois 1ᵐ,50. Leur hauteur est de 2ᵐ,25 à 2ᵐ,85. Dans ce dernier cas, la partie supérieure a une imposte vitrée. Cette élévation, qui peut paraître considérable, est souvent nécessaire ; elle

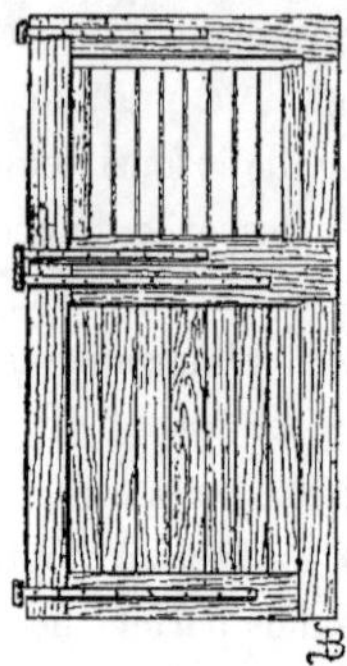 

Fig. 297. — Porte coupée (face extérieure).   Fig. 298. — Porte coupée (face extérieure).
Échelle de 0ᵐ,02 pour mètre.

permet l'examen attentif des yeux, de la bouche et des naseaux du cheval.

Il existe divers genres de portes : nous allons les décrire successivement.

La plus simple de toutes est une porte à un seul vantail (*fig.* 296.) Ces

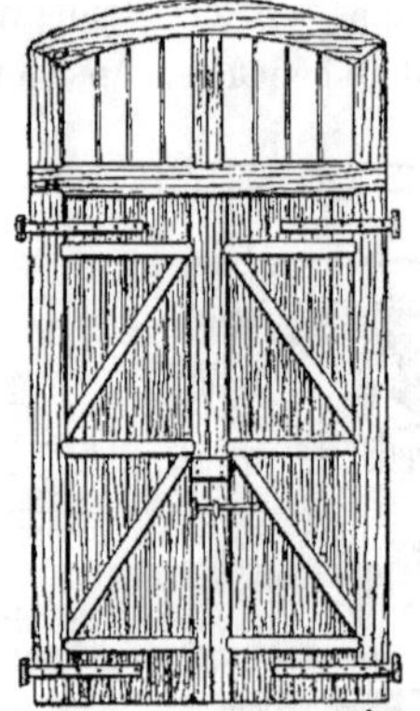

Fig. 299. — Porte à deux vantaux (face intérieure.)
Échelle de 0ᵐ,02 pour mètre.

portes sont généralement pleines, mais souvent aussi, suivant la localité, elles sont à claire-voie dans la partie supérieure, comme l'indique notre figure.

D'autres portes sont aussi dites *coupées* (*fig.* 297 et 298) parce que la partie supérieure peut rester ouverte, tandis que le bas est fermé ; la figure 298 montre la face extérieure, et la figure 297 la face intérieure.

Lorsque les portes d'écuries sont plus larges que les précédentes, on les fait à deux vantaux (*fig.* 299); dans ce cas, ces vantaux sont de même largeur, ou l'un deux est plus petit que l'autre ; il mesure alors 0ᵐ,40 de largeur et on le rend dormant à l'aide d'un verrou qu'on ne retire que pour le passage des chevaux.

On fait enfin quelquefois des portes à coulisses, dont la partie supérieure, armée de roulettes, court sur une tringle en fer, tandis que la partie inférieure glisse sur des galets. Ces portes sont en diminutif des portes de granges ; nous trouvons que, pour la circonstance, elles ne présentent aucun avantage ; cependant ceux de nos lecteurs qui désireraient en avoir un modèle n'ont qu'à jeter les yeux à l'article granges et poulaillers, ils y trouveront les détails utiles pour la construction de ces portes.

Les seuils des portes doivent être élevés de 0^m,08 à 0^m,10 au-dessus du sol extérieur, les angles en seront arrondis et la surface cannelée pour empêcher le cheval de glisser.

Les portes des écuries doivent être faites en bois dur, en chêne dans le nord, en noyer dans le midi ; elles doivent être assemblées et réunies avec des traverses et décharges sur le parement intérieur, ce qui en augmentera encore la solidité.

En été, pour activer la ventilation, on ouvre souvent les portes ; dans cette occurrence, il est indispensable de poser des portes mobiles à claire-voie,

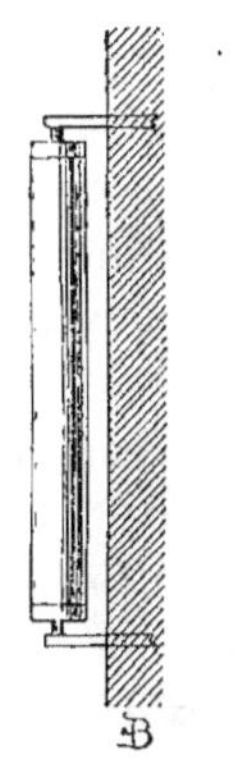

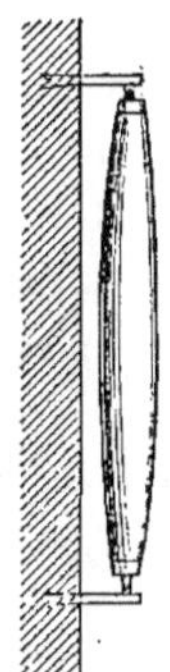

Fig. 300. — Rouleau cylindrique.
Fig. 301. — Rouleau en fuseau.

espèce de grand châssis, pour empêcher les volailles de la basse-cour de picorer dans l'écurie et de salir les harnais, mangeoires, râteliers, etc.

Toutes les ferrures doivent être encastrées dans le bois ; les boutons de loquets, loquetaux et verrous seront remplacées par des anneaux pendants, afin que les chevaux ne puissent y accrocher leur harnais ou s'y blesser.

Pour toutes les ferrures en général, il faut éviter les saillies.

2. *Rouleaux dans les portes.* — Dans les villes et quelquefois à la campagne, suivant le terrain dont on dispose, on est souvent obligé d'économiser le terrain et de diminuer par suite la largeur des portes d'écuries. Lorsqu'on est réduit à cette extrémité, on emploie des rouleaux pour empêcher le cheval de se blesser à son entrée ou à sa sortie de l'écurie. Il y a deux genres de rouleaux. Ils mesurent 0^m,90 de longueur, sur 0^m,08 à 0^m,18 de diamètre.

Ils sont cylindriques (*fig.* 300) ou en fuseau (*fig.* 301); ils sont frettés à leur extrémités et au moyen de tourillons engagés dans des tenons scellés dans le mur; ils tournent verticalement sur eux-mêmes, si le cheval ne passe pas dans l'axe de la baie et se porte soit à droite soit à gauche. Ces rouleaux se posent à 1 mètre au-dessus du sol.

Dans les poulineries et jumenteries, ces rouleaux peuvent rendre de grands services en les appliquant, soit aux pieds-droits des portes des boxes, soit aux angles des bâtiments contre lesquels les jeunes poulains ou les poulinières pleines pourraient se blesser en courant.

3. *Fenêtres.* — Les écuries doivent être suffisamment éclairées; c'est indispensable, non-seulement pour panser et surveiller les chevaux, mais encore parce qu'on a remarqué que le brusque passage de l'obscurité à la lumière occasionnait aux chevaux des ophthalmies et parfois même la cécité. C'est pourquoi on doit établir des fenêtres dans les écuries pour les éclairer pendant le jour.

Beaucoup de personnes croient que la lumière est inutile dans une écurie; et, en vérité, lorsque les chevaux sont devenus aveugles pour en avoir été privés, les fenêtres ne leur sont pas d'une grande utilité. Ces mêmes personnes prétendent que les chevaux engraissent rapidement dans l'obscurité; cette opinion est fort exagérée.

Les marchands de chevaux ont intérêt à cacher leurs chevaux dans l'obscurité, parce que, lorsqu'ils sortent d'une écurie sombre, ceux-ci, vivement frappés par l'air et la lumière, ne voient que confusément. Ils jettent autour d'eux des yeux effarés, portent haut la tête et relèvent le pas.

Tout ce trouble leur donne les allures des chevaux de sang; mais une fois la vente faite, le cheval vendu est bel et bien une *excellente rosse*.

On peut affirmer aujourd'hui avec certitude que les écuries sombres sont non-seulement dangereuses pour les yeux si délicats du cheval, mais encore que de telles écuries sont avec raison réputées mauvaises.

Les maladies d'yeux des chevaux sont aussi occasionnées par les courants d'air qui frappent directement sur la tête des animaux; aussi doit-on éviter de placer des fenêtres au-dessus des râteliers. Si cependant on ne peut faire autrement, il faut qu'elles soient situées à 3 mètres au-dessus du sol et qu'elles ouvrent en soufflet ou vasistas; de cette façon, l'air frappe le plafond de l'écurie et n'arrive sur les chevaux qu'après s'être mélangé avec l'air intérieur.

Le meilleur système de fenêtres est celui que représente notre figure 302. C'est un double châssis; celui de l'intérieur est assujetti à celui de l'extérieur par deux charnières. Il s'ouvre horizontalement par le haut à l'aide d'une corde de tirage qui glisse dans un système de poulies

disposées à cet effet. La partie supérieure du châssis courant est garnie de plomb, qui, par son poids, tend à l'entraîner à l'intérieur. L'extrémité de la corde se fixe dans un crochet à des nœuds, de distance en distance, qui servent à ré-gler l'ouverture du châssis sui-vant les besoins du service.

On emploie encore d'autres fenêtres qui s'ouvrent verticale-ment au moyen d'un loqueteau à ressort. On manœuvre ce dernier à l'aide d'une corde. Si l'on tire doucement sur la corde, ce loqueteau cède et permet le

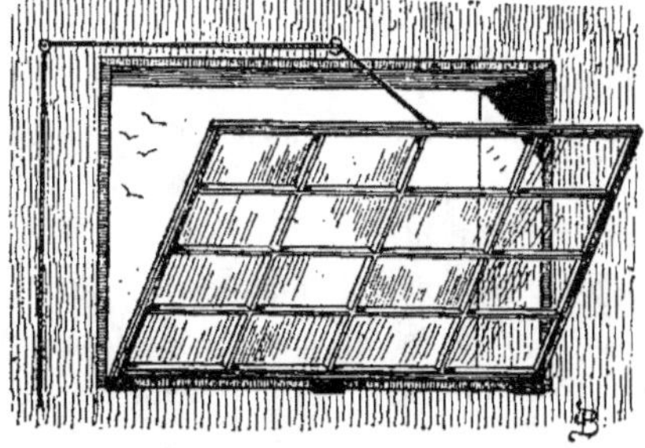

Fig. 302. — Vue d'une fenêtre entr'ouverte avec son cordon de tirage.

rabattement du châssis sur le tableau intérieur de la baie.

Au contraire, par un mouvement rapide opéré avec l'aide de la corde, on ramène le châssis dans sa première position et on le ferme.

On fait aussi des fenêtres à coulisses qui fonctionnent à fleur du mur intérieur.

Un excellent système pour éclairer les écuries consiste à pratiquer de larges cheminées dans l'axe du bâtiment et prenant un jour direct sur les toits. Si, au-dessus des écuries, il existe des greniers à foin, ces cheminées traverseront les fenils. Elles seront maçonnées et couvertes d'un châssis à tabatière ; on les manœuvre à l'aide de cordes, comme pour les tabatières ordinaires situées dans les combles des maisons.

Par ce système, l'air extérieur pénètre les couches supérieure de l'air in-térieur, et n'affecte les organes des animaux qu'après s'être confondu avec la température générale de l'écurie. Ces cheminées, comme on voit, peu-vent servir aussi pour la ventilation.

Dans les pays chauds, les fenêtres sont souvent mobiles ; on les démonte en été et on les remplace par des châssis tendus de toile claire ou de gros canevas qu'on mouille plusieurs fois dans la journée. L'air qui passe au travers de ces toiles imbibées d'eau acquiert un degré de fraîcheur très-appréciable.

4. *Volets*. — On doit mettre dans certains pays méridionaux des volets aux fenêtres ; car on peut en retirer quelques avantages.

Ils assombrissent l'écurie, et cette absence de lumière invite le cheval fatigué à se reposer. Ils empêchent, en outre, les mouches d'envahir l'é-curie durant les chaudes journées de l'été, et contribuent en hiver à con-server la chaleur. On peut faire les volets en bois, en osier ; suivant même le but qu'on se propose, on peut n'employer que de simples paillassons.

Pour terminer ce que nous avions à dire sur l'éclairage de jour, nous ajouterons que les chevaux ne doivent recevoir la lumière que par derrière, et que les portes et les fenêtres doivent, autant que possible, être placées au sud-est.

Lorsqu'on sera obligé de les établir au nord et au midi on le fera ; mais, dans ce cas, pendant l'hiver, on aura soin d'ouvrir seulement au midi ; dans l'été au contraire, on ouvrira au nord ; de plus, en toutes saisons, on fera jouer les volets de manière à fermer les ouvertures qui présenteraient des inconvénients ; en opérant ainsi, on peut éclairer et ventiler les écuries convenablement et y entretenir une température et un air salubres.

5. *Éclairage de nuit.* — Nous avons démontré l'utilité de l'éclairage diurne ; pendant la nuit, il est également utile d'éclairer les écuries, car cela permet d'exercer une surveillance nécessaire.

On emploie trop souvent, dans ce but, des lampes fumeuse à l'huile ou au pétrole, qu'on introduit dans des lanternes accrochées à un poteau ou suspendues au plafond. Cet éclairage primitif doit, pour plusieurs raisons, être complétement abandonné dans les écuries bien tenues ; d'abord parce qu'il est malsain et n'éclaire qu'imparfaitement, puis il présente des dangers sérieux au point de vue de l'incendie.

On doit préférer le système que voici : on pratique dans le mur des écuries une ouvertures carrée de 0^m,40 de côtés. Cette petite baie est évasée à l'intérieur de l'écurie ; elle comporte deux châssis vitrés, celui du dehors sert pour l'allumage d'une lanterne placée dans cette double fenêtre. Avec ce système, pas de danger d'incendie, pas de fumée dans l'écurie, puisqu'elle s'échappe par un trou extérieur qui fournit l'air nécessaire à la combustion. Malgré cette innovation, comme la lanterne sera encore trop longtemps en usage, nous recommandons de choisir les modèles spéciaux, qui sont les plus commodes.

VENTILATION ET TEMPÉRATURE DES ÉCURIES.

1. *Ventilation.* — Une très-grande fonction pour l'économie animale, c'est l'absorption et l'assimilation de l'air, et chacun connaît l'influence de l'air pur sur la santé. Le sang, ce fluide vital en perpétuel état de transformation, remplit des fonctions innombrables à travers le corps ; ces fonctions dénatureraient promptement sa composition, et, s'il n'était sans cesse renouvelé, il serait bientôt impropre à remplir le rôle que lui a assigné la nature.

L'air pur vivifie le sang auquel il se mêle dans les poumons ; c'est là qu'ils se transforment réciproquement. L'air y perd son oxygène, qu'il abandonne au sang, et celui-ci rejette des poumons le produit de sa combustion, le carbone.

Ce fait connu, il est évident que si, dans un local clos, un grand nombre d'animaux respirent, l'air sera bientôt vicié et impropre à la respiration ; on dit alors que l'air est usé, altéré. Cette altération poussée à l'extrême amènerait de grands désordres et même la mort par l'asphyxie. Les chevaux, quadrupèdes de forte taille, absorbent 50 à 60 mètres cubes d'air par heure ; ils en vicient donc une grande quantité, aussi l'air d'une écurie close perd-il promptement son oxygène et se sature-t-il d'acide carbonique et de gaz ammoniacaux. Dans cet état, non-seulement il est impropre à la respiration, mais les vapeurs ammoniacales attaquent les yeux, les narines et la gorge du cheval et lui causent de nombreuses maladies.

Le but de la ventilation est de renouveler sans cesse l'air d'un local et de procurer ainsi la quantité d'air pur nécessaire aux animaux qui y vivent. Aujourd'hui, l'utilité de la ventilation des écuries est démontrée, seulement plusieurs systèmes sont en présence ; nous allons décrire celui qui paraît réunir le plus de suffrages (1).

Comme nos lecteurs l'ont déjà vu plus haut, en été, la ventilation est facile, à l'aide de fenêtres fermées au midi et ouvertes au nord. Avec des stores en toile ou des châssis tendus de canevas, on parvient aisément à ventiler.

En hiver, c'est moins facile, car il ne faut pas que les ouvertures soient trop largement ouvertes, sans quoi le froid s'introduirait dans les écuries.

L'air que rejettent les poumons du cheval est plus lourd que l'air ambiant, puisqu'il est chargé d'acide carbonique ; il se tient donc dans la partie basse de l'écurie, c'est en vertu de ce principe que doivent être construits tous les ventilateurs.

On emploie généralement des cheminées, tubes ou tuyaux de ventilation. C'est par eux que l'air extérieur, faisant pression sur celui de l'écurie, le chasse par des trous ou barbacanes ménagés au bas des murs de l'écurie. Le mauvais air s'écoule par ces trous comme le ferait un liquide.

Les cheminées de ventilation mesurent à leur base intérieure depuis

---

(1) Les Anglais prétendent avoir les premiers démontré l'utilité de la ventilation, et, à l'appui de leur dire, ils citent un ouvrage que James Clarke, d'Edimbourg, a publié en 1788, et dans lequel il traite cette question.

Les Anglais ont pu appliquer les premiers la ventilation aux écuries, c'est fort possible, mais c'est un Français, Teissier, qui, dans ses *Observations sur plusieurs maladies des animaux domestiques,* attribue dès 1782 un grand nombre de maladies des animaux au manque d'air dans les étables, et il conseille *l'emploi des ventouses d'aération* pour y suppléer.

0^m,30 jusqu'à un mètre de large ; cette dimension dépend de la capacité de l'écurie et du nombre de chevaux qu'elle renferme. Ces cheminées d'aération dont le bas est en planche et le haut en tôle, en poterie ou même en bois, traversent le plancher haut du fenil et la toiture du bâtiment. Leur extrémité supérieure est terminée par des mitres ou mitrons lorsqu'elles ont peu de largeur, ou bien par une construction en brique lorsqu'elles sont très-larges. L'ouverture inférieure est fermée par un volet à coulisses ou registre qui permet de régler la ventilation.

C'est là un point très-délicat : il faut même une grande habitude et employer le thermomètre pour opérer d'une manière rationnelle et ne pas confondre surtout le tirage et la ventilation.

2. TEMPÉRATURE. — Le plus grand obstacle à la ventilation des écuries provient d'une erreur malheureusement trop accréditée; beaucoup de personnes croient que l'aération refroidit par trop les écuries et y occasionne des maladies. C'est une grande erreur, et nous demandons pardon au lecteur d'insister sur ce point.

La chaleur, il est vrai, est favorable au cheval ; il en éprouve du bien-être; elle lui donne une meilleure apparence, plus de vigueur, de sorte qu'il serait tout à fait inutile de combattre ce principe; seulement il faut trouver le moyen de procurer une chaleur saine.

Anciennement les palefreniers, en fermant pour la nuit leurs écuries, avaient soin de boucher toutes les ouvertures (y compris le trou de la serrure) afin d'empêcher l'introduction de l'air. Le cheval était ainsi confiné dans une étuve malsaine, chargée d'humidité et de vapeur beaucoup plus pernicieuses que le froid ; or, la chaleur dans ces conditions cause aux chevaux de travail : la *morve*, la *pousse*, la *gourme*, les *courbatures*, la *gale*, la *toux*, la *cécité*. Les chevaux qui travaillent peu y contractent des *ophthalmies*, *l'enflure des jambes*, *l'échauffement des poumons* et de fréquentes *invasions de l'influenza*. Dans les écuries malsaines, toutes ces maladies y sont souvent à l'état endémique. D'autres palefreniers tombent dans l'excès contraire, et, pour ceux-là, écurie chaude ou insalubre est tout un. C'est l'air impur et non chaud qui occasionne les maladies du cheval.

Il faut donc éviter l'exagération dans un sens ou dans l'autre; *l'excès en tout est un défaut.*

La température des écuries doit varier entre 14 et 18 degrés centigrades pour les chevaux de service; 17 à 21 pour les chevaux d'entraînement; et entre 20 et 25 pour les poulinières sur le point de mettre bas, car le poulain, dans les premiers jours de sa naissance, réclame ce haut degré de chaleur.

3. BARBACANE. VENTOUSE D'AÉRATION. — Afin de pouvoir régler la tem-

pérature des écuries, on a proposé aussi d'établir des ventouses d'aération, sorte de barbacanes représentées par la figure 303.

Le mur de l'écurie est traversé par un drain au point *a*, au bas de l'écurie ; et, sous le plancher, au point *b*, un autre drain, posé avec une légère inclinaison, permet l'entrée de l'air extérieur, qui chasse l'air vicié. Lorsqu'on établit ces genres de ventouses dans les écuries, il faut avoir soin de grillager ces ouvertures, pour empêcher les rats, souris et autres animaux de pénétrer dans l'écurie. Ces ventouses présentent des avantages et des inconvénients ; c'est au constructeur à les appliquer suivant le cas, et suivant l'exposition de l'écurie, mais quand il ne peut ventiler par les moyens ordinaires.

Il est utile, quand on établit des ventouses d'aération, de pouvoir les fermer par des coulisseaux soit intérieurs soit extérieurs à l'écurie.

Enfin, quelques sportmen ont proposé d'établir le départ de ces ventouses sous les mangeoires des chevaux,

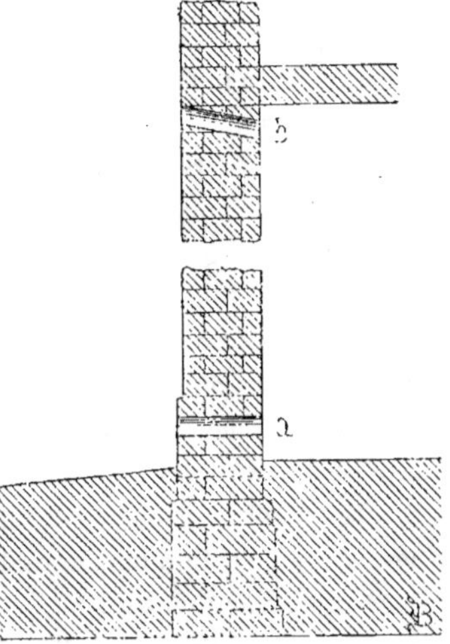

Fig. 303. — Ventouse d'aération.
Échelle de 0,02 pour mètre.

et de pratiquer l'entrée de l'air au-dessus du râtelier, afin, disaient-ils, de donner de l'air pur autour de la tête du cheval. Nous laissons à d'autres le soin d'expérimenter ce mode de ventilation ; pour nous, nous le trouvons dangereux, et jusqu'au jour où son utilité sera bien démontrée bien constatée, nous nous garderons bien de l'appliquer et surtout de le préconiser.

SOL DES ÉCURIES.

1. GÉNÉRALITÉS. — Il faut éviter de construire des écuries plus basses que le niveau du sol environnant ; parce que celles-ci sont presque toujours humides et partant malsaines.

Le sol des écuries doit être imperméable ; sans cela, il absorberait les urines et déjections des animaux, et sous l'influence de la chaleur, et de l'humidité, il dégagerait une quantité considérable d'ammoniaque, très-préjudiciable à la santé des animaux, comme nous l'avons déjà dit.

De plus il est indispensable que le sol des écuries reçoive un pavage assez ferme, assez solide pour résister aux chocs répétés des sabots du cheval.

Dans certaines localités, on a l'habitude d'établir le pavement des écuries comme une aire de grange ; c'est une pratique vicieuse, d'abord parce que le sol n'est pas imperméable, ensuite parce qu'on est obligé de donner une forte pente (0,03 par mètre) pour faciliter le prompt écoulement des urines, qui, sans cette forte inclinaison, ramolliraient le sol.

2. Pente. — La pente nécessaire mais suffisante, c'est un centimètre par mètre ; une pente plus considérable fatigue le cheval en le faisant trop porter sur l'arrière-train, ce qui, au bout d'un certain temps, peut lui fausser son aplomb. Les marchands de chevaux ont souvent des écuries dont le sol a une forte pente, parce que, sur un pareil sol, les chevaux ont beaucoup d'allure ; mais ils ne tiennent leurs animaux dans celles-ci que quelques heures, lorsqu'ils attendent des clients. Ils leur font au contraire passer le reste du temps et la nuit dans des écuries où le sol a très-peu de pente ; les chevaux ne fatiguent pas et ils se refont.

Du reste, lorsqu'on s'explique dans quel but les pentes sont créées, on sait fort bien que la moindre pente suffit, puisqu'elles sont seulement établies afin que le cheval porte légèrement sur l'arrière-train pour lui économiser ses jambes de devant : elles sont faites aussi pour faciliter l'écoulement des urines ; or, pour si minime que soit cette pente, les liquides la suivent toujours et rapidement encore.

Les pentes sont dirigées de l'avant à l'arrière des chevaux ; quelquefois, dans les boxes, les pentes forment cuvette par quatre plans inclinés et les liquides se rendent au centre du boxe ; dans d'autre cas, au contraire, le sol du boxe est convexe comme une chaussée.

De tous ces systèmes, le plus simple et le plus généralement employé c'est celui où la pente est dirigée de l'avant à l'arrière, et cela depuis le dessous de la mangeoire ; quelquefois sous celle-ci, on ne donne point de pente, le sol est de niveau sur une profondeur de 0^m,80.

Les constructeurs qui font ainsi prétendent que, si devant la mangeoire ou donne de la pente, le cheval se fatigue par les efforts incessants qu'il est obligé de faire pour se maintenir en équilibre. Nous croyons fort exagérée cette supposition, car que peut faire un centimètre de pente au cheval ? il ne s'en aperçoit même pas, et, comme nous venons de le dire plus haut, elle lui est au contraire agréable eu égard à sa conformation.

3. Urines. — Nous avons vu que les pentes sont établies dans les écuries pour faciliter l'écoulement des urines ; nous ajouterons qu'elles doivent encore conduire celles-ci à des rigoles ou caniveaux situés derrière les chevaux.

Dans les écuries bien tenues, ces caniveaux doivent être grillagés pour faciliter avec l'écoulement des urines, leur nettoyage.

Si le sol sur lequel repose le cheval est fait en brique ou en tout autres matériaux posés jointifs, on établit un embranchement du caniveau au conduit principal qui dirige les liquides à l'extérieur, ou à la fosse à purin.

Si le sol est un plancher, les madriers sont percés de trous et la pente n'existe qu'en dessous de ce plancher ; enfin si le sol est composé de soliveaux, on les espace de façon à laisser un centimètre et demi entre chacun d'eux. Ce système de sol est fort controversé : les uns le trouvent très-bon, les autres très-mauvais, et, comme toujours, il faut en prendre et en laisser ; il offre cependant l'avantage de fournir aux chevaux une litière plus fraîche ; plus souple et plus élastique, pour ainsi dire, et cela, sans humidité ; mais d'un autre côté, ce qui empêche la vulgarisation de son emploi, c'est qu'il coûte beaucoup plus cher que les autres systèmes, comme frais de premier établissement et surtout comme entretien, ensuite lorsque les chevaux frappent du pied ils font beaucoup plus de bruit sur ces planchers de bois que sur les autres ; leur sonorité étant encore augmentée par la fosse qui est en dessous, et qui remplit l'office d'une véritable caisse d'harmonie, puisquelle double le vacarme.

4. Pavage. — On emploie pour le pavage des écuries des matériaux de toutes sortes. On doit cependant préférer ceux qui sont très-durs, et qu'on noie suivant leur nature, soit dans du béton ou ciment, soit dans de l'asphalte ou du goudron. La brique de Bourgogne, une brique dite *Brique de fer*, des cailloux étêtés, du grès, du granit, du porphyre, du schiste sont les matériaux les plus généralement employés.

Lorsqu'on emploie de la brique, il ne faut prendre que celle de très-bonne qualité, car la brique mauvaise ou même médiocre s'effrite, s'égrène sous les coups répétés du fer des sabots ; on doit aussi la poser de champ et en épi, ou en arête de poisson, car elle présente ainsi plus de solidité, puisque le sabot ne peut la frapper suivant la longueur du joint.

Nous ne pouvons entrer dans de trop longs détails sur la construction des divers pavages, nous devons nous borner à signaler les meilleurs systèmes, qui sont quelquefois les moins connus ; ce sont après ceux que nous venons de citer, les pavés métalliques et les pavés de bois.

Il existe divers genres de pavages en bois dont nous donnons plus loin la description mais le meilleur consiste à poser sur béton des pavés taillés en biseau.

Les pavés métalliques sont composé d'un mélange d'asphalte et de pyrite ou minerai de fer pulvérisé. Le prix de ce magma ferrugineux se décompose en chiffre ronds comme il suit pour un mètre carré de superficie sur 0^m,10 dépaisseur :

Asphalte, 120 kilogr. à 7 fr. les 100 kilogr. . . . . 8 fr. 40 c.
Bastène, 20 kilogr. à 36 fr. les 100 kilogr. 7 20
Minerai, 18 kilogr. à 30 fr. les 100 kilogr. 5 40
Tourbe, 50 kilogr. à 2 fr. 50 les 100 kilogr. 1 25
Frais de manipulation et d'application. 1 50

Prix de revient d'un mètre carré. 23 75

Pour les pavés de bois, les avis sont partagés. On leur reproche de pourrir très-vite et d'absorber les urines. Ces reproches sont fort exagérés.

D'abord les pavés ne pourrissent pas rapidement, si on a eu le soin d'employer du bon bois et de les noyer dans du bitume liquide, ou de les plonger préalablement dans une hydrocarbure porté à 40 degrés centigrades. En outre, lorsqu'ils sont fortement imprégnés de goudron, ils n'absorbent pas les urines, et ne peuvent par conséquent donner de mauvaise odeur ; au contraire, les vapeurs empyreumatiques qu'ils dégagent sont très-salutaires et chassent les miasmes putrides qui pourraient prendre naissance dans l'écurie.

Nous trouvons ensuite, que ce mode de pavage présente des avantages : ainsi le fer et le sabot du cheval ne s'usent point sur ce dernier comme sur les autres genres de pavés, de plus, le bruit des sabots est amorti complétement sur le bois.

Cette observation a son utilité pour les villes, où bien souvent le dessus des écuries sert d'habitation. Aussi comme il est encore peu connu, nous en donnerons la construction.

Il y a deux modes d'établir ce pavage; le premier consiste, après avoir pilonné le sol des écuries, à répandre une couche de sable humide de $0^m,08$ à $0^m,10$ d'épaisseur ; on la régularise, on lui donne la pente désirable ; on pose ensuite, fil de bout, des pavés en bois, qui ont environ $0^m,14$ de hauteur, $0^m,12$ de largeur et $0^m,18$ à $0^m,30$ de longueur. Les interstices qui existent entre les pavés sont remplis avec du gravillon ; le tout est arrosé de goudron. On comprime fortement avec un fer qui a la forme d'un énorme couteau, le mélange formé de goudron et de gravillon, et on frappe sur ce couteau avec la hie ou demoiselle. Il faut deux hommes pour exécuter ce travail, l'un qui conduit le fer horizontalement sur les interstices, l'autre qui donne les coups de demoiselle; on égalise enfin avec du sable, et l'opération est terminée.

Le deuxième mode consiste à poser des pavés taillés en biseau sur un lit de béton. On les maçonne, comme on ferait pour un mur en moellons smillés, en employant aussi du béton pour faire la liaison ; on répand du goudron liquide à l'arrosoir et l'on jette sur le tout du sable de plaine.

5. Planchers. — On a tenté à diverses reprises des essais pour remplacer le pavage dans les écuries, par des planchers à claire-voie, c'était surtout dans le but de supprimer la litière et de profiter de la paille pour l'alimentation.

Les cultivateurs anglais ont les premiers introduit dans les écuries cette innovation, qui est arrivée ensuite en France. Certains praticiens ont prétendu que les animaux qui séjournent sur les planchers à claire-voie sont toujours plus propres et exempts des nombreuses infirmités qui atteignent les chevaux même dans leur plus jeune âge, lorsque ceux-ci couchent et souvent pourrissent sur la paille humide de leur litière. Quand nous parlerons ci-après des étables, nous aurons l'occasion de constater que des planchers à claire-voie préservent du piétin les animaux qui, dans les écuries mal tenues, sont sujets à cette grave maladie.

N'ayant jamais eu l'occasion d'employer ce genre de plancher, il nous est difficile d'émettre une opinion; nous nous contenterons d'en donner une description pour ceux qui voudraient en faire l'application.

On pratique un encaissement de $0^m,35$ de profondeur sous la place que doivent occuper les chevaux. Après avoir nivelé et tassé fortement la terre, on construit un mur, afin de la maintenir sur les côtés. Ces opérations faites, on élève des murs en travers, de cette excavation, à $0^m,50$ les uns des autres ; ces murs servent à supporter des solives formant châssis sur lesquels on cloue des madriers ; ils sont espacés entre eux d'un centimètre pour l'écoulement des urines ; quant aux déjections, elles sont ramenées vers une ouverture longitudinale pratiquée au-dessous de la mangeoire.

Cette fosse à fumier doit contenir de la terre sèche qui agit comme désinfectant, car elle empêche la fermentation des urines, qu'elle absorbe ; en outre, cette terre peut servir comme amendement en agriculture.

DIVERS DÉTAILS SUR L'ÉCURIE ET SES ANNEXES.

1. Plafond. — Le plafond de l'écurie forme bien souvent le plancher du grenier à foin.

Dans bien des cas, ce plancher est fait avec des solives ou de mauvaises perches, sur lesquelles on cloue des planches; ce mode de plafonnage est des plus défectueux.

Dans les campagnes et surtout dans les villes, on entasse ordinairement la litière dans l'écurie même, de sorte que les émanations du fumier traversent ces mauvais planchers et gâtent les fourrages, ou les imprègnent tout au moins d'une odeur qui les rend désagréables aux chevaux quand ils les mangent.

Les mauvais planchers tamisent en outre, sur les râteliers, mangeoires et sur les chevaux, de la poussière et des saletés qui abîment les yeux des animaux. Cette poussière cause à leur peau des irritations qui deviennent la source d'affections cutanées, d'autant plus difficiles à extirper que la cause qui les produit est permanente.

Enfin ces sortes de planchers, que nous pourrions sans dérision nommer à *claire-voie,* sont, en cas d'incendie, un des éléments les plus favorables pour la propagation du feu.

Aussi conseillons-nous de construire, chaque fois qu'on le pourra, des écuries sans greniers à foin au-dessus, et quand on ne pourra se dispenser de mettre le fenil au-dessus des écuries, on devra faire des planchers en fer avec des briques tubulaires de grand modèle posées à plat et noyées dans du plâtre (voy. *fig.* 58 et 59, *pag.* 74) ; enfin, le plafond dans ce cas devra être hourdé de la même matière. (Voy. *fig.* 57, *pag.* 73).

Cependant, si le constructeur était obligé de réaliser des économies, il pourrait établir un plancher en bois comme anciennement, mais il aurait soin de ne point faire un plafond en plâtre.

Il faudrait au contraire laisser les poutres, solives, et entrevoux apparents, car tous les bois noyés dans le plâtre, surtout dans les écuries, pourrissent rapidement à cause de l'atmosphère chaude et humide qui y règne ; et il faut renouveler régulièrement tout les six ans les planchers, qui sont entièrement perdus par l'eau de condensation, qu'absorbe avidement le plâtre.

Enfin, on peut encore exécuter des planchers très-économiques qui sont fort en usage dans les campagnes ; en voici la description : on prend des perches ou des rondins d'un faible diamètre, afin de ne pas surcharger les poutres du plancher. On scie ces rondins sur une longueur de 1^m,90 c'est-à-dire suivant une longueur permettant à leurs extrémités de porter sur les poutrelles qu'on a disposées dans ce but. Le plancher ainsi obtenu, on prépare un mortier avec de l'argile, de l'eau et du foin haché (espèce de torchis). On étend ensuite, sur une surface plane, une mince couche de paille d'avoine, sur laquelle on étale un enduit de deux centimètres d'épaisseur du mortier argileux et le rondin est roulé dans cet amàlgame. Ces opérations terminées, il ne reste plus qu'à serrer les rondins les uns contre les autres, sur les poutrelles et à les clouer. On recouvre ensuite le tout du même mortier, qu'on bat comme on le ferait pour une aire de grange. On peut également plafonner en dessous, avec le même mortier.

Ce procédé est plus long à décrire qu'à exécuter ; nous le recommandons aussi pour les plafonds de châlets et constructions pittoresques qu'on élève dans les parcs et jardins.

Nous pouvons garantir que les planchers en argile font un long usage : nous en avons exécuté dans diverses localités il y a quinze ans, qui sont encore en parfait état, sans avoir jamais nécessité aucune réparation.

2. BUANDERIE. — Dans les grandes écuries, il nous paraît bien difficile de se passer d'une chaudière, soit pour avoir de l'eau chaude, soit pour laver et panser les chevaux quand, en hiver, ils rentrent crottés à l'écurie. La chaudière sert encore à faire cuire la nourriture des animaux, aussi nous trouvons qu'il serait utile, à côté ou parallèlement à l'écurie, d'établir une buanderie. Ce petit bâtiment doit être divisé en trois parties, la première est destinée au magasin des carottes, la troisième sert à emmagasiner le charbon ; enfin celle du milieu contient la chaudière, avec robinet d'alimentation au-dessus. Cette dernière chambre renferme en outre tous les ustensiles de service, auges, baquets, brouettes pour nourriture et refroidisseurs.

3. SELLERIE. — Le complément indispensable de l'écurie, c'est la sellerie. On en fait parfois avec beaucoup de luxe dans les hôtels ou dans les maisons des riches particuliers : nous n'avons pas à en parler ici ; nous devons nous borner à soumettre à nos lecteurs quelques conseils pratiques au sujet d'une sellerie ordinaire.

La sellerie, cela va de soi, doit être située le plus près possible des écu-

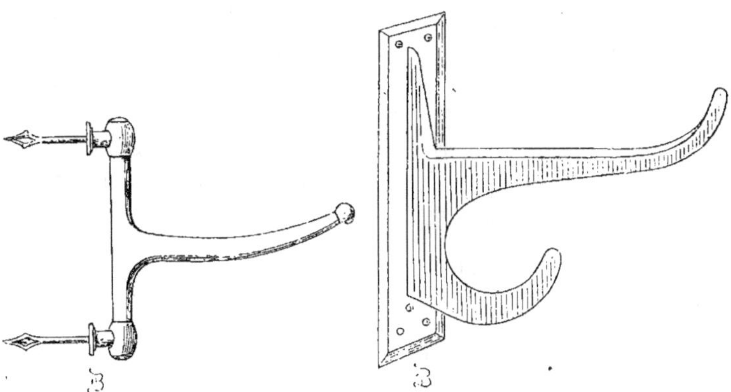

Fig. 304. — Porte harnais mobile en fer.   Fig. 305. — Porte harnais fixe en fer.

ries, et alors même que, dans celles-ci on suspende les harnais ordinaires, il est indispensable d'avoir une sellerie pour les harnais de rechange. On les dispose ordinairement sur des bouts de chevrons scellés dans le mur, présentant une saillie de 0m,50. Ces chevrons sont polis et leurs angles arrondis. Ils sont espacés de 0m,80 lorsqu'ils sont sur un même rang ; mais on porte jusqu'à 1ᵐ,10 et 1ᵐ,20 cette distance lorsqu'ils sont posés sur deux rangs entre-croisés. Dans ce cas, le premier rang est à 1ᵐ,30 et le second à 2 mètres au-dessus du sol. Aujourd'hui, dans bien des selleries, on a remplacé les simples chevrons par des supports spéciaux, tels que les montrent nos figures 304, 305, 306, 307 et 308.

Notre figure 304 repré-

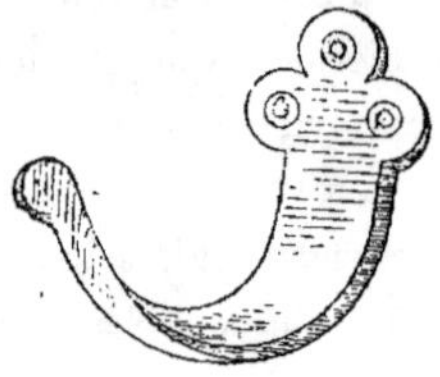

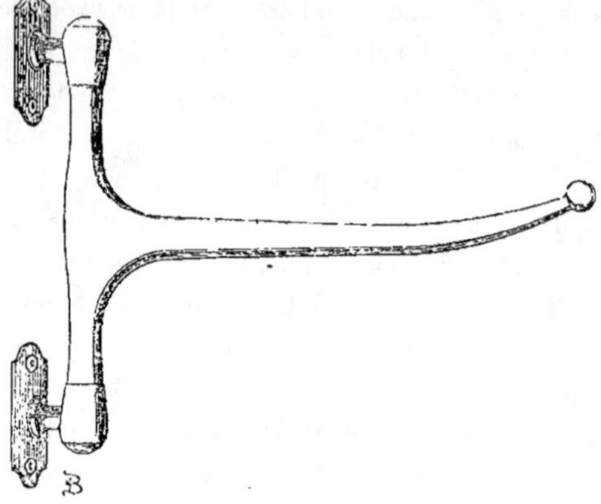

Fig. 306. — Porte bride en fer.

Fig. 307. — Porte-selle mobile en fer.

sente un porte-harnais mobile en fer ; on le pose à scellement ; notre figure 305 un porte-harnais fixe ; notre figure 306 un porte-bride ; notre figure 307 un porte-selle mobile ; (ces divers ustensiles sont en fer) : enfin notre figure 308 un porte-selle en bois surmonté de son porte-bride.

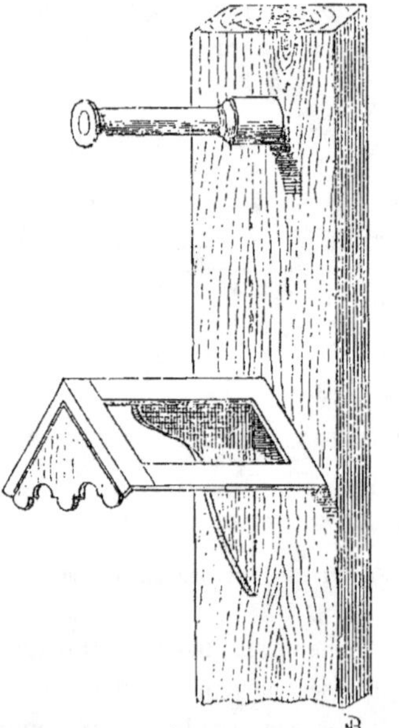

Fig. 308. — Porte-selle en bois surmonté d'un porte-bride.

Dans le milieu de la sellerie, on doit placer des chevalets pour recevoir les harnais complets. En outre, des armoires adossées à un mur, ou une encoignure compléteront le mobilier de la chambre aux harnais. Ces armoires serviront à serrer les ustensiles nécessaire à l'entretien des harnais, aux mors de rechange, aux éperons, brosses, boîtes, pinceaux, cirages, vernis, brûloirs, éponges, etc., etc.

L'humidité et la sécheresse en excès sont les plus grandes causes d'altération pour les cuirs, ou les matières employées pour la confection des harnais. Il faut donc, que la sellerie soit saine, sans être trop exposée à l'action desséchante des vents violents ou des rayons du soleil.

La double exposition du nord et de l'est est la meilleure à adopter. Pour éviter que les cuirs ne durcissent, ou ne moisissent au contact des murs, on doit revêtir ceux-ci de planches ou de paillassons.

Enfin on doit prendre tous les moyens et toutes les précautions possibles

Fig. 309. — Râtelier en fer pour écurie (élévation et coupe.)

pour obtenir une sellerie fraîche sans humidité. Il faut, en y entrant, sentir une impression analogue à celle qu'on éprouve en entrant dans un magasin de toiles ; dans une pareille sellerie, les harnais sont fort bien et ne gercent pas plus, qu'ils ne moisissent.

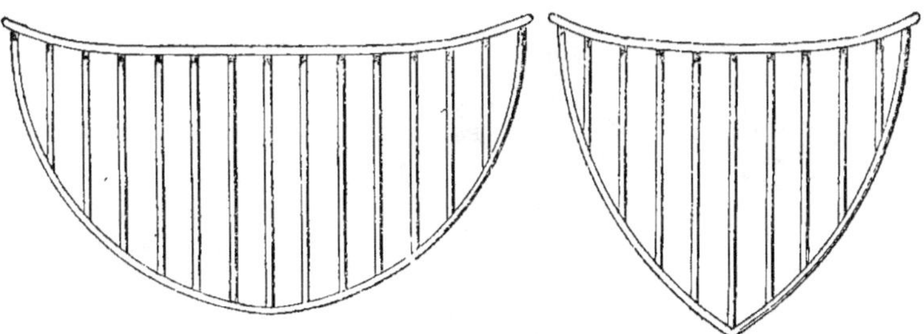

Fig. 310. — Râtelier corbeille en fer pour boxe.

Fig. 311. — Corbeille d'angle en fer pour boxe.

Il nous resterait bien à parler encore d'une quantité d'ustensiles qui, dans les écuries, sont immeubles par destination ; nous ne le ferons pas, car on peut trouver dans le commerce, chez des marchands spéciaux, ces divers ustensiles. Nous devons nous borner à signaler figure 309 un râtelier en fer pour écuries, figure 310 un râtelier-corbeille en fer pour boxe, et figure 311, une corbeille d'angle en fer, également pour boxe, enfin un système d'attacher les anneaux aux mangeoires qui n'est pas connu et qui peut rendre quelques services.

Les chevaux sont ordinairement attachés, soit par ce qu'on nomme des *conduits de longe,* espèce de tuyaux en fonte dans lesquels est enfermée une boule en bois qui monte et qui descend sans bruit suivant que le cheval s'éloigne ou se rapproche de sa mangeoire.

Quand on emploie les anneaux on a souvent des réparations à faire,

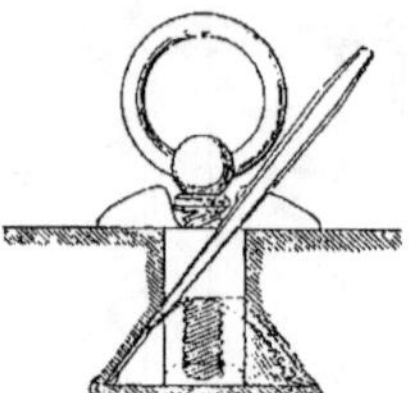

Fig. 312. — Anneau sans scellement.

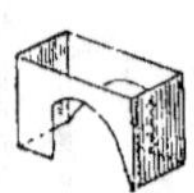

Fig. 313. — Boîte en zinc servant à diriger le ciseau par la taille du cône.

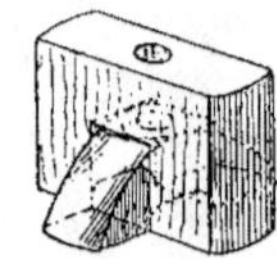

Fig. 314. — Cône en cuivre avec le bois qui sert à le fixer.

parce que le cheval, en tirant sur l'anneau agrandit le trou dans lequel celui-ci est vissé ou scellé, et finit même par l'arracher.

Il paraissait difficile de trouver un système qui ne fût ni scellé ni à vis et écrou.

Dans les mangeoires en bois, on arrive encore à fixer assez bien les anneaux ; mais dans les auges en pierre ou même en marbre, il était difficile de résoudre le problème.

Il a cependant été résolu par le système représenté par nos figures 312 à 317.

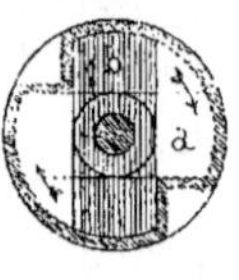

Fig. 315. — Plan du cône avec la pièce de cuivre.

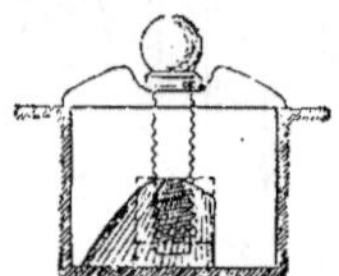

Fig. 316. — Coupe horizontale du cône d'anneau vissé.

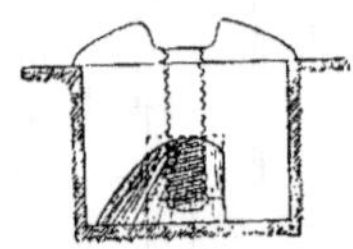

Fig. 317. — Coupe horizontale du cône avant le vissage de l'anneau.

Un tailleur de pierre avec un ciseau taille un cône tronqué sur le devant de la mangeoire, comme le fait voir notre croquis (*fig.* 312) montrant le ciseau engagé pour la taille. Afin d'éviter à l'ouvrier des recherches longues et pénible, après avoir creusé un trou perpendiculaire, il doit introduire la boîte en zinc (*fig.* 313). Cela fait, le ciseau de l'ouvrier, guidé par la découpure pratiquée dans cette boîte, ne peut s'égarer. Le cône taillé haut et bas, il retire la boîte et il introduit perpendiculairement une pièce de cuivre ayant une section conique (*fig.* 314). Il la fait tourner suivant le sens de la flèche *b*, *a* (*fig.* 315), de façon à la rendre horizontale de verticale qu'elle était, au moment de l'introduction dans le cône. Il pose ensuite un morceau de bois à cheval figure 314, dans lequel on visse l'anneau comme l'indiquent les figures 312 et 316. L'animal a beau tirer et forcer sur l'anneau, celui-ci reste fixe, et ne peut être arraché.

4. Coffre a avoine. — Le coffre à avoine doit toujours être placé dans un local en dehors de l'écurie. Quand on n'a pas de magasin à avoine, la sellerie sert à recevoir ce coffre. Ce dernier doit être fermé à clef, non-seulement pour éviter le détournement du grain, mais encore pour empêcher un cheval qui s'échapperait de son écurie, de venir manger sur le *tas*. En effet, l'ingurgitation d'une grande quantité d'avoine peut occasionner au cheval de graves accidents.

Les coffres à avoine doivent être solidement construits et élevés sur des pieds, afin d'isoler leur fond du sol, ce qui empêche l'humidité de détériorer ou pourrir le grain.

Il existe une grande variété de modèles : l'un des meilleurs consiste en une grande boîte carrée, montée sur des pieds. Le fond de cette boîte possède une double inclinaison d'arrière en avant et des côtés sur le milieu. Ce parti permet de vider entièrement le coffre.

Un guichet à registre, ou à coulisse, livre passage au grain, qu'on peut recevoir dans un double décalitre.

On fait aussi, depuis quelques années un genre de coffre qui a la forme d'un grand cylindre en métal, et au moyen d'un mécanisme assez simple ce coffre compte l'avoine à sa sortie de l'appareil.

5. Souricière perpétuelle. — Les grains et les fourrages attirent dans les écuries, des souris et des rats ; les chats leur donnent bien la chasse, mais ils n'arrivent pas toujours à les prendre, car les animaux pourchassés s'enfuient dans le foin, aussi nous conseillons de faire usage de souricières pour venir en aide aux chats.

Une des meilleures, si ce n'est la meilleure, est la souricière dite *perpétuelle*. En effet, elle mérite bien son nom, car elle fonctionne de telle façon que chaque souris attrapée retend le piége pour faire une nouvelle prisonnière.

LES ÉTABLES.

1. Généralités. — Pris dans son acception générale, le mot *étable* s'applique indifféremment aux diverses habitations des animaux domestiques ; mais l'usage en a restreint la signification aux seuls locaux affectés au logement de l'espèce bovine (bouverie, vacherie, tects à veaux).

Les bêtes à cornes sont d'une complexion plus robuste ou du moins, moins délicate que le cheval ; elles supportent beaucoup mieux, les variations de température. Toutefois il ne faudrait pas se hâter d'en conclure que ces animaux peuvent vivre dans des étables humides ou malsaines sans en ressentir les fâcheux effets, et, que dès lors, il est inutile de rechercher les améliorations à introduire dans la construction de leurs logements. Une pareille conclusion serait une grave erreur ; car les animaux quels qu'ils soient, ne peuvent prospérer que dans des locaux établis dans de bonnes conditions hygiéniques.

Les étables peuvent servir à plusieur fins : à l'élevage, à l'entretien, à l'engraissement, et, suivant ces destinations diverses, on emploie des étables communes ou séparatives ; nous le verrons bientôt.

Précédemment, nous avons donné beaucoup de détails sur l'hygiène, la salubrité et la construction des écuries ; nous n'avons donc pas à les répéter ici, mais nous indiquerons les modifications particulières aux étables.

2. Exposition. — Les étables les plus saines sont celles qui sont exposées au levant. A défaut de cette exposition, on doit préférer le midi avec des fenêtres percées au nord.

3. Ouvertures. — *Portes et fenêtres.* — Les ouvertures doivent être établies comme celles des écuries, surtout les fenêtres ; quant aux portes, elles n'ont pas besoin d'autant de largeur, car les bœufs ne portent point de harnais ; on peut employer les portes coupées (*voy. fig.* 297, p. 226) et ne leur donner que 1ᵐ,05 ou 1ᵐ,10 de largeur.

4. Sol. — *Pavage, pente.* — De même que les écuries, on doit paver les étables ; mais le mode de pavage adopté n'a pas besoin d'être aussi résistant, car les pieds des bêtes bovines sont rarement ferrés. Un simple cailloutage, une couche de béton, un briquetage ordinaire sont des pavages suffisamment résistants. L'asphalte même, dans certains cas, peu rendre de bons services. Quel que soit le mode de pavage, on doit établir des pentes et des rigoles tout comme dans les écuries, mais les rigoles doivent être plus larges et plus profondes, car le bœuf absorbe beaucoup plus d'eau que le cheval.

5. Planchers et plafonds. — Rien de particulier pour les planchers et les plafonds : ils doivent être établis comme dans les écuries.

6. Auges, mangeoires et rateliers. — Les auges et mangeoires ont des dimensions variées ; nous en donnerons divers exemples ; quant aux râteliers, on les supprime assez souvent, surtout pour les vacheries ; cependant, lorsqu'on les maintient, ils doivent être verticaux plutôt qu'inclinés. Ces derniers sont moins commodes, car les bœufs, en relevant la tête, peuvent

frapper contre le râtelier avec leurs cornes où enchevêtrer celles-ci dans les barreaux.

Les auges ou mangeoires ne doivent pas être posées à plus de 0ᵐ,30 à 0ᵐ,35 au-dessus du sol; cela dépend du reste de la taille des animaux; pour les petites races, pour les vaches bretonnes, par exemple, on se contente de les placer à 0ᵐ,40 ou 0ᵐ,45 au plus de hauteur.

La largeur intérieure des mangeoires est de 0ᵐ,38 à 0ᵐ,40 et leur profondeur de 0ᵐ,20 à 0ᵐ25.

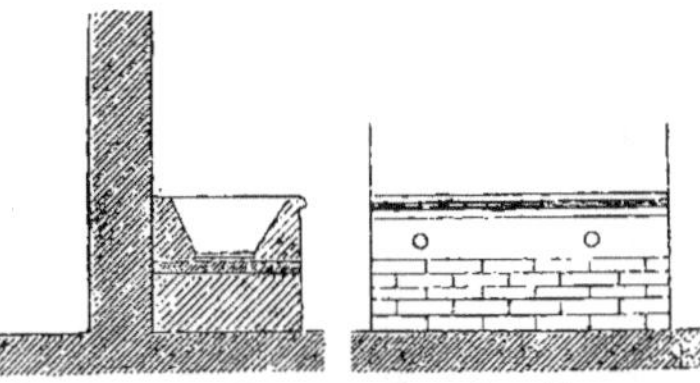

Fig. 318. — Coupe et élévation d'une auge en pierre.

Échelle de 0ᵐ,02 pour mètre.

On les fait soit en pierre, soit en bois; du reste, nos figures en montrent divers spécimens.

Elles sont creusées dans la pierre (*fig.* 318) et posées sur un massif en maçonnerie; ou bien elles sont formées par l'assemblage de trois planches en chêne de 0ᵐ,042 d'épaisseur (*fig.* 319, 320). Les mangeoires sont encore faites en charpente.

Suivant la disposition de l'étable, les mangeoires sont isolées ou

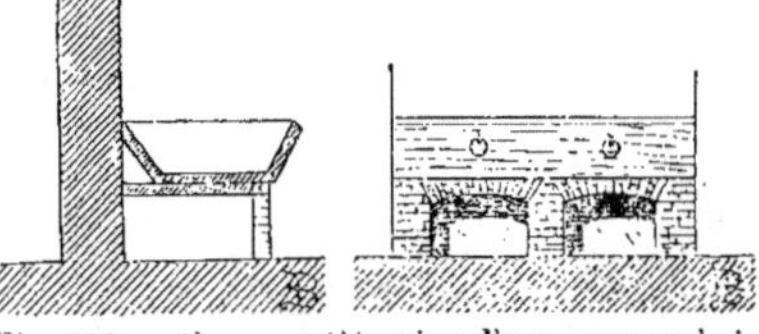

Fig. 319. — Coupe et élévation d'une auge en bois.

Échelle de 0ᵐ,02 pour mètre.

adossées aux murs. Quand nous donnerons les dispositions générales des étables, nos lecteurs y trouveront les différents emplacements occupés par les crèches et les auges.

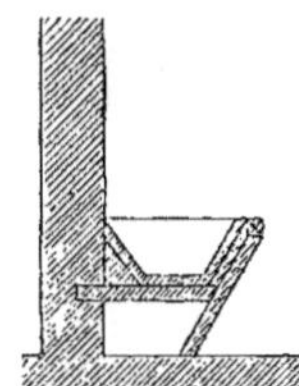
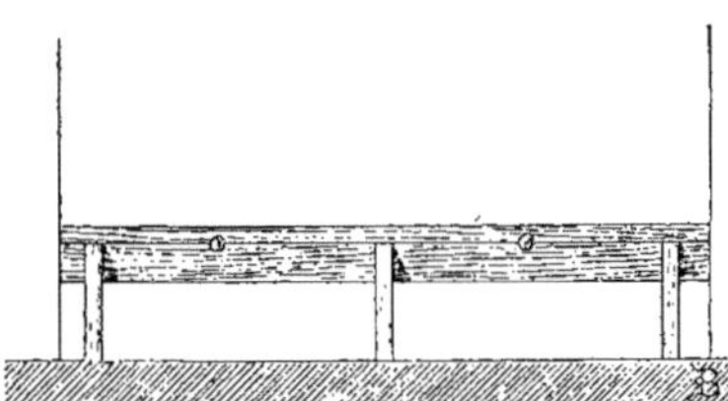

Fig. 320. — Coupe et élévation d'une auge en bois.

Échelle de 0ᵐ,02 pour mètre.

Les ruminants gaspillent beaucoup leur nourriture, aussi, pour éviter cette déperdition, qui est parfois considérable, on emploie un agencement particulier de mangeoire, nommé cornadis, qui réalise de notables économies. Cet agencement oblige l'animal qui veut prendre sa nourriture à passer le

cou à travers une fenêtre pratiquée dans une cloison pleine ou ajournée.
Or, comme la mangeoire se trouve immédiatement au-dessous de cette

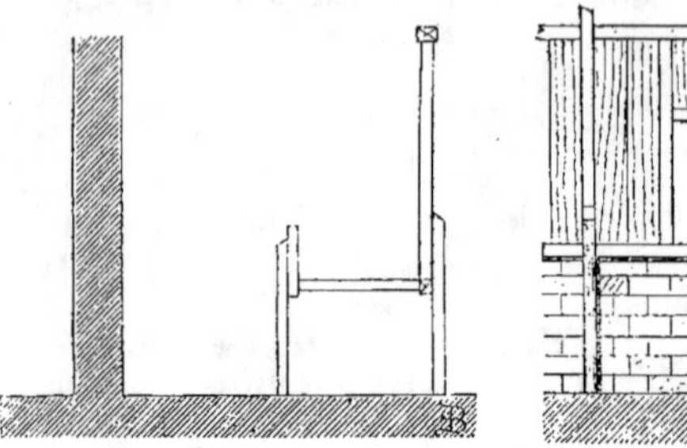

Fig. 321. — Coupe d'un cornadis
(premier type).

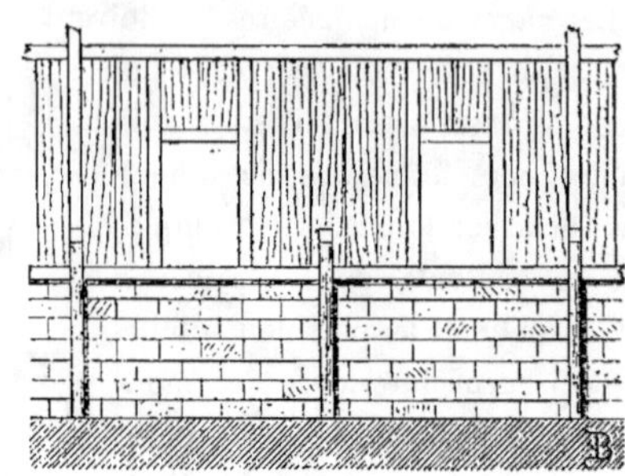

Fig. 322. — Élévation d'un cornadis
(premier type).

Échelle de 0m,02 pour mètre.

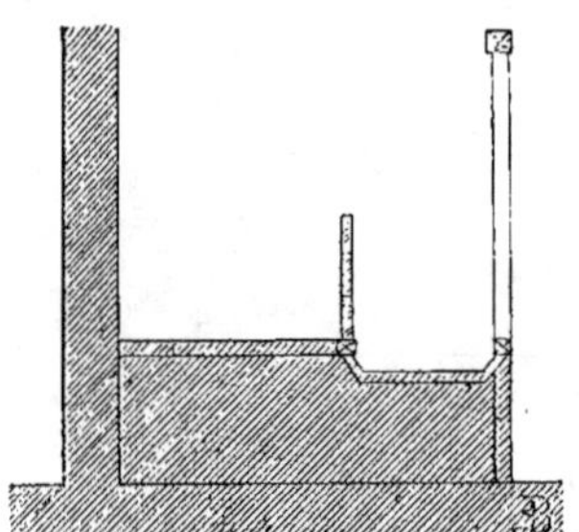

Fig. 323. — Coupe d'un cornadis
(deuxième type).

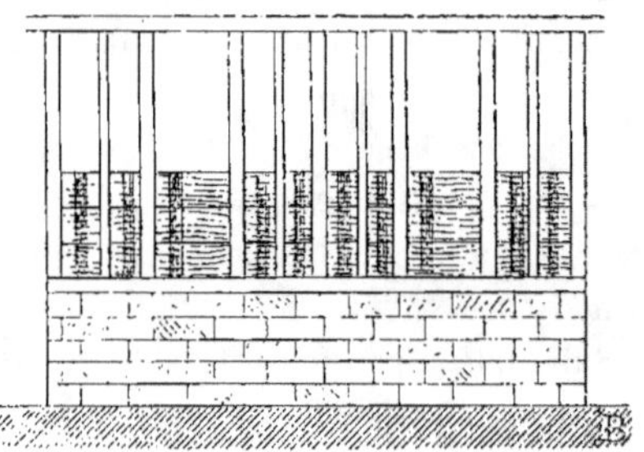

Fig. 324. — Élévation d'un cornadis
(deuxième type).

Échelle de 0m,02 pour mètre.

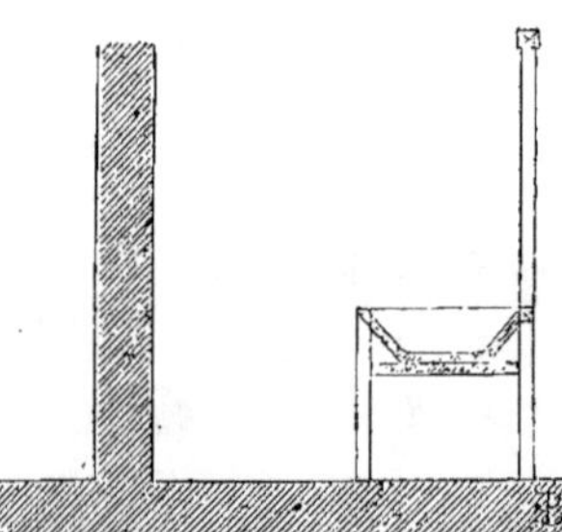

Fig. 325. — Coupe d'un cornadis
(troisième type).

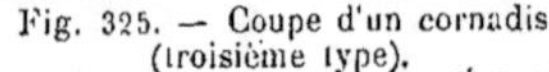

Fig. 326. — Élévation d'un cornadis (troisième type).

Échelle de 0m,02 pour mètre.

cloison, l'animal, en mangeant, ne peut fouler aux pieds sa nourriture, car
celle qui s'échappent de ses dents, tombe dans l'auge.

On a diversement construit les cornadis : nous en donnons plusieurs modèles, celui représenté par nos figures 321, 322 est une cloison en bois pleine ; nos figures 323, 324 en représentent une se composant de solives ou poteaux et de chevrons, elle est par conséquent ajournée ; ces deux cornadis reposent sur un mur ; au contraire en 325 et 326 est figuré un modèle

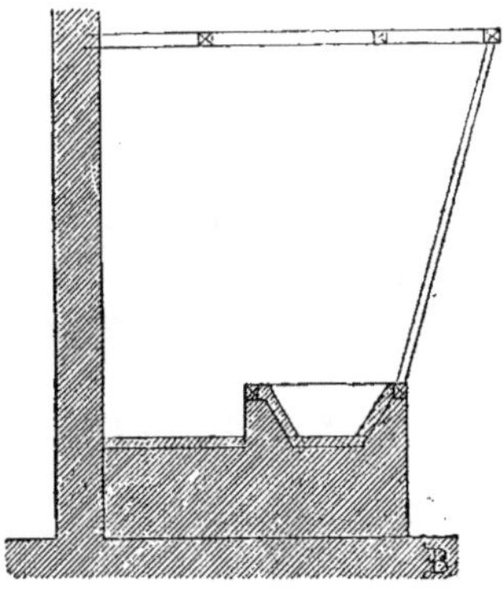

Fig. 327. — Coupe d'un cornadis
(quatrième type).

Fig. 328. — Élévation d'un cornadis
(quatrième type).

Échelle de 0^m,02 pour mètre.

comme le précédent, mais sans mur ; la cloison est tout en bois ; les figures 327 et 328 nous montrent une quatrième variété que nous recommandons plus spécialement, parce que ce cornadis permet de conserver des provisions de fourrages au-dessus de lui.

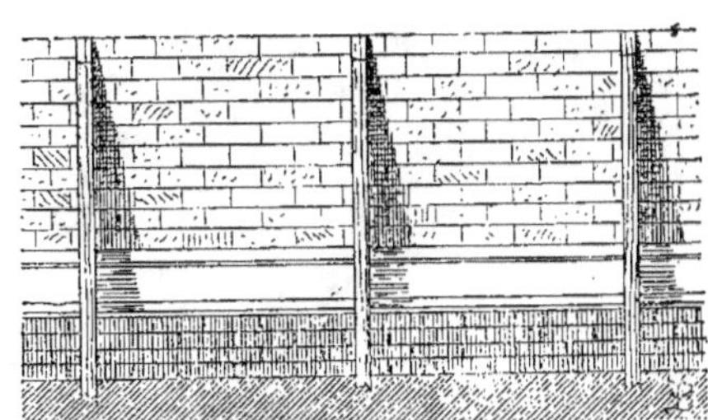

Fig. 329. — Séparation pour étable
(vue de profil) (premier type.)

Fig. 330. — Séparation pour étable (vue de face)
(premier type.)

Échelle de 0^m,02 pour mètre.

Les animaux en général, mais plus particulièrement les ruminants, sont très-voraces ; aussi il est très-utile d'établir dans les mangeoires mêmes de certains animaux des séparations afin de les empêcher de consommer la portion de leurs voisins.

7. Séparations. — Généralement dans les bouveries, les vaches sont placées côte à côte, sans séparations; ce n'est guère que le taureau qu'on tient séparé dans un boxe.

Cependant, il y a des races méchantes ou turbulentes qu'on est obligé de

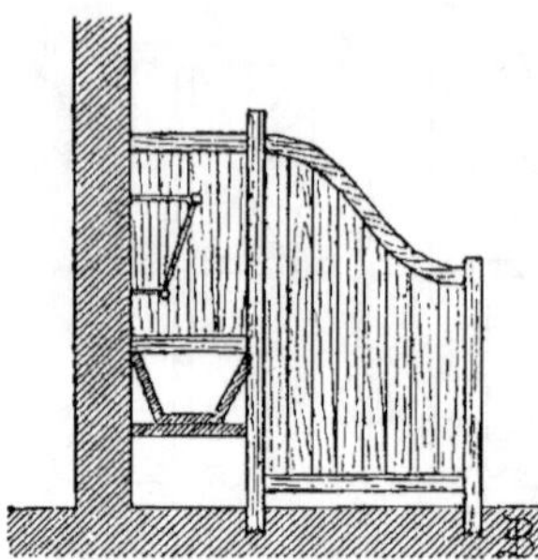

Fig. 331. — Séparation pour étable (vue de profil) (deuxième type).

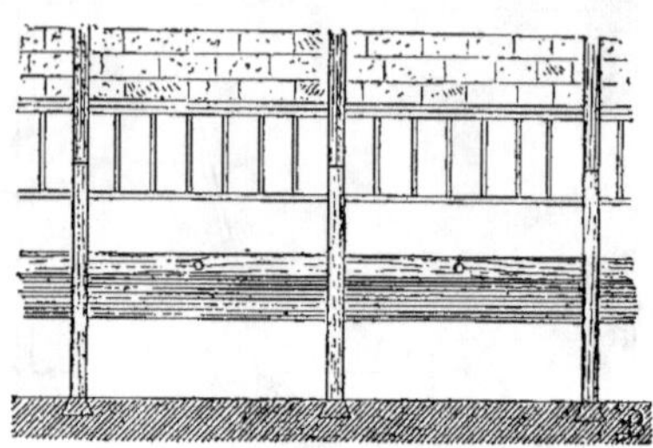

Fig. 332. — Séparation pour étable (vue de face) (deuxième type).

Échelle de 0ᵐ,02 pour mètre.

séparer. C'est à l'aide de cloisons fixes formant stalles qu'on le fait. Nos figures 329, 330, 331, 332, représentent les coupes et élevations des deux genres les plus répandus; notre figure 333 donne un modèle en fer, fort en usage en Angleterre.

8. Ventilation des étables. — Nous avons démontré plus haut l'utilité de la ventilation des écuries (voy. *pag.* 230). Le bon fonctionnement d'une ventilation rationelle est encore plus utile pour les étables, car les bêtes à cornes sont sujettes à des épizooties terribles; on doit donc ventiler les locaux qu'elles habitent, par les moyens précédemment indiqués.

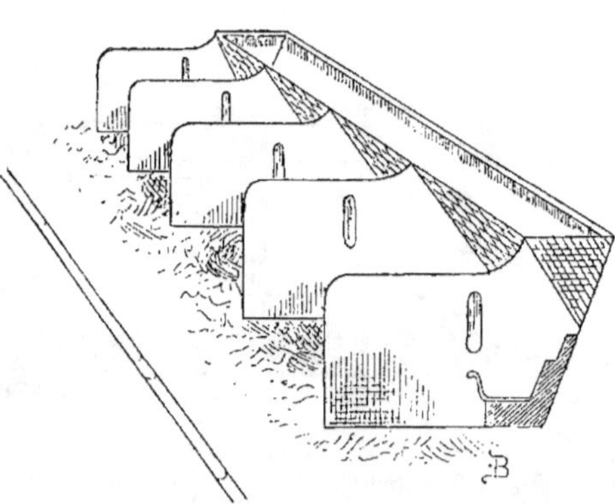

Fig. 333. — Perspective des stalles en fer pour vacheries (système anglais).

Mais nous ajouterons que, dans les pays chauds,
les bouveries doivent être élevées, afin de fournir un grand volume d'air; dans les pays froids, au contraire, dans les pays montagneux surtout, où l'air est vif et pur, les étables peuvent être beaucoup plus basses et contenir par conséquent un cube moins considérable. En Suisse, par exemple, nous

avons vu des vacheries dont les plafonds avaient fort peu d'élévation, et dans lesquelles cependant les vaches se portaient fort bien. Ce qui prouve une fois de plus, qu'on ne peut établir des règles fixes pour quoi que ce soit, et que l'homme (surtout le constructeur), doit se servir de son intelligence pour appliquer tel ou tel autre mode de construction suivant le milieu et le climat sous lesquels, ils se trouve.

9. DIVERSES DISPOSITIONS DES ÉTABLES. — La disposition à donner aux étables varie suivant le pays, la localité, et suivant le caprice de celui qui fait construire.

Aussi, nous trouvons des étables de toutes les formes et dimensions : elles sont longitudinales, simples ou doubles; transversales, simples ou doubles; mixtes, avec un couloir transversal ou longitudinal, avec couloir pour

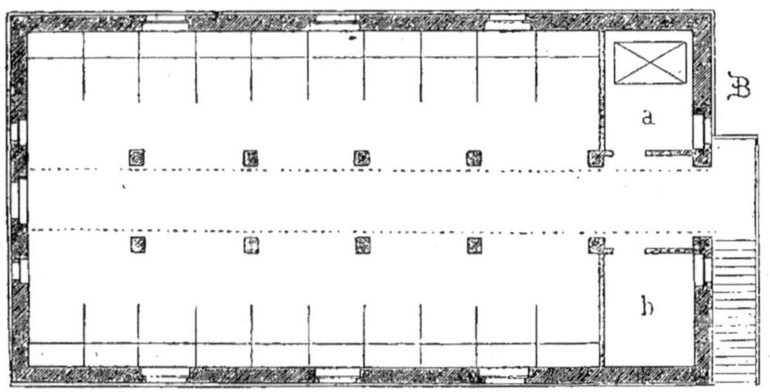

Fig. 334. — Plan d'une étable avec grenier à foin au-dessus.
Échelle de 0^m,005 pour mètre.

LÉGENDE :

a, cabinet pour le garçon bouvier; *b*, pièce pour les légumes.

l'alimentation, avec plusieurs couloirs; quelquefois même les étables sont circulaires. Elles renferment souvent aussi des petits boxes pour les veaux, ou bien, on établit à côté de l'étable un petit pavillon y attenant pour ces derniers. Dans les étables faites en vue d'engraisser l'animal, on adopte souvent le boxe avec ou sans paddocks, avec ou sans hangars.

Comme il est imposible, au milieu de cette quantité considérable de modèles, de recommander une forme de préférence à une autre comme présentant plus d'avantages, nous nous bornerons à donner de nombreux types parmi ceux qui passent pour les meilleurs.

Dans les exploitations importantes, on sépare les veaux ainsi que les vaches à lait, et les bœufs d'engraissement. Il ne peut en être ainsi ni dans les petites fermes, ni dans les métairies, où tous les animaux sont réunis dans une étable commune. Nous donnons (*fig.* 334) un plan d'étable longitudinale double, dans lequel il existe en *a* un cabinet pour le garçon bouvier, et en *b* une pièce pour les légumes. Nos lecteurs remarqueront dans le centre de l'étable des piliers qui supportent le plancher du premier étage, sur lequel on peut entasser beaucoup de fourrage; on arrive dans le fenil par une échelle de meunier pratiquée extérieurement.

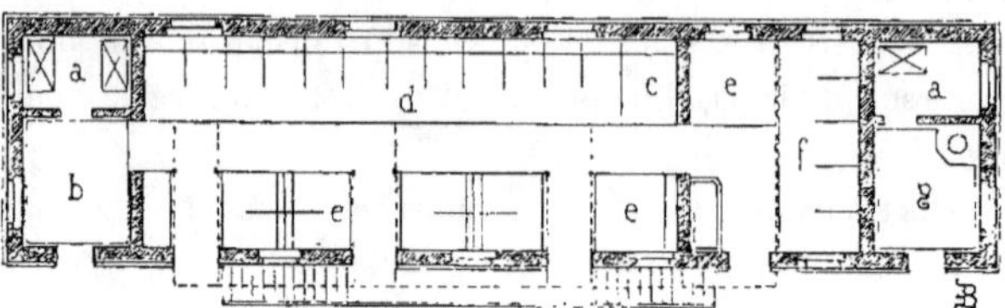

Fig. 335. — Plan d'une étable pour vaches et veaux (premier type).
Échelle de 0^m,0025 pour mètre.

LÉGENDE :

a, a, cabinets des garçons bouvier ; *b,* pièce pour les légumes ; *c, c,* boxes pour les taureaux ; *d, d,* stalles des vaches ; *e, e,* boîtes pour les veaux ; *f,* petite étable transversale ; *g,* cuisine pour la cuisson des légumes.

Dans les pays couverts de neige pendant de longs mois d'hiver, on fera fort bien d'adopter ce plan, qui permet d'emmagasiner une grande quantité de fourrage. Notre figure 335 montre une écurie longitudinale et transversale à la fois. En *aa* se trouvent les cabinets des garçons; en *b,* une pièce pour légumes, éloignée de la cuisine *g,* pour empêcher leur trop

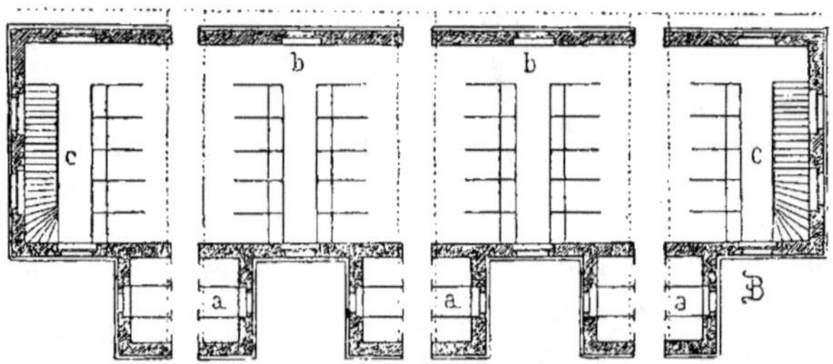

Fig. 336. — Plan d'une étable pour vaches et veaux (deuxième type).
Échelle de 0^m,0025 pour mètre.

LÉGENDE :

a, a, étables à veaux ; *b, b,* à vaches ; *c, c,* escaliers conduisant au premier étage.

rapide dessiccation. La cuisine a un fourneau pour la cuisson des légumes et les buvées tièdes ; en *c,* se trouvent les boxes pour les taureaux; en *d,* les stalles pour les vaches, et en *c,* les boîtes pour les veaux; *f* est une petite étable transversale.

La figure 336 indique la disposition d'une étable transversale ; en *a* sont des étables à veaux ; en *b,* les vaches ; en *c, c,* deux escaliers pour accéder du premier étage.

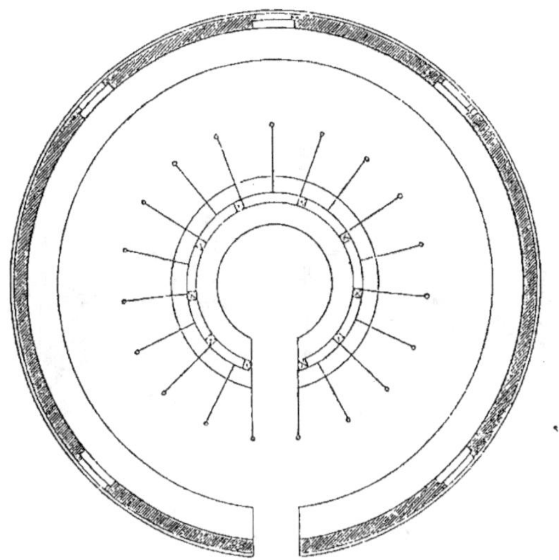

Fig. 337. — Plan d'une étable circulaire.
Échelle de 0ᵐ,005 pour mètre.

Nos figures 337, 338 et 339 sont les plans, coupes et élévations d'une étable circulaire, qui peut dans quelques circonstances rendre d'utiles services ; néanmoins, si l'on adopte ce type, on doit prendre de grandes précautions pour sa construction.

Fig. 338. — Coupe d'une étable circulaire.
Échelle de 0ᵐ,005 pour mètre.

Nous donnons (*fig.* 340, 341) un plan et une coupe d'une étable hollandaise, qui possède une cave pour les carottes, turneps et légumes ; D, est la place occupée par les vaches; en E, une canalisation pour les urines; en F, un escalier qui conduit au premier étage; en G une étable pour les veaux.

Fig. 339. — Élévation d'une étable circulaire.

Échelle de 0ᵐ,005 pour mètre.

Dans la coupe, K indique l'emplacement pour les fourrages, qu'on jette dans l'étable par l'ouverture L.

Dans les pays chauds ou tempérés, quelquefois même dans les pays froids on place les bœufs et les vaches sous des hangars. Notre figure 342 montre

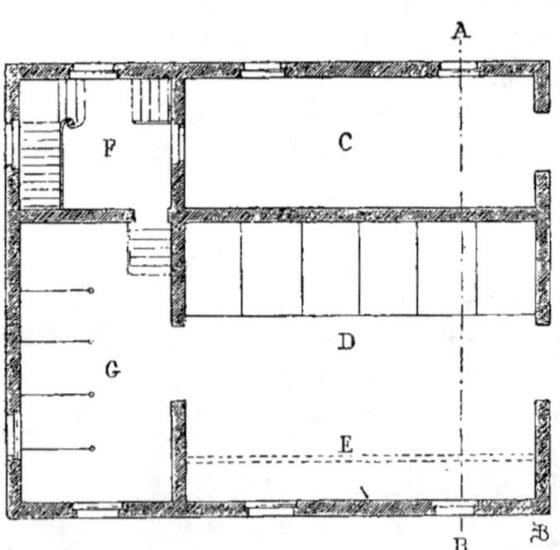

Fig. 340. — Plan d'une étable hollandaise.

Échelle de 0ᵐ,005 pour mètre.

le plan d'une étable-hangar. En *a* sont des paddocks, *b* des boxes, *c* le couloir pour l'alimentation, *c* les mangeoires, près desquelle sont placées des auges pour les buvées. Enfin nos figures 343, 344, 345 et 346 donnent les plans et les élévations de deux étables à boxes avec paddocks. La plus simple

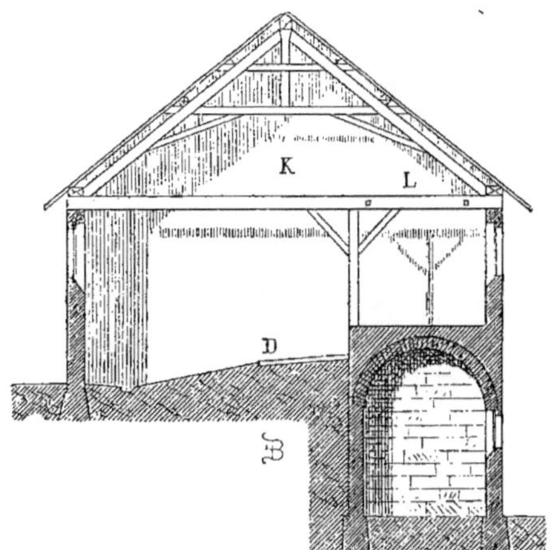

Fig. 341. — Coupe d'une étable hollandaise.
Échelle de 0ᵐ,005 pour mètre.

de ces étables (*fig.* 344) est construite et recouverte en bois. L'autre figure 346, est en moellons et couverte en ardoises.

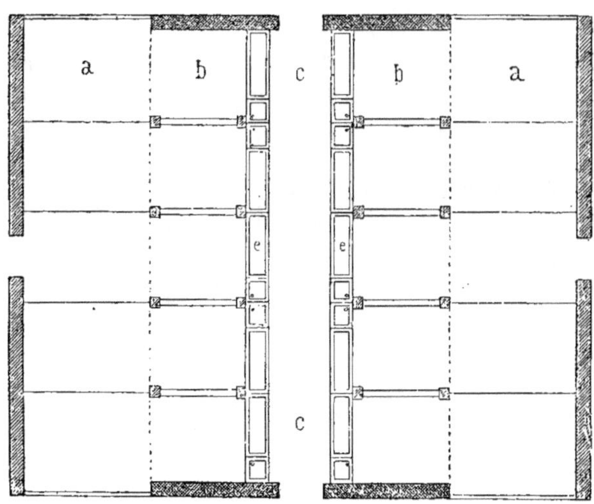

Fig. 342. — Plan d'une étable hangar.
Échelle de 0ᵐ,005 pour mètre.

Légende :
a, a, paddocks; *b, b,* boxes; *c,* couloir pour l'alimentation; *e,* les mangeoires.

10. Étable a veaux. — Dans beaucoup de localités, on laisse les veaux près de leur mère. Dans ce cas, on les place dans de petites stalles qui mesurent 1^m,80 de largeur. Il arrive bientôt une époque où sans les sevrer, on

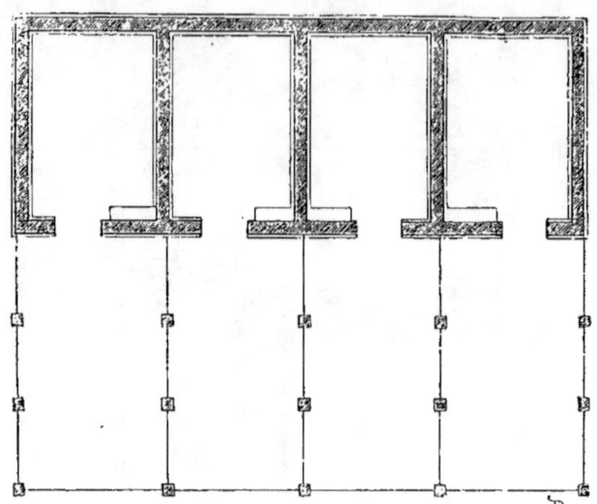

Fig. 343. — Plan d'une étable à boxes avec paddocks.
Échelle de 0^m,005 pour mètre.

les sépare ; au lieu de prendre le lait au pis de leur mère, ils le boivent dans des auges.

Dans les grandes fermes, on a une étable spéciale de sevrage. L'atmosphère doit en être chaude et sèche, d'une aération facile ; celle-ci peut être plus largement éclairée que les étables pour les adultes. On doit toujours planchéier le sol de ces sortes d'étables.

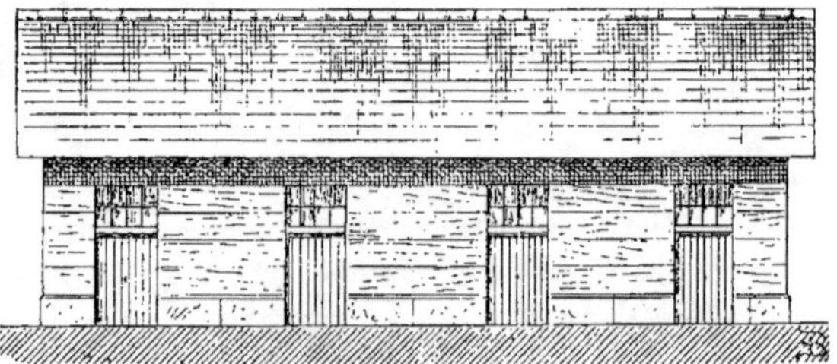

Fig. 344. — Élévation d'une étable à boxes (premier type).
Échelle de 0^m,005 pour mètre.

Souvent même, on installe les veaux dans de véritables boxes entourés de bois de tout côtés, pour les empêcher de lécher les murs, ce qu'ils ont l'habitude de faire, car le salpêtre des murailles les y invite.

Dans les fermes destinées à l'engraissement du bétail, les veaux sont enfermés dans de petites boîtes, qui ne mesurent que 0^m,60 de largeur sur 1^m,75
de hauteur et de longueur, de sorte que l'animal, ne pouvant se retourner ni

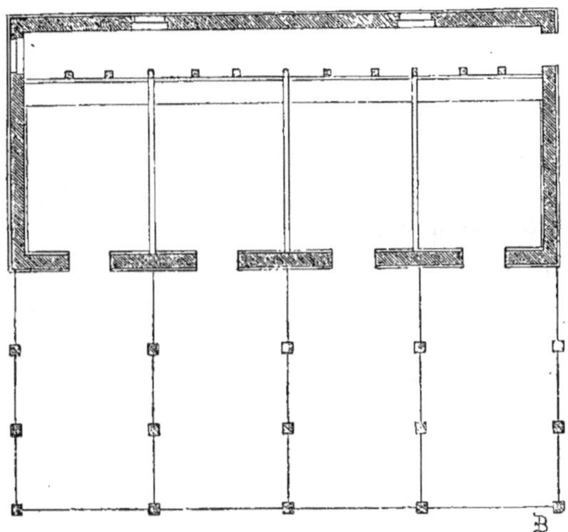

Fig. 345. — Plan d'une étable à boxes avec couloir d'alimentation et paddocks.
Échelle de 0^m,005 pour mètre.

faire aucun mouvement, est constamment occupé à manger. On n'applique
ce système qu'aux veaux qui doivent être livrés très-jeunes à l'abattoir.

Fig. 346. — Élévation d'une étable à boxes (deuxième type).
Échelle de 0^m,005 pour mètre.

RÉSUMÉ SUR LES ÉCURIES ET LES ÉTABLES.

Lorsque nous avons traité des écuries, nous avons vu qu'il n'y avait pas
de dimensions rigoureuses à leur donner, mais nous avons déterminé l'es-

pace qu'on devait donner à un cheval et à un bœuf. Nous avons dit aussi, que la disposition des bâtiments était très-variable, et, que les écuries longitudinales, transversales ou mixtes, présentaient chacune des avantages et des inconvénients, mais qu'il valait mieux cependant adopter autant que possible les bâtiments longitudinaux.

Nous avons ensuite donné les meilleurs systèmes de sauterelles, qui permettent de dégager promptement les chevaux ayant enjambé leurs barres de séparations.

Nous avons passé en revue les divers systèmes de stalles de boxes et d'écuries spéciales. Nous avons aussi étudié avec détail la manière de pratiquer convenablement les portes et les fenêtres et surtout l'importante question de la ventilation, qui est de deux sortes : la ventilation naturelle et la ventilation artificielle.

La première est de beaucoup la plus rationnelle ; mais il faut observer qu'on n'est pas toujours maître de la diriger, car elle est influencée par diverses circonstances. Elles est activée par un plafond poreux, entravée à divers degrés par un plafond plus ou moins imperméable ; elle est augmentée par un vent intense, amoindrie au contraire dans de notables proportions par l'humectation des murs, pendant les pluies. La brique notamment absorbe beaucoup d'humidité ; mais, par suite d'une rapide évaporation dont elle est susceptible, elle reprend promptement son état de siccité ; et, dans cet état elle remplit les conditions qui constituent sa qualité.

Pour la ventilation artificielle, nous ferons observer à nos lecteurs les particularités suivantes : par une installation rationnelle d'un nombre suffisant de ventilateurs, on peut fournir aux étables la quantité d'air pur et frais nécessaire aux animaux. Cette quantité, du reste, est de beaucoup moindre que celle nécessaire à l'homme, dont l'économie s'accommode mal d'un air vicié. Nous avons recommandé plus particulièrement les cheminées verticales, parce qu'elles sont préférables aux systèmes de ventilations horizontales.

Des expériences concluantes pratiquées à l'aide de l'anémomètre nous permettent d'affirmer que les cheminées ayant une hauteur de 8 à 9 mètres et une différence de température de 16 degrés à 20 degrés centigrades existant entre l'air extérieur et celui des étables, les ventilateurs verticaux fournissent à l'heure 1,400 à 1,500 mètres cubes d'air par mètre carré de section. Nous ajouterons qu'il est inutile et souvent nuisible de prolonger les cheminées vers le bas des étables ; elles doivent s'arrêter au plafond.

Pour obtenir une action uniforme, les souches de cheminées doivent être pourvues d'appareils supprimant les entraves qu'un vent violent peut apporter à leur bon fonctionnement. Dans toutes les écuries ou étables, quelle que soit du reste leur capacité, de petites ouvertures d'appel placées de distance en distance favorisent énergiquement l'action des ventilateurs d'aspiration.

Si nous examinons maintenant la condensation de l'humidité sur les murs et principalement au plafond, nous trouvons qu'on peut l'éviter :

1° En rendant la ventilation aussi intense que le permet l'introduction de l'air dans les écuries, et en tant que l'air introduit n'exerce pas une fâcheuse influence sur la température intérieure ;

2° En construisant des plafonds poreux ;

3° En couvrant ces derniers de mauvais conducteurs de la chaleur, ce qui évite le refroidissement et par suite la condensation des vapeurs.

Pour le sol des écuries et l'aire des étables, nous avons signalé divers modes de pavages ; il faut en faire un choix judicieux et utiliser de préférence les ressources que fournit la localité. Nous n'avons donc rien à résumer sur cette question, pas plus que sur le mobilier des écuries, qui doit toujours être en rapport avec la fortune de celui qui le paye.

Disons maintenant quelques mots sur les abords et l'entourage des écuries et des étables.

Généralement, ces abords sont encombrés de fumier et d'ornières ; des mares situées au centre de la cour exhalent trop souvent des miasmes putrides. Ces eaux fétides et croupissantes infectent l'air et causent souvent des épizooties ou du moins de dangereuses maladies. On doit donc faire disparaître le fumier des endroits exposés au midi, et le placer ainsi que la purinière, et cela autant que possible, en plein nord ; la décomposition y est plus lente, moins malsaine et partant moins dangereuse.

Les grandes cours peuvent sans inconvénient être plantées d'arbres soit en lignes soit en bouquet. Ces arbres ont pour effet d'abriter les bâtiments en été contre les ardeurs du soleil, et en hiver contre la violence des vents ; nous recommandons de choisir de préférence les conifères, d'abord parce qu'ils forment facilement des rideaux, ensuite, parce que l'odeur résineuse qu'ils dégagent, chasse au loin les insectes qui tracassent les animaux. Si les cours des écuries et des étables sont très-vastes, on fera bien d'y planter des platanes. C'est un fort bel arbre, à la taille majestueuse et qui donne un ombrage sombre et frais. Cet arbre a en outre la propriété d'éloigner les insectes, car il ne leur offre pas de nourriture et pas de chaleur. Sa luxuriante végétation purifie l'air ; or, l'air pur, c'est la moitié de la santé aussi bien pour les animaux que pour l'homme. Du reste, l'insalubrité des cours rend plus difficile la ventilation des écuries et des étables, puisqu'elle fournit autour du logement des animaux un air déjà vicié.

LES BERGERIES.

1. Généralités. — Les bergeries sont des locaux destinés au logement des béliers, brebis, agneaux, moutons, boucs, chèvres et chevreaux. Ces animaux sont réunis le plus souvent dans le même local ; on se contente de séparer ceux qu'on élève de ceux qu'on engraisse ou qu'on entretient, en ayant soin, bien entendu, de mettre à part les béliers et les boucs, ainsi que les animaux malades.

Dans une exploitation de quelque importance, il vaut mieux cependant affecter un local particulier aux diverses catégories, afin de pouvoir procurer à chacune d'elles les soins spéciaux qu'elles réclament.

L'utilité d'un troupeau sur un domaine est aujourd'hui généralement appréciée. On n'est pas bien fixé sur la meilleure disposition à donner aux bergeries ; cela tient peut-être à ce que ces constructions sont les plus négligés des bâtiments ruraux.

Un grand nombre de cultivateurs, en effet, pensent à tort que le mouton est un animal qui s'accommode de tout ; dès lors les uns construisent des bergeries hermétiquement closes, tandis que d'autres les laissent exposées en plein air, aux intempéries des saisons et à l'humidité ; comme on le voit, les avis sont partagés. Il n'y a rien d'étonnant, puisque c'est le caprice ou la fantaisie du propriétaire d'un troupeau et non le raisonnement qui préside aux déterminations qu'il prend pour élever ses bergeries.

Ces deux systèmes exclusifs ont leurs inconvénients et sont aussi funestes aux animaux que préjudiciables aux vrais intérêts des agriculteurs. Suivant le climat et la localité, le mode de construction peut varier ; mais quel que soit le mode adopté, toutes les bergeries doivent être vastes, bien aérées et présenter les conditions de salubrité et de commodité que réclament les divers locaux affectés au logement de nos animaux domestiques.

Quoique originaire des pays chauds, le mouton peut supporter des froids rigoureux, mais à la condition qu'on ne le dépouillera point de sa toison. Si l'homme au contraire le tond jusqu'à la peau, à cette époque il devra le mettre dans un milieu suffisamment abrité, pour ne point faire regretter à l'animal sa bonne fourrure.

Dans les contrées méridionales, ou sur les côtes que le voisinage de la mer protége contre les brusques variations de température, on peut laisser le mouton sous des hangars, et cela presque toute l'année ; dans les pays septentrionaux, au contraire, il faut que les bergeries soient bien closes, aérées, ventilées et exemptes surtout d'humidité, car celle-ci jointe au froid cause au mouton des maladies dangereuses, qui déciment promptement un troupeau. Enfin les brebis mères et les jeunes agneaux sont d'une complexion fort délicate et réclament des soins méticuleux, aussi doit-on employer à leur égard des moyens exceptionnels pour les soustraire aux intempéries des saisons.

Les bergeries doivent être faites en constructions légères, car le plus souvent ces bâtiments ne sont établis que pour peu de temps ; ils peuvent dès lors affecter un caractère provisoire.

2. ORIENTATION. — Les bêtes ovines recherchent plus encore que les autres animaux, le soleil en hiver, et l'ombrage en été ; aussi, pour leur procurer ces avantages, les bergeries devront-elles avoir une partie de leurs ouvertures au nord et l'autre au midi. A défaut, l'est est préférable à l'ouest comme orientation.

3. DIMENSIONS. — Les dimensions d'une bergerie se règlent d'après le nombre de têtes qu'elle doit contenir. Les éleveurs sont unanimes à reconnaître qu'il faut pour chaque bête adulte 1 mètre carré de surface, $0^m,75$ pour un agneau, et $1^m,50$ pour une brebis mère et son agneau.

On doit également tenir compte de l'espace occupé par les crèches, et placer celles-ci en quantité suffisante, afin que les animaux puissent y prendre simultanément leur nourriture.

On emploie encore une autre méthode pour estimer la superficie à donner aux bergeries. On établit le développement total des crèches en multipliant le nombre de moutons par la place que chacun d'eux occupe devant la mangeoire, soit $0^m,50$ que l'on multiplie par 2 mètres, longueur du mouton y compris la largeur de la crèche ; le produit obtenu est la superficie demandée.

Il est donc très-facile, de calculer l'expression de la surface à donner à une bergerie. Cette expression s'obtient en multipliant la largeur du bâtiment par sa longueur ; le produit obtenu en mètres carrés sera égal au nombre de têtes qu'on pourra y placer.

La moitié de ce produit sera le développement à donner aux crèches dans quelque sens qu'on les dispose.

Exemple. Supposons une bergerie de 8 mètres de largeur sur 50 mètres de longueur ; nous aurons $50 \times 8 = 400$, c'est-à-dire que cette bergerie pourra contenir quatre cents moutons. Si nous prenons maintenant la moitié de ce produit, soit 200, pour le développement à donner aux crèches, chaque mouton aura bien $0^m,50$ de crèche qui est l'espace nécessaire. Il est bien entendu que cette méthode pour calculer la superficie des bergeries ne peut être appliquée qu'aux grandes qui ont toujours beaucoup plus de longueur que de largeur ; car dans les bergeries carrées, il faudrait opérer autrement.

4. OUVERTURES. — *Portes*. — Les portes les plus généralement usitées pour les bergeries sont à claire-voie dans leur partie supérieure, ou les portes pleines coupées dans leur hauteur ; elles sont à peu de chose près semblables à celles des écuries.

Les plus commodes sont celles qui roulent sur des rails ou des glissières avec des roulettes posées à la partie supérieure (voy. plus loin à *Poulaillers* et granges la description de ce genre de portes). Celles qui sont construites autrement doivent ouvrir de dedans en dehors, parce que si elles se développaient intérieurement, les moutons qui ont l'habitude de sortir tumultueusement risqueraient de se blesser. On fera bien de les tenir larges ; on leur donnera 1^m,30 à 1^m,60 de largeur. Ce qui oblige encore de faire ouvrir les portes en dehors c'est qu'on a le tort de laisser trop souvent la litière s'entasser dans l'intérieur des bergeries ; dans ce cas encore, il est impossible d'ouvrir les portes de dehors en dedans.

Fig. 317. — Porte à claire-voie pour bergeries.

Échelle de 0^m,01 pour mètre.

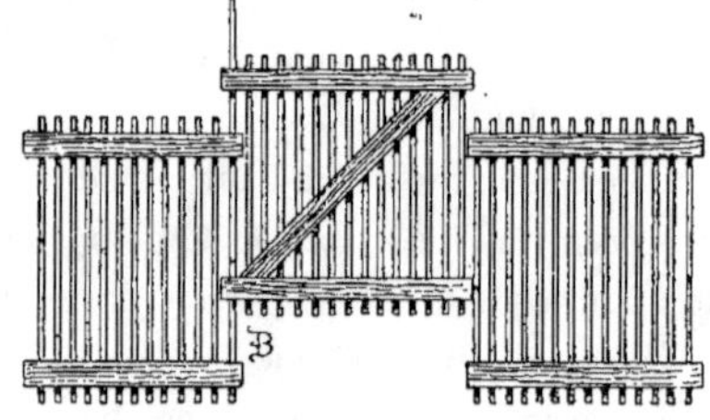

Fig. 348. — Porte à claire voie dans une barrière de bergerie.

Échelle de 0^m,01 pour mètre.

Lorsque à l'intérieur des bergeries il se trouve des murs séparatifs, ils sont fermés par des portes représentées par nos figures 347 et 348. L'une d'elles (*fig.* 347) se compose d'une claire-voie dont les paumelles *aa* glissent sur une tige *b*. Cette porte est maintenue dans une hauteur voulue à l'aide d'un crochet et d'une chaîne *c*, qui court sur une poulie *d* ; de l'autre côté un loqueteau fonctionne sur un collier à crémaillère *e*.

La figure 348 montre une porte analogue, mais dans une barrière à claire-voie. Les deux traverses de la porte fonctionnent dans un barreau plus long que les autres.

Rouleaux. — Pour parer aux accidents qui peuvent résulter de la brusque sortie des animaux on établit des rouleaux dans les embrasures des portes. Ces rouleaux sont semblables à ceux que nous avons conseillé de mettre dans les portes des boxes pour poulinières (voy. *p.* 227), seulement on ne les pose qu'à 0^m,30 au-dessus du sol, et ils n'ont pas plus de 0^m,50 à 0^m,55 de hauteur.

On a imaginé plusieurs systèmes pour empêcher les moutons de sortir en foule de la bergerie. Un moyen assez ingénieux consiste à élever le seuil des portes à 0^m,50 au-dessus du sol, de sorte que l'animal ne peut le franchir que par deux petites rampes, l'une à l'intérieur qui est une simple planche, et l'autre à l'extérieur en maçonnerie. La largeur de ces rampes est calculée de façon à ne permettre que le passage de deux moutons à la fois, ce qui les oblige à défiler deux à deux, et la sortie s'opère en bon ordre.

Fig. 349. — Cloisons pratiquées auprès des portes de bergerie.

Échelle de 0^m,005 pour mètre.

Un second moyen usité en Hollande consiste à construire soit en bois, soit en maçonnerie, des cloisons auprès des portes des bergeries comme le montre la figure 349, de sorte que les moutons sont pour ainsi dire obligés de faire queue pour sortir de la bergerie.

Fenêtres. — Les fenêtres dans les bergeries doivent être grandes, afin de laisser pénétrer beaucoup de lumière. Celles situées au nord doivent être fermées en hiver soit par des volets ou des paillassons. Dans les pays chauds, les fenêtres ne sont fermées que par des châssis à lames mobiles, ce qui permet de donner une ventilation active, quand elle devient nécessaire. Nos figures 350, 351 montrent les détails de ces lames. Nous recommandons, en outre, si les bergeries ont à la fois des fenêtres sur la cour de la ferme et sur la campagne, de mettre des barreaux de fer de ce côté; car les moutons n'ont pas seulement à craindre les loups, mais encore les maraudeurs.

Fig. 350. — Détail des lames mobiles pour châssis.

Barbacanes. — Anciennement on pratiquait dans la partie inférieure des murs de bergerie des barbacanes; aujourd'hui on a reconnu que ces ouvertures donnaient lieu à des courants d'air froid qui frappaient directement sur les animaux et leur provoquaient de graves maladies; c'est donc avec raison qu'on les a supprimées entièrement sous certains climats ou qu'on a bien fait de les établir au-dessus de 1 mètre dans certains pays.

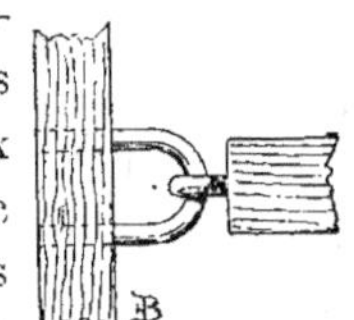

Fig. 351. — Détail d'un anneau en fer des lames mobiles.

Pour ventiler les grandes bergeries qui seraient bien closes, on pourra recourir aux cheminées de ventilation en usage dans les écuries et les étables, ou bien à des petits lanternons comme on en voit dans la figure 339.

5. Éclairage de nuit. — Il est important d'éclairer les bergeries pendant la nuit, surtout à l'époque de l'agnelage. On fera bien d'adopter un éclairage analogue à celui que nous avons décrit pour les écuries page 230.

6. Sol. — *Béton, bitume.* — Le sol des bergeries peut être formé d'argile bien battue, mais on fera mieux de le recouvrir d'une couche de béton ou d'une chape en mortier, recouverte de bitume. Quel que soit le mode adopté, on fera bien d'établir des pentes dirigées vers des rigoles qui conduiront les urines dans les purinières extérieures ou fosses aux engrais.

Dans beaucoup de contrées, on se dispense de ménager des pentes et de creuser des rigoles, parce que la litière et le sol absorbent les urines. C'est une économie mal entendue, car, dans ces conditions, les bergeries donnent des odeurs infectes, qui sont très-nuisibles aux animaux qui y vivent.

D'autres cultivateurs recouvrent le sol des bergeries avec du sable, de la marne ou de la terre, suivant la nature du terrain qu'on veut amender, ou la culture qu'on veut faire sur ce même terrain ; ce procédé est moins dangereux que le précédent, puisqu'on renouvelle de temps en temps ces couches ; on obtient de cette façon des bergeries relativement propres et saines, et en outre un bon engrais. Mais ce système laisse à désirer, parce que le mouton repose directement sur ses déjections.

Plancher à claire-voie. — Quand on veut obtenir des composts terreux, marneux ou siliceux dans les bergeries, il vaut mieux créer des fosses dans le sol et les recouvrir d'un plancher à claire-voie. Nous avons décrit ce système lorsque nous avons traité des écuries (page 235). Comme renseignements complémentaires nous ajouterons que, pour, les bergeries, comme le mouton est évidemment beaucoup moins lourd que le cheval et le bœuf, les claires-voies n'ont pas besoin d'être aussi résistantes.

On emploie généralement des chevrons de $0^m,03$ à $0^m,04$ de largeur sur $0^m,06$ de hauteur. On les pose sur champ, en ayant soin de laisser entre eux un vide de $0^m,15$ à $0^m,18$. On fait ainsi des châssis ou grils qui reposent sur les murs des fosses et qui recouvrent toute la superficie de la bergerie. Chaque fois, qu'on veut enlever le compost pour amender les terres, on relève les grils et on nettoie les fosses qui ont reçu les déjections des animaux ; ces sortes de planchers, en s'usant, présentent des inconvénients suivant l'essence du bois employé à leur construction. En effet, l'écartement agrandi par l'usure, pince les sabots des moutons, c'est pourquoi nous recommandons d'employer de préférence des planches à bouteilles, mais dont les trous n'auront que $0^m,015$ à $0^m,016$ de diamètre.

7. PLAFOND. — La hauteur à donner aux bergeries a été fort controversée. Aujourd'hui, il est reconnu qu'elle doit être en rapport de la bonne ou mauvaise ventilation. Si celle-ci est bien établie, on pourra se contenter d'une hauteur moyenne de $3^m,50$, comme pour certaines écuries. Dans le cas contraire, il faudra donner 4 mètres, surtout si on laisse entasser la litière, quoique ce soit, nous le répétons, une habitude condamnée et des plus nuisibles à la prospérité et à la santé d'un troupeau.

Afin de ne laisser aucun doute dans l'esprit de nos lecteurs sur la hauteur qu'il convient de donner aux bergeries, nous avons relevé les hauteurs suivantes dans des domaines qui passent à juste raison pour des modèles à suivre :

Petite bergerie de Rambouillet	$3^m,10$
Grande bergerie de Rambouillet	$3^m,40$
Bergerie de Boissy-Saint-Léger	$3^m,80$
— de Choisy-le-Temple.	$4^m,00$
Nouvelle bergerie de Rambouillet construite en 1865	$4^m,00$
Bergerie de l'Institut national de Grignon	$4^m,10$
— de la ferme-école du Cher à Aubussay, près Vierzon	$4^m,20$
— de Morel de Vindé, à la Celle-Saint-Cloud. Hauteur moyenne.	$4^m,50$
— de la ferme de Britannia (Belgique) Hauteur moyenne	$4^m,50$
— de la ferme Nationale de Vincennes Hauteur moyenne	$4^m,50$
— de la ferme d'Égrenay, près Corbeil	$5^m,00$

Comme on le voit par cette énumération, toutes ces bergeries ont plus de 3 mètres, et la dernière celle d'Égrenay, construite par un agriculteur distingué, M. Decauville, atteint 5 mètres. Toutes les bergeries ayant des hauteurs fixes ont des greniers au-dessus d'elles ; toutes celles au contraire portant la mention hauteur moyenne n'ont pas de plancher.

Quand les bergeries ont des greniers, on doit les plafonner, parce que les émanations et l'odeur du suint que dégage le mouton, sont des plus pénétrantes, gâtent promptement les fourrages, et, dans cet état, aucun animal ne veut les consommer ; il ne peut plus être utilisé que pour la litière ou le fumier.

Quand on plafonnera les bergeries, on devra laisser les briques et les entrevoux apparents et ne point les recouvrir de plâtre, qui agit comme une véritable éponge en absorbant les eaux de condensation, ce qui pourrit rapidement les bois des planchers.

8. SÉPARATIONS. — Il arrive fréquemment qu'il faut établir des séparations dans les bergeries, pour séparer les béliers, les brebis mères ou les agneaux.

On élevait anciennement des petits murs de $1^m,25$ à $1^m,50$ de hauteur, le long desquels on plaçait des crèches. On a reconnu avec raison que ces murs occupaient une place précieuse et on les a remplacés par de doubles crèches, des cloisons mobiles, des barrières et même de simples claies supportées par des pieds. Il faut que les séparations aient au moins 2 mètres de hauteur ; si elles étaient plus basses, les béliers, en grimpant sur les crèches, pourraient les franchir pour arriver auprès des brebis.

9. CRÈCHES. — Les crèches se composent de deux parties : d'un râtelier et

Fig. 352. — Élévation d'une crèche
simple en bois.

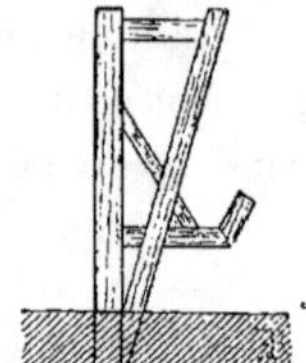

Fig. 353. — Coupe d'une crèche
simple en bois.

Échelle de 0^m,02 pour mètre.

d'une petite auge ou mangeoire placée au-dessous. Souvent, dans les bergeries, on se contente, au lieu de crèches, de garnir les murs de petits râteliers, sous lesquels on met des auges portatives.

Les crèches doivent être assez basses pour permettre à l'animal d'y prendre aisément sa nourriture, et cependant assez élevées pour que les

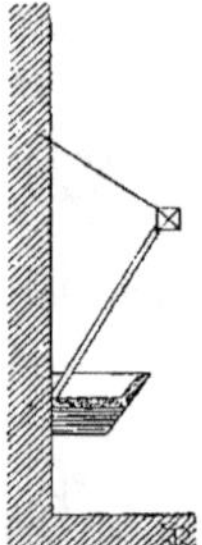

Fig. 354. — Coupe d'une crèche
simple en bois.

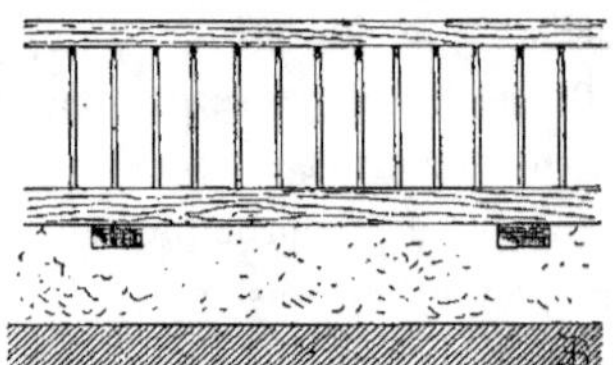

Fig. 355. — Crèche simple en bois.
Élévation.

Échelle de 0^m,02 pour mètre.

moutons ne puissent grimper dessus. Les barreaux des râteliers doivent avoir 0^m,13 décartement d'axe en axe.

Cet écartement suffit pour empêcher les animaux de passer leurs têtes, car il arrive souvent que, si les barreaux ont 0^m,15 ou 0^m,16 d'écartement, l'animal, en forçant, écarte les barreaux, passe sa tête et ne peut la retirer ensuite, ce qui peut occasionner des accidents.

Les crèches sont fixes ou mobiles, et peuvent dans tous les cas être simples ou doubles.

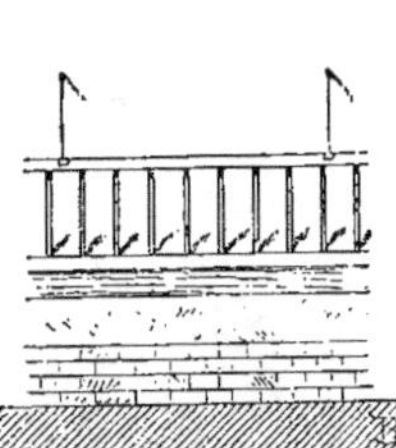

Fig. 356. — Crèche simple avec
auge en pierre.

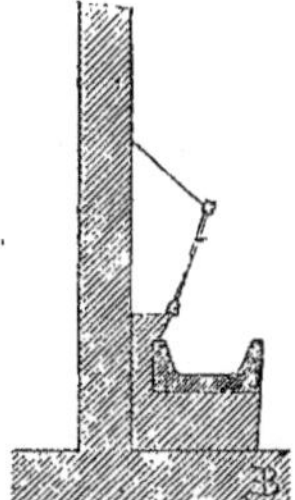

Fig. 357. — Coupe d'une crèche
simple avec auge en pierre.

Échelle de 0ᵐ,02 pour mètre.

Les crèches simples sont ordinairement adossées aux murs des bergeries et ne diffèrent de celles des chevaux que par leurs dimensions. Les râteliers

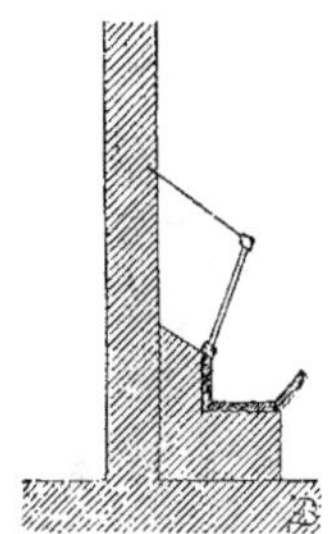

Fig. 358. — Coupe d'une crèche
simple en bois.

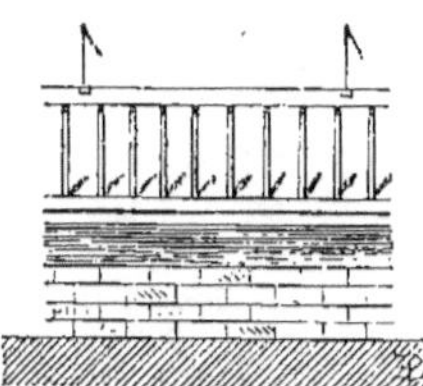

Fig. 359. — Crèche simple en bois
posée sur massif en maçonnerie.

Échelle de 0ᵐ,02 pour mètre.

ont 0ᵐ,55, à 0ᵐ,60 de hauteur. Ils se placent à 0ᵐ,20 au-dessus de l'auge et doivent être légèrement inclinés. L'auge, en bois ou en pierre, mesure

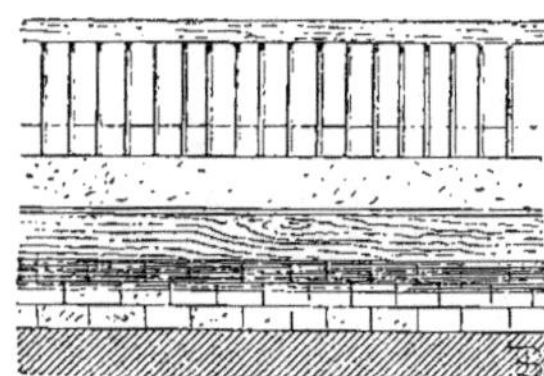

Fig. 360. — Élévation d'une double
crèche en bois.

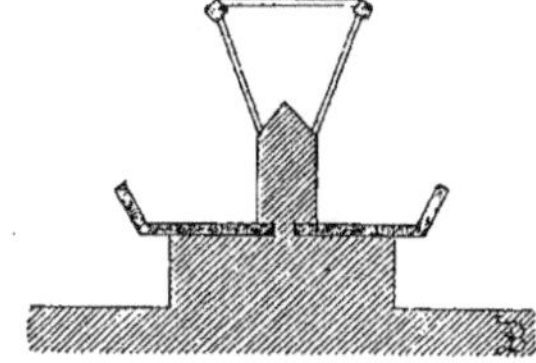

Fig. 361. — Coupe d'une double crèche
en bois.

Échelle de 0ᵐ,02 pour mètre.

0ᵐ,15 à 0ᵐ,16 de profondeur, avec une ouverture de 0ᵐ,30 à sa partie supérieure.

Nous donnons (*fig.* 352, 353, 354, 355), des crèches simples en coupe et en élévation.

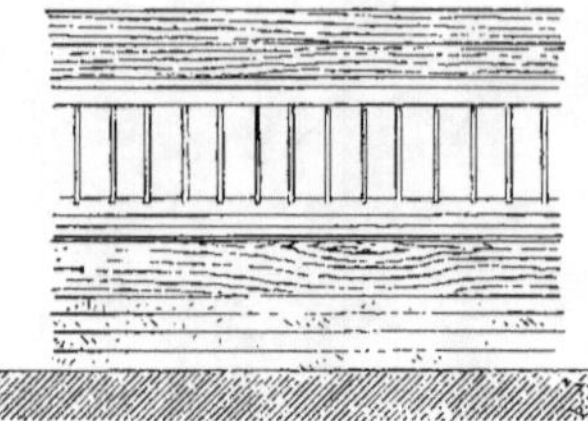

Fig. 362. — Élévation d'une double crèche en bois.

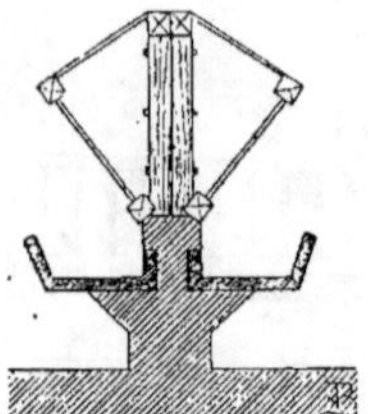

Fig. 363. — Coupe d'une double crèche en bois.

Échelle de 0ᵐ,02 pour mètre.

La figure 352 représente un type semblable à celui des écuries. L'auge est en pierre creusée. La figure 353 en montre la coupe.

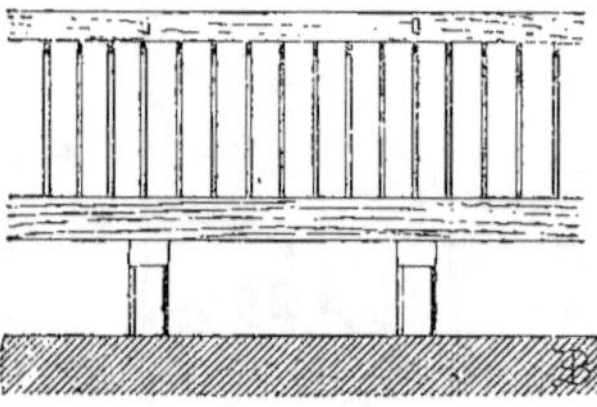

Fig. 364. — Élévation d'une double crèche en bois·

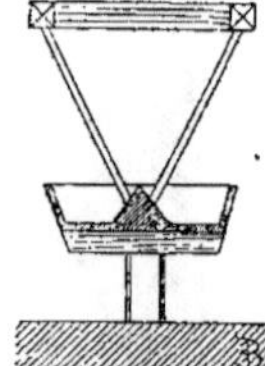

Fig. 365. — Coupe d'une double crèche en bois.

Échelle de 0ᵐ,02 pour mètre.

Les figures 358, 359, 360, 361, 362, 363 montrent des modèles de crèches en bois reposant sur un massif, maçonnerie.

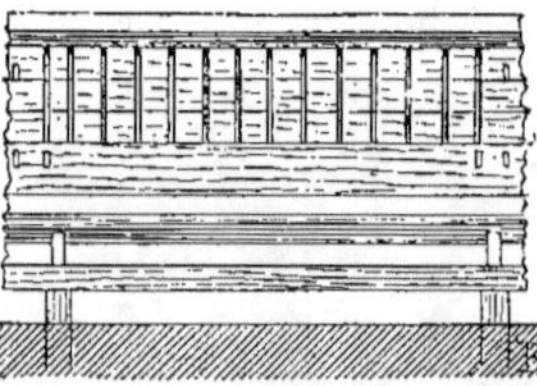

Fig. 366. — Élévation d'une double crèche en bois.

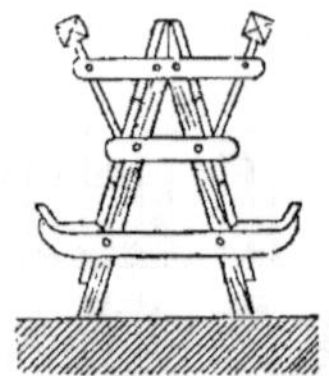

Fig. 367. — Coupe d'une double crèche en bois.

Échelle de 0ᵐ,02 pour mètre.

Nos figures 352, 353, 354, 355 font voir des crèches simples toutes en bois.

Nos figures 364, 365, 366, 367, des crèches également en bois, mais doubles.

Les figures 368, 369, une double crèche en bois qui est très-solide, très-économique, et qui est reconnue comme un des meilleurs types ; c'est pourquoi nous en avons donné (*fig.* 370) une coupe cotée à l'échelle de 0ᵐ,05 pour 1 mètre.

Fig. 368. — Coupe d'une double
crèche en bois.

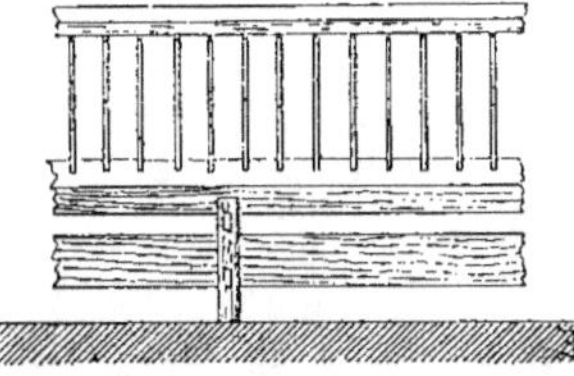

Fig. 369. — Élévation d'une double
crèche en bois.

Échelle de 0ᵐ,02 pour mètre.

Il arrive souvent, dans certaines contrées, que l'on met les troupeaux sous des hangars (nous parlerons de ce mode de stabulation lorsque nous donnerons les diverses dispositions de bergeries) ; dans cette occurrence, il faut avoir des crèches mobiles. Il existe plusieurs systèmes.

Un des plus simples est celui qui est indiqué par nos figures 371, et 372 ; c'est une crèche circulaire et mobile qu'on monte à volonté.

Le système se compose d'un gros dé en pierre *a*, qu'on enfonce dans la terre ou qu'on pose sur le sol. Ce dé supporte un fort poteau qui porte lui-même un râtelier et une mangeoire.

Dans le même cas, on emploie aussi le système de crèche représenté dans notre figure 373. C'est une

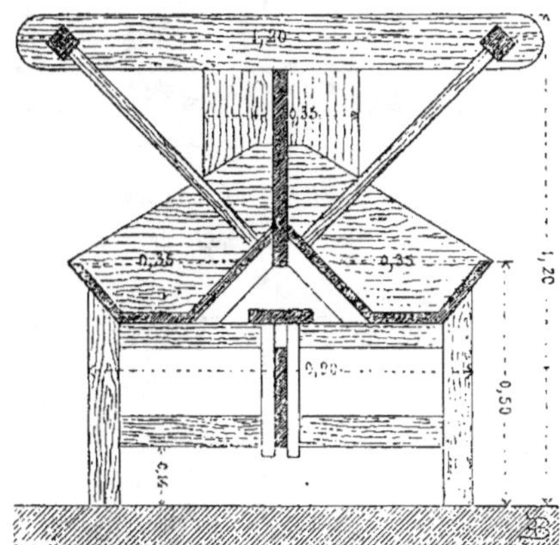

Fig. 370. — Coupe d'une double crèche.
Échelle de 0ᵐ, 05 pour mètre.

simple caisse plate surmontée d'un râtelier double.

Quelquefois, aussi on supprime la caisse, et on ajoute à ce double râtelier quatre roues sur les côtés, et l'on obtient ainsi une crèche roulante facile à transporter.

Ces divers modèles de crèches servent dans les pacages, lorsque dans la belle saison, on laisse les troupeaux en plein air et en rase campagne.

10. Des diverses dispositions a donner aux bergeries. — Les bergeries peu-

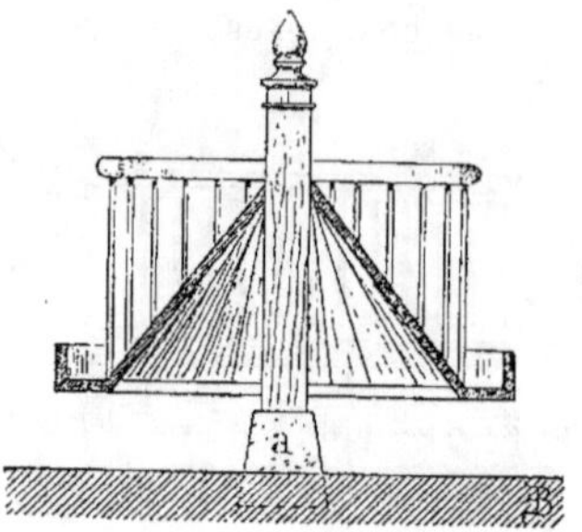

Fig. 371. — Coupe d'une crèche circulaire.

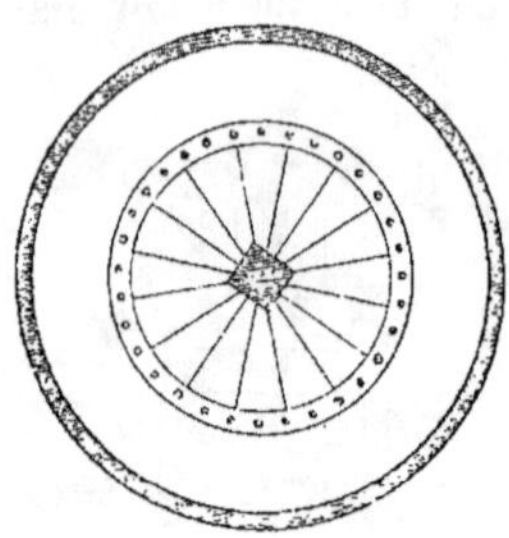

Fig. 372. — Plan d'une crèche circulaire.

Échelle de 0ᵐ,02 pour mètre.

vent être divisées en deux classes par rapport à leurs dispositions extérieures; elles sont établies dans des locaux fermés ou sous des hangars.

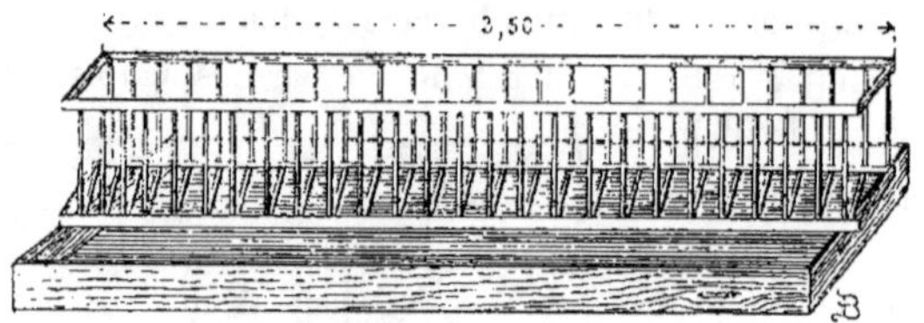

Fig. 373. — Râtelier double sur une caisse.

Échelle de 0ᵐ,02 pour mètre.

Nous nommerons les premières bergeries d'hiver, et les secondes bergeries
d'été.

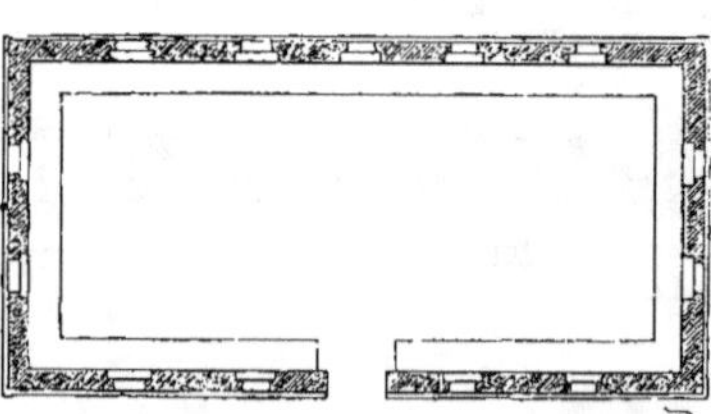

Fig. 374. — Plan d'une bergerie simple.
Échelle de 0ᵐ,005 pour mètre.

Considérées dans leurs dispositions intérieures, elles sont simples,
doubles, triples, à plusieurs rangs,
à travées transversales ou longitudinales.

En signalant à nos lecteurs les
meilleurs types, nous raisonnerons
les diverses dispositions, afin que
chacun puisse appliquer le modèle

qu'il croira le plus apte à remplir son programme.

Notre figure 374 montre le plan d'une bergerie simple; la figure 375 le
même type, mais avec deux cloisons légères en a, a. Ces cloisons peuvent

être en briques, en bois, mais on fera mieux de se contenter de simples

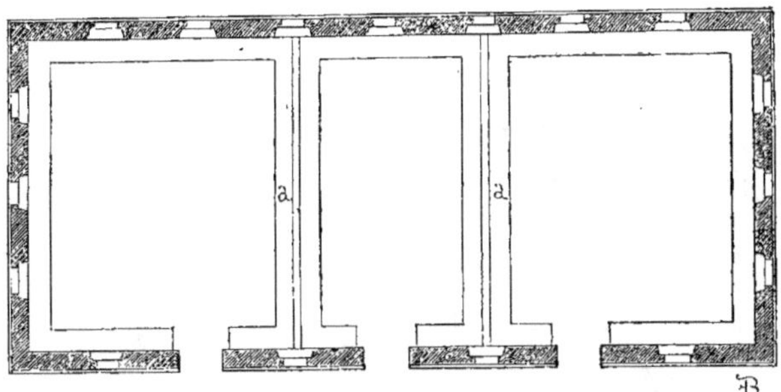

Fig. 375. — Plan d'une bergerie simple avec cloisons séparatives.
Échelle de 0ᵐ,005 pour mètre.

claies, ou de doubles crèches semblables à celle de notre figure 370.
Nous donnons (*fig.* 376) un plan de bergerie longitudinale double, tan-

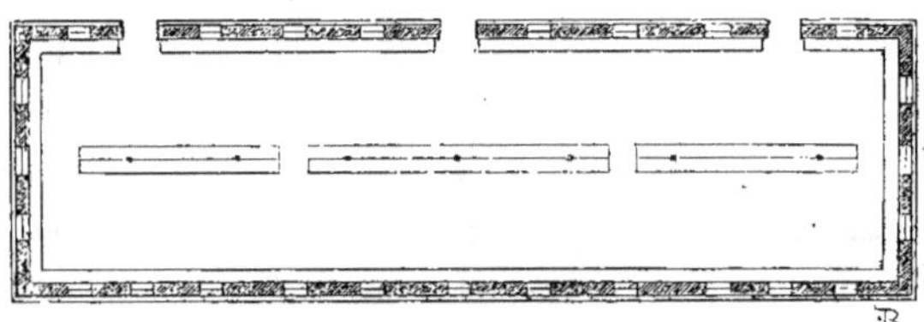

Fig. 376. — Plan d'une bergerie double longitudinale
Échelle de 0ᵐ,0005 pour mètre.

dis que la figure 377 indique un plan de bergerie transversale double.
A ces diverses dispositions de plan, on peut appliquer indifféremment les

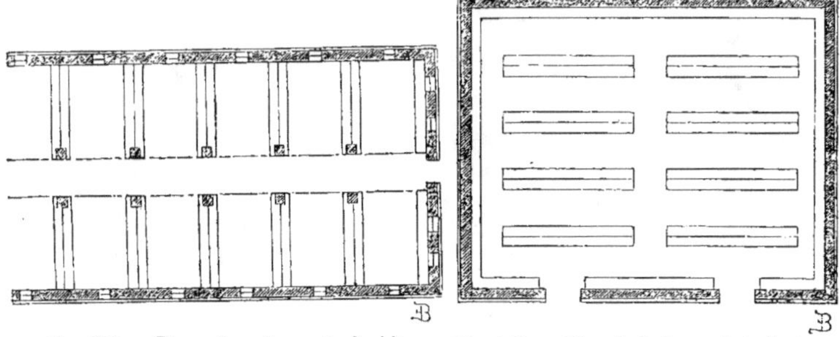

Fig. 377. — Plan d'une bergerie double　　Fig. 378. — Plan de la bergerie à plusieurs
transversale.　　　　　　　　　　　　　　　rangs d'Égrenay.
Échelle de 0ᵐ,0025 pour mètre.

élévations ou façades que nous donnons ci-après. Cependant, dans les pays chauds, on devra plutôt construire des hangars, tandis que dans les pays froids, on devra préférer les bergeries fermées. Dans le cas, où le construc-

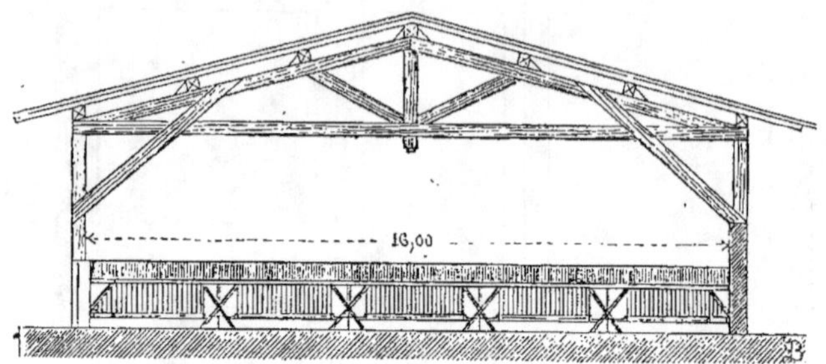

Fig. 379. — Coupe de la bergerie à plusieurs rangs d'Égrenay.
Échelle de 0^m,005 pour mètre.

teur hésiterait entre les deux types, il fera toujours bien d'adopter de pré-férence les bergeries fermées ; et voici pourquoi :

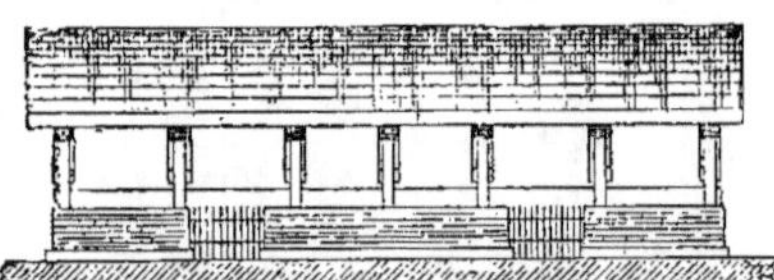

Fig. 380. — Élévation de la bergerie à plusieurs rangs d'Égrenay.
Échelle de 0^m,0025 pour mètre.

Dans les pays du Nord, il est évident qu'il y a avantage à s'en servir en toute saison ; dans les pays méridionaux, au contraire, les troupeaux se trouvent encore mieux des bergeries closes, car l'hiver ils sont à l'abri des brusques changements de température, et l'été ils n'ont pas à redouter les fortes chaleurs, qui, pour les animaux à l'engrais surtout, leur font perdre jusqu'à un quart de leur poids.

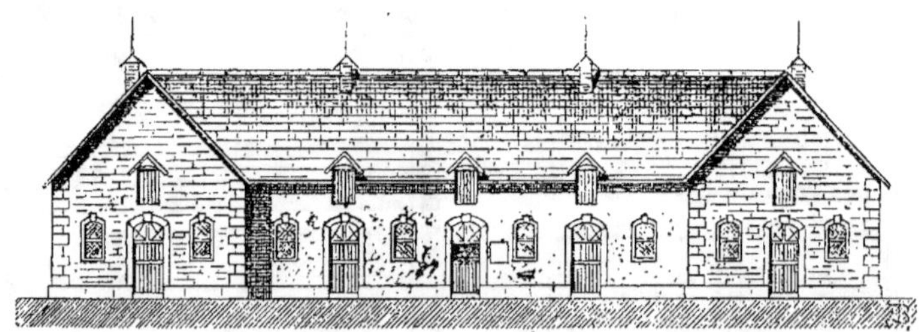

Fig. 381. — Élévation de la grande bergerie de Rambouillet.
Échelle de 0^m,0025 pour mètre.

On voit donc qu'en général il y a avantage d'adopter les bergeries closes. Nous allons néanmoins donner (*fig.* 378, 379, 380) le meilleur type de bergerie sous hangar, puisqu'on peut être obligé d'en construire. Cette bergerie construite à Égrenay près Corbeil dans Seine-et-Oise fait partie du groupe dit *bergerie à plusieurs rangs*. Elle mesure dans œuvre 15 mètres sur 20, soit 300 mètres carrés ; elle peut donc contenir de trois cents à trois cent cinquante moutons. Le système de construction adopté est des plus simples. Sept fermes en charpente ayant 16 mètres de portée soutiennent

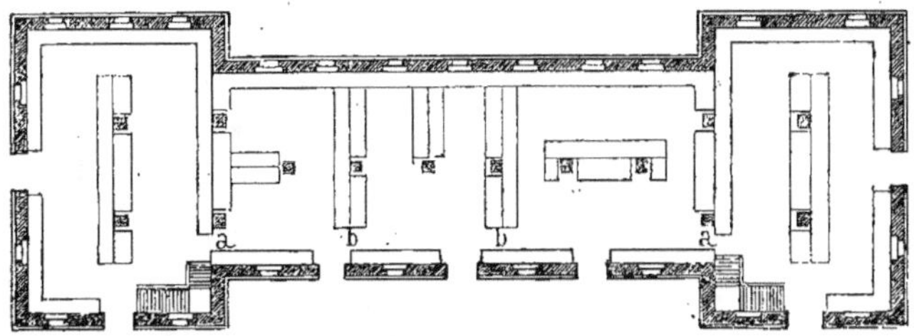

Fig. 382. — Plan de la grande bergerie de Rambouillet.

Échelle de 0^m,0025 pour mètre.

une toiture en volige recouverte de papier goudronné. Ces fermes reposent sur des poteaux qui sont eux-mêmes supportés par un mur de 1^m,40 d'élévation sur trois côtés, tandis que le mur du fond, situé au nord, s'élève à 2^m,40. Le mur du midi (*fig.* 378 et 380) est percé de deux portes assez larges pour permettre l'enlèvement de la litière à l'aide de petites charrettes.

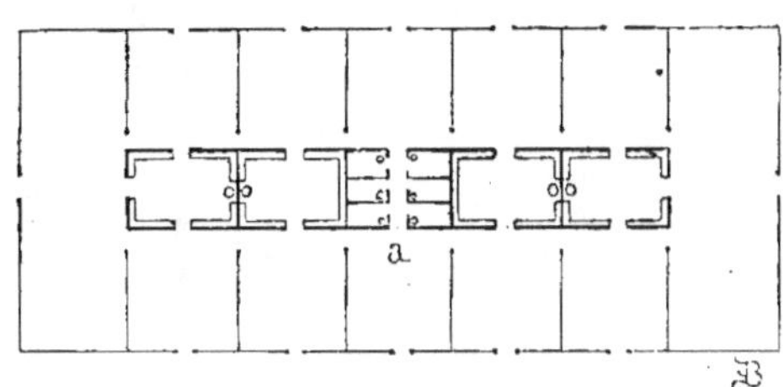

Fig. 383. — Plan général de la nouvelle bergerie de Rambouillet.

Échelle de 0^m,001 pour mètre.

Des crèches simples sont disposées tout au tour, tandis que quatre rangs de crèches doubles divisent la bergerie en cinq travées.

Arrivons aux bergeries closes.

Nos figures 381 et 382 représentent la grande bergerie de Rambouillet construite vers 1806. Elle a au-dessus d'elle un vaste grenier à fourrages. L'éclairage et la ventilation s'opèrent par des fenêtres grillagées et par des portes coupées,

En jetant les yeux sur la figure 382 on peut voir qu'à l'aide de simples claies placées en *aa* et en *bb*, on peut obtenir cinq divisions indépendantes pour les diverses catégories d'animaux qu'on veut séparer.

Nous donnons dans les figures 383, 384, 385, la nouvelle bergerie de Rambouillet construite en 1865.

Notre figure 383 montre le plan général. On y voit que des parcs entourent les bâtiments ; celui du milieu *a* est divisé en six cases qui mesurent

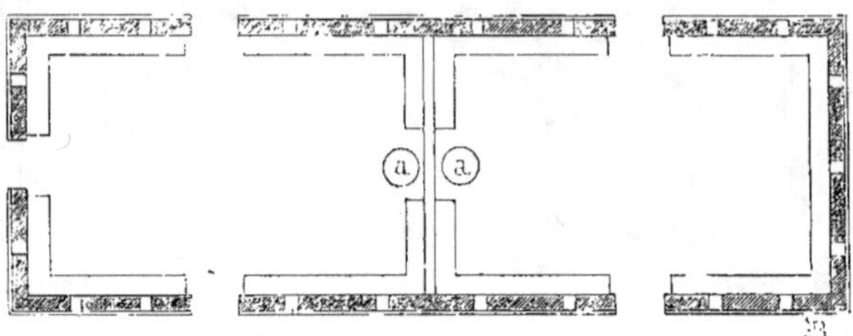

Fig. 384. — Plan de la nouvelle bergerie de Rambouillet.
Échelle de 0ᵐ,005 pour mètre.

2 mètres sur 4. Elles sont destinées à isoler momentanément des béliers, ou des brebis sur le point de mettre bas. De chaque côté de ce bâtiment central, il en existe deux autres représentés à cinq millimètres pour mètre par notre figure 384. Cette partie est divisée en deux par une cloison auprès de

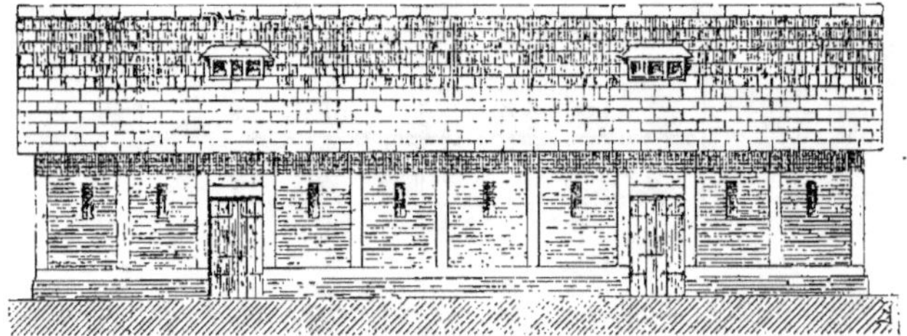

Fig. 385. — Élévation de la nouvelle bergerie de Rambouillet.
Échelle de 0ᵐ,005 pour mètre.

laquelle se trouvent deux petites chaudières en fonte *aa* qui servent d'abreuvoir.

La figure 385 montre l'élévation de cette bergerie bâtie en colombage avec briques posées à plat entre les poteaux.

De petites fenêtres en forme de barbacanes peuvent se fermer à l'aide de volets en fer ; elles sont percées à 1ᵐ,55 au-dessus du sol, de sorte que lorsqu'elles sont ouvertes les animaux ne reçoivent pas directement l'air extérieur.

La disposition adoptée dans cette bergerie permet de pouvoir élever séparément des lots de bêtes à laine, afin de pouvoir obtenir des produits pur sang.

La figure 386 est le plan de la bergerie de l'Institut national de Grignon.

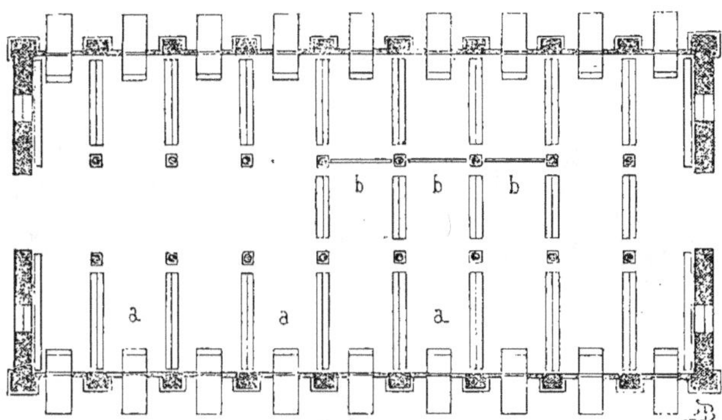

Fig. 386. — Plan de la bergerie de Grignon.

Échelle de 0^m,0025 pour mètre.

Le seuil des portes (*fig.* 386 et 387) est élevé de 0^m,50 au-dessus du sol. A l'extérieur, il existe devant chaque porte une petite rampe.

Quand les bergers veulent sortir leur troupeau, ils posent à l'intérieur des planches *a*, *a*, *a*, de 0^m,93 de largeur, de sorte que les moutons sont forcés de défiler deux par deux.

La figure 387 montre l'ensemble de l'élévation, et, la figure 388 le détail d'une porte d'entrée.

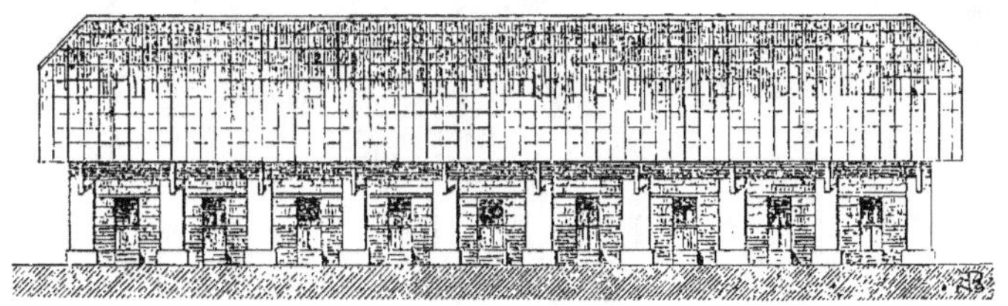

Fig. 387. — Élévation de la bergerie de Grignon.

Échelle de 0^m,0025 pour mètre.

La bergerie de Grignon, qui jouit d'une certaine célébrité, passe à bon droit pour un type pratique, économique et pittoresque ; elle remplit donc les trois conditions essentielles qu'on a droit de rencontrer dans les constructions rurales. Construite en 1828 par Bella, sur les plans de l'ingénieur Polonceau, elle se compose de deux pignons en maçonnerie, entre lesquels on a élevé des piliers de même nature qui mesurent 3ᵐ,85 de hauteur sur 1ᵐ,10 de largeur et 0ᵐ,80 d'épaisseur.

Fig. 388. — Travée de l'élévation de la bergerie de Grignon.

Échelle de 0ᵐ,01 pour mètre.

Entre chaque pilier, il existe à l'intérieur deux poteaux posés sur des dés en pierre qui servent concurremment avec les piliers à supporter les fermes de charpente qui sont en bois de grume refendus, comme on peut le voir dans la coupe (*fig.* 389).

Entre chaque pilier à l'extérieur (*fig.* 388), on a construit des murs en briques de 1ᵐ,40 de hauteur dans lesquels on a pratiqué des portes de 1ᵐ,25 de largeur. L'espace restant est rempli par des cloisons légères en torchis recouvertes de chaume.

Fig. 389. — Coupe transversale de la bergerie de Grignon.

Échelle de 0ᵐ,003 pour mètre.

Les poutres qui supportent le plancher sont composées de trois pièces de bois, on peut voir (*fig.* 389) leur assemblage sur la tête des poteaux. Ces poutres mesurent 22ᵐ,85 de longueur. Elles ont à l'extérieur une saillie de

2^m,75 qui est soutenue par des contrefiches buttant contre les piliers. Cette forte saillie forme un auvent soutenu par des liens, et permet de circuler à couvert autour des bâtiments et d'y abriter même en cas d'orage de petites charrettes chargées, ou des instruments aratoires.

A l'intérieur de la bergerie, on peut établir des séparations au moyen de claies ou de doubles râteliers b, b (*fig.* 386).

Fig. 390. — Élévation d'une bergerie à grande ventilation.
Échelle de 0^m,005 pour mètre.

Nos figures 390 et 391 donnent l'élévation de deux types de bergerie : la première, qui peut rendre d'utiles services au point de vue de la facilité de la ventilation par les œils-de-bœuf et les barbacanes ; la seconde, très en faveur dans le midi de la France, n'a guère que 2^m,20 de hauteur, parce qu'elle possède un grenier à fourrages ; mais de larges fenêtres permettent d'établir à l'intérieur une active ventilation pendant les chaleurs de l'été. Ces fenêtres, qui ont 1^m,20 de largeur sur 0^m,75 de hauteur, sont garnies de canevas pendant les mois de juin, juillet et août. Ce mode de fermeture empêche l'entrée des insectes dans les bergeries, et y laisse largement pénétrer l'air.

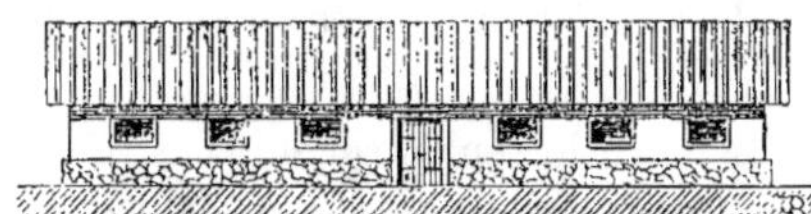

Fig. 391. — Élévation d'une bergerie basse (type usité dans le midi de la France).
Échelle de 0^m,0025 pour mètre.

LES PORCHERIES.

1. Généralités. — Les porcheries sont des locaux destinés au logement de l'espèce porcine. On les nomme encore *toits* ou *tects à porcs*, *souille* de *sus* (cochon) *bauge à cochons*.

On a cru trop longtemps que le porc se plaisait dans l'ordure et dans le fumier, il n'en est rien. Il est avéré aujourd'hui, que non-seulement le porc aime la propreté, mais encore que les porcheries sales et mal tenues influent d'une façon fâcheuse sur la santé de ces animaux et sur la qualité de leurs produits.

Les porcheries servent à deux fins, soit à l'élevage, soit à l'engraissement ; dans les deux cas, il est nécessaire de donner à ces animaux un local bien aéré, spacieux, salubre et autant que possible exposé au midi.

Les porcs sont rarement réunis ; ils vivent séparément dans de petites loges ou box, dont la réunion constitue la porcherie.

L'instinct du porc est très-destructeur ; avec son groin, il fouille la terre et tout ce qui l'entoure, il faut donc que son habitation soit solidement construite.

Quoiqu'il aime et recherche l'eau avec avidité, il faut que l'endroit où il repose soit complétement privé d'humidité, il devient donc nécessaire de ventiler activement sa demeure.

2. Dimensions des loges. — La place à donner au porc varie suivant l'âge, le sexe et la race, et suivant aussi que l'animal est destiné à l'engrais ou à la reproduction. Il y a en effet, une grande différence de taille entre le verrat normand ou craonnais, le verrat anglais et le petit cochinchinois.

Néanmoins, lorsqu'on voudra construire des porcheries, nous conseillons d'adopter des dimensions moyennes. Voici celles que nous avons appliquées le plus souvent dans nos travaux : 2 mètres sur 3, soit 6 mètres carrés. Pour une truie mère de race moyenne donnant dix ou douze petits par portée, il faut 3 mètres sur 4, soit 12 mètres carrés. Pour les porcelets qu'on réunit ordinairement dans une loge, il faut compter sur $1^m,50$ carré par tête.

Pour les animaux à l'engrais, les cultivateurs anglais n'accordent que $2^m,25$ de longueur sur $1^m,75$ à 2 mètres de largeur, et ils se trouvent fort bien de ces dimensions.

Chaque loge doit avoir une petite cour de même largeur qu'elle, dont la longueur varie suivant l'espace dont on peut disposer ; du reste dans les plans qui suivent, le lecteur trouvera toutes les dimensions qu'il convient de donner aux cours et aux loges des porcheries. Il pourra donc choisir les plans qui satisferont le mieux au programme qu'il voudra remplir.

Lorsque les tects à porcs ne sont point plafonnés, ce qui arrive le plus souvent, la partie la plus basse de la construction ne mesure que 1ᵐ,80 au-dessus du sol ; dans le cas contraire, il suffit d'établir le faux plancher à 1ᵐ,90 ou 2 mètres, de façon à ce qu'un homme puisse s'y tenir debout.

3 Ouvertures. — *Portes.* — Suivant la disposition donnée à l'ensemble de la porcherie, les ouvertures sont de diverses sortes.

Chaque loge peut avoir une, deux et même trois portes y compris celle de l'extérieur à l'intérieur de la loge ;, mais la porte principale est celle qui donne accès dans la cour.

Il existe plusieurs modèles de portes.

La figure 392 représente une porte coupée.

Fig. 392. — Porte coupée pour porcherie. Fig. 393. — Porte double pour porcherie.

Échelle de 0ᵐ,02 pour mètre.

La figure 393 une porte double, qui donne accès à deux loges contiguës qui ne sont séparées que par une cloison, comme cela arrive souvent et comme nous le verrons bientôt. Un simple poteau placé au milieu de la baie sert de battement pour chaque porte, il sert aussi de pied droit ou pilier pour soutenir le linteau, dans l'axe de la baie.

Ces deux genres de portes sont surmontés d'une imposte vitrée ; le dernier (*fig.* 393) est plus économique, mais la porte (*fig.* 392) a plus d'utilité pratique, plus de solidité et produit un meilleur effet.

Les portes des porcheries doivent être solidement construites en planches assemblées avec rainures et languette. Lorsqu'elles ne sont pas coupées, elles doivent porter des écharpes du côté extérieur à la loge comme l'indique la figure 393.

Leur ferrure consiste en deux pentures ; un verrou, ou un crochet, sert à la clore ou à la maintenir entr'ouverte. Pour cela, il suffit de sceller dans le mur et dans deux positions différentes deux pitons ou crampons, l'un est près de la feuillure de la baie, et l'autre en avant.

Fenêtres. — Il est indispensable de ventiler les porcheries, un bon moyen consiste dans l'emploi de châssis à lames de persiennes, telles que nous les avons décrites et figurées dans les bergeries (*pag.* 261 ; *fig.* 350). On pose ces châssis au nord et au midi des loges.

Quand les portes n'ont pas d'imposte, il faut établir des fenêtres afin de pouvoir ventiler. Bien souvent ces fenêtres sont de simples petites baies carrées sans châssis en menuiserie, qu'on bouche dans les grands froids avec un tampon de paille ; ou bien, on se sert encore de fenêtres analogues à celles que nous avons décrites pour les écuries (*pag.* 229, *fig.* 302), mais ayant des dimensions moindres.

Souvent aussi, au lieu de fenêtres, on établit sur la toiture des porcheries des tuiles en verre ou des châssis à tabatière. Ces derniers sont préférables, car ils peuvent servir à deux fins, soit à éclairer l'intérieur de la loge, soit à la ventiler.

4. Sol. — *Pavage.* — On doit paver solidement le sol des porcheries, sans quoi le porc avec son groin toujours prêt à fouiller le sol, aurait bien vite détruit son logement.

Nous recommanderons donc d'employer comme pavage les matériaux les plus durs et les plus imperméables, le grès, le porphyre, la brique de bonne qualité qu'on pose sur champ et en épi.

On peut également employer le béton ; dans ce cas, on dresse quelquefois le sol en forme de cuvette au centre de laquelle on pratique un trou pour l'écoulement du purin. Ce système est mauvais, parce que si le trou vient à se boucher, l'animal croupit alors dans les liquides qu'il a expulsés. Il vaut beaucoup mieux dresser un profil convexe, dont les pentes se dirigent vers un trou placé dans un des angles de la loge.

On asphalte aussi le sol des porcheries ; dans ce cas, il ne faut laisser aucun endroit défectueux, car ce point donnant prise à l'instinct destructeur de l'animal, il détruirait rapidement tout l'asphaltage.

Les cours doivent être pavées de même que les loges ; on doit y ménager aussi des pentes et des rigoles pour l'écoulement des liquides. On devra même établir des siphons au-dessus des trous pratiqués sur les citernes à purin, pour empêcher l'odeur des purinières de venir infecter les loges, surtout pendant les fortes chaleurs, car, à cette époque de l'année, il se produit un dégagement considérable d'émanations ammoniacales les plus délétères.

Notre figure 394 montre un système de siphon à fermeture hydraulique, il est construit en maçonnerie ; mais aujourd'hui, on en fabrique en fonte qui sont d'un prix de revient, moins élevé que ceux en construction.

Avec ce système de siphon, le dernier liquide évacué par l'animal ferme la portion *a*, de sorte que les odeurs ammoniacales concentrées dans les purinières ne peuvent s'exhaler par le conduit *b* ; surtout, si les fosses à purin sont construites de façon à ce que le sommet de la voûte soit supérieur au point *a*. Cette observation est très-importante, car si elles étaient construites en contre-bas, les quantités considérables d'ammoniaque contenues dans la fosse, au lieu de se condenser au sommet de la voûte, exerceraient assez de pression pour traverser le liquide *a*, en sorte que le siphon ne servirait à rien, ou du moins aurait peu d'effet.

Il existe aussi des fermetures à palettes qui ne s'ouvrent que sous le poids du liquide qui les charge, de sorte qu'elles ferment hermétiquement les trous de canalisation, mais il faut se méfier de ce système qui se dérange facilement dans les écuries et les étables à cause des matières tenues en suspension dans les eaux de purin.

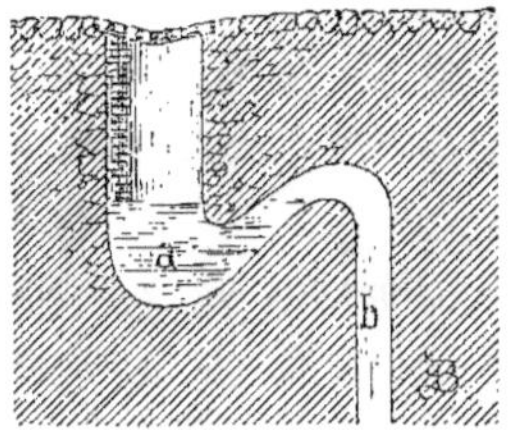

Fig. 394. — Siphon à fermeture hydraulique.

Planchers en bois. — Dans les pays où le bois de chêne est à bas prix, on établit dans les porcheries des planchers en bois soit à claire-voie, soit en planches rainées et assemblées. On pose ce dernier plancher avec une inclinaison de 0ᵐ,03 par mètre, de manière à former un lit de camp, sur lequel reposent nos guerriers d'un nouveau genre. Ces planchers ont donné aux éleveurs d'excellents résultats, mais nous le répétons, ils ne peuvent pas être établis dans toutes les localités.

5. Auges. — Le porc est de sa nature très-vorace ; sa gloutonnerie proverbiale le rend même parfois redoutable, car si on n'y prend pas garde, il peut mordre ceux qui lui portent sa nourriture, aussi a-t-on imaginé des moyens particuliers pour lui donner sa ration, sans avoir à redouter ses morsures.

Voici quelques dispositions ingénieuses qui méritent d'être signalées à nos lecteurs.

Nos figures 395, 396, montrent une auge encastrée dans un mur, dans l'axe duquel se trouve suspendu par trois charnières un volet en tôle. Lorsqu'on veut nettoyer l'auge ou la remplir, on soulève le volet ; ceci fait, on le fixe au moyen d'un verrou placé sur le côté gauche, comme le montre notre coupe (*fig. 395*), le volet s'appuie par le bas sur l'auge ; il vaut mieux qu'il affleure simplement celle-ci, de façon à pouvoir le faire passer du côté opposé. Ainsi agencé, le volet est repoussé du côté de l'animal, on pousse le verrou, et celui qui nettoie l'auge ou y vide la nourriture de l'animal ne risque point d'être mordu. Les opérations terminées, on retire le verrou et on remet le volet dans la position indiquée par notre croquis *fig.* 393). Ce système peut être adopté pour toutes les fermetures d'auge.

Nos figures 397 et 398 représentent une auge qui peut être remplie exté-

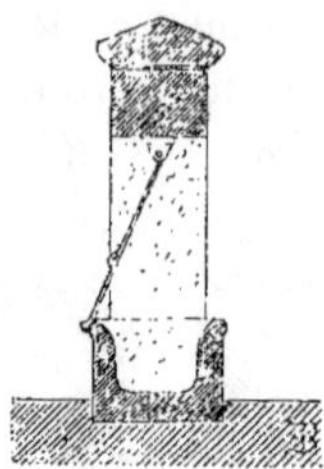

Fig. 395. — Coupe d'une auge encastrée dans un mur.

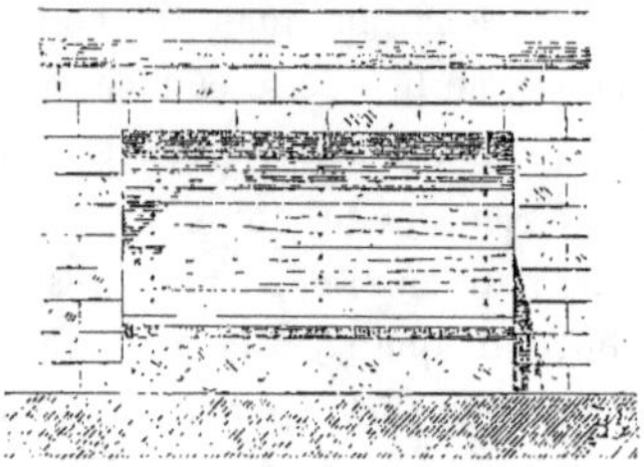

Fig. 396. — Auge encastrée dans un mur.

Échelle de 0^m,02 pour mètre.

rieurement à la loge par un godet ou gousset pratiqué dans le mur. Un conduit amène la nourriture dans l'axe de l'auge. Ce système, qui paraît si pratique et si ingénieux, laisse pourtant à désirer, car si l'animal s'approche au moment où on lui verse sa nourriture, il peut recevoir, et reçoit en effet

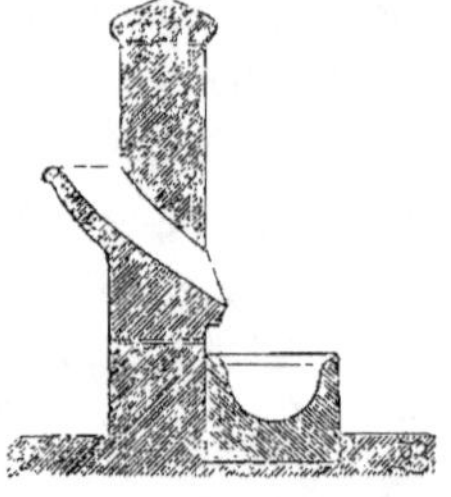

Fig. 397. — Coupe d'une auge à godet.

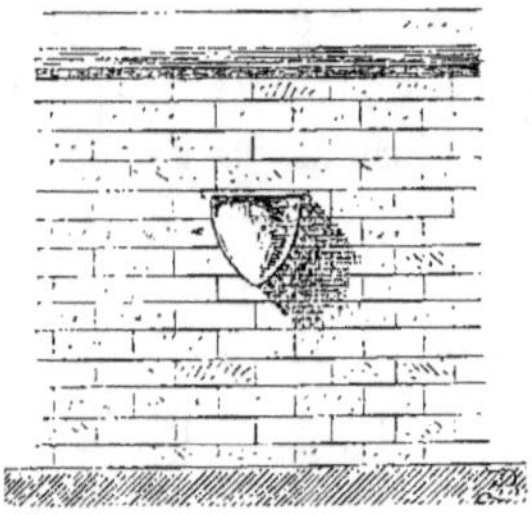

Fig. 398. — Auge à godet vu du côté de ce dernier.

Échelle de 0^m,02 pour mètre.

tout sur la tête, car sitôt que le porc sent l'odeur de sa popote, il se met en arrêt devant le canal abducteur. Ce système a encore l'inconvénient de retenir sur les parois de la conduite, une partie des aliments, qui se sèche ou s'aigrit, en attendant qu'une nouvelle ration vienne pour entraîner une partie de l'ancienne dans l'auge.

Auges à fermetures en bois. — Les fermetures d'auge dont nous venons de parler sont d'un prix relativement élevé, aussi, dans beaucoup de contrées, on les fait en bois.

Nous donnons figures 399 et 400 un système qui pour être primitif n'en est pas moins bon. C'est une petite baie allongée, dans laquelle une auge est placée dans l'axe du mur, un volet fixe encastré entre deux chevrons

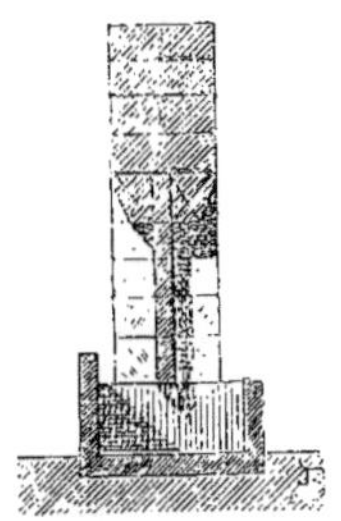

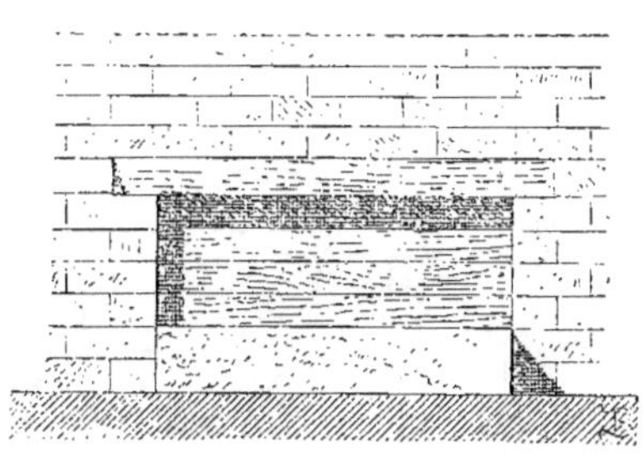

Fig. 399. — Coupe d'une auge avec un volet fixe.

Fig. 400. — Auge avec un volet fixe.

Échelle de 0^m,02 pour mètre.

formant linteaux sèrt de fermeture. Ce volet ne descend que jusqu'au niveau du bord supérieur de l'auge, laquelle a sa paroi extérieure à la loge, c'est-à-dire celle du côté où l'on donne la nourriture, un peu plus élevée que la paroi correspondante.

La figure 399 fait parfaitement comprendre le système sans qu'il soit

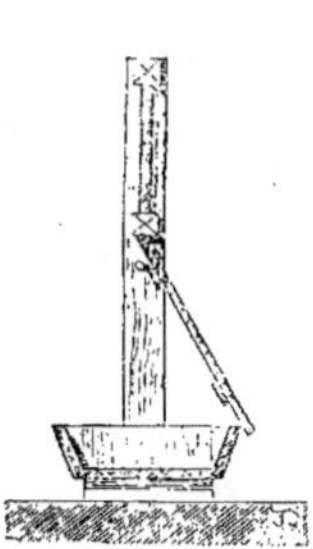

Fig. 401. — Coupe d'une auge avec volet à claire voie.

Fig. 402. — Auge avec un volet à claire-voie.

Échelle de 0^m,02 pour mètre.

nécessaire de l'expliquer plus au long; il est très-usité en Normandie.

Nos figures 401 et 402 représentent un volet à claire-voie qui remplace le volet plein, il se manœuvre de même, un crochet placé au point *a* permet de maintenir ouvert le dessus de l'auge pour le nettoyage et le versement de la nourriture.

Notre figure 403 indique un autre genre de volet pour les porcelets qui ont l'habitude de se mordre entre eux lorsqu'ils prennent leur repas ; aussi le système en question ne permet aux jeunes élèves que de passer leur tête par les arcades, et dans cette position, ils ne peuvent se maltraiter mutuellement.

Les auges sont faites en général avec des matériaux durs, mais on em-

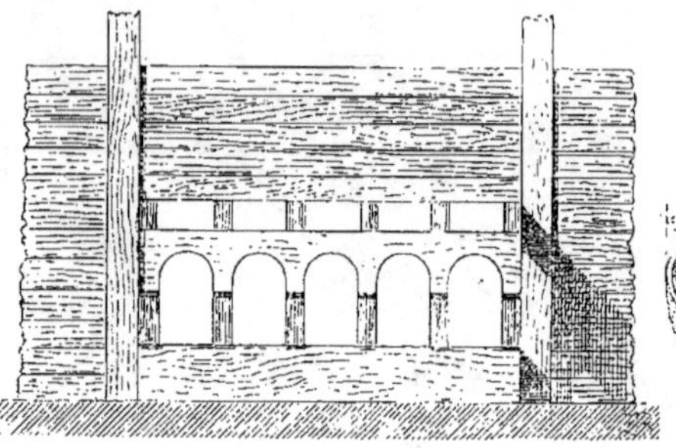

Fig. 403. — Auge avec volet pour porcelets.

Échelle de 0ᵐ,02 pour mètre.

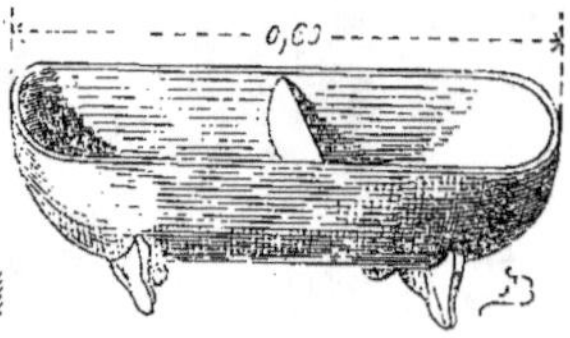

Fig. 404. — Auge en fonte pour deux porcelets.

ploie aussi très-souvent du bois ou de la brique ; dans ces deux cas, les bords supérieurs doivent être doublés en fer. On doit aussi ménager au centre des auges un trou pour l'écoulement des eaux de lavage.

Dimensions des auges. — Les auges ont 0ᵐ,15 à 0ᵐ,20 de profondeur sur 0ᵐ,30 à 0ⁿ,35 de largeur. Leur longueur est variable, on donne 0ᵐ,50 pour un seul porc, 0ᵐ,90 pour deux, et, au-dessus de ce nombre, autant de fois 0ᵐ,40 qu'il y a d'animaux qui doivent s'en servir. Leur hauteur au-

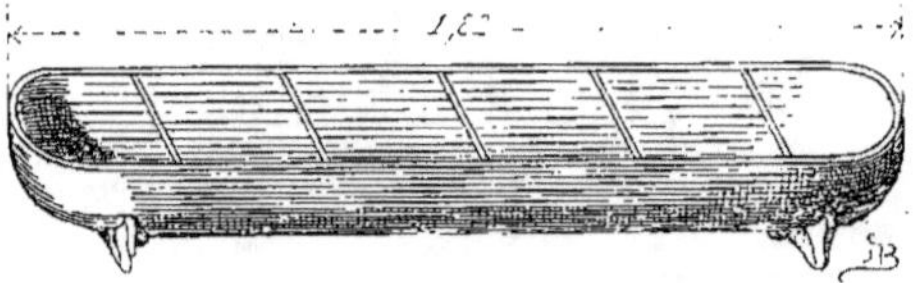

Fig. 405. — Auge en fonte pour six porcs (premier type).

Fig. 406. — Auge en fonte pour six porcs (deuxième type).

dessus du sol est de 0ᵐ,20 à 0ⁿ,25, et même 0ᵐ,50 suivant la race à laquelle elles sont destinées.

Quand une auge est commune à plusieurs animaux, on doit y établir des séparations, afin d'empêcher les porcs de se mordre les uns les autres. Pour les auges en pierre ou en briques, ce sont de simples barreaux de fer espacés de 0ᵐ,35 à 0ᵐ,40 et qui sont fixés en travers des bords supérieurs.

Quand les auges sont en fonte, c'est une ailette de la même matière qui établit les séparations comme on le voit dans la figure 404 qui représente une auge en fonte pour deux porcelets, la figure 405 une plus grande pour six, dans laquelle les séparations sont de simples barreaux. La figure 406 est un modèle pour cinq à six animaux. On peut transporter ce dernier à l'aide d'une tringle munie d'une bague. Ces modèles en fonte nous viennent d'Angleterre.

6. BASSINS, BAIGNOIRES, MARES. — Tout le monde sait que le porc aime à se baigner, aussi doit-on établir dans les porcheries des bassins, baignoires, ou mares.

On pratique dans ce but des fosses rectangulaires, dont les deux côtés longitudinaux sont perpendiculaires, tandis que les deux autres côtés sont inclinés en pente douce. Ces fosses ont 4 à 5 mètres de longueur, et

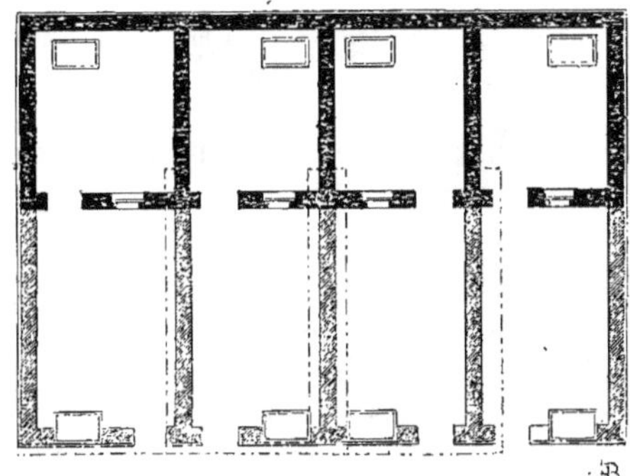

Fig. 407. — Plan d'une porcherie simple.
Échelle de 0^m,01 pour mètre.

ne doivent pas avoir plus de 0^m,60 de largeur. On les fait assez étroites, afin que l'animal ne puisse se retourner une fois qu'il est dans l'eau, et qu'il soit obligé de traverser la partie profonde pour sortir du côté opposé à celui par lequel il est entré. Si l'on donne à ces bassins plus de largeur, on établit autant de cloisons qu'il y a de fois 0^m,60 dans la largeur totale. Ces cloisons sont faites par des pieux rapprochés.

Quelquefois, on fait dans l'axe d'une grande cour de porcherie, une dépression dans le terrain, le centre de cette excavation a 1^m,10 de profondeur et une pente douce ménagée sur ses bords conduit de tous côtés, c'est ce qui constitue la mare.

7. DISPOSITIONS DIVERSES DES PORCHERIES. — Les porcheries sont simples ou doubles avec ou sans couloirs.

Les porcheries simples figure 407 se composent d'une loge ayant 2^m,80 sur 3ᵐ,20 soit 9 mètres carrés en chiffre rond. Devant chaque loge, il existe

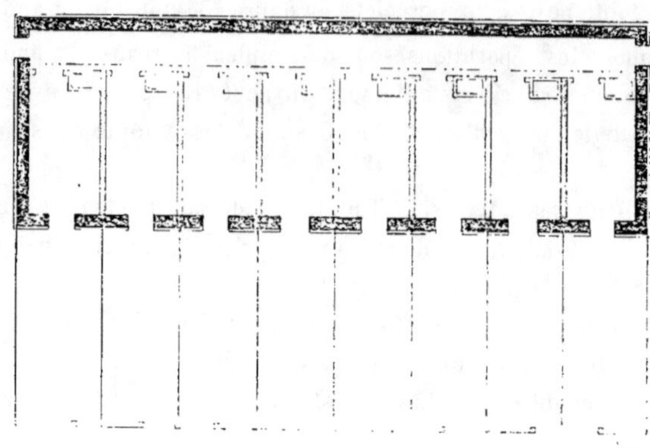

Fig. 408. — Plan d'une porcherie simple avec couloir pour l'alimentation.
Échelle de 0ᵐ,005 pour mètre.

une courette qui possède une auge construite d'après l'un des systèmes que
nous avons précédemment décrits.

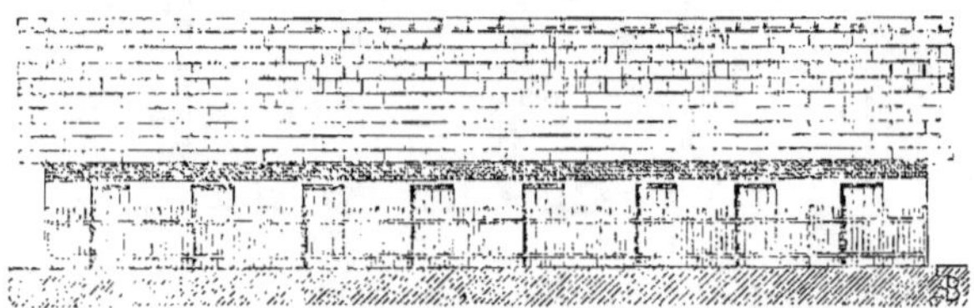

Fig. 409. — Élévation d'une porcherie simple.
Échelle de 0ᵐ,005 pour mètre.

Les figures 408, 409, 410 donnent les plan, élévation, coupe, d'une porcherie simple avec couloir pour l'alimentation. Dans ce type (*fig.* 410) la porcherie se compose d'un grand bâtiment, que des cloisons en bois séparent en loges. Celles-ci mesurent 2 mètres de largeur sur 3ᵐ,40 de longueur, soit 6ᵐ,08.

Fig. 410. — Coupe d'une porcherie simple avec couloir d'alimentation.
Échelle de 0ᵐ,005 pour mètre.

La figure 409 montre l'élévation et la figure 410 la coupe de ce bâtiment.

Les courettes ont 2 mètres de largeur sur 5 de longueur, soit 10 mètres carrés.

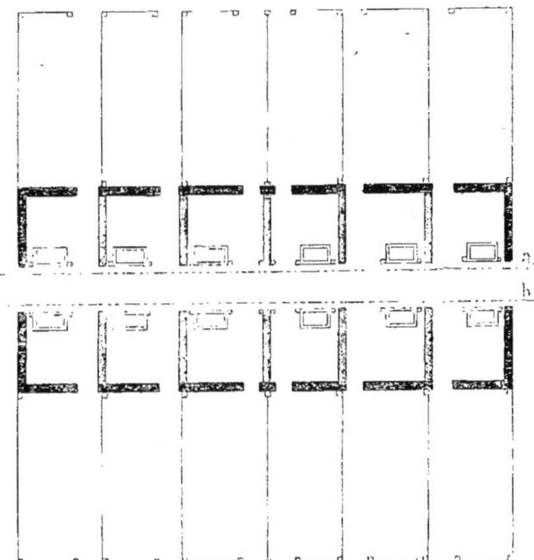

Fig 411. — Plan d'une porcherie double de l'Institut de Grignon avec couloir central.
Échelle de 0ᵐ,005 pour mètre.

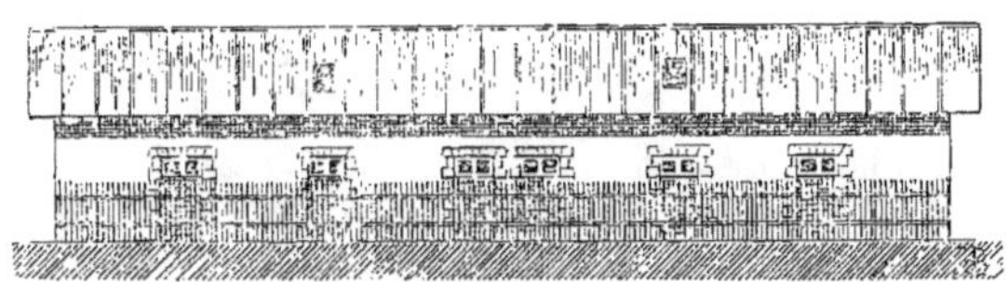

Fig. 412. — Façade principale de la porcherie de l'Institut de Grignon.
Échelle de 0ᵐ,005 pour mètre.

Fig. 413. — Élévation latérale de la porcherie de l'Institut de Grignon.
Échelle de 0ᵐ,005 pour mètre.

Nos figures 411, 412, 413 représentent les plan et élévations d'un corps de bâtiment des porcheries de l'Institut de Grignon. C'est un type de porcherie double avec couloir central pour l'alimentation; les lignes ponctuées *a*, *b* (*fig.* 411) indiquent les canalisations pour les urines. La figure 412 est la façade principale.

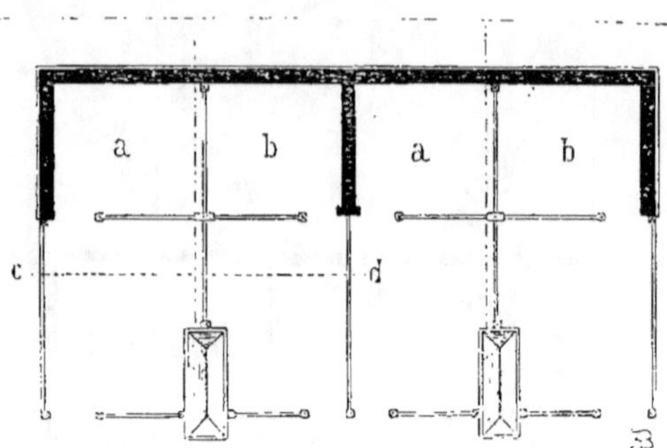

Fig. 414. — Plan d'une porcherie écossaise.
Échelle de 0^m,005 pour mètre.

Ce bâtiment est couvert en zinc avec doublis en paille, afin d'empêcher

Fig. 415. — Face principale d'une porcherie écossaise.

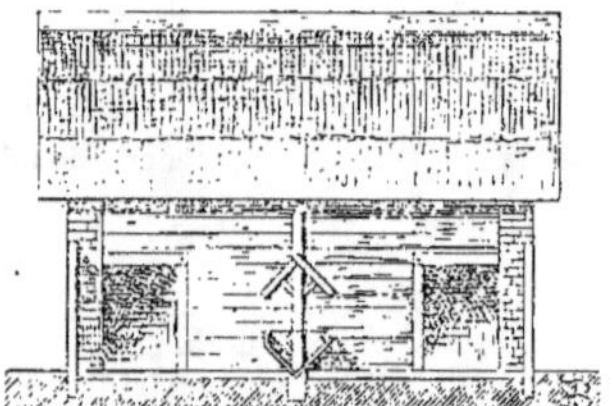

Fig. 416. — Coupe transversale d'une porcherie écossaise.

Échelle de 0^m,005 pour mètre.

les rayons solaires d'incommoder les animaux pendant les chaleurs.

Fig. 417. — Face latérale d'une porcherie écossaise.
Échelle de 0^m,005 pour mètre.

La figure 413 montre l'élévation latérale.

Les agriculteurs écossais ont des porcheries très-économiquement construites. Celle que nous donnons dans nos figures 414, 415, 416, 417 a été relevée par nous dans les environs d'Edimbourg.

Le plan (*fig.* 414) se compose d'une série de travées contenant chacune deux loges *a*, *b*, faites en planches de 0^m,034.

La figure 415 est la face principale.

La figure 416 une coupe transversale sur c, d ; et la figure 417 une face latérale.

Comme nos lecteurs peuvent s'en convaincre, en jetant les yeux sur nos

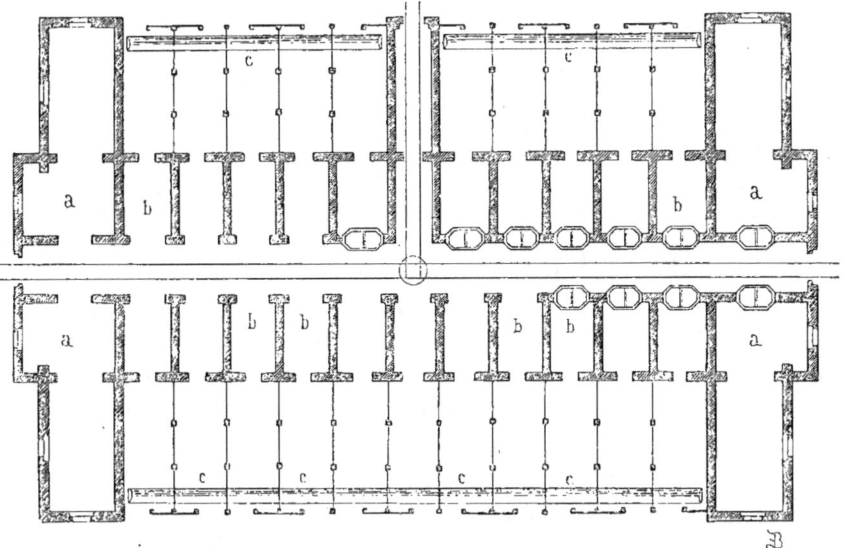

Fig. 418. — Porcherie de la ferme de Britannia.

Échelle de 0^m,005 pour mètre.

croquis, le bois entre en grande partie dans la construction de ce genre de tects à porcs.

otre figure 418 donne un spécimen d'une porcherie construite en Bel-

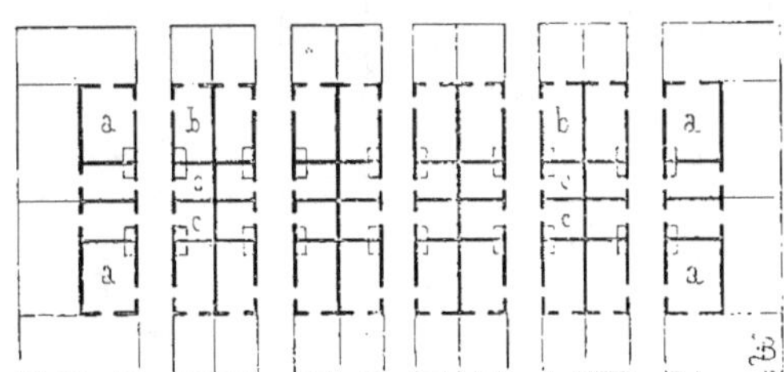

Fig. 419. — Plan d'une grande porcherie (premier type).

Échelle de 0^m,0025 pour mètre.

gique et dépendant de la célèbre ferme de Britannia à Ghistelles dont nous donnons plus loin (CHAP. VI), le plan et la perspective.

C'est une porcherie double à couloir d'alimentation dans lequel circulent des rails, qui permettent d'apporter en wagon la nourriture aux animaux.

Dans les quatre angles du bâtiment *a*, *a*, *a*, *a*, il existe des loges sans cours, mais plus grandes que les autres, elles ont environ 12 mètres carrés. Elles sont destinées à des truies portières.

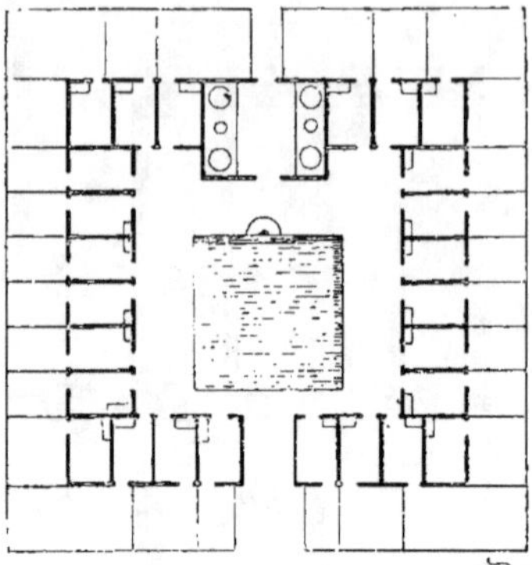

Les autres loges *b*, *b*, mesurent 1^m,40 sur 2^m,20, soit seulement 3 mètres carrés; cette exiguité n'est admissible que pour les animaux à l'engrais.

Après avoir donné des porcheries isolées ou des portions de grandes porcheries, nous allons soumettre à nos lecteurs quelques types complets, car cette branche du commerce agricole a pris de nos jours une grande importance.

Notre figure 419 représente un plan composé de six corps de bâtiment dont quatre doubles qui peuvent loger ensemble quarante habitants. Ce plan renferme des loges de trois dimensions. En

Fig. 420. — Plan d'une grande porcherie avec cour centrale (deuxième type).

Échelle de 0^m,0025 pour mètre.

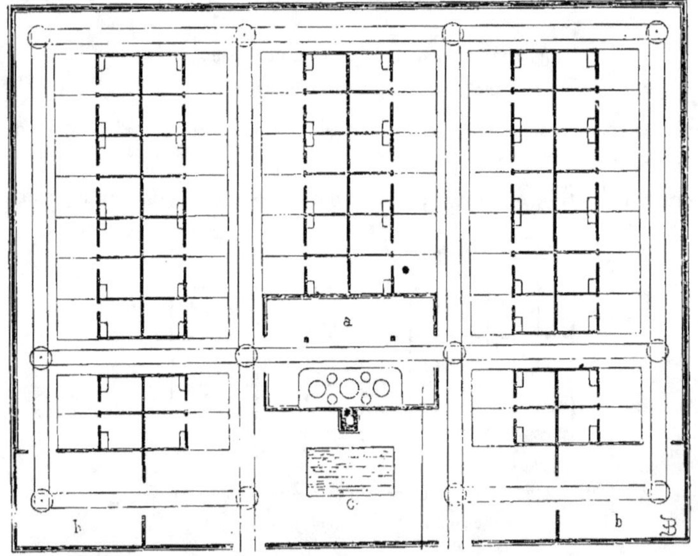

Fig. 421. — Plan d'une grande porcherie (troisième type).
Échelle de 0^m,0025 pour mètre.

a, *a*, *a*, *a*, sont les plus grandes, qui servent pour les truies portières, en *b*, *b*, *b*, celles des porcs adultes et en *c* les porcelets.

La cuisine de cette porcherie se trouve en dehors du bâtiment.

Notre figure 420 donne un type avec une cour centrale contenant dans son axe une cuisine et une grande mare; les courettes sont disposées autour des loges extérieurement à la grande cour.

Enfin notre figure 421 fait voir un plan beaucoup plus considérable. Les loges y sont spacieuses, et l'air peut circuler largement et librement autour d'elles. La cuisine a est au centre des bâtiments. Au moyen d'un railway, des wagons traversent la cuisine et peuvent porter rapidement partout la nourriture des animaux. Dans les angles, b, b, il existe des hangars, qui servent à renfermer, l'un des racines ou autres substances pour la nourriture du bétail, l'autre les ustensiles nécessaires au lavage, nettoyage ou à l'exploitation de l'industrie. Au milieu de la cour, une mare divisée en cinq compartiments de $0^m,60$ chaque, permet de faire la toilette aux fidèles compagnons de saint Antoine.

Cette porcherie contient en tout quarante-huit loges, mais on peut, soit en avant, soit en arrière de la cuisine, ajouter d'autres compartiments; du reste le plan est disposé de telle sorte qu'on peut, en le rabattant, doubler le nombre des loges.

CHENILS.

1. Généralités. — Le chenil est un local destiné au logement des chiens, de ces gardiens fidèles des habitations, mais surtout indispensables pour les habitaions rurales.

Un chenil peut être plus ou moins vaste suivant le nombre de têtes qu'il est appelé à contenir; mais quelle que soit son importance, il doit toujours être sain et bien exposé.

Le chien est peu exigeant, mais il redoute les atteintes de l'humidité. Il faut donc l'en préserver. Aussi agira-t-on sagement, de placer les chenils au midi, ou tout au moins à l'abri des vents du Nord. Il faut lui donner autant que possible une eau vive et courante à laquelle il puisse s'abreuver et se baigner au besoin. Quand, par la situation du lieu, la chose n'est pas possible, il faut avoir soin de lui donner de l'eau dans une auge en pierre, facile à nettoyer, car son eau doit être claire, limpide et souvent renouvelée.

2. Construction du chenil. Sa situation. — Charles IX, dans un livre intitulé la Chasse royale, publié en 1625, donne les conseils suivants pour la construction et la situation du chenil. — « *Comment doit estre fait et situé le chenil.* — Le chenil doit estre fait à cinq ou six cens pas de la maison du seigneur; il doit estre accompagné d'vn pré d'vn arpent ou arpent et demy, dedans lequel il y ait de l'eau viue et courante, et le clorre

de pailliz ou de murailles : il faut prendre garde de situer et planter le lieu où les chiens couchent de façon que le midy et couchant n'y donne point afin de le rendre plus frais, il doit estre de sept toyses de long et cinq de large, on y doit faire une cheminée de trois toyses, entourée de barreaux de bois pour garder les chiens d'approcher trop près du feu. Ledit lieu doit aussi auoir d'vn costé et d'autre la largeur d'vne toise et demye, estre releué de la hauteur d'vn pied d'ais qui soient trouëz afin que le pissat, la sueur et la puanteur du chien coulle en bas et qu'au milieu il demeure une allée de deux toyses de large, planchée comme le reste, où il y ait deux ou trois bastons fischez couuerts de paille, contre lesquels puissent pisser : il le faut aussi lambrisser d'ais par le dedans, et qu'entre la première couuerture et le lieu où sont les chiens, il y ait vne séparation comme vn grenier, où les garçons des chiens puissent coucher, que les fenestres soient si hautes que les chiens ne puissent en sortir. Derrière ledit parc et chenil, il faut qu'il y ait vne court à l'vn des costez de laquelle il faut qu'il y ait vn logis pour les veneurs, et des estables pour tenir leurs cheuaux, et que de l'autre, il y ait trois ou cinq petits chenils particuliers de deux toyses en quarré, tant pour mettre les chiennes chaudes, que les chiens malades, et ceux qu'on doute de la rage : à un des coings de ladite court, il y doit y auoir vn four et vne chambre pour le boulanger. Voylà comment doit estre fait le chenil et ce qu'il y faut obseruer. »

Tels sont les principes posés par Charles IX, et comme dans tout ce que font les rois il y a du bon et du mauvais ; un peu plus loin, nous donnerons trois types de grands chenils et nos lecteurs pourront se convaincre que celui décrit ci-dessus laisse à désirer, mais nous parlerons auparavant des loges à chiens et des petits chenils.

3. LOGES A CHIENS. — Bien souvent, dans les exploitations rurales, le chien n'a qu'une petite cabane en bois qu'on place près de l'écurie ou de la porte d'entrée de la ferme. Suivant la taille du chien ou le nombre d'animaux qu'elle doit contenir, la cabane varie dans ses dimensions. Nous ne donnerons pas le type banal, mais commode de la cabane à chiens en guérite et peinte en vert, mais nous donnerons quelques détails et renseignements pratiques qui ont leur utilité.

Comme chacun le sait, cette loge est une espèce de boîte en bois haute environ de 1 mètre et dont les autres dimensions varient entre $0^m,55$, $0^m,60$ et même $0^m,90$ pour la largeur et entre 1 mètre et $1^m,60$ pour la profondeur suivant la taille de la bête. Ces cabanes sont construites en planches rainées et assemblées ; elles sont recouvertes d'un toit à deux pentes faisant saillie tout autour ; leur face principale, formant pignon, est percée d'une petite baie dont le sommet est circulaire, enfin elles sont peintes en vert.

Elles ont un plancher un peu élevé au-dessus du sol pour préserver les chiens de l'humidité. On emploie trop souvent pour construire ces cabanes des bois de sapin; le chêne serait préférable; en tout cas, on doit se servir exclusivement de ce dernier pour le plancher. Celui-ci est composé de planches percées en trous de bouteille, afin de laisser écouler l'urine. Il va sans dire que le plancher doit être garni, pendant la saison rigoureuse, de paille, qu'on doit renouveler assez fréquemment.

Enfin, nous ajouterons qu'une des faces du toit de la cabane doit être rendue mobile par des charnières et s'ouvrir comme un pupitre d'écolier, afin de pouvoir nettoyer facilement la loge et renouveler la paille.

On fait aussi, des loges à chiens avec des tonneaux et des barils, dont on défonce un des côtés; dans ce cas on doit élever le tonneau sur un chantier

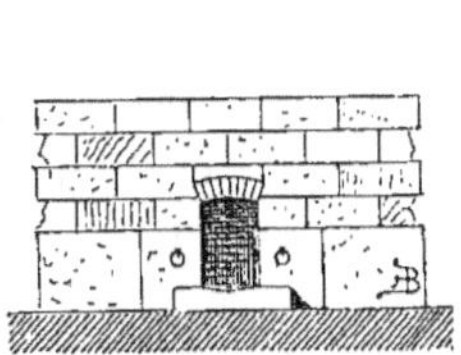

Fig. 422. — Élévation d'une niche
à chien située près du four.

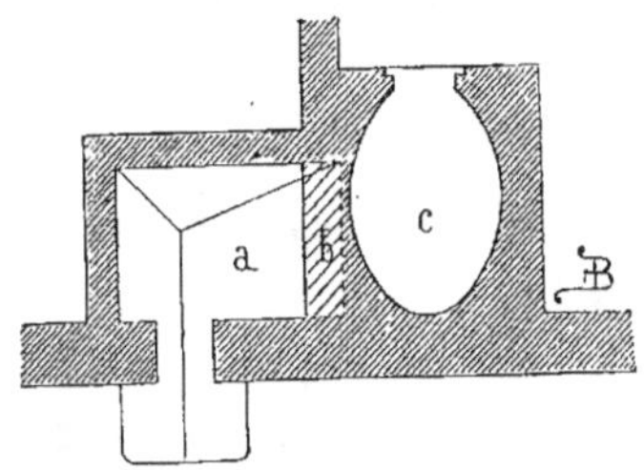

Fig. 423. — Plan d'une niche à chien située
près du four.

Échelle de 0ᵐ,005 pour mètre.

LÉGENDE :

a, niche; *b*, vide sous le four; *c*, four.

et le surmonter d'un toit en planches, que bien souvent on couvre en carton bitumé pour obtenir une couverture imperméable.

Quelquefois aussi, on fait des loges à chiens en pierre, soit qu'on les construise extérieurement au logis, soit qu'on réserve pour cet usage une petite niche sur la façade de la maison, et toujours dans le voisinage du four ou de la buanderie, afin que le local du chien soit non-seulement sec, mais encore chaud. Nos figures 422 et 423 montrent l'élévation et le plan de ce genre de loge; elle mesure 1ᵐ,20 de largeur sur 1ᵐ,80 de longueur. Une partie se prolonge sous le four. L'élévation (*fig.* 422) montre le seuil, qui est concave dans son milieu. Cette disposition permet aux urines et aux eaux de lavage d'être rejetées au dehors de la loge. A droite et à gauche de l'entrée il y a deux anneaux pour attacher les chiens si on le désire. Cette loge peut contenir deux à trois chiens et même quatre s'ils étaient de petite taille; un peu plus loin du reste, nous verrons l'espace qu'il faut accorder à un chien.

Le plan (*fig.* 423) a un plancher en bois percé en trous de bouteille, de sorte que les urines sont reçues sur le sol qui est concave suivant les lignes marquées en *a* ; *b*, est un renfoncement dans le mur.

Notre figure 424 donne le plan d'une maison pour un garde-chasse avec le chenil, l'ensemble mesure 11 mètres de longueur sur 6 mètres de largeur. Cette maison se compose d'une cuisine *a*, d'une chambre *b*, d'un four *c*, d'une laverie *d*, d'un cabinet d'aisances *e* et du chenil *f*, qui est situé près du four. Il a son entrée à l'est, deux ouvertures au midi. Il se trouve abrité du nord par la chambre du garde-chasse dans laquelle se trouve un guichet pratiqué à 1^m,50 de hauteur, ce qui lui permet de voir ce qui se passe dans le chenil et d'intervenir par la voix si une querelle survient entre les chiens.

DIMENSIONS D'UN CHENIL. — Étudions maintenant l'espace qu'il faut donner à un chien, ce qui nous permettra d'établir les dimensions des petits et des grands chenils. Ordinairement on établit de chaque côté du chenil des banquettes de 1^m,05 de largeur entre lesquelles, on réserve un passage de 2 mètres, soit en out 4^m,10 de largeur.

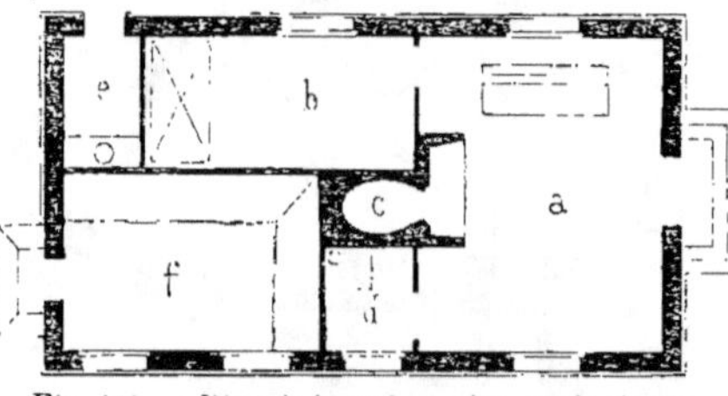

Fig. 424. — Plan de la maison d'un garde-chasse.
Échelle de 0^m,005 pour mètre.

LÉGENDE :

a. cuisine ; *b*, chambre ; *c*, four ; *d*, laverie ; *e*, cabinet d'aisance ; *f*, chenil.

Si, d'après ces basès, on veut calculer la dimension à donner au chenil, comme cette largeur de 4^m,10 est à peu près invariable, il ne reste plus qu'à déterminer la longueur du local. Pour l'obtenir il faut multiplier 0^m,80 par la moitié du nombre de chiens qu'il faut loger. On aura donc pour l'expression en surface :

$$S = \frac{n \times 0^m,80 \times 4^m,10}{2} = n \times 1^{mq},64.$$

Si nous substituons à *n* une valeur, 8 par. exemple, en effectuant les calculs nous aurons :

Pour la longueur L $= 0,80 \times 4 = 3^m,20$;

pour la surface $S = \frac{8 \times 0^m,80 \times 4^m,10}{2} = n \times 1^{mq},64$

ce qui nous donnera de part et d'autre 13^{mq},12^{dc} pour la surface du chenil, comme le démontrent les deux opérations suivantes :

$$S = \frac{8 \times 0^m,80 \times 4^m,10}{2} = 13^m,12 \quad \text{ou bien} \quad S = 8, \times 1^m,64 = 13^m,12.$$

Petits chenils. — Nous avons décrit précédemment divers types de loge pour un ou deux chiens, mais lorsqu'on a plusieurs chiens à loger, soit pour des bergeries, soit pour des meutes de chasse, il faut construire des chenils.

Dans la figure 424 nous avons donné un plan de maison de garde-chasse qui contient un réduit pour huit à neuf chiens et qui constitue un premier type de petit chenil.

Aussi toute pièce exposée au levant ou au midi et planchéiée peut servir pour le même usage.

Au lieu de planchéier le sol du chenil, il vaut mieux établir de chaque côté du chenil de petites banquettes un peu inclinées en avant et percées de trous comme les planches à bouteilles. Ces petits lits de camp de 1^m,05 de large sont portés sur des pieds de 0^m,16 de hauteur. Le sol des chenils

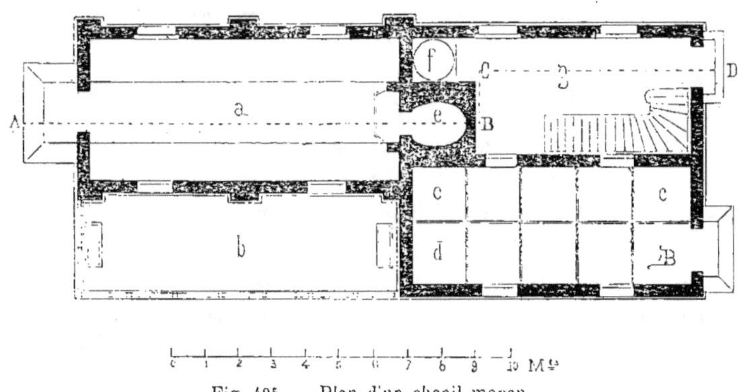

Fig. 425. — Plan d'un chenil moyen.

Échelle de 0^m,005 pour mètre.

Légende :

a, chenil pour meutes ; b, petite cour ; c, chien aggravé ou malade, d, lices portières
e, four ; f, chaudière ; g, entrée.

doit être dallé ou carrelé avec des carreaux en terre cuite et avoir une double inclinaison partant des murs de côté pour aboutir au centre du chenil, qui sera le point le plus bas. Cette disposition permet l'écoulement des urines et facilite les lavages.

Les chiens placés côte à côte ont souvent l'habitude de se mordre ; pour les en empêcher, il suffit d'établir sur les banquettes à 0^m,80 d'axe en axe de petites séparations ou cloisons légères en bois hautes de 0^m,40 à 0^m,50. Ces petits boxes présentent encore l'avantage d'empêcher la transmission de la gale, des chancres, et autres maladies contagieuses, qu'on peut ainsi enrayer plus facilement chez les animaux parmi lesquels elles se déclarent.

On doit aussi ménager dans les angles des chenils de plus grandes loges pour les lices portières.

Toutes les fois qu'on pourra le faire, on joindra une cour au chenil, afin que les chiens puissent respirer l'air extérieur suivant leur caprice. Nous ne nous étendrons pas plus longuement sur ce sujet, car des figures

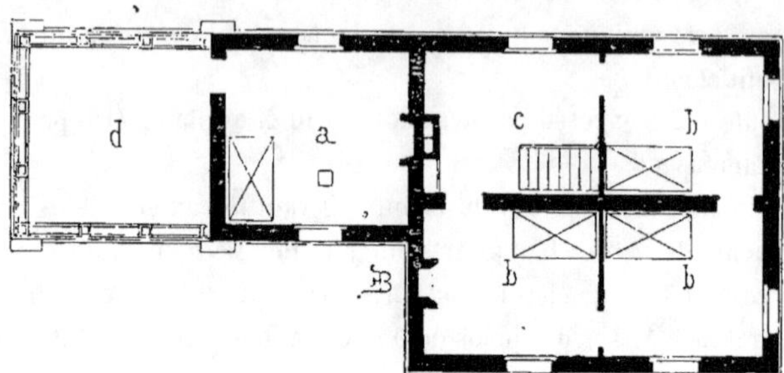

Fig. 426. — Plan du premier étage d'un chenil moyen.
Échelle de 0^m,005 pour mètre.

LÉGENDE.

a, chambre du maître piqueur; *b*, *b*, *b*, trois autres chambres; *c*, dégagement; *d*, terrasse.

avec notes explicatives feront mieux comprendre que toute description l'aménagement et la meilleure disposition à donner aux chenils.

Notre figure 425 donne le plan d'un chenil moyen que nous avons construit en France, près de Bellegarde, dans le département du Gard. Il se compose : au rez-de-chaussée (*fig.* 425) d'un chenil pour meutes *a* ayant une petite cour *b* avec deux auges pour l'eau, de petites cases pour chiens aggravés ou malades *c*, de cases pour lices portières ou nourrices *d*, d'un four *e*

Fig. 427. — Coupe d'un chenil moyen faite sur la ligne A, B, C, D, de la figure 425.
Échelle de 0^m,005 pour mètre.

ayant à côté une chaudière *f*. La pièce *g* sert à la fois de fournil et d'entrée, et de cage pour l'escalier conduisant au premier étage. Celui-ci (*fig.* 426) se compose d'un palier d'arrivée et contient quatre chambres et une terrasse. Les chambres servent pour le maître piqueur et pour ses valets; celle

Fig. 428. — Perspective d'un chenil moyen.

marquée *a* possède un judas dans le plancher, afin de pouvoir intervenir par la voix dans les querelles que pourraient avoir les chiens.

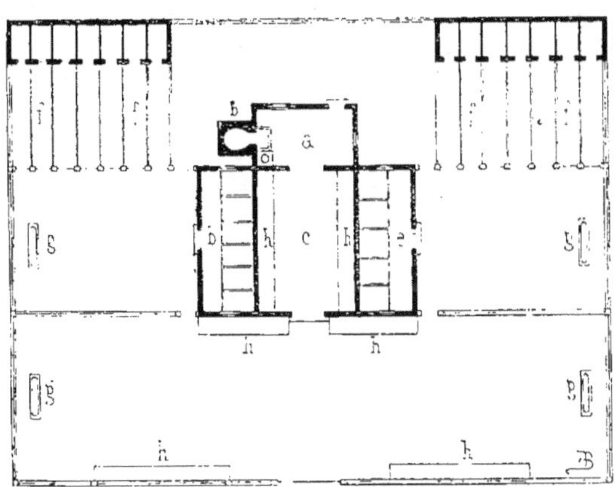

Fig. 429. — Plan d'un grand chenil.
Échelle de 0ᵐ,001 pour mètre.
a, cuisine; *b*, petit chenil pour chiens malades; *c*, chenil pour meutes; *d*, lices; *e*, four; *f*, boxes; *g, g*, abreuvoirs; *h*, lit de camp.

La figure 427 fait voir la coupe suivant la ligne A, B, C, D du plan (*fig.* 425).
Enfin la figure 428 montre la perspective.

Le chenil pour meutes *a* (*fig.* 425) est voûté, de sorte que si des maladies contagieuses venaient à se déclarer dans ce chenil, on pourrait l'évacuer et flamber les murs et même y brûler de la paille, des copeaux pour l'enfumer et détruire les miasmes contagieux. Ensuite, on raclerait les murs et on leur donnerait un badigeon au lait de chaux.

GRANDS CHENILS. — Nous donnons dans notre figure 429 le plan d'un grand chenil. En *a* se trouve la cuisine, en *d* le four, en *c* le chenil pour

Fig. 430. — Élévation d'un grand chenil.
Échelle de 0ᵐ,001 pour mètre.

meutes, en *b* le petit chenil par cases pour chiens malades, en *e* le chenil pour les lices pleines ou nourrices, en *f* des boxes avec courettes pour chiens de race qu'on veut tenir séparés. *gg* sont les auges-abreuvoirs et *h* les bancs ou lits de camp; afin que les chiens ne reposent point sur le sol humide.

La figure 430 est l'élévation de ce chenil.

Nous avons sous les yeux le grand chenil du Jardin d'acclimatation de Paris : la figure 431 montre le plan général et la figure 432 un détail de ce

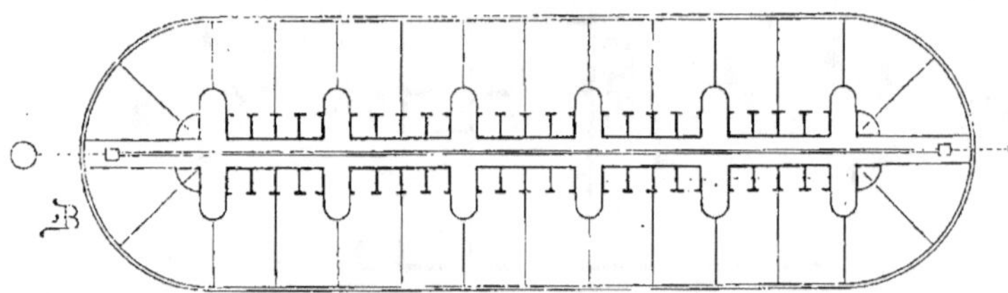

Fig. 431. — Plan général du grand chenil du jardin d'acclimation de Paris.
Échelle de 0ᵐ,001 pour mètre.

plan à plus grande échelle et côté. Ce chenil construit sur les données du savant directeur du jardin est en tous points remarquable, et satisfait aux meilleures données posées pour les chenils; en effet, les chiens ont chacun leur cabane *c*, mais ils sont réunis par paire; ils ont de l'eau claire et courante *f*, une petite cour *g* bordée de trottoirs *h*, et une terrasse au-dessus de leur cabane; ceci dénote une grande connaissance des habitudes du chien, qui fuit toujours l'humidité. Il ne peut être mis dans de meilleures

conditions, puisqu'il peut se reposer sur un plancher très-sec, où il arrive
par trois marches posées en avant des cabanes. — Un couloir *a* dessert les
cabanes; *b* est une canalisation couverte pour les urines qui se rendent
dans des citernes situées aux deux extrémités du chenil; l'espace *c* sert à

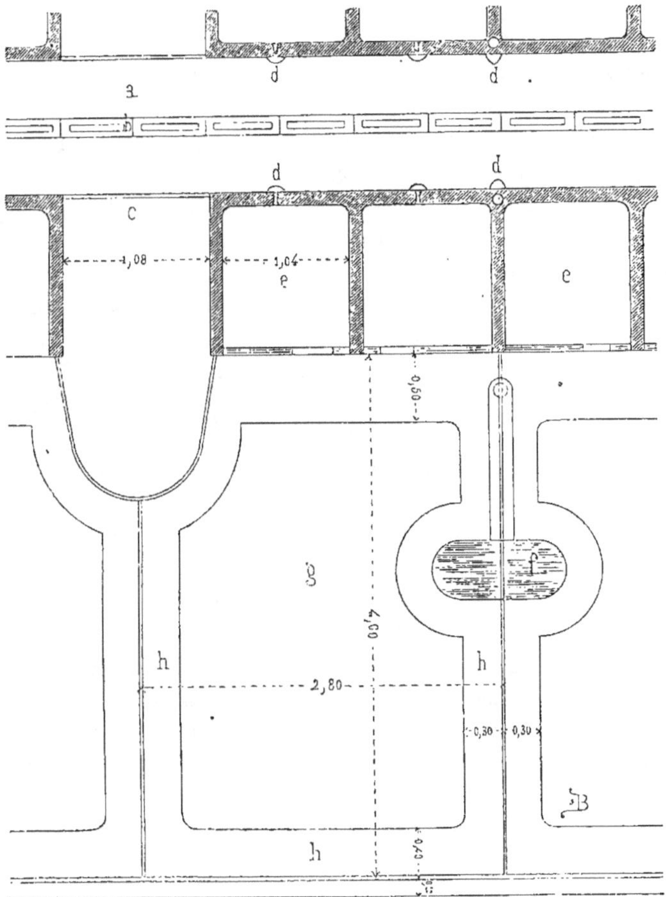

Fig. 432. — Détail du plan du chenil du jardin d'acclimation de Paris.
Échelle de 0ᵐ,02 pour mètre.

leur donner la nourriture; les points *d d* indiquent la canalisation des
urines provenant du dessus des terrasses. Les détails de ce chenil nous ont
été fournis par notre confrère M. Simonet l'habile artiste, architecte en
chef du jardin zoologique d'acclimatation de Paris.

LAPINIÈRES.

On désigne sous le nom générique de *lapinières* (1) toutes sortes de locaux servant à l'élevage et à l'entretien du lapin.

Les lapinières peuvent être de simples *loges à lapins*, des *clapiers*, des *garennes*, ou des *terriers*. Nous donnerons tout de suite la définition de ces mots.

Les *loges* ou *cabanes à lapins* ne servent qu'à renfermer quelques animaux isolés ; c'est la lapinière la plus simple.

Le *clapier* est un lieu, où l'on élève des lapins en plus ou moins grande quantité, mais toujours sous la surveillance de l'homme qui leur apporte chaque jour leur nourriture.

Les *garennes* sont des lieux plantés d'arbres, dans lesquels les lapins vivent, se propagent et se nourrissent en toute liberté. Nous devons dire aussi que certaines garennes se rapprochent des clapiers, car il y a plusieurs genres de garennes, qui sont : la garenne *artificielle, forcée* ou *privée, ouverte* et *libre*.

Enfin les *terriers* sont des trous ou cavités pratiqués dans la terre et dans lesquels les lapins se retirent.

1. LOGES A LAPINS. — Dans les exploitations rurales, quand on élève des lapins, on leur donne généralement de petites cabanes en bois qui mesurent 0^m,60 à 0^m,80 de hauteur sur autant de largeur et de profondeur.

Aujourd'hui, dans beaucoup de contrées, on se contente de faire des loges à lapins avec de simples fûts hors de service ; on pose ces fûts sur des poutrelles, comme si on les mettait en chantier, seulement la bonde est en dessous et sert pour l'écoulement des urines. On pratique une porte carrée sur la face du tonneau, et on met un petit grillage pour fermer cette porte.

On peut superposer deux rangs de fûts l'un sur l'autre ; les lapins s'accommodent fort bien de ce genre de loge ; ils s'y portent à merveille, mangent beaucoup et par suite grossissent rapidement, car chacun sait que moins on accorde d'espace à un animal et moins il peut faire de l'exercice, plus son corps atteint de volume, mais aussi sa chair a beaucoup moins de saveur.

---

(1) Dans quelques contrées on emploie aussi comme synonyme de lapinière, *connillière*. Ce mot vient de connil ou connin (*cuniculus*), vieux nom du lapin. Les connins du tout sauvages sont les meilleurs, les pires sont ceux de clapier ; les moïens sont ceux de garenne. — Olivier de Serres. *Théâtre de l'agriculture*, page 407.

On place ces fûts sous des hangars, ou en plein air, dans ce dernier cas, on les abrite contre la pluie par un petit toit en planches recouvert de carton goudronné.

On place au fond de chaque fût un petit râtelier en chêne (car le lapin ronge tous les bois tendres). Les barreaux de ce râtelier ont 0^m,04 à 0^m,05 d'écartement. On remplit et on nettoie ce râtelier par l'extérieur au moyen d'une petite ouverture longitudinale pratiquée sur le fond du fût. On doit ajouter sur le côté intérieur du fût une petite auge divisée en deux compartiments, dont l'un sert pour mettre le grain et l'autre pour l'eau.

Quelquefois, on fait aussi des loges en maçonnerie, mais on les a reconnues mauvaises.

Bientôt même on ne les fera plus qu'en terre cuite ; en effet, ce dernier mode est le meilleur ; on peut superposer deux ou trois rangs de loges l'un sur l'autre, et comme on donne au sol de chaque étage un peu de pente de l'avant à l'arrière de la loge, les urines s'écoulant de ce côté sont reçues dans une canalisation qui les conduit dans un puisard.

Ce dernier mode de construction est le meilleur et doit être préféré exclusivement à tout autre, car il est d'un entretien nul, d'un nettoyage facile à l'aide de l'eau, et le lapin se porte fort bien dans la terre cuite.

2. CLAPIER. — On établit les clapiers de diverses manières ; ce sont quelquefois de simples compartiments en briques, ou des trous maçonnés dans le sol, ou bien une série de petites loges qui ont chacune une petite cour ; c'est en petit comme le chenil représenté par nos figures 429 et 430, seulement le passage de la loge à la cour peut être fermé à l'aide d'un ais à coulisse.

En général quel que soit le système de loges employé la surface doit être de soixante centimètres carrés pour un lapin adulte et un mètre pour une hase.

3. GARENNES. — Il existe plusieurs genres de garenne que nous allons énumérer successivement.

Garenne artificielle. — Cette garenne est celle dont l'usage est le plus généralement répandu.

Dans un lieu sain et bien situé, c'est-à-dire sec et à l'abri des inondations, on choisit un rectangle d'une dimension en rapport avec le nombre de lapins qu'on veut y élever. Il faut environ 10 mètres carrés pour une hase et ses petits jusqu'à l'âge de l'engraissement.

Supposons un rectangle de 15 mètres sur 10, soit 150 mètres carrés, pouvant donc contenir quinze hases ; on entoure cette surface d'un mur de 2 mètres de hauteur qui repose sur une fondation de 0^m,90. On rapporte autour de ce mur à la hauteur de 1^m,50 des terres pour former un talus, du haut duquel, on voit tout ce qui se passe dans la garenne, l'excédant du mur haut de 0m,60 sert d'appui. Si l'on craint les ravages de certains animaux on surmonte encore ce mur, dans toute sa hauteur d'un treillage de 0m,90 à 1 mètre. On défonce ordinairement le terrain de la fosse servant de garenne et on le pave en grès ou en silex. On recouvre le pavage de 0m,40 à 0m,50 de gros sable, dans le but d'absorber l'humidité et pour servir aux lapins à gratter et former des jouettes. Arrivés au pavage les lapins sont obligés de s'arrêter et ne peuvent creuser plus avant pour faire des terriers ou des galeries souterraines, qui leur permettraient de sortir de leur garenne.

La garenne doit contenir des terriers factices au niveau du sable ; on leur donne ordinairement 0m,25 de hauteur et de largeur sur 0m,75 à 0m,80 de profondeur. Les faces de ces terriers doivent être revêtues de briques posées à ciment, afin de prévenir les infiltrations des eaux pluviales.

C'est dans ces terriers que les hases déposent leurs petits et que les habitants de la garenne se réfugient en cas d'alerte.

On complète la garenne, en posant dans son axe un ou plusieurs petits hangars en bois. Ceux-ci sont composés de quatre poteaux qui supportent des planches. Sur ces quatre poteaux, deux sur une même ligne sont plus élevés que les deux autres, de sorte que les eaux s'écoulent suivant l'inclinaison qu'ils donnent à la toiture.

Au centre des hangars, il y a des doubles râteliers qui contiennent la nourriture quotidienne que le garennier apporte à ses lapins. Celui-ci pénètre dans la garenne par une échelle, ou ce qui est mieux, par une porte pratiquée dans le mur, et à laquelle on arrive par une tranchée ouverte dans le terrain avoisinant la garenne.

Dans la garenne artificielle, il n'y a qu'un ou deux lapins mâles ou *bouquins* pour quinze à dix-huit femelles. Les bouquins sont attachés par le cou à l'aide d'une petite chaîne en fer à l'un des poteaux qui supportent les abris. Leur chaîne a une longueur suffisante pour leur permettre d'arriver aux râteliers et de *bouquiner* les hases qui éprouvent le besoin de se laisser approcher.

On établit aussi des garennes artificielles en creusant un fossé circulaire de 2m,50 à 3 mètres de diamètre sur 2 mètres de profondeur. On utilise la terre provenant de l'excavation, soit en talus comme nous venons de le voir dans l'exemple précédent, soit en faisant une butte au centre du fossé. Celui-ci doit être entouré de murs et de treillage comme nous venons de le décrire.

Garenne libre. — Les garennes libres comprennent quelques hectares de bois, circonscrits par des haies ou des palis dans lesquels les lapins vivent en liberté et à l'état sauvage. On doit seulement pendant l'hiver fournir de la nourriture à ceux qui vivent dans ces garennes.

Garenne ouverte. — Les garennes ouvertes ne sont closes que par une simple fosse, ou par des obstacles naturels; des rochers, un ruisseau, une petite rivière ou un canal d'irrigation.

Nous ne conseillons pas d'établir un pareil mode de garenne, c'est un véritable fléau pour l'agriculture, une source intarissable de procès avec ses voisins, car les lapins sortent constamment pour commettre des ravages, et la garenne ouverte rapporte fort peu à son propriétaire.

POULAILLERS.

GÉNÉRALITÉS. — On nomme ainsi un bâtiment ou une portion de bâtiment qui sert à loger la volaille.

Quand le poulailler est pourvu d'une cour particulière, on donne ordinairement à cette partie de l'exploitation agricole le nom de *basse-cour.*

Dans une petite exploitation, on se dispense souvent de donner une cour à la volaille; celle-ci picore dans la cour de la ferme, entre dans les écuries et les étables, et cause souvent des ravages soit en picorant à droite et à gauche, soit en salissant les harnais, charrettes, voitures et autres instruments aratoires. Aussi nous trouvons que toute exploitation soignée, quelle qu'en soit l'importance, doit nécessairement avoir une cour spéciale pour la volaille. Celle-ci n'a pas besoin de grands bâtiments, mais sa prospérité dépend du soin apporté à la construction du poulailler, de sa bonne exposition, de sa salubrité; car il ne faut pas perdre de vue que les poules craignent le froid, la trop grande chaleur, l'humidité et les mauvaises exhalaisons.

Le froid engourdit la volaille, retarde et diminue la ponte, la trop grande chaleur l'affaiblit, l'humidité lui occasionne des affections goutteuses, enfin l'air vicié ou même le manque d'air la rend apathique et détermine chez elle la constipation et des maladies inflammatoires.

EXPOSITION. — La volaille est matinale, elle a besoin de beaucoup de chaleur, aussi les expositions de l'est et du midi sont les plus convenables. Cependant afin de pouvoir, en été, rafraîchir le poulailler, il est indispensable d'y ménager des ouvertures au nord et à l'ouest, surtout au nord. On tient ces ouvertures hermétiquement fermées aux autres époques de l'année.

SALUBRITÉ. — Comme les autres animaux domestiques, la gent volatile craint l'humidité, comme nous venons de le dire, et même les espèces aquatiques prospèrent et se portent beaucoup mieux lorsque, après avoir nagé ou barboté, elles se reposent dans un lieu sec.

Aussi le sol des basses-cours doit être sec, quoiqu'il soit traversé par un filet d'eau courante; il faut aussi qu'il s'y trouve un endroit sablonneux

afin que les volailles puissent se rouler et avaler un peu de gravier, c'est indispensable pour la santé des poules, comme nous allons le voir.

Utilité du sable et gravillon. — Tout le monde sait que l'on trouve
dans le gésier des volailles, des fragments de pierre ou de silex et du sable,
mais peu de personnes se demandent le pourquoi de ce fait. Beaucoup supposent que l'oiseau par gloutonnerie absorbe ces substances en même temps
que ses aliments. Il n'en est rien; c'est par intuition qu'il absorbe ces fragments, car ils l'aident à la complète digestion des aliments; et voici comment:
les poules et autres volatiles avec leur bec ne peuvent broyer qu'incomplétement les grains pendant la déglutition, aussi la nourriture arrive presque
intacte dans l'estomac. Cette poche musculaire est mue par des contrac-
tions qui mettent le bol alimentaire en mouvement; les grains se trouvent
donc heurtés, déchirés, triturés par le sable et le gravillon que contient
le gésier. Cette trituration facilite au dernier degré la digestion des aliments ingurgités et par suite leur complète assimilation.

On comprend dès lors, combien il est utile de réserver un endroit sablé,
afin que les poules puissent non-seulement se rouler, mais trouver encore
le complément indispensable de leur nourriture. Du reste, on a vu souvent
des poules enfermées dans une volière faire des œufs avec des coquilles
très-minces ou même sans coquilles, car leur nourriture privée d'éléments
calcaires ne pouvait leur fournir l'élément indispensable pour cette production.

Ventilation. — Les poulaillers doivent être fortement ventilés, surtout
en été. Aussi nous recommandons d'employer des tuyaux en poterie dans
toutes les parties fermées de ces constructions.

Évidemment les portes et les fenêtres bien disposées donnent une excellente ventilation, mais il faut avoir soin de munir ces ouvertures de grillages à mailles serrées pour empêcher l'introduction des animaux nuisibles
qui, dans une nuit, pourraient saigner toute la volaille.

Une construction des plus utiles dans une basse-cour, c'est un hangar;
en effet, les poules peuvent s'y réfugier pendant la pluie et s'y abriter
contre les ardeurs du soleil. On a soin de ménager dans la partie supérieure
du hangar des perchoirs, parce que, dans la belle saison, les poules passent
la nuit sous le hangar.

Une pièce aussi d'une utilité incontestable serait un chauffoir. On peut
choisir à cet effet une chambre dans le voisinage d'une cuisine, ou bien diriger une bouche de chaleur dans ce local. Le chauffoir pour l'hiver maintient une bonne santé parmi la gent volatile et la rend très-féconde.

Précautions contre les ennemis du poulailler. — Les poulaillers doivent
être construits en bonne maçonnerie. Les murs auront une assez grande

épaisseur. On emploie à leur construction, le moëllon, la brique et la pierre ; mais quels que soient les matériaux employés, ils doivent être posés à plein joint, sur du très-bon mortier et parfaitement rejointoyés, afin de ne laisser aucun trou qui pourrait livrer passage aux fouines, souris, rats, belettes et autres animaux nuisibles.

Tous les murs seront entretenus avec soin et ceux d'entourage auront leurs chaperons garnis de débris de verre pour arrêter les incursions des animaux carnassiers et des voleurs, qui, pour la gent volatile, sont aussi redoutables que les renards.

Les murs intérieurs seront de temps en temps blanchis à la chaux pour détruire les insectes et la vermine qui s'attachent à la volaille.

Portes. — Il est nécessaire d'entrer dans les poulaillers pour voir ce qui s'y passe et donner la nourriture aux volailles, les portes faites dans ce but mesurent 0^m,70 à 0^m,75 de largeur sur 1^m,80 de hauteur. Ces portes servent également de passage aux grosses volailles comme pintades, outardes et dindes.

Pour les espèces plus petites, on pratique dans ces portes de petites ouvertures de 0^m,15 de largeur sur 0^m,20 de hauteur. Ces ouvertures sont munies de trappes à coulisses verticales qu'on tient ouvertes d'une manière quelconque. Notre figure 433 montre ce genre de porte. Il est évi-

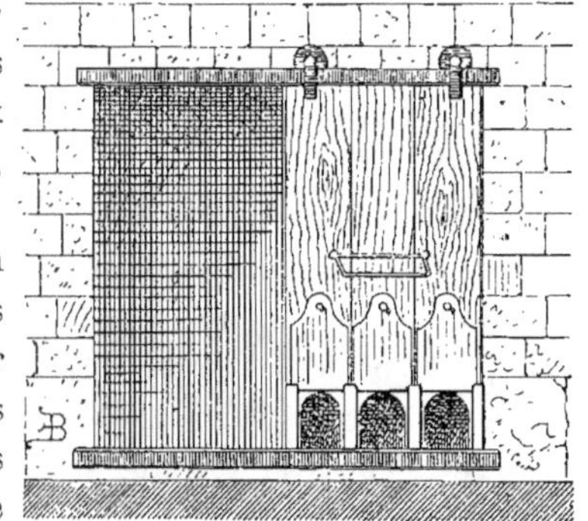

Fig. 433 — Porte de poulaillers.
Échelle de 0^m,02 pour mètre.

dent que si une ouverture a deux portes, l'une pleine et l'autre grillagée, les ouvertures à coulisses se correspondent afin de donner passage aux oiseaux.

Fenêtres. — De même que les portes, les fenêtres doivent être grillagées ; elles ont en outre en dehors du grillage un châssis vitré, et un contrevent. Celui-ci, à l'aide de crochets peut être tenu plus ou moins entrebaillé, afin de ne laisser pénétrer dans l'intérieur du poulailler qu'une lumière à volonté, car une certaine obscurité est favorable à la ponte, à l'incubation et à l'engraissement des volailles.

Les fenêtres mesurent 0^m,40 de largeur sur 0^m,75 à 0^m,80 de hauteur.

Plafond. — Dans les pays chauds, on ne plafonne pas l'intérieur des poulaillers ; on laisse même dans les toitures en tuiles des interstices qui donnent une des meilleures ventilations pour les locaux destinés aux volailles ; dans les pays froids au contraire, il est mieux de plafonner et d'enduire, à moins que le poulailler soit voûté. Il ne faut pas une trop grande hauteur sous plafond; 2^m,25 sont une bonne moyenne, une plus grande hauteur serait nuisible à cause du froid qui pourrait en résulter en hiver.

Sol. — On peut employer divers modes de pavage pour le sol des poulaillers. Il suffit que le mode adopté soit suffisamment résistant pour empêcher certains animaux de creuser une mine pour arriver dans le poulailler.

On élève le sol des poulaillers à 0^m,35 au-dessus du sol extérieur en ménageant une pente douce du fond et des côtés, cette pente aboutit au droit de la porte, afin de chasser les eaux de lavage du poulailler.

AMÉNAGEMENTS PARTICULIERS AUX DIVERSES VOLAILLES.

Poulerie. — Tout ce que nous avons dit précédemment s'applique surtout aux pouleries; elles doivent en outre renfermer des *perchoirs* ou *juchoirs*, des *nids*, des *mues, épinettes, mangeoires* et *abreuvoirs*.

Les pouleries doivent être divisées en plusieurs compartiments, soit pour la séparation des espèces, des coqs et des poules, de même qu'on doit aussi séparer les poules et poulets destinés à l'entretien, d'avec ceux qui sont soumis à l'incubation, à l'élevage et à l'engraissement.

Une bonne disposition pour une poulerie consiste à l'établir à 2 mètres au-dessus du sol; dans ce cas, les ouvertures sont munies d'échelles, de sorte que les poules sont à l'abri des animaux carnassiers; en outre, le dessous de la poulerie sert de hangar pour abriter les poules contre la pluie et les rayons d'un soleil trop ardent. Ainsi comprise, la construction d'une poulerie dispense de mettre un hangar au milieu de la basse-cour.

Perchoirs, juchoirs. — Les juchoirs les plus simples sont les meilleurs. Ce sont généralement de très-larges échelles qui se posent contre les murs, de manière à former avec ces derniers un angle de 45 degrés. Les barres de ces juchoirs ne doivent pas être trop arrondies afin que l'oiseau puisse bien s'y cramponner; elles sont espacées de 0^m,55 les unes des autres de manière que les poules placées au bas de l'échelle ne soient point exposées à recevoir les déjections de celles qui sont juchées au-dessus.

Pour obtenir la longueur nécessaire des juchoirs d'une poulerie, on multiplie le nombre de poules qu'elle doit contenir, par 0^m,25, qui est l'espace nécessaire à une poule de taille moyenne. Il faut ordinairement 1 mètre carré pour l'emplacement nécessaire à huit à dix poules.

Suivant la grandeur de la poulerie, les échelles sont simples ou doubles, mais elles doivent toujours être mobiles afin de faciliter leur nettoyage et celui de la poulerie.

Ces échelles sont généralement en bois de sapin, l'odeur résineuse de ce bois est très-bonne pour chasser la vermine.

Souvent, au lieu d'échelles on emploie des traverses mobiles qui reposent sur des potences en bois, auxquelles elles sont chevillées; ou bien encore on se sert de petits chevalets.

Nids. — Il existe plusieurs genres de nids, ils sont en bois, en poterie, en osier, à demeure ou mobiles. Ces derniers sont préférables, parce qu'ils sont plus faciles à nettoyer et à échauder.

La figure 434 représente le nid de profil et la figure 435 de face. On doit placer des juchoirs au devant des nids, à 0^m,50 d'écartement et à une hauteur correspondant aux nids, de manière à permettre aux poules d'entrer et de sortir commodément.

Les nids en bois consistent en simples planches clouées, qui mesurent 0^m,33 de largeur et de longueur, sur 0^m,15 de hauteur; on les maçonne quelquefois dans l'épaisseur des murs.

Les nids en poterie sont de grandes ter-rines ayant la forme d'une demi-circonfé-rence et qu'on suspend contre les murs.

Enfin les nids en osier sont des paniers (*fig.* 434 et 435) qu'on suspend le long des murs à une hauteur de 1 mètre environ; on peut mettre un deuxième rang en échiquier à 1^m,30 du sol.

On doit recouvrir les nids d'une plan-chette à une hauteur de 0^m,40; celle-ci sert de toiture et empêche que les poules en train de pondre soient dérangées.

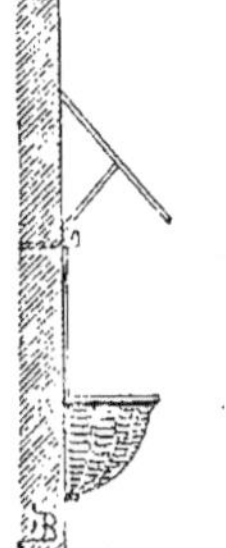
Fig. 434.
Nid en osier
(vu de profil).

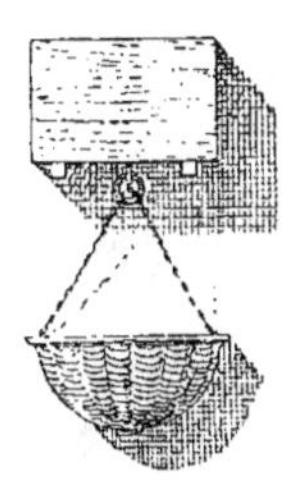
Fig. 435.
Nid en osier
avec sa planchette
(vu de face).

Mues. — On se sert aussi de *mues* pour la volaille. Ce sont des sortes de cages à claire-voie dans lesquelles on enferme les poules et leurs poussins.

Épinettes. — Toute poulerie bien comprise renferme un emplacement pour les *épinettes*. On nomme ainsi des caisses de 0^m,20 de largeur sur 0^m,30 de profondeur et de hauteur, dans lesquelles on enferme les volailles destinées à l'engraissement. Notre figure 436 montre la coupe d'une épi-nette en géométral et l'élévation en perspective.

La partie antérieure de l'épinette est fermée par une planchette à cou-lisse munie d'une ouverture ou plutôt d'une fente suffisante pour permettre à la poule de prendre sa nourriture, qu'on place dans une mangeoire posée devant l'épinette.

On pratique de petites ouvertures dans le fond horizontal de ces cases, mais seulement dans la partie extrême, c'est-à-dire du côté du fond verti-cal; ces petites ouvertures servent à ventiler la cage et à l'écoulement des eaux lors du nettoyage.

Quelquefois les épinettes n'ont qu'un rang. Dans ce cas, on les accroche le long des murs du poulailler à 1ᵐ,20 ou 1ᵐ,30 de hauteur. Le plus souvent elles sont à plusieurs rangs et disposées en degrés ressautant de 0ᵐ,15 comme celles que nous donnons dans la figure ci dessous.

Les volailles enfermées dans cette case ayant peu de jour et d'espace, ne pouvant trop remuer, s'ennuient, et n'ont qu'une distraction, celle de manger, ce qui les engraisse rapidement; cette manière d'être ayant quelque analogie avec la cellule et l'existence des chartreux a fait nommer les épinettes, *chartreuses*.

Mangeoires. — Il existe de nombreuses formes de mangeoire pour les poules; ce sont ordinairement de petites auges en bois, en pierre, en métal ou en poterie.

Les meilleures sont celles qui sont recouvertes d'une espèce de petit toit et qui ont sur chacune de leurs faces de petites ouvertures par lesquelles les poules prennent leur nourriture sans pouvoir la gaspiller ni la salir.

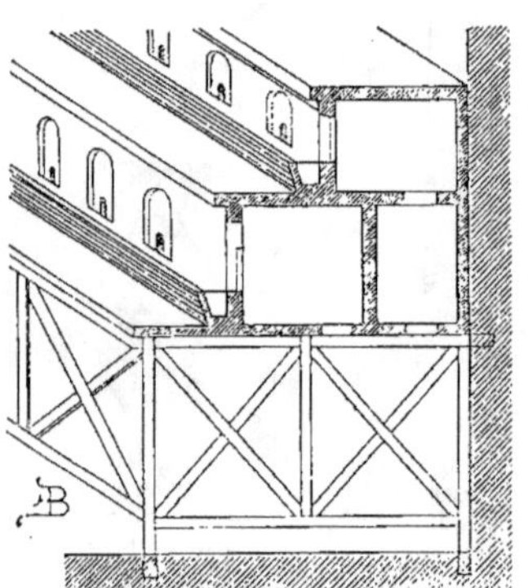

Fig. 436. — Épinettes coupe géométrale et élévation perspective.
Échelle de 0ᵐ,01 pour mètre.

Abreuvoirs. — L'abreuvoir le plus simple consiste en une petite auge en pierre de 0ᵐ,10 de profondeur au plus, au fond de laquelle on ménage un trou par un côté, afin de pouvoir la vider et la nettoyer. Une bonne précaution consiste à recouvrir cette auge d'un petit toit ou plutôt d'un chapeau, afin que les poules ne puissent se mettre sur l'auge et salir l'eau d'une manière quelconque.

Mais ce qui est préférable pour abreuver la volaille, c'est de faire de petits bassins en ciment de 0ᵐ,15 de profondeur, et de les alimenter par une eau courante.

Dindons. — Dans une basse-cour bien comprise, les dindons ne logent point avec les poules, mais ils réclament les mêmes soins que celles-ci. Ainsi donc la *dindonnerie* doit être agencée comme la poulerie, avec cette différence que le local et le mobilier doivent être faits sur une plus grande échelle, puisqu'un dindon est deux ou trois fois plus gros qu'une poule.

On s'accorde généralement à reconnaître qu'il faut 1ᵐ,25 à 1ᵐ,50 pour quatre dindons; de même, les barres des juchoirs doivent être espacées de 0ᵐ,70 à 0ᵐ,75 et leur force en proportion avec l'oiseau. Il en est de même des nids, qui seront en proportion de la grosseur des dindons. Lorsque ceux-ci ont *poussé leur rouge,* ils peuvent sans inconvénient loger en plein air, sous le hangar, pendant la belle saison ; au contraire, en hiver, la dindonnerie doit être chaude pour faciliter l'élevage assez pénible des dindonneaux.

CANARDS. — Pendant la nuit, les canards logent en commun, dans un local un peu élevé au-dessus du sol, car il ne faut pas perdre de vue que les oiseaux aquatiques ne doivent pas être dans l'humidité pendant leur repos. La dimension de la *canarderie* doit être calculée à raison de 1 mètre carré de surface pour huit canards.

Pour empêcher d'autres oiseaux de pénétrer dans le local destiné aux canards, on établit devant l'ouverture qui leur sert de porte un bassin qu'on remplit d'eau, de sorte qu'on ne peut entrer dans la place qu'à la nage.

Une planche inclinée aide les canards à arriver sur le seuil de leur maison, mais il ne faut pas que celui-ci soit trop large afin que les poules ne puissent s'y reposer si elles franchissaient le bassin en volant.

OIES. — De même que les canards, les oies logent en commun, mais il leur faut un peu plus d'espace qu'aux premiers, 1 mètre carré peut contenir cinq oies ; il faut aussi établir à l'intérieur de l'*oieserie,* des compartiments, car les vieilles oies attaquent les jeunes qui sont près d'elles. Les compartiments servent donc à diviser les oiseaux jeunes des vieux et à éviter les combats.

CYGNES. — Les cygnes habitent ordinairement des cabanes en bois blanchi et peint ou en bois rustique ou de grume. Ces cabanes sont situées au bord de la pièce d'eau ; elles ont ordinairement $1^m,50$ carré et servent au logement d'une paire de cygnes.

Pour empêcher d'autres animaux, les chiens, les chats, etc., de venir déranger ces oiseaux, leur cabane est entièrement dans l'eau, mais une petite porte de service placée sur le fond de la cabane permet de leur donner à manger. Une planche attenant à la cabane ou séparée de celle-ci, mais à proximité, porte une petite auge couverte pour contenir la nourriture de ces oiseaux.

FAISANDERIE. — On élève les faisans dans des locaux analogues aux pouleries, seulement la cour est plus grande, et non-seulement elle doit être entourée d'un treillage à mailles serrées, mais cette cour devra être couverte d'un filet ou d'un grillage, pour empêcher les faisans de s'envoler, ou les oiseaux de proie de s'introduire dans la faisanderie.

On doit réserver des chambres pour les couveries et un certain nombre de compartiments couverts avec de petits parcs attenants.

Tel est le type d'une petite faisanderie.

Mais souvent, en forêt, on crée de grandes faisanderies qui ont cinq à six hectares ; celles-ci doivent être entourées de clôtures au moins en bois, et posséder dans leur intérieur quelque hangar ou appentis fermé du côté du nord. Le taillis doit y être assez fort pour procurer aux faisans de l'ombrage pendant les chaleurs de l'été, et un abri contre la mauvaise saison.

Cet enclos doit être planté avec des genévriers, des cornouillers, des mérisiers à grappes, des fusains, des groseilliers, des framboisiers, des ronces, des sureaux, des mûriers, des épines noires et blanches et autres essences dont les fruits peuvent procurer aux faisans une nourriture saine, agréable et abondante. Il est inutile d'ajouter que cet enclos sera traversé par un filet d'eau courante. Le faisandier doit surveiller l'intérieur de cet enclos, afin de s'assurer s'il ne renferme pas des animaux nuisibles ; un bon moyen pour constater la présence de ceux-ci consiste à réserver le long du mur de clôture une allée bien sablée. Les fouines, renards, martres et putois, s'il s'en trouve dans l'enclos, laissent des traces ou *piquets,* et dès lors il est facile de leur donner la chasse et de les tuer.

PAONS. — On traite les paons comme les dindons, et lorsque les jeunes paons ont poussé leur aigrette, on peut les laisser percher en plein air, sous des hangars, car ils sont aussi robustes que les dindonneaux ayant poussé leur rouge et peuvent résister par conséquent aux intempéries des saisons.

PERDRIX, CAILLES. — On élève ces oiseaux comme les faisans de petite faisanderie ; seulement quand on remplit les réserves, il est bon d'avoir un petit parc attenant à un plus grand, recouvert de toile qui empêche les oiseaux de se briser la tête lorsqu'ils cherchent à s'envoler. Ce qui arriverait infailliblement, si on les mettait tout à coup dans un grand parc recouvert en treillage. Au bout de quelques jours les perdrix et les cailles s'habituent à vivre dans un enclos et ne cherchent plus à s'évader, on les fait passer alors dans le grand parc.

PIGEONS. — Il existe plusieurs variétés de pigeons, mais les deux principales espèces sont le pigeon *voyageur, bizet, fuyard, ramier,* qui est un pigeon qui vit à l'état sauvage ; il sert à peupler les colombiers. L'autre espèce est le pigeon domestique, qui vit dans une volière et auquel on donne sa nourriture.

COLOMBIERS OU PIGEONNIERS. — Il y a deux genres de colombier ou pigeonnier ; le colombier à pied qui se fait en maçonnerie, et les *volets* ou *fuies* qui existent sur d'autres bâtiments et qui portent sur des piliers en pierre ou sur des poutres droites.

L'élevage du pigeon en grand tend à disparaître tous les jours à cause des nombreux procès et inconvénients qu'entraîne ce genre de propriété ; néanmoins, comme dans beaucoup de contrées, on peut et on pourra l'exploiter encore longtemps, nous en avons donné un type placé sur des maisons de cultivateur (voy. *pag.* 188, *fig.* 240) et comme complément nous donnerons deux autres types dans les basses-cours.

COLOMBIERS A PIED. — Ces colombiers consistent en de vastes locaux, généralement circulaires, dont les murs intérieurs sont garnis de nids qu'on nomme *boulins* (1). Ces nids se font en maçonnerie, ou en petits carreaux vernissés, scellés au plâtre. Ils sont aussi soit en bois, soit enfin en osier.

Nous donnons (*fig.* 437) un pigeonnier circulaire assis sur une base carrée qui peut servir de poulailler.

Souvent aussi, on se contente de suspendre le long des murs des paniers en osier comme dans les poulaillers.

Au milieu du pigeonnier, on installe généralement une échelle à quatre faces qui sert de perchoir et qui permet de visiter les nids. Ceux-ci ont environ 0^m,20 de côté en tous sens ; ils sont posés sur les murs en échiquier ou en rangs alignés. Le dernier rang est à 1 mètre au-dessus du sol. Celui-ci doit être solidement pavé en carreaux ou en briques posés à bain de bon mortier mélangé avec du verre grossièrement pilé, pour interdire l'accès intérieur du pigeonnier aux rats, très-avides et très-friands de la chair des pigeonneaux.

Fig. 437. — Colombier à pied.

Échelle de 0^m,01 pour mètre.

Le bas des murs peut être aussi enduit avec un mortier contenant du verre pilé ; c'est une bonne précaution, car les rongeurs sont immédiatement arrêtés par ce genre de mortier.

Il est nécessaire que le colombier soit bien ventilé, et plus vaste comme proportion que les locaux destinés aux autres oiseaux; car le pigeon est très-délicat, il aime beaucoup la propreté. Il se plaît de préférence

(1) De là le nom que les maçons donnent aux trous laissés dans les murs après l'enlèvement des échafaudages, *trous de boulins.*

dans les pigeonniers blanchis à la chaux et qui sont élevés et tranquilles.

Un excellent moyen de ventilation consiste à réserver deux couvertures superposées : l'une au midi devra être placée au niveau du sol, et sera fermée par un volet, dans lequel sera ménagé un passage de la même grosseur qu'un pigeon, pour que les oiseaux de proie ne puissent s'introduire dans le pigeonnier. L'autre ouverture au levant, qui pourra n'être qu'un trou de ventilation, sera située au-dessous du plafond.

Grâce à ces ouvertures, il s'établit un courant d'air qui ventile suffisamment le local, pour en assurer la salubrité, mais pas assez pour abaisser par trop la température pendant la saison rigoureuse. La fenêtre située au midi et possédant un ou plusieurs trous pour le passage des pigeons devra avoir, au niveau inférieur de ces trous, une planche de 0^m,35 de largeur, qui sert aux pigeons à se poser à leur entrée et à leur sortie du pigeonnier.

Une corniche doit régner autour du pigeonnier à la même hauteur; elle sert dans le même but que la planche. Le dessous de cette corniche sera garni en tuiles vernissées pour empêcher les rats, fouines et belettes de pénétrer dans l'intérieur des locaux.

Les *volets* ou *fuies* sont disposés d'une manière analogue au colombier que nous venons de décrire, mais sur une plus petite échelle.

Volières. — Enfin dans les petites exploitations rurales on met les pigeons en volière. On les loge par couple dans de petites caisses en bois suspendues aux murs et quelquefois à la partie supérieure des poulaillers. Ces boîtes, qui mesurent 0^m,35 de côté environ, ont à l'intérieur une petite auge pour le grain ; elles peuvent être visitées et nettoyées par une petite porte placée sur le côté. Pour la volière proprement dite, nous n'aurons pas à en parler, chacun connaissant son mode de construction.

BASSES-COURS.

Les dispositions d'ensemble d'une basse-cour sont très-variables. En effet, suivant la quantité et la variété des espèces que doit contenir une basse-cour, il faut lui donner telle ou telle autre disposition en harmonie avec sa destination.

Du reste, chaque propriétaire les fait à sa convenance.

Les constructions d'une basse-cour peuvent comporter une certaine élégance, car ces bâtiments se trouvent dans le voisinage de belles maisons d'habitation. Ils doivent dès lors concourir à l'ornementation de l'ensemble des constructions.

Dans une basse-cour proprement dite, la cour doit être pourvue d'une marc d'une assez grande superficie afin de permettre aux canards de nager ; elle doit aussi contenir une petite fosse remplie de sable ou de gravier, puisque nous avons vu que ces derniers étaient indispensables pour maintenir les poules en bonne santé ; enfin à part le hangar réclamé qui est indis-

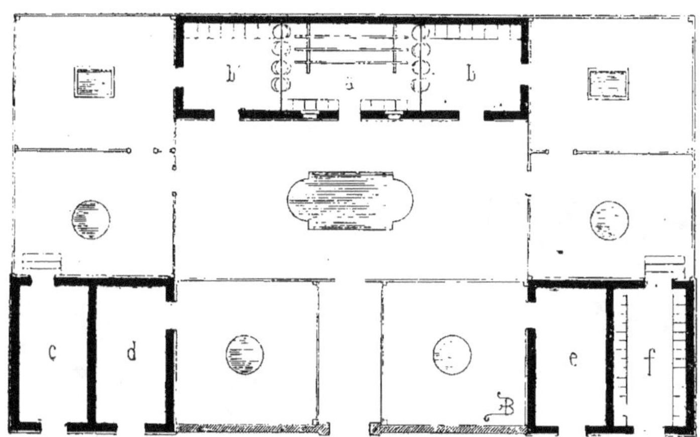

Fig. 438. — Plan d'une basse-cour.
Échelle de 0^m,005 pour mètre.

pensable pour abriter la volaille contre les rayons du soleil et contre la pluie, quelques arbres plantés çà et là auront leur utilité, car la gent volatile pourra s'abriter sous leur ombrage comme sous le hangar ; mais avec la différence que, pendant les fortes chaleurs, la volaille y trouvera plus de fraîcheur que sous toute autre espèce de toiture.

Nous avons dit plus haut que chacun construisait ces bâtiments à sa guise, aussi nous ne donnerons pas de nombreux modèles ; nous nous contenterons de donner un type qui pourra, en supprimant la clôture des parcs, faire à volonté des basses-cours communes, mixtes ou à compartiments.

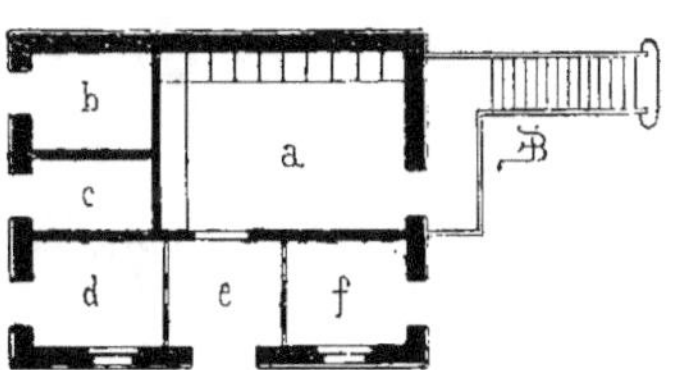

Fig. 439. — Plan de poulailler.
Échelle de 0^m,005 pour mètre.
LÉGENDE :
a, poulerie ; *b,* canards ; *c,* couveuses ;
d, oies ; *e, f,* différentes races.

La basse-cour que nous avons imaginée (*fig.* 438) se compose de trois petits bâtiments séparés par des grillages. Celui du fond, le plus grand, possède dans son milieu *a* des perchoirs et des nids, les pièces adjacentes *b, b,* sont garnies d'épinettes et de nids.

Le bâtiment de gauche peut servir, *c* pour des canards, *d* pour des oies ; dans celui de droite, on peut mettre des dindons en *e* et en *f* des couveuses ou des volailles d'espèces rares.

On remarquera que notre plan donne sept compartiments, ayant chacun leur parc ou courette contenant un abreuvoir.

Fig. 440. — Élévation d'un poulailler.　　　　Fig. 441. — Élévation d'un poulailler.

Échelle de 0^m,005 pour mètre.

La figure 439 montre un plan complet de poulailler. *a* est la poulerie proprement dite, *b* un compartiment pour des canards, *c* pour des couveuses, *d* pour des oies, *e* et *f* pour des races pures qu'on sépare pour éviter le croisement.

Nos figures 440 et 441 montrent deux élévations de poulaillers surmontées de pigeonniers ; qui peuvent servir de types de bâtiments pour basses-cours.

APIERS OU RUCHERS.

On nomme *apier* ou *rucher* l'endroit ou le local dans lequel on réunit une certaine quantité de ruches.

L'abeille (*apis,* de là le nom d'*apier*) donne un excellent revenu, sans exiger une mise de fonds considérable pour son installation ; quant à son entretien, il est presque nul ; aussi de toutes les exploitations agricoles, il n'en est peut-être pas qui donne relativement des résultats plus satisfaisants que celui du miel.

De plus, l'apiculture ne dérange en rien l'agriculteur, car il peut donner tout son temps aux autres travaux des champs.

Nous ne donnerons pas une longue étude sur les abeilles; mais nous renverrons ceux de nos lecteurs qui désireraient des renseignements complets aux traités spéciaux écrits par les apiphiles et qui sont signés par Réaumur, Huber, Brunet, F. Desormes, Ducarne et Hamet. Notre tâche plus modeste ne nous permet que de décrire la meilleure position d'un rucher et le système de ruches qu'on doit préférer au milieu des myriades qui ont été inventées.

Situation du rucher. — La première condition que réclament les abeilles, c'est un lieu chaud et abrité contre le vent. On satisfait à la première de ces conditions en employant pour la construction des ruches des matériaux non hygrométriques et mauvais conducteurs du calorique, le bois, la paille par exemple.

Pour la seconde condition, on y satisfait en plaçant le rucher au midi ou au levant.

On établit les ruchers de trois manières : à l'air libre, ou à couvert, ou dans un local fermé.

Ruchers a l'air libre. — Pour établir ce genre de rucher, on choisit ordinairement un emplacement dans un coin du jardin, loin du bruit, de la basse-cour, des routes, et le plus abrité possible; si dans le voisinage il y a un filet d'eau courante l'emplacement ne laissera rien à désirer.

Quelquefois aussi, on fait dans le milieu d'un grand jardin une espèce de fosse qui est plus ou moins grande suivant le nombre de ruches qu'elle doit contenir, on relève la terre sur les bords de la fosse sur trois côtés, laissant libre celui du midi, qui sert d'entrée. On entoure cette fosse d'un mur, d'une cloison en planches, ou même de paillassons fortement assujettis au sol par des piquets.

Il est inutile de recommander de choisir un terrain sec. Quand cette fosse ou tranchée ne doit contenir qu'un seul rang de ruches, il ne lui faut que 4 mètres de largeur, 5 mètres pour deux rangs et 6 mètres pour quatre rangs.

La profondeur de ces fosses est généralement de 1 mètre; mais dans les pays froids on en creuse quelquefois dont la profondeur atteint 2 mètres et $2^m,50$.

Dans la mauvaise saison, on plante des piquets en terre pour supporter une légère couverture en papier ou carton bitumé, sous laquelle les ruches sont abritées et se trouvent fort bien, car l'air y circule largement, puisque ces toitures, qui n'ont pas de côtés, sont encore surélevées de 1 mètre au-dessus des bords de la fosse.

Ruchers couverts. — Le plus souvent, ces ruchers sont de simples hangars ou appentis, sous lesquels on abrite les ruches. Les eaux sont rejetées derrière le mur du fond qui regarde le nord, ces murs n'ont que 2 mètres d'élévation. Ils n'existent qu'au nord et à l'ouest, tandis qu'à l'est on se contente d'un simple treillage en bois ; les abeilles prospèrent fort bien dans ce genre de rucher.

Ruchers fermés. — Enfin sous les climats rigoureux, on dispose souvent les ruches dans des locaux entièrement fermés ; on se contente pour cela de prendre une pièce au midi un peu isolée de l'habitation ; mais quand on veut faire en grand l'élevage de l'abeille, il vaut mieux construire des ruchers comme ceux représentés à l'échelle de 0^m,02 par mètre par nos figures.

Le plan (*fig.* 442) se compose d'un petit bâtiment de 2 mètres de large

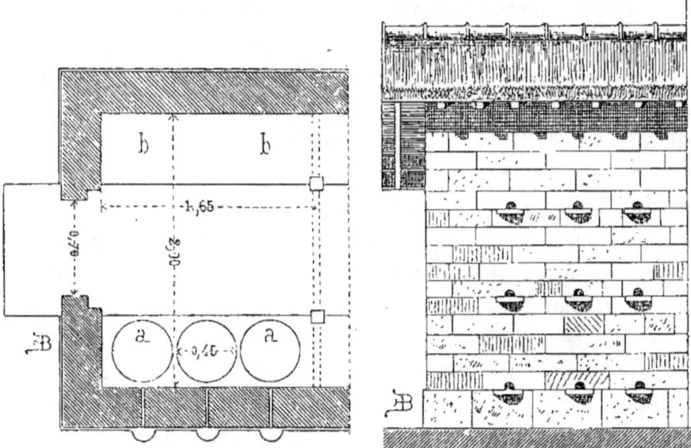

Fig. 442. — Plan d'un rucher fermé.
Légende :
a, a, ruches ; b, b, tablettes.

Fig. 443. — Élévation d'un rucher couvert
(une travée).

Échelle de 0^m,02 pour mètre.

et d'une longueur indéterminée : on ajoute 1^m,65 de largeur pour autant de fois qu'on veut placer trois ruches.

La figure 443 montre une travée de trois rangs de notre ruche fermée, qui a une toiture recouverte de chaume. Devant chaque drain, il y a une petite plate-forme en pierre ou, ce qui vaut mieux, en bois, qui sert de palier de repos pour l'entrée et la sortie des abeilles.

La coupe (*fig.* 444) montre les trois rangs de ruches en hauteur avec un drain qui est posé dans le mur, devant l'ouverture de chaque ruche.

Ce bâtiment a une hauteur moyenne de 2^m,40 derrière le mur de face. Sur le mur du fond, il existe, comme sur celui de devant, deux rangs de tablettes servant à placer les ruches de rechange ou à mettre de la confiture pour la nourriture des abeilles pendant la saison d'hiver.

Des ruches. — Il ne nous reste plus qu'à parler des ruches, voici celles que nous croyons les meilleures.

La plus simple de toutes (*fig.* 445) est la ruche Lombard, qui n'est qu'un perfectionnement de la ruche en cloche, que nous allons bientôt donner.

Cette ruche se compose d'un cylindre *a*, surmonté d'un chapeau *b*, dont il est séparé par une planchette percée de sept trous. La hauteur totale de cette ruche est de 0^m,35 à 0^m,40. — La récolte du miel se fait dans la calotte, vers la fin de septembre. Pour s'en emparer, on passe un fil de fer rasant la planchette pour diviser les gâteaux, qui relient le couvercle avec la partie cylindrique. Le lendemain, avec un petit instrument spécial (un

Fig. 444. — Coupe d'un rucher fermé.

Échelle de 0^m,02 pour mètre.

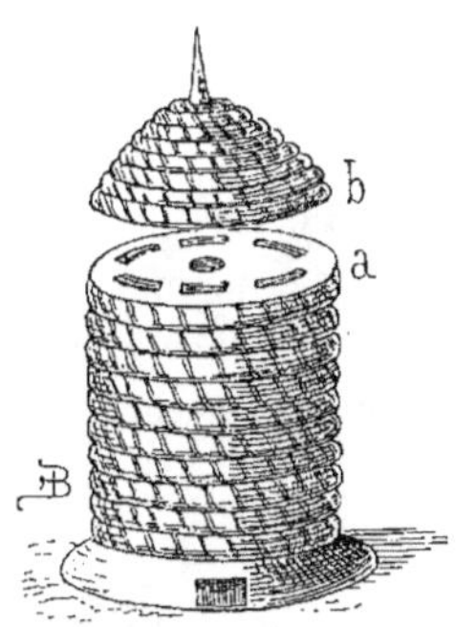

Fig. 445 — Ruche Lombard.

Échelle de 0^m,10 pour mètre.

tube de fer-blanc dans lequel on brûle un chiffon de toile) on s'entoure d'une atmosphère de fumée, on frappe quelques coups secs sur le corps de la ruche pour y attirer la reine, et l'on enlève le couvercle ou chapeau que l'on remplace par un autre de même dimension. Enfin on procède à la récolte du miel dans un lieu obscur, pour se débarrasser des abeilles qui auraient pu rester dans le chapeau.

Notre figure 446 représente la ruche Gélion perfectionnée par MM. Bosc et Féburier. Souvent cette ruche ne porte que le nom de ce dernier.

Cette ruche se compose d'une caisse divisée en deux compartiments par une cloison qui laisse une communication de quelques millimètres entre les deux parties de la caisse. Au lieu d'un parallélipipède rectangle, MM. Bosc et Féburier donnent à la caisse celle d'un tronc de pyramide. Le dessus est incliné et forme toiture.

La *ruche des jardins* (*fig.* 447) se compose de deux fortes planches formant les côtés, ayant 0ᵐ,50 de hauteur sur 0ᵐ,15 de largeur. Ces planches

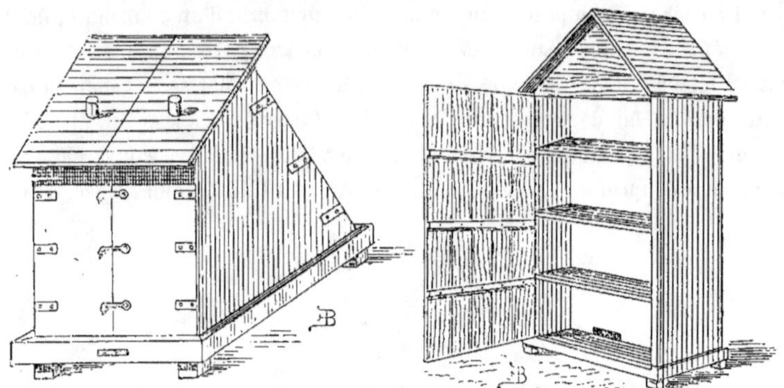

Fig. 446. — Ruche Bosc et Féburier.   Fig. 447. — Ruche des jardins.

sont solidement clouées avec celles de devant. La planche de derrière sert de porte et permet de voir ce qui se passe dans l'intérieur de la ruche et de retirer les gâteaux de miel. Enfin nos figures 448 et 449 représentent deux systèmes de ruche : la première (*fig.* 448) est dite en cloche; notre figure

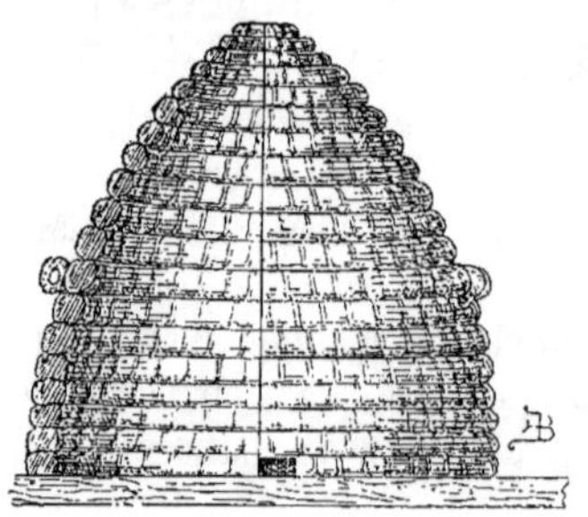

Fig. 448. — Coupe et élévation de la ruche
en cloche.
Échelle de 0ᵐ,10 pour mètre.

Fig. 449. — Ruche en moyette.
Échelle de 0ᵐ,05 pour mètre.

montre à droite la moitié de l'élévation et à gauche la moitié de la coupe ; la seconde (*fig.* 449) a la forme d'une moyette; elle est supportée par une petite plate-forme montée sur quatre pieds. Ce dernier modèle est très-bon et les abeilles s'y plaisent fort. De plus il est très-rustique et d'une longue durée.

MAGNANERIES.

On désigne sous le nom de *magnanerie* le local qui sert à l'éducation des vers à soie, en provençal *magnan*. Les magnaneries sont de deux sortes, les unes servent à la production de la soie et les autres à celle de la graine (œufs).

Depuis plusieurs années, on se plaint de la maladie des vers à soie, et on l'attribue à toutes sortes de causes ; mais surtout à la maladie de la feuille du mûrier, qui constitue la seule nourriture des vers à soie.

Nous pensons que ce n'est pas la seule raison. Évidemment, la terre surmenée et peu fumée dans les localités, dans lesquelles on cultive le mûrier, est épuisée et ne peut donner à l'arbre une nourriture suffisante, par suite, la feuille du mûrier peut occasionner aux vers la maladie ; mais, nous le répétons, ce n'est pas la seule cause.

Nous ne craignons pas d'avancer que des locaux mal disposés et mal ventilés influent plus qu'on ne le suppose généralement sur la santé des vers ; ce qui le prouve, c'est que les petites éducations, les *chambrées* qui ne renferment que 8 à 10 onces de graines réussissent et prospèrent, tandis que les grandes chambrées de 30 et 40 onces ne donnent très-souvent que des résultats désastreux.

Nous n'avons pas à donner ici des détails relatifs aux constructions des magnaneries ; nous traiterons cette question à l'article sériculture, dans nos *Grandes industries agricoles ;* mais nous dirons seulement qu'on doit choisir pour la magnanerie de grands locaux, sains et bien ventilés et établir dans ces locaux un système de chauffage qui permette de fournir une température régulière. Ensuite nous recommanderons de diviser les éducations par petites chambrées, de ne pas donner de la feuille mouillée et d'observer tous les préceptes que recommande une saine hygiène à l'égard de ces petits vers, qui sont une des grandes richesses de notre agriculture française.

Il y a quelques années, beaucoup d'éducateurs routiniers ne croyaient pas à la nécessité d'une ventilation énergique ; aujourd'hui, c'est un fait reconnu par les plus arriérés.

Nous venons de dire, que les magnaneries sont de deux sortes, celles qui sont destinées à l'éducation des vers pour la production de la soie (du *cocon*) et celles destinées au grainage.

Quelle que soit la destination de ces magnaneries, elles réclament les mêmes soins, seulement dans celles consacrées au grainage la température n'a pas besoin d'être aussi élevée, 12 à 14 degrés centigrades suffisent. Nous avons même observé dans des éducations que nous avons faites *nous-même,* que lorsque la moyenne de la température était de 8 à 10 degrés seulement, le papillon était plus robuste, donnait moins de graine, mais celle-ci était de meilleure qualité, car les vers qui en provenaient étaient sains et robustes et montaient tous, à peu d'exceptions près.

Les magnaneries se divisent encore en deux classes, les unes sont *permanentes* et les autres *temporaires.*

MAGNANERIES PERMANENTES. — Celles-ci doivent être préférées, car lorsqu'on construit un local exprès, il est toujours mieux approprié à sa destination. Ce qu'il faut surtout observer, c'est la ventilation ; elle ne sera jamais trop active (1).

Ainsi donc le constructeur doit établir des ventouses d'aération, des coulisseaux, cheminées, etc., dans le plancher haut et bas de la magnanerie.

Quant au mobilier de celle-ci, il se compose tout simplement de poêles et de tablettes à claire-voie qui s'appellent les *canisses.* Ces tablettes sont disposées autour des murs et dans le milieu de la magnanerie, en laissant un couloir autour des tablettes centrales, afin de donner de la feuille et enlever les litières. Les tablettes adossées aux murs ont 1 mètre de largeur, les tablettes centrales, $1^m,50$. Il est utile aussi d'établir aux portes et fenêtres des magnaneries des châssis garnis de canevas, ou, ce qui est mieux, des toiles métalliques.

MAGNANERIES TEMPORAIRES. — L'éducation des vers à soie ne dure guère que quarante-cinq jours environ, aussi beaucoup d'agriculteurs ne construisent point des locaux spéciaux ; ils utilisent des granges, des fenils, des hangars, ou d'autres constructions. Nous devons dire que très-souvent les vers à soie donnent d'excellentes récoltes dans ces magnaneries improvisées ; surtout sous les hangars, si la saison est belle. Nous devons ajouter qu'on suspend des bâches au nord et à l'ouest pour fermer ces hangars et

---

(1) Nous citerons à ce sujet un fait assez caractéristique. Dans une maison de campagne que nous avions dans le Gard, nous élevions, vers 1858, des vers à soie, et depuis quelques années nous n'étions pas heureux : au moment de la *montée* nos vers ne montaient pas, par conséquent nous n'avions pas de récolte. Un jour, après la quatrième mue la vitalité de nos vers parut s'arrêter au moment de la montée. Voyant la mauvaise tournure que prenaient nos vers, désespéré de notre insuccès, nous les avons jetés par la fenêtre. Il avait plu quelques heures auparavant et le gazon qui avait reçu nos vers, était mouillé. Notre excellente mère, voyant notre chagrin, les fit ramasser et porter sur les *canisses* (espèces de claies en roseaux sur lesquelles on met les vers à soie). Cette année-là notre récolte fut magnifique. A quoi attribuer ce changement subit ? Est-ce à la brusque ventilation que nous avions donnée à nos vers ou à la violente hydrothérapie pratiquée sur eux, car ils remontèrent leur étage complétement baignés. Toujours est-il que notre récolte fut cette fois aussi magnifique qu'inespérée.

qu'au midi et à l'est, on tend simplement des châssis avec du canevas.

Chambre pour la feuille. — Chaque magnanerie possède auprès d'elle une chambre pour enfermer la feuille du mûrier; ce local est indispensable, c'est là en effet, que l'on fait sécher la feuille si elle est mouillée par la pluie. Cette pièce doit être fraîche; il ne faut y laisser entrer que la lumière nécessaire pour voir l'état de la feuille, et remuer et monder celle-ci. Il serait superflu de recommander de choisir pour ce service une pièce à proximité de la magnanerie.

VENTILATION DES MAGNANERIES. — Olivier de Serres, le patriarche de l'agriculture française, attribuait à la mauvaise ventilation la plupart des maladies dont les vers à soie sont atteints : « Ce sont, disait-il, des pellicules de leurs dépouilles et de leurs charognes mêlées parmi les litières, d'où vient toute la puanteur, et non de ces nobles animaux. » Il recommande ensuite divers préceptes sur les soins hygiéniques à donner à ces animaux, préceptes qu'on croirait formulés de nos jours et qui s'ils étaient suivis, préserveraient ces utiles chenilles de toutes les épidémies dont elles sont frappées depuis quelques années, qui sont la flacherie, la pèlerine, la muscardine, etc. De son temps, D'Arcet avait constaté l'insuffisance des moyens de chauffage et de ventilation des magnaneries.

Il a eu l'honneur d'avoir réclamé le premier la ventilation forcée de ces locaux. Il fit comprendre aux populations méridionales, les effets utiles du tarare ou système de propulsion combiné avec des cheminées d'appel pour augmenter l'aération des magnaneries.

La plus grave erreur des éducateurs de vers à soie a toujours été d'attacher une importance secondaire aux questions de chauffage et de ventilation des locaux dans lesquels ils font l'éducation de cet insecte. Ils ont cru avoir tout fait, après avoir établi à tort et à travers des ventouses d'aération et des poêles en fonte pour chauffer.

Nous n'entrerons pas ici dans de plus longs détails, mais nous renverrons ceux de nos lecteurs qui voudraient de plus amples renseignements à notre *Traité complet de chauffage,* dans lequel ils trouveront la meilleure méthode de chauffage et de ventilation des magnaneries.

CHAPITRE V.

DES CONSTRUCTIONS ANNEXES DE LA FERME.

A côté des bâtiments affectés à l'habitation de l'homme et au logement des animaux domestiques, il existe pour compléter les locaux de la ferme une série de constructions annexes qui sont non-seulement d'une grande utilité, mais encore indispensables.

On a grand tort de négliger l'étude de ces bâtiments ou même de s'en passer totalement, car il en résulte une perte considérable pour le propriétaire ou pour le fermier exploitant.

En effet, quand on néglige de faire de pareilles constructions, il résulte souvent que les menus instruments disparaissent, que les gros appareils placés au milieu des cours ou le long des bâtiments, les charrettes, les voitures et les charrues, herses, etc., qui ne sont pas abrités sous des remises ou hangars, se détériorent rapidement, exposés qu'ils sont à l'intempérie des saisons.

Aussi, nous trouvons que, dans une exploitation rurale bien tenue et bien comprise, on doit mettre en pratique cette double maxime : *une place pour chaque chose, et chaque chose à sa place.*

Comme les constructions annexes de la ferme se composent de nombreux bâtiments, nous les séparerons en six grandes divisions, qui auront elles-mêmes leurs subdivisions ; cela nous permettra d'avoir *une place pour chaque chose* et de mettre *chaque chose à sa place ;* nous mettrons donc nous-même en pratique les maximes que nous conseillons à nos lecteurs de pratiquer

I. Constructions destinées à abriter ou réparer les instruments agricoles.

II. Constructions destinées à abriter et conserver les récoltes.

III. Constructions destinées à préparer les récoltes.

IV. Constructions destinées à recueillir, emmagasiner ou perdre les eaux.

V. Constructions destinées à recueillir et fabriquer les engrais.

VI. Constructions destinées au nettoyage et au lavage.

I. CONSTRUCTIONS DESTINÉES A ABRITER OU RÉPARER LES INSTRUMENTS AGRICOLES.

1. ABRIS POUR LES INSTRUMENTS AGRICOLES, OU SERRE A OUTILS. — Dans les petites exploitations agricoles, on serre les menus outils et instruments de l'agriculture où l'on peut, sous les combles ou le sous-sol, dans les pièces qu'on habite ou dans un petit cabinet à part. Ceux dont l'emploi est journalier se trouvent sous la main, ceux au contraire qui ne servent qu'une partie de l'année pour l'enlèvement et l'emmagasinement des récoltes, comme *tarares, cribles, tamis, râpes, faux, corbeilles et paniers à vendanges, hottes etc.*, sont conservés dans les combles de l'habitation ou sous des hangars et des appentis.

Dans les moyennes exploitations au contraire, les outils d'un usage journalier doivent être placés dans un local exprès, qu'on nomme *magasin* ou *serre à outils*. Ce magasin peut être séparé en plusieurs compartiments qui contiennent chacun des outils ou des instruments différents, l'un des compartiments sera même fermé à clef, afin d'y resserrer les menus outils qui ont une certaine valeur et susceptibles d'être volés. On pourra même encore pour plus de sûreté renfermer ceux-ci dans des armoires ou placards grillagés afin que l'air pénétrant dans les armoires les tienne parfaitement sèches.

La chambre à outils devra être placée dans un local bien sec et situé autant que possible près de l'habitation ; les murs devront être garnis de potences supportant des tablettes qui recevront les instruments. Le plafond lui-même devra porter des clous à crochet, des potences et des fers à doubles T comme suspension.

Quelquefois aussi la chambre à outils est divisée en petits boxes et chacun d'eux renferme une certaine variété et nombre d'instruments ; chaque boxe, fermé à clef par une porte grillagée, possède au-dessus d'elle, une inscription qui indique le nombre et la nature des instruments que renferme le boxe.

Il est aussi indispensable que, près de la porte de sortie de la serre à outils, il soit placé un tableau noir où l'ouvrier emprunteur inscrit ce qu'il emporte, car chacun sait (celui surtout qui a dirigé un grand domaine ou des ouvriers) avec quelle facilité disparaissent les instruments qui n'appartiennent pas aux ouvriers. Il faut toujours de l'ordre ; on ne saurait trop en avoir, car cela force les ouvriers les moins honnêtes à le devenir.

Dans les grandes exploitations, un ouvrier est chargé de distribuer les outils ; c'est lui qui surveille et inscrit leur sortie et leur rentrée, et qui est responsable du magasin.

2. ATELIERS. — Dans les moyennes et grandes exploitations il est de toute nécessité d'établir des ateliers pour le *charronnage*, la *forge*, le *tonnelage*. Comme ces locaux n'affectent aucune construction particulière, nous n'avons pas à les décrire ; on utilise ordinairement des remises ou des hangars ou appentis fermés, l'essentiel pour tous ces locaux, c'est qu'ils soient éclairés par de grandes et larges baies. Ils doivent contenir des poêles ou des cheminées et une forge en fer portative. Nous n'insisterons pas sur l'emplacement à donner à ces locaux, puisque chacun doit les placer et les installer à sa guise.

3. HANGARS. — Les hangars sont des constructions légères qui servent à abriter des objets encombrants de diverses natures. Ils sont, dans bien des cas, d'une grande utilité, puisqu'ils emmagasinent beaucoup de volume à peu de frais.

Ces constructions consistent en toitures légères supportées par des piliers en maçonnerie ou par de simples poteaux en bois ; quelquefois même ce ne sont que de simples *appentis* adossés contre des murs, comme nous le verrons bientôt.

Les hangars, suivant leur destination, doivent être fermés au moins sur l'un de leurs côtés, sur celui qui est exposé aux vents et à la pluie. On emploie à cet effet soit un mur, soit un voligeage fortement cloué sur des montants en charpente.

L'utilité des hangars, à la ville comme à la campagne, est incontestable. Dans les villes on les emploie pour *gares*, *douanes* ou *entrepôts*, *marchés*, *usines*, *fabriques*, etc., ils servent donc à toutes sortes d'usages.

A la campagne, les agriculteurs logent sous les hangars les charrues, les herses, les rouleaux, charrettes et voitures, qui sont ainsi non-seulement à l'abri des pluies et des brouillards, mais encore protégés contre les rayons solaires, et nos lecteurs savent fort bien que les changements de température, les intermittences de chaleur et d'humidité occasionnent la prompte destruction des objets ; on prolonge donc leur durée en les plaçant sous des hangars.

Toutes sortes de formes ont été employées ou proposées pour ce genre d'abri, aussi embrassent-elles tous les modes de construction pouvant supporter une toiture ; elles peuvent néanmoins se ramener à deux dispositions principales : le *hangar ouvert* ou *halle*, et le *hangar fermé* ou *remise*.

Les dimensions des hangars sont très-variables. Nous parlerons très-brièvement des petits hangars; nous nous étendrons au contraire un peu plus longuement sur les hangars qui nécessitent des fermes à grande portée.

A. *Appentis.* — Les hangars peuvent être à une ou deux pentes. Dans le premier cas, ils sont nommés *appentis.* Ceux-ci sont généralement adossés à une construction quelconque ou bien à un mur de clôture. La toiture des appentis est supportée par des poutrelles clouées ou chevillées sur une plate-forme placée sur un mur, lorsque celui-ci n'est pas plus élevé que l'appentis; dans le cas contraire, l'un des bouts des poutrelles est scellé dans le mur, tandis que l'autre est soutenu par des piliers, auxquels on donne une plus grande solidité en les reliant entre eux par des sablières portant liens.

Dans la construction des appentis, il faut disposer la charpente de manière

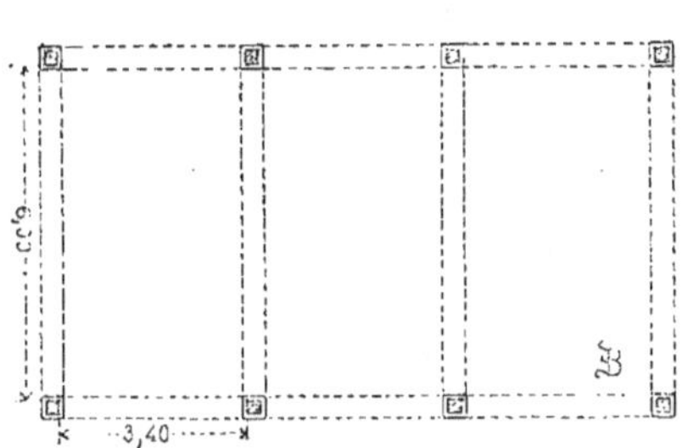

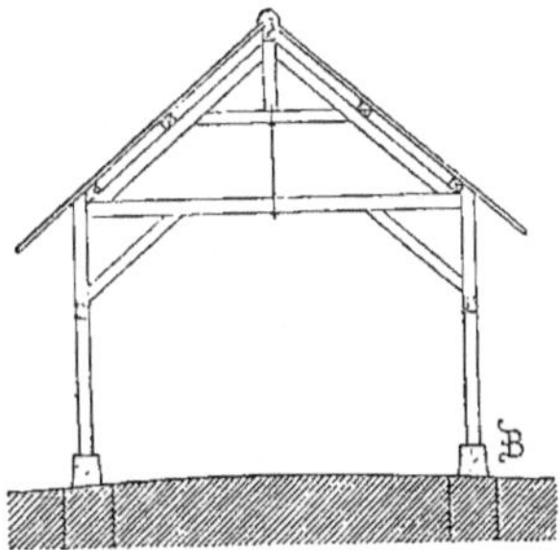

Fig. 450. — Plan d'un hangar sur piliers de bois (premier type).

Fig. 451. — Coupe d'un hangar sur piliers de bois (premier type).

Échelle de 0ᵐ,005 pour mètre.

à ce que le poids de la toiture ne puisse pousser au vide le mur, si l'appentis est plus élevé que lui, ou l'entraîner en dedans s'il est moins élevé. Il existe divers moyens d'obvier à cet inconvénient; l'un des plus simples consiste à disposer dés liens en écharpe vis-à-vis les demi-fermes, de façon à ce que le poids de la toiture soit également réparti entre les poteaux de devant et le mur.

Un autre bon moyen consiste à n'employer que des toitures légères. Ce dernier moyen offre des avantages évidents et multiples, nous laissons à la sagacité de nos lecteurs de les en déduire.

Nous renvoyons nos lecteurs aux pages 79 et 80 qui donnent (*fig.* 69, 70, 71 et 72) des demi-fermes très-bien comprises pour appentis.

B. *Hangars sur piliers de bois.* — Nos figures 450, 451, 452, montrent le plan, coupe et élévation d'un hangar dont la construction est des plus simples. Elle est formée par deux rangs de poteaux en sapin ou en chêne posés sur des dés en pierre qui sont encastrés dans un massif en maçonnerie établi au droit de chaque pilier. Quelquefois, quand le sol est peu consistant, on fait de petites fondations comme si on voulait élever une construction en maçonnerie.

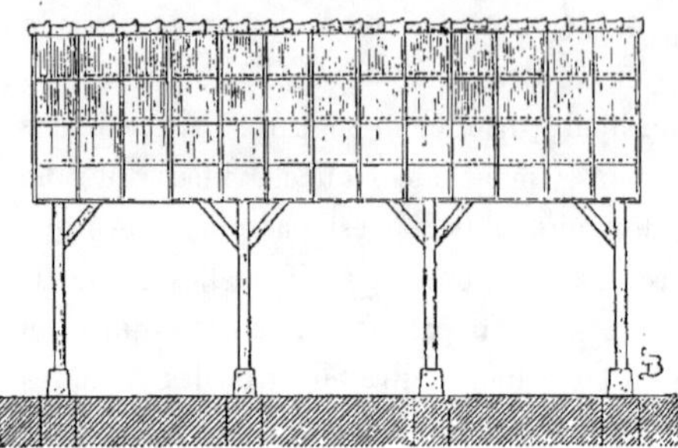

Fig. 452. — Élévation d'un hangar sur piliers de bois (premier type).
Échelle de 0^m,005 pour mètre.

Pour empêcher le déplacement du poteau, sa partie inférieure est fixée au dé en pierre par un goujon en fer, ou bien cette extrémité du poteau est terminée par un fort tenon qui est encastré dans ce même dé.

Ce hangar n'a que trois travées, mais on peut en établir un plus grand nombre si c'est nécessaire.

La couverture peut être faite soit en chaume, paille, ardoise, zinc; la char-

Fig. 453. — Hangar sur piliers de bois (deuxième type).
Échelle de 0^m,01 pour mètre.

pente serait même assez forte pour supporter, à la rigueur, de la tuile, dans un pays où il ne tomberait pas de la neige.

Dans notre dessin en élévation (*fig.* 452), nous avons représenté du feutre bitumé. Les bandes de ce produit ont 0^m,90 de largeur. Elles sont posées horizontalement. On commence la pose par le bas. Les bandes doivent se recouvrir successivement de 0^m,10 ; on cloue la seconde sur la première, et ainsi de suite : le faîtage est en tuiles faîtières. Des tringles de bois sont clouées verticalement pour retenir le feutre et empêcher un vent violent de le soulever.

Nos figures 453 et 454 représentent des hangars sur piliers en bois, qui sont fort bien compris. Ils sont tout en charpente, et leur prix de revient

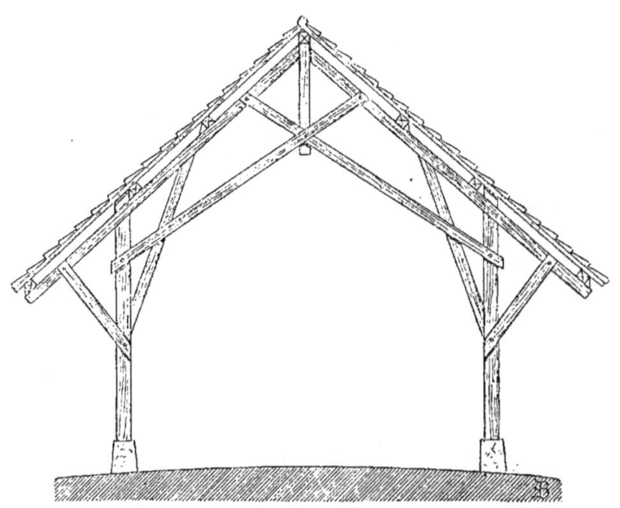

Fig. 454. — Hangar sur pilier de bois (troisième type.)

Échelle de 0^m,01 pour mètre.

est très-minime. Les poteaux sont en sapin de 0^m,27 sur 3^m,30 de hauteur ; les autres bois excepté les chevrons et le faîtage sont en bastings.

Le hangar représenté par notre figure 453 mesure 5^m,50 de largeur entre ses piliers et 5^m,50 de hauteur ; il serait d'une grande utilité dans les campagnes, car il permet d'abriter, en cas de mauvais temps, des charrettes chargées de foin, de paille ou autres denrées volumineuses qu'on ne peut engranger immédiatement.

Nous n'avons pas donné le plan de ce hangar parce qu'il est des plus simples ; avec deux travées on couvre une surface carrée, et avec un plus grand nombre on lui donne toutes les dimensions désirables.

Notre figure 454 représente un hangar du même genre, mais dans une autre disposition. Il mesure 4ᵐ,50 sous le poinçon et 5ᵐ,50 de largeur. Les arbalétriers sont fixés, à leur partie supérieure, sur le poinçon qui reçoit le faîtage. Des bastings se croisant entre eux, reçoivent l'extrémité supérieure du poinçon et empêchent l'écartement des arbalétriers. Ces deux modèles de charpente reposent sur des dés en pierre.

La suppression de leur entrait permet le passage et l'abri de voitures et charrettes grandement chargées.

C. *Hangars sur piliers en maçonnerie.* — Les hangars élevés sur piliers en bois, quoique durant fort longtemps, ne font pas un aussi long service que ceux élevés en maçonnerie. Quelquefois aussi, à part la question de durée, ceux qui veulent élever des hangars désirent qu'ils soient en harmonie avec le reste des constructions environnantes. Telles sont les principales raisons

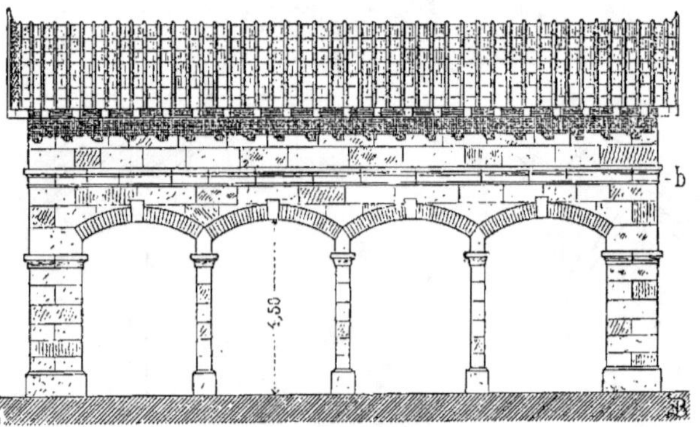

Fig. 455. — Élévation d'un hangar sur piliers en maçonnerie.
Échelle de 0ᵐ,005 pour mètre.

qui font élever des hangars sur piliers en maçonnerie. Ils sont très-variables dans leurs formes.

Tous les modèles de hangars que nous avons donnés précédemment peuvent remplacer leurs piliers en bois par des piles en maçonnerie. Nous nous dispenserons donc de reproduire les mêmes types ; nous donnerons au contraire des modèles pouvant servir, avec quelques modifications, à plusieurs usages. Tel est celui représenté par nos figures 455 et 456.

Le plan figure 456 est des plus simples. Il représente un hangar ouvert de quatre côtés ; mais, si l'on veut soustraire à l'influence d'un vent quelconque les objets qui sont abrités sous ce hangar, on peut élever des cloisons, soit en planches, soit en maçonnerie, sur les côtés. En le fermant même de toutes parts, on obtiendrait une magnifique orangerie ou une remise. Comme ce hangar est très-élevé, il arrive parfois qu'on établit un plancher à la hauteur de la corniche b : on obtient ainsi un étage de $3^m,20$ qui sert de chambres, de magasin ou de grenier. Dans ces cas, lorsqu'on utilise cet étage comme entrepôt de marchandises lourdes, il est prudent de mettre des piliers ou des colonnes en fonte aux points aaa figurés au plan. Sans cette précaution,

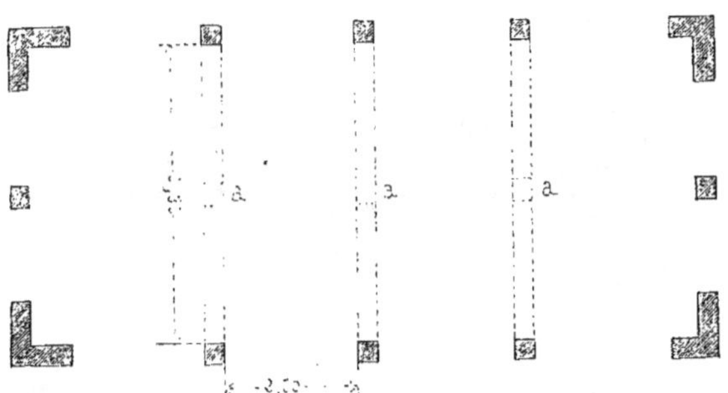

Fig. 456. — Plan d'un hangar sur piliers en maçonnerie.

Échelle de $0^m,005$ pour mètre.

le plancher haut qui mesure $6^m,80$ dans œuvre, pourrait fléchir et amener des accidents.

Ce dernier hangar peut, en outre, rendre les mêmes services que le précédent; sa durée est beaucoup plus considérable, mais aussi son prix de revient est plus élevé. Il peut être utilisé comme orangerie, serre froide, remise à voitures, ou pour abriter des marchandises de prix.

D. *Hangars en maçonnerie de briques.* — Un autre genre de hangar qui peut encore rendre de grands services, c'est celui qui est représenté par nos figures 457 et 458; comme celui décrit précédemment (*fig.* 455) il peut être utilisé pour orangerie ou amgasin en le fermant sur ses faces longitudinales. La seule inspection

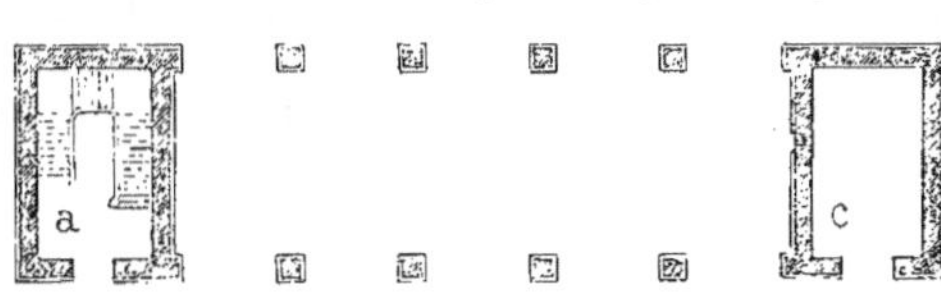

Fig. 457. — Plan d'un hangar en maçonnerie de brique.

Échelle de $0^m,005$ pour mètre.

de nos figures suffit pour faire comprendre cette construction.

Les ailes a, c (*fig.* 457), servent à caler et contrebuter le hangar proprement dit et à lui donner une grande solidité. Le pavillon a sert pour la cage d'escalier qui conduit au magasin situé au premier étage. Ce dernier est construit en pans de bois et torchis. Il n'est éclairé que sur les faces latérales; mais si on le juge utile, on peut ouvrir des baies sur les faces longitudinales, car dans l'axe des ouvertures du rez-de-chaussée il n'existe pas de traverses. Le pavillon *c* peut servir, soit pour mettre un gardien, soit pour un atelier de travail ou de réparations.

Les hangars que nous avons donnés jusqu'ici peuvent être diminués à la volonté du constructeur. Nous dirons cependant, que si l'on ajoutait

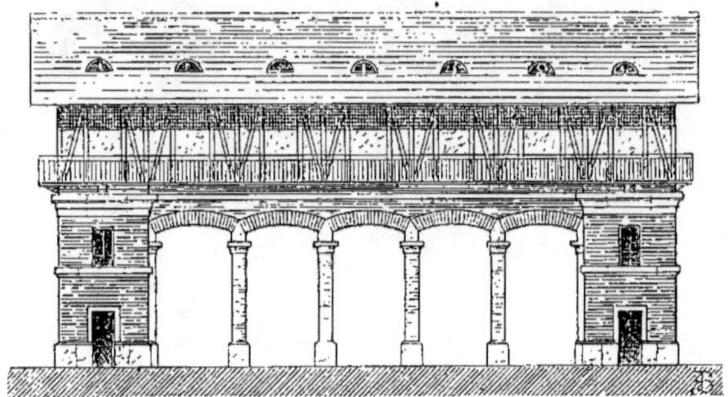

Fig. 458. — Hangar en maçonnerie de briques.
Échelle de 0^m,005 pour mètre.

quelques travées de plus en longueur, il serait prudent d'élever dans l'axe du hangar un massif en maçonnerie semblable à ceux des extrémités. On pourrait utiliser celui-ci pour abriter des instruments agricoles ou pour tout autre usage. On peut même doubler ce plan en largeur; dans cette supposition, avec trois rangs de piliers, on aurait un hangar double, qui économiserait ainsi le quatrième rang de piliers, si l'on construisait deux hangars séparés.

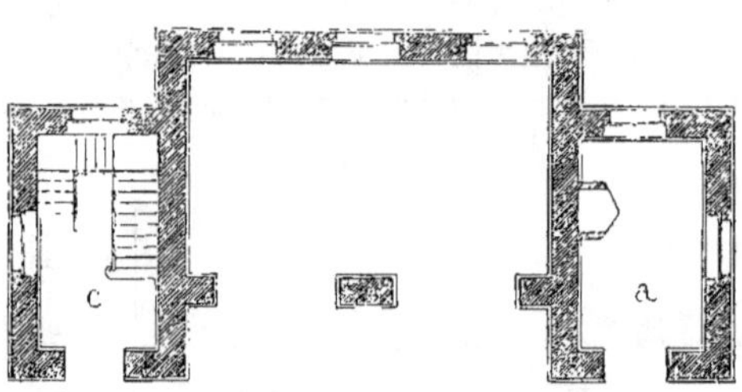

Fig. 459. — Plan d'une remise avec ses dépendances.
Échelle de 0^m,005 pour mètre.

Dans les contrées, où la brique est abondante, elle doit être employée de préférence à la pierre, puisqu'elle présente la même garantie de durée et de solidité et que le prix de revient de la brique est moins élevé que celui de la pierre.

Le socle de ce hangar (*fig.* 458) est en pierre, ainsi que les bandeaux, corniches, et chapiteaux des piliers. La couverture est en ardoise; on peut la faire en tuile, ou employer tout autre genre de matériaux légers, qu'on peut avoir sous la main et dans le pays.

E. *Remises.* — Les précédentes figures de hangars que nous venons de donner peuvent, en fermant les faces comme nous l'avons dit, fournir un excellent type de remises; mais nos figures 459, 460, montrent le plan et l'élévation d'une véritable remise. Elle possède deux portails; elle

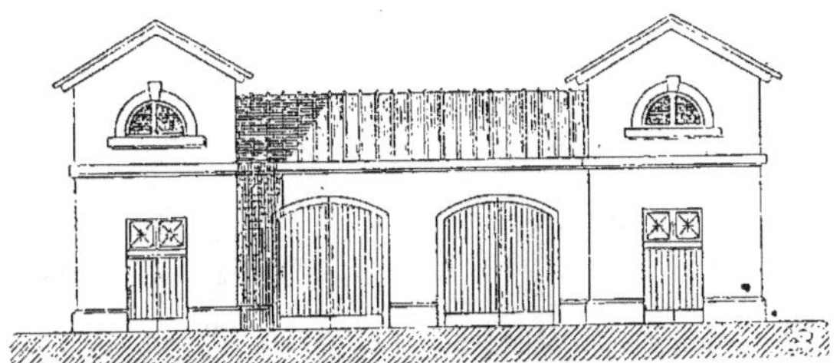

Fig. 460. — Remise avec ses dépendances
Échelle de 0ᵐ,005 pour mètre.

est flanqué de deux pavillons : l'un d'eux *a* (*fig.* 459) peut servir pour atelier de forge ou de charronnage; l'autre *c* sert pour la cage d'escalier qui conduit au premier étage.

On peut employer pour ce genre de construction toutes sortes de matériaux, la pierre, la brique, le moëllon, le pan de bois, et le torchis.

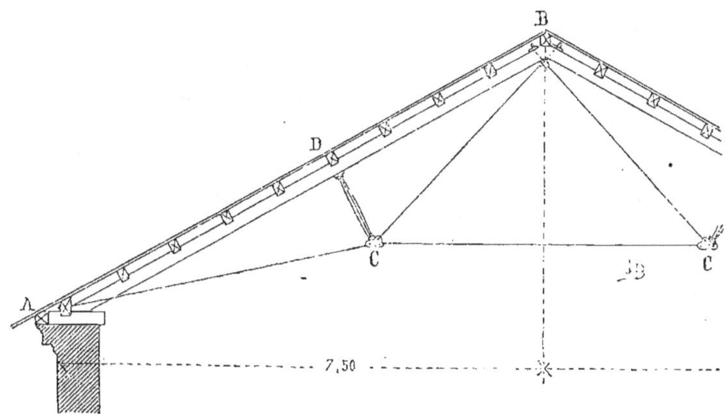

Fig. 461. — Ferme en bois et fer à grande portée (moitié de l'élévation.)
Échelle de 0ᵐ,01 pour mètre.

On peut varier à l'infini, les types de hangars et de remises.

Nous ne nous étendrons pas plus longuement sur ce sujet; car les exemples que nous avons donnés peuvent suffire à nos lecteurs pour installer tous les genres qu'ils désireraient construire; mais nous donnerons pour terminer deux types de fermes l'une en bois et fer et l'autre toute en fer.

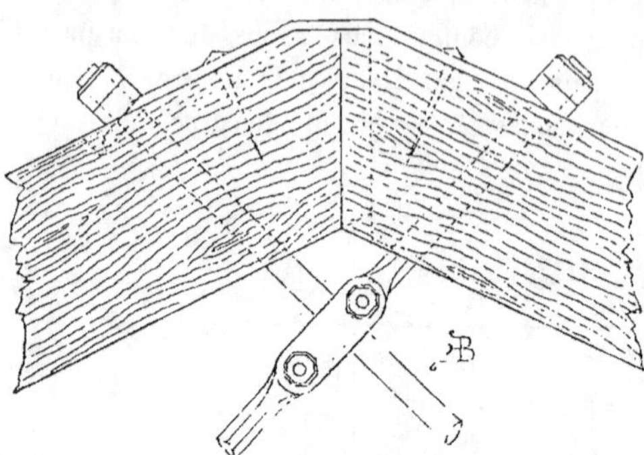

Ces fermes très-légères, à grande portée, permettront de couvrir de vastes hangars remises, ou magasins, et même des bâtiments pour docks et entrepôts.

Notre figure 461 montre la moitié de l'élévation d'une ferme mixte en bois et fer, qui mesure 15 mètres de

Fig 462. — Assemblage des arbalétriers au poin B.
Échelle de 0ᵐ,10 pour mètre.

portée ; cette ferme est très-simple, très-élégante, très-solide et très-écono_mique.

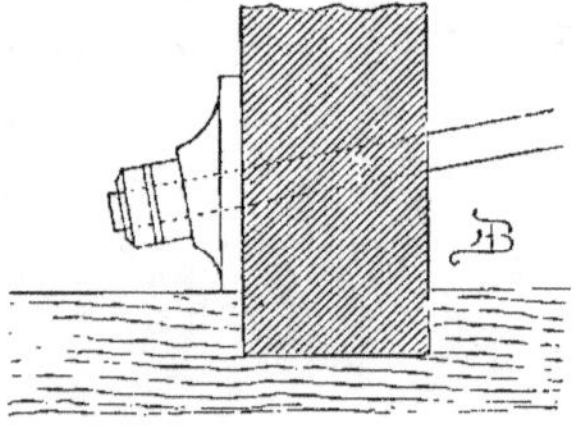

Notre figure 462 montre l'assemblage des arbalétriers avec les tirants, au point B de la précédente figure ; tandis que la figure 463 montre l'assemblage du tirant au point A, c'est-à-dire sur la dernière panne. Notre figure 464 montre l'élévation et la projection des bielles aux points C,C. On y voit que les tirants sont serrés par des boulons à

Fig. 463. — Assemblage du tirant au point A.
Échelle de 0ᵐ,10 pour mètre.

écrous et à vis. Enfin notre figure 465 montre en *a* la coupe des bielles ainsi que la face et le profil de ces mêmes bielles ; tous ces détails sont représentés à l'échelle de 0ᵐ,10 par mètre.

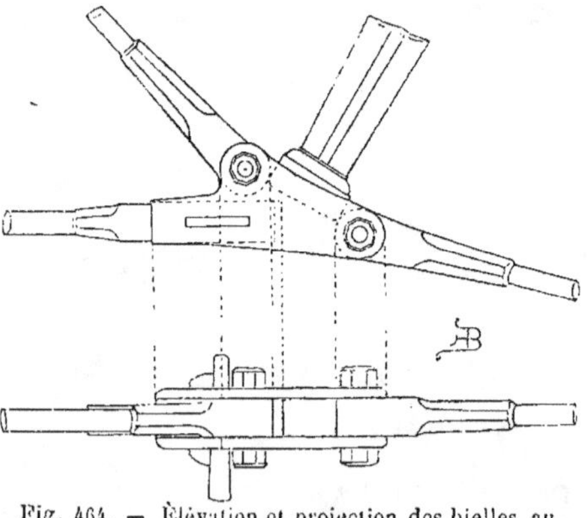

Nous donnons dans nos figures 466 et 467 une ferme tout en fer qui a 17 mètres de portée. La figure 466 fait voir la moitié de l'élévation de cette ferme, qui offre les mêmes avantages que la précédente, seulement sa construction

Fig. 464. — Élévation et projection des bielles au points C, C.
Échelle de 0ᵐ, 10 pour mètre.

serait d'un prix plus élevé. Des fers à double T de 0ᵐ,18 de hauteur sont boulonnés sur les arbalétriers à l'aide d'équerres en fer ; un des bouts des bielles s'assemble sur les arbalétriers et de l'autre bout elles maintiennent

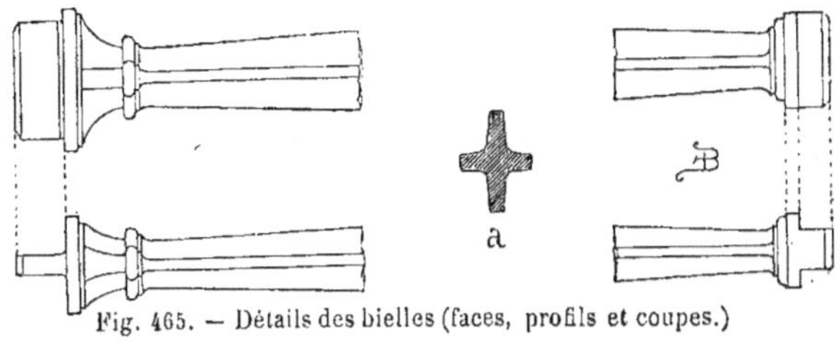

Fig. 465. — Détails des bielles (faces, profils et coupes.)
Échelle de 0^m,10 pour mètre.

les tirants à leurs places respectives, comme le montre notre figure 467.

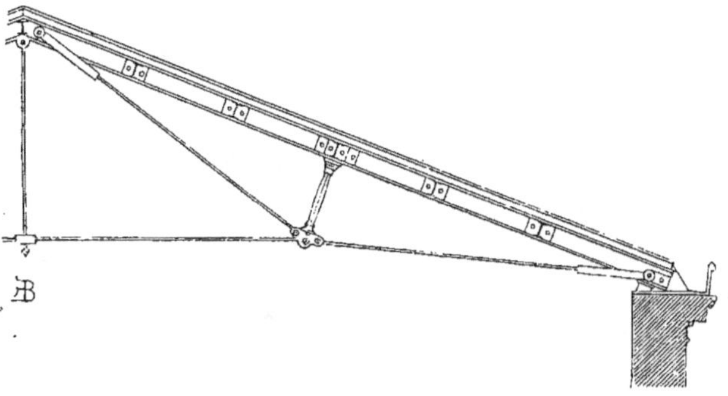

Fig. 466. — Ferme en fer à grande portée (moitié de l'élévation).
Échelle de 0^m,01 pour mètre.

Dans les fermes en fer, les bielles remplacent les contrefiches, elles servent à soulager l'arbalétrier au droit des pannes.

II. CONSTRUCTIONS DESTINÉES A ABRITER ET CONSERVER LES RÉCOLTES.

Il ne s'agit pas de produire et d'enlever les récoltes, il faut encore avoir de grands locaux pour les recueillir et les mettre à l'abri des intempéries des saisons, des rapines et de l'incendie.

Bien souvent aussi, après l'enlèvement immédiat des récoltes, on ne peut les livrer à l'industrie ou au commerce, soit parce que certaines denrées exigent une préparation première avant de pouvoir être vendues, soit parce que le prix, au moment de la récolte, n'est pas assez rémunérateur.

Pour tous ces motifs, il est indispensable d'avoir de grands locaux bien disposés, en vue d'assurer la meilleure conservation des récoltes.

Nous allons successivement passer en revue les bâtiments agricoles dont il s'agit.

1. FENILS. — Il suffit pour conserver les fourrages, de les mettre à l'abri de l'humidité. Aussi tout emplacement couvert situé sur un sous-sol sec est très-bon pour un fenil.

Il faut encore que les voitures et les charrettes puissent approcher facilement des fenils pour les remplir et les vider au besoin.

Aussi nous trouvons que les hangars avec couverture descendant très-bas sur les côtés sont de la plus grande commodité pour cet usage.

Nous recommandons plus particulièrement les types représentés par nos figures 453 et 454, pages 324 et 325, surtout ceux de nos figures 461 à 467 qui montrent la moitié des ensembles et les détails.

Planchers. — Lorsque les fenils sont placés au-dessus des hangars, des écuries ou des étables, il faut que les planchers qui supportent les fourrages soient bien faits, afin que ce qui se trouve sous les hangars ne soit pas sali et abimé par le fourrage ou bien que les émanations de l'écurie ne communiquent pas de mauvaises odeurs aux foins, et ne les rendent tels que les animaux les refusent comme nourriture; aussi nous condamnons toute ouverture ou trappe établissant une communication directe entre les écuries et le fenil. Il est préférable de faire une cheminée ou armoire en bois hermétiquement close, et par laquelle on envoie du fenil à l'écurie les bottes de fourrage.

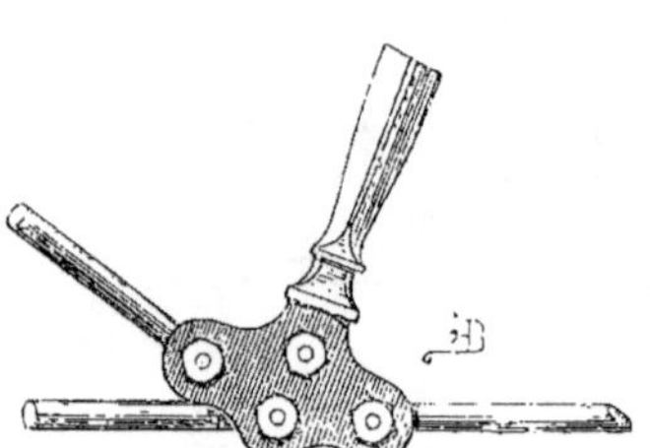

Fig. 467. — Détail montrant l'assemblage des bielles et des tirants.

Échelle de 0ᵐ,10 pour mètre.

Pour les planchers, nous recommandons plus particulièrement ceux que nous avons décrits page 74 (*fig.* 60). C'est un plancher en bois d'un excellent usage pour les fenils; si même on ne craignait pas la dépense, nous conseillerions d'employer ceux représentés figures 58 et 59, page 74.

Ouvertures. — *Fenêtres, portes.* Il faut avoir soin de ménager dans les fenils des portes et fenêtres sur les faces extérieures, dans les murs pignons ou dans les murs gouttereaux. Nous recommandons même, dans les grands fenils, d'avoir, tous les quatre à cinq mètres, des fenêtres-portes, de telle sorte qu'on ne soit pas obligé de transporter les fourrages à une longue distance dans l'intérieur du bâtiment, car cela occasionnerait une perte de temps et par conséquent d'argent.

Toutes les fenêtres-portes doivent être pourvues non-seulement d'une poulie pour élever les bottes de fourrage, mais d'un petit auvent qui les abrite et empêche la pluie de pénétrer dans le fenil, lorsqu'on enferme le fourrage. Ces fenêtres-portes doivent être pourvues aussi d'une petite plate-forme ou palier, qui facilite la manœuvre et évite quelquefois des chutes plus ou moins dangereuses.

Quand les fenils sont grands et que les fenêtres-portes sont multipliées autour du bâtiment, cela permet, dans un moment de presse ou dans la crainte d'un orage, d'enfermer rapidement les fourrages.

Dimensions des magasins à fourrages. — Il est assez difficile de déterminer les dimensions à donner aux magasins à fourrages, car le volume de ceux-ci varie suivant la nature de leurs diverses espèces et suivant l'état plus ou moins avancé de leur dessiccation.

A poids égal, la paille longue et même brisée exige un emplacement double de celui du foin. Les luzernes, trèfles ou foins provenant de prairies artificielles occupent (toujours à poids égal) un volume plus considérable que le foin provenant des prairies naturelles, et en général les foins très-secs ont un volume d'un cinquième ou d'un quart plus faible que le foin moins sec.

Ce sont toutes ces différences, qui font qu'on ne peut préciser d'une manière certaine les dimensions à donner aux fenils pour renfermer une quantité voulue ; mais en tenant compte de ce que nous venons de dire et de la quantité qu'il faut par tête de bétail, on peut arriver à faire des fenils en rapport avec les besoins d'une ferme, ou des magasins à fourrages d'une capacité demandée.

Du reste voici des chiffres qui compléteront les données que nous venons de fournir ci-dessus et qui permettront de déterminer les dimensions à donner aux fenils, et cela d'une manière à peu près précise.

Du volume et du poids du fourrage. — Le poids d'un mètre cube de fourrage varie suivant sa qualité, sa siccité et son foulage, de 60 à 90 kilogrammes. La paille pèse 16 à 18 pour 100 de moins pour le même volume.

Voici maintenant les chiffres adoptés pour les magasins à fourrages de l'État.

1000 quintaux métriques (100,000 kilog.) de foin en bottes exigent 860 mètres cubes.
—   entassé en magasin (en vrague)   —   430   —
                  en balles ficelées, comprimées à la
—   presse hydraulique   —   143   —

Généralement, on double ces nombres pour avoir la capacité totale des fenils, car il faut réserver de la place pour la manipulation des fourrages et ne pas élever ceux-ci au-dessus des entraits des fermes de charpente.

En résumé, s'il nous fallait donner une moyenne de l'emplacement nécessaire pour loger 1000 kilogrammes de foin nous dirions qu'il faut 20 mètres cubes, soit 50 kilogrammes par mètre cube.

Si maintenant, il fallait déterminer une dimension à donner aux magasins à fourrages en se basant sur la quantité nécessaire aux animaux entretenus sur une exploitation, nous dirions qu'il faut compter que chaque cheval ou bœuf consomme journellement $12^{kg},50$ environ de fourrage; or comme 50 kilogrammes est la moyenne d'un mètre cube, nous dirions que chaque cheval ou bœuf consomme $0^{mc},000025$ par jour. Si maintenant nous multiplions $0^{mc},000025$ par 360 jours nous verrons qu'il faudrait 90 mètres cubes de surface pour loger la ration annuelle d'un cheval ou d'un bœuf; mais nous devons ajouter que bien souvent les animaux, surtout les bœufs, ne consomment pas exclusivement dans l'année des fourrages secs, qu'à certaines époques ils consomment des grains, des racines et des fourrages verts, et que c'est autant à déduire pour la réserve des fourrages secs.

Examinons maintenant ce que consomment les bêtes ovines.

Nous emprunterons nos chiffres à Mathieu de Dombasle, auquel il faut toujours avoir recours, quand on veut parler du mouton. Eh bien! d'après cet agronome, il faut $1^{kg},40$ pour la ration journalière de fourrage d'une bête à laine, ce qui donnerait annuellement dix mètres cubes environ pour chaque bête ovine; mais nous ferons la même observation que pour les bœufs, les moutons consomment autre chose que des fourrages secs, car il faut compter que les moutons n'hivernent que quatre mois dans la bergerie, or en faisant une provision pour cinq à six mois c'est tout ce qu'il faut. Il faudrait donc réduire le chiffre précédent de moitié, soit 5 mètres cubes par tête de mouton, l'emplacement nécessaire pour loger le foin de la saison d'hiver.

SUPPORTS DE MEULES.

Il n'est pas toujours possible d'abriter les quantités de foin nécessaires à une exploitation sous des hangars ou dans des fenils; on construit alors des meules en plein air.

Nous n'avons pas à dire comment on s'y prend, car cela ne regarde pas les constructions rurales, mais l'agriculture; nous devons dire cependant que souvent, on se borne à faire porter les meules sur des fagots ou sous-trait, ce qui est très-mauvais, car le bas des meules pourrit souvent; aussi aujourd'hui on emploie avec avantage des *supports de meules.*

Ils sont de divers genres. Ce sont tantôt des massifs en maçonnerie, soit en briques ou en moëllons, qui ont une hauteur moyenne de $0^{m},80$ et qui sont couronnés d'une sorte de corniche ayant $0^{m},08$ à $0^{m},10$ de saillie afin d'empêcher les rats et les souris de pénétrer dans les meules et d'y causer des dégats; quelquefois ce sont de simples massifs circulaires concentriques et percés de trous comme le montre la figure 468, qui est la moitié du plan de la figure 469, qui est l'élévation vue à vol d'oiseau.

On emploie aussi des plates-formes en charpente qui sont supportées par des dés en pierre ou en bois et qui ont à leur partie supérieure des entonnoirs renversés en zinc. Ceux-ci remplacent les corniches dont nous venons de parler.

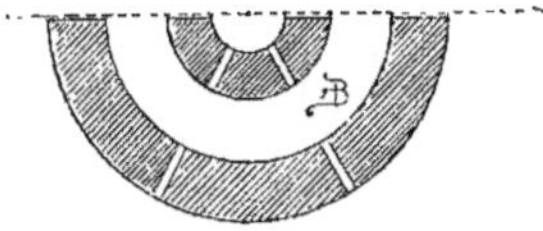

Fig. 468. — Plan d'un massif pour support de meules (moitié du plan.)

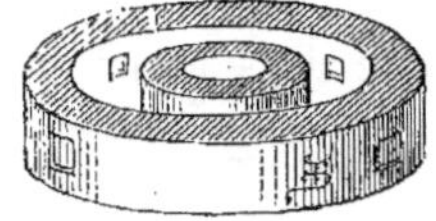

Fig. 469. — Massif pour support de meules.

Les plates-formes en charpente sont préférables aux massifs en maçonnerie, car elles sont moins hygrométriques et par suite les meules sont plus à l'abri de l'humidité sur ces dernières. Ces plates-formes sont rondes, carrées, oblongues ou de formes octogonales. Nous donnerons figure 470 un plan de celle-ci et figure 471 un détail qui montre l'assemblage des bois au point a, enfin les supports des meules sont en fonte de fer.

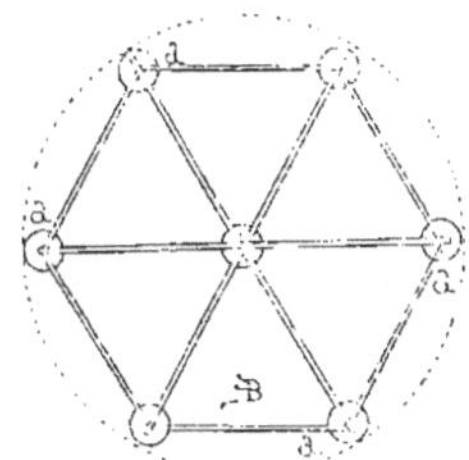

Fig. 470. — Plateforme octogonale pour meules.

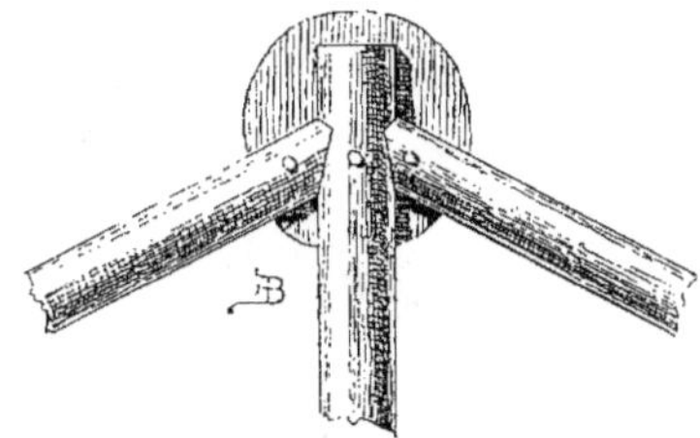

Fig. 471. — Assemblage de bois au point a de la précédente figure.

Nous donnons figure 472 un spécimen : ce n'est, bien entendu, que le quart du support.

On fait aussi des supports en terre cuite, sur lesquels on cloue des perches et qu'on maintient en terre à l'aide d'un pieu. Notre figure 473 en montre un exemple.

Il est inutile d'ajouter que les fenils servent non-seulement à abriter le foin et la paille, mais encore les gerbes avec leur grain; dans ce cas, ils prennent le nom de gerbier.

De même que bien souvent, quand les granges sont libres, elles servent à resserrer les quantités de foin qu'on ne peut loger dans le fenil.

Abris pour meules. — Dans les pays très-humides ou dans lesquels il pleut souvent, on protége les meules soit avec du carton goudronné, des bâches, ou même avec une couverture en planches.

En Hollande, on met la paille et le foin à l'abri de l'humidité par une petite construction ainsi faite : sur des plateaux ou plates-formes rondes, pentagonales ou hexagonales, on fixe des poteaux qui supportent un chapeau qui s'élève et s'abaisse à volonté. Ce chapeau est maintenu à des hauteurs déterminées par des chevilles en fer, qui s'implantent à la fois dans ce chapeau et dans des trous ménagés dans les poteaux.

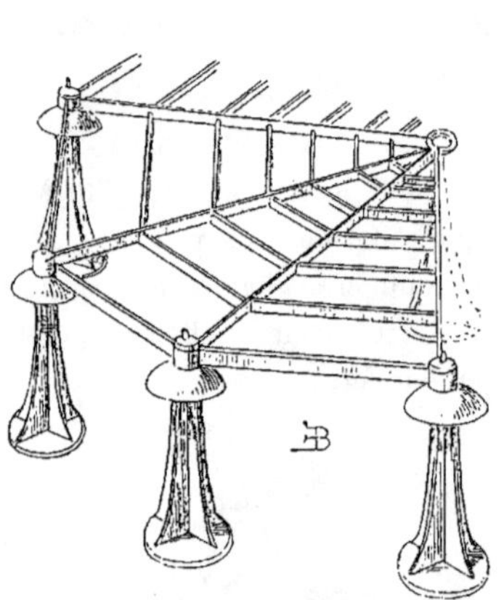
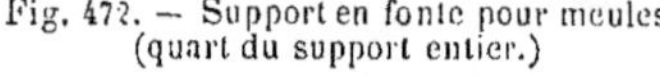
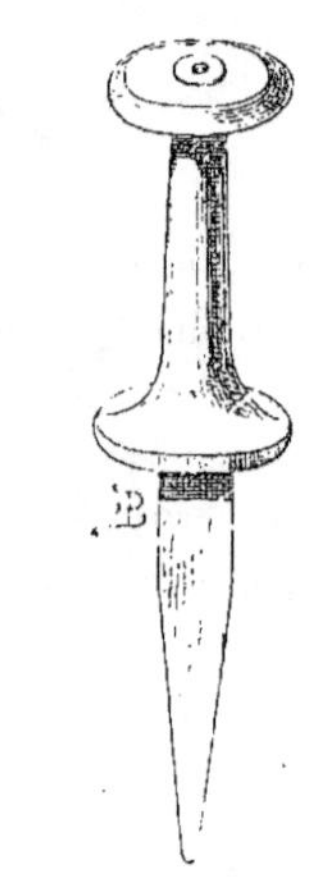

Fig. 472. — Support en fonte pour meules (quart du support entier.)

Fig. 473. — Support en terre cuite pour meule avec son pieu en bois.

Soutiens contre le vent. — Dans les localités dans lesquelles il règne un vent violent, on établit dans l'intérieur de la meule des soutiens. Quand les meules sont circulaires, c'est un simple mât de cocagne placé dans le centre du massif en maçonnerie ou en charpente. Ce mât est à peu près de la hauteur qu'on doit donner à la meule, et il doit être contrebuté par trois contrefiches. Quand les meules ont pour forme un rectangle carré ou allongé, on plante deux ou plusieurs perches dans le massif.

Exposition. — Les meules doivent être placées de façon à recevoir les rayons du soleil, à l'abri des gros vents, mais cependant de manière à ce que les vents ordinaires puissent les tenir sèches.

Dans beaucoup de contrées, le vent le plus violent est celui du nord, aussi les meules se trouvent bien situées lorsqu'elles sont abritées du nord par des bâtiments ou des murs.

On doit du reste, dans une exploitation bien tenue, avoir une cour des meules à proximité des bâtiments d'habitation. Cette cour sera close soit par des haies vives ou, ce qui est mieux, par des murs en maçonnerie, car il faut avoir soin d'empêcher la malveillance de porter le feu dans les meules.

Autour de chaque meule, il est utile de creuser une petite fosse ou rigole devant recevoir les eaux de la couverture ; chaque rigole aura son écoulement soit à une mare soit à un puisard, afin que l'eau ne séjourne pas au pied des meules ou dans leur voisinage.

DES GRANGES.

1. Généralités. — On désigne sous le nom de *grange* un bâtiment agricole destiné à resserrer et conserver les grains en gerbes jusqu'au moment du battage du grain. La grange sert en outre à ce battage et à la conservation de la paille battue ; elle devient dès lors un magasin à fourrages et porte quelquefois le nom de *pailler*.

La conservation des céréales en gerbes a donné lieu à beaucoup de discussions, dont le but était de reconnaître les meilleurs procédés à suivre pour assurer la conservation des récoltes.

Malheureusement, ces discussions n'ont porté que sur le choix à faire entre les granges, les meules et les gerbiers. On a considéré ces trois modes de conservation comme des systèmes complétement opposés et n'ayant entre eux aucune corrélation.

La question ainsi posée ne pouvait avoir une bonne solution. Il est, en effet, nécessaire de distinguer le cas où l'on doit construire des granges, des meules et des gerbiers, et celui où l'on peut se passer de l'un ou de l'autre de ces systèmes ; enfin, il est indispensable, avant d'ériger une grange, de déterminer la capacité à lui donner, et de la mettre en rapport avec l'importance de l'exploitation.

Dans les pays chauds, on se contente de faire des meules ; en effet, quand elles sont bien construites et dans les conditions que nous avons décrites, les céréales s'y conservent tout aussi bien et souvent mieux que dans les granges. Du reste, dans les contrées méridionales, on bat souvent le grain en plein air après la moisson. Cette méthode, la plus économique de toutes, a l'avantage d'éviter à la récolte un séjour quelconque dans un lieu fermé, dans lequel on a toujours à craindre des causes d'altération. En outre, elle a l'avantage de faire connaître immédiatement la valeur du rendement.

Dans les pays froids et humides au contraire, les céréales ne peuvent être battues au moment de la moisson ; il faut donc les emmagasiner, les engranger jusqu'au moment du battage, et comme ce dernier doit être effectué à couvert, il nécessite des granges plus ou moins spacieuses.

2. DE LA CAPACITÉ DES GRANGES. — Si le problème pouvait être posé d'une manière générale, il y aurait lieu de calculer la capacité des granges, soit d'après une production déterminée en grain, en poids ou en volume, soit même seulement d'après l'étendue des terres d'une propriété.

Dans le premier cas, il suffirait de déterminer le rapport existant entre la quantité de grain à récolter et le volume moyen des gerbes. Mais nous devons dire tout de suite que rien n'est plus variable que le volume et par conséquent le poids de la gerbe, car chaque localité affecte une forme ou plutôt une force différente.

Dans les terres riches, la paille est plus longue que dans les terrains maigres, aussi les gerbes sont plus longues et moins fortes ; les gerbes du second terrain sont plus courtes et plus larges. Le constructeur fera donc bien, pour déterminer la capacité de la grange qu'il doit élever, de s'assurer du poids et du volume d'une gerbe, afin d'avoir un point de repère. Or, une gerbe ordinaire pèse 10 à 12 kilogrammes et contient de $2^{kg},500$ à $2^{kg},700$ de grain ; la paille, la balle et les déchets représentent les 8 à 9 kilogrammes restants. Huit à dix gerbes tassées représentent un mètre cube, dont le poids peut être évalué approximativement entre 105 et 125 kilogrammes.

Nous allons opérer nos calculs avec ces données. Supposons qu'il s'agisse d'abriter dans une grange cinq mille gerbes de blé ; la largeur du bâtiment ne peut être que de 10 mètres, la longueur et la hauteur sont à déterminer. Cette grange doit contenir en outre une aire à battre, de 10 mètres de longueur sur 5 mètres de largeur. Il faut calculer d'abord le cube des gerbes, et ajouter à ce résultat la superficie de l'aire proposée.

Nous avons dit que dix gerbes faisaient un mètre cube, cinq mille feront 500 mètres cubes, et si nos bâtiments ont 10 mètres de largeur, nous aurons :

$$V = 5 \times 10 \times 10 = 500.$$

C'est-à-dire qu'il faudra pour loger dix mille gerbes le double ou 1000 mètres cubes, et dans tous les cas, il faut ajouter 50 mètres superficiels pour l'aire à battre puisqu'elle doit avoir 5 mètres sur 10.

Cette capacité ne doit être calculée que pour les travées où les gerbes sont entassées : les passages, aires ou emplacements des machines à battre doivent être comptés en sus.

Par ce qui précède, on comprend que les granges peuvent être de grande capacité puisque certaines fermes ont vingt, trente, quarante mille gerbes et souvent plus. Aussi nous dirons que, dans les très-grandes exploitations, il est fort rare qu'on engrange toute la récolte : on en met la moitié ou les trois quarts en meules, la grange ne sert qu'à battre et à resserrer un quart des gerbes. Dans les petites exploitations au contraire, les granges peuvent contenir une récolte moyenne ; ce n'est que dans les bonnes années qu'on est obligé de recourir aux meules.

Plus les granges se rapprochent de la forme cubique, plus leur construction est économique, eu égard à leur contenance.

Nous avons dit que la largeur du bâtiment ne doit pas dépasser 10 mètres ; nous ajouterons que la hauteur ne doit pas être supérieure à 7 ou 8 mètres : sans cela, il faudrait un nombreux personnel lors de la rentrée des récoltes.

3. CONDITIONS NÉCESSAIRES POUR L'ÉTABLISSEMENT DES GRANGES. — Examinons maintenant les autres conditions que réclame la construction bien entendue des granges.

Il faut : 1° leur donner une grande hauteur pour que les voitures chargées puissent y pénétrer et les traverser au besoin ;

2° Établir à droite et à gauche du passage deux planchers saillants assez élevés pour y décharger les gerbes et pour y établir une machine à battre sur des traverses allant d'un plancher à l'autre ;

3° Construire dans chaque grange un grenier partiel pour effectuer sans déplacement le dépôt des grains, après le battage ;

4° Ménager des fentes d'aérage ou *barbacanes,* dans l'épaisseur des murs, pour faciliter la bonne ventilation des granges ; en outre, ces ouvertures doivent être coudées comme le montre la figure 478 pour prévenir les incendies qui pourraient être occasionnés par la négligence, ou allumés par la malveillance ;

5° Enfin, donner par le haut de l'air et de la lumière à l'aide de châssis à tabatière pouvant s'ouvrir et se fermer à volonté.

Tout ce que nous venons de dire sur les granges, ce sont pour ainsi dire des généralités ; il nous faut entrer maintenant dans quelques questions de détails avant de parler de la disposition des granges.

4. FERMES A GRANDE PORTÉE. — Nous avons vu précédemment que les granges doivent être grandes et spacieuses ; mais cela oblige à avoir des fermes à grande portée pour les couvrir, ainsi que des murs suffisamment solides. Pour ces derniers, quelle que soit leur épaisseur, il sera toujours bon de les chaîner (voir *pag.* 139 *et suiv.* ce que nous disons des chaînes en fer).

Quant aux fermes de charpente, il faudra veiller à leur solidité. Nous recommandons pour celles faites exclusivement en bois, celles qui sont représentées fig. 78, page 83 et 79 et 80, page 84 ; pour la ferme mixte, celle de notre figure 87, page 88 ; enfin pour celles en fer, et bois et fers, celles qui sont décrites et dessinées à l'article hangar, page 329 et 331.

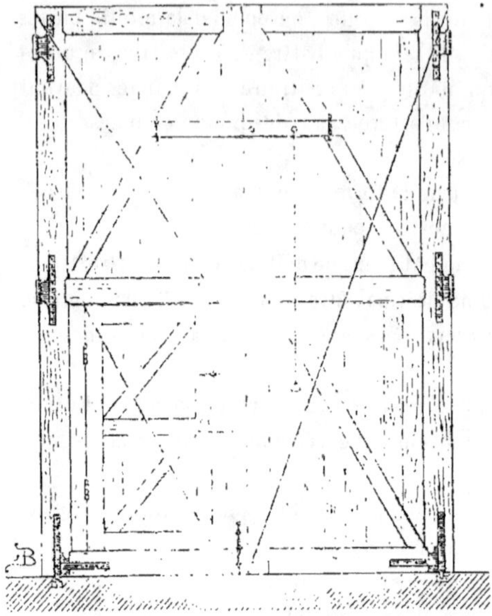

Fig. 474. — Porte de grange.
Échelle de 0ᵐ,02 pour mètre.

5. PORTES. — Les portes des granges doivent être hautes et larges. Nous donnons, fig. 474, un excellent modèle. Il est dessiné à 0ᵐ,02 pour mètre. Cette porte, qui est représentée du côté de l'intérieur de la grange, a un guichet, des écharpes, un fléau ou bascule en bois qui se manœuvre par une tige en fer. En outre, cette porte est maintenue solidement par des

Fig 475. — Porte de granges à glissières.
Échelle de 0ᵐ,01 pour mètre.

tiges de fer rond dont les extrémités sont filetées et serrées par des écrous, ce qui relie encore très-solidement les différentes parties de la menuiserie entre elles.

La figure 475 montre un deuxième type qui roule sur des glissières. Le haut de la porte et toute la serrurerie du haut sont protégés par un petit auvent en ardoise. A l'article poulailler, nous avons donné à plus grande échelle un autre système de glissières qui a quelque analogie avec celui-ci, et qu'on pourrait éga'ement consulter : la figure 476 fait voir un détail des roulettes à plus grande échelle et la figure 477 le détail d'un fléau, ou bas-

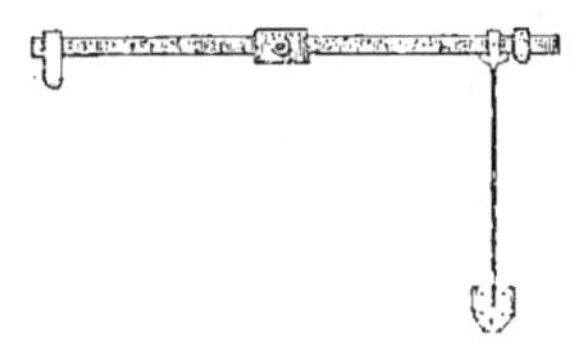

Fig. 476. — Détails d'une roulette pour porte
de grange.

Fig. 477. — Fléau pour portes de granges.

Échelle de 0^m,02 pour mètre.

cule en fer dont la tige vient s'agrafer dans une serrure fixée à la porte, de sorte qu'il faut une clef pour dégager la tige du fléau et par suite pour le faire manœuvrer.

6. DES BARBACANES ET DE LA VENTILATION. —Dans le courant de notre traité, nous avons toujours parlé contre l'humidité, et nous avons démontré la funeste influence qu'elle exerçait sur l'économie animale, sur les constructions et sur les récoltes, aussi nous n'insisterons pas sur ce sujet, seulement nous dirons, qu'on doit largement ventiler les granges par les divers procédés précédemment décrits, et nous nous bornerons à indiquer deux autres moyens.

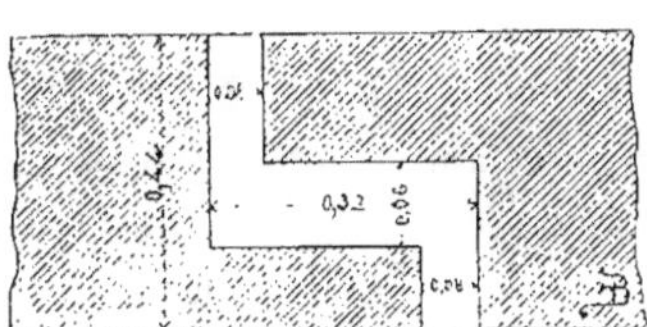

Fig. 478. — Barbacanes coudées pour
la ventilation des granges.

Le premier n'est que le perfectionnement des barbacanes que nous avons décrites dans les écuries et les bergeries.

Ce perfectionnement consiste à faire les barbacanes comme les représente notre figure 478. Cet évent d'aérage pour granges rend plus difficile l'incendie des granges par des mains coupables. La largeur intérieure, qui a 0^m,06 dans notre exemple, peut varier suivant l'épaisseur des matériaux.

Un second moyen de ventilation consiste dans l'emploi de briques disposées comme l'indiquent nos figures 479 et 480, on établit les évents d'aérage à 1^m,50 ou 2 mètres au-dessus du sol, et le système de briques que nous montrons à nos lecteurs à 0^m,50 au-dessous de la retombée des couvertures. Mais on doit avoir soin de poser des toiles métalliques derrière ces briques pour empêcher l'introduction des oiseaux ou autres bêtes.

Pour éviter l'humidité dans les granges, on revêt souvent le mur de planches, dans les pays où le bois, n'étant pas très-cher, permet cet emploi. Dans le cas contraire, on doit employer de bons enduits, tant à l'intérieur qu'à l'extérieur des granges, car dans les pays pluvieux si les murs absorbent une fois une certaine quantité d'eau soit par la pluie soit par les brouillards, il est bien difficile de les en débarrasser.

7. AIRES DES GRANGES. — L'argile est la base de la composition des aires de granges. On l'emploie quelquefois seule; mais le plus souvent avec

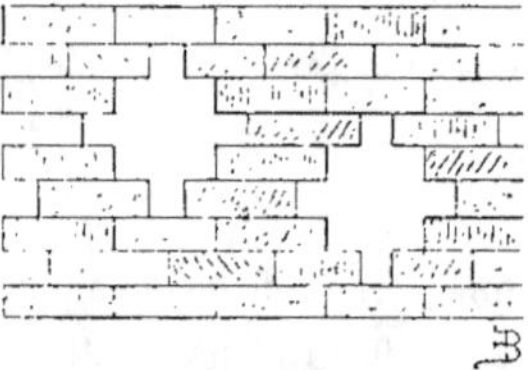

Fig. 479. — Disposition des briques
pour l'aérage des granges.

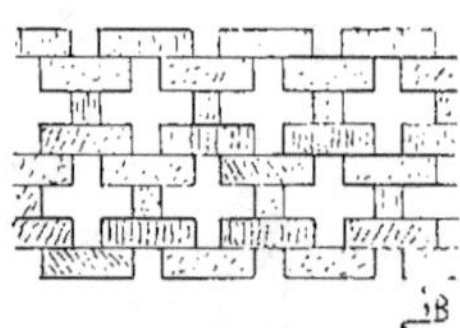

Fig. 480. — Disposition des briques
pour l'aérage des granges.

d'autres substances pour empêcher la formation de crevasses ou de fentes.

Employée seule, l'argile doit être constamment battue pendant sa dessiccation, cela nécessite une main-d'œuvre assez considérable.

Employée avec d'autres substances (bourres, poils de bœuf, crottins, tourteaux, sang, etc.), on l'étale par couches, de 0^m,20 qu'on laisse sécher jusqu'à ce que le mélange ait pris une certaine consistance, après quoi on le bat tous les jours avec soin, afin que la dessiccation ne laisse aucune trace de fentes ou de crevasses (1).

Quoique Palladius recommande d'employer des briques (comme nous

---

(1) Au dire de Varron, les Romains, après avoir fait leurs aires avec des terres fortes bien battues, les arrosaient d'un enduit fait avec la lie d'huile (*amurca*), ce qui durcissait la surface et empêchait la croissance de l'herbe.

Columelle (*De re rustica*, lib. II, cap. XX) conseille le même enduit. « Area quoque si terrena erit, ut sit ad trituram satis habilis, primum radatur, deinde consolidatur, permixtisque palcis cum *amurca*, quæ salem non accepit, extergatur. »

Palladius recommande de faire les aires avec des briques de *deux pieds* ou plus petites.

venons de le voir dans la note qui précède), nous nous permettrons de trouver mauvais ce procédé, car les briques n'offrent pas assez de résistance, puisque généralement les aires se font dans les passages des granges. C'est pourquoi il faut employer des substances solides et élastiques ; l'argile et les compositions dans lesquelles entre cette matière, sont dans ces conditions.

Dans certaines contrées, on emploie des plâtras et du plâtre ; ces aires sont encore fort mauvaises, car elles donnent naissance à beaucoup de poussière pendant le battage.

Nous devons ajouter cependant que les aires sur lesquelles les charrettes ne passent point peuvent être faites avec du plâtre aluné et gâché avec de l'eau contenant de la colle forte ; on obtient ainsi une surface en stuc excellente comme aire à battre, surtout, si on a soin à chaque saison de l'enduire avec de la lie d'huile (l'*amurca* des Romains), mais ces aires sont d'un prix de revient assez élevé.

Quelques agronomes prétendent qu'on peut remplacer la colle forte par de la suie ou du sang de bœuf, nous n'avons jamais expérimenté ce procédé.

Enfin, on fait des aires en bois, soit à demeure, soit, ce qui est préférable, des aires temporaires. On pose sur une surface plane qu'on choisit comme aire des lambourdes qu'on fixe au sol d'une manière quelconque et sur celles-ci, on pose des madriers à rainures. On ne doit point clouer ces madriers, mais les emboîter à coups de maillet et les fixer au moyen de coins en bois enfoncés de chaque côté des planchers.

Emplacement des aires. — Dans les petites granges, l'aire se trouve devant la porte d'entrée ; dans les grandes, elle est établie dans les passages qui servent à l'engrangement.

Dans quelques contrées, en Angleterre par exemple, l'aire à battre le grain se trouve au premier étage. Nous en verrons un exemple quand nous parlerons de la grange angulaire (*fig.* 494). Bien souvent aussi on l'établit au-dessus du passage d'entrée en rapportant un faux plancher entre les deux planchers qui se trouvent le plus souvent de chaque côté des passages transversaux ou longitudinaux. Ce genre d'aire facilite le vannage au tarare qui se trouve au-dessous. Une trappe ménagée sur ce plancher livre passage au grain battu, et le conduit par un tuyau en toile, soit au van, soit au tarare placés au-dessous.

Dimensions des aires. — Les dimensions à donner aux aires sont très-variables : elles dépendent surtout du nombre des batteurs. L'espace minimum nécessaire à celui-ci est de 10 mètres carrés de surface sur 4 mètres à 4^m,50 de hauteur.

Il faut donc donner aux autres les surfaces suivantes :

Pour un batteur tournant autour des gerbes . . . . $3^m,20 \times 3^m,20$
Pour un batteur qui se tient à une extrémité de l'aire . . . . $3^m,50 \times 4^m,00$
Pour deux batteurs qui se font vis-à-vis. . . . . $3^m,10 \times 4^m,00$
Pour trois ou quatre batteurs tournant autour des gerbes . . . $4^m,25 \times 4^m,25$
Pour cinq à six batteurs —   — . . . $5^m,00 \times 5^m,00$

On ne dépasse guère ce nombre de batteurs ; si cependant, dans un cas urgent, on en voulait mettre un plus grand nombre, on donnerait $6^m \times 5^m,00$, 7 sur $5^m,00$; on augmenterait le premier chiffre sans toucher au second.

8. DE LA DISPOSITION A DONNER AUX GRANGES. — La disposition à donner aux granges est très-variable, cependant on peut la ramener à trois ou quatre

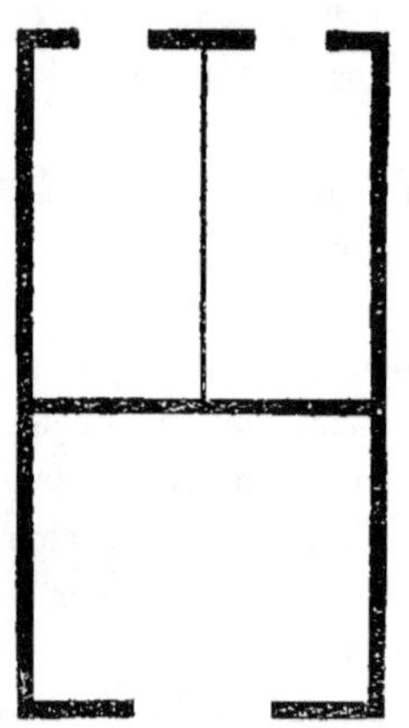

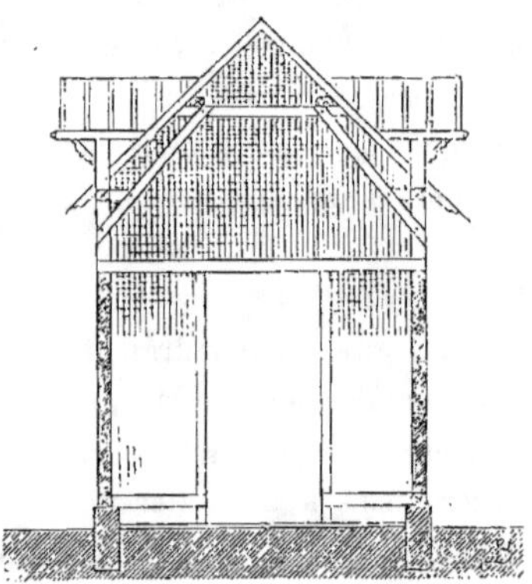

Fig. 481. — Grange simple sans
passage.

Fig. 482. — Coupe d'une grange simple sans
passage.

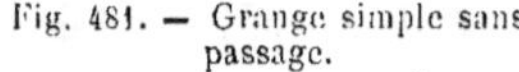

Échelle de $0^m,005$ pour mètre.

types différents ; nous allons les passer en revue très-rapidement. Nous donnerons les plans de chacune des dispositions les plus généralement employés avec quelques élévations qui pourront s'appliquer indifféremment, avec de légers changements, à chacun des plans que nous décrirons.

Grange simple sans passage. — Notre figure 481 représente le plan d'une grange simple, sans passage, pour une petite exploitation. Dans une grande ferme, une semblable disposition ne serait pas très-commode. puisque les voitures doivent entrer à reculons, aussi ne doit-on l'admettre que pour les fermes de peu d'importance.

Le plan de cette grange (*fig.* 481) est divisé en trois parties, la plus grande sert à recevoir les charrettes chargées. On engrange sur l'autre partie, au-dessous de laquelle une division permet de mettre d'un côté le grain et de

l'autre la paille battue. La figure 482 montre la coupe de cette grange, et
la figure 483 une élévation latérale qui fait voir sa construction, elle est en
pan de bois et briques ; elle repose sur un socle en pierre.

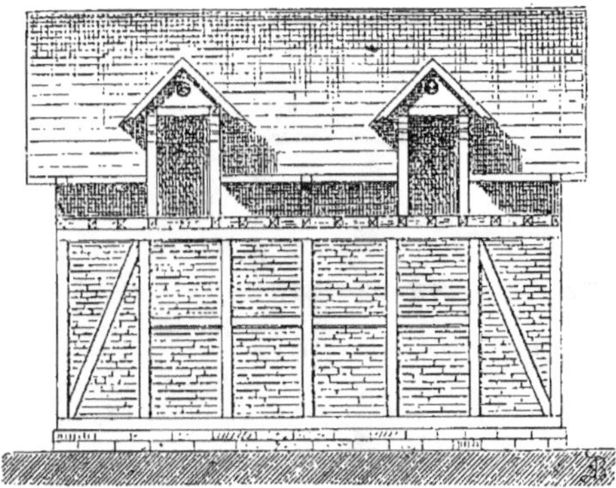

Fig. 483. — Élévation latérale d'une grange simple sans passage.
Échelle de 0ᵐ,005 pour mètre.

Grange simple avec passage transversal. — Notre figure 484 montre un

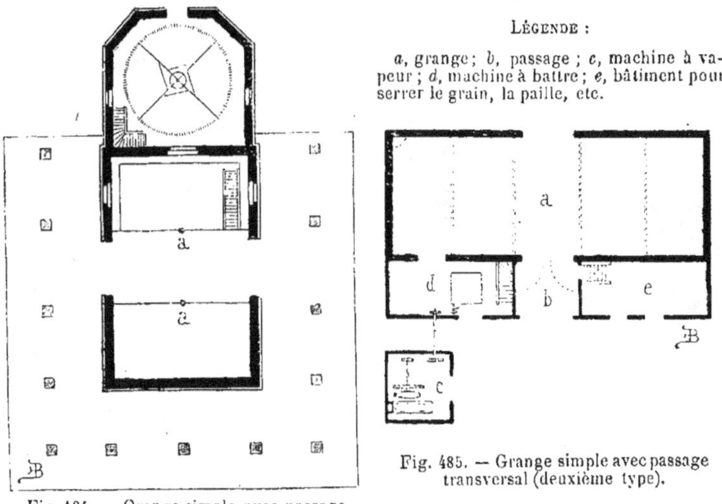

Fig. 485. — Grange simple avec passage
transversal (deuxième type).

Fig. 484. — Grange simple avec passage
transversal (premier type).

Échelle de 0ᵐ,0025 pour mètre.

deuxième type de grange simple avec un passage transversal. Cette grange
possède sur trois de ses côtés des hangars en appentis, ce qui permet d'abriter

des charrettes chargées de gerbes, en cas de mauvais temps et d'y serrer au besoin de la paille. En outre, dans l'axe de la grange, il existe en *aa* deux colonnettes en fonte pour soutenir un plancher dont l'un (celui qui est pourvu d'un escalier) sert à serrer les grains battus.

Le quatrième côté, sur un des pignons, renferme le manége pour la machine à battre; on peut remplacer celui-ci par une machine à vapeur, comme dans l'exemple suivant. Cette grange est rectangulaire; elle mesure dans œuvre 8^m,40 sur 13^m,60.

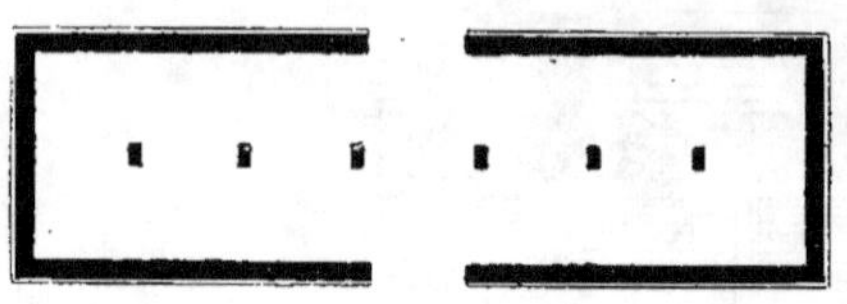

Fig. 486. — Plan d'une grange double avec passage transversal (troisième type).

Échelle de 0^m,0025 pour mètre.

Les appentis ont 5^m,20 de hauteur sur 6 mètres de largeur, y compris la saillie du toit. Les fermes de ces appentis sont soutenues par des piliers en maçonnerie.

Grange simple avec passage transversal. — Nous donnons dans notre figure 485 une troisième grange simple, mais contre laquelle est adossé un bâtiment longitudinal. La grange proprement dite est en *a*, en *b* le passage, en *c* la machine à vapeur isolée du bâtiment principal, en *d* la machine à battre, et enfin en *e* un petit bâtiment de 6 mètres de hauteur qui est divisé en trois étages par des planchers. Ces divers étages servent les uns à mettre le grain battu et les autres les balles des céréales, et le rez-de-chaussée la paille battue un peu brisée.

Fig. 487. — Élévation d'une grange double avec passage transversal (troisième type).

Échelle de 0^m,0025 pour mètre.

Grange double avec passage transversal. — La figure 486 représente le plan d'une grange double avec un passage transversal. On peut disposer à volonté au rez-de-chaussée, une ou plusieurs pièces, pour renfermer les grains, les balles des céréales, ou la menue paille. L'élévation (*fig.* 487) fait voir que la construction est en moëllons smillés, avec un soubassement en pierre, de chaque côté quatre barbacanes allongées et grillagées servent à ventiler l'intérieur de la grange, ainsi que l'ouverture cintrée qui se trouve au-dessus de la porte. Nos figures 488, 489 et 490 donnent un deuxième type de grange double avec passage transversal construite en torchis.

Granges doubles à passage longitudinal, latéral. — Il existe aussi des granges doubles à passage longitudinal latéral. Notre figure 491 donne un spécimen de ce genre. Le manége se trouve adossé du côté opposé au passage; mais ce genre de grange ne peut servir que dans des cas exceptionnels, quand les autres bâtiments de la ferme vous obligent à le construire ainsi.

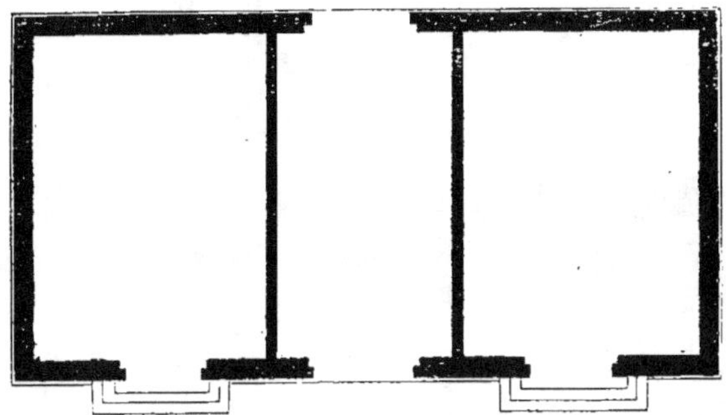

Fig. 488. — Plan d'une grange double avec passage transversal (quatrième type).

Échelle de 0ᵐ,005 pour mètre.

Grange double avec passage longitudinal central. — Un autre type plus commode que le précédent est celui qui est représenté par notre figure 492, c'est le type dit à passage longitudinal central. Sur l'un des côtés est adossé un petit bâtiment circulaire qui sert à loger la machine à battre. Cette dernière peut être mue par un manége ou par une machine à vapeur mobile. Quand on emploie des locomobiles à vapeur, on pratique dans la paroi attenante à la batteuse une ouverture qui permet d'introduire la courroie de transmission. Ceci peut s'appliquer indistinctement à tous les genres de grange que nous avons décrits et qu'il nous reste à décrire.

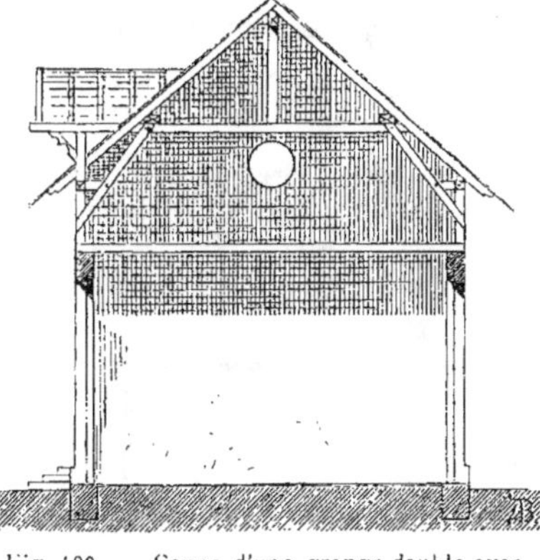

Fig. 489. — Coupe d'une grange double avec passage transversal (quatrième type).

Échelle de 0ᵐ,005 pour mètre.

Grange à double passage transversal. — Nous donnons figure 493 une grange à double passage transversal, qui est pourvue de son manége sur l'un des murs pignons. Cette disposition est très-commode pour les grandes fermes, où l'on emploie un nombreux personnel, car à la rigueur, en faisant entrer dans la grange deux charrettes à reculons, on peut en décharger quatre à la fois.

Avec ce système de grange, on peut établir jusqu'à huit et dix travées, mais au delà de ce nombre, il serait indispensable de multiplier les passages afin de desservir facilement la partie centrale de la grange ; ainsi par exemple,

Fig. 490. — Élévation d'une grange double avec passage transversal.

Échelle de 0ᵐ,005 pour mètre.

une grange qui aurait cinq, six travées pourrait n'avoir que deux passages, mais à neuf travées il en faudrait trois, à douze quatre. Il est rare qu'on fasse de plus grandes granges. Il ne faut pas que les bâtiments aient plus de

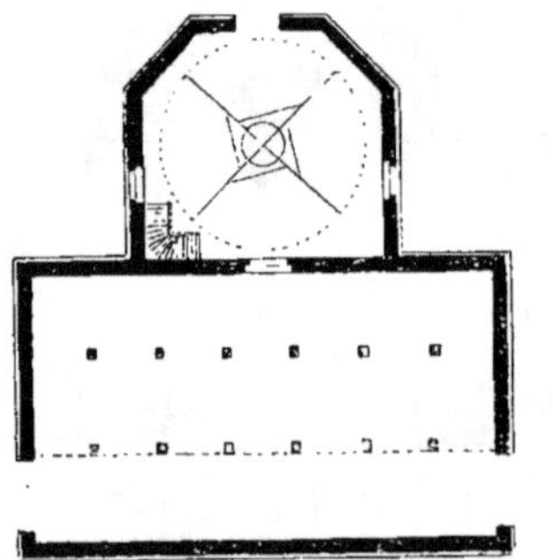

Fig. 491. — Grange double à passage
longitudinal latéral.

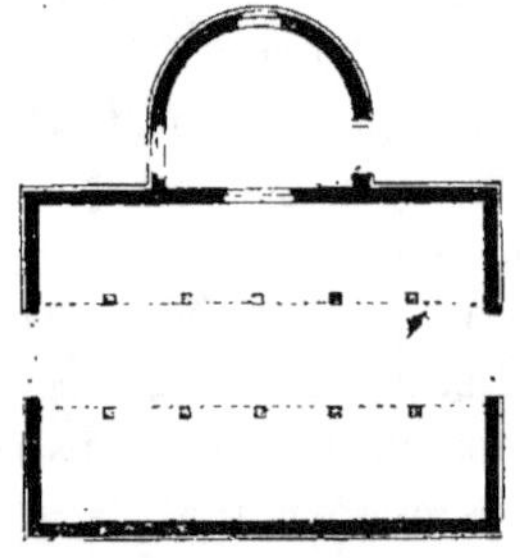

Fig. 492. — Grange double avec passage
longitudinal central.

Échelle de 0ᵐ,0025 pour mètre.

35 à 38 mètres de longueur, dans les grandes fermes, il vaut mieux construire deux bâtiments séparés, de six à sept travées chacun.

Pour terminer la nomenclature des diverses dispositions de granges, nous

devons indiquer deux formes qui peuvent être adoptées dans les fermes, où l'on bat le grain à l'aide de machines.

Grange disposée en équerre ou grange angulaire. — La première est dite *grange angulaire,* c'est-à-dire que le bâtiment est disposé en équerre comme le montre la figure 494. Ce genre de grange est à deux étages. Le rez-de-chaussée comprend en *a* l'emplacement où se trouve le tarare *b,* en *c* un compartiment pour les balles, en *d* pour les menues pailles, enfin *e* sert de magasin pour le blé à battre.

Le premier étage comporte (voyez *fig.* 494) au-dessus de *a* la machine à battre qui est placée en *b;* la partie *e* du rez-de-chaussée monte de deux étages, enfin au-dessus de *c, d,* il n'existe au premier qu'un seul compartiment, qui sert à botteler la paille battue, celle-ci arrive dans cette pièce soit par une fenêtre munie d'une poulie soit à l'aide d'une trappe pratiquée dans le plancher.

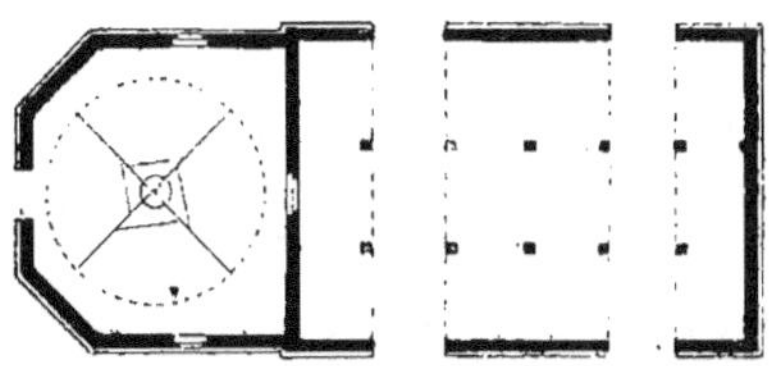

Fig. 493. — Grange à double passage transversal
Échelle de 0ᵐ,0025 pour mètre.

Ce genre de grange est assez usité dans les fermes anglaises.

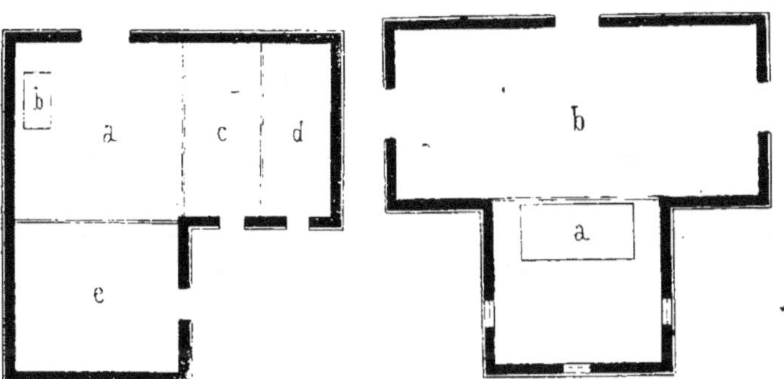

Fig. 494. — Grange angulaire.
Échelle de 0ᵐ,0025 pour mètre.
Légende :
a, emplacement de la tarare; *b,* tarare;
c, balles; *d,* menues pailles; *e,* magasin
pour le grain à battre.

Fig. 495. — Grange en forme de T.
Échelle de 0ᵐ,0025 pour mètre.
Légende :
a, machine à battre; *b,* grange.

Grange en forme de T. — La deuxième disposition de grange qu'il nous reste à décrire est celle dite en forme de T (*fig.* 494). La machine à battre est placée en *a,* tandis que la grange proprement dite occupe l'emplacement *b.* Cette disposition a quelque analogie avec la grange que nous avons déjà vue (*fig.* 492); seulement dans le précédent exemple la partie réservée à la machine est souvent plus basse que la grange proprement dite, tandis que, dans l'exemple que nous avons sous les yeux, les parties *a* et *b* sont de même hauteur.

GRENIERS OU GRAINERIES.

GÉNÉRALITÉS. — Les *greniers* ou *graineries* sont des locaux établis au-dessus du sol (contrairement aux *silos* qui sont construits en terre). Ils servent à abriter et à conserver les grains jusqu'au moment de leur emploi.

Les céréales ont à redouter de nombreuses causes d'altération qui se traduisent par des pertes énormes pour l'humanité : mais parmi ces causes les plus terribles sont : l'humidité qui cause la moisissure et la pourriture des grains ; la chaleur qui engendre et favorise le développement des insectes, enfin la lumière qui, aidée de l'humidité et de la chaleur, fait germer les grains, tandis que ces deux derniers agents donnent naissance à la fermentation.

Pour éviter ces causes de désastres, le mot n'est pas trop fort, car le total des sommes perdues chaque année se chiffre par centaines de millions, il faut établir les magasins à grains ou greniers dans des conditions déterminées que nous allons décrire.

EXPOSITION. — Le plein nord est l'exposition la plus favorable, pour les greniers. Le plus grand nombre des ouvertures doivent être percées de ce côté, et quelques-unes seulement du côté du midi pour établir une bonne ventilation.

EMPLACEMENT. — On doit autant que possible choisir un emplacement sec et qui ne soit pas resserré dans d'autres constructions. Il faut éviter d'établir les greniers dans les rez-de-chaussée qui sont toujours plus ou moins humides.

PLANCHER. — Les planchers des graineries doivent être en bois ou mieux en fer hourdés en briques et plâtre. Ces derniers en effet, supportent des poids plus considérables, occupent moins d'espace et ne peuvent pas servir de retraites aux insectes, aux rats et aux souris, comme les planchers en bois.

PLAFOND. — Les meilleurs plafonds sont en plâtre ; on doit contrairement à ce qui se pratique quelquefois, plafonner même les combles, car cela empêche la poussière, la pluie et même la neige, de traverser les interstices qui existent entre les tuiles ou les ardoises.

FENÊTRES-PORTES. — A chaque étage des graineries, il est utile d'avoir des fenêtres-portes avec un balcon saillant. Ces fenêtres-portes sont munies de poulies qui servent à monter les sacs de blé aux divers étages de la grainerie.

Sur les façades des grandes graineries, il ne faut pas craindre de multiplier ces fenêtres-portes.

VENTILATION. — On ventile les greniers par des procédés analogues à ceux adoptés pour le logement des animaux. On emploie des cheminées, des tuyaux, des barbacanes, des trappes et des ventouses d'aération.

Du reste aujourd'hui, on construit les grands greniers d'après un système dit des greniers verticaux, qui donne une active ventilation. Voici en quoi consiste ce système.

DES GRENIERS VERTICAUX. — Quand les grains sont battus, ils ne sont pas toujours parfaitement secs au moment de leur emmagasinage, aussi lorsqu'on les dépose dans un local quelconque, il ne faut pas en faire de gros tas, mais les mettre par couches de 0^m,40 à 0^m,50 d'épaisseur, afin que le contact de l'air puisse les sécher. Cette manière de faire oblige à disposer d'une grande surface. D'un autre côté il faut éviter l'échauffement et l'altération des grains, et, pour atteindre ce résultat, il faut avoir recours à des pelletages assez fréquents, ce qui devient très-onéreux.

Aussi dans le but d'obvier facilement aux inconvénients provenant de l'humidité et de la fermentation, et pour faciliter l'aération des blés, on a imaginé de nombreux systèmes de construction ; mais l'un des plus commodes, des plus pratiques et des moins dispendieux, c'est la

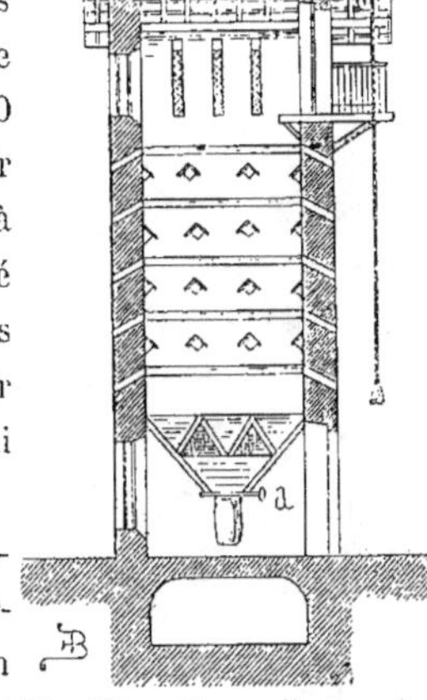

Fig. 496. — Coupe d'un grenier vertical (système Sinclair).

Échelle de 0^m,0025 pour mètre.

construction des greniers verticaux et parmi ces derniers, celui imaginé par l'Anglais John Sinclair.

Voici, à quelques modifications près, ce grenier vertical. La figure 496 en montre la coupe. Un balcon au sommet du grenier sert à recevoir les sacs de grains qu'on monte par une corde à l'aide d'une poulie, on verse le blé de cette hauteur et il est reçu sur le plancher disposé en forme de trémies que représente notre figure 497, a sont les ouvertures des trémies pour remplir les sacs. La hauteur du bâtiment est occupée par cinq à six rangs d'augets renversés qui communiquent d'un mur à l'autre; ils correspondent à des ouvertures en losange au nombre de seize, espacées les unes des autres d'environ 1 mètre, et qui existent en nombre égal sur les murs opposés. Ces ouvertures sont placées en face l'une de l'autre et donnent une grande ventilation au milieu du grain. Il existe deux rangs d'augets dans tous les sens et se coupant à angle droit comme le montre la figure 498 ; *b, b* sont les augets, *a, a,* les vides qui laissent s'écouler le grain au fur et à mesure qu'on le verse dans le grenier.

On comprend aisément qu'une pareille disposition produise une ventilation énergique.

Si nos lecteurs jettent les yeux sur la coupe (*fig.* 496) ils verront que les ouvertures pratiquées dans les murs sont inclinées, on les fait ainsi pour empêcher la pluie et la neige d'avoir accès dans le grenier. On doit garnir ces ouvertures extérieurement avec de la toile métallique assez serrée pour que les oiseaux et les insectes ne puissent pénétrer dans le grenier.

Quand on veut ventiler, voici comment on y procède. On tire le registre

<table>
<tr><td>Fig. 497. — Plan d'un grenier vertical
(système Sinclair).</td><td>Fig. 498. — Plan d'un grenier vertical à la
hauteur des augets de ventilation (système
Sinclair).</td></tr>
</table>

Échelle de 0^m,005 pour mètre.

ou la trappe *a* (*fig.* 496) et l'on remplit le sac qui se trouve à l'orifice de la trémie centrale, tout le blé est mis en mouvement chaque fois qu'on ouvre cette trappe, de sorte qu'il est facilement et économiquement ventilé. Si l'on désire ensacher plus rapidement le blé on peut, au lieu d'avoir toutes les trémies se réunissant à une trémie centrale, on peut, disons-nous, avoir neuf trappes correspondant aux neuf trémies.

A ce grenier de Sinclair nous avons ajouté comme perfectionnement : 1° une cave pour assécher la partie basse du grenier ; 2° des barbacanes grillagées dans la partie haute ; 3° un balcon, car souvent il n'y a qu'une simple fenêtre.

En adoptant ce principe, on peut faire des graineries de toutes dimensions, depuis un simple coffre à avoine jusqu'à des greniers publics.

Grenier Devaux. — Le système du grenier Sinclair se ventile naturellement ; mais M. Devaux a trouvé que ce n'était pas suffisant et il a créé un système de grenier ou silo-aérateur dans lequel on peut insuffler de l'air à l'aide de machines. « Ce grenier, dit Bonna, est composé d'une capacité ou d'un bâtiment n'ayant aux deux étages que deux galeries intérieures de 0ᵐ,90 de largeur, dont l'une, au niveau du sol, fait le tour et traverse d'une paroi à l'autre, tandis que l'autre est située au niveau du sommet des silos proprement dits. Ces silos consistent en de vastes compartiments rectangulaires de 1ᵐ,20 à 3 mètres de côté et de 12 à 18 mètres de hauteur, dont les parois en tôle perforée sont consolidées par des tirants et des armatures en fer. Au centre de chaque silo et sur toute la hauteur, s'élève un tuyau dont le diamètre varie d'après le cube du silo lui-même. L'espace autour de ce tuyau central, également en tôle piquée, est occupé par le grain, qui est ainsi aéré sur deux faces à la fois.

« Si le blé est emmagasiné en bon état, la ventilation naturelle par la paroi extérieure et par le tube suffira pour l'y maintenir ; si, au contraire, il est rentré humide ou échauffé, on insuffle de l'air par ce tube que bouche à la partie supérieure un clapet mobile. L'air insufflé s'échappant sans beaucoup de frottement à travers les couches perpendiculaires de grains de faible épaisseur, entraîne l'excès d'eau ou de chaleur, ainsi que les matières animales ou végétales déposées à la surface. Quelques heures d'insufflation permettent de refroidir du grain assez échauffé pour qu'on ne puisse pas tenir la main contre la paroi en tôle du silo.

« Dans les greniers de ferme, un ventilateur à ailettes suffit pour créer une insufflation convenable ; dans les docks greniers, on a recours à des ventilateurs puissants mis en mouvement par des machines à vapeur. »

SILOS POUR GRAINS.

Les méthodes d'aérage naturel ou forcé amènent une perte considérable de grain, causée par l'action destructive de l'oxygène accrue encore par une forte ventilation. On évalue cette perte de 7 à 8 0/0. En outre la dessiccation n'est jamais complète. Aussi il est de beaucoup préférable de conserver les blés dans des silos en tôle ; car il faut être très-prudent pour la construction des silos en terre. Ils coûtent fort cher, et suivant le climat sous lequel on se trouve, il est très-difficile de les préserver de l'humidité et de les mettre dans des conditions telles qu'ils puissent parfaitement conserver les grains. Aussi nous en parlons ici plutôt pour prévenir les cultivateurs de la difficulté de leur établissement et pour les engager à réfléchir à deux fois avant de se lancer dans cette voie.

Du reste la construction des silos à grain est plutôt du domaine de l'industrie que de celui de l'agriculture proprement dite.

LOCAUX POUR LA CONSERVATION DES LÉGUMES.

Les légumes (racines, tubercules, etc.) ne peuvent se conserver frais qu'un certain laps de temps, et encore faut-il les mettre dans un milieu où ils soient à l'abri des variations de température, de l'humidité, de la gelée et même de la lumière, qui exerce sur eux une action desséchante.

Aussi des caves, des celliers ou des locaux situés dans un sous-sol sec et aéré conviennent assez pour la conservation des légumes en petites quantités, surtout pour ceux qui sont destinés à l'alimentation de l'homme. Mais quand il faut conserver une grande quantité de racines pour la nourriture des animaux ou pour les besoins de l'industrie, il faut les entasser dans des caves où ils puissent être tout à fait à l'abri de l'humidité et de la gelée.

Silos. — Les silos assurent fort bien la conservation des légumes racines, on en fait de beaucoup de genres. Les uns en effet consistent à creuser en terre une fosse peu profonde de 1^m,50 de profondeur environ, dans laquelle on entasse les racines, on en fait ainsi des tas de forme conique ou prismatique qu'on recouvre de terre sèche. Au centre de ces silos, on fait passer un ventilateur.

On emploie aussi pour la conservation des légumes des anciennes carrières, des grottes creusées dans le flanc d'un côteau ou d'une montagne.

Dans les exploitations d'une certaine importance, on creuse des fosses de 2^m,50 de largeur sur autant de profondeur qu'on subdivise par compartiments. Ces fosses sont revêtues de murs en maçonnerie. Après les avoir remplies de légumes, on recouvre les racines de bonne paille et d'une couche de terre en forme de talus. Pour ventiler l'intérieur du tas, on ajoute quelques drains au sommet du talus ; on a soin de boucher ceux-ci pendant les fortes gelées.

Souvent aussi, on place ces fosses à légumes sous des hangars, ce qui met les silos à l'abri des pluies et de la gelée.

Enfin on emploie d'anciennes glacières, ou l'on construit des silos en maçonnerie affectant la forme de glacières (voir plus loin les types que nous donnons pages 357 et suiv.), ou de fours à chaux de forme conique.

Fruitier. — Le meilleur des fruitiers est sans contredit une cave bien sèche, et assez profonde pour conserver une température assez constante variant entre 8 et 10 degrés centigrades, sans descendre au-dessous de 4 degrés. On peut facilement obtenir ce résultat au moyen de soupiraux bien établis et pourvus de volets ; afin de pouvoir fermer la cave pendant les grands froids.

On peut aussi faire usage d'un sous-sol ou d'un rez-de-chaussée assez bas et assez obscur, pourvu que les murs soient assez épais et que le local soit voûté ; dans de pareilles conditions on obtient une garantie suffisante contre les impressions de la température extérieure. Il est bon quand les fruitiers sont à rez-de-chaussée, de les munir de doubles portes et fenêtres pour obtenir le même résultat. Mais ce qu'il faut surtout combattre dans une fruiterie, c'est l'humidité ; et dans ce but les uns ont proposé d'établir dans les fruiteries des cheminées de ventilation, d'autres ont combattu cette idée. Nous pensons qu'il est mieux de n'en point établir et de combattre l'humidité qui règne dans les fruitiers avec de la *chaux*, de la *potasse caustique,* ou, ce qui est préférable, avec du *chlorure de calcium* (sel marin).

L'humidité des fruiteries provient surtout de ce que, après l'emmagasinement des fruits, ils rendent une eau, ils suintent.

Aussi trouvons nous, que les meilleurs fruitiers sont ceux qui ont deux pièces, dont la première est consacrée à la dessiccation première des fruits et l'autre à leur conservation.

Quel que soit le local choisi, le fruitier doit être garni de tablettes, sur lesquelles il soit possible de ranger les fruits sans qu'ils se touchent.

Ces tablettes sont droites ou inclinées. Leur espacement varie entre 0^m,40 à 0,^{m}50.

Le bois qui convient le mieux pour construire ces tablettes est le bois de chêne, mais on emploie aussi le peuplier et surtout le sapin, rouge ou blanc. Sur ces tablettes, on étale de la paille, ou, ce qui vaut mieux, du papier provenant des rognures de livres qu'on trouve à bon compte chez les relieurs, car le papier ne communique pas aux fruits une odeur particulière de moisissure, comme le fait souvent la paille.

D'aucuns prétendent que la mousse sèche et la graine de millet peuvent aussi rendre de bons services ; mais qu'on emploie la paille. le papier, la mousse, il faut avoir soin de les renouveler chaque année, au moment de la rentrée de la récolte.

Dans certains fruitiers, les tablettes sont à tiroir ; ce qui permet de visiter facilement les fruits. Les tablettes sont généralement placées contre les murs du fruitier, ce sont le plus souvent des échelles de bois ou de fer qui supportent des planches, et quand les fruiteries sont assez larges pour le permettre, on peut placer dans leur milieu un corps soit simple soit double de tablettes et légèrement incliné en forme de pupitre. Le milieu des fruitiers est garni de cercles en bois suspendus aux plafonds qui servent à porter les grappes de raisins qui se conservent fraîches pendant plusieurs mois de cette façon. Comme le raisin est un fruit qui se vend assez cher et par conséquent d'un bon produit, certains cultivateurs construisent des fruiteries spéciales, où chaque grappe de raisin porte un bout de cep qui plonge dans l'eau. On construit des appareils spéciaux pour la conservation des raisins. Ce sont des tubes de fer blanc d'un fort diamètre qui ont 4 et 5 mètres de longueur; l'une des extrémités porte un entonnoir et l'autre un robinet, ce qui facilite le renouvellement de l'eau. Ces tubes sont percés de nombreux trous portant tubulures, dans lesquelles trempe le bout de cep. On conserve ainsi d'une année à l'autre des raisins très-frais; mais il faut avoir beaucoup de soins et exercer une grande surveillance pour supprimer de temps en temps les grains écrasés ou moisis. On fait des fruitiers, dans le sol, à mi-sol, à rez-de-chaussée, à un et deux étages : on fait même des caisses pour conserver le fruit qu'on nomme fruiteries portatives.

GLACIÈRES.

Tout le monde sait ce que c'est qu'une glacière ; mais bien des gens considèrent encore la glace comme un objet de luxe, et dès lors, dans les habitations modestes, à la campagne, on ne se croit point obligé de construire le moindre récipient pour conserver la glace. C'est un préjugé contre lequel on ne saurait trop s'élever, car la glace est plus qu'un produit agréable, c'est aussi un produit utile et dans bien des cas absolument nécessaire, dans les pays méridionaux surtout.

A part son emploi dans la thérapeutique, la glace est encore fort utile dans l'hygiène ou médecine préventive ; elle fournit les boissons glacées, qui donnent du ton à l'estomac, et remontent pour ainsi dire tous les ressorts de notre machine en la réconfortant. Dans les fermes et maisons de campagne, la glacière sert encore à conserver les provisions de toute espèce, viande, poisson, laitage, fruits, légumes, qu'on ne peut aller chercher chaque jour aux marchés des villes.

1. DE LA POSITION ET DE L'EMPLACEMENT DES GLACIÈRES. — Toute glacière doit être placée au nord et n'avoir qu'une seule ouverture pratiquée de ce côté. Le terrain sur lequel elle sera établie devra être très-sec, car il ne faut pas du tout d'humidité, un peu même, c'est déjà trop, car la condition première, essentielle, indispensable, c'est une absence complète d'humidité ; sans cela pas de glacières possible.

Le terrain choisi devra être perméable autant que faire se pourra. Cette perméabilité lui permettra d'absorber l'eau provenant de la fonte de la glace. Enfin, s'il n'est pas exposé aux inondations, il réunira toutes les conditions les plus favorables à la bonne conservation de la glace. La croupe d'une montagne ou d'une colline exposée au nord, si elle n'est pas trop humide ou trop argileuse, sera un endroit favorable pour la construction des glacières qui doivent être établies loin des mares, fumiers, fosses d'aisances, puits et autres lieux pouvant donner de l'odeur ou de l'humidité.

On peut installer aussi les glacières dans une cave ou attenant à la laiterie dans les fermes qui en possèdent.

Par tous les moyens possibles, on doit garantir les glacières des rayons solaires.

2. DES DIVERS SYSTÈMES DE GLACIÈRES. — Il existe plusieurs modes de cons-

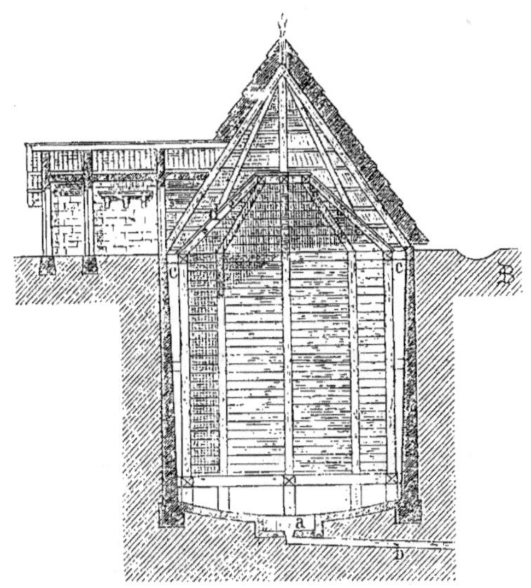

Fig. 499. — Coupe d'une glacière ordinaire.

Échelle de 0^m,005 pour mètre.

truire les glacières, qui présentent des avantages et des inconvénients suivant la nature du terrain ; c'est au constructeur, suivant le cas où il se trouve, d'appliquer un mode plutôt qu'un autre. Nous allons les décrire successivement en commençant par la glacière ordinaire.

3. GLACIÈRE ORDINAIRE. — La grandeur d'une glacière doit être calculée sur la consommation moyenne qu'on peut faire de la glace ; néanmoins elle devra contenir au moins 4000 kilogrammes, car si sa capacité est moindre la conservation de la glace devient extrêmement difficile. Nous ajouterons que plus grande sera la quantité de glace réunie, plus on aura de chance pour sa conservation. La disposition la plus généralement adoptée pour construire

une glacière consiste à creuser une fosse à parois inclinées. La forme préférable est celle d'un tronc de pyramide renversée à base carrée ou rectangulaire ; mais la forme la plus solide, celle dont nous conseillons l'emploi, c'est un tronc de cône renversé, comme l'indique la figure 499. Si le terrain n'est pas assez résistant pour se maintenir, on étrésillonne l'excavation.

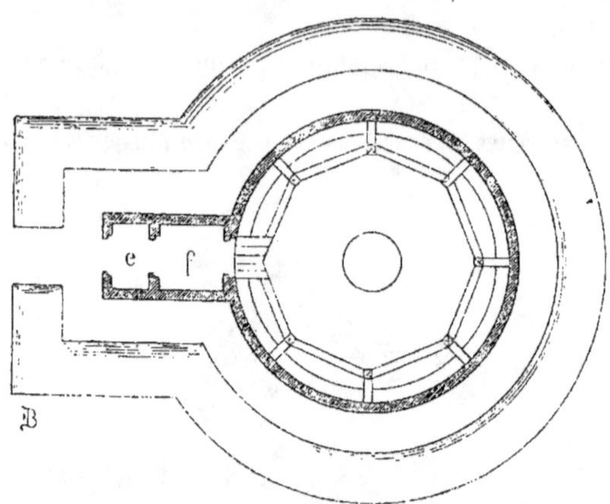

Fig. 500. — Plan d'une glacière ordinaire.

Échelle de 0^m,005 pour mètre.

La figure 499 montre la coupe d'une glacière installée dans une fosse de 7 mètres de diamètre et d'une profondeur égale à ce diamètre. La maçonnerie est en moëllons ; l'épaisseur des murs est plus considérable à la base, afin de maintenir plus fortement la poussée des terres. Le fond de cette glacière forme cuvette, et dans le centre de celle-ci, il s'en trouve une plus petite encore qui reçoit l'eau provenant de la fonte de la glace. Cette eau est rejetée au loin dans un puisard à l'aide d'une conduite en poterie.

Fig. 501. — Élévation d'une glacière ordinaire.

Échelle de 0^m,005 pour mètre.

Quelquefois on établit le puisard directement sous la glacière, dans la position de la petite cuve *a* (*fig.* 499) ; c'est une habitude vicieuse que nous condamnons, car l'évaporation de l'eau du puisard peut, pendant les fortes chaleurs de l'été, envoyer des vapeurs dans la glacière. Cette vapeur va se condenser dans la toiture, et peut, dans bien des cas, produire de l'humidité. Les figures 500, 501, 502, montrent le plan et les élévations principale et latérales de cette glacière. Comme l'indique la figure 499, une charpente faite en chevrons de chêne est supportée sur huit dés en pierre. Sur ces chevrons sont clouées des voliges. Cette caisse affecte la forme d'un prisme droit à base octogonale; elle a ses côtés maintenus par des bouts de chevrons *c*, *c*, formant pour ainsi dire arcs-boutants. C'est dans cette caisse qu'est tassée la glace. Avant d'enfermer celle-ci, on établit un clayonnage, ou bien on jette des fascines au fond de la caisse, afin de permettre à la glace de s'égoutter s'il y a lieu.

Fig. 502 — Élévation latérale d'une glacière ordinaire.
Échelle de 0ᵐ,005 pour mètre.

Comme le montrent les figures 500 et 501, la glacière est précédée d'une double entrée, de sorte qu'il faut passer trois portes avant d'arriver à la caisse à glace, qui, elle, possède encore une ouverture dans son faux comble *d*. Cette disposition permet d'entrer dans la serre à glace, sans que l'air extérieur puisse y pénétrer, car chaque fois qu'on a passé par une porte, on la ferme derrière soi. De plus, les deux anti-glacières *e*, *f*, figure 500, servent à serrer les provisions qui réclament une grande fraîcheur. La couverture de cette glacière, figures 501 et 502, est faite en chaume ou en paille très-épaisse et serrée, on emploie de préférence ce genre de couverture parce que la paille ou les roseaux sont mauvais conducteurs de la chaleur.

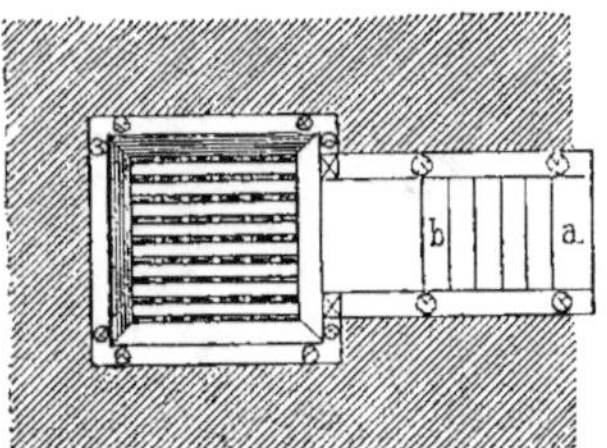

Fig. 503. — Plan d'une glacière américaine (premier type).
Échelle de 0ᵐ,005 pour mètre.

Un fossé large d'un mètre est établi à un mètre des murs de la glacière. Ce fossé sert à écarter l'eau provenant des pluies, car, sans ce dernier, l'eau ruisselant tout contre le mur pourrait par infiltration, lors des gros orages, pénétrer dans la glacière, et devenir un danger pour la glace. La glacière que nous venons de décrire est d'un prix relativement élevé : c'est ce qui se fait de mieux dans l'espèce.

4. Glacière américaine. — *Premier type.* — Les glacières dites *américaines*

ont, sur les glacières ordinaires, l'avantage d'être plus économiques. Les figures 503 et 504 montrent le plan et la coupe d'une glacière construite d'après ce système. Les matériaux employés pour ce genre de construction sont en bois de grume, madriers, bois de bateau et paille. Le prix de ces matériaux varie suivant les localités, mais ils sont généralement d'un prix peu élevé : c'est pourquoi les glacières construites à l'américaine sont peu coûteuses. La capacité de la glacière dont nous donnons le dessin peut suffire aux besoins d'une famille assez nombreuse : elle mesure en moyenne trois mètres en tous sens ; elle peut donc contenir vingt-sept mètres cubes de glace. Elle doit être construite dans le sol et placée au nord. De ce côté

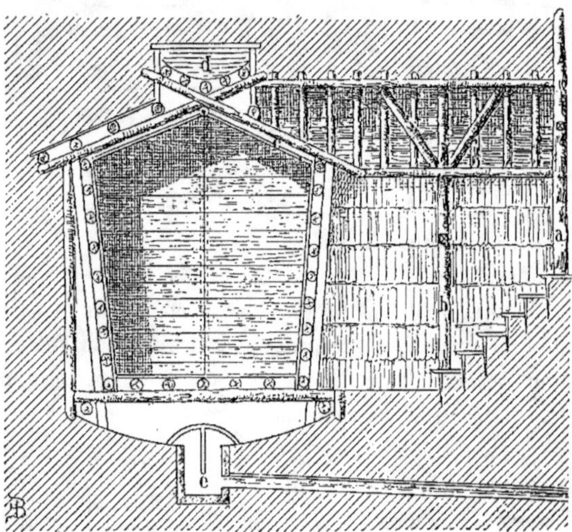

Fig. 504. — Coupe d'une glacière américaine (premier type).
Échelle de 0ᵐ,01 pour mètre.

se trouve (*fig.* 504) la porte *a*, et un couloir de quatre mètres qui conduit à une seconde porte *b*, de sorte que l'une des deux doit toujours être fermée, afin d'empêcher l'introduction de l'air extérieur. Cette glacière n'est pour ainsi dire qu'une caisse double. Celle de l'intérieur, qui contient la glace, est supportée par des traverses qui portent sur le sol. Elles reçoivent des pièces de bois qui supportent des solives. La caisse extérieure est formée de montants partant du fond et gagnant la partie supérieure ; sur ces derniers on cloue des madriers et sur ceux-ci des paillassons.

Le dessus de la glacière *d* est couvert de paille tassée. En *c* se trouve l'ouverture par laquelle on prend la glace ; c'est par là aussi qu'on l'enferme. Le puisard *e* sert à l'écoulement des eaux provenant de la fonte des glaces.

Deuxième type. — Les figures 505 et 506 représentent un autre genre de glacière américaine, c'est la plus simple et la plus économique de toutes celles faites à l'américaine. La dépense de la construction ne s'élève qu'à 180

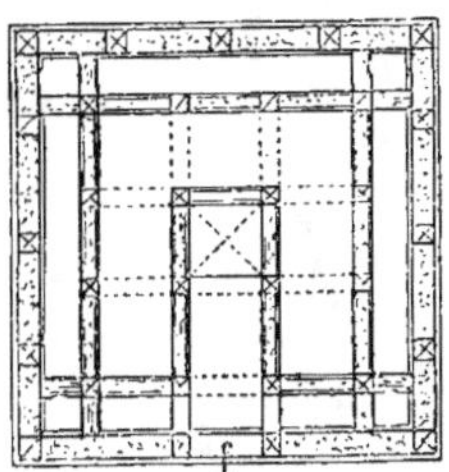

Fig. 505. — Plan d'une glacière américaine (deuxième type).

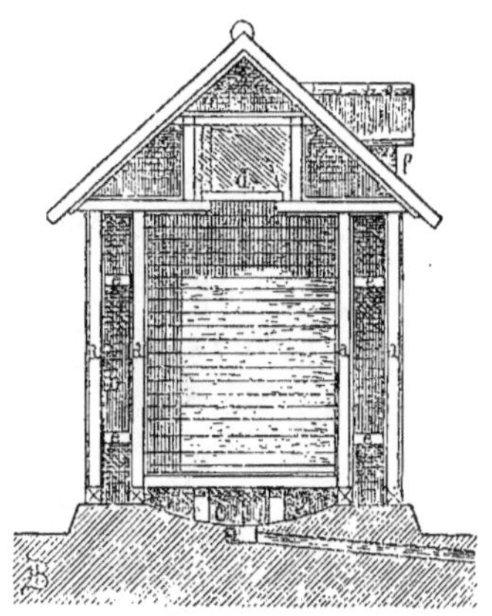

Fig. 506. — Coupe d'une glacière américaine
(deuxième type).

Échelle de 0ᵐ,01 pour mètre.

francs environ et quelquefois moins, lorsque le bois et la main-d'œuvre sont à bon marché dans la localité dans laquelle on l'exécute.

Elle se compose d'une caisse en bois de 3ᵐ,40 sur chacune de ses faces, reposant sur des madriers et des dés en pierre qui l'isolent du sol. Cette caisse est composée de montants sur la face desquels sont cloués des madriers; une plus grande caisse enveloppe la plus petite. Les interstices, *a, a, a,* entre les madriers sont remplis de charbon pilé et damé. L'espace *d* est laissé vide; on le remplit quelquefois avec de la paille hachée; dans bien des circonstances, et suivant le climat sous lequel on construit cette glacière, cette

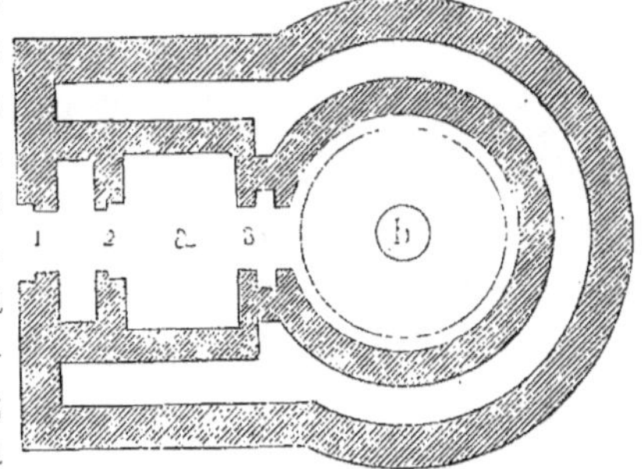

Fig. 507. — Plan d'une glacière anglaise.

Échelle de 0ᵐ,01 pour mètre.

paille donne de l'humidité qui fait fondre la glace; aussi doit-on être fort circonspect dans son emploi. Le fond de cette glacière est un lit de pierrailles qui repose sur une couche de glaise établie en forme de cuvette; l'eau s'écoule à travers la pierraille et se rend dans le puisard *c;* en *d* il y a une ouverture recouverte d'une fermeture mobile ; on y arrive à l'aide d'une échelle posée contre une fenêtre f qui est placée sur la face.

En c sont des bouts de solives qui maintiennent l'écartement b. Intérieu-

Fig. 508. — Coupe d'une glacière anglaise.

Échelle de 0^m,01 pour mètre.

rement et extérieurement, cette glacière est munie de paillassons ; la toiture est en chaume.

5. GLACIÈRE ANGLAISE. — Les figures 507 et 508 montrent le plan et la coupe d'une glacière très-usitée en Angleterre. Par l'inspection de ces figures on voit que les murs, au lieu d'être simples, sont doubles. Ce système est beaucoup plus dispendieux que ceux que nous avons décrits précédemment ; mais aussi dans les terrains humides, c'est le seul qui donne de bons résultats, en permettant de conserver la glace et les provisions de ménage. L'antiglacière a est affectée à cet usage. Cette glacière est munie de trois portes 1, 2, 3, qu'on doit doubler de

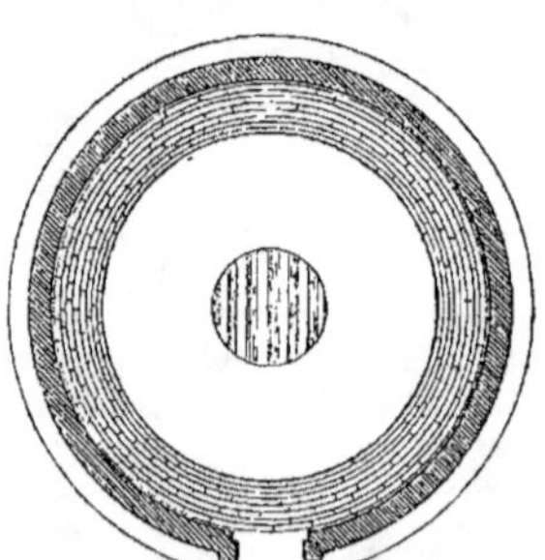

Fig. 509. — Plan d'une glacière en cave et à mi-sol.

Échelle de 0^m,005 pour mètre.

paillassons ; en b se trouve la petite cuvette qui reçoit les eaux pour les renvoyer au puisard.

6. GLACIÈRES EN CAVE ET A MI-SOL. — Les figures 509 et 510 indiquent le

plan et la coupe d'une glacière construite dans une cave. Cette glacière peut
aussi être construite en plein air, au nord; elle appartient au genre de gla-

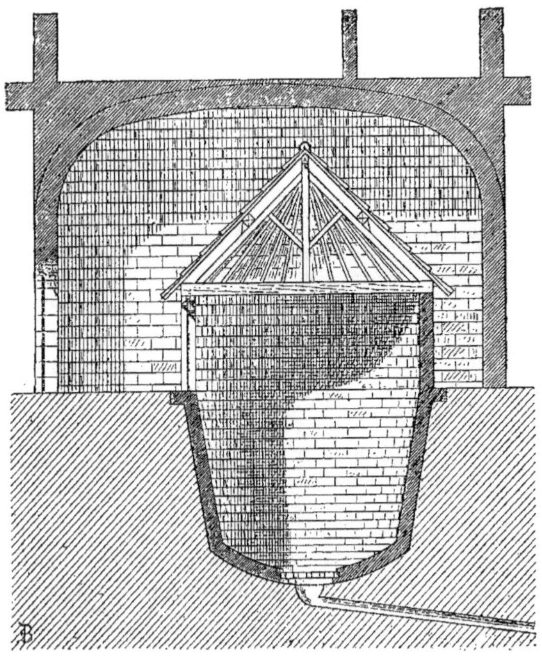

Fig. 510. — Coupe d'une glacière en cave et à mi-sol.
Échelle de 0ᵐ,005 pour mètre.

cière placé à mi-sol. Elle est si simple que la seule inspection de la coupe
(*fig.* 510) permet de comprendre sa construction, sans qu'il soit nécessaire
de donner de plus amples explications. Nous ferons
observer seulement que, si cette glacière est construite
en plein air, on doit la faire précéder au moins d'une
antiglacière ou d'un couloir de trois à quatre mètres,
fermé par trois portes.

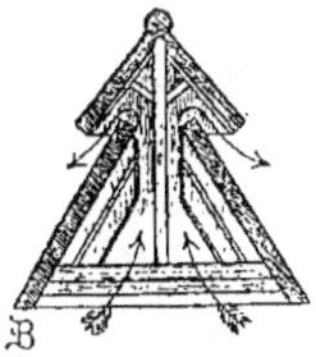

7. Des ventilateurs. — Dans certains emplacements
ou localités, dans lesquelles le sol présente un peu
d'humidité, lorsqu'il n'est pas possible de s'en débar-

Fig. 511. — Ventilateur
pour glacière.

rasser, on aère la partie supérieure de la glacière au moyen d'un ventilateur particulier (*fig.* 511), qui permet la sortie des vapeurs qui se dégagent des parois de la glacière sans que l'air extérieur puisse atteindre
la glace. Dans ce but, on perce la partie supérieure de la toiture; dans ce

trou, on établit soit un tuyau en poterie, soit un tube de bois formé de quatre planchettes assemblées. Ces tuyaux ou tubes s'ouvrent à l'intérieur de la glacière, mais entre le comble et le faux-comble ils sont eux-mêmes recouverts d'un chapeau ou petit abri. Les portes des glacières munies de ce ventilateur sont percées de trous. Un tirage s'établit de ces trous à la cheminée d'aération ou ventilateur, et il débarrasse ainsi la glacière de l'humidité qui pourrait entourer la caisse de glace.

Quoique les ventilateurs de glacière puissent en bien des circonstances rendre d'utiles services, nous recommandons néanmoins la plus grande prudence dans leur emploi, on ne doit les appliquer que dans le cas d'insuccès par les méthodes ordinaires.

Nous croyons avoir examiné tous les systèmes de glacières, nous avons décrit en effet les glacières ordinaires, les glacières américaines, les glacières anglaises, nos lecteurs peuvent voir qu'elles peuvent se diviser en trois catégories :

a, glacières construites dans le sol.

b, — — à mi-sol.

c, — — hors du sol.

Ces divers systèmes présentent chacun des avantages et des inconvénients suivant les localités où l'on doit les appliquer ; c'est au constructeur, nous nous plaisons à le répéter, à choisir de préférence parmi tous ces modes, celui qui lui paraîtra avoir le plus de chance de réussite ou le plus économique.

Nous terminerons ce que nous avons à dire sur les glacières en faisant les recommandations suivantes :

1° Éviter l'humidité et s'en préserver par tous les moyens, car c'est elle qui est la pierre d'achoppement dans la construction des glacières ;

2° Ne pénétrer que le matin et le soir dans les glacières et une seule fois pendant le jour ;

3° Quand on pénètre dans une glacière, on ne doit ouvrir la seconde porte qu'alors que la première aura été fermée ;

4° Lorsque le temps est sec, on fera bien d'ouvrir quelquefois les glacières, afin de renouveler l'air intérieur ; néanmoins il faut user avec prudence de ce moyen ainsi que des ventilateurs.

8. Des précautions a prendre pour enfermer la glace. — La glace doit être déposée dans la glacière par un temps sec et froid. Il ne faut jamais oublier de nettoyer et d'aérer la glacière avant de la remplir. Le fond de la glacière sera formé d'un clayonnage en bois, ou couvert de fascines ou de paille longue. Ces lits ont l'avantage de préserver la glace de l'humidité du sol. Ces précautions sont d'une importance capitale et leur inobservation

cause de nombreux déboires et insuccès aux constructeurs de glacières, et font perdre tout au moins une grande quantité de glace.

Quand on remplit pour la première fois une glacière neuve, on perd généralement la glace qu'on y a introduite. Cette perte est causée par la fraîcheur de la maçonnerie ; aussi conseillons-nous de construire la glacière à la fin du printemps, afin de la laisser sécher tout l'été et l'automne.

Nous conseillons en outre, quelques jours avant d'introduire la glace, d'allumer des réchauds à l'intérieur de la glacière, afin de sécher le plus possible la maçonnerie.

En prenant ces minimes précautions, on s'épargnera de graves désagréments. Que de bonnes glacières sont condamnées comme mauvaises et abandonnées comme telles, parce que leurs constructeurs n'ont pas voulu suivre la sagesse des prescriptions que commande une saine raison !

SÉCHERIES ET SÉCHOIRS.

Séchenies. — Les sécheries diffèrent des séchoirs, en ce que dans les premières la dessiccation s'opère naturellement par la seule influence de l'air atmosphérique, tandis que dans les séchoirs on a recours à des moyens artificiels, pour obtenir un résultat prompt et rapide.

Les sécheries servent pour la dessiccation des tiges et feuilles des plantes et plus spécialement pour celles du tabac; elles doivent être ventilées et suffisamment ajourées, car chacun sait combien la lumière aide à chasser l'humidité.

Les sécheries doivent, autant que possible, être rapprochées du lieu de production, sur un terrain élevé si on le peut, mais en tout cas isolé de tout bâtiment. Si l'emplacement choisi était d'une nature humide, il faudrait le drainer ou tout au moins l'entourer d'un fossé, afin de l'assécher.

Quant aux dimensions à donner aux sécheries, cela dépend, bien entendu, de la quantité de plantes ou de feuilles que l'exploitation a besoin de sécher.

Souvent, quand on a peu de produits à sécher dans une exploitation, on se contente d'agencer les combles des bâtiments pour en faire une sécherie.

Les granges et les magnaneries servent aussi dans le même but, de même que les remises et les hangars.

Cependant le tabac demande des sécheries spéciales, car il faut beaucoup de soin pour opérer sa dessiccation; en effet, les feuilles desséchées dans l'obscurité restent vertes, celles qui sont soumises à l'action d'une trop vive lumière et des rayons du soleil deviennent pâles et blanchâtres, or les vendeurs de feuilles de tabac ont tout intérêt à livrer leur produit possédant une couleur brune, ni trop noire ni trop claire, c'est avec une demi-lumière qu'on obtient cette couleur qui indique une bonne dessiccation.

L'administration des tabacs recommande aux planteurs d'adopter pour sécherie un hangar à deux travées, à toitures très-rampantes et ayant de chaque côté des rangées de perches en sapin. Les guirlandes de tabac restent suspendues sous le hangar sur des gaulettes de trois mètres, les jours de mauvais temps, et quand on peut les sortir, on les expose à l'air libre.

Nous ne nous étendrons pas plus longuement sur ce sujet, pas plus que sur les autres industries agricoles; car nous ne devons nous occuper dans le présent traité, que de la ferme et de ses bâtiments annexes. Mais nous renverrons nos lecteurs qui voudraient des renseignements complémentaires et plus étendus à notre ouvrage sur les *grandes industries agricoles*.

CAGES A MAÏS. — On peut considérer les cages à maïs comme un genre de sécherie.

Nos lecteurs savent parfaitement que les épis de maïs après la récolte, même lorsqu'ils sont dépouillés de leurs *spathes,* conservent dans la *râpe* spongieuse (*panouille*) qui porte le grain, une très-grande humidité, qui ne disparaît que fort lentement dans les pays du nord.

Dans les pays chauds et dans le midi de la France les grains de maïs sèchent relativement assez vite. On les met en petits tas, soit dans une chambre sèche, dans la cuisine de la ferme, soit dans un grenier ou dans une sécherie quelconque, et le maïs finit par mûrir et sécher en quelques jours (20 à 30 jours en moyenne); mais dans le nord, dans les pays pluvieux, si on opérait ainsi, la moisissure ne tarderait pas à attaquer les épis; il faut donc opérer tout autrement.

Voici comment on fait: on commence par passer dans le four ou dans une étuve (séchoirs) les épis de maïs et on les égrène, ou bien on suspend les épis réunis en paquets à des perches, qu'on place sous des hangars et des combles de bâtiment; mais ce dernier procédé exige une grande main-d'œuvre pour les remuer, les déplacer, les rentrer avec le mauvais temps, les sortir avec le beau. Aussi dans beaucoup de localités, on emploie des cages à maïs.

Ces cages sont faites en charpente, elles sont très-étroites, elles mesurent à l'intérieur 1 mètre de largeur, 2 de hauteur, sur 10 à 12 de longueur. Les parois latérales de ces cages sont faites avec des châssis en lames de persiennes, de sorte que l'air peut y circuler largement; mais afin que les mulots, rats et souris ne puissent pénétrer dans les cages, elles sont portées sur des poteaux de un mètre à 1^m,50 de hauteur qui sont munis d'entonnoirs renversés faits en zinc, pareils à ceux dont nous avons parlé aux supports pour meules. On fait les cages à maïs en rapport avec le rendement des récoltes d'une ferme, mais les cages ne doivent dans aucun cas avoir plus de un mètre de large.

Voici les données que Mathieu de Dombasle a indiquées dans ses *Annales de Roville* comme suffisamment approximatives : « Si on observe, dit-il, que le maïs en épis occupe environ trois fois autant de volume qu'après avoir été égrené, et si on suppose que le terrain doit rendre 30 hectolitres à l'hectare, on aura à loger pour cette étendue de terrain 90 hectolitres ou 9 mètres cubes. Une cage ayant 1 mètre de largeur sur 2 de hauteur, la récolte de chaque hectare occupera donc 4^m,50 de longueur. »

Séchoirs. — Les séchoirs sont le plus souvent des pièces fermées dans lesquelles on allume des poêles, des cheminées ou des fourneaux. On les désigne alors sous le nom de *chambres chaudes*. Quand on a peu de récolte à sécher, les fours à pain et les étuves de ces fours peuvent très-bien suffire.

Les séchoirs servent à dessécher les châtaignes, les prunes, les pommes, les cerises, etc.

Nous donnerons bientôt un projet de séchoir que nous avons fait pour un propriétaire de Tonneins près d'Agen, mais auparavant nous décrirons d'après Parmentier un séchoir pour les châtaignes.

Voici ce qu'il a écrit dans son *Traité de la châtaigne*. « La *claie* (c'est ainsi que dans le pays on nomme ce séchoir) des Cévennes est un bâtiment carré à quatre faces dont le côté extérieur est d'environ 5 mètres : on établit à la hauteur de 2^m,25 un plancher composé de six fortes poutres, à des distances égales et bien mises de niveau ; on attache sur ces poutres des morceaux de bois d'égale longueur, rendus plats au-dessus et aux deux bouts : le dessous est en dos d'âne, afin qu'ils reçoivent mieux la fumée. Ces morceaux de bois sont cloués à chacune de leurs extrémités sur le milieu des poutres et à la distance d'un gros tuyau de plume. Le bâtiment est ordinairement de 6 mètres de hauteur ; on le place autant que possible à l'abri du mauvais vent. Vis-à-vis de la porte d'entrée, on pratique au rez-de-chaussée une ouverture de 0^m,15 de large sur 0^m,30 de hauteur ; elle sert à éclairer et à donner au feu l'activité nécessaire. On fait, en outre, une porte au-dessus de la claie et dans le milieu d'une des faces du carré, puis une ouverture de 0^m,20 de largeur sur 0^m,40 de hauteur environ de chaque côté de la porte. Dans la face opposée, à environ 1 mètre au-dessus de la grille, on pratique trois ouvertures, savoir : deux qui correspondent à celles de la face où est la porte et une troisième vis-à-vis la porte 0^m,60 plus haute que les autres et à 1 mètre au-dessus de la grille ou claie. Enfin on fait près du toit et dans chacune des quatre faces, une ouverture de 0^m,15 de côté pour donner issue à la fumée qui perce le lit des châtaignes étendues sur la claie et qui les sèche. Ces ouvertures doivent être pratiquées les unes vis-à-vis des autres, dans les faces opposées. Le toit ne doit pas être fait en planches jointives; toute planche peut servir à cette destination : on y pratique de chaque côté deux lucarnes de grandeur médiocre. On voit bien que toutes les ouvertures ménagées dans la partie supérieure de la claie sont destinées à donner un libre cours à la fumée à mesure qu'elle s'élève, sans cela elle se rabattrait sur les châtaignes, les roussirait et leur donnerait un goût de fumée. On place toutes ces ouvertures en opposition, afin que le vent trouve une issue qui soit dans sa direction, et qu'il entraîne et chasse sans obstacle, la fumée. Si on plaçait la claie au milieu d'un bâtiment qui ne pourrait avoir des ouvertures sur les quatre faces, il ne faudrait en pratiquer que sur les faces libres et opposées et en augmenter le nombre. »

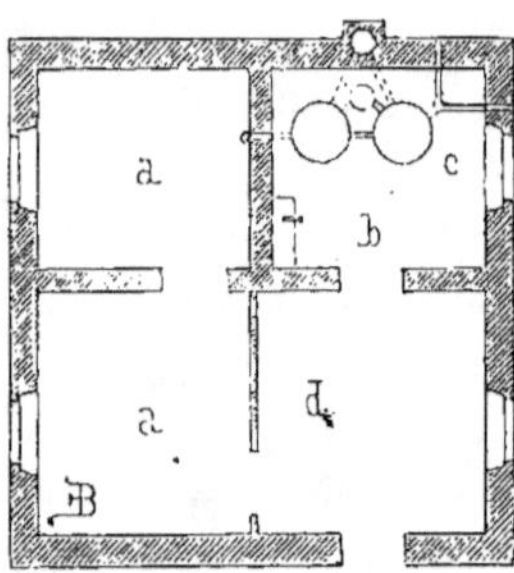

Fig. 512. — Séchoir-étuve pour la fabrication des pruneaux (sous sol).

Légende :

a, a, caves à charbon ; *b,* chambre des générateurs à vapeur ; *c,* générateurs ; *d,* entrée.

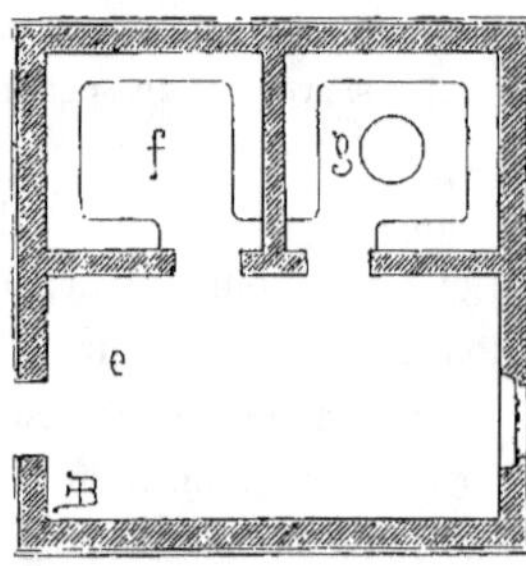

Fig. 513. — Séchoir-étuve (rez-de-chaussée).

Légende :

e, manipulation et entrepôts des prunes; *f,* étuve préparatoire ; *g,* étuve.

Échelle de 0m,005 pour mètre.

Malgré ce que cette explication donnée par Parmentier a d'embarrassé, on peut avec un peu d'attention comprendre l'économie de cette étuve à châtaignes, et nous n'en dirons pas davantage.

Séchoir-étuve pour la fabrication des pruneaux. — On doit établir ces sortes de séchoirs, dans un bâtiment isolé. Les plans-types que nous donnons dans nos figures 512 et 513 ont été exécutés d'après un programme rédigé par un propriétaire. Comme ce programme est très-bien compris, nous le donnons, afin que nos lecteurs puissent y trouver les meilleurs renseignements sur ce genre de construction.

Cette étuve à prunes sera établie dans un corps de bâtiment isolé, de 4 mètres carrés environ; elle se composera d'un sous-sol, dans lequel se fera le service du foyer et d'un rez-de-chaussée divisé en trois compartiments, savoir : une étuve proprement dite, une étuve préparatoire contiguë à la précédente. Celle-ci sera garnie d'étagères. Elles seront précédées l'une et l'autre d'une grande pièce, dans laquelle se fait la manipulation des prunes.

Le foyer en sous-sol aura un générateur à vapeur et deux prises d'air sur deux faces différentes du bâtiment, cet air étant destiné à passer dans des tuyaux en fonte traversant le foyer arrivera à l'aide de tuyaux recourbés se répandre dans l'étuve préparatoire.

Une plaque de fer séparera la pièce du foyer de l'étuve proprement dite qui servira à la dessiccation complète de la prune.

Le sous-sol devra avoir une porte à laquelle on arrivera par une tranchée, deux soupiraux d'un côté pour éclairer les caves à charbon et deux d'un autre côté pour la pièce au foyer et celle qui la précède. Le dessus du rez-de-chaussée sera un petit grenier sous comble. Le tout ne devra pas coûter sans l'aménagement et les machines plus de 3,000 à 3,400 francs.

En jetant les yeux sur nos figures 512 et 513 nos lecteurs s'expliqueront nos plans qui sont la fidèle interprétation du programme qu'ils ont lu.

La figure 512 est le sous-sol, et 513, le rez-de-chaussée.

Serres. — Enfin aujourd'hui, c'est avec raison que dans une exploitation bien tenue il y a toujours à côté de la maison du cultivateur une petite serre, qui sert à conserver des plants de légumes ou de fleurs ou à faire des semis. La serre permet de pouvoir repiquer au printemps des plantes qui sont de beaucoup plus avancées que si le cultivateur avait attendu le beau temps pour faire ses semis. Le complément indispensable de la serre, ce sont les châssis de couches.

Nous ne parlerons pas de la construction des serres puisque aujourd'hui on en trouve dans le commerce toutes sortes de modèles, absolument comme de simples châssis de couches; mais nous dirons d'adopter pour les pays froids un petit modèle en bois de serre hollandaise, qui est en contre-bas du sol de 1^m,40 environ.

III. CONSTRUCTIONS DESTINÉES A TRANSFORMER LES RÉCOLTES.

1. Boulangeries. — Comme chacun le sait, la boulangerie est le bâtiment dans lequel se fabrique le pain. Une boulangerie contient un pétrin, un fournil et une paneterie. Toute exploitation considérable fera bien d'avoir sa boulangerie, mais toutes les fois qu'une exploitation sera éloignée de la ville, quelle que soit son importance, il faudra bien avoir un four; du reste celui-ci sert à autre chose qu'à faire du pain, il sert de cuisine pour les animaux, de buanderie et enfin d'étuve pour dessécher certains produits, comme nous l'avons signalé plus haut.

Fournil. — Le fournil est la pièce qui contient la bouche du four; celui-ci doit être en rapport avec les besoins, mais être suffisamment grand pour permettre la manœuvre de la pelle à enfourner et pour contenir les divers ustensiles nécessaires à la fabrication du pain. Le fournil contient aussi assez souvent un petit fourneau pour faire chauffer de l'eau.

Pétrin. — Le pétrin est une petite pièce qu'on nomme aussi *gloriette* et qui contient le *coffre* ou la *huche* ou la *maie* dans lequel on manipule la pâte. Cette pièce contient aussi des étagères pour recevoir les *panetons* (*paniers fermés pour le pain*). Enfin dans les grandes exploitations il y a une

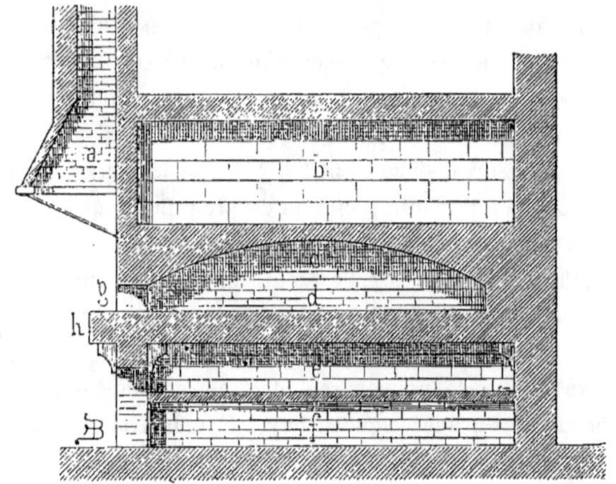

Fig. 514. — Coupe d'un four.

LÉGENDE :

a, tuyau; *b*, étuve supérieure ; *c*, dôme, voûte, chapelle ; *d*, sole ou âtre ; *e*, étuve inférieure ; *f*, cendrier; *g*, bouche du four; *h*, autel.

Échelle de 0^m,002 pour mètre.

pièce qui sert de paneterie ou magasin à pains; celle-ci renferme des balances, un dépôt de farine, une table avec un couperet pour le pain.

Dans les petites exploitations au contraire, le fournil sert pour le four, la cuisine, le pétrin, etc.

Four. — La construction d'un four est toujours assez difficile, aussi nous conseillons de prendre des ouvriers spéciaux. Sa bonne disposition apporte une grande économie dans la consommation du combustible. Les meilleurs matériaux à employer pour la construction des fours sont les briques réfractaires. A défaut de celles-ci, on peut employer la brique ordinaire (elle dure moins) ou de l'argile.

Pour utiliser cette dernière substance on la détrempe, on la mêle avec

du foin haché, on en fait une sorte de briquettes qu'on liaisonne avec le
même mélange. Les fours construits ainsi ont, dit-on, une grande durée. Les
pierres siliceuses et les pierres calcaires sont impropres pour ce genre de
construction, car les premières éclatent sous l'action du feu, tandis que les
secondes sont rapidement transformées en chaux.

Le fond du four, l'âtre, doit être pavé en carreaux de terre cuite : on les
liaisonne avec de la terre à four ou à poêle.

Les fours peuvent affecter diverses formes, mais ils doivent toujours être
très-aplatis ; ils sont circulaires ou elliptiques, du reste notre figure 514
montre la coupe d'un four et ses diverses proportions, en hauteur, que son
plan soit un cercle ou une ellipse.

Voici les dénominations des différentes parties d'un four : *a* est le tuyau de
cheminée avec son manteau, *b l'étuve supérieure* qui s'ouvre sur les côtés du
conduit de cheminée, *c* le *dôme, voûte, chapelle*, ou calotte du four, *d* la
sole ou *l'âtre, e* une étuve inférieure, *f* le cendrier, *g* la bouche du four
h l'autel, au fond du four il existe un contre-mur qu'on doit toujours construire et qu'on est forcé de faire si le four était adossé à un mur mitoyen.

Souvent les parties *e* et *f* ne sont pas séparées, on perd alors une étuve,
mais on obtient un plus grand cendrier, seulement lorsque les fours sont
entre deux étuves ils se refroidissent moins, sont plus vite chauffés, en sorte
qu'il y a économie à construire deux étuves. Ce four est dessiné à deux
centimètres pour un mètre, le manteau est à 1^m,80 au-dessus du sol, de
façon à ce que le fournier ne soit pas exposé à se cogner la tête en enfour-
nant ou défournant son pain.

Souvent dans les grands fours, pour activer la combustion, on pratique
au-dessus de la voûte quatre ouvertures de 0^m,16 de diamètre nommées
ouras. Ces ouvertures sont munies de tuyaux qui vont se perdre dans le
conduit de cheminée du four.

Dimensions des fours. — Voici quelles sont les dimensions qu'on donne
le plus souvent aux fours avec le nombre de kilogrammes de pain qu'ils
peuvent contenir.

Fours circulaires. — 2^m,00 de diamètre pour 54 kilogrammes de pain.

2^m,50	—	85	—
3^m,00	—	112	—
3^m,50	—	165	—

Fours elliptiques. —

1^m,75 diamètre du petit axe, 2^m,25 grand axe, 54 kilogrammes de pain.

2^m,25	—	2^m,75	—	85	—
2^m,75	—	3^m,25	—	112	—
3^m,25	—	3^m,75	—	165	—

2. Cuisines. —La cuisine est le local dans lequel on prépare la nourriture de l'homme et des bestiaux. Nous ne donnerons pas la description de la cuisine faite en vue de préparer les mets pour l'homme, puisque dans les différents plans de maisons nous avons donné diverses distributions et aménagements. Nous nous contenterons de dire que, dans les grandes cuisines, à part la cheminée dont nous avons donné une figure page 166, il faut encore avoir un potager-fourneau; quand on ne fera pas de fourneau en construction de briques, on pourra s'en procurer en fonte et fer dans le commerce de fumisterie.

Pour la grande cuisine, celle qui sert à préparer les aliments pour les animaux, la *cuisine rurale*, nous dirons qu'elle se trouve à proximité des étables; souvent même elle est annexée à la boulangerie, car on utilise la braise du four pour préparer des buvées ou faire cuire les légumes, ou autre nourriture.

Dans bien des porcheries, la cuisine se trouve dans l'axe des bâtiments, comme nous l'avons indiqué figures 420 et 421, page 288.

Dans ces grandes cuisines rurales, la chose principale est la construction du grand fourneau, qui supporte deux ou trois chaudières, suivant l'importance de l'exploitation.

On se contente souvent pour cuire de petites quantités de légumes de les jeter dans des chaudières et de les y laisser un certain temps. D'autres fois, on met ces légumes dans des tonneaux qui se communiquent par un tuyau, et la vapeur provenant de l'ébullition de la chaudière est amenée dans le premier tonneau, et de celui-ci dans le second; voilà un deuxième mode de faire cuire les aliments pour les animaux. Enfin, dans les très-grands domaines, on a un générateur à vapeur pour cuire la nourriture des bestiaux. Nous ne décrirons aucun de ces systèmes, car aujourd'hui chez les fabricants d'appareils agricoles, on construit tous les modèles possibles et pour tous les genres d'exploitation.

3. Distilleries et féculeries. — Nous ne parlerons pas dans le présent traité des distilleries ni des féculeries, car les produits de ces fabriques font partie des grandes industries agricoles, que nous nous réservons de traiter à part, comme nous l'avons annoncé précédemment, page VII.

4. Laiterie. — La laiterie est le local qui sert à conserver le lait, après qu'il est tiré jusqu'à son emploi ou sa transformation en beurre et en fromage. L'ensemble de la laiterie comprend les pièces annexes qui servent à la fabrication de ces deux produits agricoles. Il faut, que la laiterie soit fraîche et que sa température ne soit pas de beaucoup supérieure à 10 ou 12 degrés centigrades. Pour obtenir ces conditions, il faut la construire avec des murs épais et des ouvertures au nord, l'abriter au midi par un rideau d'arbres et ne faire de ce côté que de petites ouvertures et les seules né-

cessaires pour ventiler l'intérieur de la laiterie. Cette ventilation sera encore secondée par des tuyaux ventilateurs ou par des soupiraux très-étroits percés dans les caves de la laiterie. Les portes et les fenêtres au nord seront aussi de petites dimensions, les fenêtres n'auront pas plus de 0^m,50 à 0^m,60 de hauteur sur 0^m,30 à 0^m,35 de largeur. Elles sont grillagées à l'extérieur, munies de châssis fixes garnis en canevas pour empêcher l'introduction de la chaleur, des mouches et autres insectes.

Les portes des laiteries doivent fermer hermétiquement à clef, elles sont doubles ordinairement. Dans ce cas, la porte extérieure est à panneau plein, et la seconde vitrée, avec deux vasistas, afin de pouvoir aérer, si c'est nécessaire. La laiterie doit être pavée avec des dalles en pierre dure. Il ne faut pas employer les carreaux en terre cuite, car ils sont trop poreux, absorbent l'eau, l'humidité, et le lait qu'on peut répandre. Si dans la localité il ne se trouve pas de dalles en pierre dure, on pourrait employer de l'asphalte, mais quel que soit le système de pavage adopté, il faut avoir soin de ménager des pentes du côté des portes, afin de pouvoir rejeter au dehors les eaux de lavage. Il faut en effet laver souvent les laiteries, les tenir très-propres. Il faut que les murs soient soigneusement recrépis, et revêtus d'un enduit bien lisse et uni, afin qu'il soit facile de les nettoyer ou de les blanchir.

Quand on fait ces enduits au plâtre, on ferait bien de gâcher celui-ci avec de l'eau alunée ou contenant une dissolution de gélatine ou de colle de Flandre; on obtient ainsi un stuc qu'il est facile de laver avec une éponge et de l'eau (voy. le mot *stuc* pour sa préparation, *page* 20).

Les laiteries doivent être voûtées; car on obtient ainsi une plus grande fraîcheur, ou tout au moins elles doivent avoir leur plafond fait en fer à T avec les entrevoux en briques apparentes (voir la construction de ces planchers *pages* 73 et 74, *fig.* 57, 58 et 59).

Dispositions diverses des laiteries. — Dans les environs des villes, les fermiers trouvent toujours à vendre le lait à un prix plus ou moins rémunérateur, aussi n'ayant pas à le convertir en beurre ou en fromage, ils n'ont besoin que d'un local frais, dans lequel le lait puisse se conserver vingt-quatre heures au plus. Une cave bien située peut suffire. Au contraire, quand le fermier est obligé de conserver le lait et de le transformer, il faut que sa laiterie ait une disposition spéciale.

Nous donnons figure 515 un plan de laiterie avec beurrerie. Elle comprend une laverie *a* qui renferme un petit fourneau pour faire chauffer de l'eau et un évier pour laver les instruments qui servent à manipuler le lait, ainsi que les vases qui le contiennent; *b* est la laiterie proprement dite, elle est pourvue d'étagères tout autour des murs; *c* est la beurrerie. Cette pièce est aussi entourée de tablettes.

La figure 516 montre un type beaucoup plus grand de laiterie, c'est celui qui est adopté exclusivement à tout autre, car il est reconnu un des plus commodes.

Cette laiterie comprend cinq pièces. La première *a* sert pour ainsi dire d'antichambre aux autres pièces, c'est une laverie qui a deux fourneaux ; *b* est la laiterie proprement dite, et en contre-bas des autres pièces de quatre à cinq marches. Cette précaution rend cette laiterie plus fraîche ; mais afin d'avoir un jour suffisant, elle est entourée d'un fossé *f, f, f,* qui sert aussi à la ventiler ; *c* est la pièce qui sert à la fabrication du beurre ; *d* est la pièce au fourneau. on peut même dans cette pièce installer un autre fourneau pour faire bouillir le lait et même un générateur à vapeur pour avoir de l'eau chaude à discrétion. Enfin en *e* se trouve la fromagerie. Dans le fond de celle-ci, il existe un petit escalier qui conduit au premier dans la sé-

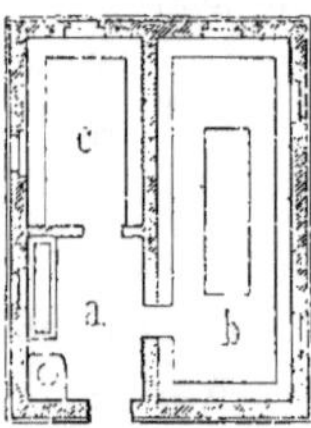

Fig. 515. — Plan d'une laiterie.

LÉGENDE :

a, entrée avec fourneau et laverie ; *b*, laiterie ; *c*, beurrerie.

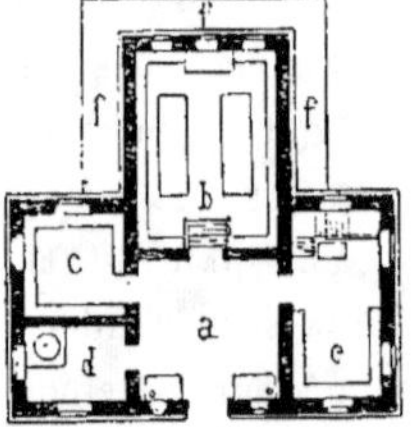

Fig. 516. — Grande laiterie.

LÉGENDE :

a, entrée et laverie ; *b*, laiterie ; *c*, fabrication du beurre ; *d*, fourneau ; *e*, fromagerie ; *f, f, f,* fossé

Échelle de 0ᵐ,0025 pour mètre.

cherie des fromages, qui existe au-dessus de la laiterie proprement dite, tandis que sur le reste de la construction, on peut disposer de trois à quatre chambres à coucher, qu'on peut donner aux ouvriers qu'on occupe à la fabrication du fromage.

Il faut dans une laiterie avoir de l'eau en abondance, soit pour les lavages, soit pour mettre le lait à rafraîchir. Dans quelques laiteries bien soignées, on s'arrange même pour avoir de l'eau courante. Dans les très-grands froids, on met aussi quelquefois les cruches à lait dans de l'eau tiède.

5. VENDANGEOIRS. — Les vendangeoirs sont des locaux destinés à recevoir la vendange, c'est-à-dire la matière première, le raisin qui sert à faire le vin. C'est ordinairement un assez grand bâtiment situé à rez-de-chaussée, et qui renferme les pressoirs, cuves, égrenoir, égrappoir, et autres instruments qui servent à la fabrication du vin.

Certains vendangeoirs du midi de la France sont d'immenses bâtiments n'ayant qu'un étage, qui mesurent quarante et cinquante mètres de longueur. Ils sont souvent divisés en trois parties : la partie centrale renferme les pressoirs, et de chaque côté, on dispose des cuves vinaires, les unes sont en bois, les autres sont construites en maçonnerie.

Les premières sont préférables, la fermentation s'accomplit mieux et plus rapidement et le vin est, dit-on, d'une qualité supérieure. Ces cuves sont mises sur des chantiers en bois ou, ce qui est mieux, en maçonnerie.

Ces derniers chantiers consistent en une espèce de plates-formes construites en mortier hydraulique ; elles ont une légère inclinaison, de sorte que si une cuve venait à fuir ou à éclater, le moût du raisin ne serait pas perdu, car la pente des chantiers aboutit à un réservoir ou citerne construit en terre. Celui-ci est muni d'une pompe qui remonterait le liquide et le mettrait dans la dernière cuve, qu'on ne remplit de raisin qu'en dernier lieu.

Les cuves en maçonnerie, qui servent plus particulièrement pour la fermentation des gros vins destinés à la distillerie, sont construites en moëllons ou en briques avec mortier hydraulique, sur lequel, on fait un enduit en ciment.

Dans bien des localités, on revêt l'intérieur des cuves vinaires en carreaux vernissés, ou émaillés.

Lorsque les cuves vinaires servent pour la première fois, la chaux décolore les vins, ou suivant la qualité du raisin en trouble pour toujours la couleur, ce qui empêche quelquefois de les vendre comme vins de table. Pour obvier à cet inconvénient, on fait dissoudre de la cire dans de l'essence de térébenthine chauffée et on passe cette composition sur les enduits de la maçonnerie des cuves quand ils sont bien secs. Avec un chiffon de drap on frotte fortement ; l'excédant d'essence s'évapore, et la cire restant seule isole suffisamment le vin pour que la chaux ne puisse le décolorer. Les cuves en maçonnerie sont presque toujours rectangulaires et très-rarement circulaires. Elles mesurent 2^m,50 à 3 mètres de côté sur 2 mètres à 2^m,50 de hauteur.

Dans les vendangeoirs, les cuves sont placées côte à côte, de sorte que ce genre de construction présente une économie assez notable puisque cinq cuves donneraient vingt côtés si elles étaient séparées tandis que, accolées, elles ne donnent que le développement de seize, c'est donc une économie de 20,0/0. On peut dans les grands vendangeoirs faire une économie encore plus considérable, ainsi, au lieu de construire des cuves de chaque côté des murs, on les réunit et, on les adosse au milieu du vendangeoir : dans ce cas l'économie est de 30 0/0. Exemple, dix cuves isolées ayant quatre côtés égalent quarante côtés : une fois réunies elles ne font plus que vingt-sept côtés, différence treize côtés économisés. Aujourd'hui beaucoup de vendangeoirs possèdent des fourneaux portant des chaudières. Elles servent à chauffer le moût du raisin pour activer la fermentation acide. Ces chaudières, qui ont un diamètre considérable, sont soulevées à l'aide d'un treuil lorsqu'on veut verser le liquide qu'elles contiennent.

6. CAVES. — Les caves servent à renfermer les vins après leur fabrication. La principale qualité d'une bonne cave, c'est d'être fraîche ; elle doit pouvoir conserver en toute saison une température constante de dix à douze degrés centigrades. Une bonne cave doit en outre être sèche. Toute cave exposée au nord, creusée à quatre mètres de profondeur dans un terrain sec construite avec de bons matériaux, sera dans de bonnes conditions, surtout, si les voûtes sont en briques et si la cave possède des soupiraux sur deux de ses faces opposées.

Quand on se trouve sur un sol spongieux et aquifère, si on ne peut descendre à quatre mètres la fouille de ses caves, on fera bien d'exhausser le rez-de-chaussée de quatre à cinq marches, afin de pouvoir donner aux voûtes de cave une hauteur suffisante. On ne doit pas craindre, même si on ne veut pas de marches autour de sa maison, de rapporter des terres pour faire un sol artificiel, comme nous en avons montré un exemple figures 231 et 232, page 184.

Par une mesure d'économie mal comprise, on se dispense souvent de faire un pavement quelconque dans le sol des caves. C'est un tort, si les pavés ou les dalles sont trop chers, on fera bien d'asphalter.

7. CELLIERS. — Les celliers servent presque aux mêmes usages que les caves, seulement ceux-ci ne sont enfoncés dans le sol que de $0^m,40$ à $0^m,60$, rarement davantage. Ils servent à contenir des foudres pour mettre le vin et des futailles, on range les uns et les autres sur des chantiers ou chais le long des murs. Les celliers servent aussi de dépôts pour les provisions journalières et autres. On peut, quand ils sont secs, y conserver des légumes, des fruits, etc. On peut même avec certains aménagements peu dispendieux en faire de bonnes laiteries. Les celliers sont éclairés par des croisées garnies de châssis vitrés et de grillages à mailles serrées.

IV. CONSTRUCTIONS DESTINÉES A RECUEILLIR, EMMAGASINER, OU PERDRE LES EAUX.

L'eau est un des éléments indispensables dans une ferme, comme partout ailleurs du reste, mais dans les villes on fait avec raison de grands sacrifices pour en amener pour les besoins des habitants et de l'industrie, tandis que dans les campagnes non-seulement, on ne se met pas en frais pour en faire arriver, mais encore on perd souvent par incurie, celle qu'on a sous la main.

Cependant sans l'eau rien de possible, hygiène, propreté, végétation, décoration, etc.

Si l'eau a tous ces avantages, elle offre aussi des inconvénients, c'est-à-dire inondations, marais, marécages infectant l'air de miasmes morbides. Aussi, il est de la plus grande importance dans les villes comme dans les campagnes de bien canaliser l'eau, et de la perdre après s'en être servi.

Dans le présent paragraphe, nous ne nous occuperons pas de l'eau au point de vue de l'industrie agricole, nous le ferons plus loin (voyez CHAPITRE VII), mais nous parlerons des constructions destinées à recueillir, emmagasiner ou perdre les eaux.

SOURCES. — On nomme source, l'eau qui sort de terre, et qui est l'origine d'un amas d'eaux quelconque.

Quand l'écoulement de l'eau s'opère naturellement à la superficie du sol, il constitue une *fontaine ;* au contraire, quand on doit aller le chercher en terre à une certaine profondeur, il faut creuser des puits.

1. FONTAINES. — Quand on a la bonne fortune de trouver une source dans sa propriété, il faut se hâter de la préserver contre l'invasion des eaux étrangères et contre l'éboulement des terres avoisinantes. En effet, celles-ci par leur poids pourraient crever la couche imperméable du terrain sur lequel coule l'eau, et celle-ci s'échappant par des fissures tarirait la source. Il faut donc nettoyer ses abords et creuser légèrement le sol autour de la source, puis l'entourer de murs légers, ou même d'un simple clayonnage en planches. On fera bien aussi de l'abriter sous une couverture, afin d'empêcher les eaux pluviales de la troubler.

Pour utiliser plus commodément l'eau d'une source, on cherche à en élever le niveau. Il faut éviter de dépasser une certaine hauteur, car plus on élève l'eau, plus on augmente la pression qu'elle exerce sur le fond inférieur. Dans cette occurrence, si une déchirure venait à se produire dans le terrain on risquerait encore de perdre sa source. Il faut donc user de grandes précautions dans l'aménagement de celle-ci.

Il sera bon de creuser un fossé autour de la fontaine, afin de rejeter les eaux pluviales de son lit. Il sera encore utile, quand les sources sont peu abondantes, et qu'une exploitation a besoin de beaucoup d'eau à un moment donné, de créer dans le voisinage de la source une citerne ou mieux un grand bassin, réservoir.

Dans les terrains en pente, quand on a une source sur le point le plus élevé (ce qui est rare), on peut à l'aide d'un léger barrage et d'une série de tuyaux en poterie créer une fontaine qui jaillit d'une certaine hauteur.

2. PUITS. — Le creusage d'un puits est une opération assez délicate et difficile. Elle demande certaines précautions qui entraînent suivant les cir-

constances à des dépenses assez considérables. Aussi avant de se lancer dans cette entreprise, il faut chercher à s'éclairer sur la possibilité d'obtenir de l'eau et sur la profondeur à laquelle on pourra la trouver. On trouve de l'eau presque partout, mais elle est parfois à une si grande profondeur qu'il est impossible d'y creuser un puits, de sorte que nous conseillons de se rendre compte de la dépense avant de commencer l'entreprise.

Cette dépense est nécessairement variable suivant la localité, les matériaux qu'on rencontre dans le creusage, etc.; mais partout comme le dit Perthuis, (page 101) (1) elle sera proportionnelle à la profondeur qu'il faudra donner au puits dans chaque cas particulier, et cette profondeur une fois connue, chacun, dans sa localité, pourra facilement calculer la dépense de construction d'un puits.

Le problème à résoudre se réduit alors à celui-ci. *Le point de position d'une source visible, ou l'un des points de position d'une source cachée, étant connu dans le pendant d'une montagne, déterminer la profondeur qu'il*

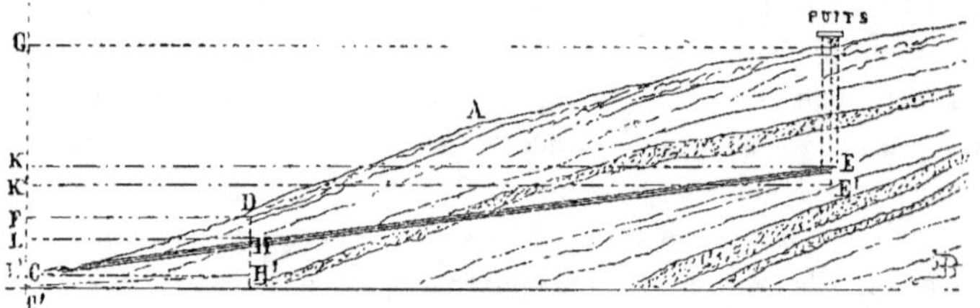

Fig. 517. — Recherches pour le creusage d'un puits.

faudrait donner à un puits que l'on voudrait construire à un niveau plus élevé, sur un point choisi dans la pente, et conséquemment aussi connu de position.

Solution. — Je suppose (*fig.* 517) que le pendant A de la montagne est coupé par un plan vertical, passant par le point C, où la source est visible, et par le point B (2) lieu choisi pour le puits projeté.

Ce plan rencontrera le banc de roche ou d'argile qui sert de lit à la source aux points C et E, et la ligne CE en sera la projection horizontale dans le

---

(1) TRAITÉ D'ARCHITECTURE RURALE, par M. de Perthuis, un vol. in-4° de 268 pag. et 26 pl. en taille-douce. Paris, Deterville, libraire, 1810. — Cet ouvrage est sans contredit l'un des meilleurs écrits sur ce sujet; aussi a-t-il été plus ou moins copié par les auteurs qui ont suivi de Perthuis, qui a été l'un des premiers en France à traiter de l'*architecture rurale.*

(2) Le point B a été omis par le graveur dans notre figure mais il est situé au bas de la margelle du puits.

plan vertical CEBG. Pour fixer la position de la ligne CE sur ce plan, il suffira d'en connaître deux points, dont le premier C est donné de position. Pour en déterminer un second, je choisis sur le terrain au-dessus du point C et dans la direction des points C et B, un autre point D; j'y fais enfoncer la tarière du mineur autant qu'il est nécessaire pour atteindre le lit de la source, et la profondeur DH, à laquelle on aura été obligé de l'enfoncer, donnera la position du second point H, qu'il fallait trouver dans la ligne CHE, pour déterminer l'inclinaison de la couche de terre qui sert de lit à cette source. Après avoir tracé cette ligne sur le plan, j'abaisse les verticales DH, et BE, et je tire les horizontales HL, DE, EK et BG.

Cela posé, la profondeur qu'il faudra donner au puits projeté pour y obtenir constamment de l'eau est BE = CG — CK. En nommant BE, x et CK, différence inconnue du niveau entre la position des points C et E, y on aura :

$$x = CG - y.$$

Mais, par la théorie des triangles semblables, CK ou y : EK :: CL : LH; conséquemment

$$y = \frac{EK \times CL}{LH} . \text{ Donc } x, \text{ ou } BE = CG - \frac{EK \times CE}{LH}.$$

Or, on connaît la distance du point choisi B au point C de la source visible, car ces deux points sont donnés de position, et cette distance BG = EK. On connaît également, et par la même raison, la distance horizontale du point C au point D, et cette distance DE = LH. Enfin par le nivellement du terrain, et la combinaison de son opération avec la profondeur DH donnée par la sonde, on trouvera les différences de niveau qui existent entre le point C et les points H et B ou les valeurs de CL et de CG.

Ainsi en supposant BG ou EK = 100 mètres, DF = 12 mètres, CG = 12 mètres et CL 1/2 mètre, et en substituant ces données dans la formule $x = CG - \frac{EK \times CL}{LH}$, on aura :

$$x \text{ ou } BE = 12 \text{ mètres} - \frac{100 \times 1/2}{12} = \frac{144 \text{ mètres} - 50}{12} = 7^m,833.$$

Si la source, au lieu d'être visible en C, avait été découverte à ce point et trouvée à un mètre de profondeur au-dessous du sol du vallon, toutes choses d'ailleurs restant égales, et le nouveau lit C'E' étant supposé parallèle à celui CE du premier cas, la profondeur BE' qu'il faudrait donner au nouveau puits se déterminerait aussi facilement par la même formule.

En effet en nommant x' cette profondeur BE', et y', la différence de niveau C'K' qui existe entre les points C' et E' on a :

$$x' = \text{C'G} - y' = \text{CG} - \frac{\text{E'K (ou EK)} \times \text{C'L' (ou CL)}}{\text{L'H' (ou LH)}}.$$

Or, ici, C'G = 13 mètres, car la source a été trouvée à 1 mètre au-dessous du point C ; E'K = BG = 100 mètres, comme dans le premier cas ; LH' = DE = 12 mètres ; et C'L', à cause du parallélisme des deux lits, = CL = 1/2 mètre ; et en substituant ces données dans la formule on trouvera :

$$\text{BE'} = 13 \text{ mètres} - \frac{100^{\mathrm{m}} \times 1/2}{12} = \frac{156^{\mathrm{m}},50}{12} = \frac{106^{\mathrm{m}}}{12} = 8^{\mathrm{m}},833 \text{ C. Q. F. D.}$$

On voit donc qu'à l'aide de cette méthode un propriétaire pourra toujours constater d'avance le succès de la construction d'un puits, et même en évaluer la dépense avec autant de précision qu'on peut le désirer dans la pratique.

Construction. — Ce sont des ouvriers spéciaux, des *puisatiers,* qui creusent les puits. On les fait ordinairement carrés ou circulaires.

Quand le terrain est solide, compacte, et se soutient sans qu'il soit nécessaire de l'étayer, un ou deux ouvriers creusent le puits jusqu'à ce qu'ils trouvent la couche aquifère, au-dessous de laquelle, ils ne doivent pas trop creuser, surtout s'ils rencontrent la glaise ou le roc.

Si le terrain au contraire, offre peu de consistance il faut étayer au fur et à mesure du creusage, tantôt sur tout le parcours, d'autres fois rien que si l'on rencontre des parties de terrain susceptibles de se décoller.

Si la forme du puits est carrée, on étaye avec des palplanches ou même des madriers qu'on étrésillonne avec des arcs-boutants en bois. Si le puits est circulaire, on étaye avec des espèces de longues douelles comme celles employées pour les tonneaux et, avec des cercles en fer d'une grande force on cercle ces douelles mais à l'intérieur. Comme le diamètre des cercles en fer est égal à celui de la fouille, il faut serrer très-fort pour gagner l'épaisseur des planches et arriver à cheviller les deux extrémités du cercle. En rapprochant ceux-ci de $0^{\mathrm{m}},40$ à $0^{\mathrm{m}},50$, il n'est pas nécessaire d'employer des étrésillons.

Quand les ouvriers sont arrivés à l'eau ils cessent la fouille, et posent au fond du puits une sorte de roue sans rayon en forte charpente, nommée *rouet.* C'est sur celui-ci qu'on pose les premières assises de maçonnerie.

Sur une hauteur de $0^{\mathrm{m}},40, 0^{\mathrm{m}},50$ ou $0^{\mathrm{m}},60$, elles sont en pierres sèches, afin de permettre aux sources de s'écouler dans le puits. Au-dessus, elles sont maçonnées en mortier hydraulique. Toutes les pierres sont taillées en coins ou voussoirs, comme s'il s'agissait de faire un arc double. On utilise aussi avec avantage des briques circulaires.

Quand la construction est arrivée au niveau du sol, on pose de fortes assises qui forment la margelle du puits; celle-ci doit avoir 1 mètre à 1^m,10 de hauteur, afin d'empêcher la chute de ceux qui, puisant de l'eau, pourraient tomber dans le puits.

Les puits sont couverts ou découverts; nous préférons ces derniers, car l'eau de ces puits a meilleur goût, est plus digestive, elle contient en effet, plus d'air en dissolution que les eaux des puits fermés, surtout lorsque ceux-ci sont très-profonds.

Pour amener l'eau à la surface du sol, on emploie divers systèmes, des seaux qu'on manœuvre à la main avec cordes passant sur des poulies ou s'enroulant sur des treuils, ou bien des pompes, ou même quand il faut monter des quantités d'eau considérables des norias, ou des chaînes à godets.

Enfin, on fait des puits chinois ou forés, avec lesquels on obtient souvent de l'eau jaillissante. On pratique ces puits à l'aide de sondes. Il faut s'adresser à des ouvriers spéciaux.

3. Réservoirs. — Les réservoirs sont des constructions destinées à ramasser et conserver l'eau.

Les meilleurs réservoirs sont ceux qui se rapprochent le plus des amas d'eau naturels, les lacs et les étangs, c'est-à-dire ceux qui sont à la surface du sol et découverts, comme les viviers, les bassins et les mares.

On fait aussi des réservoirs qui s'élèvent au-dessus du sol, et dont les côtés doivent être buttés par des contreforts, car l'eau exerce une forte poussée sur des parois verticales qui ne sont point contrebuttées par le terrain.

Enfin, on construit des réservoirs dans le sol; ils sont voûtés, ou à découvert : dans le premier cas, ce sont des citernes, dans le second des bassins.

1. *Viviers.* — Le vivier est une sorte d'étang artificiel creusé par l'homme. Il a ses parois droites ou en talus; elles sont suivant la nature du terrain revêtues en glaise, en gazon ou en pierres sèches. Si l'on peut amener dans un vivier un filet d'eau courante, c'est un excellent milieu pour y élever des poissons.

2. *Mares.* — Les mares sont des grands trous ou plutôt de larges excavations alimentés par les eaux pluviales et dans lesquels les fossés viennent décharger leurs eaux.

Généralement, les mares ont trop d'étendue pour leur peu de profondeur, ce qui est un grave défaut, car l'évaporation est très-rapide et par suite on perd une grande quantité d'eau. Ensuite ces mares plates ont l'inconvénient, en été, d'être de vrais marais infects, car les eaux croupissantes y exhalent des miasmes putrides.

On devrait caillouter le fond des mares, après les avoir creusées dans un rapport analogue à leur surface, ensuite on devrait planter leurs bords de grands arbres pour les protéger contre les rayons d'un soleil ardent. Dans les pays dans lesquels on pratique le drainage, on peut amener l'eau des drains à la mare.

3. *Bassins.* — Les bassins sont de petits réservoirs creusés en terre qui n'ont que $1^m,20$ ou $1^m,50$ de profondeur au plus, et dont les parois horizontales et verticales sont revêtues en maçonnerie hydraulique.

Par une économie mal entendue, on se contente souvent de faire le fond des bassins en argile battue. Il est bon, dans les terres perméables, de battre sur le sol un lit d'argile, mais on doit le recouvrir en maçonnerie.

On remplit les bassins avec les eaux pluviales qu'on ramasse sur les chemins et les routes et qu'on dirige de là par des tuyaux de conduite en poterie dans les bassins. Quand ceux-ci sont à proximité d'un bâtiment, ou d'une construction quelconque, on peut recueillir les eaux de la couverture de ce bâtiment et les amener dans ces bassins par des conduits souterrains.

4. *Citernes.* — Les citernes sont des réservoirs souterrains qui servent à emmagasiner les eaux pluviales. Ces eaux sont amenées par des ruisseaux, des caniveaux ou par des tuyaux de descente des gouttières des bâtiments. Quand on veut ramasser les eaux pluviales des toitures pour les amener dans les citernes, on doit employer des ardoises et des tuiles. Le zinc est aussi une bonne surface d'alimentation, mais l'eau provenant de ces couvertures peut être dangereuse pour l'homme et les animaux qui la boiraient. Il en est de même du plomb.

La construction des citernes demande beaucoup de soins. On doit employer de bons matériaux, briques, roches, meulières, et les hourder avec des mortiers hydrauliques ; on peut rejointoyer les assises de ces matériaux avec du bon ciment. On leur donne toutes sortes de formes, elles sont carrées, rectangulaires, circulaires. Cette dernière forme est la meilleure et la plus avantageuse. Il vaut mieux, pour obtenir un fort cube, donner de la profondeur aux citernes plutôt que de la surface. Dans ces conditions, l'eau s'évapore moins et se conserve mieux. Il ne faut pas cependant exagérer la profondeur ; une citerne doit atteindre à peine 10 mètres. Ainsi faite, on peut y puiser de l'eau avec toutes sortes de pompes.

L'eau qui se rend dans la citerne soit par les toitures soit par des rigoles ou canalisations existant sur des chemins pavés ou d'autres surfaces ne doit pas arriver directement dans la citerne. Elle doit traverser auparavant un ou deux citerneaux ou bassins épurateurs, dans lesquels l'eau se débarrasse des matières étrangères qu'elle a pu entraîner. Plus les récipients précédant les citernes seront grands, plus l'eau sera claire quand elle arrivera dans la citerne. Nous donnons figure 518 la coupe d'une citerne avec deux bassins épurateurs. La citerne se trouve en *a*, elle possède une ouverture circulaire qui permet d'y puiser de l'eau et par laquelle un homme peut descendre dans son intérieur pour les nettoyages et les réparations. Par cette même ouverture, on peut faire passer un tuyau de pompe pour puiser l'eau, et même en la surmontant d'une potence en fer portant une poulie on pourrait puiser de l'eau à l'aide d'un seau.

Les eaux recueillies arrivent dans un premier citerneau *c* muni d'une cloison *d*, qu'on établit tantôt en bois tantôt avec une dalle. Cette cloison sert à arrêter les menus débris de bois ou autres détritus légers, paille, plumes, etc. qui surnageant arriveraient dans la citerne et seraient une source d'impu-

Fig. 518. — Citerne avec bassins épurateurs.

Échelle de 0ᵐ,005 pour mètre.

Légende :

a, citerne; *b*, ouverture pour puiser l'eau ; *c*. citerneau épurateur; *d*, cloison ; *e*, conduit ; *f*, deuxième citerneau clarificateur ; *g*, conduit.

retés. Tandis que les matières lourdes tenues en suspension dans l'eau se précipitent au fond du citerneau, l'eau, plus limpide déjà, s'échappe par le conduit *e* pour arriver dans le second citerneau *f* qui renferme des cailloux, du charbon. Une deuxième clarification s'opère dans celui-ci et l'eau reprenant le niveau du canal *g* arrive par ce dernier dans la citerne *a*. Les deux citerneaux sont munis d'une ouverture dallée qui sert au nettoyage de ces deux bassins épurateurs.

La citerne une fois construite, il faut attendre qu'elle soit bien sèche avant d'y faire arriver l'eau.

Dimensions. — La capacité d'une citerne doit être calculée à raison de la quantité d'eau qui tombe annuellement. Sous notre climat, on peut compter 50,000 litres d'eau par 100 mètres carrés de couverture, soit 50 centimètres cubes par mètre carré. Mais comme il y a des saisons pluvieuses et des temps de sécheresse, puisque la pluie arrive à différentes époques de l'année, il faut admettre que le réservoir peut se remplir plusieurs fois dans le courant d'une année. Aussi, on a l'habitude de ne faire les citernes que de la moitié et même du tiers de la capacité de l'eau nécessaire à une exploitation.

On estime la consommation moyenne d'eau par jour pour l'homme de 10 à 12 litres, pour un animal de taille moyenne de 25 à 30 litres. On ne peut donner du reste des chiffres précis dans cette question, car les fermes qui possèdent beaucoup d'eau en dépensent beaucoup plus que celles qui en

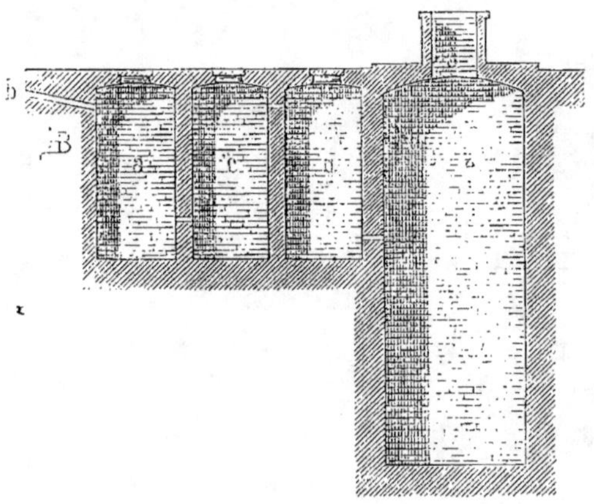

Fig. 519. — Citerne-filtre.

Échelle de 0ᵐ,005 pour mètre.

Légende :

a, citerneau contenant des cailloux ; *b*, arrivée de l'eau ; *c*, deuxième citerneau contenant du sable ; *d*, troisième citerneau à charbon ; *e*, citerne contenant l'eau filtrée.

sont privées, et qui ne peuvent compter que sur l'eau de la pluie pour leurs besoins.

Quoiqu'il soit, nous le répétons, difficile de rien préciser à cet égard, nous donnerons une formule appliquée par de nombreux agriculteurs, et pour l'adoption de laquelle ils supposent que l'eau d'une citerne se renouvelle tous les deux mois. La voici : $C = 0,61\,H + 3\,C + 2\,B + 0,12\,M + 0,20\,P$.

H est le nombre de personnes adultes, C celui des chevaux, B celui des bœufs, M celui des moutons et P celui des porcs.

Citernes-filtres. — Les citernes ordinaires dont nous venons de donner la description emmagasinent les eaux, sortant presque aussi impures qu'elles arrivent dans ces réservoirs ; de sorte qu'après un fort orage, lorsque les eaux parcourent des terrains détrempés, elles sont chargées de parties terreuses qui les troublent profondément; il faut quelquefois plusieurs jours avant qu'elles recouvrent une limpidité désirable.

C'est pour obvier à cet inconvénient qu'on a imaginé des *citernes-filtres* et des *citernes vénitiennes* dont nous allons donner la description.

Notre figure 519 représente la coupe d'une citerne-filtre. Elle est composée de quatre compartiments : le premier *a* rempli de cailloux contient en *b* l'arrivée des eaux ; le second *c* contient du sable lavé et le troisième *d* du charbon. Quelquefois ce dernier est rempli de chiffons de laine. Enfin la citerne proprement dite contenant l'eau filtrée se trouve en *e*. Celle-ci est entourée d'une margelle et remplit l'office de puits. Les trois compartiments qui la précèdent sont munis à leur sommet de tampons qui permettent le nettoyage de ces bassins épurateurs. En jetant les yeux sur cette figure, nos lecteurs comprendront facilement le fonctionnement de l'eau à travers ces divers récipients. Elle arrive par *b* dans le compartiment *a,* sort de celui-ci par un ou plusieurs drains ménagés dans le bas du mur qui sépare *a* de *c*. L'eau pénètre par le même système de *c* en *d* par le haut et dans la citerne *e* par le bas du compartiment *d*.

Citerne vénitienne. — Pour construire ce genre de citerne, on creuse dans le sol un orifice de trois mètres de profondeur ayant la forme d'un tronc de pyramide renversé, d'un entonnoir à quatre pans. On empêche l'éboulement des terres à l'aide d'un bâti en charpente. Sur ce bâti, on étale une couche d'argile bien compacte, dont on a soin de lisser la surface. L'épaisseur de la couche varie de 0^m,20 à 0^m,30 suivant la plus ou moins grande capacité du tronc de pyramide. Cette argile est là pour résister à la pression de l'eau et rendre les parois de l'excavation imperméables, et pour apporter un obstacle aussi aux racines des arbres et végétaux qui pourraient croître dans le voisinage.

Le centre de l'excavation est bâti en forme de cuvette circulaire de 3 mètres de diamètre. C'est sur celle-ci qu'on élève une maçonnerie de briques en forme de cylindre creux dont le diamètre intérieur est de 1^m,20 environ, car les murs de briques ont 0^m,40 d'épaisseur.

Les briques des assises inférieures du puits sont percées de petits trous coniques permettant le filtrage des eaux. Les détails ainsi que l'explication de nos figures 520 et 521 suffiront pour faire comprendre l'économie de cette construction et le parti avantageux qu'elle présente pour avoir toujours de l'eau claire et filtrée.

Notre figure 520 représente le plan ; *a, a, a, a,* sont quatre boîtes appelées *cassettoni* reliées entre elles par de petits canaux en briques posés sur le sable. L'eau recueillie par les toits ou ailleurs est amenée dans ces *cassettoni,* et

comme celles-ci et les caniveaux sont en briques sèches c'est-à-dire non liaisonnées avec du mortier, elles laissent filtrer l'eau de toutes parts qui se

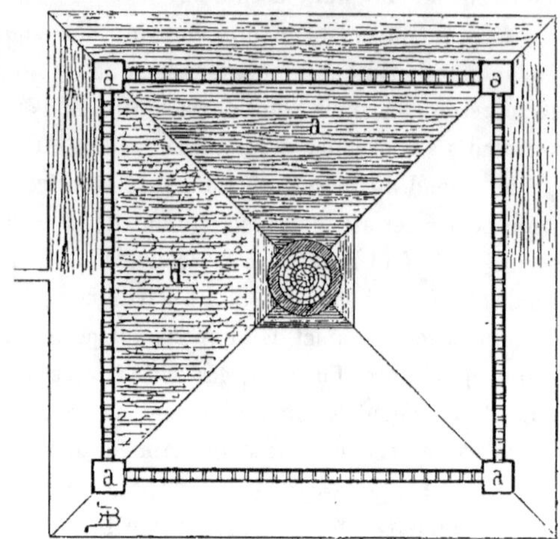

Fig. 520. — Plan d'une citerne vénitienne.
Échelle de 0^m,0,005 pour mètre.
Légende :
a, *a*, *a*, *a*, cassettoni ; *a* madriers ; *d*, sable.

perd dans le sable *d*. Mais comme l'eau tend à reprendre toujours son niveau,

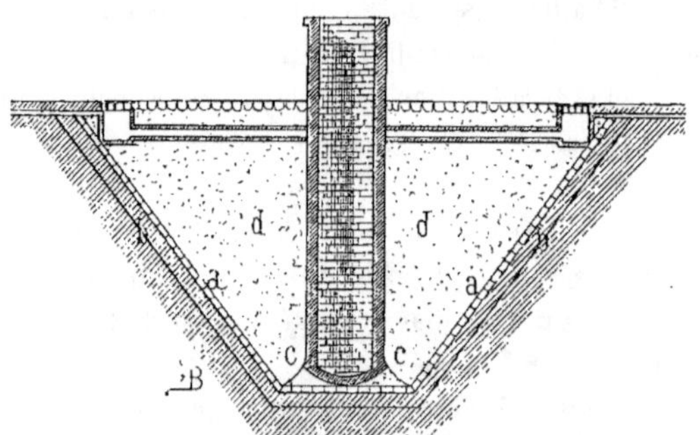

Fig. 521. — Coupe d'une citerne vénitienne.
Échelle de 0^m,005 pour mètre.
Légende :
a′, *a′*, madriers ; *b*, *b*, couche de glaise ; *c*, *c*, brique perforées ; *d*, sable.

elle pénètre dans le puits par les briques perforées des assises inférieures de
ce puits, de sorte que, suivant la quantité d'eau amenée, le niveau du puits

s'élève dans les mêmes proportions. La figure 521 montre la coupe ; *aa* sont les madriers formant charpente pour retenir les terres ; *b b* l'argile ; *d* le sable, qu'on peut remplacer par du charbon qui préserve l'eau de la putréfaction. 100 kilogrammes de charbon suffisent pour épurer 100 mètres cubes d'eau. *c, c,* sont les assises inférieures, en briques perforées, du puits ou plutôt de la citerne, dont le dessus à surface convexe est pavé de façon à envoyer les eaux dans les quatre cassettoni.

ABREUVOIRS.

Chaque ferme a des animaux domestiques, auxquels il faut fournir l'eau nécessaire à leur alimentation. Les *abreuvoirs* sont des constructions faites pour satisfaire à ce besoin et qui servent aussi à les faire baigner. Ils consistent souvent en une simple dépression du sol, dans laquelle viennent s'amasser les eaux pluviales ou autres dont on peut disposer ; dans ce cas, ce sont de simples *mares*. Souvent dans les fermes situées dans le voisinage

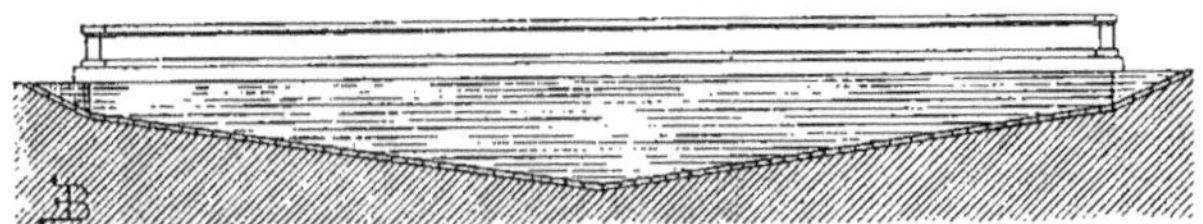

Fig. 522. — Coupe d'un abreuvoir.
Échelle de 0ᵐ,005 pour mètre.

d'une rivière ou d'un cours d'eau, les abreuvoirs sont de simples auges en pierre ou en maçonnerie, ou en bois doublées en métal, plomb ou zinc. Des robinets communiquant à des réservoirs servent à remplir des auges, qu'on place dans les cours à proximité des écuries, ou dans tout autre endroit propice.

Les *abreuvoirs proprement dits* sont construits en maçonnerie. Ils sont garnis sur deux côtés de maçonnerie hydraulique ; le fond est disposé comme le montre notre figure 522.

Il doit être pavé en grès et mieux en cailloux quand c'est possible , car sous l'eau les pavés rendus glissants par la vase peuvent occasionner de graves accidents aux animaux qui les traversent pour s'y baigner. La profondeur des abreuvoirs varie de 1ᵐ,10 à 1ᵐ,50. Le genre d'abreuvoir que nous venons de décrire est dit à eau stagnante.

Il est très-difficile de déterminer la quantité d'eau nécessaire à l'abreuvoir d'une ferme ; car suivant les vents qui règnent dans un pays et la fréquence des pluies, ils doivent être plus ou moins vastes. Crainte de se tromper dans ses calculs, nous conseillons d'exagérer la capacité des réservoirs. Plusieurs raisons militent en faveur de cette thèse, malgré la plus-value de la dépense que cela peut occasionner.

En effet, dans un grand abreuvoir, les eaux sont moins susceptibles d'entrer en putréfaction. Ensuite, dans les années de sécheresse, quand il faut aller chercher au loin de l'eau pour faire boire les animaux, pour peu que cela dure, cela constitue une grande dépense.

Du reste, voici sur quoi il faut baser ses calculs. Les agriculteurs ont l'habitude de compter sur une durée moyenne de deux mois sans que la pluie remplisse les abreuvoirs. Si donc, on calcule la quantité d'eau nécessaire par jour on aura :

```
Pour un cheval . . . . . . .   50 litres soit 3,000 litres pour 60 jours.
Pour un bœuf. . . . . . . .   35   —    2,100        —
Pour un mouton ou chèvre . .    2   —     120        —
Pour un porc . . . . . . . .    5   —     300        —
```

Pour avoir la capacité de son abreuvoir, on multipliera ces chiffres par le nombre de têtes de bétail de chaque catégorie, plus une certaine quantité qu'il faut réserver pour l'évaporation.

Abreuvoirs à eau courante. — Mais quand une ferme est à proximité d'une rivière ou d'un fleuve, on se contente de créer sur ses bords un abreuvoir dont on fera bien de circonscrire l'étendue par des pieux en charpente enfoncés verticalement à 0^m,35 les uns des autres, et dont on relie la tête par des traverses. Cette partie doit être pavée.

Souvent aussi, au lieu de prendre l'abreuvoir dans le lit de la rivière, on le creuse tout à côté, ce sont de véritables bassins qui ont deux ouvertures, une en amont et l'autre en aval, de sorte que l'eau est sans cesse renouvelée comme dans la rivière elle-même. On doit y ménager deux rampes, l'une qui sert à l'entrée des animaux et l'autre à leur sortie.

Lorsqu'on est obligé d'abreuver à la fois un troupeau de gros bétail, il y a avantage à faire l'abreuvoir circulaire et d'en disposer le pourtour en rampe douce. On compte généralement 1 mètre de largeur pour chaque animal.

PUISARDS.

Nous venons de voir les moyens d'emmagasiner les eaux utiles ; il nous reste à étudier les moyens d'empêcher les eaux malsaines de nuire.

Pour cela on doit éviter d'envoyer les eaux ménagères ou autres près des sources, des fontaines, des puits, des réservoirs, bassins, citernes, abreuvoirs ; c'est dans ce but qu'on construit des puisards. L'emplacement qu'on doit

choisir pour l'établissement de ces puisards est la partie la plus basse du sol
où les eaux se rendront par leur pente naturelle.

Les puisards sont de deux sortes : l'un, le *cloaque*, est un récipient qui sert
à emmagasiner pour un certain temps ; l'autre, le *boitout,* est destiné à dis-
perser les eaux dans le sein de la terre.

1. *Cloaque.* — Le cloaque est un souterrain plus ou moins vaste : sa construction a quelques analogies avec les citernes et les fosses d'aisances que
nous allons bientôt décrire. Seulement ce genre de citerne doit être muni
d'un tuyau ventilateur et d'un coupe-air hydraulique ou siphon, pour empêcher les odeurs qui se dégagent dans de pareilles fosses d'empester le voisinage. Nous n'avons pas à nous appesantir plus longuement sur la construction des cloaques, puisque ils se construisent comme les citernes.

2. *Boitout, ou puits perdu, puits absorbant.* — Dans la plupart des cas, le
boitout est un puits creusé à la manière ordinaire, et toutes les eaux qui
sont dirigées dans son intérieur se perdent par une nappe souterraine.

Quand la disposition du sol ne permet pas de faire écouler naturellement
en dehors des habitations, les eaux de lavage ou ménagères, il faut les diriger
dans un puisard, mais celui-ci doit toujours être situé en dehors de l'habitation.

Les puisards ont l'inconvénient de s'obstruer et de ne plus absorber ; dans
ce cas, on est obligé de procéder à un curage. Les meilleurs puisards sont
ceux qui sont faits en pierres sèches et qui sont comblés de pierres jusqu'à
1 mètre au-dessous du sol, s'ils ont été creusés jusqu'à une couche sablon-
neuse ou absorbante.

Enfin, on fait des puisards à l'aide de la tarière ou sonde du mineur. Quand
on est arrivé à une certaine profondeur on insère dans le trou de sonde des
tuyaux en bois ou en poterie, on fait à l'orifice de ces tuyaux un encaisse-,
ment en maçonnerie d'un mètre cube au moins qu'on remplit de pierres,
afin de faciliter l'action absorbante du tuyau. Mais autour du récipient en
maçonnerie, il existe une sorte de bassin qui en fait le tour. Lorsque l'eau
arrive dans celui-ci elle dépose la vase qu'elle peut contenir et ne peut s'é-
couler dans le boitout qu'après avoir atteint le niveau de l'encaissement en
maçonnerie, à travers lequel elle s'épure encore, enfin l'eau finit par s'é-
couler par le tuyau du puisard.

CONSTRUCTIONS DESTINÉES A RECUEILLIR ET CONSERVER LES ENGRAIS DE FERME.

FUMIÈRES.

1. GÉNÉRALITÉS. — Il y a deux moyens d'augmenter les produits de l'agriculture : l'extension de la surface cultivée, ou bien l'accroissement de la faculté productive par l'emploi des engrais. Pour nous, le meilleur engrais est le fumier de ferme, que nul autre, dans l'état actuel de la science, ne peut entièrement remplacer. Aussi nous n'hésitons pas à dire qu'entre tous les moyens que l'on peut employer dans le but d'augmenter la quantité et la qualité des récoltes, il n'en est pas de plus efficace que le fumier. Le tout, c'est de savoir le faire.

Or l'emplacement et la disposition du tas de fumier est la pierre d'achoppement de la généralité des exploitations.

Aussi nous sommes de l'avis de Schewerz, quand il s'écrie (1) dans un langage peut-être un peu emphatique : « Malheur à la ferme où, faute d'espace, le fumier est déposé le long de la rue ou dans quelque coin, où le liquide qui suinte se perd en pure perte ! Malheur à la ferme dont toutes les toitures déversent leurs eaux sur le fumier et dans laquelle il faut dévier cette eau ou en laisser noyer toute la cour ! c'est ce qu'il y a de plus précieux pour la fertilisation des terres qu'il faut alors répandre au dehors pour se défaire de l'eau qui s'y trouve mêlée. Malheur à la ferme où il n'y a pas, où il ne peut y avoir de disposition bien entendue pour rendre de temps en temps au fumier le jus qui en découle, pour y entretenir l'humidité nécessaire et empêcher les moisissures de s'y établir ! »

Comme on le voit, la création du fumier est d'une importance capitale pour l'avenir d'une exploitation ; aussi nous ne craindrons pas de donner assez de détails sur les constructions qui servent à son abri et à sa fabrication. Nous n'insisterons pas sur l'exposition ni sur l'emplacement des fumières, car chaque fermier les met où il peut. Cependant nous recommanderons de placer de préférence les fumiers le plus près des étables afin de ne point perdre du temps pour les transports et de les exposer en plein nord ou dans une situation telle, que le vent dominant dans une localité emporte loin des constructions l'odeur des fumiers.

Maintenant étudions la fameuse question si controversée, de savoir s'il

---

(1) PRÉCEPTES D'AGRICULTURE PRATIQUE, par Schewerz, directeur de l'Institut agricole de Hohenheim (Prusse). 4 vol. in-8°.

faut laisser les fumiers en tas à l'air libre, ou s'il faut les tenir enfermés sous des hangars. Nous n'hésitons pas à nous prononcer en faveur du premier mode, et voici pourquoi. Le fumier décomposé, fermenté, est aujourd'hui reconnu le meilleur et le plus actif. C'est un axiome tellement évident, que les cultivateurs anglais pour activer la fermentation en été, remanient et retournent plusieurs fois en l'arrosant leurs tas de fumier.

Aussi, comme nous sommes persuadé que sous la plus grande partie des climats les influences atmosphériques activent la fermentation, nous conseillons d'établir les fumiers à l'air libre, mais en ayant soin de satisfaire aux conditions suivantes, qui sont de toute nécessité.

1° Ne rien perdre du liquide qui suinte du fumier (*purin*), le recueillir au contraire dans une fosse étanche, afin de pouvoir à l'aide d'une pompe en arroser le tas, si c'est nécessaire, surtout en été, car la sécheresse arrête la fermentation ;

2° L'emplacement choisi pour le dépôt des fumiers doit être assez grand pour permettre l'amoncellement du fumier à 2 mètres seulement, hauteur qu'on ne doit pas dépasser ;

3° Ne laisser couler ou tomber d'autre eau sur le tas de fumier que celle de la pluie reçue naturellement par sa surface, détourner toutes les autres eaux des purinières ;

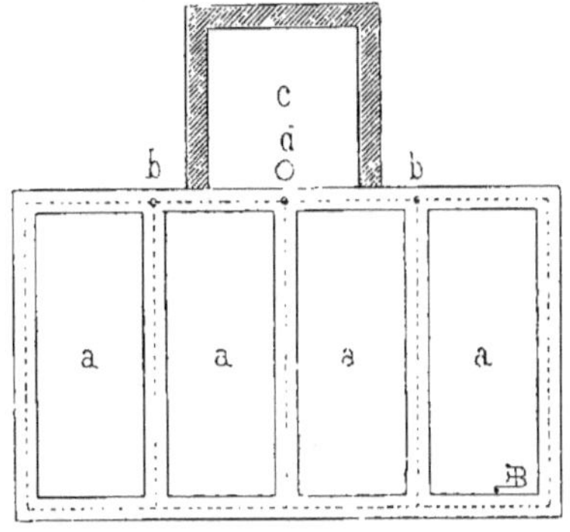

Fig. 523. — Aire et fosse à fumier.

Échelle de 0ᵐ,0025 pour mètre.

LÉGENDE :

a, a, a, a, plateforme pour le dépôt de fumier;
b, b, rigole conduisant le purin dans la fosse *c*;
d, pompe pour arroser le fumier.

4° Que les fumières soient divisées en plusieurs compartiments, au moins deux, de telle sorte que l'ancien fumier ne soit pas recouvert par le nouveau ;

5° Il faut que l'emplacement choisi permette l'approche des voitures, et que le sol soit assez résistant pour que les chevaux n'aient pas à faire de trop grands efforts pour enlever une charge ordinaire. Toutes ces conditions essentielles, indispensables, sont pleinement satisfaites par les fosses à fumier et à purin représentées par notre figure 523, qui représente un ensemble de quatre plates-formes avec une fosse à purin dans l'axe et sur l'un des côtés, chaque plate-forme *a, a, a, a*, comprend un espace de niveau avec le terrain environnant dont la surface légèrement convexe est circonscrite par des rigoles *b* conduisant les liquides qu'elle reçoit dans la fosse à purin *c* munie d'une pompe *d* pour arroser le fumier. Le bord extérieur de la rigole doit être assez élevé pour ne jamais être franchi par le purin sortant du fumier, ainsi que par des eaux extérieures. Pour obtenir ce résultat, on donne au bord extérieur une saillie de 0^m,15 à 0^m,18 qu'on raccorde avec le terrain environnant au moyen d'un talus en gazon très-incliné.

Il est bien entendu que le sol de la plate-forme doit être imperméable pour ne rien perdre du purin et que la fosse qui le reçoit sera aussi parfaitement étanche; c'est dans ce but, qu'on doit la construire en maçonnerie hydraulique et l'enduire de ciment.

Un chemin pavé sur le côté de la fumière doit permettre l'approche des voitures.

2. Rigoles d'écoulement. — Les rigoles pour l'écoulement des urines provenant des écuries et des étables doivent être fermées et avoir un fort centimètre de pente par mètre. La construction des rigoles en maçonnerie coûte fort cher, et si elles ne sont pas bien construites, non-seulement elles

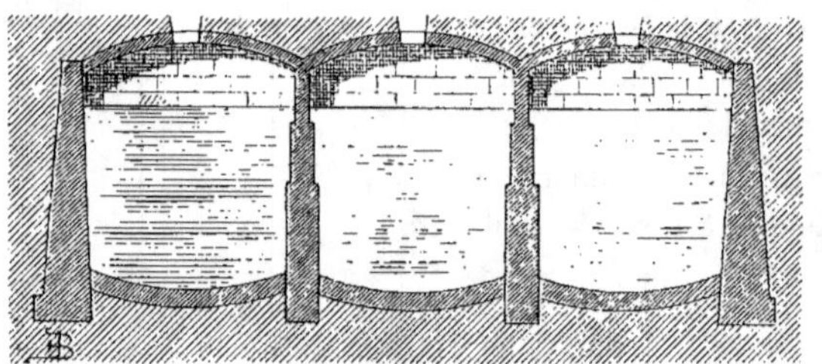

Fig. 524. — Coupe d'une fosse à purin ou à engrais.

Échelle de 0^m,005 pour mètre.

laissent perdre le liquide, mais encore elles sont cause d'infection et de dégradation sur tout leur parcours : aussi nous conseillons d'employer des tuyaux de fonte, ou bien si l'on trouve ces derniers trop chers on peut employer des tuyaux en poterie. On en fabrique aujourd'hui de tous les prix et de toutes les dimensions. Il en existe même de très-résistants, puisque quelques-uns, de huit centimètres de diamètre, peuvent résister à une pression moyenne de vingt-quatre à vingt-cinq atmosphères.

3. Purinières. — Nous avons démontré dans ce qui précède l'utilité de recueillir le purin du fumier ainsi que les urines des animaux, car ces liquides constituent un des plus riches éléments de fertilité.

On construit dans ce but des fosses ou des citernes, qu'on place près des écuries ou des étables, ou ce qui vaut mieux, près des aires à fumier. Les purinières reçoivent encore les eaux de lavage et ménagères, et souvent on établit au-dessus d'elles les latrines.

Les purinières doivent être pourvues d'une grande ouverture pour permettre d'y jeter les cadavres des animaux qui meurent de maladie, ainsi que toutes sortes de détritus, os, cornes, laines, etc. C'est par ces mêmes ouvertures qu'on les nettoie et qu'on effectue les réparations qui sont nécessaires.

Les fosses à purin affectent des formes variées, mais une des meilleures est représentée par notre figure 524. C'est une suite de citernes adossées les unes contre les autres, qu'on peut faire communiquer ou rendre indépendantes à volonté. Quand on désire établir des communications, on ouvre des arcs dans les murs marqués a; dans l'arrachement du plan (*fig.* 525).

Les fosses à purin servent aussi à fabriquer des engrais liquides, principalement dans les pays où l'agriculture est en progrès.

Dans ce cas, on construit les purinières assez loin des bâtiments de la ferme, le plus près des terres qui doivent en consommer le contenu. On apporte dans ces fosses les vidanges des villes, et souvent même il y a avantage à amener les eaux ménagères et les vidanges de la ferme par une canalisation.

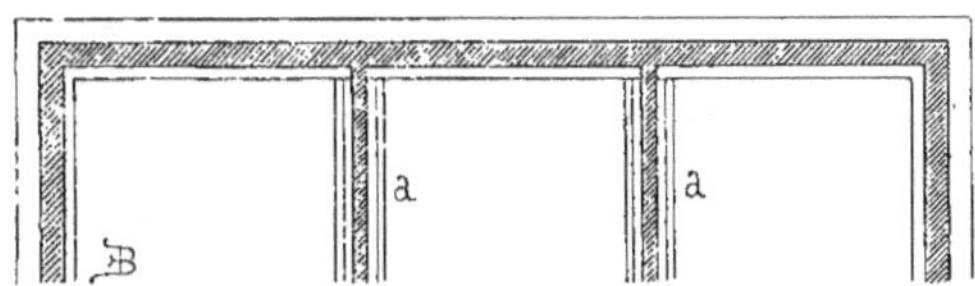

Fig. 525. — Arrachement du plan d'une fosse à purin ou à engrais.

On fait bien ainsi une avance de fonds, mais cette avance est bientôt gagnée par l'économie des transports qu'on serait obligé de faire par tonneaux.

Ces fosses sont munies de malaxeurs mus par un ou deux manéges, afin de bien agiter le liquide avant de le répandre sur les terres.

On extrait ces engrais liquides, soit avec des pompes dites rustiques, soit avec de petites norias.

4. Abris pour fumiers. — Bien des agriculteurs conseillent d'abriter les fumiers non-seulement pour empêcher les eaux pluviales de les délayer, mais surtout pour les protéger des rayons du soleil qui, disent-ils, sont plus nuisibles à l'engrais que la pluie et la neige.

Cette opinion a prévalu non sans quelque raison auprès de certains agriculteurs, et ils ont pris le parti de mettre leurs fumières sous des hangars.

Nous trouvons que cette plus-value de dépense n'augmente pas tellement la valeur du fumier qu'il soit bien utile de la faire. Mais nous conseillons de couvrir les grands tas de fumier qu'on ne veut pas remanier avant leur emploi. On peut employer à cet effet de la terre, de la marne, de la tourbe, des roseaux, des bruyères, etc. On peut aussi planter un rideau d'arbres sur un côté de la fumière, celui sur lequel les rayons du soleil frappent le plus longtemps le fumier.

Enfin, ceux qui voudraient quand même construire des hangars pour leur fumier n'ont qu'à choisir parmi ceux que nous avons donnés précédemment, page 323 et suivantes. Nous recommandons surtout le type de bergerie ouverte sous hangar qui serait parfaitement ce qui conviendrait le mieux pour abriter les fumiers (voir *page* 270, *fig.* 379) ; ainsi que le type de hangar représenté par notre figure 526, qui permet d'abriter de grandes quantités de fumiers

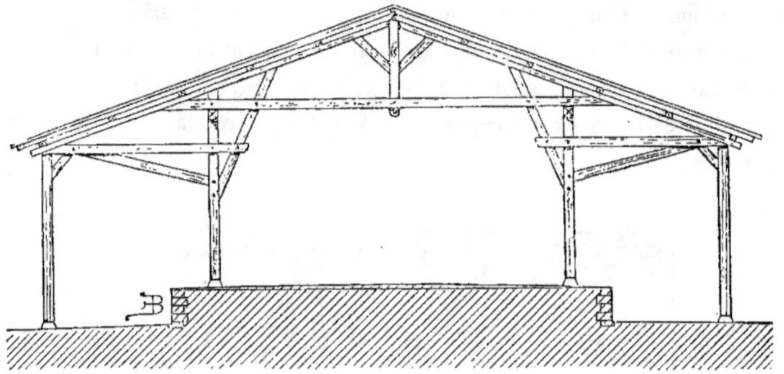

Fig. 526. — Grand hangar pour abriter le fumier, avec fosse à purin au-dessous et bas-côtés pour charger et décharger les charrettes.

Échelle de 0^m,005 pour mètre.

et dont les bas-côtés permettent de charger et décharger facilement les charrettes.

Mais nous nous plaisons à le répéter, l'économie qui résulte de cette opération ne vaut pas la dépense qu'elle occasionne, et nous ajouterons que souvent les hangars gênent considérablement la manœuvre pour l'approche et le chargement des charrettes, et dans tous les cas augmentent considérablement les frais de manutention.

LATRINES.

Les latrines, que suivant leur disposition on nomme aussi *privés, lieux d'aisances, cabinets, water-closets,* servent de dépôts momentanés aux déjections humaines. Dans toute exploitation, quelle que soit son importance, il est indispensable d'en établir, et même dans les grandes fermes il est utile d'en avoir plusieurs pour les maîtres, les hommes et les femmes.

Les latrines comprennent deux parties, le cabinet qui comprend le siége et la fosse qui reçoit les déjections. Celle-ci est fixe ou mobile.

1. Fosses fixes. — La fosse fixe se construit comme une citerne, seulement on doit prendre quelques précautions spéciales que nous allons indiquer.

Ainsi, il ne doit se trouver aucun angle, dans une fosse bien construite ; il faut arrondir les arêtes verticales et horizontales formées par l'intersection des murs. Le fond doit être incliné et former au centre une cuvette un peu plus profonde.

Les fosses d'aisances doivent être munies d'un ventilateur, c'est-à-dire d'un tuyau d'aérage partant du sommet de la fosse qui est le plus souvent voûtée, et dépassant de quelques mètres le cabinet d'aisances.

Quand ceux-ci sont construits dans l'habitation même, le ventilateur doit dépasser la toiture de la maison de 1^m,50 à 2 mètres.

Le ventilateur sert à laisser échapper les gaz qui se dégagent dans la fosse et qui sans lui sortiraient par la lunette ou le siége et répandraient une odeur désagréable dans les cabinets et de là dans toute l'habitation.

Dimensions. — La grandeur des fosses doit être calculée d'après une moyenne de 3 hectolitres par personne et par an. Cependant, il ne faut pas craindre de lui donner de plus grandes proportions, afin de pouvoir n'en opérer la vidange que par un temps froid, en décembre, janvier ou février ; on calcule la capacité de la fosse, à raison d'un demi-mètre cube par personne et par an.

Désinfection des cabinets. — Quand les cabinets dégagent de l'odeur, surtout pendant les temps humides, et que le ventilateur a peu d'action pour désinfecter la fosse, on fera bien de répandre sur la pierre de la lunette ou sur le sol une dissolution de chlorure de chaux, on pourra aussi jeter de temps en temps dans la fosse une dissolution de sulfate de zinc.

On obtient la première dissolution en diluant 60 grammes de chlorure de chaux dans 5 litres d'eau, et la seconde en faisant dissoudre 500 grammes de sulfate de zinc dans 5 litres d'eau.

2. Fosses mobiles. — Les fosses mobiles consistent en simples baquets munis d'anses, ou ce qui est mieux d'un tonneau.

Dans les villes, on emploie des tinettes en zinc munies de crochets ou d'anses qui permettent à deux hommes de les porter à l'aide de deux traverses. Ces tinettes contiennent 75 à 80 litres et mesurent 0^m,55 à 0^m,60 de hauteur.

Les tonneaux sont aussi de grandeurs variables, ils contiennent 1, 2, et quelquefois 3 hectolitres. Nous recommandons de n'employer que des tonneaux de 2 hectolitres, car on peut les manier plus commodément. Ces tonneaux sont faits en fortes douves en bois de chêne et ils sont solidement

cerclés en fer. Le fond supérieur est pourvu d'un trou de 0m,20 de diamètre dans lequel le tuyau de chute vient s'emboîter.

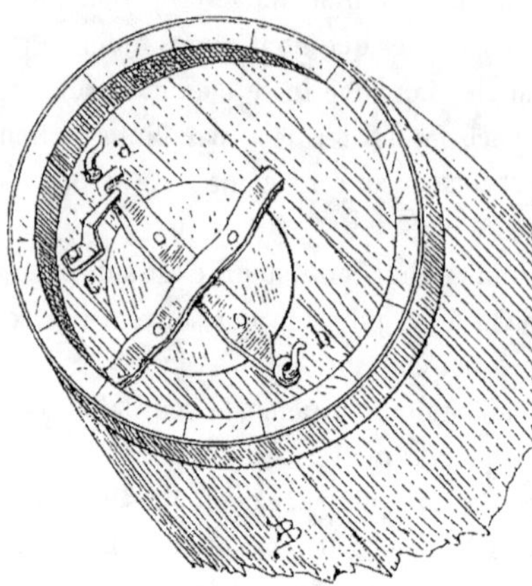

Quand on enlève les tonneaux pour les transporter dans des dépotoirs ou aux champs, on bouche cette ouverture avec un tampon de bois qu'on lute hermétiquement avec de la terre glaise, afin que le tonneau ne laisse échapper ni odeur ni liquide.

Notre figure 527 montre le système de fermeture à une assez grande échelle pour permettre sa construction.

Notre figure 528 montre un ensemble de cabinet et de fosse mobile. Le système de fosse mobile a l'immense avantage de pouvoir déplacer et transporter la vidange

Fig. 527. — Fermeture de tonneau de vidange.

LÉGENDE :

a, crochet mobile pour arrêter le fer accroché en *b*;
c, ferrure d'arrêt.

en la dissimulant et de supprimer complétement la mauvaise odeur dégagée par les matières fécales.

Les tonneaux de fosses mobiles sont enfermés dans un petit caveau dans

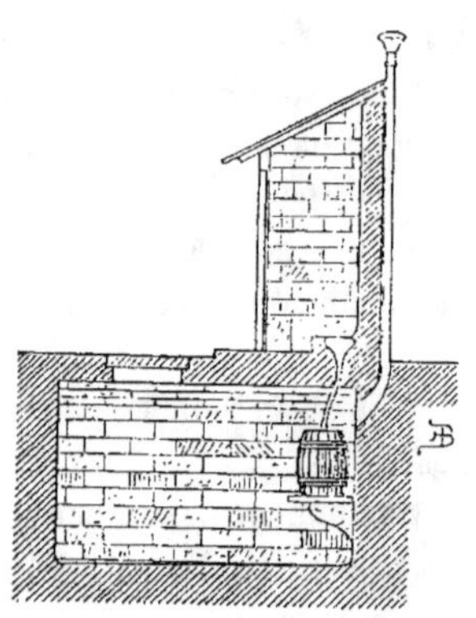

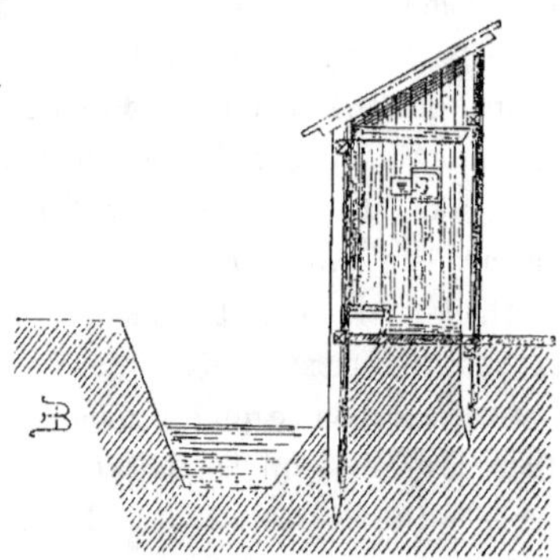

Fig. 528. — Cabinet avec fosse mobile.   Fig. 529. — Modèle de fosse à l'air libre.

Échelle de 0m,005 pour mètre.

lequel on descend par une petite échelle de fer, ou ce qui est plus économique, mais qui vaut moins, en bois.

3. Fosses en plein air. — Quelquefois, dans certaines parties de la ferme éloignées de l'habitation, on établit pour les serviteurs des fosses à l'air libre, mais même dans ce cas il serait préférable d'employer des fosses mobiles.

Nous donnons figure 529 un modèle de fosse en plein air.

VI. CONSTRUCTIONS DESTINÉES AU LAVAGE ET AU NETTOYAGE.

Toutes les constructions destinées au lavage et au nettoyage peuvent se trouver réunies dans la *blanchisserie*.

Mais il nous faut distinguer, car il y a deux genres de blanchisseries : celle qui sert à blanchir le linge, c'est-à-dire à lui restituer sa propreté et sa blancheur perdues, et celle qui sert au *blanchiment* d'un tissu.

Nous ne nous occuperons que des premières, car les autres sont du ressort de l'industrie agricole et manufacturière.

Une blanchisserie comprend : une buanderie, une salle de dépôt pour le linge, un lavoir, un étendage. Anciennement, avant l'emploi de la vapeur pour le blanchissage du linge, on avait un local nommé *essangerie*, dans lequel, on trempait le linge dans l'eau froide avant de lui faire subir aucune préparation. C'était pour le débarrasser des premières impuretés, solubles à l'aide de l'eau seule.

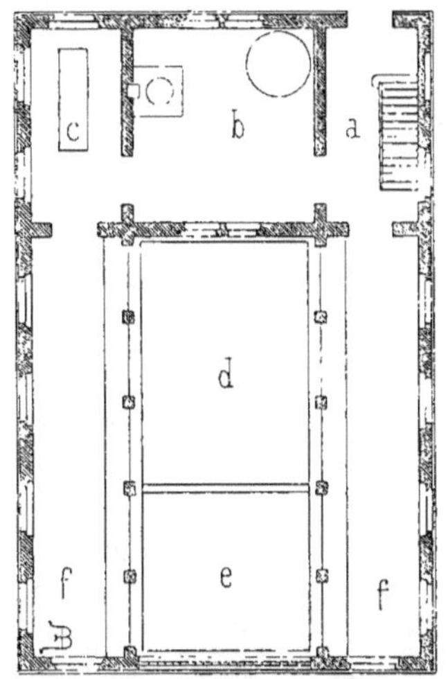

Fig. 530. — Plan d'une blanchisserie.

Légende :

a, entrée ; *b*, buanderie ; *c*, repassage ; *d*, *e*, lavoir ; *f*, *f*, couloirs.

Échelle de 0ᵐ,005 pour mètre.

1. Buanderie. — La buanderie est une pièce fermée, consacrée au lessivage du linge. Dans beaucoup de petites fermes, cette opération se fait soit dans la cuisine soit dans le fournil, parce qu'on ne *coule la lessive* qu'à des intervalles assez éloignés, et à ces époques, on installe des fourneaux et des cuves portatives ; dans les grandes exploitations au contraire, comme il y a beaucoup de monde, il faut presque laver et lessiver le linge chaque semaine, dès lors il est nécessaire d'avoir un bâtiment distinct.

Comme il est inutile de donner plusieurs modèles, nous ne décrirons qu'un seul type, une blanchisserie modèle pour ainsi dire, et chacun pourra y puiser les renseignements qu'il voudra pour les appliquer suivant ses besoins.

Notre figure 530 représente le plan qui comprend une entrée *a* avec un escalier pour arriver au premier étage où se trouve le séchoir, *b* la buanderie, *c* un atelier pour le repassage, *d* et *e* sont les deux compartiments du lavoir; dans ce dernier bassin on lave le linge qu'on rafraîchit dans la portion *d*. *f*, *f* sont des couloirs de chaque côté du lavoir; ils sont munis d'une marche du côté du bassin. C'est sur cette marche que se tiennent les lavandières.

Fig. 531. — Coupe transversale d'une blanchisserie.
Échelle de 0^m,005 pour mètre.

La figure 531 montre la coupe transversale de cette blanchisserie, elle est faite sur une ligne qui passerait en *d* sur ce plan. Elle montre dans le fond la fenêtre de la buanderie et deux portes, une donnant sur le couloir d'entrée et l'autre dans l'atelier de repassage. Cette coupe montre que le lavoir et les lavandières sont à couvert.

Notre figure 532 montre une élévation d'une blanchisserie qui pourrait s'exécuter avec le plan de notre figure 530; mais ici le lavoir serait en plein air quoique les lavandières fussent à l'abri de la pluie et du soleil sous les hangars dont la couverture du côté du bassin descend très-bas.

La fenêtre du fond est celle de la buanderie. Au-dessus du rez-de-chaussée, sur la portion du bâtiment occupée par *a*, *b*, *c* (*fig.* 530), il existe un séchoir qui est fermé par des châssis composés de lames de persiennes.

2. LAVOIR. — Dans toutes les exploitations importantes, si l'on peut disposer d'un courant d'eau claire, à part le bâtiment de la blanchisserie, il sera toujours avantageux de construire un lavoir.

Fig. 532. — Élévation d'une blanchisserie.
Échelle de 0^m,005 pour mètre.

Le plus souvent il consiste en un simple bassin en maçonnerie de 2 mètres de largeur sur 4 à 5 de longueur. Ce bassin doit être muni d'une vanne afin de pouvoir en renouveler l'eau à volonté. On peut mettre le tout sous un hangar; ou bien celui-ci abrite seul les lavandières, tandis que le bassin est sans abri. S'il fallait laver une grande quantité de linge, on pourrait établir un bassin sur les deux grands côtés du hangar.

Comme renseignements complémentaires nous ajouterons que le couronnement du bassin doit être dallé avec de la roche, car l'action des battoirs et des savons ou autres ingrédients (potasse, eau de javelle, etc.) qu'on emploie trop souvent pour nettoyer et *brûler* le linge dégradent promptement tous les autres genres de matériaux. Les bétons même les meilleurs, composés de silex concassés et de ciment, sont rapidement entamés par l'action des substances souvent trop corrosives employées pour le lavage du linge.

Cependant, si un propriétaire trouve la roche d'un prix trop élevé, au lieu d'employer de la pierre tendre, il fera mieux d'y substituer de forts madriers en chêne, solidement retenus dans la maçonnerie. Mais quel que soit le mode de couronnement des maçonneries, il doit être assez incliné pour la commodité des laveuses, et la pente sera naturellement dirigée de l'extérieur à l'intérieur du bassin.

Il est également utile d'entourer les abords du lavoir avec des chevalets pour étendre et faire sécher le linge.

Il serait bien à désirer que chaque commune rurale fît construire un lavoir à l'usage de ses habitants; au lieu de laisser laver le linge dans des mares souvent infectes. Quand l'homme comprendra-t-il que la propreté est le bien le plus nécessaire pour se maintenir en bonne santé?

CHAPITRE VI.

LA FERME.

I. Généralités. — Précédemment, nous avons vu et décrit les divers bâtiments qui composent la *ferme*. Dans le présent chapitre, nous allons étudier la disposition et l'agencement des différents bâtiments entre eux, car suivant l'importance de la ferme, on doit les disposer diversement.

Mais le lecteur voudra bien nous permettre de différencier les mots *domaine, ferme, métairie,* que bien des gens et même des auteurs regardent souvent comme synonymes, et qu'ils emploient dès lors indifféremment l'un pour l'autre.

Nous dirons donc que l'étymologie de ferme est très-douteuse, les uns font venir ce mot du grec ηρμα, *clôture,* ou du celte *ferma, louage.* Les autres (le savant Littré est de ce nombre) le donnent comme dérivé du picard *farme* ou du provençal *ferma* qui puiserait son origine dans un mot de basse latinité *firma, firmus, chose, ferme, établie.*

Quoi qu'il en soit de ces diverses origines, nous dirons avec les jurisconsultes que le fermier est le cultivateur qui, moyennant un prix annuel donné à un propriétaire d'un bien agricole, l'exploite pour en retirer un profit plus considérable.

Le *métayer* est un cultivateur qui donne pour fermage au propriétaire du fonds qu'il exploite la moitié de ses récoltes. Métayer, *medietarius,* vient de *medius, medietas,* partage par moitié.

Enfin, on nomme *domaine* (et nous emploierons ce mot dans ce sens dans le courant de ce chapitre) l'ensemble des biens ruraux; donc une ferme et ses dépendances est un *domaine,* mais un domaine peut contenir plusieurs fermes.

II. Des diverses catégories de fermes. — Il y a une très-grande variété de fermes de la plus petite à la plus grande, mais tous ces types peuvent être réunis en quatre catégories principales : la très-petite, la petite, la moyenne et la grande ferme. Ce classement ne peut être absolu, car d'un pays à l'autre il existe, comme nous allons le voir, des écarts considérables dans cette classification ; à l'aide de quelques chiffres nous allons tâcher d'établir des points de comparaison.

Très-petites fermes.

France . . . . au-dessous de	30	hectares.
Angleterre.	100	—
Belgique et Hollande	10	—

Petites fermes.

France . . . . au-dessus de	30 à	40	hectares.
Angleterre	100	150	—
Belgique et Hollande	10	30	—

Fermes moyennes.

France . . . . de	70 à	120	hectares.
Angleterre	200	250	—
Belgique et Hollande	30	50	—

Grandes fermes.

France . . . . de	150 à	250	hectares.
Angleterre	300	400	—
Belgique et Hollande	80	150	—

Comme nos lecteurs peuvent le voir par les chiffres qui précèdent, les différences qui établissent les catégories de fermes sont très-variables d'une contrée à l'autre, mais on peut dire d'une manière générale que la très-petite ferme est exploitée par un petit cultivateur avec l'aide de journaliers ;

La petite ferme, par un cultivateur aidé de sa famille et de quelques domestiques ;

La ferme moyenne, par un fermier prenant encore une part directe aux travaux de l'exploitation avec de nombreux domestiques, mais occupant en outre un certain nombre d'ouvriers pour les sarclages et pour l'enlèvement des fourrages et des céréales ;

Enfin la grande ferme, dont le territoire est très-étendu, surtout en Angleterre, et dans laquelle le fermier ne peut avoir d'autre occupation que la direction et la surveillance générales des travaux qu'il confie à un nombreux personnel de domestiques et d'ouvriers. Les grandes fermes ont souvent à leur tête un agronome ou un ingénieur agricole qui ont sous leurs ordres des surveillants.

III. Causes locales déterminant une classification. — Des causes locales, la manière d'exploiter et le genre de l'industrie agricole peuvent aussi donner lieu aux classifications suivantes :

1° Pays montagneux dénudé, coupé par des routes et des ruisseaux exigeant beaucoup de main-d'œuvre ; très-petite ferme.

2° Domaine situé sur le flanc d'une grande colline ou d'une montagne ; ferme de petite exploitation.

3° Pays très-peuplé, où la propriété est très-divisée, domaine situé près d'une ville ; fermes de petite et moyenne exploitation.

4° Pays en plaine, dans lesquels les communications et les transports sont faciles ; fermes de moyenne et grande exploitation.

5° Pays dans lesquels les biens sont concentrés dans les mains d'un petit nombre, ou dont le fond naturellement fécond produit une vigoureuse végétation ; grande ferme.

6° Domaine situé près d'une grande ville dont les habitants s'adonnent au commerce, ou près d'un centre manufacturier ; ferme de très-grande étendue.

IV. Conditions essentielles pour la construction d'une ferme. — Les constructions qui forment l'ensemble d'une ferme doivent avoir une utilité réelle. Il faut qu'elles soient tellement indispensables que si elles n'existaient pas, elles manqueraient aux besoins de l'exploitation.

Nous allons résumer les principales conditions qu'il faut s'efforcer de remplir dans la construction bien entendue d'une ferme, et cela quelle que soit son étendue.

1° Placer le bâtiment d'habitation au centre et au fond de la cour, de manière à permettre au chef de l'exploitation de pouvoir exercer une surveillance facile et permanente de son cabinet, de sa chambre ou de toute autre pièce de son logis ; disposer le jardin et le potager en arrière du bâtiment d'habitation, ce qui donne un aspect agréable aux pièces situées de ce côté, et de plus, cela permet la surveillance des travaux qui s'exécutent dans le jardin et le potager.

2° Séparer entre eux par des vides ou des hangars seulement, tous les bâtiments ; isoler surtout les granges et greniers à foin de l'habitation, afin de diminuer les chances d'incendie, et en cas d'accident pouvoir circonscrire le feu.

3° Suivant l'importance de la ferme grouper les bâtiments de différentes façons : sur une seule ligne pour les petites fermes ; en retour d'équerre pour les petites et moyennes fermes ; en double équerre et en parallélogramme avec cour centrale pour les grandes fermes. Au centre de la cour, on devra placer la fosse à engrais avec l'aire à fumier pour abréger et faciliter les transports des écuries à cette dernière destination.

4° Ne pas craindre de faire la cour assez grande, mais cependant la réduire à un minimum en rapport avec la surface des bâtiments.

5° Rapprocher de l'habitation, les écuries des animaux de choix ou reproducteurs et placer auprès les infirmeries, afin de dépenser le moins de temps pour leur surveillance et leur entretien.

6° Envoyer au moyen de rigoles couvertes ou canalisations souterraines toutes les urines du logement des animaux, et les diriger dans la fosse aux engrais avec une pente plus ou moins forte suivant la distance à parcourir, mais jamais moindre de quinze millimètres pour mètre.

7° Donner un assez grand développement aux greniers à fourrage, afin de pouvoir faire des approvisionnements pour plusieurs mois, sans être obligé de les entasser dans un espace trop restreint.

8° Aérer largement ces greniers par de nombreux châssis à tabatières et des cheminées de ventilation placées sur le faîte des greniers, avec l'aide de barbacanes ou ventouses d'aération placées sur le plancher.

9° Ventiler les écuries, étables, bergeries, à l'aide de cheminées d'appel, en bois ou en poterie, suivant les principes que nous avons donnés précédemment, lorsque nous nous sommes occupé de ces différents locaux, et les disposer de manière à éviter les courants d'air trop forts car ils sont nuisibles aux animaux, aussi bien qu'à l'homme.

10° Donner aux écuries et aux étables une largeur convenable pour conserver un passage assez large, soit 8 mètres pour les écuries simples et 10 mètres pour les écuries doubles.

11° Dans les bergeries ne pas craindre de multiplier les portes, les faire à deux vantaux pour faciliter la sortie des moutons et pouvoir donner un aérage suffisant ; mettre des cloisons comme nous l'avons indiqué page 261, figure 349.

12° Tous les logements des animaux qui auront au-dessus d'eux des greniers auront des plafonds hermétiquement fermés. On ne devra établir aucune communication intérieure directe entre les animaux et leurs fourrages.

13° Les granges auront des portes assez larges pour permettre aux voitures chargées de les traverser ; les granges elles-mêmes auront une grande hauteur.

14° A droite et à gauche des passages des granges, on devra établir des planchers assez élevés pour permettre le déchargement des gerbes et pouvoir établir au besoin la machine à battre sur le passage et à l'aide de traverses allant d'un plancher à l'autre.

15° Construire dans chaque grange : 1° un grenier partiel pour effectuer sans déplacement le dépôt des grains après le battage ; 2° un petit réduit pour enfermer les balles de céréales et la menue paille.

16° Pour l'aérage des granges, ménager dans l'épaisseur des murs des barbacanes ou ventouses d'aération coudées, afin de prévenir les incendies causés par la malveillance (voir page 341, figure 478).

17° Éclairer les granges par le haut, à l'aide de châssis à tabatières s'ouvrant et se fermant à l'aide d'une crémaillère.

18° Disposer dans le centre de la cour, et dans l'ordre que nous indiquons, le plus près de la maison, le puits, l'abreuvoir, le pigeonnier, la fosse à purin et l'aire à fumier. Près de celle-ci, établir le poulailler et la basse-cour, le premier sous une extrémité de hangar et la seconde près de l'abreuvoir. Celui-ci devra être d'un accès facile pour les animaux et séparé de 7, 8, et même 10 mètres, suivant la dimension de la cour, de la fosse à purin ; il aura une profondeur suffisante pour permettre aux animaux de se baigner en le traversant. La forme demi-circulaire est très-commode, car elle permet à l'homme de se poser dans le point central de la circonférence et de faire passer et repasser les animaux en les tenant en laisse à l'aide d'une longue corde.

19° Isoler les porcheries et les éloigner de l'habitation, et dans tous les cas les orienter de telle façon qu'étant au midi le vent dominant n'apporte pas les odeurs à la maison du fermier.

20° Ménager de larges passages à l'entrée et à la sortie latérale des bâtiments, afin d'obtenir une circulation facile pour les animaux et les voitures de toutes sortes ; établir un mur d'enceinte autour des bâtiments ou reliant les murs de ceux-ci pour défendre l'entrée sans autorisation à toute personne étrangère à la ferme.

21° Enfin, il faut autant que possible que les bâtiments soient groupés de telle façon, qu'on puisse les agrandir d'une ou plusieurs travées sans avoir rien à démolir à droite ou à gauche.

Telles sont les conditions essentielles pour la construction d'une ferme, conditions que nous avons toujours suivies dans les types de notre composition, que nous donnons plus loin.

V. Situation générale du domaine. — Quand on se décide à créer une ferme, il faut bien étudier la situation la plus convenable pour son emplacement ; mais, nous devons ajouter qu'on n'est pas toujours libre de le choisir à son gré.

Dans un grand domaine par exemple, il faut autant que possible que les bâtiments soient placés au centre de l'exploitation, car s'ils étaient bâtis à l'une des extrémités il faudrait perdre beaucoup de temps pour gagner la ferme soit au commencement, soit à la fin de la journée. Il arrive même parfois, que pendant les fortes chaleurs les hommes et les animaux reviennent à la ferme pour se reposer dans le milieu de la journée ; c'est donc un trajet quadruple qu'il faut faire et s'il fallait une heure pour arriver à destination, ce serait donc quatre heures perdues. On doit donc autant que possible, placer l'exploitation au centre du domaine.

Ce premier point étudié, il faut choisir un emplacement salubre et assainir ses environs par des drainages, des plantations, des routes pavées, etc. Nous n'avons pas à revenir sur ce second point puisque nous l'avons traité CHAPITRE III, page 172 et suivantes, à propos de l'habitation de l'homme.

VI. SITUATION RELATIVE DES BATIMENTS ENTRE EUX. — La situation relative des bâtiments entre eux dépend évidemment de l'importance de la ferme ; mais le constructeur doit toujours satisfaire à certaines données. Nous allons examiner successivement ce qu'il convient de faire pour chaque catégorie d'exploitation.

Dans les très-petites exploitations, tous les divers services sont réunis dans un seul bâtiment (voy. ci-après, *fig.* 533 et 535).

Dans les petites exploitations, les bâtiments sont généralement sur une seule ligne, aussi l'habitation se trouve au centre ou à l'une des extrémités de la ligne.

Dans les exploitations moyennes, lorsque les bâtiments sont en retour d'équerre, ou disposés sur les trois côtés d'un rectangle, l'habitation se trouve placée dans l'axe de la ligne des bâtiments du fond, ou sur l'extrémité d'une des ailes.

Enfin, dans les grandes exploitations, quand les bâtiments sont disposés sur les quatre côtés d'un rectangle, l'habitation occupe le centre soit de la ligne de fond, soit de la ligne de façade ; quand les bâtiments de l'habitation n'occupent pas entièrement un des côtés du rectangle, on place à droite et à gauche de la maison des hangars pour les instruments, afin d'isoler les écuries, étables, qui se trouvent sur les côtés perpendiculaires à l'habitation.

Écuries. — Les écuries doivent être le plus rapprochées possible de la maison du fermier.

Quand l'exploitation est très-importante et qu'il y a beaucoup de chevaux, on peut établir deux écuries, l'une à droite l'autre à gauche sur les côtés perpendiculaires au mur du fond. Si la ferme possède une vacherie, on met les écuries d'un côté, et les étables de l'autre.

Bergeries. — Si la ferme possède des bergeries, on peut les mettre soit à droite, soit à gauche des bâtiments du fond ; du reste, les bergeries se placent où on peut, car toutes les expositions sont bonnes.

Porcheries. — Il est bien difficile de donner des règles fixes pour l'établissement des porcheries. On doit autant que possible, les mettre au midi et dans une position telle, que le vent dominant dans la localité où elles existent n'apporte point les odeurs de ce bâtiment à l'habitation de l'homme et aux logements des autres animaux.

Granges et fenils. — Ces constructions peuvent se placer indifféremment soit à droite, soit à gauche, et sur toutes les faces du rectangle ; mais il est bon de les tenir loin de l'habitation pour diminuer autant que possible les chances des incendies.

Nous ne nous étendrons pas plus longuement sur ce sujet, car les exemples que nous donnons feront comprendre la situation relative des bâtiments entre eux, mieux que nous ne pourrions le faire en donnant de plus amples explications.

DES DIVERSES DISPOSITIONS DES FERMES FRANÇAISES.

Chaque pays construit ses fermes d'après des principes presque différents, mais nous devons dire que, malgré la variété des plans adoptés l'homme est guidé presque partout par les mêmes considérations.

La première à laquelle il obéit, c'est l'économie ; la seconde lui fait rechercher la commodité pour le service et pour la surveillance ; la troisième témoigne de sa préoccupation contre les chances d'incendie, et nous devons dire que malheureusement dans les campagnes les sinistres sont aussi fréquents que désastreux.

Enfin, une des dernières considérations la moins utile qui guide l'homme dans ses constructions rurales est celle-ci : sacrifier à la gloriole de posséder une belle ferme, bien construite avec d'excellents matériaux. Le fermier dépense ainsi son argent pour donner à ses voisins une ferme modèle, et pour obtenir une médaille ou une prime dans les grands concours agricoles.

Évidemment, cette considération, qui est la moins louable, présente cependant des avantages ; car si quelquefois elle ruine son vaniteux propriétaire, qui n'avait pas les moyens de sacrifier à des idées luxueuses, ce type de ferme fait toujours progresser dans la contrée, dans laquelle elle existe.

En France, ce dernier genre se trouvait assez fréquemment au commencement du siècle, mais aujourd'hui la facilité des transports et des communications amène sur nos marchés des produits étrangers, de sorte que cette concurrence ramène les fermiers à des idées plus sages ; aussi les fermes modèles sont en grande partie exécutées presqu'exclusivement par l'État.

Nous n'avons à nous occuper ici que des fermes françaises ; cependant nous

donnerons à la fin de ce chapitre quelques fermes étrangères qui passent à
bon droit pour les meilleurs modèles à suivre.

1. Très-petite ferme. — (*Premier type.*) —
Nous donnons figures 533 et 534 une très-petite
ferme qui n'occupe qu'un cultivateur et sa famille. Le plan du rez-de-chaussée figure 533 se
compose d'une cuisine A ayant dans le fond une
laverie B et sur la droite un four et un fournil C.
D, est une pièce pouvant servir à plusieurs usages
suivant les besoins du cultivateur. Il peut en
faire une cave à bière, à cidre, une serre pour
instruments agricoles, une remise. En E, il existe
une écurie pour trois chevaux. Cette petite construction possède à droite un petit appentis qui
abrite les portes d'entrée de la cuisine et du
fournil et, à gauche un hangar en appentis également, qui peut servir à
abriter les véhicules de toutes sortes ou les instruments aratoires.

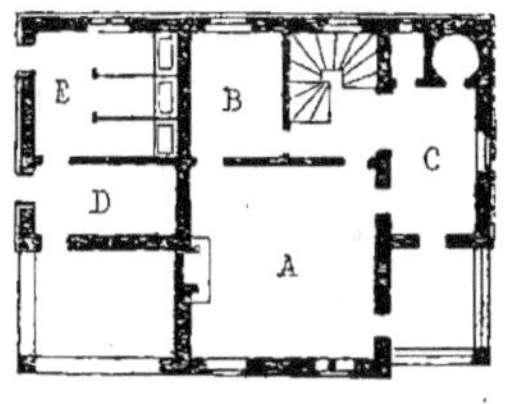

Fig. 533. — Plan d'une très-
petite ferme (premier type).
Échelle de 0ᵐ,0025 pour mètre.

Légende :

A, cuisine; B, laverie; C, four
et fournil; D, pièce à différents
usages; E, écurie.

Fig. 534. — Perspective d'une très-petite ferme (premier type).

Dans le fond, entre le fournil E et la laverie B, il existe un escalier qui sert à monter au premier étage, qui peut avoir deux chambres sur le devant et un petit cabinet ou chambre d'enfant sur le derrière.

La figure 534 montre la perspective de ce premier type de petite ferme qui mesure à peu près sur 10 mètres de profondeur 14 de largeur, ce qui donne une superficie de 140 mètres carrés, ce qui suivant la localité porterait cette maison à 9,000 ou 10,000 francs.

$$140 \text{ mètres} \times 70 \text{ francs} = 9,800 \text{ francs.}$$

(*Deuxième type.*) — Nos figures 535 et 536 montrent un deuxième type de très-petite ferme. Cependant celle-ci est déjà plus grande que la précédente; elle mesure 21 mètres de longueur sur environ 10 mètres de largeur, soit 210 mètres superficiels qui multipliés par 70 francs prix du mètre donneraient une construction de 14,700 à 15,000 francs.

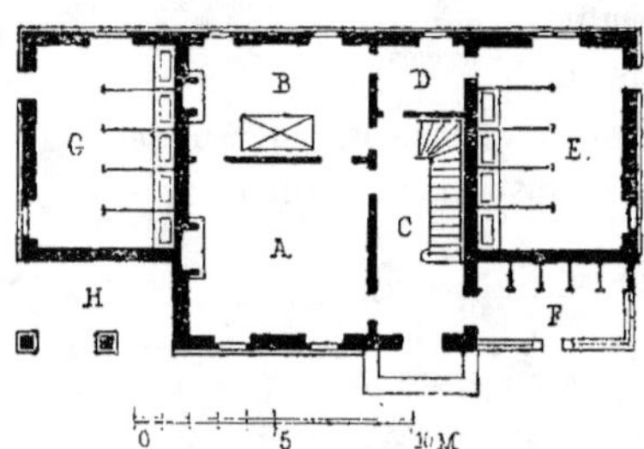

Fig. 535. — Plan d'une très-petite ferme (deuxième type).

Échelle de 0^m,0025 pour mètre.

Le plan (*fig.* 535) se compose d'une cuisine ou salle commune A, d'une chambre B, d'un vestibule et d'un escalier C. Derrière l'escalier se trouve une laiterie D, qui communique à la vacherie E par une petite porte. En F, il y a un poulailler avec une petite cour, en G une écurie pour cinq chevaux, devant laquelle, il existe un appentis H, qui peut servir pour abriter les instruments aratoires.

Au premier étage, on peut trouver quatre belles chambres à coucher et un petit cabinet. Enfin, sur la partie située au-dessus du vestibule, il y a un deuxième étage qui peut servir de grenier.

Notre figure 536 montre l'élévation de ce deuxième type de petite ferme qui dans une échelle réduite renferme à peu près tout ce qui est indispensable dans une très-petite exploitation.

2. PETITE FERME. — Notre PLANCHE I, figure 537 représente l'élévation d'une petite ferme qui accuse parfaitement par la variété de son caractère architectural les diverses destinations des bâtiments, qui sont tous construits sur une seule ligne. C'est d'abord à gauche l'habitation du fermier, contre laquelle est adossé à droite le poulailler; à la suite à droite se trouvent la vacherie et l'écurie. Enfin une grange et un hangar terminent la ligne des bâtiments.

Le plan (*fig.* 538) se compose d'une cuisine ou salle commune A, d'une laiterie B, d'un fournil C, d'un escalier D, conduisant au premier étage; der-

rière celui-ci se trouve une petite pièce pouvant servir à plusieurs usages,
soit de serre à outils, de cave ou serre à provisions. La vacherie se trouve
en F, en G la chambre du valet d'écurie, en H l'écurie, qui possède à sa
gauche une sellerie. En I est placée la grange, qui a sa machine à battre
en I'; enfin, en J il existe un hangar en appentis. Le poulailler K se trouve
placé près du fournil, car les poules qui ont de la chaleur se portent beaucoup mieux et pondent des œufs en plus grande quantité. De l'autre côté
du four nous avons placé les lieux d'aisances, qui grâce à la chaleur du four

Fig. 536. — Perspective d'une très-petite ferme (deuxième type).

n'ont jamais d'humidité, et c'est celle-ci qui engendre et entretient les mauvaises odeurs. Enfin la porcherie se trouve en L; elle est assez éloignée des
bâtiments pour ne pas envoyer de l'odeur à l'habitation, cependant si on
avait à craindre cet inconvénient, on pourrait la placer en face du hangar J.
Cette porcherie se compose de trois loges ayant chacune une courette. Enfin
en M, au centre de la cour, il y a une mare pour abreuver et faire baigner les
animaux.

Nous avons supposé, en rédigeant le plan que nous venons de soumettre à nos lecteurs, que cette construction était faite pour un genre d'exploitation

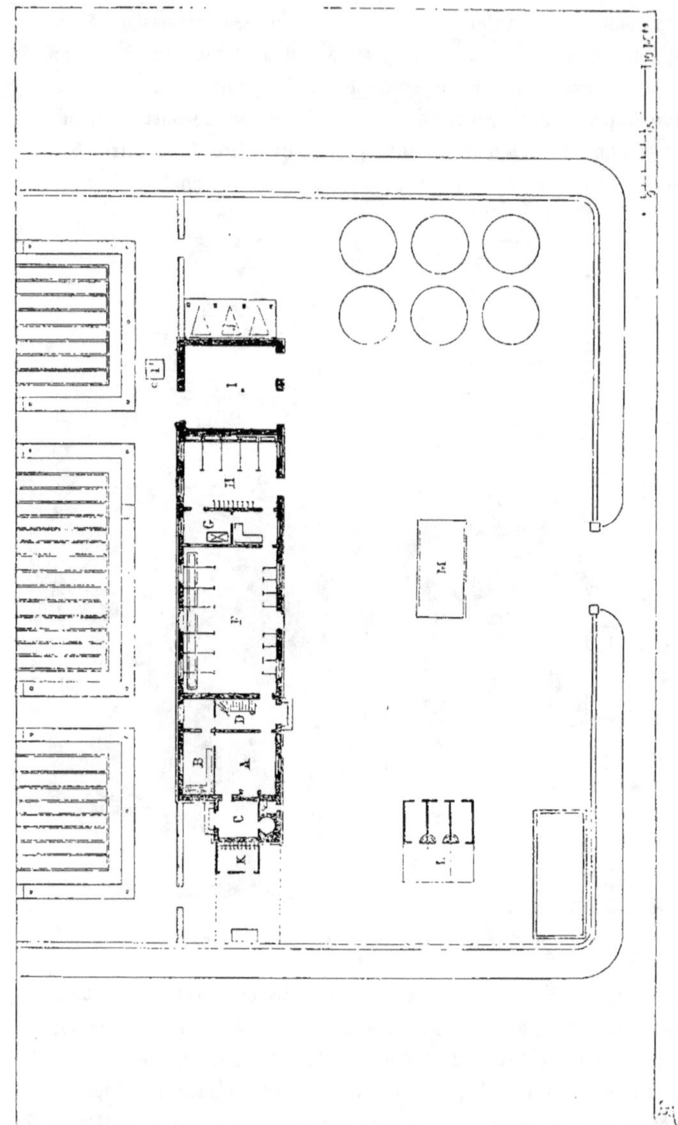

Fig. 538. — Plan d'une petite ferme sur une seule ligne.

LÉGENDE :

A, cuisine, B, laiterie; C, four et fournil; D, escalier; E, vacherie; G, chambre du valet d'écurie; H, écurie; I, grange: I', machine à battre; J, hangar; K, poulailler; L, porcherie; M, mare.

qui comprendrait des pâturages pour sept vaches et des terres à labourer pour cinq chevaux.

3. FERME POUR UNE MOYENNE EXPLOITATION. — Notre PLANCHE II, figure 539

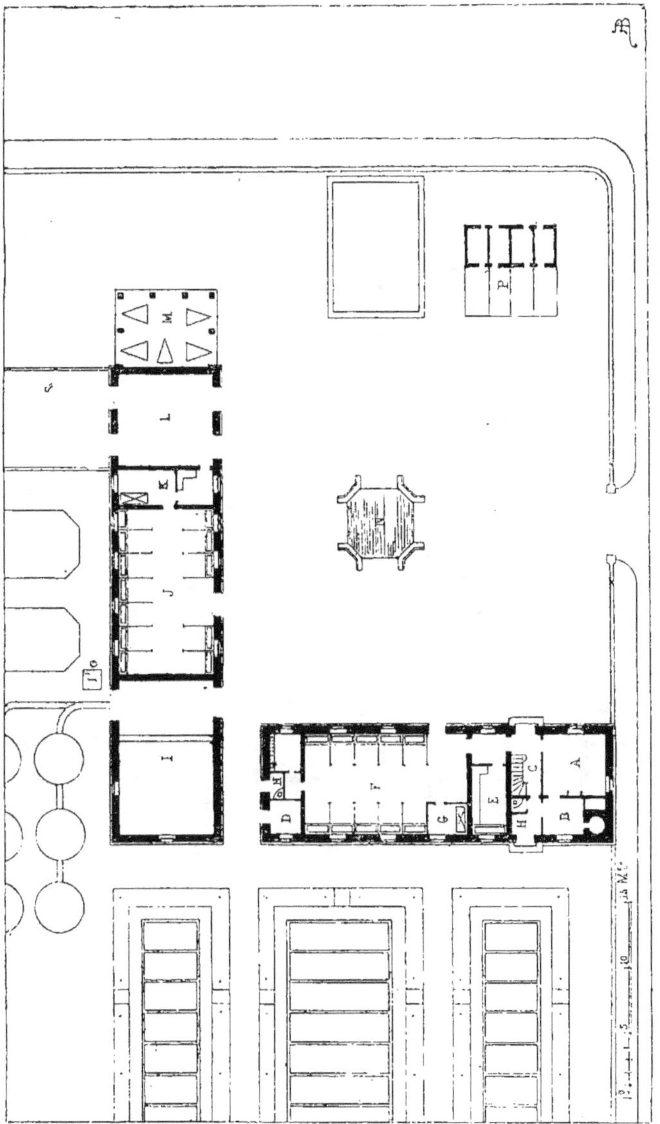

Fig. 540. — Plan d'une ferme pour une exploitation moyenne. Bâtiments en équerre (premier type).

LÉGENDE :

A, cuisine; B, four et fournil; C, entrée avec escalier; D, serre à outils; E, laiterie; F, vacherie; G, chambre du vacher; H, H, latrines; I, grange; I' machine à batre; J, écurie; K, chambre du garçon d'écurie; L, petite bergerie; M, hangar; N, mare; P, porcheries.

montre le premier type d'une ferme pour une moyenne exploitation; les bâtiments sont disposés en équerre.

Le plan figure 540 comprend en A la cuisine ou pièce commune ; B le four

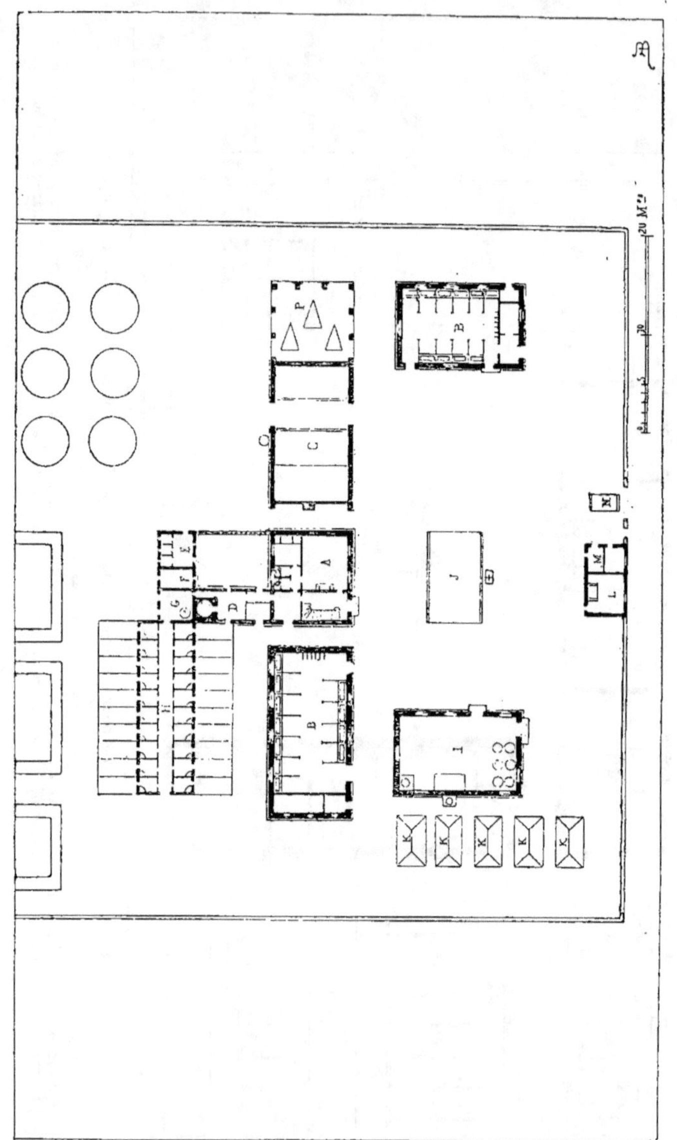

Fig. 541. — Plan d'une ferme pour une exploitation moyenne. Bâtiments en double équerre (deuxième type).

LÉGENDE :

A, maison d'habitation ; B, B, écuries ; C, grange ; D, four et fournil ; E, lapinière ; F, poulailler ; G, cuisine de la porcherie H ; I, distil-lerie ; J, aire à fumier ; K, silos ; L, gardien ; M, bureau ; N, bascule.

et fournil ; c l'entrée avec l'escalier avec une deuxième entrée sur le jardin
potager ; D une serre à outils qui a pour vis-à-vis une pièce comme resserre ;

E une laiterie précédée d'une petite pièce qui intercepte une communication directe avec la vacherie F. Celle-ci a une chambre du vacher en G. H, H sont des latrines, I la grange à battre située près des meules, I' la machine à battre, J une écurie pour douze chevaux, K la chambre du garçon d'écurie, L une petite bergerie, M un hangar pour le remisage des charrettes et des instruments agricoles, N la mare ou abreuvoir; vis-à-vis mais à une distance de 13 mètres se trouve le trou à fumier, qui lui-même est proche des porcheries P.

Cette disposition de ferme est très-commode, en ce sens qu'elle peut être doublée sur le côté droit, si le fermier venait à augmenter ses terres, dans ce cas, on obtiendrait une très-grande ferme.

Comme la ferme de moyenne exploitation est une des plus communes, nous avons cru devoir donner un deuxième type, mais ce dernier exemple n'est pas susceptible d'agrandissements considérables comme la précédente ferme.

Le plan figure 541 est dit en double équerre.

Il se compose de la maison d'habitation A située au centre de l'exploitation. B, B sont les écuries avec leurs dépendances; elles peuvent contenir vingt chevaux. Mais si l'exploitation n'en comportait pas un si grand nombre, on pourrait faire de l'une d'elles une vacherie, près de laquelle se trouvent un hangar P et la cour des meules; C, est une grange à battre, D le four et fournil, E une lapinière, F le poulailler, G la cuisine de la porcherie H. En I il existe une distillerie pour les betteraves, J une aire à fumier avec une fosse à purin à côté et sur laquelle est placée une pompe pour l'arrosage des fumiers. K sont des silos pour la conservation des betteraves, afin de pouvoir prolonger le plus possible le travail pour la distillerie.

Près de l'entrée on aperçoit un bâtiment qui contient le logement d'un gardien L et un bureau M pour écrire l'entrée et la sortie des produits qu'on pèse sur la bascule N qui est placée dans l'axe de la porte cochère.

Ce type est, comme on vient de le voir par la description du plan, une ferme et une fabrique. On y distille la betterave pour en extraire de l'alcool, et pour profiter des résidus de la fabrication on y élève des porcs, qui sont très-friands de la pulpe de betterave et qu'on engraisse rapidement.

La PLANCHE III, figure 542 montre la perspective de ce deuxième type de ferme pour une moyenne exploitation. Comme construction on peut employer pour les bâtiments de cette ferme tous les genres de matériaux, mais de préférence ceux qui se trouvent le plus abondants dans la localité parce qu'ils sont à meilleur marché.

4. FERME POUR UNE GRANDE EXPLOITATION. — Le type de ferme qui nous occupe (*fig*. 543 et 544) peut servir comme le dernier genre que nous ve-

nons de décrire pour une exploitation moyenne, mais avec de plus grandes proportions, ou bien de type pour une grande exploitation.

La PLANCHE IV, figure 543 montre la perspective de cette ferme pour une grande exploitation et la figure 544 le plan.

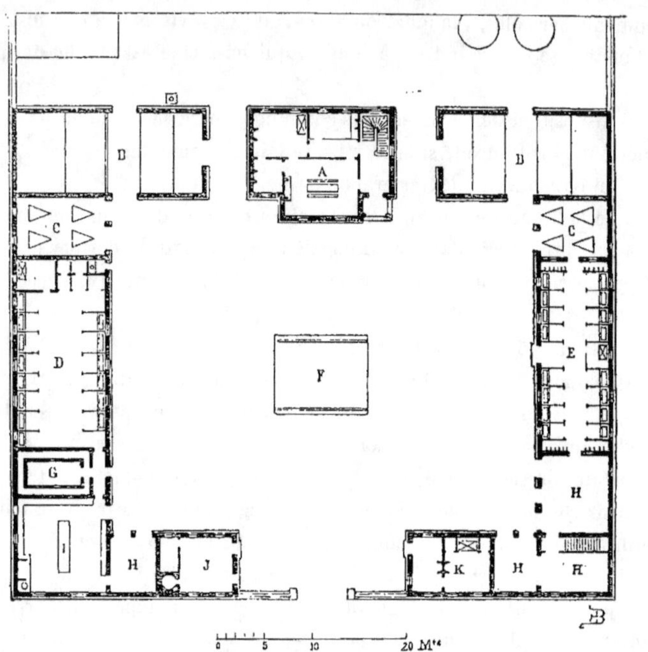

Fig. 544. — Plan d'une grande ferme.

LÉGENDE :

A, maison d'habitation du fermier ; B, B, granges ; C, C, Remises ; D, Vacherie ; E, écuries ; F, mare ; G, laiterie ; H, H, H, hangars ; I, fromagerie ; J, four et fournil ; K, logement du gardien ou surveillant.

5. FERME-MODÈLE FRANÇAISE. — *Ferme nationale de Vincennes.* — Le domaine national de Vincennes a une contenance de 250 hectares, dont 182 sont en prairies et 68 en terres de labour.

Cette ferme a été créée dans le but de mettre sous les yeux du public de beaux types d'animaux, des constructions économiques bien comprises ; en un mot, cette ferme a été proposée comme un modèle pouvant vulgariser les saines idées sur les choses agricoles.

Le plan figure 545 est un type français par excellence, les bâtiments sont rangés autour d'une cour centrale. Ils sont isolés les uns des autres. En dehors de cette grande cour sont rejetés les hangars pour les fumiers et les fosses à purins, les porcheries et le hangar pour les bergeries ouvertes. Le logement du régisseur se trouve dans l'axe des bâtiments qui sont en avant du plan, derrière le pavillon isolé.

Notre légende nous dispensera de donner de plus amples explications.

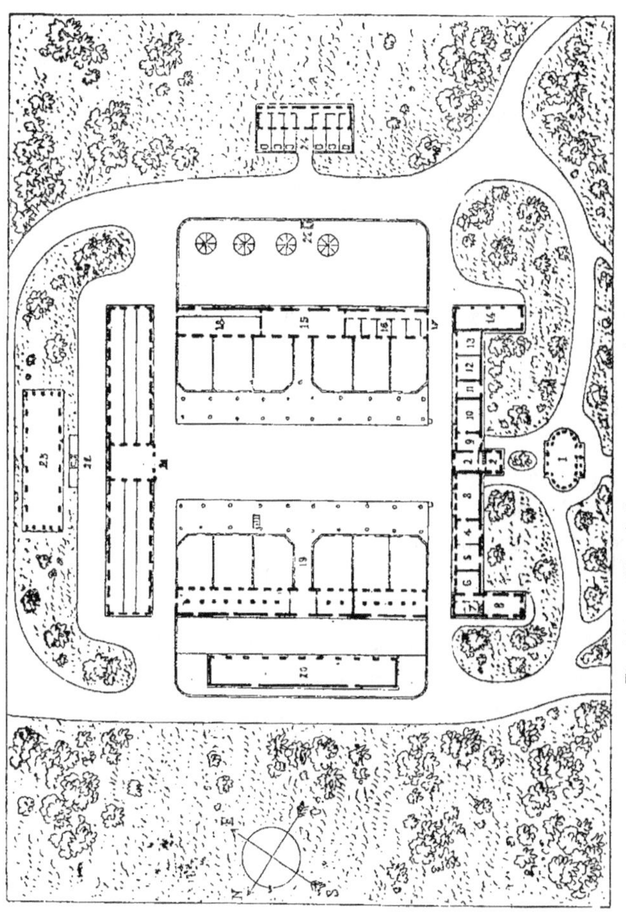

Fig. 545. — Plan de la ferme nationale de Vincennes.
Échelle de 0^m,00125 pour mètre.

LÉGENDE :

1, kiosque pour la consommation du lait; 2, logement du régisseur; 3, écurie; 4, service de l'écurie; 5, sellerie; 6, infirmerie; 7, cuisine et buanderie; 8, salle des domestiques; 9, laverie de la laiterie; 10, cave de la laiterie; 11, remise; 12, bûcher; 13, magasins; 14, hangar à outils; 15, aire à battre et magasins à paille; 16, cinq boxes pour étalons; 17, chambre du palefrenier; 18, petite vacherie; 19, bergerie; 20, bergerie ouverte pour béliers; 21, grande vacherie; 22, fosse à purin; 23, hangar de service; 24, porcherie.

La figure 546, PLANCHE V, montre la perspective de cette ferme.

6. FERMES ANGLAISES. — *Flemish farm.* — Comme nos lecteurs le savent fort bien, l'agriculture est en grand honneur en Angleterre, et par conséquent en progrès; aussi la meilleure disposition à donner aux bâtiments agricoles a été fort étudiée et controversée.

Il s'est formé divers partis sur cette question; certains agronomes prétendent que le meilleur type de ferme est celui qui satisfait au principe du *point d'observation* (1) préconisé et exalté par le général Bentham, qui considère ce principe comme résumant toute la science des constructions rurales. D'autres agronomes préfèrent le type hollandais, c'est-à-dire l'agglomération des bâtiments, la ferme ayant toutes ses dépendances rapprochées les unes des autres.

Enfin d'autres agriculteurs, prenant un moyen terme, n'acceptent intégralement aucun de ces deux types et trouvent plus convenable et plus approprié aux besoins du service un troisième type qui participe des deux autres.

Tel est celui représenté par nos figures 547 et 548, qui est une des trois fermes faisant partie du domaine royal de Windsor.

Dans certains pays, notamment en France, l'idée d'un domaine royal rappelle à l'esprit une sorte de Versailles agricole fait en vue de gaspiller des fonds et ne rien apprendre des choses agricoles, plutôt qu'un établissement d'une utilité pratique.

En Angleterre, au contraire, les fermes royales (celle surtout qui nous occupe) sont de vrais modèles de construction, d'administration et d'économie rurale.

Flemish farm a été construite par le prince Albert, qui, tant qu'il a vécu, a dirigé en personne les cultures, et quand les produits de cette ferme figuraient dans les concours ils n'obtenaient pas les prix à cause de leur propriétaire, mais parce qu'ils étaient les plus beaux. La comptabilité rigoureuse du domaine prouvait en outre qu'ils étaient obtenus dans les mêmes conditions que ceux de leurs concurrents, et, chose remarquable, ils remportaient des primes quoiqu'ils appartinssent à un domaine royal. Voilà un fait, que nous ne comprendrons pas encore de longtemps en France.

Le domaine annexé à Flemish farm comprend 400 acres (140 hectares environ). La ferme est bâtie sur une éminence, elle est entourée de gras pâturages et largement approvisionnée d'eau.

Si nos lecteurs jettent les yeux sur les figures qui représentent Flemish farm, ils se rendront compte de l'étude soignée du plan, et de l'intelligente économie qui a présidé à l'agencement des constructions. Tout est régulier, sy-

---

(1) On nomme *point d'observation* une chambre de l'habitation du fermier, située de telle façon, que de la fenêtre de celle-ci, on puisse voir et *observer* tout ce qui se passe dans la ferme. C'est en vue de satisfaire à ce fameux *point* qu'on a créé en Angleterre des plans de fermes plus excentriques et partant plus incommodes les uns que les autres. Il faut bien que le maître d'une exploitation puisse observer tout ce qui se passe chez lui, mais il serait puéril selon nous, de s'exagérer l'importance de cette obligation.

métrique, et rien n'a été sacrifié à des idées d'embellissement et d'ornementation ; c'est une véritable usine agricole, et rien de plus.

L'ensemble des bâtiments forme trois corps de hangars, séparés par des cours et reliés au groupe industriel par un passage transversal couvert.

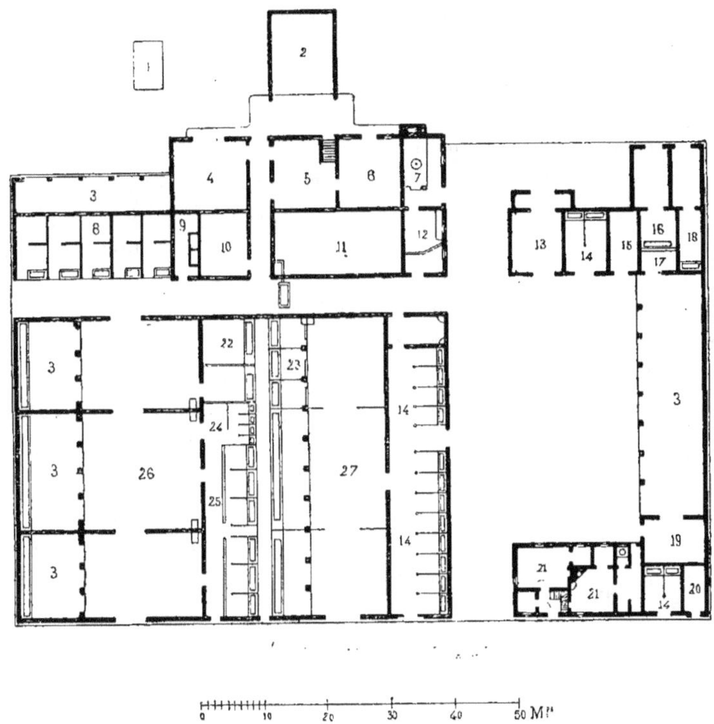

Fig. 547. — Plan de Flemish farm (domaine royal de Windsor).

LÉGENDE :

1, purinière ; 2, grange ; 3, hangars ; 4, divers coupe-racines ; 5, concasseur des tourteaux ; 6, moulin à avoine et fèves ; 7, générateur à vapeur ; 8, porcherie ; 9, cuisson des légumes ; 10, hachoirs à paille et à fourrages ; 11, grange à battre ; 12, machine à vapeur ; 13, dépôts pour charettes chargées ; 14, écuries ; 15, poulailler ; 16, étable pour taureaux ; 17, forge ; 18, deuxième étable pour taureaux ; 19, remises ; 20, boxes ; 21, habitation du fermier ; 22, magasins aux provisions ; 23, petits boxes ; 24, étable à veaux ; 25, vacherie ; 26, cour ; 27, cour couverte.

L'habitation est placée près de l'entrée principale.

Notre figure 547 montre le plan avec sa légende explicative et la figure 548, PLANCHE VI, l'élévation en perspective. Les dessins qui nous ont servi à cette reproduction nous ont été fournis par notre ami Alcide Furby, ex-précepteur français du prince de Galles.

7. Ferme belge. — *Ferme de Britannia à Ghistelles.* — La ferme de Britannia satisfait pleinement au programme que nous avons tracé au commencement de ce chapitre. Nous ne pouvons que faire l'éloge de ceux qui ont conçu un pareil projet et nous avons le plaisir de retrouver deux Français, feu Hector Horeau et notre ami Jannicot, architectes à Paris. Malheureusement, après avoir dressé leur projet, le propriétaire l'a fait exécuter par un architecte belge.

Voici le programme qui avait été donné à Horeau et Jannicot.

Le domaine aura 125 hectares, dont 25 seront en pâturages. Il faudra y élever principalement le mouton et subsidiairement le porc. Il faut édifier avec les moindres frais possibles les constructions nécessaires à tous les services, de façon que ceux-ci puissent être effectués de la manière la plus rapide, la plus économique et par tous les temps ; aussi il sera utile d'établir des railways pour ce service.

Ce programme était simple et court, mais il fallait étudier avec le plus grand soin tous les détails de l'exploitation ; c'est ce qu'ont fait les architectes.

Ils ont tellement bien compris le programme et appliqué les meilleures constructions économiques que le prix du mètre couvert ne reviendrait pas à 80 francs, car la superficie des constructions est ainsi répartie :

Bâtiment d'habitation.	150^m
Hangars latéraux	216
Écurie et vacherie.	252
Porcherie.	375
Bergeries.	432
Hangars au-dessus des purinières.	144
Autres bâtiments	176
	1745^m

Ces 1745 mètres de constructions n'ont coûté en chiffres ronds que 138,000 francs, ce qui fait ressortir le mètre à 79^f,50 environ. Les bâtiments de la ferme peuvent contenir cinq cents moutons, cent porcs, dix chevaux et deux vaches laitières. Le système d'exploitation consiste dans la méthode d'assolements basée sur la stabulation permanente, de façon à obtenir une grande quantité d'engrais, par lesquels on arrive au maximum de production en blé, en viande et en laine.

Nos figures 549 et 550, PLANCHE VII, montrent le plan et la perspective de cette belle ferme que le propriétaire exploite à la manière anglaise, et que, pour ce motif, il a nommée *Britannia ;* mais ce que nos figures ne peuvent indiquer c'est sa magnifique et son heureuse position entre Ostende, Bruges et Nieuport ; les grandes routes qui relient ces villes, en même temps que le canal de Bruges à Nieuport situé dans le voisinage, assurent à la ferme de

Ghistelles un grand débouché et une grande facilité pour le transport des
engrais et des amendements.

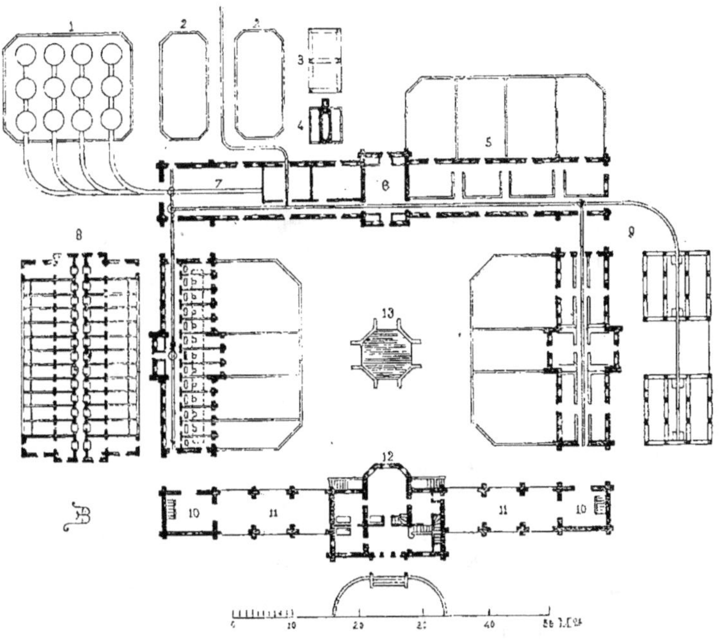

Fig. 549. — Plan de la ferme de Britannia à Ghistelles.

LÉGENDE :

1, meules ; 2, silos ; 3, hangar ; 4, machine à vapeur ; 5, bergeries avec paddocks ; 6, cuisine pour le bétail ; 7, machinerie agricole, distillerie de betteraves ; 8, porcheries ; 9, bâtiment à droite, fumier, couverte, guano, etc. ; à gauche, bergeries ; 10, 10, infirmerie pour les
chevaux ; 11, 11, remises ; 12, maison d'habitation ; 13, mare, les bâtiments à gauche de la
mare sont des boxes pour les chevaux.

8. FERME HOLLANDAISE. — Les fermes hollandaises sont une agglomération
de bâtiments aussi disgracieux qu'incommodes ; des types purement hollandais ne pourraient être d'une grande utilité à nos lecteurs, seulement comme
sous quelques climats un genre de ferme hollandaise pourrait être employé
nous donnons un type que nous avons arrangé.

Nos figures 551 et 552, PLANCHE VIII, montrent cette ferme.

Le plan (*fig.* 551) comprend une grange A, des vacheries BB, une cave à
fromage C, une laiterie D, une écurie E, vis-à-vis l'habitation, une remise à
véhicules F, à outils H.

L'habitation comprend au rez-de-chaussée une entrée et un escalier K,
une cuisine I, une chambre J.

Enfin LL sont l'emplacement des machines et des manéges, M les purinières

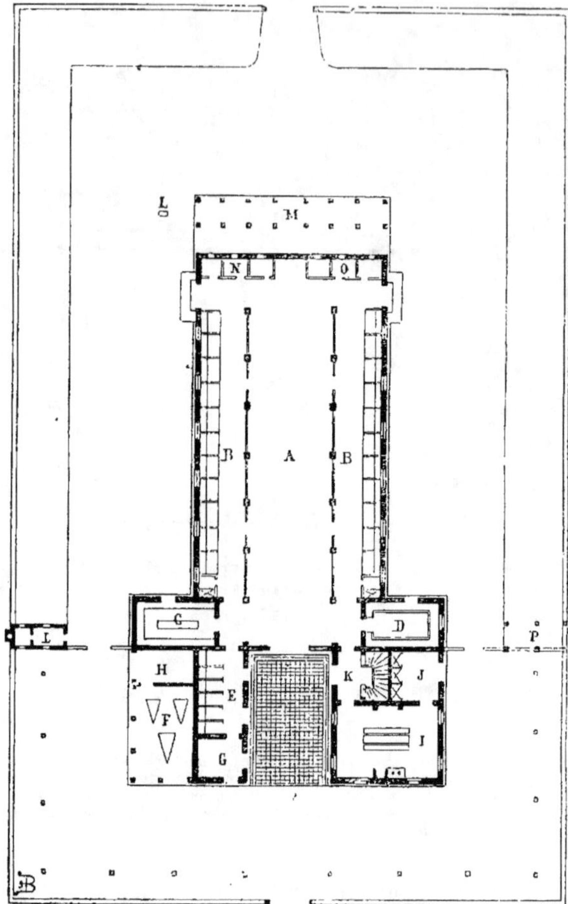

Fig. 551. — Plan d'une ferme hollandaise.

Échelle de 0ᵐ,002 pour mètre.

LÉGENDE :

A, grange et magasin à paille ; B. B, vacherie ; C, fromagerie ; D, laiterie ; E, écurie; F, remise; G, harnais ; H, outils ; I, cuisine ; J, chambre ; K, entrée et escalier; L, L, machine et générateur à vapeur ; M, meules et purinières au-dessous; N, porcs; O, boxes pour veaux; P, hangar pour la paille.

avec le fenil au-dessus, N les tects à porcs, O les boxes pour veaux et P le dépôt de paille.

9. FERME ESPAGNOLE. — La ferme espagnole n'offre rien de particulier ou du

moins de bien intéressant à signaler. Les bâtiments sont rangés autour d'une petite cour carrée ou oblongue nommée *patio*, l'habitation du maître est située sur le devant; à droite et à gauche sont construits des hangars ou des écuries, tandis que dans le fond les Espagnols placent généralement les granges et les fenils.

En somme, pour nous résumer sur la construction des fermes, nous dirons que les meilleurs types pour les pays méridionaux sont les fermes de Vincennes et de Britannia, et pour les pays du nord le type de Flemish farm et dans certaines localités du nord, le type hollandais.

CHAPITRE VII.

LES TRAVAUX DU GÉNIE CIVIL.

En dehors des constructions que nous avons décrites dans les chapitres précédents, il existe une série de travaux qui s'exécutent à la campagne. Quoique ces derniers ne figurent point dans toutes les exploitations, ils ne sont pas moins indispensables, c'est pourquoi nous les avons réunis dans le présent chapitre sous le nom de *travaux du génie civil*, dénomination sous laquelle, on comprend les travaux exécutés par les ingénieurs des mines et des ponts et chaussées.

Ces travaux peuvent se diviser en deux classes, les grands travaux et les travaux secondaires.

Les premiers comprennent l'aménagement des eaux, le drainage, les dessèchements des marais et des tourbières, les irrigations, les routes, les canaux, les ponts, ponceaux et passerelles, enfin les endiguements. Nous ne pouvons donner que des renseignements généraux sur ces travaux, car si nous entrions dans des détails, il nous faudrait sortir du cadre de notre livre et il faudrait du reste écrire un volume sur chacune de ces opérations.

Les travaux secondaires s'occupent des barrières, clôtures, plantations, petites constructions pittoresques en bois en grume, etc.

Nous avons choisi ce terme de *génie civil* à défaut d'autres pouvant réunir cet ensemble de travaux, sans aller au delà (1).

---

(1) Il existait bien le mot *génie rural*, mais cette dénomination embrasse tout l'ensemble des connaissances nécessaires à l'homme des champs; or les limites de notre livre ne vont pas même aussi loin, car le génie rural comprend :

I. GRANDS TRAVAUX.

I. Assainissement des terres. Drainage. — A propos de l'habitation du cultivateur, nous avons dit combien l'humidité était préjudiciable à la santé de l'homme, et à la conservation des bâtiments. Pour obvier à cet inconvénient, nous avons conseillé l'emploi de drains pour assainir les sous-sols imperméables. Mais cette humidité n'est pas moins funeste à la culture des terres et, si l'eau est utile et indispensable à l'agriculture, elle est souvent un de ses plus grands fléaux soit par les inondations superficielles, soit par les inondations souterraines. C'est avec le *drainage,* qu'on peut apporter un remède efficace à ces dernières. On entend par drainage, l'ensemble des opérations qui ont pour but d'assainir et de dessécher un terrain ; on peut arriver à ce but par deux moyens, l'un à l'aide de *rigoles ouvertes,* c'est l'assainissement, l'autre à l'aide de *rigoles couvertes,* c'est le drainage.

Aujourd'hui, tous les agriculteurs connaissent les inconvénients des terres humides, aussi le drainage est pratiqué presque partout.

Quand des terres sont traversées par des cours d'eau, il faut les débarrasser de temps en temps des plantes aquatiques et des sables qui encombrent leur lit, car sans cela, les ruisseaux n'ayant pas un écoulement rapide, inondent les terres par des nappes souterraines et les transforment en marécages dangereux pour la santé et qui rendent les terres improductives. Il faut donc, procéder au curage et l'effectuer jusqu'au lit naturel du ruisseau ; de cette façon, on donne non seulement un écoulement plus rapide, mais encore les terres rejettent dans le ruisseau, l'excédant d'eau qu'elles renferment. C'est pour obtenir ces mêmes avantages que là, où il n'existe ni rivière ni ruisseau, on creuse des rigoles ouvertes pour en tenir lieu et pour assainir les terres (1).

Ces rigoles sont exécutées par des ouvriers spéciaux et ne reviennent guère pour une profondeur moyenne qu'à 4 ou 5 centimes le mètre courant.

L'assainissement des terres au moyen de rigoles couvertes ou drains,

---

1° Les mathématiques (*arithmétique, algèbre, trigonométrie rectiligne, géodésie*) qui servent pour l'arpentage, le cubage et le nivellement ;

2° La mécanique, qui permet de connaître, d'étudier, de réparer et d'améliorer la machinerie agricole ;

3° L'architecture, au moyen de laquelle, on peut dresser les plans, coupes et élévations des constructions pour l'habitation de l'homme et le logement des animaux ;

4° Enfin tous les travaux du génie civil, drainage, irrigations, déblais et remblais applicables aux routes.

En un mot, le génie rural embrasse toutes les connaissances de l'architecte et de l'ingénieur.

(1) Les anciens connaissaient le drainage. Voici en quels termes Columelle en parle.

s'exécute en posant au fond des tranchées des tuyaux en terre cuite. La largeur et la profondeur de ces tranchées varient suivant la nature et la composition des terres. Ces tranchées sont évasées du haut et la pointe située en terre est arrondie pour recevoir les drains. Voici les dimensions les plus usuelles :

Hauteur 1ᵐ,20, 1ᵐ,40 et 1ᵐ,50, largeur 0ᵐ,20, 0ᵐ,40, 0ᵐ,50 et 0ᵐ,60. Quant au fond de la rigole elle mesure 0ᵐ,08, 0ᵐ,15 et 0ᵐ,16. Nous ajouterons, que plus on réduira la tranchée, plus on diminuera le cube des terrassements.

On emploie pour faire ces tranchées des bêches en fer bien aciérées et munies de fortes poignées.

Toutes ces tranchées doivent avoir une pente uniforme et doivent se rendre dans des puisards ou boitouts absorbants, qui débitent l'eau amenée par les drains. Ceux-ci affectaient anciennement diverses formes, mais aujourd'hui ils sont généralement ronds. On les pose au fond de la tranchée et on les réunit par des bouts de drains très-courts nommés *colliers*.

Dans les terrains tourbeux, avec une bêche spéciale on taille des prismes de tourbe dont deux morceaux superposés forment une sorte de tuyau (1). Nous ne nous étendrons pas plus longuement sur ce sujet, nous renverrons ceux de nos lecteurs qui voudraient de plus amples renseignements à des ouvrages spéciaux; nous leur recommanderons surtout le Manuel du drainage de M. J. A. Barral (2).

Nous ne pouvons qu'engager nos lecteurs à pratiquer le drainage sur leùrs terres, si elles en ont besoin. Ce qui prouve mieux que tous les raisonnements l'efficacité du drainage, c'est qu'il est pratiqué aujourd'hui sur plusieurs millions d'hectares en Europe.

II. Desséchement des marais et des tourbières. — Quand une exploitation renferme des marais ou des tourbières, et que ceux-ci sont des causes d'insalubrité pour les habitants de la contrée, on doit procéder à leur desséchement. Si le marais est tourbeux, on se contente d'extraire la tourbe de bonne qualité s'il s'en trouve, après quoi on pratique diverses opérations pour le dessécher. Il y a de nombreux procédés : le *simple écoulement,* le *curage,* le *drainage,* les *puisards* ou *puits absorbants,* le *curage et le drainage réunis,* l'*endiguement,* la *méthode hollandaise* qui utilise simultané-

---

Si le sol est humide il faudra établir des fossés pour le dessécher; ceux-ci sont de deux sortes, ceux qui sont cachés et ceux qui sont larges et ouverts, etc.

(1) Ceux de nos lecteurs qui désireraient se rendre compte de cette manipulation trouveront des explications et des figures sur ce sujet page 91 (*fig.* 8, 9, 10) de notre Traité de la tourbe.

(2) Un vol. in-12 de 824 pages, 233 figures et 7 planches. Paris, Librairie agricole.

ment l'*endiguement* et les *attérissements,* les *machines élévatoires* et enfin
le *colmatage.* Ce dernier procédé a été employé avec succès dans toute l'I-
talie, dans le midi de la France et dans quelques départements du nord et de
l'ouest. Il consiste à provoquer les dépôts de limons chargés de matières fer-
tilisantes tenues en suspension dans les eaux des rivières. On provoque ces
dépôts au moyen d'encaissements ménagés à un niveau supérieur à la superficie des terrains, qu'on veut améliorer par le limonnage.

Dans les opérations de colmatage, on doit toujours conserver dans les
plaines d'alluvion d'une étendue considérable une certaine pente, qu'on dirige soit vers la mer ou un fleuve, soit vers un cours d'eau quelconque.
Cette inclinaison permet le prompt écoulement des eaux pluviales, de sorte
que les surfaces des terrains artificiels qu'on veut créer rejettent constamment leurs eaux, deviennent perméables et produisent des terrains très-fer-
tiles ; de cette manière, le difficile problème du desséchement est complète-
ment résolu : suppression de l'insalubrité, restitution de terrains à l'agriculture, production et accroissement des subsistances et des denrées.

Mais avant d'entreprendre le desséchement d'un marais, il faut se rendre
bien compte de l'opération et procéder ensuite avec ordre, il faut :

1° S'assurer de l'étendue du bassin du marais et de ceux qui y aboutissent ;

2° De la quantité d'eau qui tombe dans l'année et prévoir celle qu'il peut
tomber dans un jour de gros orage, car ce jour-là des lits de rivières habituellement à sec, peuvent amener une véritable inondation ;

3° Constater la proportion suivant laquelle cette eau tombée se répartit
dans les divers bassins entre l'évaporation, les infiltrations dans le sol et le
temps nécessaire à l'écoulement des surfaces ;

4° Éloigner du marais, et cela autant que possible, les affluents extérieurs ;

5° Purger sa surface de l'eau qu'elle contient par des rigoles découvertes,
amenant cette eau en un point par lequel, elle sorte par une pente naturelle,
ou qu'on expulse à l'aide de machines.

Dans ce qui précède, nous avons supposé qu'on pouvait se débarrasser de
l'eau par sa pente naturelle ou par des machines. Quelquefois, quand le
marais repose à une certaine profondeur sur une couche perméable et absorbante, il y a avantage de creuser un puits ou tout au moins un trou de
sonde qui creuse cette couche et dessèche le marais. Quand on procède au
forage d'un puits, il faut le faire dans la partie basse du marais afin d'avoir
toute facilité, pour y amener les eaux. Il existe à Bondy un puits foré qui
a absorbé jusqu'à 130 mètres cubes d'eau en vingt-quatre heures ; du reste
si le sous-sol est très-absorbant, il n'y a guère de limite d'absorption que la
quantité d'eau contenue dans le marais lui-même.

Comme on le voit, ce travail est délicat et compliqué, et si le fermier ne connaît pas très-bien son affaire, il agira sagement de faire dresser un projet et un devis par un ingénieur agricole.

III. Irrigations. — Les avantages qu'on retire des irrigations sont aujourd'hui trop évidents pour qu'il soit nécessaire d'en parler. Nous étudierons donc immédiatement les moyens qu'on emploie pour irriguer.

Toutes les eaux ne sont pas également bonnes pour les irrigations, en effet suivant les matières et les sels qu'elles tiennent en suspension, elles sont bonnes ou nuisibles pour la végétation. Aussi avant d'entreprendre un travail d'irrigation, il est indispensable de faire analyser chimiquement l'eau qu'on se propose d'utiliser. On néglige trop souvent cette analyse et cependant, elle serait fort utile, car elle ferait progresser et prospérer plus qu'on ne croit notre agriculture nationale. Les eaux qu'on emploie pour les irrigations peuvent provenir de puits artésiens, de réservoirs ou citernes contenant des eaux de drainage, des eaux de pluie ramassées dans des étangs ou des réservoirs, enfin d'un ruisseau, d'une rivière ou d'un fleuve, quand il s'en trouve à proximité des terres à irriguer ; c'est bien souvent le mode le plus sûr et le plus économique.

a. Puits artésiens. — Quand on emploie les eaux d'un puits artésien, on perce celui-ci dans une position telle, qu'il soit facile d'irriguer facilement ; c'est un système d'irrigation encore peu en usage parce que beaucoup de propriétaires n'osent entreprendre le sondage d'un pareil puits, car le succès est toujours incertain, de sorte qu'on peut faire inutilement de grandes dépenses ; aussi les agriculteurs hésiteront-ils encore longtemps, avant d'employer ce mode d'arrosage.

b. Eaux de drainage. — Nous avons dit que les eaux de drainage étaient amenées ordinairement dans un puits qui perdait ces eaux ; mais quand on veut les utiliser, on creuse un puits de façon à ce qu'il reste toujours une certaine quantité d'eau qu'on élève par une force quelconque. Quelquefois cependant, les drains débouchent à un niveau assez élevé pour arroser des terres qui sont situées au-dessous de ce niveau. Quand on a des terres sur le versant d'une colline, rien n'est plus facile que de faire marcher en même temps le drainage et l'irrigation.

c. Eaux de sources. — Les eaux de sources sont non-seulement peu abondantes, mais encore par leur nature, elles ne sont pas toujours bonnes pour les irrigations, cependant, on les emploie, notamment en Italie. Le procédé italien consiste à ouvrir une tranchée atteignant le niveau où sourdent les sources. Ils observent ensuite les points par lesquels l'eau suinte le plus abondamment. A cet endroit, ils placent des tonneaux défoncés par les deux bouts qui servent à protéger les sources contre le gravier et surtout l'envasement qui pourrait lui faire prendre une autre direction.

Il existe en Lombardie, des canaux d'irrigation qui sont en grande partie alimentés par des sources obtenues par le procédé, que nous venons de décrire.

d. Eaux d'étangs ou de réservoirs. — Les étangs naturels et les réservoirs d'eaux faits par la main de l'homme, sont un des plus grands moyens de propager les irrigations et d'apporter d'utiles et d'importantes modifications au régime des eaux d'une contrée. Aussi, nous ne pouvons qu'appuyer l'idée de M. de Gasparin lorsqu'il écrit : « Partout où un vallon recevant les eaux d'une vaste surface de collines laisse échapper, lors des pluies ou des orages, un torrent passager qui souvent dégrade les terres inférieures, partout où un ruisseau trop peu abondant pour être utile peut être retenu, et ses eaux mises en réserve pour le besoin, la création d'un réservoir peut devenir une source de richesse. Il suffit de calculer et la quantité d'eau que l'on peut recevoir, et l'étendue du bassin que l'on doit former, et les frais que coûtera sa construction, puis balancer ces dépenses avec l'accroissement de valeur qu'acquerront les terres à arroser. »

Nous n'ajouterons que quelques mots à ces sages données. Il faut non-seulement tenir compte des conseils de M. de Gasparin, mais encore, il faut s'assurer, si le fond du vallon est en état de contenir l'eau, sans de trop grandes dépenses. Ensuite, si l'on a sous la main des sources et des ruisseaux à débit irrégulier, il faut avoir soin de jauger les quantités d'eaux fournies et ajouter à ces quantités, le volume d'eau que la pluie peut fournir au réservoir, dans une année moyenne.

Disons maintenant, quelques mots de la construction des réservoirs. Quand il s'agit d'établir un petit réservoir, on se borne à creuser le sol à une certaine profondeur. La terre provenant de cette fouille est employée pour élever la digue d'enceinte. Quand le sol est imperméable, il suffit de bien pilonner les terres, dans cet état elles conservent les eaux, mais si le terrain est perméable, il faut revêtir le fond et les parois du réservoir avec un corroi d'argile, de sable, arrosé d'un fort lait de chaux. Ce lait de chaux est indispensable, car il a pour effet de donner une grande consistance au corroi et d'empêcher les vers de terre de le traverser et par suite d'annuler son imperméabilité.

Les grands réservoirs destinés à retenir des volumes d'eau considérables s'établissent dans le fond des vallées, ou, dans des plis de terrain ; on ferme la partie basse par un barrage. Ceux-ci sont établis pour les très-grands ouvrages, en maçonnerie ; pour les réservoirs moyens, en terre et maçonnerie, ou terre et pierre sèche ; enfin, pour les réservoirs de moindre importance, uniquement en terre.

Souvent au milieu des digues de barrage, on établit une rangée de palplanches qu'on noie dans un corroi de glaise, de sable gras, ou même de béton maigre, quand les travaux peuvent permettre cette dépense.

Les talus doivent être gazonnés, ou semés de plantes marécageuses qui servent à maintenir les terres dans l'inclinaison voulue. Cette inclinaison doit être assez forte pour empêcher pendant les basses eaux la création de parties marécageuses qui sont de vrais foyers pesti-lentiels, qui causent des fièvres très - dangereuses pour la santé de l'homme.

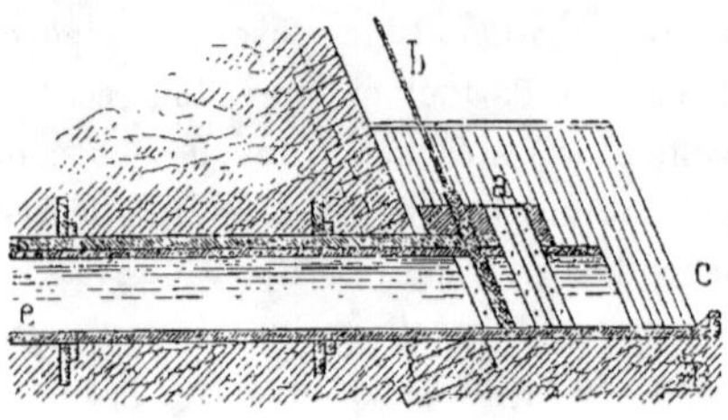

Fig. 553. — Buse en bois placée dans le corps d'une digue.

Toutes les digues doivent être munies de déversoirs, pour permettre l'évacuation du superflu des eaux amenées par des orages ou des crues soudaines. Ces déversoirs sont construits soit en bois soit en ma-çonnerie, et les eaux rejetées doivent être reçues sur des enrochements pour éviter le creusage de la terre au pied des digues ; sans cette précaution, il pourrait se produire des ruptures, difficiles à réparer et qui pourraient inon-der les terres dans un moment inopportun. Le bas des digues est muni de prises d'eau qu'on établit de plusieurs manières : tantôt ce sont de simples

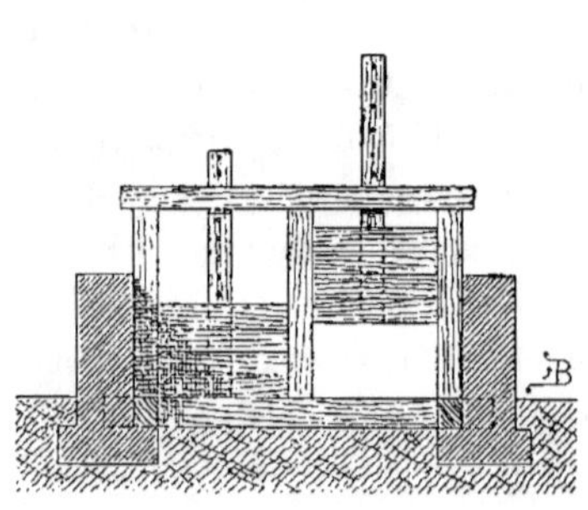

Fig. 554. — Élévation d'une vanne en bois.

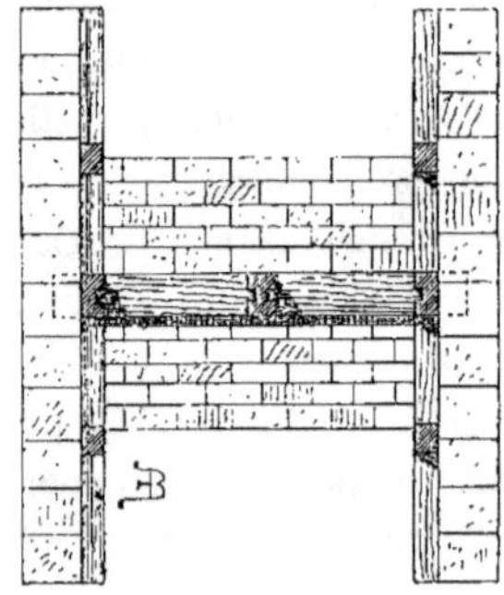

Fig. 455. — Plan d'une vanne en bois.

buses en bois pour les petits réservoirs, tantôt, des martelières et tantôt des vannes.

Notre figure 553 représente une buse en bois placée dans le corps d'une digue et fermée du côté de l'étang c par une petite vanne que l'on peut ma-nœuvrer de dessus la chaussée à l'aide d'une tige en bois ou en fer b. Au point *a* il existe une rainure dans laquelle on glisse des madriers et qui permet de fermer la buse, s'il fallait faire une réparation à la vanne *b*. L'eau pour irriguer les terres sort du côté *e*.

Nous donnons dans nos figures 334 et 335 un modèle de petite vanne tout en bois qui peut être utilisé en beaucoup de circonstances. Cette vanne est double, la première partie est abaissée et la seconde est levée pour laisser échapper l'eau. La figure 335 montre le plan de cette vanne qui ne coûte guère que 70 à 80 francs dans les pays où le bois est abondant.

Cette petite vanne très-simple suffit pour toutes les rigoles d'arrosage. On doit la placer à l'embranchement de celles-ci avec les ruisseaux ou des rigoles de plus d'importance. Les vantelles glissent entre des montants de bois scellés dans la pierre.

Enfin, on construit des barrages dans le lit des rivières pour en élever les eaux au-dessus de leur niveau naturel, ces barrages sont mobiles ou fixes : nous n'en parlerons pas, car ce serait sortir du cadre de notre ouvrage.

II. TRAVAUX SECONDAIRES.

I. CHEMINS ET ROUTES. — Pour avoir un accès facile dans les diverses parties des exploitations rurales, on est souvent obligé de créer de nouveaux chemins ou de remettre en bon état ceux qui existent. Pour établir une route ou un chemin, il faut commencer par le tracer sur le lieu où il doit passer, puis en dresser le profil, régler les pentes et l'empierrer.

Quand il ne s'agit que de le réparer, bien souvent il suffit de faire des empierrements dans les parties concaves.

On donne aux chemins une largeur convenable pour que deux voitures puissent se croiser; si ce n'est qu'un chemin d'exploitation il suffit qu'il soit assez large pour la circulation d'une seule voiture, mais de distance en distance, on établit des garages qui permettent le croisement de deux véhicules.

Les routes et les chemins doivent être faits à dos d'âne et avoir de chaque côté un fossé pour recevoir les eaux pluviales, de manière à obtenir une route bien sèche. De cette façon les roues ne creusent pas rapidement des ornières profondes.

Une bonne chaussée doit être uniforme, rigide, ferme, légèrement rugueuse, afin de faciliter le tirage des gros chargements aux voitures et aux chevaux.

Son profil doit être une courbe assez prononcée, afin de permettre le prompt écoulement des eaux de toute nature qui outre l'inconvénient déjà signalé de ramollir sa surface deviendraient avec le temps des foyers d'infection, surtout pendant les chaleurs de l'été. Une bonne chaussée doit produire le moins de poussière possible par un temps sec, parce que le vent soulevant celle-ci la transporte au loin et abîme souvent les prairies ou les plantations.

Inutile d'ajouter qu'une bonne chaussée doit coûter le moins de frais possible d'établissement et d'entretien ; jusqu'à présent ce qu'on a trouvé de mieux pour les chemins et routes peu fréquentés, c'est la chaussée d'empierrement ou de macadam.

On fait aussi des chaussées pavées, mais leur prix de revient est très-élevé.

Ce genre de chaussée est fort ancien. D'après Isidore (Orig., xv, 16, 6) ce seraient les Carthaginois qui l'auraient inventé. Ces routes pavées servaient aux piétons, aux cavaliers et aux voitures (Varro, I, lv, 35). Les voies romaines étaient construites de façon à réunir à la plus grande commodité possible les éléments de la plus grande durée.

Enfin, on fait des chaussées en asphalte, en pavés métalliques et en pavés de bois ; mais tous ces genres de chaussée sont encore d'un prix trop élevé pour pouvoir être établis dans les campagnes.

Tous les travaux de viabilité doivent être entrepris dans l'été ou au printemps.

II. Ponts, ponceaux et passerelles. — Il ne suffit pas d'avoir des routes et des chemins pour arriver dans les terres ; comme il faut souvent traverser des rivières, des ruisseaux, des ravins ou de simples fossés, on est obligé de construire des ponts, des ponceaux et des passerelles.

Nous n'avons pas à parler ici des grands ponts. Ce sont quelquefois des travaux d'art qui nécessitent de grandes connaissances et qui sont du ressort de l'ingénieur.

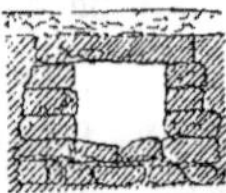

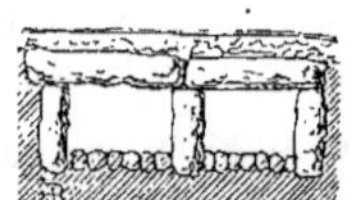

Fig. 556. — Ponceau en pierres brutes.   Fig. 557. — Ponceau en pierres brutes avec un parement.   Fig. 558. — Ponceau en pierres grossièrement équarries.

Échelle de 0ᵐ,005 pour mètre.

Nous donnerons quelques exemples de petits ponts économiques, de ponceaux et de passerelles.

Notre figure 556 montre un ponceau fait avec des pierres brutes et qui n'ont reçu aucune taille.

Notre figure 557 en montre un deuxième dont les pierres n'ont reçu qu'un parement grossier. Ces deux ponts ne laissent passer que 1^m,20 d'eau, mais quand on est obligé d'avoir un plus grand écartement et qu'on ne veut pas faire des ponts en maçonnerie fort chers, on peut construire avec des pierres grossièrement équarries le ponceau représenté par notre figure 558.

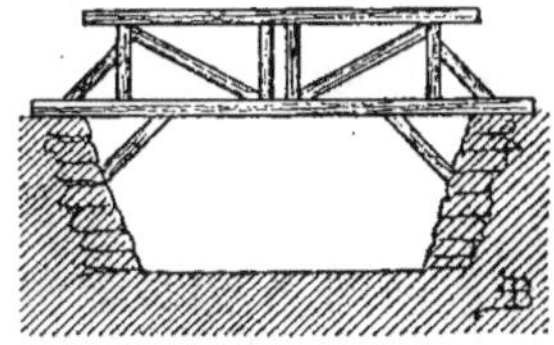

Fig. 559. — Passerelle en charpente légère.

Échelle de 0^m,005 pour mètre.

Les trois ponts que nous venons de décrire sont pour ainsi dire souterrains, on les emploie pour traverser une route; ce sont les ponts les plus fréquemment employés; mais il arrive aussi que pour aller d'une terre à une autre, il faut traverser un cours d'eau, dans ce cas on fait des petits ponts en charpente comme celui qui est représenté par notre figure 559, qui peut supporter le poids d'une charrette chargée.

Fig. 560. — Pont en charpente.

Mais si le passage ne doit être utilisé que pour des hommes ou des chevaux, on fait des passerelles en charpente légère, dans le genre de celle qui est représentée par notre figure 560. Elle se compose de pieux plantés en

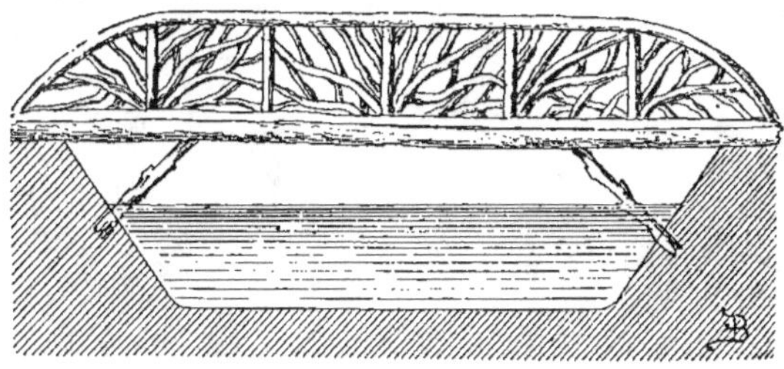

Fig. 561. — Pont en bois en grume.

terre qui supportent des madriers et des traverses servant de garde-corps, ou bien encore dans les campagnes d'agrément, on fait des petits ponts en bois en grume qui peuvent avoir une assez grande portée. Notre figure 561 en montre un exemple.

On peut les construire de plusieurs manières, soit en posant à côté les uns des autres des troncs d'arbre en travers de la rivière et en superposant un deuxième rang longitudinalement, soit en jetant en travers de la rivière deux troncs d'arbre assez forts et qui supportent des bois plus légers posés longitudinalement. On recouvre ces troncs de planches et l'on tasse du sable et de la terre au-dessus; pour augmenter la durée de ces bois on fera bien de les goudronner avec du goudron végétal. Non-seulement cette couche les conserve, mais encore cela leur donne une belle couleur brune, agréable à l'œil, et cette peinture les préserve des mousses, champignons et autres parasites du bois.

III. Clotures. — *Barrières et fossés*. — Il est bien souvent indispensable de

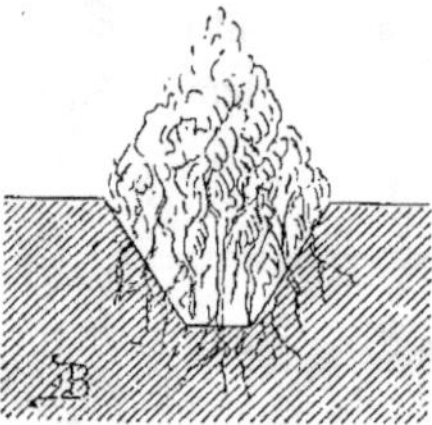 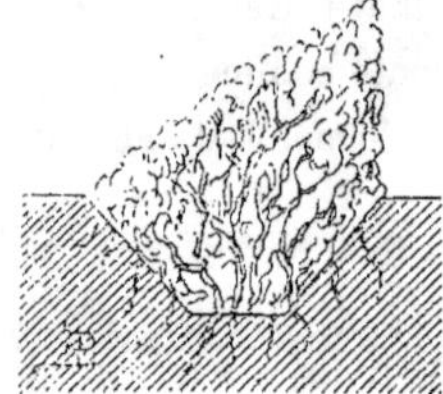

Fig. 562. — Haie plantée au milieu d'un fossé.   Fig. 563. — Haie plantée au milieu d'un fossé.

Échelle de 0ᵐ,01 pour mètre.

fermer sa propriété pour se mettre à l'abri des vols et des rapines, ainsi que des excursions des animaux dangereux.

On emploie dans ce but plusieurs moyens, les plus usités pour les grandes

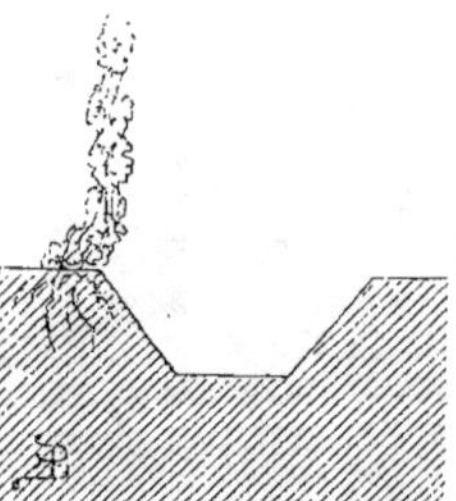 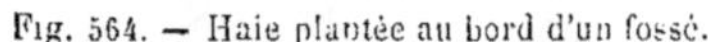 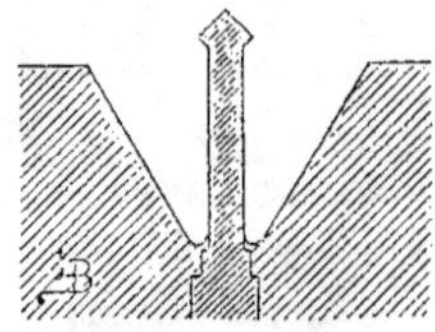

Fig. 564. — Haie plantée au bord d'un fossé.   Fig. 565. — Mur situé au milieu d'un fossé.

Échelle de 0ᵐ,01 pour mètre.

propriétés sont les barrières et les fossés; nous n'avons pas à parler des murs, car chacun les fait à sa guise et suivant les matériaux qu'il a sous la main. La clôture la moins dispendieuse, c'est le fossé qu'on remplit d'eau quand on le peut ; mais si l'on se trouve privé de cet auxiliaire, on plante son fossé avec des arbustes épineux (1). Dans ce cas, on peut planter de diverses manières, soit dans le milieu du fossé comme le montrent nos figures 562 et 563 et l'on taille sa haie suivant une forme ou une autre, soit sur le bord du fossé comme l'indique notre figure 564 ; on peut aussi planter une haie dans l'axe du fossé, comme le montre notre figure 565, dans cette supposition le mur remplace la haie.

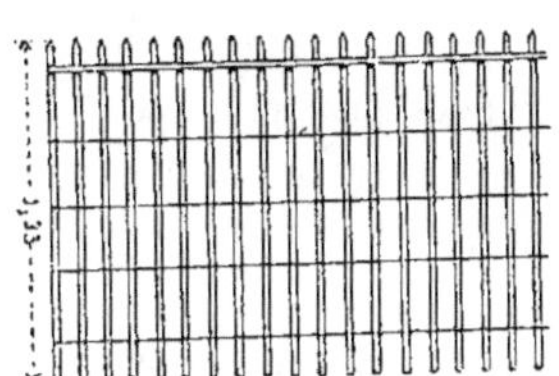

Fig. 566. — Clôture de chemin de fer
(premier type).

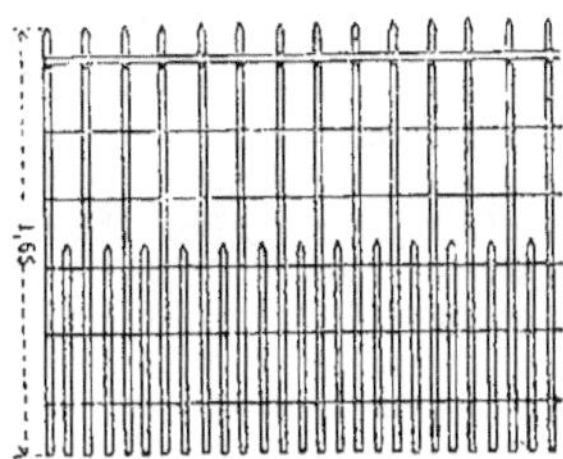

Fig. 567. — Clôture de chemin de fer
(deuxième type).

On se contente aussi parfois de clôturer les terres par de simples barrières comme en ont employé les compagnies de chemins de fer.

Nos figures 566 et 567 en montrent deux spécimens ; enfin pour les basses-cours et les volières on emploie des grillages en fil de fer galvanisé au

Fig. 568. — Grillage pour clôture.

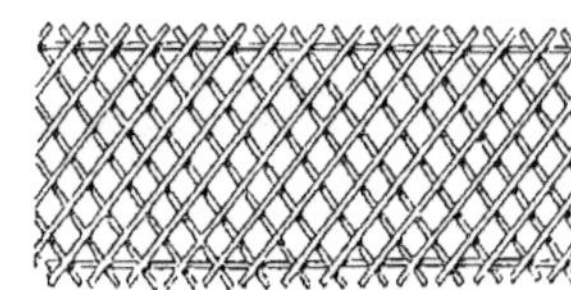

Fig. 569. — Treillage en bois pour clôture.

zinc, ou simplement en fer, auquel on donne une couche de peinture. Notre

(1) Voici quelques arbustes bons à faire des haies : le houx (*ilex aquifolium*), le sureau (*sambuceus nigra*), l'aulne (*aulnus glutinosa*), le saule (*salix alba*), l'ajonc épineux (*ulex spinosus*), l'épicea (*abies excelsa*), la sapinette (*abies cœrulea*), le genévrier ou cèdre de Virginie (*juniperus virginiana*) et le genévrier commun (*juniperus communis*), le nerprun cathartique (*rhamnus cathartica*), enfin quelques cyprès qui sont le *cupressus fastigiata* ou *pyramidal*, *macrocarpa* ou *à gros fruits*, *funebris*, funèbre ou de la Chine.

figure 568 montre un grillage en fil de fer, et notre figure 569 un treillage en bois. Ce dernier est employé aussi pour entourer le parterre ou le jardin de la ferme et les préserver des incursions de la volaille, des chiens, des chats et autres animaux domestiques, qui se font un véritable plaisir de fouiller la terre des plates-bandes garnies de fleurs.

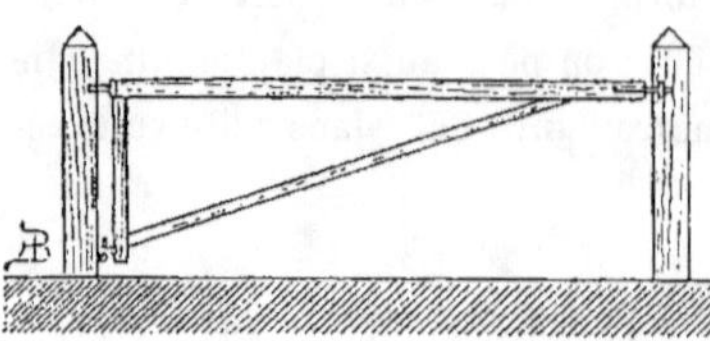

Fig. 570. — Barrière pour les chemins.
Échelle de 0ᵐ,01 pour mètre.

Il arrive souvent qu'on ne peut entourer de clôtures de vastes terres; il faut cependant défendre l'accès des charrettes et voitures dans ses terres qu'un voisin peut traverser par votre chemin particulier pour arriver plus rapidement et plus facilement aux siennes. Dans ce cas, il suffit de barrer le chemin.

On emploie dans ce but de forts poteaux traversés par une ou deux barres

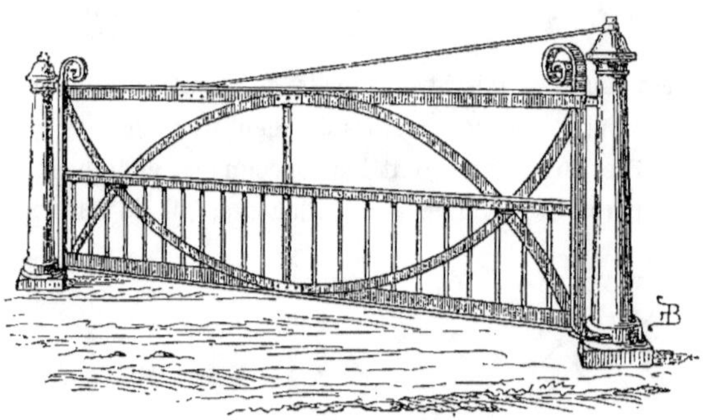

Fig. 571. — Barrière en fer pour défendre l'accès d'un chemin.

qui sont cadenassées, ou bien des barrières en bois comme celles que représentent notre figure 570, ou bien encore des barrières en fer comme notre figure 571 en montre un joli type en perspective.

4. PAVILLONS DE REPOS. — Il arrive souvent que dans un grand jardin, ou dans un parc, le propriétaire désire faire une petite construction pittoresque pour lui servir de pavillon de repos, de cabinet de lecture ou même de simple abri.

Nous ne saurions mieux faire que de recommander les petits pavillons en bois en grume recouverts de chaume représentés par nos figures 572, 573 et 574.

Du reste ces chaumières peuvent servir aussi comme laiterie, serre à outils, vide-bouteilles, etc. On ne doit employer pour leur construction que des bois sains et secs.

Fig. 572. — Pavillon de repos en bois en grume (premier type).

Fig. 573. — Pavillon de repos en bois en grume (deuxième type).

Généralement, on fait un socle en maçonnerie à ces pavillons, ou bien on maçonne entièrement les bois comme le représente notre figure 572. Ces pavillons terminés, on lave et l'on nettoie les bois, et quand ceux-ci

Fig. 574. — Pavillon de repos en bois en grume (troisième type).

sont bien secs, on leur donne une couche de goudron végétal, ou ce qui vaut mieux d'huile grasse ; quand celle-ci est bien sèche, on donne une couche de vernis.

Les pavillons faits dans ces conditions peuvent durer fort longtemps et rendre d'utiles services.

Quand dans un parc d'agrément on veut loger quelques animaux, cerfs, biches, chevreuils, sangliers, on fait de petits parcs avec les barrières en bois ou en fer que nous avons décrites, et, au milieu de ces parcs, on installe de petits pavillons en bois en grume qui servent d'écuries à ces animaux.

CHAPITRE VIII.

DEVIS ET DÉPENSES DES TRAVAUX.

Jusqu'ici nous avons décrit les meilleurs matériaux, leur mise en œuvre et les dispositions les plus convenables à donner aux bâtiments agricoles ; nous avons parlé d'une manière secondaire des économies à réaliser dans toute construction.

Avec le présent chapitre, nous allons aborder la question financière, c'est-à-dire parler de l'estimation et des dépenses des travaux. C'est une question d'une grande importance, car si le fermier ne veut point courir à sa perte, il ne doit pas immobiliser un capital plus considérable que ne le comporte l'importance de l'exploitation qu'il compte diriger.

Aussi, pour éviter de tomber dans cette faute capitale, l'agriculteur doit se rendre bien compte de sa position, de l'importance des cultures qu'il va entreprendre et par suite des locaux nécessaires pour abriter les récoltes, loger et enfermer le matériel indispensable.

Une fois fixé sur ces points, il devra dresser ses plans et ses devis afin d'établir ces constructions de la manière la plus économique et la plus en rapport de ses besoins directs.

Si l'on pouvait établir un tarif exact de la valeur des matériaux employés dans les constructions, on rendrait un grand service à ceux qui veulent construire, malheureusement ce tarif est impossible à établir, car le prix des matériaux varie pour chaque pays, pour chaque localité. Aussi nous donnerons la marche à suivre pour la rédaction des devis et des estimations. Nos prix étant des moyennes, chaque constructeur devra y substituer ceux qui ont cours dans sa localité. Pour établir ce cours, il devra s'adresser aux meilleurs fournisseurs, à ceux qui, ayant une réputation d'honnêteté à sauvegarder, offrent les plus grandes garanties ; ensuite, comme rien ne force le constructeur à acheter au premier venu, il peut s'adresser à plusieurs fournisseurs à la fois et comparer les prix et la marchandise de chacun.

Comme dernière observation, nous dirons que la manière de bâtir la plus économique consiste à acheter ses matériaux, à les faire employer par d'honnêtes maîtres-ouvriers, et à diriger soi-même son chantier.

Il existe encore un autre mode de construire, dit à forfait, mais pour traiter à forfait il faut bien s'y connaître et prendre de grandes précautions pour ne pas être trompé. Nous en parlerons du reste un peu plus loin.

Nous donnerons donc dans le présent chapitre, des exemples de sous-détails de prix, de la confection d'un devis, des ordres de travaux, enfin nous parlerons des cahiers de charges et des marchés.

I. — EXEMPLES DE QUELQUES SOUS-DÉTAILS DE PRIX.

Fouilles et déblais.

Temps employé pour 1 mètre cube par un terrassier, à raison de 3 francs par jour (1),

	fr.	c.
Fouille de terre ordinaire , 0ʰ,40, de	0	20
Fouille de terre franche , 0ʰ,55, de	0	16
Fouille de terre glaise , 1ʰ,30, de	0	45
Fouille dans la vase , 2 heures.	0	60
Fouille de terre dure et pierreuse , 3ʰ,30, de	1	05
Fouille dans le tuf, 4 heures.	1	20
Fouille dans de vieux murs à la masse et au poinçon , 8 heures.	2	40
Jet à la pelle sur berge, ou chargement de brouette ou de tombereau, 1/3 du prix de la fouille. Transport à la brouette pour chaque relai de 30 mètres si le terrain est horizontal, ou à peu près de 0,40 minutes à 1 heure	0	30

Si le transport va en montant, chaque relai compte pour deux.

Avec ces quelques données, on peut estimer le prix de revient d'un terrassement quelconque.

Exemple : Prix d'un mètre cube de terre ordinaire :

	fr.	c.
Fouille	0	20
Chargement, 1/3.	0	07
Transport à 120 mètres (4 relais)	1	20
Total.	1	47

---

(1) Dans toutes les appréciations, nous avons supposé la journée de dix heures de travail, quoique certains corps d'état travaillent plus ou moins de dix heures.

MORTIER.

Prix d'un mètre cube de mortier de bonne qualité :

	fr.	c.
0mc,40 de chaux vive, à 10 francs	4	00
0mc,60 de sable, à 8 francs	4	80
Temps passé pour le broyage, 6 heures à 0f,30.	1	80
Prix du mètre.	10	60

MAÇONNERIE.

Prix d'un mètre cube de maçonnerie de briques :

	fr.	c.
565 briques à 20 francs le mille (1).	13	30
0mc,30 de mortier, à 10f,60	3	18
6 heures de maçon et aide, à 6 francs les deux.	3	60
	20	08

Prix d'un mètre carré de pavé en briques de champ posées au bain de mortier :

	fr.	c.
80 briques à 20 francs le mille	1	60
0mc,05 de mortier, à 10f,60	0	53
2 heures 30 de maçon et aide, à 6 francs les deux.	1	38
	3	51

Prix d'un mètre carré de pavé de grès de 0m,15 d'échantillon posés sur forme de sable :

	fr.	c.
50 pavés à 30 francs le mille.	1	50
0,25 de sable à 8 francs	2	00
1 heure de paveur et aide, à 6 francs les deux. . . .	0	60
	4	10

Les enduits pour le moëllon, la meulière, etc., se font de même.

Les enduits se font au mortier, au plâtre et au blanc de bourre : nous donnerons seulement ce dernier.

Prix d'un mètre carré d'enduit au blanc de bourre :

	fr.	c.
0mc,02 chaux vive, à 10 francs	0	20
0mc,04 argile ou sable, à 8 francs	0	32
Bourre	0	40
1h,30 à un maçon et aide, à 6 francs	0	78
	1	70

---

(1) Le prix des briques est très-variable. Nous répétons encore que tous les prix que nous donnons ne sont qu'approximatifs, et ne sont là que pour être substitués au prix vrai de la localité où l'on construit, de même que nous n'ajoutons pas dans ce prix de revient 1/10 en sus pour les bénéfices de l'entrepreneur.

Charpente.

Prix d'un mètre cube de bois de chêne équarri et assemblé :

	fr.	c.
Achat.	90	00
Équarrissage 2 journées de charpentier ou scieur de long, à 3^f,50.	7	00
Main-d'œuvre pour assemblage et pose, 6 journées de charpentier, à 3 fr. 50.	21	00
	118	00

Menuiserie.

Prix d'un mètre carré de plancher en chêne de 0^m,03 d'épaisseur assemblé et rainé :

	fr.	c.
1 mètre carré de planche de chêne.	6	00
Déchet de 1/6	1	00
Main-d'œuvre et clous.	3	00
	10	00

Prix d'une porte pleine de 2^m,25 de hauteur sur 1^m,05 de largeur, avec emboitures haut et bas :

	fr.	c.
2^{mq},36 bois de chêne, de 0,03 à 6 francs	14	15
Déchet, 1/6.	2	35
Une journée et demie de menuisier, à 4 francs.	6	00
Clous et colle.	0	60
	23	10

Prix de contrevents pour une fenêtre de 1 mètre de largeur sur 2 mètres de hauteur, en bois de chêne de 0^m,03 d'épaisseur avec emboitures, traverses et écharpes :

	fr.	c
2 mètres carrés de bois de 0,03, à 6 francs.	12	00
Déchet, 1/6.	2	00
Une journée et demie de menuisier, à 4 francs.	6	00
Clous et colle.	0	60
	20	60

Serrurerie.

Gros fers. — Prix des 100 kilogrammes de gros fer ouvré :

	fr.	c.
100 kilogrammes de fer au charbon de bois.	24	00
Déchet de forge, 1/10	2	40
Façon et pose, 5 heures de forgeron et aide, à 6 francs les deux.	3	00
	29	40

Petits fers. — Prix de la ferrure d'une porte pleine à un vantail :

	fr.	c.
Deux fortes pentures de 0,08, avec gonds à scellement, mises en place	4	00
Un loquet et sa poignée.	2	15
Une serrure de 0,?0, tour et demi avec gâche, vis, deux clefs et pose	9	50
Un fort verrou monté sur platine.	1	65
	17	30

Prix de la ferrure de deux contrevents :

	fr.	c.
Quatre pentures de 0.40 avec gonds à scellement et pose. . .	4	25
Un loqueteau à ressort et pose.	1	60
Deux tourniquets pour tenir les volets ouverts en place. . . .	1	50
	7	35

Prix de la ferrure d'une croisée à deux vantaux :

	fr.	c.
Quatre fiches de 0,14 et pose.	3	20
Ferrure d'une crémone.	2	75
Huit équerres de 0,18 , entaillées et vissées.	3	85
Six pattes à scellement pour fixer le dormant.	1	80
	11	60

COUVERTURE.

Prix d'un mètre carré de couverture en ardoises sur voligeage de sapin :

	fr.	c.
11? ardoises à 30 francs le mille.	3	36
1 mètre carré de voliges à 1f,50	1	50
Clous pour voliger.	0	20
Clous pour fixer les ardoises	0	20
2b,30 de couvreur et aide, à 8 francs les deux, travaux compris (montage des ardoises, descente des ardoises, etc).	2	00
	7	26

PEINTURE.

Prix d'un mètre carré de peinture à l'huile trois couches, sur mur ou bois tendre :

	fr.	c.
0kg,50 couleur à l'huile, à 2f,25 le kilogr.	1	12
40 minutes d'un ouvrier peintre , à 4 francs par jour.	0	27
	1	39

Nous pensons que les quelques exemples que nous venons de donner seront suffisants pour permettre à nos lecteurs d'établir des sous-détails à leur guise, quand cela leur sera nécessaire.

Dans les devis établis pour les travaux à donner par adjudication pour les administrations, l'estimation des ouvrages se place ordinairement après le devis; dans d'autres cas au contraire, ce qui selon nous est préférable, ces détails se placent avant tout, ils sont considérés comme bordereaux de prix.

II. — DE LA CONFECTION DES DEVIS.

Par ce mot *devis,* on entend une pièce, un cahier qui comprend : 1° le devis estimatif; 2° le but de l'entreprise; 3° le mode d'exécution; 4° les clauses et conditions pour la mise en œuvre.

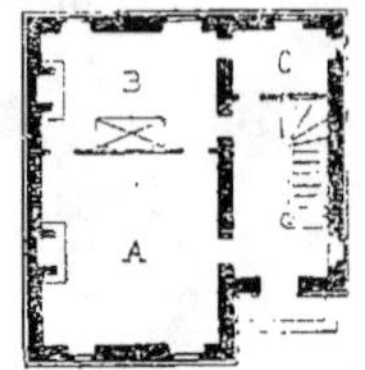

Fig. 575. — Plan de la maison d'un petit cultivateur.

Échelle de 0ᵐ,0025 pour mètre.

Le devis estimatif est un avant-métré des travaux à exécuter. Il permet, au moyen de plans, de déterminer les superficies ou volumes des travaux, de sorte qu'avec le bordereau des prix on peut établir approximativement le prix de la construction à élever.

La deuxième partie stipule d'une manière précise le *but des travaux* comment ils doivent être exécutés, leur durée, les époques de paiements. Cette première partie du devis

Fig. 576. — Maison d'un petit cultivateur.

doit être rédigée d'une façon très-claire et très-nette, sans ambiguité pouvant donner lieu à des contestations et à des procès.

La troisième partie traite du mode d'exécution ; elle indique la nature des matériaux, leur mise en œuvre, et les conditions de la main-d'œuvre des équipages et des transports.

Enfin, la quatrième partie comprend toutes les clauses faites en vue d'assurer la bonne exécution des travaux dans un délai déterminé. Cette partie doit prévoir aussi la garantie des travaux, s'il est nécessaire d'ajouter des clauses spéciales pour un travail particulier, et prévenir toutes les difficultés qui pourraient s'élever entre le propriétaire et l'entrepreneur pendant le cours des travaux ou après leur achèvement.

Nous allons donner comme exemple le devis du bâtiment représenté par nos figures 575 et 576. Il se compose d'un rez-de-chaussée et d'un étage avec grenier. Il est construit en moëllon et plâtre et couvert en ardoises.

Devis estimatif d'un bâtiment d'habitation de 10 mètres de largeur sur 11 mètres de longueur à construire en moëllon et mortier, et couverture en ardoises, conformément aux plans, coupes et élévations ci-annexés, pour le compte de M. Des Fossez, en sa propriété de Normandie, aux clauses et conditions mentionnées dans le marché.

1° Fouilles des caves et fondations.

```
Longueur totale des rigoles, 50 mètres . . . . .  )
Largeur, 0m,50. . . . . . . . . . . . . .  }  87m,50
Profondeur, 3m,50. . . . . . . . . . . . .  )
A déduire pour le vide de la partie en retraite.    2m,50
                         Reste. . . . . . . . .   85m,00
Fouilles des terres ordinaires . . . . . . . . . . . . . .  85mc,00
```

2° Maçonnerie en meulière hourdée en mortier hydraulique.

Fondations des murs de face jusqu'au niveau du sol.

```
Longueur totale de murs, 48 mètres . . . . .  )
Hauteur, 3m,50 . . . . . . . . . . . . . .  }  92m,40
Épaisseur 0m,55. . . . . . . . . . . . . .  )
```

Voûte de la cave en maçonnerie de meulière de 0m,22 d'épaisseur compté moitié en sus pour plus-value et fourniture de cintre.

```
Longueur, 11 mètres . . . . . . . . . . . .  )
Hauteur, 7 mètres. . . . . . . . . . . . . .  }  25m,41
Épaisseur, 0m,33 . . . . . . . . . . . . .  )
1/3 en sus pour le remplissage des reins. .     8m,46
                                               33 87
                 Ensemble . . . . . . . . . .     126,27
```

Murs de face en moëllon hourdés en mortier de chaux depuis le niveau du sol jusqu'à l'arasement du pignon.

Longueur des murs, 11 mètres. . . . . }
Hauteur, 10 mètres. . . . . } 220ᵐ,00
Épaisseur, 0ᵐ,50 . . . . }
A ajouter 2 pointes de pignon, ensemble 5 mètres. . . }
Sur une épaisseur de 0ᵐ,50. . . . . } 2ᵐ,50
                          Ensemble. 222ᵐ,50
A déduire 16 ouvertures, ensemble. 32ᵐ,00
                                      190ᵐ,50

Murs de refend d'une brique de champ, deux murs ensemble.

Longueur, 10 mètres. . . . . } 60 mètres. }
Hauteur, 6 mètres . . . . . }   } 50ᵐ,00
A déduire le vide de 5 portes. .   10 mètres. }
Maçonnerie d'une brique de champ au mètre carré. 50ᵐ,00

3° Enduits.

Enduits intérieurs au blanc de bourre . . . . . }
Développement des murs et plafonds . . . . . } 480ᵐ,00
Cloisons intérieures, ouvertures déduites. . . . }
Enduit au mètre carré 480ᵐ,00
Enduit au plâtre sur les faces extérieures, développant comme
   ci-dessus 190ᵐ,50

4° Pierre de taille.

Sept appuis de fenêtres en pierre de taille des carrières de.....

Cube de sept appuis, longueur 7ᵐ,70. . . . . . }
Largeur, 0ᵐ,10 . . . . } 0ᵐ,43
Épaisseur, 0ᵐ,14 . . . . }

Un seuil et deux marches pour la porte d'entrée en pierre pareille à celle des appuis.

Cube du seuil et des deux marches, longueur }
   3ᵐ,40. . . . . }
Largeur, 0ᵐ,10 . . . . } 0ᵐ,30
Hauteur, 0ᵐ,22 . . . . }
Cube des pierres. 0ᵐ,73

5° Taille des pierres ci-dessus au mètre carré de parement vu.

Sept appuis de fenêtres, longueur. . . 7ᵐ,70 }
Développement . . . . 0ᵐ,10 } 3ᵐ,08
Un seuil et deux marches, longueur. . 3ᵐ,40 }
Développement . . . . 0ᵐ,60 } 1ᵐ,40
                                    4ᵐ,48
Surface de parement vu au mètre carré 4ᵐ,48

6° CARRELAGE.

Carrelage du rez-de-chaussée en carreaux de terre cuite posés sur une chape en béton.

Longueur. . . . . 10 mètres.   }
Largeur. . . . . 9 mètres.   }   90^m,00

A déduire pour le retrait et le passage de l'escalier de la cave. . . . .   11^m,20
                                                                    ⎯⎯⎯⎯⎯⎯
                                                                    79^m,80

Carrelage au mètre carré . . . .   79^m,80

7° CHARPENTE.

Charpente en chêne, seize linteaux pour les portes et fenêtres.

Longueur ensemble . . . . 20^m,20 }
Largeur . . . . 0^m,11 } 0^m,22
Épaisseur. . . . . 0^m,08 }
Sablière développant ensemble, longueur . . . . 25^m,00 }
Largeur . . . . 0^m,20 } 0^m,50
Épaisseur. . . . . 0^m,10 }
                                                    ⎯⎯⎯⎯⎯⎯
                                                    0^m,72

Charpente en chêne mise en place au mètre cube. . . . .   0^m,72

Charpente en sapin.

Solives de sapin pour le plancher du premier étage et du rez-de-chaussée.

30 solives de 6 mètres, longueur . . 180^m,00 }
16 solives de 3^m,80, longueur. . . . 60^m,00 } 2^m,40
Largeur . . . . 0^m,20 }
Épaisseur. . . . . 0^m,08 } 2^m,88
                                                    2^m,88

Montants et traverses dans les refends au rez-de-chaussée et au premier étage.

Longueur. . . . . 64^m,80 }
Largeur . . . . 0^m,08 } 0^m,52
Épaisseur. . . . . 0^m,10 }
                                                    0^m,52

Comble soutenu par trois fermes, détails de l'une :

Deux arbalétriers de 4 mètres. . . . 8^m,00
Un entrait de. . . . . 3^m,50
Deux jambes de force de . . . . . 4^m,50
Deux blochets de . . . . 1^m,20
                                            ⎯⎯⎯⎯⎯⎯
                                            17^m,20

Ensemble longueur	17^m,20	
Largeur	0^m,22	0^m,56
Épaisseur	0^m,15	
Poinçon, longueur.	2^m,00	
Largeur	0^m,15	0^m,05
Épaisseur.	0^m,15	
Deux lieux ensemble, longueur. . .	2^m,00	
Largeur	0^m,10	0^m,02
Épaisseur.	0^m,10	

        0^m,63

Pour les trois fermes . . . .   1^m,89

8 pannes ensemble, longueur. . . .	52^m,00	
Largeur	0^m,22	0^m,17
Épaisseur	0^m,15	
Deux faîtages ensemble, longueur. .	1^m,00	
Largeur	0^m,15	0^m,21
Épaisseur.	0^m,10	
6 échantignobles ensemble, longueur		
2^m,40	2^m,40	
Largeur	0^m,22	0^m,08
Épaisseur	0^m,15	
Chevrons ensemble, longueur. . . .	395^m,00	
Largeur	0^m,07	1^m,93
Épaisseur	0^m,07	

        2^m,39

Ensemble. . . . .   7^m,68

8° ESCALIER.

Escalier de la cave, 1^m,05 de largeur. compté à la marche,
pour escalier et limon en bois de chêne. Nombre de marches.   16 marches.
Escalier des étages, compté comme ci-dessus. Nombre de
marches . . . .   34 marches.

9° MENUISERIE.

Pour l'entrée, il sera fourni une porte pleine en bois de chêne
à assemblage et toute ferrée, aux prix et conditions énoncées
aux détails estimatifs. . . . .   1 porte.
6 portes en sapin, bâties en chêne, assemblées à panneaux et
double chambranle et ferrées, le tout conforme aux prix et
conditions énoncés aux détails estimatifs . . . .   6 portes.
Pour l'entrée de la cave, une porte en chêne, assemblée sur traverses et convenablement ferrée. . . . .   1 porte.
Une porte à trappe pour la fermeture du grenier, en planches
de sapin, assemblées sur traverses en chêne et ferrée aux prix
et conditions stipulés . . . .   1 trappe.
16 fenêtres en chêne, ferrées et posées aux prix et conditions
convenues. . . . .   16 fenêtres.
32 volets en sapin pour fermer les 16 fenêtres, ferrés et posés
aux prix convenus. . . . .   32 volets.
Une lucarne, prix convenu. . . . .   1 lucarne.

Planchers du premier étage et du grenier, en planches de sapin, de $0^m,03$ d'épaisseur, assemblées à rainures :

Surfaces des planchers, ensemble.	150 mètres.	
A déduire pour les vides de l'escalier	12 mètres.	
Reste de planchers au mètre carré.	138 mètres.	$138^m,00$

10° SERRURERIE.

14 ancres pour les deux chaînages (au-dessus du rez-de-chaussée et du premier étage), pesant ensemble.	75 kilogr.	
Gros fer pour la chaîne, environ 65 mètres de longueur.	260	—
8 agrafes pour fixer les sablières.	12	—
4 barres pour supporter les manteaux de cheminée et fer pour la ceinture de la hotte de la cheminée de cuisine, ensemble.	22	—
6 étriers pour plancher et assemblages pour la charpente.	18	—
Ensemble.	387	—
Gros fer en place, compté au 100 kilogrammes.	387	—

11° COUVERTURE EN ARDOISES.

Longueur des pans réunis	24 mètres.	96 mètres.
Largeur.	4 mètres.	
Couverture en ardoises exécutée suivant les conditions et prix convenus, au mètre carré.		96 mètres.
Il sera placé sur le grand versant gauche du toit trois châssis à tabatières		3 pièces.

12° PLOMBERIE.

Faîtage et garniture des châssis à tabatières et bandes de solins en plomb de $0^m,002$ et tuyautage pour les eaux de lavage, ensemble.	125 kilogr.

13° PEINTURE.

Porte d'entrée peinte sur deux faces.	$4^m,00$	
6 portes d'intérieur avec les chambranles et contre-chambranles peintes sur les deux faces.	$24^m,00$	
16 croisées et 1 imposte peints sur les deux faces.	$52^m,00$	$133^m,50$
32 volets peints sur deux faces.	$52^m,00$	
Trappe du grenier peinte sur une face.	$1^m.50$	

14° VITRERIE.

16 fenêtres avec 1 imposte.	$28^m,00$

15° MARBRERIE.

3 cheminées capucines, prix convenu.	3 pièces.

RÉCAPITULATION.

		fr. c.	fr. c.
1° Fouilles des terres.	85,00	0,57	48,45
2° Maçonnerie meulière hourdée en mortier hydrau-liquc, au mètre cube.	126,27	20,00	2,525,40
Maçonnerie en moëllons hourdée en mortier de chaux, au mètre cube.	190,50	10,00	1,905,00
Maçonnerie d'une brique de champ, au mètre carré.	50,00	3,51	175,50
3° Enduits intérieur au blanc de bourre.	480,00	1,70	816,00
— extérieur au plâtre.	190,50	2,10	200,05
4° Pierres de taille au mètre cube.	0,73	80,00	58,40
5° Taille desdites au mètre carré.	4,48	20,00	89,60
6° Carrelage.	79,80	4,00	319,20
7° Charpente en chêne	0,72	118,00	84.96
— en sapin.	7,68	85,00	652,80
8° Escalier des caves	16,00	3,00	48,00
— des étages.	34,00	6,00	204,00
9° Menuiserie porte d'entrée chêne	»	»	42,00
— 6 portes d'intérieur, sapin et chêne.	»	28	168,00
— 1 porte de cave chêne.	»	»	25,00
— 1 trappe	»	»	25,00
— 16 fenêtres en chêne	»	40	640,00
— 32 volets en sapin	»	20	640,00
— 1 lucarne.	»	»	50,00
— Planchers en sapin, au mètre carré	138,00	5,50	759,00
10° Serrurerie, gros fers ... kilogr.	357,00	29,40 %	1,137,78
11° Couverture ardoise au mètre carré	96,00	7,26	696,96
3 châssis à tabatière.	»	12	36,00
12° Plomberie. ... kilogr.	125,00	0,65	81,25
13° Peinture au mètre carré.	133,50	2,72	363,12
14° Vitrerie au mètre carré.	28,00	5,50	154,00
15° Marbrerie, 3 cheminées capucines, à.	»	28	84,00
			12,027,47

Tel serait le prix de la maison représentée par nos figures 575 et 576; mais nous le répétons, les prix n'ont rien de rigoureux. Certains d'entre eux pourront même paraître arbitraires suivant la localité qu'habitera notre lecteur, nous ne les avons donnés que pour faire voir la marche à suivre pour la rédaction des devis.

III. — ORDRE DES TRAVAUX.

Lorsqu'on a la direction d'un chantier, il faut souvent donner des ordres. Pour les détails de peu d'importance, on donne les ordres de vive voix, ce sont *les ordres verbaux;* mais, quand il s'agit de commander des opérations importantes, on doit donner des ordres *par écrit;* généralement, on néglige trop cette manière de faire, et l'on éprouve de grands désagréments ; aussi conseillons-nous de toujours donner les ordres par écrit, et cela, quelle que soit leur importance.

Nous voudrions même, que chaque chantier possédât un registre d'ordres à souche. L'ordre est écrit sur la moitié de la feuille et transcrit en double sur l'autre moitié ; de sorte, qu'en le livrant aux entrepreneurs ils signent sur le talon qu'ils ont reçu l'ordre ci-contre.

Les ordres doivent être rédigés simplement, et avec beaucoup de clarté, afin que leur interprétation ne puisse donner lieu à des contestations. Nous allons fournir quelques modèles à nos lecteurs ; ce sera la meilleure manière de nous bien faire comprendre.

Chantier de M. X....., situé rue de la Fontaine, commune de R....., département de.....

REGISTRE D'ORDRE.

ORDRE DE SERVICE N° 1.

Pour les travaux de maçonnerie.

Mode de construction et matériaux à employer pour la maison d'habitation.

Les murs en fondations seront établis sur une arase en sable de rivière de 0^m,90 de hauteur et de la largeur des rigoles, en tant qu'elles ne dépasseront pas 0^m,90 ; dans le cas, où par suite d'éboulement elles auraient plus de 0^m,90 elles seraient ramenées à cette dimension au moyen de palplanches ou de petits murs en moëllon à sec.

Au-dessus de ce sable, il sera coulé un massif en béton de 0^m,80 de hauteur composé de chaux hydraulique, ciment, sable de rivière et cailloux, suivant les proportions et indications du devis.

Les murs au-dessus dudit massif seront construits en moëllon (1), hourdés en mortier composé de 1/4 de ciment de Portland (2) et sable de rivière, et arasés au-dessous du socle du bâtiment par une assise de libage d'environ 0^m,45 à 0^m,50 de hauteur.

Les voûtes seront construites en briques du pays, hourdées en même mortier que ci-dessus.

Les socles seront en pierre de....., le rez-de-chaussée en pierre de....., et le premier étage en pierre de..... *(Indiquer la provenance de chacune d'elles.)*

―――――――――

(1) Ou en meulière, ou en briques, à la volonté du constructeur.

(2) Ou tout autre, le constructeur peut remplacer tous ces matériaux par ceux qu'il aura sous la main.

Les murs cotés au plan 0ᵐ,35 seront en briques, hourdés en mortier dans la hauteur du rez-de-chaussée et le surplus en plâtre.

Les murs cotés au plan 0ᵐ,40, ou 0ᵐ,30, seront en moëllon ou en pierre de..... (*Indiquer la provenance*).

Les tuyaux en mur de 0ᵐ,50 seront en briques, les languettes de face seront en briques à plat, celles de séparation en briques de champ.

Les tuyaux en mur de 0ᵐ,38 seront en wagon, les tuyaux adossés en boisseau.

Il sera fourni ultérieurement et suivant la nécessité du service des ordres et détails pour la complète intelligence et la bonne interprétation des plans.

ORDRE DE SERVICE N° 2.

Pour les travaux de maçonnerie.

Mode de construction des planchers.

Les planchers en fer double T du premier étage seront hourdés en briques creuses de 0ᵐ,30, 0ᵐ,15, 0ᵐ,07 ; ceux des étages supérieurs en plâtre et plâtras.

ORDRE DE SERVICE N° 3.

Pour les travaux de charpente.

Mode de construction du comble.

Les plates-formes sur mur seront en chêne de 8/20 et les jambes de force de 22/25 ;

Les chevrons de brisis en chêne de 6/15 ;

Les pannes de brisis en chêne de 15/20 ;

Les entraits moisés en chêne de 30/15 ;

Les solives en sapin de 8/22 ;

Les arbalétriers en sapin de 20/25 ;

Les pannes en sapin de 14/22 ;

Les poinçons en chêne de 18/18 ;

Les liens d'arbalétriers en chêne de 15/18 ;

Les liens de faîtage en chêne de 15/18 ;

Le faîtage en chêne de 15/18 ;

Les chevrons des combles en sapin de 8/8 ;

Les boulons d'assemblages seront fournis par le charpentier.

ORDRE DE SERVICE N° 4.

Pour les travaux de menuiserie.

Les huisseries seront en chêne de 0ᵐ,08 sur 0ᵐ,08, les bâtis seront aussi en chêne de 0^m,04 sur 0^m,08, les contrebâtis en sapin de 0^m,027 sur 0^m,08. Les portes à deux vantaux auront 2^m,60 de hauteur, celles à un seul vantail 2^m,20 de haut et pour largeur celle cotée au plan.

Toutes les cloisons sauf celles du rez-de-chaussée (qui seront en briques de champ) seront en sapin de bateau et toutes leurs parties noyées dans l'épaisseur des plâtres.

Les détails des portes seront conformes au plan.

ORDRE DE SERVICE N° 5.

Pour les travaux de couverture.

La couverture sera en ardoises; celles-ci proviendront des meilleures carrières de..... Elles seront posées sur un voligeage jointif en sapin de 0^m,02 d'épaisseur.

Les chêneaux seront en zinc n° 16, les membrons, les frontons de lucarnes noues, bandes de solins, agrafes, etc., seront en zinc n° 14, les noquets en zinc n° 12.

Les arêtiers et bandes de recouvrement au-dessous du membron, seront en plomb de 0^m,002.

ORDRE DE SERVICE N° 6.

Pour les travaux de peinture.

Les murs des vestibule, couloirs et cage d'escalier du rez-de-chaussée seront égrénés, enduits sur plâtre cru et peints à l'huile deux couches trois tons.

Ceux des couloirs du premier étage seront peints à la détrempe.

Les boiseries seront peintes à l'huile trois couches deux tons, ainsi que les limon et contre-marches de l'escalier.

Les ébrasements des portes et fenêtres, ainsi que les soubassements formant faux lambris, seront peints à l'huile deux couches et enduits sur plâtre cru.

Toutes ces peintures seront couleur de bois à l'échantillon, ou en gris deux tons, suivant les instructions qui seront données sur place.

Les fenêtres seront rebouchées au mastic, et peintes à l'huile trois couches et bois de chêne dans les bureau, salle à manger et antichambre, et en gris dans les autres pièces.

Toutes les pièces des ferrures seront rechampies an brun Van Dyck deux couches.

Tous les plafonds, quels qu'ils soient seront peints à la colle ou détrempe deux couches, sauf les corniches, qui seront peintes à l'huile suivant les tons adoptés pour la pièce à laquelle elles appartiendront.

Avec les six ordres que nous venons de rédiger, nos lecteurs comprendront et saisiront la manière d'en dresser de nouveaux, dont ils pourraient avoir besoin ; du reste, s'ils donnaient un ordre incomplet, ils pourraient employer cette formule :

Ordre supplémentaire pour compléter l'ordre n° 6 ; et ils désigneraient les instructions omises. De même que s'ils voulaient donner contre-ordre pour une partie de travaux qu'ils auraient mal commandés, ils emploieraient cette autre formule : *Par dérogation à l'ordre de service n° 6,* les peintures des couloirs du premier étage seront faites à l'huile deux couches au lieu d'être exécutées à la détrempe, suivant les instructions contenues dans l'ordre n° 6.

IV. — DES CAHIERS DES CHARGES.

On nomme cahier des charges, une pièce ou un acte déterminant les clauses, charges et conditions d'exécution des travaux, auxquelles sont astreints les entrepreneurs et qu'ils sont tenus d'observer. Cet acte est indispensable, même pour des travaux de peu d'importance, et, dans ce dernier cas, comme il a souvent peu de développement, on peut l'incorporer au contrat ou au marché signé avec l'entrepreneur.

Il y a deux sortes de cahiers des charges : celui des *charges générales* qui s'adresse à toutes les industries du bâtiment et qui régit les obligations générales à tous les entrepreneurs, et ceux des *charges particulières* à chaque entrepreneur, ou à chaque genre d'industrie, comme la terrasse, la maçonnerie, la charpente, la menuiserie, etc.

Le texte du cahier des charges varie suivant la nature des travaux qu'on désire, surtout celui des charges particulières qui a un certain rapport avec le devis descriptif.

Les cahiers des charges sont rédigés, soit en vue d'un simple marché avec un propriétaire et des entrepreneurs, soit avec une administration quelconque. Dans les deux cas, mais surtout dans le dernier, on peut faire une adjudication publique.

Nous ne donnerons point des cahiers de charges, car l'importance et le développement de ceux-ci nous feraient sortir des bornes de notre travail ; du reste, des marchés bien faits peuvent presque toujours en tenir lieu.

V. — DES MARCHÉS.

Pour les travaux des particuliers, il est rare qu'on fasse des cahiers de charges, on se contente de passer de simples marchés ; nous allons soumettre à nos lecteurs un modèle, à l'aide duquel ils pourront eux-mêmes rédiger tous ceux qu'ils voudront et avec les clauses et modifications qu'ils croiraient utile d'y apporter pour leurs travaux spéciaux.

Un marché d'ouvrage est une convention par laquelle un entrepreneur et un propriétaire s'engagent réciproquement, le premier à édifier un bâtiment quelconque ou à exécuter toute autre sorte de travaux, suivant les plans, devis, charges et conditions qui lui sont imposés et qu'il accepte, et le second à effectuer des paiements aux époques convenues, ou dans de certaines conditions.

Aussi, quand il existe un devis descriptif estimatif et un bordereau des prix, le marché se borne à l'acceptation des clauses stipulées et à l'engagement de s'y conformer mutuellement.

La forme des marchés est très-variable ; elle est à peu près arbitraire ; voici en quels termes les marchés sont ordinairement rédigés.

Entre les soussignés,

M. X..., propriétaire, demeurant à Passy, rue de la Pompe, d'une part,

Et M. V..., entrepreneur de travaux, demeurant à Auteuil, rue de la Fontaine, d'autre part, il a été convenu et arrêté ce qui suit :

Le sieur V... s'engage envers M. X... à lui construire aux clauses et conditions suivantes, en sa propriété de G, commune de, arrondissement de, un bâtiment à usage d'habitation de 11 mètres de façade sur 9 mètres de profondeur.

Ce bâtiment se composera d'un rez-de-chaussée sur cave, d'un premier étage et d'un grenier sous les combles.

L'entrepreneur devra se conformer entièrement aux plans, devis, détails et conditions ci-annexés également signés par les contractants. Il s'engage à rendre lesdits travaux complétement terminés et convenablement exécutés pour le 15 octobre 1875, sous peine d'une indemnité de 10 fr. par chaque semaine de retard à payer au propriétaire, mais celui-ci s'engage à lui donner 2 fr. par chaque semaine qui auront devancé le terme de la livraison des travaux.

Les constructions seront, suivant l'article 1792 du Code civil, garanties pendant dix ans de toute avarie provenant d'un vice de construction, emploi de mauvais matériaux, défaut de prévoyance, etc., etc.

L'entrepreneur demeure responsable des malfaçons, que le propriétaire pourra le forcer à refaire tant que les travaux n'auront pas été reçus.

Ainsi arrêté et convenu entre les parties, et fait en double expédition.

Passy, le 15 janvier 1875.

(SIGNATURES.)

Il est bien entendu, que les marchés ne peuvent être valables qu'autant qu'ils sont signés par des personnes en état de contracter (voir plus loin au chapitre de la jurisprudence les personnes dans ces conditions).

DES MARCHÉS A FORFAIT. — Il arrive souvent, trop souvent de nos jours, que beaucoup de propriétaires, pour se débarrasser du souci de diriger ou faire diriger les travaux, traitent à forfait avec un entrepreneur pour leurs constructions d'après des plans adoptés.

Dans ce cas, il faut que le propriétaire soit bien habile pour ne pas être volé. Nous ne craignons pas d'affirmer que neuf fois sur dix il est trompé. Il ne peut en être autrement. En effet, le propriétaire connaît peu ou pas du tout la construction, et il s'adresse souvent à des entrepreneurs de mauvaise foi pour faire construire, car ce sont ces derniers qui font le plus *de forfaits*.

Aussi, conseillons-nous de bien arrêter les plans, les devis et les cahiers de charges, lorsqu'on veut construire au moyen de ces marchés, et d'introduire cette clause : que l'entrepreneur ne pourra demander aucune plus-value ou augmentation de prix, ni sous le prétexte de l'augmentation de la main-d'œuvre, ou des matériaux, ni sous celui d'additions ou de changements faits aux plans, à moins que ces additions ou changements n'aient été positivement commandés par écrit ou acceptés par le propriétaire (voir plus loin Jurisprudence, article 1793); mais nous engageons les propriétaires à faire le moins de travaux à forfait, car l'exécution de ceux-ci laisse toujours à désirer et les réparations et entretiens des immeubles contruits dans ces conditions sont ruineux.

CHAPITRE IX.

JURISPRUDENCE DES BATIMENTS.

L'agriculteur, qu'il soit propriétaire ou locataire, doit savoir plus que de l'agriculture, car sa position le met en présence de droits publics ou privés à observer et d'intérêts rivaux à débattre. Il est dans l'obligation absolue de connaître les lois, les coutumes et les usages qui régissent la matière. Il lui faut donc un Code des lois du bâtiment, qui lui enseigne les droits et les obligations qui incombent à la propriété, à la location ou au voisinage. Pour ces motifs, nous avons cru devoir résumer en un chapitre toute la jurisprudence du ressort de l'agriculteur en ce qui touche la propriété des immeubles. Aussi, nos lecteurs peuvent considérer le présent chapitre comme un manuel des lois du bâtiment. Nous avons dû pour abréger autant que possible notre travail nous abstenir de toute discussion, mais nous avons donné quand c'était indispensable quelques rares commentaires toujours conformes à la jurisprudence actuelle.

Au lieu d'égarer nos lecteurs dans un fouillis de détails, nous avons préféré nous occuper de l'ensemble des faits. Nous nous sommes borné au texte du Code pour les articles qui ne demandent pas d'explications, ou qui donnent rarement lieu à des discussions; d'autres au contraire, ont été complétés par des développements, car ils ne pouvaient rester dans les termes généraux.

Enfin, pour donner de la méthode à notre travail, nous avons suivi le Code civil et pour nos commentaires nous nous sommes inspiré de Desgodets, Lepage, Frémy-Ligneville, Toussaint, du Manuel des lois du bâtiment élaboré par notre Société centrale des architectes de Paris, et d'autres travaux utiles à consulter, pour les avocats, les jurisconsultes, pour ceux enfin qui s'occupent de jurisprudence, mais trop volumineux pour ceux qui ne veulent et ne recherchent que des résultats et des solutions toutes faites.

LIVRE II.

—

TITRE PREMIER.

DE LA DISTINCTION DES BIENS.

Art. **516**. Tous les biens sont meubles ou immeubles.

CHAPITRE PREMIER.

DES IMMEUBLES.

Biens immeubles.

517. Les biens sont immeubles, ou par leur nature, ou par leur destination, ou par l'objet auquel ils s'appliquent.

518. Les fonds de terre et les bâtiments sont immeubles par leur nature. Cependant, si le propriétaire d'un fonds a élevé des bâtiments avec des matériaux achetés, ceux-ci ne seront considérés comme immeubles qu'autant qu'ils auront été payés.

519. Les moulins à bras ou à eau, fixés sur piliers et faisant partie du bâtiment, sont aussi immeubles par leur nature.

520. Les récoltes pendantes par les racines, et les fruits des arbres non encore recueillis, sont pareillement immeubles.

Dès que les grains sont coupés et les fruits détachés quoique non enlevés, ils sont meubles.

Si une partie seulement de la récolte est coupée, cette partie seule est meuble.

521. Les coupes ordinaires de bois taillis ou de futaies mises en coupes réglées ne deviennent meubles qu'au fur et à mesure que les arbres son abattus.

522. Les animaux que le propriétaire d'un fonds livre au fermier ou au métayer pour la culture, estimés ou non, sont censés immeubles tant qu'ils demeurent attachés au fonds par l'effet de la convention.

Ceux qu'il donne à cheptel à d'autres qu'au fermier ou métayer sont meubles.

523. Les tuyaux servant à la conduite des eaux dans une maison, ou autre héritage, sont immeubles et font partie du fonds auquel ils sont attachés.

Immeubles par destination.

524. Les objets que le propriétaire d'un fonds y a placés pour le service et l'exploitation de ce fonds sont immeubles par destination.

Ainsi, sont immeubles par destination, quand ils ont été placés par le propriétaire pour le service et l'exploitation du fonds:

Les animaux attachés à la culture, les ustensiles aratoires, les semences donnés aux fermiers ou colons partiaires, les pigeons des colombiers, les lapins de garenne, les ruches à miel, les poissons des étangs; les pressoirs, chaudières, alambics, cuves et tonnes; les ustensiles nécessaires à l'exploitation des forges, papeteries et autres usines, les pailles et les engrais.

Sont aussi immeubles par destination tous effets mobiliers que le propriétaire a attachés au fonds à perpétuelle demeure.

525. Le propriétaire est censé avoir attaché à son fonds des effets mobiliers à perpétuelle demeure quand ils y sont scellés en plâtre, ou à chaux ou à ciment, ou lorsqu'ils ne peuvent être détachés sans être fracturés et détériorés, ou sans briser ou détériorer la partie du fonds à laquelle ils sont attachés.

Manière de les distinguer.

Les glaces d'un appartement sont censées mises à perpétuelle demeure, lorsque le parquet sur lequel elles sont attachées fait corps avec la boiserie.

Il en est de même des tableaux et autres ornements.

Quant aux statues, elles sont immeubles lorsqu'elles sont placées dans une niche pratiquée exprès pour les recevoir, encore qu'elles puissent être enlevées sans fracture ou détérioration.

CHAPITRE II.

DES MEUBLES.

531. Les bateaux, bacs, navires, moulins et bains sur bateaux, et généralement toutes usines non fixées par des piliers, et ne faisant point partie de la maison, sont meubles : la saisie de quelques-uns de ces objets peut cependant, à cause de leur importance, être soumise à des formes particulières, ainsi qu'il est expliqué dans le Code de procédure civile.

Meubles.

532. Les matériaux provenant de la démolition d'une édifice, ceux assemblés pour en construire un nouveau, sont meubles jusqu'à ce qu'ils soient employés par l'ouvrier dans une construction.

Matériaux meubles.

Voir plus loin 554. — (Immobilisation des matériaux.)

TITRE II.

DE LA PROPRIÉTÉ.

544. La propriété est le droit de jouir et disposer des choses de la manière la plus absolue, pourvu qu'on n'en fasse pas un usage prohibé par les lois ou par les règlements.

Définition de la propriété.

On considère comme usage prohibé, l'établissement d'un atelier ou d'une usine insalubre, dangereuse ou gênante pour le voisinage, et qui par ces raisons ne peuvent être établis qu'à une distance déterminée des autres habitations. Les constructions sont aussi soumises à certaines restrictions et même interdites dans le rayon de défense (zones militaires) des villes fortifiées, ainsi que sur les terrains provenant d'anciens cimetières.

Cession de la propriété. **545.** Nul ne peut être contraint de céder sa propriété, si ce n'est pour cause d'utilité publique et moyennant une juste et préalable indemnité.

Ordinairement la valeur d'une propriété est déterminée, soit en capitalisant le produit, soit en évaluant séparément le sol et les constructions, enfin soit au moyen des deux modes qui servent de contrôle.

Droit d'accession. **546.** La propriété d'une chose, soit mobilière, soit immobilière, donne droit sur tout ce qu'elle produit, et sur tout ce qui s'y unit accessoirement, soit naturellement, soit artificiellement.

Ce droit s'appelle *droit d'accession.*

CHAPITRE II.

DU DROIT D'ACCESSION SUR CE QUI S'UNIT ET S'INCORPORE A LA CHOSE.

L'accession fait partie de la propriété. **551.** Tout ce qui s'unit et s'incorpore à la chose appartient au propriétaire, suivant les règles qui seront ci-après établies.

SECTION PREMIÈRE.

DU DROIT D'ACCESSION RELATIVEMENT AUX CHOSES IMMOBILIÈRES.

La propriété du sol emporte le dessus et le dessous. **552.** La propriété du sol emporte la propriété du dessus et du dessous.

Le propriétaire peut faire au dessus toutes les plantations et constructions qu'il juge à propos, sauf les exceptions établies au titre *des Servitudes* ou *Services fonciers.*

Il peut faire au dessous toutes les constructions et fouilles qu'il jugera à propos, et tirer de ces fouilles tous les produits qu'elles peuvent fournir, sauf les modifications résultant des lois et règlements relatifs aux mines, et des lois et règlements de police.

L'accession est présumée appartenir au propriétaire. **553.** Toutes constructions, plantations et ouvrages sur un terrain ou dans l'intérieur, sont présumés faits par le propriétaire à ses frais et lui appartenir, si le contraire n'est prouvé ; sans préjudice de la propriété qu'un tiers pourrait avoir acquise ou pourrait acquérir par prescription, soit d'un souterrain sous le bâtiment d'autrui, soit de toute autre partie du bâtiment.

Immobilisation des matériaux. **554.** Le propriétaire du sol qui a fait des constructions, plantations et ouvrages avec des matériaux qui ne lui appartenaient pas doit en payer la

valeur; il peut aussi être condamné à des dommages et intérêts, s'il y a
·lieu : mais le propriétaire n'a pas le droit de les enlever.

555. Lorsque les plantations, constructions et ouvrages ont été faits par un tiers, et avec ses matériaux, le propriétaire du fonds a droit ou de les retenir ou d'obliger ce tiers à les enlever.

Si le propriétaire du fonds demande la suppression des plantations et constructions, elle est aux frais de celui qui les a faites, sans aucune indemnité pour lui; il peut même être condamné à des dommages et intérêts, s'il y a lieu, pour le préjudice que peut avoir éprouvé le propriétaire du fonds.

Si le propriétaire préfère conserver ces plantations et constructions, il doit le remboursement de la valeur des matériaux et du prix de la main-d'œuvre, sans égard à la plus ou moins grande augmentation de valeur que le fonds a pu recevoir. Néanmoins, si les plantations, constructions et ouvrages ont été faits par un tiers évincé qui n'aurait pas été condamné à la restitution des fruits, attendu sa bonne foi, le propriétaire ne pourra demander la suppression desdits ouvrages, plantations et constructions; mais il aura le choix, ou de rembourser la valeur des matériaux et du prix de la main-d'œuvre, ou de rembourser une somme égale à celle dont le fonds a augmenté de valeur.

(Le propriétaire a le droit de faire enlever les ouvrages faits par autrui.)

TITRE III.

DE L'USUFRUIT, DE L'USAGE ET DE L'HABITATION.

CHAPITRE PREMIER.

DE L'USUFRUIT.

578. L'usufruit est le droit de jouir des choses dont un autre a la propriété, comme le propriétaire lui-même, mais à la charge d'en conserver la substance.

(Définition de l'usufruit.)

SECTION PREMIÈRE.

DES DROITS DE L'USUFRUITIER.

597. Il jouit des droits de servitude, de passage, et généralement de tous les droits dont le propriétaire peut jouir, et il en jouit comme le propriétaire lui-même.

(L'usufruitier jouit comme le propriétaire.)

599. Le propriétaire ne peut, par son fait, ni de quelque manière que ce soit, nuire aux droits de l'usufruitier.

(Amélioration par l'usufruitier.)

De son côté, l'usufruitier ne peut, à la cessation de l'usufruit, réclamer aucune indemnité pour les améliorations qu'il prétendrait avoir faites, encore que la valeur de la chose en fût augmentée.

Il peut cependant, ou ses héritiers, enlever les glaces, tableaux et autres ornements qu'il aurait fait placer, mais à la charge de rétablir les lieux dans leur premier état.

SECTION II.

DES OBLIGATIONS DE L'USUFRUITIER.

Usufruit. Entrée en jouissance.

600. L'usufruitier prend les choses dans l'état où elles sont; mais il ne peut entrer en jouissance qu'après avoir fait dresser, en présence du propriétaire, ou lui dûment appelé, un inventaire des meubles et un état des immeubles sujets à l'usufruit.

Caution.

601. Il donne caution de jouir en bon père de famille, s'il n'en est dispensé par l'acte constitutif de l'usufruit : cependant les père et mère ayant l'usufruit légal du bien de leurs enfants, le vendeur ou le donateur sous réserve d'usufruit ne sont pas tenus de donner caution.

Séquestre.

602. Si l'usufruitier ne trouve pas de caution, les immeubles sont donnés à ferme ou mis en séquestre;

Les sommes comprises dans l'usufruit sont placées;

Les denrées sont vendues, et le prix en provenant est pareillement placé;

Les intérêts de ces sommes et les prix des fermes appartiennent, dans ce cas, à l'usufruitier.

Des meubles soumis à l'usufruit.

603. A défaut d'une caution de la part de l'usufruitier, le propriétaire peut exiger que les meubles qui dépérissent par l'usage soient vendus, pour le prix en être placé comme celui des denrées, et alors l'usufruitier jouit de l'intérêt pendant son usufruit : cependant l'usufruitier pourra demander et les juges pourront ordonner, suivant les circonstances, qu'une partie des meubles nécessaires pour son usage lui soit délaissée, sous sa simple caution juratoire, et à la charge de les représenter à l'extinction de l'usufruit.

Usufruit du fruit.

604. Le retard de donner caution ne prive pas l'usufruitier des fruits auxquels il peut avoir droit; ils lui sont dus du moment où l'usufruit a été ouvert.

Diverses natures de réparations.

605. L'usufruitier n'est tenu qu'aux réparations d'entretien.

Les grosses réparations demeurent à la charge du propriétaire, à moins qu'elles n'aient été occasionnées par le défaut de réparations d'entretien, depuis l'ouverture de l'usufruit; auquel cas l'usufruitier en est aussi tenu.

Il est évident que l'usufruitier n'est tenu qu'aux réparations dont la cause est postérieure à l'ouverture de son usufruit, et à la fin de la jouissance il doit les rendre tels qu'il les a reçus; cependant les réparations usufruitières ne peuvent être ajournées jusqu'à l'expiration de l'usufruit, mais doivent être faites au fur et à mesure que leur besoin se fait sentir, c'est là une obligation de l'usufruitier.

Le nu-propriétaire ne peut être contraint à faire aucune réparation tandis qu'il peut contraindre l'usufruitier à faire celles qui, d'après la loi, lui incombent.

Si le nu-propriétaire refuse à l'usufruitier de faire les grosses réparations, celui-ci a le droit de les exécuter, et il a le droit, lors de l'extinction de l'usufruit, de se faire rembourser les avances bien et dûment constatées, mais seulement jusqu'à concurrence de la plus-value.

606. Les grosses réparations sont celles des gros murs et des voûtes, le rétablissement des poutres et des couvertures entières ;

Celui des digues et des murs de soutènement et de clôture aussi en entier.

Toutes les autres réparations sont d'entretien.

Grosses réparations.

Par les gros murs on entend non-seulement les murs de face, mais ceux de refend, les pignons qu'ils soient ou non mitoyens en élévation et en fondation, les jambes en pierre de taille, les cloisons en charpente et en maçonnerie, quand elles portent plancher, enfin les pans de bois.

Gros murs.

La reconstruction entière d'un mur de clôture est une réparation de nu-propriétaire, tandis que font partie des réparations usufruitières une brèche à relever, un chaperon à rétablir, un enduit à refaire. Cependant si la brèche est très-importante et provient d'un vice de construction, sa réparation incombe au nu-propriétaire et non à l'usufruitier. Il n'y a guère que des experts qui puissent apprécier la proportion qui fixe la limite entre les deux intérêts.

Reconstruction entière et réparations.

Dans les planchers, les poutres et pièces principales, telles que poutrelles, lambourdes portant planchers, solives d'enchevêtrure, chevêtres, doivent être réparées par le nu-propriétaire, que ces pièces soient en fer ou en bois.

Poutres.

L'usufruitier qui remplace les solives de remplissage doit refaire toute la maçonnerie du plancher, le plafond, parquet ou carrelage.

Solives de remplissage.

La charpente des combles est une réparation de nu-propriété, à moins qu'une partie n'ait péri par la faute de l'usufruitier.

Les voûtes, quelque minime que soit la réparation, incombent au nu-propriétaire ; il en est de même d'une réparation importante à un puits, à une fosse d'aisances.

Voûtes.

Mais hâtons-nous d'ajouter que tous les points que nous venons de signaler sont très-contestables, et qu'il n'y a qu'un expert habile qui puisse assigner à chaque objet son véritable caractère.

Fosses.

607. Ni le propriétaire ni l'usufruitier ne sont tenus de rebâtir ce qui est tombé de vétusté ou ce qui a péri par cas fortuit.

Objets tombant de vétusté ou par cas fortuit.

608. L'usufruitier est tenu pendant sa jouissance, de toutes les charges annuelles de l'héritage, telles que les contributions et autres qui dans l'usage sont censées charges des fruits.

Charges annuelles au compte de l'usufruitier.

609. A l'égard des charges qui peuvent être imposées sur la propriété pendant la durée de l'usufruit, l'usufruitier et le propriétaire y contribuent ainsi qu'il suit :

Division des charges.

Le propriétaire est obligé de les payer et l'usufruitier doit lui tenir compte des intérêts.

Si elles sont avancées par l'usufruitier, il a la répétition (1) du capital à la fin de l'usufruit

SECTION III.

COMMENT L'USUFRUIT PREND FIN.

Extinction régulière de l'usufruit.

617. L'usufruit s'éteint :

Par la mort naturelle et par la mort civile de l'usufruitier ;

Par l'expiration du temps pour lequel il a été accordé ;

Par la consolidation ou la réunion sur la même tête des deux qualités d'usufruitier et de propriétaire ;

Par le non-usage du droit pendant trente ans ;

Par la perte totale de la chose sur laquelle l'usufruit est établi.

Extinction par le fait de l'usufruitier.

618. L'usufruit peut aussi cesser par l'abus que l'usufruitier fait de sa jouissance, soit en commettant des dégradations sur le fonds, soit en le laissant dépérir faute d'entretien.

Les créanciers de l'usufruitier peuvent intervenir dans les contestations, pour la conservation de leurs droits; ils peuvent offrir la réparation des dégradations commises et des garanties pour l'avenir.

Les juges peuvent, suivant la gravité des circonstances, ou prononcer l'extinction absolue de l'usufruit, ou n'ordonner la rentrée du propriétaire dans la jouissance de l'objet qui en est grevé, que sous la charge de **payer** annuellement à l'usufruitier, ou à ses ayants cause, une somme déterminée, jusqu'à l'instant où l'usufruit aurait dû cesser.

619. L'usufruit qui n'est pas accordé à des particuliers ne dure que trente ans.

Vente de la nue-propriété.

620. L'usufruit accordé jusqu'à ce qu'un tiers ait atteint un âge fixe dure jusqu'à cette époque, encore que le tiers soit mort avant l'âge fixé.

621. La vente de la chose sujette à usufruit ne fait aucun changement dans le droit de l'usufruitier; il continue de jouir de son usufruit, s'il n'y a pas formellement renoncé.

622. Les créanciers de l'usufruitier peuvent faire annuler la renonciation qu'il aurait faite à leur préjudice.

623. Si une partie seulement de la chose soumise à l'usufruit est détruite, l'usufruit se conserve sur ce qui reste.

Bâtiments détruits par cas fortuits ou vétusté.

624. Si l'usufruit n'est établi que sur un bâtiment, et que ce bâtiment soit détruit par un incendie ou autre accident, ou qu'il s'écroule de vétusté,

---

(1) En jurisprudence on nomme *répétition*, l'action de demander en justice ce qu'on croit avoir droit de réclamer. — Tout payement suppose une dette ; ce qui a été payé sans être dû est sujet à répétition. (Cod. civ., art. 1235.)

l'usufruitier n'aura le droit de jouir ni du sol, ni des matériaux. Si l'usufruit était établi sur un domaine dont le bâtiment faisait partie, l'usufruitier jouirait et du sol et des matériaux.

TITRE IV.

DES SERVITUDES OU SERVICES FONCIERS.

637. Une servitude est une charge imposée sur un héritage pour l'usage et l'utilité d'un héritage appartenant à un autre propriétaire.

Définition de la servitude.

638. La servitude n'établit aucune prééminence d'un héritage sur l'autre.

Pas de prééminence entre propriétés.

639. Elle dérive ou de la situation naturelle des lieux, ou des obligations imposées par la loi, ou des conventions entre les propriétaires.

D'où les servitudes dérivent.

CHAPITRE PREMIER.

DES SERVITUDES QUI DÉRIVENT DE LA SITUATION DES LIEUX.

640. Les fonds inférieurs sont assujettis, envers ceux qui sont plus élevés, à recevoir les eaux qui en découlent naturellement sans que la main de l'homme y ait contribué.

Écoulement des eaux.

Le propriétaire inférieur ne peut point élever de digue qui empêche cet écoulement.

Le propriétaire supérieur ne peut rien faire qui aggrave la servitude du fonds inférieur.

646. Tout propriétaire peut obliger son voisin au bornage de leurs propriétés contiguës. Le bornage se fait à frais communs.

Bornage obligatoire.

Les bornes sont ordinairement en pierres de taille posées sur un tuileau cassé avant la pose; la représentation de la cassure du tuileau doit être figurée au procès-verbal.

647. Tout propriétaire peut clore son héritage, sauf l'exception portée à l'article 682.

Droit de clôture.

CHAPITRE II.

DES SERVITUDES ÉTABLIES PAR LA LOI.

651. La loi assujettit les propriétaires à différentes obligations l'un à l'égard de l'autre, indépendamment de toute convention.

Obligations réciproques des propriétaires.

652. Partie de ces obligations est réglée par les lois sur la police rurale. Les autres sont relatives au mur et au fossé mitoyens, au cas où il y a lieu à contre-mur, aux vues sur la propriété du voisin, à l'égout des toits, au droit de passage.

Obligations relatives à la mitoyenneté, aux vues, égouts, droits de passage.

SECTION PREMIÈRE.

DU MUR ET DU FOSSÉ MITOYENS.

Signes de mitoyenneté.

653. Dans les villes et les campagnes, tout mur servant de séparation entre bâtiments jusqu'à l'heberge (1) ou entre cours et jardins, et même entre enclos dans les champs, est présumé mitoyen, s'il n'y a titre ou marque du contraire.

Signes de non-mitoyenneté.

654. Il y a marque de non-mitoyenneté lorsque la sommité du mur est droite et à plomb de son parement d'un côté et présente de l'autre un plan incliné ;

Lors encore qu'il n'y a que d'un côté ou un chaperon ou des filets et corbeaux de pierre qui y auraient été mis en bâtissant le mur.

Dans ces cas, le mur est censé appartenir exclusivement au propriétaire du côté duquel sont l'égout ou les corbeaux et filets de pierre.

Réparations et reconstructions.

655. La réparation et la reconstruction du mur mitoyen sont à la charge de tous ceux qui y ont droit, et proportionnellement au droit de chacun.

Abandon de mitoyenneté.

656. Cependant tout copropriétaire d'un mur mitoyen peut se dispenser de contribuer aux réparations et reconstructions, en abandonnant le droit de mitoyenneté, pourvu que le mur mitoyen ne soutienne pas un bâtiment qui lui appartienne.

Cet article ne s'applique qu'à la partie au-dessus de la clôture dont la hauteur légale est déterminée.

(Voy. l'*art*. 663.)

CONSTRUCTIONS ADOSSÉES.

Poutres scellées.

657. Tout copropriétaire peut faire bâtir contre un mur mitoyen et y faire placer des poutres ou solives dans toute l'épaisseur du mur, à 54 millimètres (deux pouces) près ; sans préjudice du droit qu'a le voisin de faire réduire à l'ébauchoir la poutre jusqu'à la moitié du mur, dans le cas où il voudrait lui-même asseoir des poutres dans le même lieu, ou y adosser une cheminée.

Droit de surcharge.

658. Tout copropriétaire peut faire exhausser le mur mitoyen ; mais il doit payer seul la dépense de l'exhaussement, les réparations d'entretien au-dessus de la clôture commune, et en outre l'indemnité de la charge, en raison de l'exhaussement et suivant la valeur.

Aux frais de qui est l'exhaussement.

659. Si le mur mitoyen n'est pas en état de supporter l'exhaussement,

---

(1) On nomme ainsi la hauteur d'un bâtiment appuyé sur un mur mitoyen plus élevé.

celui qui veut l'exhausser doit le faire reconstruire en entier à ses frais, et l'excédant d'épaisseur doit se prendre de son côté.

660. Le voisin qui n'a pas contribué à l'exhaussement peut en acquérir la mitoyenneté en payant la moitié de la dépense qu'il a coûtée, et là valeur de la moitié du sol fourni pour l'excédant d'épaisseur s'il y en a. *(Rachat de mitoyenneté d'un mur exhaussé.)*

661. Tout propriétaire joignant un mur a la même faculté de le rendre mitoyen en tout ou partie, en remboursant au maître du mur la moitié de sa valeur, ou la moitié de la valeur de la portion qu'il veut rendre mitoyenne, et moitié de la valeur du sol sur lequel le mur est bâti. *(Acquisition de la mitoyenneté d'un mur séparatif.)*

662. L'un des voisins ne peut pratiquer dans le corps d'un mur mitoyen aucun enfoncement, ni y appliquer ou appuyer aucun ouvrage sans le consentement de l'autre, ou sans avoir, à son refus, fait régler par experts les moyens nécessaires pour que le nouvel ouvrage ne soit pas nuisible aux droits de l'autre. *(Enfoncement dans le mur mitoyen.)*

663. Chacun peut contraindre son voisin, dans les villes et faubourgs, à contribuer aux constructions et réparations de la clôture faisant séparation de leurs maisons, cours et jardins assis ès dites villes et faubourgs : la hauteur de la clôture sera fixée suivant les règlements particuliers ou les usages constants et reconnus ; et, à défaut d'usages et de règlements, tout mur de séparation entre voisins qui sera construit ou rétabli à l'avenir doit avoir au moins 32 décimètres (10 pieds) de hauteur, compris le chaperon, dans les villes de cinquante mille âmes et au-dessus, et 26 décimètres (8 pieds) dans les autres. *(Clôture forcée dimensions.)*

664. Lorsque les différents étages d'une maison appartiennent à divers propriétaires, si les titres de propriété ne règlent pas le mode des réparations et reconstructions, elles doivent être faites ainsi qu'il suit : Le propriétaire de chaque étage fait le plancher sur lequel il marche. *(Maison à plusieurs propriétaires.)*

Le propriétaire du premier étage fait l'escalier qui y conduit ; le propriétaire du second étage fait à partir du premier l'escalier qui conduit chez lui, et ainsi de suite.

665. Lorsqu'on reconstruit un mur mitoyen ou une maison, les servitudes actives et passives se continuent à l'égard du nouveau mur ou de la nouvelle maison, sans toutefois qu'elles puissent être aggravées, et pourvu que la reconstruction se fasse avant que la prescription soit acquise. *(Reconstructions ; servitudes conservées.)*

666. Tous fossés entre deux héritages sont présumés mitoyens, s'il n'y a titre ou marque du contraire. *(Fossés mitoyens.)*

667. Il y a marque de non-mitoyenneté, lorsque la levée ou le rejet de la terre se trouve d'un côté seulement du fossé. *(Fossés non mitoyens.)*

668. Le fossé est censé appartenir exclusivement à celui du côté duquel le rejet se retrouve. *(Signe de propriété du fossé.)*

Entretien du fossé mitoyen.

669. Le fossé mitoyen doit être entretenu à frais communs.

Haie.

670. Toute haie qui sépare des héritages est réputée mitoyenne, à moins qu'il n'y ait qu'un seul des héritages en état de clôture, ou s'il n'y a titre ou possession suffisante du contraire.

Distance des arbres.

671. Il n'est permis de planter des arbres de haute tige qu'à la distance prescrite par les règlements particuliers actuellement existants, ou par les usages constants et reconnus; et, à défaut de règlements et usages, qu'à la distance de deux mètres de la ligne séparative de deux héritages pour les arbres à haute tige, et à la distance d'un demi-mètre pour les autres arbres et haies vives.

Droit à l'égard des arbres.

672. Le voisin peut exiger que les arbres et haies plantés à une moindre distance soient arrachés.

Celui sur la propriété duquel avancent les branches des arbres du voisin peut contraindre celui-ci à couper ces branches.

Si ce sont les racines qui avancent sur son héritage, il a droit de les y couper lui-même.

Arbres dans les haies.

673. Les arbres qui se trouvent dans la haie mitoyenne sont mitoyens comme la haie et chacun des deux propriétaires a le droit de requérir qu'ils soient abattus.

SECTION II.

DE LA DISTANCE ET DES OUVRAGES INTERMÉDIAIRES REQUIS POUR CERTAINES CONSTRUCTIONS.

Distance pour les puits et cheminées.

674. Celui qui fait creuser un puits ou une fosse d'aisances près d'un mur mitoyen ou non,

Celui qui veut y construire cheminée ou âtre, forge, four ou fourneau,

Y adosser une étable,

Ou établir contre ce mur un magasin de sel ou amas de matières corrosives,

Est obligé de laisser la distance prescrite par les règlements et usages particuliers sur ces objets, ou à faire les ouvrages prescrits par les mêmes règlements et usages, pour éviter de nuire au voisin.

SECTION III.

DES OUVERTURES, JOURS ET VUES SUR LA PROPRIÉTÉ DE SON VOISIN.

Jours de souffrance; vues prohibées dans le mur mitoyen.

675. L'un des voisins ne peut, sans le consentement de l'autre, pratiquer dans le mur mitoyen aucune fenêtre ou ouverture, en quelque manière que ce soit, même à verre dormant.

Des vues dans les parties non mitoyennes du mur séparatif.

676. Le propriétaire d'un mur non mitoyen, joignant immédiatement l'héritage d'autrui, peut pratiquer dans ce mur des jours ou fenêtres à fer maillé et verre dormant. Ces fenêtres doivent être garnies d'un treillis de fer dont les mailles auront un décimètre (environ 3 pouces 8 lignes) d'ouverture au plus, et d'un châssis à verre dormant.

677. Ces fenêtres ou jours ne peuvent être établis qu'à vingt-six décimètres (8 pieds) au-dessus du plancher ou sol de la chambre qu'on veut éclairer, si c'est à rez-de-chaussée, et à dix-neuf décimètres (6 pieds) au-dessus du plancher pour les étages supérieurs. *[Dimensions de ces jours.]*

678. On ne peut avoir des vues droites ou fenêtres d'aspect, ni balcons ou autres semblables saillies, sur l'héritage clos ou non clos de son voisin, s'il n'y a dix-neuf décimètres (six pieds) de distance entre le mur où on les pratique et ledit héritage. *[Distance pour les vues droites.]*

679. On ne peut avoir des vues par côté ou obliques sur le même héritage, s'il n'y a six décimètres (deux pieds) de distance. *[Distance pour les vues obliques.]*

680. La distance dont il est parlé dans les deux articles précédents se compte depuis le parement extérieur du mur où l'ouverture se fait, et s'il y a balcon ou autres semblables saillies depuis leur ligne extérieure jusqu'à la ligne de séparation des deux propriétés. *[Manière de compter ces distances.]*

SECTION IV.

DE L'ÉGOUT DES TOITS ET DE L'ÉCOULEMENT DES EAUX.

681. Tout propriétaire doit établir des toits de manière que les eaux pluviales s'écoulent sur son terrain ou sur la voie publique; il ne peut les faire verser sur le fonds de son voisin. *[On doit conserver ses eaux.]*

SECTION V.

682. Le propriétaire dont les fonds sont enclavés, et qui n'a aucune issue sur la voie publique, peut réclamer un passage sur les fonds de ses voisins pour l'exploitation de son héritage, à la charge d'une indemnité proportionnée au dommage qu'il peut occasionner. *[Droit de passage pour les fonds enclavés.]*

683. Le passage doit régulièrement être pris du côté où le trajet est le plus court du fonds enclavé à la voie publique. *[De l'endroit où le passage aura lieu.]*

684. Néanmoins il doit être fixé dans l'endroit le moins dommageable à celui sur le fonds duquel il est accordé.

CHAPITRE III.

DES SERVITUDES ÉTABLIES PAR LE FAIT DE L'HOMME.

SECTION PREMIÈRE.

DES DIVERSES ESPÈCES DE SERVITUDES QUI PEUVENT ÊTRE ÉTABLIES SUR LES BIENS.

686. Il est permis aux propriétaires d'établir sur leurs propriétés, ou en faveur de leurs propriétés, telles servitudes que bon leur semble, pourvu néanmoins que les services établis ne soient imposés ni à la personne ni en faveur de la personne, mais seulement à un fonds et pour un fonds, et *[Etablissement des servitudes.]*

pourvu que ces services n'aient d'ailleurs rien de contraire à l'ordre public.

L'usage et l'étendue des servitudes ainsi établies se règlent par le titre qui les constitue ; à défaut de titre, par les règles ci-après.

687. Les servitudes sont établies ou pour l'usage des bâtiments ou pour celui des fonds de terre.

Celles de la première espèce s'appellent *urbaines,* soit que les bâtiments auxquels elles sont dues soient situés à la ville ou à la campagne.

Celles de la seconde espèce se nomment *rurales.*

688. Les servitudes sont ou continues ou discontinues.

Les servitudes continues sont celles dont l'usage est ou peut être continuel, sans avoir besoin du fait actuel de l'homme : telles sont les conduites d'eau, les égouts, les vues et autres de cette espèce.

Les servitudes discontinues sont celles qui ont besoin du fait actuel de l'homme pour être exercées : telles sont les droits de passage, puisage, pacage, et autres semblables.

689. Les servitudes sont apparentes ou non apparentes.

Les servitudes apparentes sont celles qui s'annoncent par des ouvrages extérieurs, tels qu'une porte, une fenêtre, un aqueduc.

Les servitudes non apparentes sont celles qui n'ont pas de signe extérieur de leur existence, comme par exemple la prohibition de bâtir sur un fonds ou de ne bâtir qu'à une hauteur déterminée.

SECTION II.

COMMENT S'ÉTABLISSENT LES SERVITUDES

690. Les servitudes continues et apparentes s'acquièrent par titre, ou par la possession de trente ans.

691. Les servitudes continues non apparentes, et les servitudes discontinues apparentes ou non apparentes, ne peuvent s'établir que par titres.

La possession même immémoriale ne suffit pas pour les établir, sans cependant qu'on puisse attaquer aujourd'hui les servitudes de cette nature déjà acquises par la possession, dans les pays où elles pouvaient s'acquérir de cette manière.

692. La destination du père de famille vaut titre à l'égard des servitudes continues et apparentes.

693. Il n'y a destination du père de famille que lorsqu'il est prouvé que les deux fonds actuellement divisés ont appartenu au même propriétaire, et que c'est par lui que les choses ont été mises dans l'état duquel résulte la servitude.

694. Si le propriétaire de deux héritages entre lesquels il existe un signe apparent de servitude dispose de l'un des héritages sans que le contrat contienne aucune convention relative à la servitude, elle continue d'exister activement ou passivement en faveur du fonds aliéné ou sur le fonds aliéné.

Continue d'exister.

695. Le titre constitutif de la servitude à l'égard de celles qui ne peuvent s'acquérir par la prescription ne peut être remplacé que par un titre récognitif de la servitude, et émané du propriétaire du fonds asservi.

Reconnaissance de la servitude.

696. Quand on établit une servitude, on est censé accorder tout ce qui est nécessaire pour en user.

Accession de la servitude.

Ainsi la servitude de puiser de l'eau à la fontaine d'autrui emporte nécessairement le droit de passage.

SECTION III.

DES DROITS DU PROPRIÉTAIRE DU FONDS AUQUEL LA SERVITUDE EST DUE.

697. Celui auquel est due une servitude a droit de faire tous les ouvrages nécessaires pour en user et pour la conserver.

Droit de faire les ouvrages.

698. Ces ouvrages sont à ses frais et non à ceux du propriétaire du fonds assujetti, à moins que le titre d'établissement de la servitude ne dise le contraire.

Aux frais de qui.

699. Dans le cas même où le propriétaire du fonds assujetti est chargé par le titre de faire à ses frais les ouvrages nécessaires pour l'usage ou la conservation de la servitude, il peut toujours s'affranchir de la charge en abandonnant le fonds assujetti au propriétaire du fonds auquel la servitude est due.

Abandon du fonds servant.

700. Si l'héritage pour lequel la servitude a été établie vient à être divisé, la servitude reste due pour chaque portion, sans néanmoins que la condition du fonds assujetti soit aggravée.

Division de l'héritage dominant.

Ainsi, par exemple, s'il s'agit d'un droit de passage, tous les copropriétaires seront obligés de l'exercer par le même endroit.

701. Le propriétaire du fonds débiteur de la servitude ne peut rien faire qui tende à en diminuer l'usage, ou à le rendre plus incommode.

Obligation du fonds servant.

Ainsi il ne peut changer l'état des lieux, ni transporter l'exercice de la servitude dans un endroit différent de celui où elle a été primitivement assignée.

Mais cependant, si cette assignation primitive était devenue plus onéreuse au propriétaire du fonds assujetti, ou si elle l'empêchait de faire des réparations avantageuses, il pourrait offrir au propriétaire de l'autre fonds un endroit aussi commode pour l'exercice de ces droits et celui-ci ne pourrait pas le refuser.

702. De son côté, celui qui a un droit de servitude ne peut en user que

Obligation

du fonds dominant. suivant son titre, sans pouvoir faire ni dans le fonds qui doit la servitude, ni dans le fonds à qui elle est due, de changement qui aggrave la condition du premier.

SECTION IV.

COMMENT LES SERVITUDES S'ÉTEIGNENT.

Par l'impossibilité de s'en servir. **703.** Les servitudes cessent lorsque les choses se trouvent en tel état qu'on ne peut plus en user.

Rétablissement de la servitude. **704.** Elles revivent si les choses sont rétablies de manière qu'on puisse en user; à moins qu'il ne se soit déjà écoulé un espace de temps suffisant pour faire présumer l'extinction de la servitude ainsi qu'il est dit à l'article 707.

Extinction par la réunion des deux fonds. Les servitudes s'éteignent par prescription. De l'ouverture de prescription. **705.** Toute servitude est éteinte lorsque le fonds à qui elle est due et celui qui la doit sont réunis dans la même main.

706. La servitude est éteinte par le non-usage pendant trente ans.

707. Les trente ans commencent à courir, selon les diverses espèces de servitudes, où du jour où l'on a cessé d'en jouir, lorsqu'il s'agit de servitudes discontinues, ou du jour où il a été fait un acte contraire à la servitude, lorsqu'il s'agit de servitudes continues.

Prescription du mode de jouissance. Prescription suspendue par indivis. **708.** Le mode de la servitude peut se prescrire comme la servitude même et de la même manière.

709. Si l'héritage en faveur duquel la servitude est établie appartient à plusieurs par indivis, la jouissance de l'un empêche la prescription à l'égard de tous.

Suspension de la prescription par un mineur. **710.** Si parmi les copropriétaires il s'en trouve un contre lequel la prescription n'ait pu courir, comme un mineur, il aura conservé le droit de tous les autres.

TITRE VIII.

CHAPITRE II.

SECTION PREMIÈRE.

DU CONTRAT DE LOUAGE.

Droit de sous-louer. **1714.** On peut louer ou par écrit ou verbalement.

1715. Si le bail fait sans écrit n'a encore reçu aucune exécution, et que l'une des parties le nie, la preuve ne peut être reçue par témoins, quelque modique qu'en soit le prix, et quoiqu'on allègue qu'il y a eu des arrhes données.

Le serment peut seulement être déféré à celui qui nie le bail.

1716. Lorsqu'il y aura contestation sur le prix du bail verbal dont l'exécution a commencé, et qu'il n'existera point de quittance, le propriétaire en sera cru sur son serment, si mieux n'aime le locataire demander l'estimation par experts ; auquel cas les frais de l'expertise restent à sa charge, si l'estimation excède le prix qu'il a déclaré.

1717. Le preneur a le droit de sous-louer, et même de céder son bail à un autre, si cette faculté ne lui a pas été interdite.

Elle peut être interdite pour tout ou partie.

Cette clause est toujours de rigueur.

1718. Les articles du titre du contrat de mariage et des droits respectifs des époux, relatifs aux baux des biens des femmes mariées, sont applicables aux baux des biens des mineurs.

1719. Le bailleur est obligé, par la nature du contrat, et sans qu'il soit besoin d'aucune stipulation particulière :

1° De délivrer au preneur la chose louée ;

2° D'entretenir cette chose en état de servir à l'usage pour lequel elle a été louée ;

3° D'en faire jouir paisiblement le preneur pendant la durée du bail.

1720. Le bailleur est tenu de délivrer la chose en bon état de réparations de toute espèce.

Il doit y faire, pendant la durée du bail, toutes les réparations qui peuvent devenir nécessaires, autres que les locatives.

1721. Il est dû garantie au preneur pour tous les vices ou défauts de la chose louée qui empêchent l'usage, quand même le bailleur ne les aurait pas connus lors du bail.

S'il résulte de ces vices ou défauts quelques pertes pour le preneur, le bailleur est tenu de l'indemniser.

1722. Si, pendant la durée du bail, la chose louée est détruite en totalité par cas fortuit, le bail est résilié de plein droit ; si elle n'est détruite qu'en partie, le preneur peut, suivant les circonstances, demander ou une diminution du prix, ou la résiliation même du bail. Dans l'un et l'autre cas, il n'y a lieu à aucun dédommagement.

1723. Le bailleur ne peut, pendant la durée du bail, changer la forme de la chose louée.

1724. Si, durant le bail, la chose louée a besoin de réparations urgentes et qui ne puissent être différées jusqu'à sa fin, le preneur doit les souffrir quelque incommodité qu'elles lui causent, et quoiqu'il soit privé, pendant qu'elles se font, d'une partie de la chose louée.

Mais, si ces réparations durent plus de quarante jours, le prix du bail sera diminué à proportion du temps et de la partie de la chose louée dont il aura été privé.

Droit
de sous-louer.

Devoirs
du bailleur.

Entretien
dû par le bailleur.

Garantie
des vices.

Destruction
de
la chose louée.

Changement
de la forme de la
chose louée.
Réparations
en 40 jours.

31

Si les réparations sont de telle nature qu'elles rendent inhabitable ce qui est nécessaire au logement du preneur et de sa famille, celui-ci pourra faire résilier son bail.

Trouble apporté par des tiers.

1725. Le bailleur n'est pas tenu de garantir le preneur du trouble que des tiers apportent par voies de fait à sa jouissance, sans prétendre d'ailleurs aucun droit sur la chose louée; sauf au preneur à les poursuivre en son nom personnel.

Diminution de loyer.

1726. Si, au contraire, le locataire ou le fermier ont été troublés dans leur jouissance par suite d'une action concernant la propriété du fonds, ils ont droit à une diminution proportionnée sur le prix du bail à loyer ou à ferme, pourvu que le trouble et l'empêchement aient été dénoncés au propriétaire.

Bailleur appelé en garantie.

1727. Si ceux qui ont commis des voies de fait prétendent avoir quelques droits sur la chose louée, ou si le preneur est lui-même cité en justice pour se voir condamner au délaissement de la totalité ou de partie de cette chose, ou à souffrir l'exercice de quelque servitude, il doit appeler le bailleur en garantie, et doit être mis hors d'instance, s'il l'exige, en nommant le bailleur pour lequel il possède.

Obligation du preneur.

1728. Le preneur est tenu de deux obligations principales :

1° D'user de la chose louée en bon père de famille, et suivant la destination qui lui a été donnée par le bail, ou suivant celle présumée d'après les circonstances, à défaut de convention ;

2° De payer le prix de bail aux termes convenus.

Usage de la chose louée.

1729. Si le preneur emploie la chose louée à un autre usage que celui auquel elle a été destinée, ou dont il puisse résulter un dommage pour le bailleur, celui-ci peut, suivant les circonstances, faire résilier son bail.

État des lieux.

1730. S'il a été fait un état des lieux entre le bailleur et le preneur, celui-ci doit rendre la chose telle qu'il l'a reçue, suivant cet état, excepté ce qui a péri ou a été dégradé par vétusté ou force majeure.

Absence d'état de lieux.

1731. S'il n'a pas été fait d'état de lieux, le preneur est présumé les avoir reçus en bon état de réparations locatives, et doit les rendre tels, sauf la preuve contraire.

Responsabilité des dégradations.

1732. Il répond des dégradations ou des pertes qui arrivent pendant sa jouissance, à moins qu'il ne prouve qu'elles ont eu lieu sans sa faute.

Responsabilité en fait d'incendie.

1733. Il répond de l'incendie, à moins qu'il ne prouve que l'incendie est arrivé par cas fortuit ou force majeure, ou par vice de construction, ou que le feu a été communiqué par une maison voisine.

Responsabilité en fait d'incendie s'il y a plusieurs locataires.

1734. S'il y a plusieurs locataires, tous sont solidairement responsables de l'incendie, à moins qu'ils ne prouvent que l'incendie a commencé dans l'habitation de l'un d'eux : auquel cas, celui-là seul en est tenu, ou que quelques-uns ne prouvent que l'incendie n'a pas commencé chez eux : auquel cas, ceux-là n'en sont pas tenus.

1735. Le preneur est tenu des dégradations et des pertes qui arrivent par le fait des personnes de sa maison, ou de ses sous-locataires. *(Locataire responsable de ses gens.)*

1736. Si le bail a été fait sans écrit, l'une des parties ne pourra donner congé à l'autre qu'en observant les délais fixés par l'usage des lieux. *(Délais des congés.)*

1737. Le bail cesse de plein droit à l'expiration du terme fixé lorsqu'il a été fait par écrit, sans qu'il soit nécessaire de donner congé. *(Expiration de bail.)*

1738. Si, à l'expiration des baux écrits, le preneur reste et est laissé en possession, il s'opère un nouveau bail dont l'effet est réglé par l'article relatif aux locations faites sans écrit. *(Prorogation du bail.)*

1739. Lorsqu'il y a un congé signifié, le preneur, quoiqu'il ait continué sa jouissance, ne peut invoquer la tacite reconduction.

1740. Dans le cas des deux articles précédents, la caution donnée pour le bail ne s'étend pas aux obligations résultant de la prolongation.

1741. Le contrat de louage se résout par la perte de la chose louée et par le défaut respectif du bailleur et du preneur de remplir leurs engagements. *(Résolution du contrat de louage.)*

1742. Le contrat de louage n'est point résolu par la mort du bailleur ni par celle du preneur.

1743. Si le bailleur vend la chose louée, l'acquéreur ne peut expulser le fermier ou le locataire qui a un bail authentique, ou dont la date est certaine, à moins qu'il ne se soit réservé ce droit par le contrat de bail. *(Location en cas de vente.)*

1744. S'il a été convenu lors du bail qu'en cas de vente l'acquéreur pourrait expulser le fermier ou le locataire, et qu'il n'ait été fait aucune stipulation sur les dommages et intérêts, le bailleur est tenu d'indemniser le fermier ou le locataire de la manière suivante : *(Résiliation du bail.)*

1745. S'il s'agit d'une maison, appartement ou boutique, le bailleur paye, à titre de dommages et intérêts, au locataire évincé une somme égale au prix du loyer pendant le temps qui, suivant l'usage des lieux, est accordé entre le congé et la sortie ; *(Indemnité dans les villes.)*

1746. S'il s'agit de biens ruraux, l'indemnité que le bailleur doit payer au fermier est du tiers du prix du bail pour tout le temps qui reste à courir. *(Indemnité à la campagne.)*

1747. L'indemnité se réglera par experts, s'il s'agit de manufactures, usines ou autres établissements qui exigent de grandes avances. *(Fixation de l'indemnité.)*

1748. L'acquéreur qui veut user de la faculté réservée par le bail, d'expulser le fermier ou le locataire, en cas de vente, est en outre tenu d'avertir le locataire un temps d'avance usité dans le lieu pour les congés. *(Faculté d'expulsion du locataire.)*

Il doit aussi avertir le fermier des biens ruraux au moins un an à l'avance.

1749. Les fermiers ou les locataires ne peuvent être expulsés qu'ils ne soient payés par le bailleur, ou à son défaut par le nouvel acquéreur, des dommages et intérêts ci-dessus expliqués.

Bail sans date certaine.   **1750**. Si le bail n'est pas fait par acte authentique, ou n'a point de date certaine, l'acquéreur n'est tenu d'aucuns dommages et intérêts.

1751. L'acquéreur à pacte de rachat ne peut user de la faculté d'expulser le preneur, jusqu'à ce que, par l'expiration du délai fixé pour le réméré, il devienne propriétaire incommutable.

SECTION II.

DES RÈGLES PARTICULIÈRES AUX BAUX ET LOYERS.

1752. Le locataire qui ne garnit pas la maison de meubles suffisants peut être expulsé, à moins qu'il ne donne des sûretés capables de répondre du loyer.

1753. Le sous-locataire n'est tenu envers le propriétaire que jusqu'à concurrence du prix de sa sous-location dont il peut être débiteur au moment de la saisie et sans qu'il puisse opposer des payements faits par anticipation.

Réparations locatives.   **1754**. Les réparations locatives ou de menu entretien dont le locataire est tenu, s'il n'y a clause contraire, sont celles désignées comme telles par l'usage des lieux, et, entre autres, les réparations à faire :

Aux âtres, contre-cœurs, chambranles et tablettes des cheminées ;

Aux recrépiments du bas des murailles des appartements et autres lieux d'habitation, à la hauteur d'un mètre ;

Aux pavés et carreaux des chambres, lorsqu'il y en a seulement quelques-uns de cassés ;

Aux vitres, à moins qu'elles ne soient cassées par la grêle ou autres accidents extraordinaires et de force majeure, dont le locataire ne peut être tenu ;

Aux portes, croisées, planches de cloison ou de fermeture de boutique, gonds, targettes et serrures.

Réparations à la charge du propriétaire.   **1755**. Aucune des réparations réputées locatives n'est à la charge des locataires quand elles ne sont occasionnées que par vétusté ou force majeure.

Curement des puits et fosses.   **1756**. Les curements des puits et fosses d'aisances sont à la charge du bailleur, s'il n'y a clause contraire.

Bail des meubles.   **1757**. Le bail des meubles fournis pour garnir une maison entière, une boutique ou tous autres appartements, est censé fait pour la durée ordinaire des baux de maisons, corps de logis, boutiques ou autres appartements suivant l'usage des lieux.

1758. Le bail d'un appartement meublé est censé fait à l'année, quand il a été fait à tant par an ; *Bail d'un appartement.*

Au mois quand il a été fait à tant par mois ;

Au jour s'il a été fait à tant par jour.

Si rien ne constate que le bail soit fait à tant par an, par mois ou par jour, la location est censée faite suivant l'usage des lieux.

1759. Si le locataire d'une maison ou d'un appartement continue sa jouissance après l'expiration du bail par écrit, sans opposition de la part du bailleur, il sera censé les occuper aux mêmes conditions pour le temps fixé par l'usage des lieux, et ne pourra plus en sortir ni en être expulsé qu'après un congé donné suivant le délai fixé par l'usage des lieux. *Tacite reconduction.*

1760. En cas de résiliation par la faute du locataire, celui-ci est tenu de payer le prix du bail pendant le temps nécessaire à la relocation sans préjudice des dommages et intérêts qui ont pu résulter de l'abus. *Résiliation. Payement.*

1761. Le bailleur ne peut résoudre la location, encore qu'il déclare vouloir occuper par lui-même la maison louée, s'il n'y a eu convention contraire. *Résolution de location.*

1762. S'il a été convenu dans le contrat de louage que le bailleur pourrait venir occuper la maison, il est tenu de signifier d'avance un congé aux époques déterminées par l'usage des lieux. *Occupation par le bailleur.*

SECTION III.

DES DEVIS ET DES MARCHÉS.

1787. Lorsqu'on charge quelqu'un de faire un ouvrage, on peut convenir qu'il fournira seulement son travail ou son industrie, ou bien qu'il fournira aussi la matière. *Devis. Des choses à convenir.*

1788. Si, dans le cas où l'ouvrier fournit la matière, la chose vient à périr, de quelque manière que ce soit avant d'être livrée, la perte en est pour l'ouvrier, à moins que le maître ne fût en demeure de recevoir la chose. *De la responsabilité de l'ouvrier.*

1789. Dans le cas où l'ouvrier fournit seulement son travail ou son industrie, si la chose vient à périr, l'ouvrier n'est tenu que de sa faute.

1790. Si, dans le cas de l'article précédent, la chose vient à périr, quoique sans aucune faute de la part de l'ouvrier, avant que l'ouvrage ait été reçu, et sans que le maître fût en demeure de le vérifier, l'ouvrier n'a point de salaire à réclamer, à moins que la chose n'ait péri par le vice de la matière. *Divers cas où la chose périt.*

1791. S'il s'agit d'un ouvrage à plusieurs pièces ou à la mesure, la vérification peut s'en faire par parties : elle est censée faite pour toutes les parties payées, si le maître paye l'ouvrier en proportion de l'ouvrage fait.

Responsabilité décennale.

1792. Si l'édifice construit a prix fait périt en tout ou en partie par le vice de la construction, même par le vice du sol, les architectes et entrepreneur en sont responsables pendant dix ans.

Fixation du prix à forfait.

1793. Lorsqu'un architecte ou un entrepreneur s'est chargé de la construction à forfait d'un bâtiment, d'après un plan arrêté et convenu avec le propriétaire du sol, il ne peut demander aucune augmentation de prix, ni sous le prétexte de l'augmentation de la main-d'œuvre ou des matériaux, ni sous celui de changements ou d'augmentations faits sur ce plan, si ces changements ou augmentations n'ont pas été autorisés par écrit, et le prix convenu avec le propriétaire.

Résiliation par le fait du maître.

1794. Le maître peut résilier, par sa seule volonté, le marché à forfait, quoique l'ouvrage soit déjà commencé, en dédommageant l'entrepreneur de toutes ses dépenses, de tous ses travaux, et de tout ce qu'il aurait pu gagner dans cette entreprise.

Résiliation par le fait du constructeur. Obligation du propriétaire.

1795. Le contrat de louage est dissous par la mort de l'ouvrier, de l'architecte ou de l'entrepreneur.

1796. Mais le propriétaire est tenu de payer en proportion du prix porté par la convention, à leur succession, la valeur des ouvrages faits et celle des matériaux préparés, lors seulement que ces travaux ou ces matériaux peuvent lui être utiles.

L'entrepreneur répond de ses œuvres. Action des ouvriers.

1797. L'entrepreneur répond du fait des personnes qu'il emploie.

1798. Les maçons, charpentiers et autres ouvriers qui ont été employés à la construction d'un bâtiment ou d'autres ouvrages faits à l'entreprise, n'ont d'action contre celui pour lequel les ouvrages ont été faits que jusqu'à concurrence de ce dont il se trouve débiteur envers l'entrepreneur au moment où leur action est intentée.

Ouvriers entrepreneurs.

1799. Les maçons, charpentiers, serruriers et autres ouvriers qui font directement des marchés à prix faits, sont astreints aux règles prescrites dans la présente section : ils sont entrepreneurs dans la partie qu'ils traitent

TITRE XVIII.

CHAPITRE II.

SECTION PREMIÈRE.

DES PRIVILÉGES SUR CERTAINS MEUBLES.

Priviléges pour les réparations locatives.

2102. Les créances privilégiées sur certains meubles sont :

1° Les loyers et fermages des immeubles sur les fruits de la récolte de l'année et sur le prix de tout ce qui garnit la maison louée ou la ferme, savoir : pour tout ce qui est échu, et pour tout ce qui est à échoir, si les baux sont authentiques, ou si, étant sous signatures privées, ils ont une date certaine ; et, dans ces deux cas, les autres créanciers ont le droit de relouer la maison ou la ferme pour le restant du bail, et de faire leur profit des baux ou fermages, à la charge toutefois de payer au propriétaire tout ce qui lui serait encore dû ;

Et, à défaut de baux authentiques, ou lorsque, étant sous signatures privées, ils n'ont pas une date certaine, pour une année à partir de l'expiration de l'année courante.

Le même privilége a lieu pour les réparations locatives et pour tout ce qui concerne l'exécution du bail ;

Néanmoins les sommes dues pour les semences ou pour les frais de la récolte de l'année sont payées sur le prix de la récolte ; et celles dues pour les ustensiles, par préférence au propriétaire dans l'un et l'autre cas.

Le propriétaire peut saisir les meubles qui garnissent sa maison ou sa ferme, lorsqu'ils ont été déplacés sans son consentement, et il conserve sur eux son privilége, pourvu qu'il ait fait la revendication, savoir : lorsqu'il s'agit du mobilier qui garnissait une ferme, dans le délai de quarante jours ; et dans celui de quinzaine, il s'agit des meubles garnissant une maison.

SECTION II.

DES PRIVILÉGES SUR LES IMMEUBLES.

2103. Les créanciers privilégiés sur les immeubles sont :

Les architectes, entrepreneurs, maçons et autres ouvriers employés pour édifier, reconstruire ou réparer des bâtiments, canaux ou autres ouvrages quelconques, pourvu néanmoins que, par un expert nommé d'office par le tribunal de première instance dans le ressort duquel les bâtiments sont situés, il ait été dressé préalablement un procès-verbal, à l'effet de constater l'état des lieux relativement aux ouvrages que le propriétaire déclare avoir dessein de faire, et que les ouvrages aient été, dans les six mois au plus de leur perfection, reçus par un expert également nommé d'office.

Priviléges sur les immeubles.

Mais le montant du privilége ne peut excéder les valeurs constatées par le second procès-verbal, et il se réduit à la plus-value existante à l'époque de l'aliénation de l'immeuble et résultant des travaux qui y ont été faits.

SECTION IV.

COMMENT SE CONSERVENT LES PRIVILÉGES.

2110. Les architectes, entrepreneurs, maçons et autres ouvriers employés pour édifier, reconstruire ou réparer des bâtiments, canaux ou autres ouvrages, et ceux qui ont, pour les payer ou rembourser, prêté les deniers dont l'emploi a été constaté, conservent par la double inscription faite,

Priviléges pour les constructeurs.

1° du procès-verbal qui constate l'état de lieux ; 2° du procès-verbal de réception, leur privilége à la date de l'inscription du premier procès-verbal.

TITRE XX.
DE LA PRESCRIPTION.

CHAPITRE PREMIER.
DISPOSITIONS GÉNÉRALES.

Définition de la prescription.

2219. La prescription est un moyen d'acquérir ou de se libérer par un certain laps de temps, et sous les conditions déterminées par la loi.

2220. On ne peut d'avance renoncer à la prescription ; on peut renoncer à la prescription acquise.

CHAPITRE II.
DE LA POSSESSION.

Définition de la póssession.

2228. La possession est la détention ou la jouissance d'une chose ou d'un droit que nous tenons ou que nous exerçons par nous-même ou par un autre qui la tient ou qui l'exerce en notre nom.

Conditions de la prescription.

2229. Pour pouvoir prescrire, il faut une possession continue et non interrompue, paisible, publique et non équivoque, et à titre de propriétaire.

2230. On est toujours présumé posséder pour soi et à titre de propriétaire, s'il n'est prouvé qu'on a commencé à posséder pour un autre.

2231. Quand on a commencé à posséder pour autrui, on est toujours présumé posséder au même titre, s'il n'y a preuve du contraire.

2232. Les actes de pure faculté et ceux de simple tolérance ne peuvent fonder ni possession ni prescription.

2233. Les actes de violence ne peuvent fonder non plus une possession capable d'opérer la prescription.

La possession utile ne commence que lorsque la violence a cessé.

2234. Le possesseur actuel qui prouve avoir possédé anciennement est présumé avoir possédé dans le temps intermédiaire, sauf la preuve contraire.

2235. Pour compléter la prescription, on peut joindre à sa possession celle de son auteur, de quelque manière qu'on lui ait succédé, soit à titre universel ou particulier, soit à titre lucratif ou onéreux.

CHAPITRE V.
DU TEMPS REQUIS POUR PRESCRIRE.

SECTION III.
DE LA PRESCRIPTION PAR DIX ET VINGT ANS.

Prescription d'acquisition.

2265. Celui qui acquiert de bonne foi et par juste titre un immeuble en prescrit la propriété par dix ans si le véritable propriétaire habite dans le ressort de la cour dans l'étendue de laquelle l'immeuble est situé, et par vingt ans s'il est domicilié hors dudit ressort.

2270. Après dix ans, l'architecte et les entrepreneurs sont déchargés de la garantie des gros ouvrages qu'ils ont faits ou dirigés.

Prescription pour les constructeurs et les architectes.

SECTION IV.

DE QUELQUES PRESCRIPTIONS PARTICULIÈRES.

2271. L'action des maîtres et instituteurs des sciences et arts pour les leçons qu'ils donnent au mois ; celle des ouvriers et gens de travail, pour le payement de leurs journées, fournitures et salaires se prescrivent par six mois.

Salaire des ouvriers.

2274. La prescription dans les cas ci-dessus a lieu, quoiqu'il y ait continuation de fournitures, livraisons, services et travaux.

Continuation de services.

Elle ne cesse de courir que lorsqu'il y a eu compte arrêté, cédule ou obligation, ou citation en justice, non périmée.

Après le long extrait du Code civil qui précède, nous donnerons pour compléter et terminer notre chapitre de jurisprudence quelques arrêtés et lois concernant les constructions sur la voie publique.

Ainsi d'après un arrêté du 29 février 1836 et l'article 14 de la loi du 1ᵉʳ février 1844, quiconque veut construire, reconstruire ou améliorer ses bâtiments et autres constructions le long des grandes routes, soit dans les traverses des villes, bourgs et villages, devra préalablement y être autorisé, se conformer aux conditions et aux alignements qui lui seront prescrits, sauf ses droits à une juste indemnité, dans le cas où une partie de sa propriété devrait, par suite de nouveaux alignements adoptés, être incorporée dans la voie publique.

D'après les articles 1, 4, 5 de la même loi du 1ᵉʳ février 1844, on ne pourra faire, sans avoir obtenu l'autorisation de l'administration communale, aucune construction ou reconstruction, ni aucun changement aux bâtiments existants, dans les villes et dans les parties agglomérées des communes rurales de plus de 2,000 habitants. Sont exceptés les travaux de construction et d'entretien sur des terrains destinés à reculement, en conformité des plans d'alignements.

Dans cette demande d'autorisation, l'administration communale est tenue de se prononcer dans le délai de trois mois à dater de la réception de la demande.

D'après l'article 6 de la même loi, s'il y a lieu d'incorporer à la voie publique une parcelle de terrain, l'action en expropriation doit être intentée dans le délai d'un mois, dans le cas où l'indemnité n'a pas été réglée d'un commun accord.

Et d'après l'article 7, si l'administration refuse soit d'intenter l'action, soit de payer l'indemnité, le propriétaire, quinze jours après avoir mis l'administration communale en demeure et avoir dénoncé cette mise en demeure à l'administration préfectorale, rentrera dans la libre disposition du terrain destiné au reculement.

Indépendamment de l'amende (*ibid.*, art. 9, 10 et 11) à prononcer par les tribunaux en cas de contravention, ceux-ci sont autorisés à ordonner le rétablissement des lieux dans leur état primitif, par la démolition, la destruction ou l'enlèvement des ouvrages illégalement exécutés. Toutefois le propriétaire a l'option d'exécuter les conditions légalement imposées par l'arrêté d'autorisation. Cette option doit être faite dans le délai fixé par le jugement, sinon les lieux seront rétablis dans leur état primitif et aux frais du contrevenant.

Comme on le voit, l'observation des règlements sur les alignements est de la plus haute importance, par les pertes énormes que les contraventions peuvent occasionner, aussi il faut toujours se mettre en règle avec l'administration pour éviter toutes les contestations et procès, qui sont presque toujours perdus, car l'administration a toujours raison.

CONCLUSION.

Est requis à tout bon mesnager d'estre ha-
sardeux à vendre, hastif à planter; tardif
à bastir, diligent néantmoins à édifier
après avoir planté, non devant, si nécessité ne le presse, ou quelque bonne
occasion ne le pousse.

(Olivier DE SERRES.)

Notre volume est terminé, mais nous n'avons pas la prétention d'avoir
tout dit sur cette partie de l'industrie agricole. Il nous reste à parler de
l'usine pour compléter notre sujet. Nous pouvons dire cependant qu'aucune matière essentielle n'a été omise dans la première partie de notre travail; si d'un autre côté, comme nous le disons au commencement de notre
livre, nous rappelons à nos lecteurs que nous donnerons bientôt LES GRANDES
INDUSTRIES AGRICOLES (1), nous pourrons ajouter que jamais un travail aussi
complet n'aura été publié sur LES CONSTRUCTIONS RURALES.

Évidemment, si nous avions pu consulter nos lecteurs, et leur demander

---

(1) Dans ce nouveau volume, nous donnerons : les industries cotonnière, linière,
tourbière, séricole, des engrais, des sucres, de la distillerie, de la bière, des vins,
de la meunerie, boulangerie, amidonnerie, féculerie, des huiles, etc., etc. Notre livre
sera divisée en deux parties : les substances animales et végétales non comestibles, et
les substances animales et végétales comestibles, de nombreux bois dans le texte et
hors texte élucideront notre travail.

leur sentiment sur le présent volume, il est probable que l'un nous eût demandé de plus longs développements sur une partie qui l'intéressait plus particulièrement ; tandis qu'un second ou un troisième nous eût fait bon marché de cette même partie, pour nous réclamer de plus amples détails sur une construction spéciale.

En somme, comme un auteur ne peut contenter tout le monde, mais qu'il est responsable de son œuvre, nous avons travaillé avec conscience et nous nous sommes surtout efforcé de nous maintenir dans de justes proportions et de ne pas délayer une question au détriment d'une autre ; c'est là un écueil que bien peut d'auteurs peuvent éviter.

Nos lecteurs décideront si nous sommes à l'abri de ce reproche ; en tous cas, nous avons fait tous nos efforts pour ne pas le mériter.

Dans un livre tel que celui que nous venons d'écrire, la conclusion ne peut être bien longue, car chaque chapitre ou plutôt chaque partie de chapitre porte elle-même sa conclusion ; en effet pour la connaissance des matériaux nous avons décrit les bons, les médiocres, les mauvais ; pour leur mise en œuvre, nous avons indiqué les meilleurs procédés ; c'est donc au lecteur à tirer lui-même la conclusion, suivant sa position financière.

Pour l'habitation de l'homme, nous avons dit ce qu'il fallait faire et éviter ; pour les logements des animaux, nous avons résumé les avantages à réaliser pour leur construction et leur ventilation.

Quant aux annexes de la ferme, aux travaux du génie civil, à la ferme, mais la conclusion est tout indiquée par les exemples que nous fournissons, puisqu'ils sont eux-mêmes le résumé des meilleurs types dans l'espèce.

Pour les devis, marchés, ordres de service, ce sont des matières sur lesquelles le lecteur peut seul tirer des conclusions avec compétence suivant les obligations et les engagements qu'il peut ou désire remplir, et suivant ce qu'il veut obtenir.

Enfin, pour la jurisprudence, il est bien difficile de rien conclure, ou du moins, il n'y a qu'une conclusion à tirer ; c'est d'éviter toujours les procès et tâcher de vivre en bonnes relations avec ses voisins ; et si l'un d'eux, récalcitrant et grincheux, cherche à vous porter un préjudice ou un dommage quelconque, il faut être bien assuré de son droit et avoir vingt fois raison. (et pour cela il est indispensable de connaître la loi) avant de lui intenter un procès.

Aussi notre conclusion se bornera à donner quelques conseils.

Aux architectes, nous dirons : Il se construit plus de bâtiments ruraux et d'usines que de palais ; dès lors, il serait plus utile d'étudier la science des constructions dans laquelle l'art peut et doit intervenir, plutôt que de faire des châteaux et des palais pour des souverains de grands empires.

Vitruve n'a pas dédaigné, dans ses dix livres d'architecture, d'en consacrer un tout entier aux bâtiments d'exploitation agricole en usage chez les Romains.

Aux agriculteurs, nous conseillerons de bien réfléchir avant de se décider à bâtir : « *Tardif à bastir* » comme dit Olivier de Serres dans l'épigraphe placée en tête de notre conclusion.

Nous leur conseillerons également de bien examiner les vieux bâtiments avant de les démolir, car on peut les utiliser en leur donnant soit une autre destination soit une meilleure distribution, et en y établissant un bon système de ventilation.

Si au contraire, après mûres réflexions, les agriculteurs se décident à démolir, ils doivent élever des construction très-économiques, des abris provisoires mêmes, sauf à les remplacer plus tard quand l'exploitation agricole en plein rapport le permettra ; mais ce serait folie, au commencement d'une création agricole, d'emprunter de l'argent pour faire des bâtiments somptueux. Que les agriculteurs se rappellent ce dicton populaire ; *Qui emprunte pour bâtir, bâtit pour vendre.*

Voilà des conseils qui certes ne seront pas goûtés de tous les architectes, mais nous pensons que beaucoup de nos confrères préfèrent, comme nous, l'intérêt général à leur intérêt particulier.

Avant de quitter la plume et de terminer notre travail, nous reproduirons des conseils d'Olivier de Serres relatifs à l'entretien des bâtiments ruraux ; ces conseils, quoique datant de loin, n'en sont pas moins très-utiles. Ils sont adressés à son bon mesnager et sont la conclusion de son *Théâtre de l'agriculture* ; nous ne saurions donc mieux terminer notre traité des constructions rurales :

« Je lui dirai en suite, qu'estant autant louable de conserver les choses que de les acquérir, il lui sera nécessaire d'entretenir premièrement ses logis et maison d'habitation, les préservant de ruine par quelques petites réparations que chaque an il y fera faire : surtout d'en tenir les couvertures si bien en poinct que les eaux des pluies n'y ayent aucune prise ; une seule gouttière pouvant causer la ruine de tout l'édifice.

« Avec pareil soin, et moyens requis, seront conservées les escuieries, estableries, granges, colombiers, moulins et austres bastiments, comme cloisons de jardinage, parcs et autres propriétés, où est nécessaire de rhabiller tous-jours quelque choses ; car autrement, les abandonnant à la négligence, on ne se donneroit garde qu'au bout de quelques années, l'on seroit contraint d'en réparer les ruines avec beaucoup de despence, comme refaisant les choses presque à neuf.

« Auquel point les bons mesnagers parviendront par la bénédiction de Dieu. »

FIN.

TABLE DES FIGURES CONTENUES DANS CE VOLUME.

FIN DE LA TABLE DES FIGURES.

TABLE SOMMAIRE DES CHAPITRES.

CHAPITRE PREMIER.

DES MATÉRIAUX DE CONSTRUCTION.

Leur division en trois catégories : 1° Pierres naturelles et artificielles ;
2° Bois ; 3° Métaux.

CHAPITRE II.

EMPLOI ET MISE EN ŒUVRE DES MATÉRIAUX.

CHAPITRE V.

DES CONSTRUCTIONS ANNEXES DE LA FERME.

CHAPITRE VI.

LA FERME.

CHAPITRE VII.

LES TRAVAUX DU GÉNIE CIVIL.

CHAPITRE VIII.

DEVIS ET DÉPENSES DES TRAVAUX.

CHAPITRE IX.

JURISPRUDENCE DES BATIMENTS.

FIN DE LA TABLE SOMMAIRE DES CHAPITRES.

TABLE ANALYTIQUE ET ALPHABÉTIQUE DES MATIÈRES

CONTENUES DANS CE VOLUME.

A

D

G

H

R

S

FIN DE LA TABLE ANALYTIQUE ET ALPHABÉTIQUE DES MATIÈRES.

2758. — Abbeville, imp. Briez, C. Paillart et Retaux.

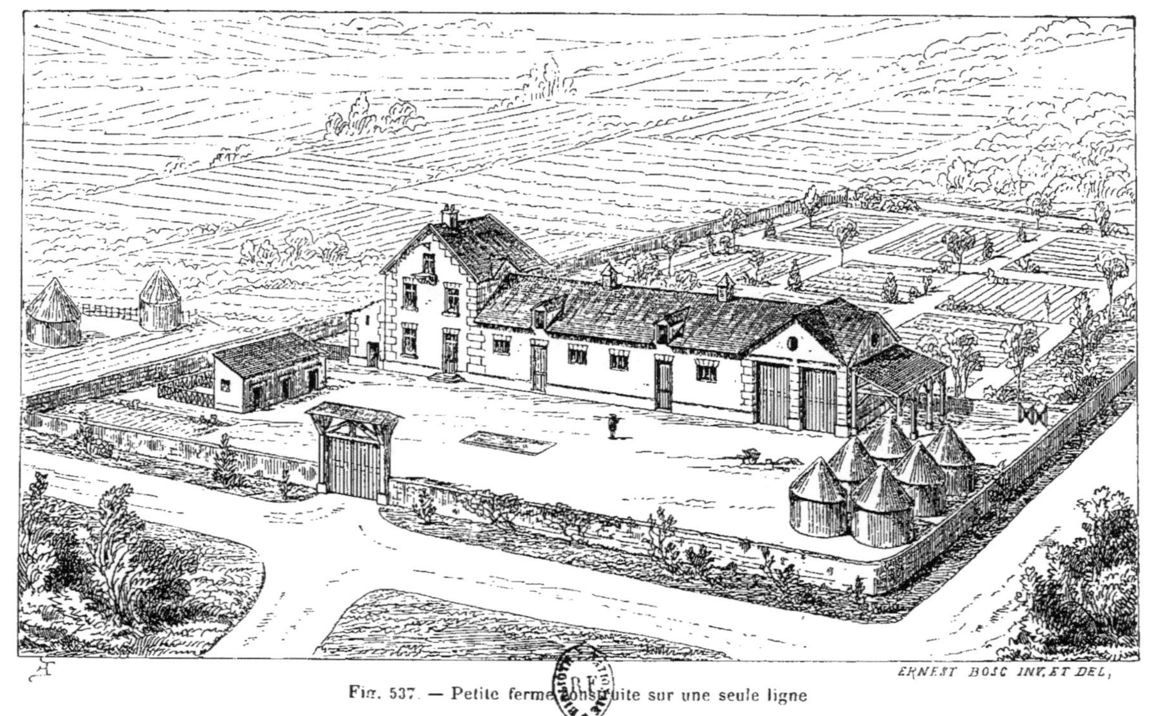

Fig. 537. — Petite ferme construite sur une seule ligne

Fig. 539 — Ferme pour une exploitation moyenne. Bâtiments en équerre (premier type).

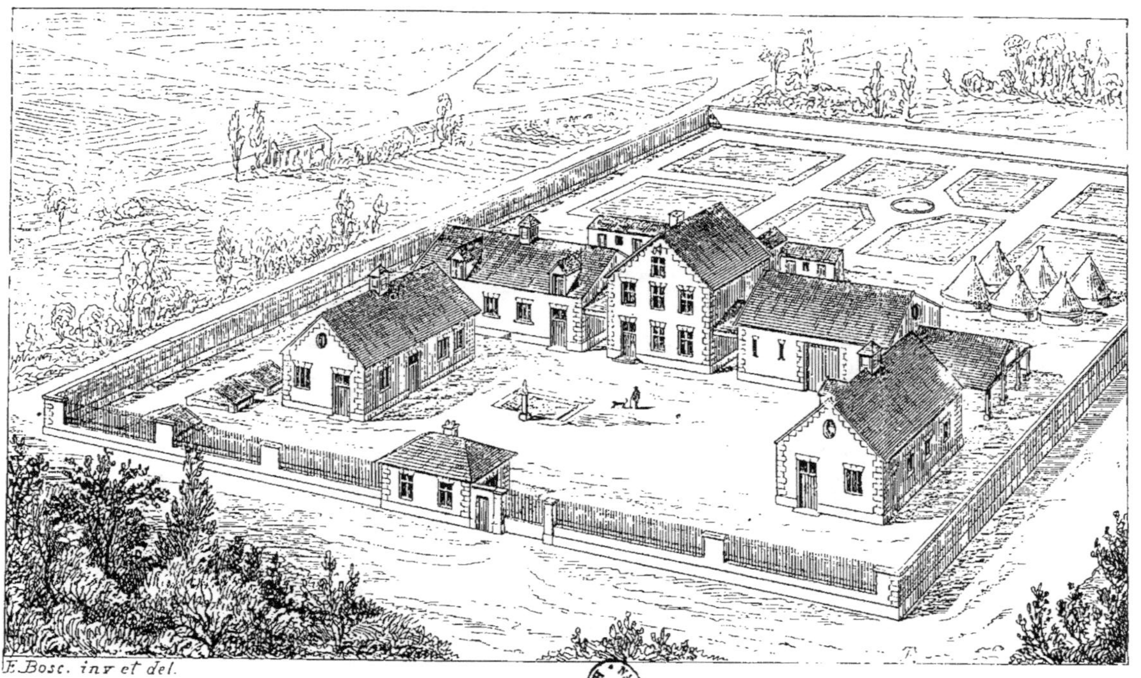

Fig. 542. — Ferme pour une exploitation moyenne. Bâtiments en double équerre (deuxième type).

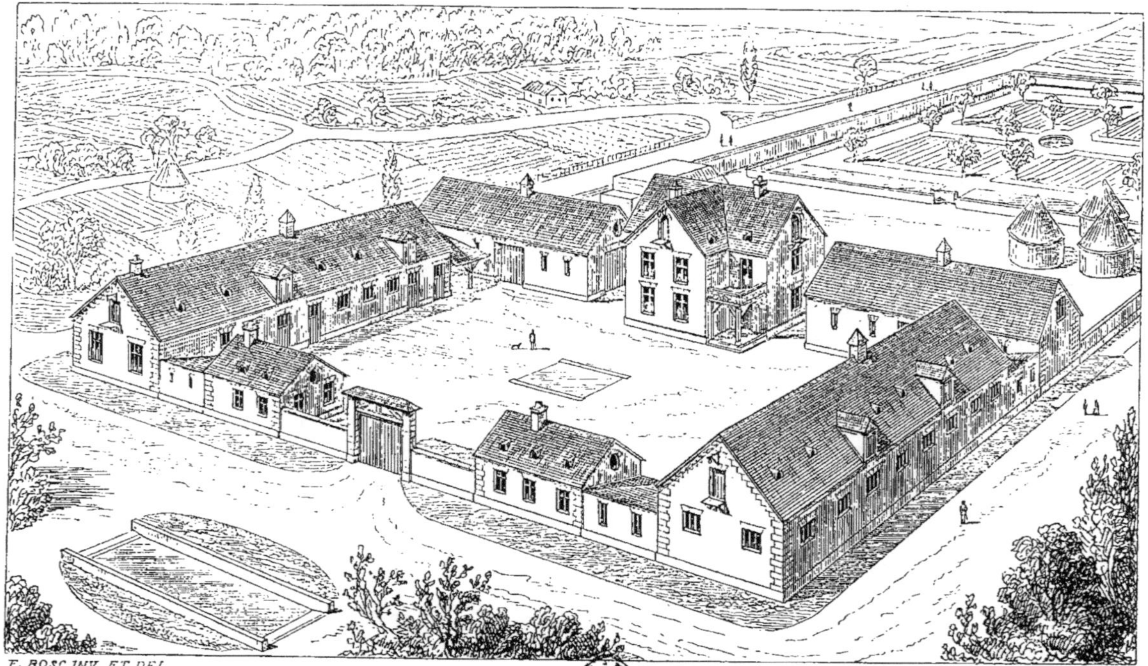

E. BOSC INV ET DEL. E. TOMASZKIEWICZ, SC.

Fig. 543. — Ferme pour une grande exploitation

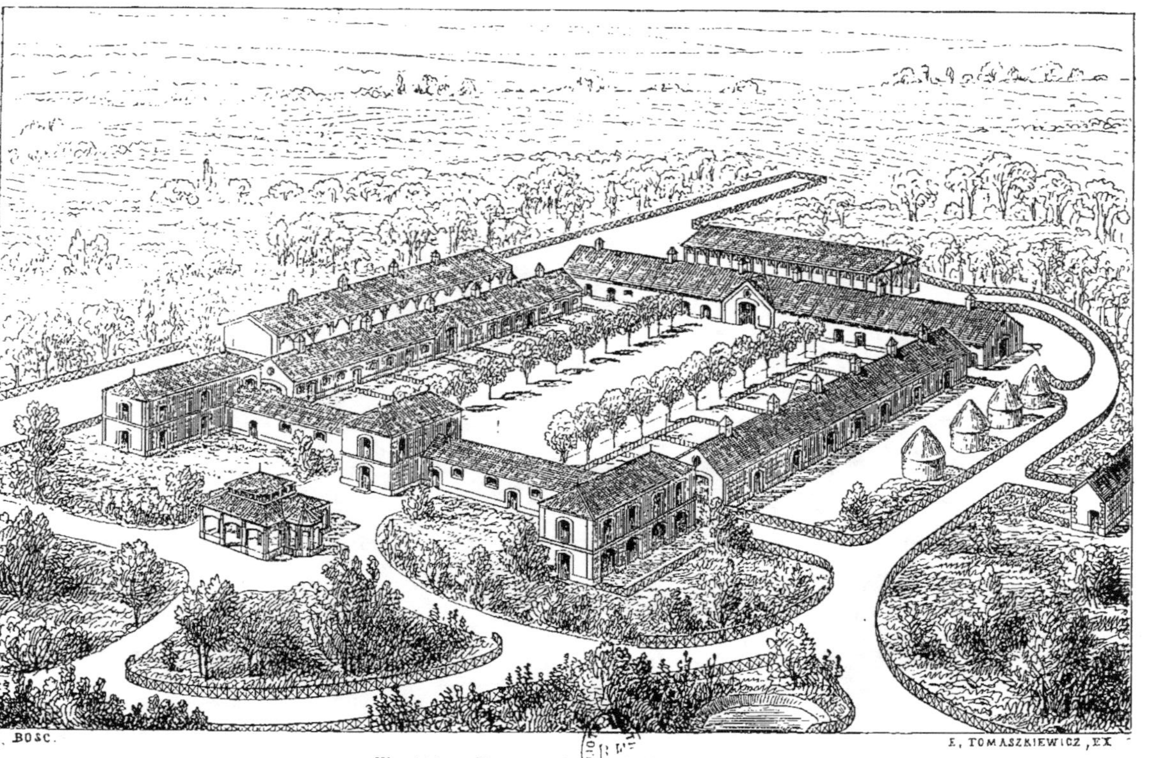

T. BOSC.

E. TOMASZKIEWICZ, EX

Fig. 546. — Ferme nationale de Vincennes.

FERME MODÈLE FRANÇAISE.

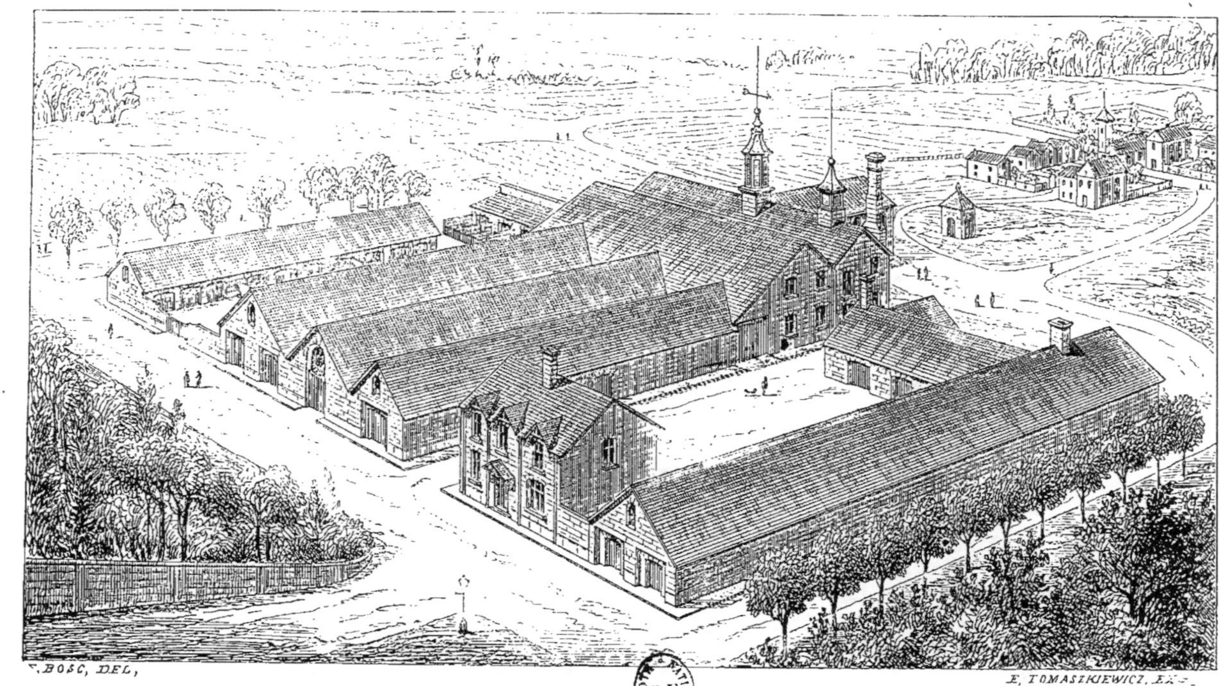

Fig. 548. — Flemish farm (domaine royal de Windsor)

FERME MODÈLE ANGLAISE.

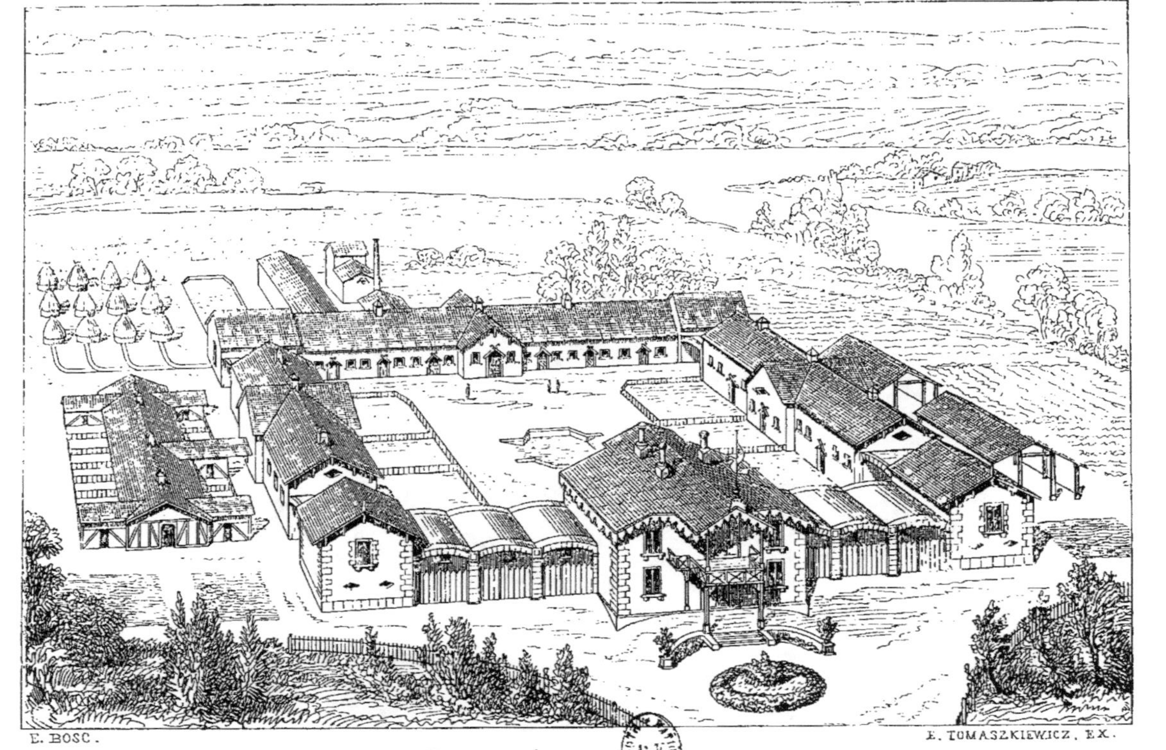

Fig. 550. — Élévation de Britannia.

FERME MODÈLE BELGE.

Fig. 552. — Ferme hollandaise.